中国地质调查成果 CGS 2019-013
西北地区矿产资源潜力评价与综合(1212010881632)项目资助
西北地区矿产资源潜力评价系列丛书
丛书主编　李文渊　王永和

西北地区大地构造环境与成矿

XIBEI DIQU DADI GOUZAO HUANJING YU CHENGKUANG

王永和　高晓峰　孙吉明　王　超　查显锋　白建科
陈锐明　马中平　郭　琳　康　磊　朱小辉　梁　楠
等编著

中国地质大学出版社
ZHONGGUO DIZHI DAXUE CHUBANSHE

内容提要

本书反映了国家地质矿产调查专项"全国矿产资源潜力评价"计划项目所属"西北地区矿产资源潜力评价与综合"(2006—2013)工作项目成矿地质背景研究内容。

本书按照前南华纪、南华纪—早古生代、晚古生代—中三叠世、晚三叠世—新生代4个构造阶段,在对西北地区沉积岩、火山岩、侵入岩、变质岩等岩石构造组合和大型变形构造特征综合研究的基础上,分阶段进行大地构造环境分析和1∶150万露头"时代-岩石构造组合-构造环境"表达编图,按照陆块(群)、板块构造、陆内盆山系统,分别划分了4个构造阶段的Ⅰ—Ⅳ级构造单元,阐述了不同阶段各单元特征,分析了不同阶段大地构造格局、环境及演化过程,不同阶段、不同构造环境与主要矿产成矿的关系。

本书可供区域地质调查人员、矿产资源调查人员、地质科研人员及地球科学师生参考。

图书在版编目(CIP)数据

西北地区大地构造环境与成矿/王永和等编著. —武汉:中国地质大学出版社,2020.10
(西北地区矿产资源潜力评价系列丛书)
ISBN 978-7-5625-4865-2

Ⅰ.①西…
Ⅱ.①王…
Ⅲ.①大地构造-构造环境-关系-成矿环境-研究-西北地区
Ⅳ.①P548.24 ②612

中国版本图书馆CIP数据核字(2020)第178366号
附图审图号:GS(2020)4718号
附图名称:西北地区大地构造相图

西北地区大地构造环境与成矿		王永和 等编著
责任编辑:周 豪	选题策划:毕克成 刘桂涛	责任校对:张咏梅
出版发行:中国地质大学出版社(武汉市洪山区鲁磨路388号)		邮编:430074
电 话:(027)67883511	传 真:(027)67883580	E-mail:cbb@cug.edu.cn
经 销:全国新华书店		http://cugp.cug.edu.cn
开本:880毫米×1230毫米 1/16		字数:769千字 印张:19.25 附图:2
版次:2020年10月第1版		印次:2020年10月第1次印刷
印刷:武汉中远印务有限公司		
ISBN 978-7-5625-4865-2		定价:398.00元

如有印装质量问题请与印刷厂联系调换

《西北地区大地构造环境与成矿》编委会

主　　编：王永和　高晓峰

编　　委：(按姓氏笔画排序)

马中平　王　超　白生明　白胜利　白建科

朱小辉　祁生胜　孙吉明　成守德　陈锐明

李晓英　张　转　屈　迅　查显峰　郭　琳

郭　彬　梁　楠　梁明宏　康　磊　谢　群

前　言

《西北地区大地构造环境与成矿》是中国地质调查局"西北地区矿产资源潜力评价与综合"（2006—2013）项目（项目编号1212010881632）成果之一，是全国矿产资源潜力评价计划项目西北大区工作项目的成矿地质背景研究成果。

成矿地质背景是矿产资源潜力评价的基础，本次成矿地质背景研究采用大地构造相概念研究、表达成矿地质背景，将大陆块体在地质历史时期板块体制下离散、汇聚、碰撞、造山和板内演化过程中形成的各类地质作用产物（岩石建造、构造等）按照现今的位置（露头）分4种比例尺（1∶25万、1∶50万、1∶150万、1∶250万）予以划分、表达，分3个尺度（省级、大区、全国）开展综合研究，为省级、大区、全国3个层次矿产资源潜力评价提供成矿地质背景图件和成矿地质背景研究成果。

中国西北地区大地构造相及其"五要素"（沉积岩、火山岩、侵入岩、变质岩、大型变形构造）的研究及编图工作，与全国成矿地质背景汇总组大地构造相、沉积岩、火山岩、侵入岩、变质岩和大型变形构造的研究汇总工作紧密结合，同步开展，遵循全国大地构造相研究等相关技术要求，在全国成矿地质背景汇总组及沉积岩、火山岩、侵入岩、变质岩、大型变形构造、大地构造6个专题组的具体指导下开展工作。

西北地区成矿地质背景研究是在全程指导与追踪陕西、甘肃、宁夏、青海和新疆五省（区）1∶25万（分幅）实际材料图和建造构造图，预测工作区中大比例尺地质构造专题底图，1∶50万（分省）沉积岩、火山岩、侵入岩、变质岩和大型变形构造专题图，1∶50万（分省）大地构造相图编图的基础上，追踪近年来西北地区主要成矿带基础地质、成矿背景研究进展，通过西北地区1∶150万沉积岩、火山岩、侵入岩、变质岩、大型变形构造和大地构造相系列编图及深入综合研究，编写出《西北地区成矿地质背景研究成果报告》。本专著依据这一成果报告编撰凝练而成，研究取得的主要成果如下：

（1）以板块构造理论和大陆动力学思想为指导，从成岩控岩构造-区域构造、岩石自然组合-岩石建造出发，通过沉积岩、火山岩、侵入岩、变质岩等各类岩石构造组合和大型变形构造的分析、厘定，在编制大地构造"五要素"（沉积岩、火山岩、侵入岩、变质岩、大型变形构造）专题图的基础上，按照现今露头位置表达其形成的大地构造环境即"露头相"原则，首次编制了西北地区1∶150万大地构造相图，为不同时期、不同地质建造和构造的成矿环境分析及区域成矿规律研究提供了扎实的地质背景资料。

（2）从活动论出发，应用动态大地构造分析的思想，在露头大地构造环境分析、编图的基础上，分前南华纪、南华纪—早古生代、晚古生代—中三叠世、晚三叠世—新生代4个构造阶段，分别进行了Ⅰ—Ⅳ级大地构造单元划分，建立了各个阶段大地构造谱系单位，编制了大地构造区划图表；研究了各个阶段各大地构造单元岩石构造组合及其时空演化关系，建立了大地构造时空结构。该项成果在区域大地构造研究上具创新性，并对西北地区成矿环境分析具有重要的实用价值。

（3）应用地质填图资料和大量同位素测年新数据，在对前南华纪各类岩石构造组合的产出状态、建造时代、原岩建造形成的大地构造环境、变质时代、变质矿物组合、变质相系、变质作用与大地构造环境的关系等清理和厘定的基础上，通过物质建造、构造热事件序列、地层层序、成矿事件等对比研究，将西北地区前南华纪划分为3个陆块区（华北、塔里木、扬子）和3个陆块群（西伯利亚、哈萨克斯坦-准噶尔-敦煌、华南）共6个Ⅰ级单元、19个Ⅱ级单元、37个Ⅲ级单元和103个Ⅳ级单元。对太古宙—古元古代BIF型铁矿和中元古代受变质沉积型铁矿成矿地质背景、晋宁期构造热事件及其与铜多金属成矿的关系进行了分析讨论。

研究表明：①西北地区中天山地块—阿拉善地块—北秦岭地块一线及其以南的诸多前南华纪地块，

多发育晋宁期与汇聚有关的弧岩浆热事件,表明它们可能为罗迪尼亚超大陆的组成部分;而华北陆块和中天山地块以北区域至今尚未发现该期构造热事件痕迹,它们可能在晋宁期游离于超大陆之外,至少与超大陆的形成关系不密切。②敦煌地块北部、阿拉塔格地块、明水-旱山地块长城纪—蓟县纪—青白口纪盆地沉积建造及与之相关的沉积喷流型(天湖式、红山式)铁矿的可对比性,表明其在中—新元古代构造环境的一致性,而它们与塔里木陆块同期建造和成矿作用有系统差别。基于此,将敦煌地块划归哈萨克斯坦陆块群,这样的划分方案对天湖式、红山式铁矿找矿具有重要的指导意义。③祁连山中—新元古代火山-沉积建造组合特征表明,中元古代早中期祁连山具有"东、中、西"构造格局,即中部稳定地块陆表海沉积,东、西为裂谷火山-沉积建造;东、西裂谷向被动陆缘转换时期,形成了镜铁山式沉积喷流-变质再造型铁铜矿和朱龙关式火山沉积型铁矿。④青海清水泉、陕甘交界摩天岭晋宁期发育明显的弧盆系,后者对铜多金属矿产具有重要的控制作用。⑤与西北地区条带状磁铁建造有关的沉积变质型铁矿有两种类型(苏必利尔型和阿尔戈玛型),以陕西鱼洞子发育最完整,并分布于新疆布伦口、库鲁克塔格,甘肃陈家庙等地。

(4)对西北地区南华纪—早奥陶世罗迪尼亚超大陆解体阶段以裂谷-被动陆缘-洋岛-小洋盆为主的构造格局和早古生代晚期—中泥盆世陆块汇聚、洋盆收缩阶段以多条蛇绿混杂岩、多个弧盆系为主的构造格局进行了初步恢复。将西北地区南华纪—早古生代总体划分为5个板块(西伯利亚、哈萨克斯坦-准噶尔、塔里木、华北和华南-羌塘)和其间的3个对接带(斋桑-额尔齐斯、南天山、那拉提-红柳河和茫崖-柴北缘-昆南-商丹)及2个特殊的增生造山带(西昆仑-阿尔金-祁连-北秦岭、柴达木-东昆仑),共10个Ⅰ级单元,并进一步划分为37个Ⅱ级单元和49个Ⅲ级单元。从岩石构造组合出发,对南华纪—早古生代天山洋陆格局的演变,祁连山构造体制转换与成矿环境、成矿类型改变,祁漫塔格白干湖钨矿成矿背景条件,阿拉善地块、全吉地块与华北陆块该阶段靠近的构造关系,南秦岭-上扬子两期裂谷事件与扬子型铅锌矿成矿关系等进行了分析、研究与讨论。

(5)综合沉积、岩浆、变质变形和成矿特征,在岩石构造组合区域对比的基础上,认为在石炭纪—二叠纪西北地区中部的塔里木陆块和柴达木地块连为一体形成统一的陆表海,祁连构造带已经准克拉通化与华北陆块相连。西北地区北部除西天山发育残留海并向北深俯冲外,石炭纪—二叠纪在中天山-北山-阿拉善及其以北发育叠加在早古生代弧盆系基底之上的"后碰撞裂谷系",形成该时期"似弧而非弧"的火山-沉积建造和广泛的多金属成矿。西北地区南部的西昆仑-东昆仑-宗务隆-陇山-北秦岭中南部以南,板块构造持续发展;中三叠世宗务隆-甘加、昆南-勉略构造带关闭,形成了昆仑-宗务隆-秦岭造山带,与此相关的构造岩浆活动在部分地区一直持续到晚三叠世末。在研究、厘定露头构造环境及其与成矿关系的基础上,将西北地区晚古生代—中三叠世划分为5个板块(西伯利亚、哈萨克斯坦-准噶尔-阿拉善、塔里木-柴达木、华北、华南-羌塘)、3个对接带(斋桑-额尔齐斯、西南天山、康西瓦-苏巴什-阿尼玛卿-勉略)和1个增生造山带(西昆仑-宗务隆-秦岭)共9个Ⅰ级单元,27个Ⅱ级单元和64个Ⅲ级单元。

(6)以沉积建造组合和岩石构造组合为基础,通过沉积盆地分析、构造热事件对比和重磁反演地壳结构综合研究,认为晚三叠世之后的中生代西北地区可划分为北部(昆南带及其以北)中国大陆(西部)和南部(特提斯洋北缘)大陆边缘两大构造区。北构造区以发育板内伸展裂陷-凹陷盆地、压陷盆地和构造热隆起(阿尔泰、北山、贺兰山-六盘山-西秦岭、小秦岭-柞水等)为代表,为西北地区大型能源矿产和造山型金矿、壳源高温钼矿、稀有稀土分散元素成矿提供了有利条件;南构造区以发育中生代边缘海盆地、前陆盆地和同碰撞-后碰撞岩浆岩为代表,为沉积型铅锌矿、复合内生型金属成矿提供了条件。新生代以来,受青藏高原地壳隆升、岩石圈加厚并向北推挤这一动力学系统控制,西北地区形成了青藏高原北部盆山巨系统、西部复活盆山巨系统和东部南北向盆山巨系统。新生代青藏高原北部构造热隆起为热液-斑岩型有色金属、稀有金属成矿提供了条件,压陷盆地成为化工盐类矿产聚积区,同时为油气成藏提供了条件。综合晚三叠世—新生代以板内盆山演化为主的构造特点,将西北地区划分为3个Ⅰ级单元(盆山巨系统)、11个Ⅱ级单元(盆山系统)、33个Ⅲ级单元(盆山子系统)和87个Ⅳ级单元(盆地与构造热隆起)。

研究工作存在的不足和问题如下:

(1)本次成矿地质背景研究分阶段进行了大地构造环境分析并与重要代表性矿床成矿进行了关联研究,但偏重于宏观。对于预测工作区相关成矿类型、矿种组合、成矿地质建造、控矿构造的大地构造环境等具有直接指导找矿意义的成矿地质背景研究工作有待进一步深入。

(2)为成矿预测服务的成矿构造环境研究,应与构造层、构造体制演化阶段、成矿地质体紧密联系,本次研究在这一方面还显粗糙,有待深化。

西北地区成矿地质背景研究课题是在全国成矿地质背景汇总组的指导下和西北五省(区)成矿地质背景组密切配合下完成的。尽管尚存不足,但将露头大地构造相编图和分阶段大地构造环境分析相结合,在编图的实用性和表达方式等方面,作了有益的探索,总体取得了较为系统的成矿大地构造背景研究成果。

项目工作中,得到了叶天竺研究员、肖庆辉研究员、潘桂棠研究员、陆松年研究员、冯益民研究员、邓晋福教授、张克信教授、李锦轶研究员、张智勇研究员、邢光福研究员、郝国杰研究员、王方国研究员、王惠初研究员、冯艳芳博士、张进博士、何卫红教授等的亲切指导和诚恳帮助,我们受益匪浅。

同时,得到了新疆、青海、甘肃、陕西、宁夏成矿地质背景组的鼎力支持,屈迅、祁生胜、王秉璋、梁明宏、白胜利、白生明等专家给予了重要的支持;新疆董连慧、冯京、张良辰、成守德、舍建中、赵同阳,青海李世金、杨生德、吴正寿、赵呈祥、丁西岐、于文杰,甘肃叶得金、王方成、丁仁平,陕西张拴厚、董王仓、张满社、何建社,宁夏孟方、吕昌国、艾宁等专家都给予了支持与帮助。项目运行中就有关地质问题与杨合群研究员、李文渊研究员、张二朋研究员、徐学义研究员和董福辰教授级高工、李荣社教授级高工、校培喜教授级高工,何世平研究员、陈隽璐研究员、计文化研究员等进行了有益的研讨。

在此,向上述各位专家和课题组全体同行表示诚挚的感谢!

编著者
2019 年 10 月

目 录

第一章 西北成矿大地构造概貌与研究方法 ·· (1)

  第一节 大地构造相研究与编图方法 ·· (1)

    一、大地构造相研究的基本思路 ··· (1)

    二、大地构造及五要素研究与编图 ·· (2)

    三、分阶段成矿大地构造环境分析 ·· (3)

    四、几点说明 ·· (3)

  第二节 大地构造与成矿概貌 ··· (4)

    一、前南华纪 ·· (5)

    二、南华纪—早古生代 ·· (5)

    三、晚古生代—中三叠世 ··· (5)

    四、晚三叠世—新生代 ·· (6)

第二章 前南华纪古板块构造 ··· (7)

  第一节 沉积建造特征及时空分布 ··· (7)

    一、西伯利亚地层大区 ·· (8)

    二、哈萨克斯坦-准噶尔-敦煌地层大区 ··· (8)

    三、华北地层大区 ·· (8)

    四、塔里木地层大区 ··· (9)

    五、华南地层大区 ·· (9)

    六、扬子地层大区 ··· (10)

  第二节 火山岩时空分布及岩石构造组合 ··· (11)

    一、火山岩时空分布 ·· (11)

    二、火山岩相及岩石构造组合特征 ·· (11)

  第三节 侵入岩时空分布及岩石构造组合 ··· (13)

    一、侵入岩时空分布 ·· (13)

    二、侵入岩岩石构造组合及其特征 ·· (14)

    三、构造岩浆旋回与构造岩浆岩带 ·· (14)

  第四节 变质岩时空分布及岩石构造组合 ··· (22)

一、变质岩时空分布及变质单元划分 ………………………………………………………… (22)

二、变质岩岩石构造组合 ……………………………………………………………………… (23)

第五节 大型变形构造 …………………………………………………………………………… (34)

第六节 大地构造区划 …………………………………………………………………………… (35)

第七节 陆块区(群)大地构造相特征 …………………………………………………………… (42)

一、塔里木陆块区 ……………………………………………………………………………… (42)

二、华北陆块区 ………………………………………………………………………………… (44)

三、扬子陆块区 ………………………………………………………………………………… (47)

四、西伯利亚陆块群 …………………………………………………………………………… (48)

五、哈萨克斯坦陆块群 ………………………………………………………………………… (49)

六、华南陆块群 ………………………………………………………………………………… (55)

第八节 构造阶段划分及其演化 ………………………………………………………………… (76)

一、太古宙—古元古代古结晶基底形成阶段 ………………………………………………… (76)

二、中元古代"古中国地台"裂解阶段 ………………………………………………………… (77)

三、新元古代早期(罗迪尼亚)超大陆形成阶段 ……………………………………………… (77)

第九节 前南华纪大地构造有关问题讨论 ……………………………………………………… (78)

一、关于前南华纪"古"板块构造残迹与构造体制 ………………………………………… (78)

二、关于华南陆块群(华南地层区)的讨论 …………………………………………………… (78)

第三章 南华纪—早古生代板块构造 …………………………………………………………… (79)

第一节 沉积建造特征与时空分布 ……………………………………………………………… (79)

一、西伯利亚地层大区 ………………………………………………………………………… (80)

二、斋桑-额尔齐斯地层大区 ………………………………………………………………… (80)

三、哈萨克斯坦-准噶尔地层大区 …………………………………………………………… (80)

四、南天山-那拉提-红柳河地层大区 ………………………………………………………… (81)

五、塔里木地层大区 …………………………………………………………………………… (81)

六、华北地层大区 ……………………………………………………………………………… (82)

七、西昆仑-阿尔金-祁连山-北秦岭地层大区 ……………………………………………… (82)

八、东昆仑-柴达木地层大区 ………………………………………………………………… (83)

九、华南-北羌塘地层大区 …………………………………………………………………… (84)

第二节 火山岩石构造组合及时空分布 ………………………………………………………… (84)

一、火山岩时空分布 …………………………………………………………………………… (84)

二、火山岩岩石构造组合 …………………………………………………………………………… (85)

第三节 侵入岩岩石构造组合及时空分布 ………………………………………………………… (87)

一、侵入岩时空分布 ………………………………………………………………………………… (87)

二、侵入岩岩石构造组合及其特征 ………………………………………………………………… (87)

三、构造岩浆旋回与构造岩浆岩带 ………………………………………………………………… (88)

第四节 变质岩岩石构造组合及时空分布 ………………………………………………………… (91)

一、变质岩时空分布及变质单元划分 ……………………………………………………………… (91)

二、变质岩岩石构造组合 …………………………………………………………………………… (91)

三、变质相(系)及变质时代 ………………………………………………………………………… (91)

第五节 大型变形构造 ………………………………………………………………………………… (101)

第六节 南华纪—早古生代大地构造分区 ………………………………………………………… (106)

第七节 大地构造相特征 ……………………………………………………………………………… (112)

一、西伯利亚板块 …………………………………………………………………………………… (112)

二、斋桑-额尔齐斯(查尔斯克-乔夏喀拉-布尔根)对接带(Pz_1—C_1) …………………… (115)

三、哈萨克斯坦-准噶尔联合板块 ………………………………………………………………… (117)

四、南天山-那拉提-红柳河对接带 ………………………………………………………………… (124)

五、塔里木板块 ……………………………………………………………………………………… (128)

六、华北板块 ………………………………………………………………………………………… (130)

七、西昆仑-阿尔金-祁连山-北秦岭增生造山带 ………………………………………………… (132)

八、茫崖-柴北缘-东昆南-商丹对接带 …………………………………………………………… (145)

九、柴达木-东昆仑增生造山带 …………………………………………………………………… (153)

十、华南-北羌塘板块 ……………………………………………………………………………… (155)

第八节 构造阶段划分及其演化 …………………………………………………………………… (159)

一、南华纪—早奥陶世罗迪尼亚超大陆裂解伸展-洋陆格局形成时期 …………………………… (159)

二、中奥陶世—志留纪(—中泥盆世)多岛弧盆系-弧陆碰撞拼接时期 …………………………… (160)

第四章 晚古生代—中三叠世板块构造、板内演化与后碰撞伸展构造 ……………………………… (162)

第一节 沉积建造特征与时空分布 ………………………………………………………………… (163)

一、西伯利亚地层大区 ……………………………………………………………………………… (163)

二、哈萨克斯坦-准噶尔-阿拉善地层大区 ………………………………………………………… (163)

三、西南天山地层大区 ……………………………………………………………………………… (165)

四、塔里木-柴达木地层大区 ……………………………………………………………………… (165)

五、华北-祁连地层大区 …………………………………………………………………………………… (166)

　　六、昆仑山-宗务隆-秦岭地层大区 ………………………………………………………………………… (167)

　　七、康西瓦-苏巴什-阿尼玛卿-勉略地层大区 …………………………………………………………… (168)

　　八、华南-羌塘地层大区 …………………………………………………………………………………… (168)

第二节　火山岩石构造组合及时空分布 ……………………………………………………………………… (169)

　　一、火山岩时空分布 ………………………………………………………………………………………… (169)

　　二、火山岩岩石构造组合 …………………………………………………………………………………… (170)

第三节　侵入岩岩石构造组合及时空分布 …………………………………………………………………… (175)

　　一、侵入岩时空分布 ………………………………………………………………………………………… (175)

　　二、侵入岩岩石构造组合 …………………………………………………………………………………… (176)

第四节　变质岩岩石构造组合及时空分布特征 ……………………………………………………………… (177)

　　一、变质岩时空分布及变质单元划分 …………………………………………………………………… (177)

　　二、变质岩岩石构造组合 …………………………………………………………………………………… (177)

　　三、变质相(系)及变质时代 ………………………………………………………………………………… (178)

第五节　大型变形构造 ………………………………………………………………………………………… (180)

第六节　晚古生代至中三叠世大地构造分区 ………………………………………………………………… (187)

第七节　大地构造相特征 ……………………………………………………………………………………… (193)

　　一、西伯利亚板块 …………………………………………………………………………………………… (193)

　　二、斋桑-额尔齐斯(查尔斯克-乔夏喀拉-布尔根)对接带(Pz_2)特征 ……………………………… (193)

　　三、哈萨克斯坦-准噶尔-阿拉善(联合)板块 …………………………………………………………… (194)

　　四、塔里木-柴达木板块 …………………………………………………………………………………… (203)

　　五、华北板块 ………………………………………………………………………………………………… (204)

　　六、昆仑山-宗务隆-秦岭增生带 ………………………………………………………………………… (207)

　　七、康西瓦-苏巴什-阿尼玛卿-勉略拼接带 …………………………………………………………… (216)

　　八、华南-羌塘板块 ………………………………………………………………………………………… (217)

第八节　构造阶段划分及其演化 ……………………………………………………………………………… (222)

　　一、北构造区(天山-兴蒙造山系西部) …………………………………………………………………… (223)

　　二、中构造区(塔里木-柴达木板块、祁连-华北板块) …………………………………………………… (223)

　　三、南构造区(特提斯构造域北部) ……………………………………………………………………… (224)

第五章　晚三叠世—新生代盆山构造系统 ……………………………………………………………………… (225)

第一节　沉积建造组合及其时空分布 ………………………………………………………………………… (226)

一、西北地区西部(准噶尔-吐哈-塔里木)地层大区 ……………………………………………(226)
　　二、西北地区东部地层大区 ……………………………………………………………………(228)
　　三、青藏高原北部地层大区 ……………………………………………………………………(229)
　第二节　火山岩岩石构造组合及时空分布 …………………………………………………………(232)
　　一、火山岩时空分布 ……………………………………………………………………………(232)
　　二、火山岩岩石构造组合 ………………………………………………………………………(232)
　第三节　侵入岩时空分布及岩石构造组合 …………………………………………………………(234)
　　一、侵入岩时空分布 ……………………………………………………………………………(234)
　　二、侵入岩岩石构造组合 ………………………………………………………………………(234)
　第四节　大型变形构造特征 …………………………………………………………………………(235)
　　一、不同时代大型变形构造主要特征 …………………………………………………………(235)
　　二、大型变形构造的形成、构造环境及其演化 ………………………………………………(238)
　第五节　区域地球物理概略特征 ……………………………………………………………………(245)
　第六节　晚三叠世—新生代大地构造分区 …………………………………………………………(247)
　第七节　大地构造特征 ………………………………………………………………………………(253)
　　一、青藏高原北部盆山巨系统 …………………………………………………………………(253)
　　二、西北地区西部(阿尔泰-天山-阿拉善)复活盆山巨系统 …………………………………(258)
　　三、西北地区东部近南北向叠加盆山巨系统 …………………………………………………(263)
　第八节　构造阶段划分及其演化 ……………………………………………………………………(266)
　　一、中生代后造山—板内伸展阶段 ……………………………………………………………(266)
　　二、新生代陆内挤压盆山系统形成阶段 ………………………………………………………(268)

第六章　大地构造与成矿 …………………………………………………………………………………(269)
　第一节　前南华纪大地构造环境与成矿 ……………………………………………………………(269)
　　一、太古宙—古元古代结晶基底与沉积变质型铁矿、金矿矿源层等的形成 ………………(269)
　　二、中—新元古代超大陆裂解与岩浆型、沉积型矿产成矿 …………………………………(270)
　　三、新元古代弧盆系与多金属成矿 ……………………………………………………………(271)
　第二节　南华纪—早古生代大地构造环境与成矿 …………………………………………………(271)
　　一、南华纪—早奥陶世超大陆裂解地壳伸展环境与成矿 ……………………………………(273)
　　二、奥陶纪—中泥盆世俯冲-碰撞地壳汇聚背景与成矿 ………………………………………(274)
　第三节　晚古生代—中三叠世大地构造环境与成矿 ………………………………………………(275)
　　一、北部后碰撞构造演化与成矿 ………………………………………………………………(277)

二、中部稳定陆块区演化与成矿 ………………………………………………………………… (277)

三、南部板块构造与成矿 …………………………………………………………………………… (278)

第四节　晚三叠世—新生代大地构造环境与成矿 ………………………………………………… (278)

一、造山带构造热隆起与成矿 ……………………………………………………………………… (280)

二、构造转换与成矿 ………………………………………………………………………………… (280)

三、大型凹陷盆地与成矿 …………………………………………………………………………… (281)

四、青藏高原北部后造山伸展构造-热事件与成矿 ……………………………………………… (281)

主要参考文献 ……………………………………………………………………………………………… (282)

第一章 西北成矿大地构造概貌与研究方法

第一节 大地构造相研究与编图方法

按照全国矿产资源潜力评价项目管理规定,基于项目工作性质,西北地区成矿地质背景研究是在追踪西北五省(区)1:25万(分幅)实际材料图、建造构造图和1:50万(分省)沉积岩、火山岩、侵入岩、变质岩和大型变形构造专题图及大地构造相图编图,以及近年来西北地区主要成矿带基础地质、成矿地质背景研究进展的基础上开展的。

西北地区主要成矿带基岩区1:25万~1:20万区域地质调查工作基本全覆盖,重点成矿远景区已经大量开展1:5万区域地质调查工作;西北地区主要成矿带基础地质科研从地层、岩石、古生物、构造变形等基本地质问题研究,到沉积古地理、构造环境、造山带地质等大地构造研究都有了长足的进展并有大量的科研文献涌现。本次编图和研究工作是在大量应用这些实际调查资料和科研成果的基础上开展的。

西北地区成矿地质背景综合研究在理论上强调大地构造相研究方法的应用,研究方向上强调与成矿相关的沉积、岩浆、变质和构造等地质作用的综合分析,技术方法上强调GIS技术的全过程应用。

一、大地构造相研究的基本思路

考虑到西北地区不同构造阶段,大地构造格局、构造环境及其动力学机制差别很大,地质作用及其产物差异明显等基本地质事实,在本次成矿地质背景研究工作中,将不同构造演化阶段和各阶段不同构造单元研究侧重有所区别的工作思路贯穿于研究工作始终,即根据西北地区的具体地质情况,抓住"地质时代—构造环境—地质作用—岩石建造组合与相关构造—成矿"这一基本地质规律进行研究。"地质时代"是指构造演化阶段(超大陆旋回—构造旋回—亚旋回—构造体制演化阶段);"构造环境"是指某一构造阶段不同构造单元的大地构造环境或大地构造相、亚相;对于矿产预测,重点是同一构造动力学体制下各种相关大地构造环境,如拉张背景下的裂陷-裂谷盆地、被动边缘盆地,汇聚-挤压背景下的岛弧、大陆边缘岩浆弧、弧后盆地等;"地质作用"指特定大地构造环境下的沉积作用、火山喷发作用、岩浆侵入作用、变质作用、构造变形等;"岩石建造"指不同大地构造环境的沉积地层、火山岩、侵入岩、变质岩等。

不同的地质演化阶段其地球动力学背景差别很大,在不同的背景下形成的各种大地构造环境中,受当时地球动力学背景的控制,产生了不同的地质作用(包括成矿地质作用),从而形成了各不相同的岩石建造组合及与之密切相关的成矿作用、成矿类型和矿产资源。根据这一基本地质规律,对于矿产预测的成矿地质背景研究来说,就是要针对成矿相关地质体和控矿构造进行深入研究。前者包括同生成矿的含矿建造和后期叠加再造成矿相关地质体,本次研究分为岩石自然组合、岩石建造、岩石构造组合3个层次,并分别表达在1∶25万实际材料图、建造构造图及1∶50万和1∶150万大地构造相图上;后者本次研究也分为成岩-控岩构造、区域构造、大地构造3个层次,并分别表达在1∶25万至1∶5万预测工作区地质构造专题底图、1∶25万建造构造图、1∶150万至1∶50万大地构造相图上。通过研究揭示成矿作用、成矿相关地质体和控矿构造与地质作用、成矿作用和大地构造环境的内在联系,为总结区域成矿规律及成矿预测服务。

二、大地构造及五要素研究与编图

(1)综合分析西北地区地质演化记录,根据大地构造相研究的基本思路,将西北地区划分为前南华纪、南华纪—早古生代、晚古生代—中三叠世、晚三叠世—新生代4个大的构造阶段。其中,前南华纪可进一步分为古—中太古代陆核形成阶段、新太古代—古元古代结晶基底形成阶段(哥伦比亚超大陆形成阶段)、长城纪—青白口纪原地台裂解-拼合形成阶段(罗迪尼亚超大陆形成阶段);南华纪—早古生代为罗迪尼亚超大陆裂解-板块构造发育阶段;晚古生代—中三叠世为板内伸展与板缘拼合共同发展阶段;晚三叠世—新生代西北地区主体进入陆内演化,可进一步分为晚中生代和新生代两个次级阶段。根据各个阶段建造-构造特征,可进一步区分出伸展、汇聚等不同的动力学演化阶段,进而与相关的成矿作用、成矿类型等相关联。

(2)大地构造"五要素"专题研究与编图:在省级"五要素"编图的基础上,清理不同阶段岩石地层、沉积建造及其发育特征,核定归并沉积建造组合,分析总结不同构造阶段沉积古地理特征并进行地层区划,编制1∶150万沉积专题图;清理不同阶段火山岩建造及其岩石学、地球化学、地层学特征,核定归并火山岩岩石构造组合,并与同期侵入岩关联研究,分析总结不同构造阶段火山岩特征并进行火山岩构造岩浆岩带区划,编制1∶150万火山岩专题图;清理不同阶段侵入岩建造及其岩石学、地球化学特征,核定归并侵入岩岩石构造组合,并与同期火山岩关联研究,分析总结不同构造阶段侵入岩特征并进行侵入岩构造岩浆岩带区划,编制1∶150万侵入岩专题图;清理不同阶段变质岩建造及其岩石学、变质地质特征,研究区域构造热事件特征,核定归并变质岩岩石构造组合,分析总结不同构造阶段变质岩特征,恢复原岩建造及其形成的构造环境,并进行变质单元区划,编制1∶150万变质岩专题图;清理不同阶段以不同级别构造单元边界为主体的不同力学性质的大型变形构造特征及其叠加复合特征,结合构造带构造岩发育特征,分析总结不同构造阶段不同级别大地构造单元之间的构造关系,编制1∶150万大型变形构造专题图。

(3)分阶段构造环境综合研究与露头大地构造相编图:在综合1∶150万"五要素"专题研究的基础上,根据现今露头,综合分析不同阶段、不同构造层的露头上沉积建造组合、火山岩和侵入岩岩石构造组合、变质岩岩石构造组合及其所反映的大地构造环境,根据1∶150万比例尺表达尺度,以"大地构造环境+时代+岩石建造组合"划分圈定地质体的大地构造相(不同级别大地构造环境),确定不同相单元之间的边界性质及其接触关系,完成大地构造相主图编制。

(4)按照前南华纪、南华纪—早古生代、晚古生代—中三叠世、晚三叠世—新生代4个构造阶段,分析构造相配置关系,综合不同级别大地构造相,"由小到大"界定不同阶段Ⅰ—Ⅳ级大地构造单元及其相互关系,确定各个阶段不同运动学、几何学特征的大型变形构造及其与大地构造单元的关系和边界性质,编制4个构造阶段大地构造时空结构表、大地构造分区图和分区表。

(5)在汇总的基础上研究、总结各级别每个大地构造相单元特征及其沉积岩、火山岩、侵入岩、变质岩、大型变形构造依据与特征,按照大地构造相研究编图的数据模型填写相关属性库表格,按照大地构造相图数据结构,将1:150万大地构造相图的图形数据与属性数据关联挂接,形成西北地区1:150万大地构造相图数据库。

(6)研究总结西北地区大地构造相特征,编写成矿地质背景研究报告。

三、分阶段成矿大地构造环境分析

成矿地质背景研究的目的是为矿产预测提供与成矿相关的大地构造环境、建造等,也就是回答成矿期的大地构造环境和成矿地质体的大地构造环境是什么这一问题。为了此目的,本项目从岩石建造和控岩-控矿构造出发,按照露头大地构造相(环境)和分阶段大地构造单元分区的方法进行成矿地质背景的研究。通过不同构造层和构造体制演化阶段的构造环境、相关成矿类型含矿地质建造与控矿区域构造、与成矿相关的构造热事件分析、与典型矿床成矿条件的对比研究,为区域成矿条件的分析、成矿地质体的界定、预测工作区的圈定和预测地质要素的确定提供地质背景资料。

四、几点说明

1. 前南华纪古板块研究

前南华纪地质体作为西北地区构造基底局限出露于古生代陆块的内部或以构造地块夹裹于显生宙造山带中。这些局限出露或者残存的前南华纪地质记录被后期地质体压盖或被后期构造带强烈破坏,其间地质构造关系很难准确判断。因此,前南华纪构造格局较难恢复。

在对前南华纪各个断代岩石地层单位和古侵入岩的岩石建造,根据地质调查原始资料进行分解(编制1:25万建造构造图)的基础上,收集近年来科研资料尤其是同位素测年新资料,对前南华纪各类岩石构造组合的产出状态、建造时代、原岩建造形成的大地构造环境、变质时代、变质矿物组合、变质相系、变质作用与大地构造环境的关系等进行了清理、厘定,在变质岩石组合清理对比的基础上,根据岩石建造特征及反映的构造环境,恢复出露的前南华纪大地构造环境。如原作为变质基底的化隆岩群、宽坪岩群、碧口岩群和前南华纪变质古侵入体等,在变质岩岩石建造分解表达的基础上,对于有确切新资料能够说明其中的某些"变质岩石组合"形成时代为新元古代或古生代的,以"具体的变质岩石组合"调整为新元古代或古生代,而不把原岩石地层单位全部调整为新元古代或古生代。

前南华纪大地构造分区是在前述岩石构造组合清理、大地构造环境甄别、露头大地构造相主图和专题图编制的基础上,将具有基底和盖层双层结构,且尚存区域较大的称为陆块,其双层结构不清楚或者夹裹于后期造山带中出露面积很小的陆壳残块称为地块,陆块或地块内不同性质的盆地是其中的次级构造单元;前南华纪总体构造格局只能根据各个构造块体在物质建造、构造热事件序列、地层层序及成矿特征等的可对比性作粗略对比,将具有相似性的作为具一定亲缘性的陆块群或陆块区进行归类(华北、塔里木、扬子3个陆块区和华南、哈萨克斯坦2个陆块群)。

2. 南华纪—中三叠世板块构造研究

南华纪—中三叠世(新疆北部为南华纪—中二叠世),西北地区地质记录残存在地表中—新生代陆内造山带内部和中—新生代盆地之下。该时期是西北地区板块构造最活跃的发育时期，主体由古生代陆块区或陆块及其周边（或其间）不同构造阶段的增生造山带构成。

本次研究在对南华纪—中三叠世各个断代岩石地层单位和侵入岩的岩石建造，根据地质调查原始资料进行分解（编制1∶25万建造构造图）的基础上，收集近年来科研新资料，对沉积地层、火山岩、侵入岩、变质岩和相关的大型变形构造综合研究，分别编制大地构造研究"五要素"专题底图，综合分析控制大地构造环境的主导要素和相关因素，对大地构造相单元进行甄别和厘定划分。对地层与沉积岩，按照沉积盆地分析和沉积大地构造分析理论与原理，在沉积岩岩石建造分解的基础上，综合分析沉积建造组合，对不同构造阶段、不同构造动力学体制（伸展拉张、挤压汇聚、走滑）下，不同类型的盆地或盆地群（裂陷-裂谷、被动陆缘、洋盆，弧前-弧间-弧后盆地、周缘与弧后前陆盆地等）的沉积体系和沉积相进行辨识，分析盆地充填特征、控盆构造、物质成分反映的物源区构造背景，结合盆地火山岩性质等，综合判断沉积环境和大地构造环境，划分构造古地理单元。对火山岩和侵入岩，主要根据岩浆岩岩石类型及其组合、岩石地球化学特征、同位素地球化学特征与年代学测定，判断板块体制下不同大地构造环境。对于变质岩，重点关注与板块构造密切相关的构造热事件、高压-超高压变质地质体等，构造混杂岩尤其是构造蛇绿混杂岩是重要的板块缝合带，也是板块构造体制下最重要的大型变形构造带；同时重视对与裂谷发育相关的伸展-滑脱变形构造进行辨识界定，它们往往是不同大地构造环境的分界。

构造单元的级别谱系按照板块构造的谱系进行，除引进了对接带、叠接带概念之外，大多按照全国矿产资源潜力评价项目办公室（以下简称"全国项目办"）发布的技术要求中的构造单元级别划分，在此不再赘述。要说明的是，不同级别构造单元只能在同一构造体制演化阶段才具有等级谱系，跨构造阶段或者不同构造层的构造单元是叠加关系，不具有级别对应关系。

3. 晚三叠世—新生代陆内演化研究

晚三叠世—新生代，西北地区主体是板内构造演化过程，上述板块构造名词系统不再适用，基本单元为不同类型的陆内造山带和不同动力学系统下的盆地所构成的不同级别的盆山系统，可以划分出盆山巨系统、系统、子系统和基本单元（造山带与盆地）4级。地球物理资料，尤其是重力资料与现代构造地貌的耦合关系，说明了地壳深部乃至岩石圈深部构造对中—新生代构造单元的控制作用，在构造单元划分及各构造单元特征研究对比中，尽量结合地球物理尤其是重磁及其反演的地壳深部构造特征是十分必要的。

第二节　大地构造与成矿概貌

西北地区保留了地质历史时期自太古宙至新生代各个时期不同类型的地质建造记录和不同构造阶段构造变形-变质改造遗迹。总观地球演化地质记录，西北地区经历了新太古代—青白口纪古板块构造发育、南华纪—早古生代板块构造演化、晚古生代—中三叠世板块构造与后碰撞伸展裂谷共同发展、晚三叠世以来陆内造山等几个大的构造阶段，经历了复杂多变的伸展、汇聚等不同动力学体制的演化。不同阶段大地构造格局和构造环境的差异，决定了不同阶段时间和空间上地质作用、成矿作用，及其岩石建造、构造、成矿类型等的差别。

一、前南华纪

西北地区前南华纪的地质记录总体构成了古生代以来造山带及盆地演化的基底,主体可分为太古宙—古元古代中深变质岩系组成的结晶基底、中—新元古代浅变质火山-沉积岩系组成的第一个盖层(或以往称的变质基底或褶皱基底)和西北地区中南部普遍发育的新元古代早期活动陆缘构造岩浆热事件记录,经历了太古宙—古元古代陆核形成、增生与"古中国地台"(哥伦比亚超大陆一部分)形成,中—新元古代(长城纪—蓟县纪—青白口纪)哥伦比亚超大陆解体,青白口纪古陆块汇聚、罗迪尼亚超大陆形成三大阶段的演化。综合地质演化历史中沉积盆地、构造岩浆事件、变质变形作用特征及其与大地构造环境的关系,将西北地区前南华纪划分为三大陆块区(塔里木陆块区、华北陆块区、扬子陆块区)和三大陆块群(哈萨克斯坦-准噶尔-敦煌陆块群、华南陆块群、西伯利亚陆块群)的总体构造格局,反映了地球早期演化阶段"准板块"构造体制下的大地构造特征。

太古宙—古元古代构造活动带是条带状含铁建造(BIF)型铁矿(陕西鱼洞子、新疆赞坎等)和绿岩型金矿的主要成矿部位;中—新元古代在裂谷盆地深海—次深海受同生断裂控制,形成了著名的火山-沉积喷流-变质再造型铁多金属矿产(杨家坝、镜铁山、红山等);青白口纪活动陆缘蕴藏着丰富的铁铜铅锌金多金属矿产(勉略宁等)。

二、南华纪—早古生代

南华纪—早古生代是西北地区板块构造发育最具代表性的时期。南华纪—早奥陶世罗迪尼亚超大陆解体,在西北地区普遍形成了以裂谷-被动陆缘-洋岛-小洋盆为主的构造格局,总体以塔里木-敦煌、阿拉善-华北两大陆块可能构成的大陆链为界,其南划归(原)特提斯(东部)"多岛洋",其北划归古亚洲"多岛洋"。早古生代晚期至中泥盆世,华南陆块、塔里木-敦煌陆块、阿拉善-华北陆块、西伯利亚陆块汇聚,洋盆收缩并总体显示出自北向南逐渐关闭的趋势,形成了由多条蛇绿混杂岩和多个弧盆系构成的增生造山带。从此,在西北地区北部基本结束了大规模板块构造的历史。

早期超大陆裂解相关的伸展背景下,在西北地区形成了岩浆分异型铜镍矿(金川等),沉积喷流型铅锌矿(扬子型铅锌矿等),沉积型钒、重晶石、磷锰多金属矿产,与蛇绿岩相关的豆荚状铬铁矿(库地等)。晚期弧盆系发育阶段形成与弧岩浆相关的壳源型钨锡矿、钨钼矿(小柳沟、塔尔沟、白干湖等),斑岩型铜矿(公婆泉铜矿等)。

三、晚古生代—中三叠世

晚古生代—中三叠世,西北地区构造环境及其格局较此前发生了重大变化。中部主要表现为塔里木陆块和柴达木地块在石炭纪—二叠纪可能连为一体,形成统一的陆表海;早古生代祁连构造带在该时期已经准克拉通化与华北陆块相连。北部除西天山发育残留海并向北深俯冲外,在中天山-北山-阿拉善及其以北,大面积发育的以幔源岩浆为主体的陆相-海陆交互相-海相火山岩系和弧岩浆岩岩石组合面貌及普遍的退积沉积序列,综合反映了该时期在早古生代弧盆系基底之上后碰撞阶段裂谷环境特点和可能的地幔柱作用的叠加。南部在西昆仑—东昆仑—宗务隆—陇山—北秦岭中南部一线以南,板块构造持续发展,部分地区构造岩浆活动一直持续到晚三叠世末。

北部构造区在天山-兴蒙构造带形成与石炭纪—二叠纪后碰撞裂谷岩浆作用有关的铁矿(阿吾拉勒、雅满苏等)、铜镍矿(黄山、坡北、喀拉通克等)以及与同期岩浆弧中酸性侵入岩相关的斑岩型-矽卡岩型-热液脉型铜多金属矿(土屋、包谷图、辉铜山等)。中部构造区在鄂尔多斯地块奥陶纪古喀斯特风化面,形成了山西式铁矿和 G 层铝土矿及石炭纪—二叠纪煤田。南部构造区早期被动陆缘区发育沉积喷流型铅锌矿田(西成、凤太、山柞镇旬),晚期弧岩浆形成祁漫塔格铁铜多金属矿集区等。

四、晚三叠世—新生代

晚三叠世—新生代,除喀喇昆仑山—可可西里中生代尚处于特提斯洋北缘活动大陆边缘外,西北地区基本上进入板内构造演化阶段,形成了不同级别造山带与盆地相间的构造格局。主体表现为中—新生代,尤其是新生代以来,受青藏高原地壳隆升、岩石圈加厚并向北推挤这一动力学系统的控制,形成了青藏高原北部盆山巨系统、西北地区西部复活盆山巨系统和西北地区东部南北向盆山巨系统。这三大巨系统控制着西北地区中—新生代构造-地貌-成矿,在造山带中分布着中—新生代构造-热隆起和与之密切相关的多金属成矿带。盆地区是西北地区重要的能源、化工矿产形成聚集区。

第二章　前南华纪古板块构造

西北地区的前南华纪地质体出露齐全，总体构成了古生代以来造山带及盆地演化的基底，多出露于陆块内或以构造地块夹裹于显生宙造山带中。主体可分为太古宙—古元古代以角闪岩相为主的由中深变质岩系组成的结晶基底残块、长城纪—蓟县纪—青白口纪不同类型浅变质火山-沉积岩系组成的盖层（或以往称的变质基底、褶皱基底）和西北地区中南部普遍发育的新元古代早期活动陆缘构造岩浆热事件记录 3 种类型。经历了太古宙—古元古代陆核形成、增生与"古中国地台"（哥伦比亚超大陆一部分）形成，中—新元古代（长城纪—蓟县纪—青白口纪）哥伦比亚超大陆解体，青白口纪古陆块汇聚、罗迪尼亚超大陆形成三大阶段的演化。

太古宙—古元古代基底残块以角闪岩相变质岩为主，在北阿尔金、库鲁克塔格、小秦岭、南秦岭佛坪、汉南等极少地区出现麻粒岩相，部分地区为高绿片岩相，主体表现为围绕中—新太古代陆核发育的地壳早期高热流状态下的陆缘增生古盆地、古岛弧、古增生杂岩等。然而受岩浆-热事件及韧性构造变形的复杂改造，其界线往往难以确定，但多作为中—新元古代及南华纪以后盆地基底或者夹裹于造山带中。太古宙—古元古代构造活动带是条带状含铁建造（BIF）型铁矿（陕西鱼洞子、新疆赞坎等）和绿岩型金矿的主要成矿部位。

长城纪—蓟县纪—青白口纪不同类型浅变质沉积盖层——古地块结晶基底之上的第一个盖层，构成较明显的双层结构，由古裂谷火山岩、古被动陆缘、古陆表海碎屑岩及富产叠层石的碳酸盐岩组成。在裂谷盆地深海—次深海受同生断裂控制，形成了著名的火山-沉积喷流-变质再造型铁多金属矿产（陕西杨家坝，甘肃镜铁山、红山等）。

青白口纪活动陆缘地质建造在东昆仑（清水泉）、东秦岭（松树沟）、摩天岭（勉略）等地产出古洋盆蛇绿岩建造及其相关的板块边缘（弧盆系）火山-沉积建造，反映了古板块构造的存在。在中天山—北山及其以南大部分前南华纪地质体中，发育中元古代末期—新元古代早期弧盆系残块，可能反映了罗迪尼亚超大陆的全球构造事件印迹。

第一节　沉积建造特征及时空分布

在前人岩石地层清理（顾其昌等，1996；孙崇仁等，1997；杨雨等，1997；张二朋等，1998；蔡土赐等，1999；马瑞华等，1998；高振家等，2000）和沉积专题研究的基础上，根据西北地区前南华纪双层地质结构和沉积建造发育特征，结合前南华纪构造-岩浆热事件、沉积成因成矿作用，尤其是新元古代与超大陆形成相关的构造岩浆事件的发育情况，将西北地区前南华系划分为西伯利亚、哈萨克斯坦-准噶尔-敦煌、华北、塔里木、华南、扬子 6 个地层大区，18 个地层区、37 个地层分区及 98 个地层小区。下面就各大区地层结构、沉积建造特征概述如下。

一、西伯利亚地层大区

该地层大区位于新疆准噶尔盆地以北,以额尔齐斯断裂带为南界,在中国境内只包括阿尔泰地层区,属西伯利亚陆块区南缘的阿尔泰陆缘活动带,与南面北准噶尔地层分区的界线为查尔斯克-乔夏喀拉缝合带南界。此区地层主要为长城纪苏普特岩群,变质岩岩石多呈层状、似层状产出,岩性以片麻岩、混合岩、斜长角闪岩为主,变质程度为高绿片岩相—角闪岩相。

二、哈萨克斯坦-准噶尔-敦煌地层大区

(1) 准噶尔地层区:包括准噶尔和吐哈两个地层分区,大部分被第四系覆盖,仅盆地边缘出露少量长城纪扎曼苏岩群和道草沟岩群。前者为陆源碎屑岩,中、酸性火山岩夹少量碳酸盐岩;后者为陆源细碎屑岩和碳酸盐岩夹少量基性火山岩。

(2) 中天山-北山地层区:太古宇为新太古代小铺岩群;元古宇为古元古代温泉岩群、木扎尔特岩群、天湖岩群和北山岩群,中新元古代地层由老到新基本齐全。其中,伊犁地层分区有长城纪特克斯岩群,蓟县纪库松木切克岩群、科克苏岩群;巴仑台地层分区主体由下部的古元古代木扎尔特岩群片麻岩-片岩系、中部长城纪星星峡岩群片麻岩-片岩-大理岩组合、上部蓟县纪科克苏群灰岩-泥岩-硅质岩组合组成;马鬃山基底残块为长城纪古硐井群和杨吉布拉克岩群的条带状大理岩与中厚层石英岩互层,蓟县纪平头山组白云质灰岩、大理岩,青白口纪野马街组和大豁落山组分别由远滨泥岩-粉砂岩夹砂岩组合和台地边缘浅滩碳酸盐岩组合构成。

(3) 敦煌-阿北地层区:考虑到前南华纪地层结构与中天山-北山地层区的可对比性,并在同层位产出区域可对比的红山式沉积型铁矿等因素,故将其归入同一地层大区。古元古代敦煌岩群结晶片岩原岩为陆源碎屑岩、火山岩和碳酸盐岩组合,局部为TTG岩系片麻岩。长城纪古硐井群为台盆陆源碎屑岩-碳酸盐岩组合,铅炉子沟群为浅海粉砂岩与中基性火山岩组合;蓟县纪平头山组为缓坡陆缘碎屑岩-碳酸盐岩组合;青白口纪地层主要分布在本区北部,发育比较齐全,均为稳定型沉积类型。

三、华北地层大区

这里主要考虑前南华纪地层的可对比性,华北地层大区主体发育在华北陆块区西部和南部边缘。

(1) 华北南缘地层区:元古宙地层主要为长城纪熊耳群裂谷相双峰式火山岩组合,古裂谷活动后为古克拉通盆地相沉积,即上覆高山河群陆表海陆源碎屑岩-潟湖白云质砂岩建造组合,自下而上为鳌盖子组、二道河组、陈家涧组;蓟县纪官道口群为碳酸盐岩陆表海白云岩-白云质灰岩建造组合,包括龙家园组、巡检司组、杜关组、冯家湾组;青白口纪白术沟组为陆棚碳酸盐岩台地白云岩-砂岩-含碳泥质岩建造组合。

(2) 华北西缘地层区:出露于贺兰山及鄂尔多斯西缘,双层结构明显,下部结晶基底由太古宙—古元古代贺兰山岩群角闪岩相片岩-片麻岩等变质岩组合组成;沉积盖层由蓟县纪黄旗口组、青白口纪王全口组和西勒图组组成,主要为浅海相白云质碳酸盐岩-海绿石砂岩-粉砂岩夹泥质页岩,是发育在古老结晶基底之上的陆表海碎屑岩-碳酸盐岩沉积。

四、塔里木地层大区

(1) 塔里木北缘地层区：前南华纪地层主要出露于柯坪-库鲁克塔格地区，古太古代东白地岩群和古—中太古代达格拉格布拉克岩群，属绿片岩相结晶片岩夹（镁质）碳酸盐岩和变质火山岩。蓟县纪艾尔基干岩群分布在库鲁克塔格地区，岩性为大理岩夹变质砂岩和绢云母铁质石英片岩、二云母石英片岩，是一套开阔台地潮汐三角洲沉积环境的台地碳酸盐岩-陆源碎屑岩组合；青白口纪帕尔岗塔格群分布在库鲁克塔格地区北侧，岩性为含绿泥绢云石英岩、含绢云钾长斜长石岩、石英砂岩，原岩为碎屑岩-基性火山岩，是一套无障壁海岸陆表海砂岩组合。

(2) 塔里木西南缘地层区：主要分布于铁克里克地区，为古—中元古代中浅变质碎屑岩、碳酸盐岩夹火山岩组合和新元古代碎屑岩组合。前者主要包括长城纪塞拉加兹塔格群的双峰式细碧角斑岩组合，蓟县系下部博查特塔格组和上部苏玛兰组的杂色碳酸盐岩、镁质碳酸盐岩、陆源细碎屑岩并含磷矿组合；后者为青白口纪苏库罗克组下段的泥质粉砂岩与（竹叶状）灰岩不等厚互层、中段的薄层状粉砂岩夹砂岩，以及上段的硅质岩、粉砂泥质岩、杂砂岩，为陆表海环境产物。

五、华南地层大区

这里主要考虑前南华纪地层的可对比性，阿拉善地区和后来卷入秦祁昆造山系的前南华系与华北陆块有明显区别，并均发现华北陆块不曾有的晋宁期构造热事件产物，而这些特征与塔里木陆块、华南陆块群的前南华系可以对比。故本次研究通过系统对比，将阿拉善、祁连、阿尔金、西昆仑、东昆仑、柴达木、秦岭、羌塘-摩天岭等地区的前南华系归入华南地层大区。

(1) 阿拉善地层区：北界是巴丹吉林断裂带，西界是阿尔金断裂带，东界是吉兰泰-巴音查干断裂带，南界是龙首山断裂带。自老而新有中太古代乌拉山群、新太古代—古元古代龙首山岩群，都属于深变质结晶基底；其上为蓟县纪墩子沟群，属古克拉通盆地相白云质碳酸盐岩建造。

(2) 祁连地层区：新太古代—古元古代由北大河岩群、湟源岩群、托赖岩群、化隆岩群、马衔山岩群角闪岩相-麻粒岩相片岩-片麻岩-大理岩组合构成结晶基底杂岩，多系古裂谷环境的产物。长城纪祁连地区东、西、中差异明显。东部兴隆山群、皋兰群和海源群基性火山岩发育，向上为黑云石英片岩、变石英砂岩夹千枚岩，半深海浊积扇砂砾岩组合属斜坡沟谷环境。西部火山岩发育，熬油沟组为基性火山熔岩、变质火山碎屑岩夹凝灰质板岩及碳酸盐岩，属裂谷斜坡沟谷-斜坡扇环境；向上桦树沟组为千枚岩、板岩、变砂岩、硅质岩、凝灰质板岩、凝灰岩夹少量石英岩、结晶灰岩及铁矿层，属远滨-斜坡扇半深海环境；南白水河组为砂质板岩、变质石英砂岩、灰岩、泥岩、粉砂岩夹砂岩组合，属远滨环境。中部不同于东、西部，长城纪湟中群主要为滨海陆棚碎屑岩组合。长城纪晚期—蓟县纪中西部为托莱南山群和青白口纪龚岔群，包括蓟县纪花儿地组、高家湾组微晶灰岩、白云岩夹板岩，为台地相碳酸盐岩组合。东段青白口纪其它大坂组为长石石英砂岩、板岩、碳质板岩、泥岩、粉砂岩夹砂岩组合，属远滨环境；五个山组为砂质白云质灰岩、微晶灰岩夹硬绿泥石粉砂质板岩，为台地-潟湖-斜坡碳酸盐岩组合；哈什哈尔组为板岩、粉砂岩、砂岩、泥质粉砂岩夹砂岩组合，属远滨环境。窑洞沟组为角砾状灰岩、鲕状灰岩、砂质板岩，属台地斜坡碳酸盐岩及台缘浅滩环境。

(3) 阿尔金地层区：古—中太古代米兰岩群和新太古代—古元古代阿尔金岩群为麻粒岩相—角闪岩

相片岩-片麻岩-大理岩组合；长城纪巴什库尔干岩群自下而上划分为扎斯堪赛河岩组、红柳泉岩组、贝克滩岩组，为陆源碎屑岩夹双峰式火山岩和(镁质)碳酸盐岩、硅质岩；蓟县纪塔昔达坂岩群自下而上划分为马特克布拉克岩组、斯米尔布拉克岩组、卓阿布拉克岩组、木孜萨依岩组、金雁山岩组，为碳酸盐岩、镁质碳酸盐岩和陆源碎屑岩夹硅质岩、玄武岩、英安斑岩、火山碎屑岩；青白口纪索尔库里群自下而上划分为乱石山组、冰沟南组、平洼沟组，为一套斜坡—台地相碳酸盐岩-陆表海陆源碎屑岩组合。

(4)西昆仑-喀喇昆仑地层区：古元古代为赫罗斯坦岩群、喀拉喀什岩群(含原古元古代公格尔岩群和布伦阔勒岩群)、塔什库尔干岩群(原长城纪塔什库尔干岩群)。中元古代以西昆中中段为代表，由赛图拉岩群绿片岩相陆源碎屑岩、碳酸盐岩夹双峰式火山岩和桑株塔格群绿片岩相-角闪岩相碳酸盐岩与陆源碎屑岩夹基性火山组成。西昆北中元古代地层划分为卡芸岩群黑云斜长片麻岩、变粒岩、角闪片岩、石英片岩夹大理岩和流水店岩组大理岩、石英片岩、石英岩夹变粒岩，与西昆中具一定相似性。

(5)柴达木地层区：全吉分区为古元古代达肯达坂岩群，早期为裂谷边缘带潮汐通道粗碎屑沉积，后为盆地中心相滨-浅海环境砂泥质和碳酸盐沉积。长城纪—青白口纪地层原称万洞沟群，由长城纪小庙组石英质碎屑岩-泥质岩夹碳酸盐岩组合、蓟县纪狼牙山组白云质碳酸盐岩夹碎屑岩组合、青白口纪丘吉东沟组泥质岩-碎屑岩夹碳酸盐岩组合组成，上、下组合夹变中、基性火山岩，属陆缘海活动-过渡类型沉积。蓟县纪狼牙山组分布于柴达木盆地南缘祁漫塔格主脊狼牙山—东昆仑布尔汗布达山北坡冰沟一带，呈北西西向断续展布。岩石组合为板岩与白云质灰岩、鲕状灰岩、角砾状灰岩互层，夹粉砂质板岩、硅质岩。

(6)东昆仑地层区：古元古界下部白沙河岩组为角闪岩相或绿片岩相—角闪岩相结晶片岩。中—新元古界在东昆北和东昆中由小庙岩组-狼牙山组-丘吉东沟组组成。小庙岩组主要由石英岩、长石石英岩、白云(或二云)石英片岩组成，局部夹大理岩，偶含石榴子石、夕线石、堇青石、角闪石等变质矿物。狼牙山组分布于阿达滩南侧和卡尔塔阿拉南山一带，为条带状结晶灰岩、糜棱岩化白云质大理岩、石英岩，为开阔台地相碳酸盐岩-陆源浅薄碎屑岩组合。丘吉东沟组分布于卡尔塔阿拉南山及巴音格勒乎都森南岸一带，薄层状浅变质黑云母斜长石石英变砂岩、凝灰质变砂岩、玄武岩，斜坡沟谷亚相半深海浊积岩(砂板岩)组合，为夭折裂谷。东昆南中—新元古代万宝沟群下部由玄武岩、安山岩夹变砂岩、板岩、大理岩组成，上部以白云岩、白云质大理岩、大理岩为主，夹千枚岩、变砂岩，属活动类型沉积。

(7)秦岭地层区：中-南秦岭新太古代陡岭岩群、佛坪岩群和龙草坪片麻岩套为黑云二长片麻岩-黑云斜长片麻岩变质组合。北秦岭古元古代秦岭岩群为多期变形变质的角闪岩相变质岩系。长城纪宽坪岩群为碳酸盐岩和基性火山岩及陆源碎屑岩，为裂谷环境；吴家山岩群主要由被动陆缘大理岩、云母石英片岩夹石英岩、变质粉砂岩等组成。

(8)羌塘-摩天岭地层区：太古宙鱼洞子岩群为角闪岩相表壳岩-片麻岩套组合，中—新元古代碧口岩群下部阳坝组以变质基性—酸性火山熔岩为主夹正常沉积岩，上部秧田坝岩组为凝灰质千枚岩、变凝灰质砂岩、粉砂质板岩夹变质火山岩、变凝灰质砾岩，半深海浊积岩-滑混岩组合，后者属斜坡扇环境。青海南部昌都地块古中元古代宁多岩群为斜长角闪岩-黑云斜长片麻岩-镁质大理岩变质建造。新元古代青白口纪肖尔克谷地岩组主要分布于阿克萨依湖北东的甜水海-郭扎错断裂带南侧，岩性为中薄层状泥质石英白云岩夹石英粉砂岩，为潟湖-台地碳酸盐岩-陆表海陆源碎屑岩组合。

六、扬子地层大区

上扬子地层区：仅包含汉南地层小区，古元古代后河岩群由下到上为响洞子岩组和左溪岩组。长城纪火地垭群岩性为麻窝子组大理岩和上两组变砂砾岩-黑云石英片岩。蓟县纪竹林坡组（王家坝岩组、三湾组）为酸性火山角砾岩-含砾凝灰岩，青白口纪分别为西乡群孙家河组中基性熔岩、铁船山组火山岩-变质砂岩-板岩。

第二节　火山岩时空分布及岩石构造组合

一、火山岩时空分布

西北地区前南华纪火山岩主要分布于昆仑—阿尔金和秦岭一带，天山及祁连地区次之。在时代上以元古宙为主，太古宙火山岩较少，均呈基底残块形式分布。

太古宙表壳岩中的绿岩系火山岩分布于阿尔金、库鲁克塔格等地区，塔里木陆块北缘辛格尔附近的达格拉格布拉克岩群夹有变质玄武岩；西秦岭新太古代鱼洞子岩群发育角闪岩相-绿帘角闪岩相的变质基性火山岩系；在阿尔金北缘中—新太古代米兰岩群、中阿尔金地块新太古代—古元古代阿尔金岩群中发育中基性和少量中酸性火山岩。

元古宙火山岩在西北地区广泛分布。古元古代火山岩变质变形较强，多呈角闪片岩、斜长角闪片岩等，主要分布于阿勒泰、库鲁克塔格山、天山、北祁连和北山地区。库鲁克塔格山地区滹沱纪兴地塔格群中夹有基性火山岩及火山碎屑岩；古元古代晚期穷库什太一带见中酸性火山岩，长城纪铅炉子沟群火山岩主要分布于平头山和大红山一带，敦煌岩群和龙首山岩群也发育火山岩。

中元古代长城纪火山岩见于昆仑—阿尔金—祁连—秦岭、柴北缘和塔里木一带。西昆仑为长城纪赛图拉岩群发育中基性火山岩；秦岭地区为中—新元古代熊耳群、广东坪岩组、松树沟岩组，摩天岭地块大安岩群等；蓟县纪火山岩在富蕴县乌恰沟一带，发育变质酸性凝灰岩夹层。柴北缘及东昆南一带中—新元古代火山岩以玄武岩为主。

新元古代早期火山活动在东秦岭地区较为发育，涉及姚坪岩组、杨坪岩组、耀岭河组、小磨岭火山岩、乔子沟岩组、竹林坡组、三湾组、孙家河组、铁船山组、阳坝岩组等。震旦纪火山岩主要分布在库鲁克塔格山，可分为3期——水泉期、扎摩克提期和贝义西期，主要发育有橄榄玄武岩、安山岩、英安岩及流纹岩，夹粗安岩和钠质粗面岩。该期以大陆裂谷双峰式火山岩为主。

二、火山岩相及岩石构造组合特征

1. 火山岩相

由于遭受变质变形及构造活动影响，前南华纪火山岩相破坏严重，现对一些残留的火山机构特征予以描述。天山博洛科努一带最早的长城纪火山岩相为喷溢-爆发相，岩性组合主要为蚀变玄武岩、安山岩、安山玄武质火山角砾岩。阿尔金红柳沟—拉配泉一带长城纪火山岩相有喷溢相、潜火山岩相，岩石组合为英安斑岩、辉绿岩；蓟县纪火山岩相为喷溢相，岩石组合为拉斑玄武岩、安山玢岩、安山质玄武岩。西昆仑奥依旦克—塔其木一带长城纪火山岩相为溢流相，岩石组合为粗玄岩、粗面流纹岩。秦岭、小秦岭及汉南—碧口地区前南华纪火山岩相多为火山喷发沉积相，主要岩石有变玄武岩、火山角砾（基性）熔岩、凝灰熔岩、变安山玄武岩、变安山岩及中酸性—酸性火山熔岩等。

2. 岩石构造组合特征

火山岩岩石构造组合是在其自然岩石组合的基础上，结合形成过程中所处构造环境而划分的，其命名采用"构造环境＋火山岩岩石组合"的形式。按照"技术要求"中所指定的"6种构造环境、31种火山岩岩石构造组合"进行归类、划分，西北地区火山岩岩石构造组合主要有大陆裂谷（板内裂谷）火山岩岩石组合、俯冲环境火山岩岩石组合、大陆伸展火山岩岩石组合及大洋环境火山岩岩石组合，局部区域的火山岩属于碰撞环境火山岩岩石组合。

1）双峰式火山岩组合

双峰式火山岩组合主要分布在华南陆块群，哈萨克斯坦-准噶尔-敦煌陆块群中有少量的分布。

哈萨克斯坦-准噶尔-敦煌陆块群中—新元古代火山岩为大陆裂谷或初始裂谷环境，主要有博洛科努吐拉苏一带的大陆裂谷双峰式火山岩组合、星星峡一带板内裂谷玄武岩-英安岩-粗面岩-流纹岩组合、库鲁克塔格一带的初始裂谷双峰式火山岩组合等。

华北陆块长城纪熊耳群上部为中基性熔岩夹中酸性熔岩，下部为中基性熔岩夹少量沉积岩。火山熔岩有变质玄武岩、安山岩、流纹岩；火山碎屑岩有凝灰熔岩、凝灰质板岩等。其岩石构造组合显示以双峰式火山岩组合为特征，属大陆裂谷环境产物，地球化学特征显示形成于板内拉张环境。

华南陆块群阿中地块最早的火山岩为中—新太古代洋岛-双峰式火山岩建造，火山岩岩石构造组合显示大陆伸展环境；古元古代阿尔金群等火山岩具有大陆拉斑玄武岩特征，反映了初始陆核形成后垂向增生的特点，火山岩岩石构造组合为板内裂谷火山岩组合。长城纪火山岩为岛弧玄武岩-安山岩-英安岩组合，蓟县纪至早寒武世为大陆裂谷玄武岩-英安岩-粗面岩-流纹岩组合。

扬子陆块北部及南秦岭地区，武当岩群姚坪岩组、杨坪岩组和三湾组、陈家坝岩群均属于双峰式火山岩组合。姚坪岩组为一套变质中基性火山岩-火山碎屑岩夹酸性火山岩。熔岩有变安山玄武岩、变安山质含凝灰熔岩、流纹质英安岩；火山碎屑岩有含火山角砾晶屑岩屑凝灰岩、中—基性熔结凝灰火山角砾岩、火山角砾-集块岩。杨坪岩组为一套中酸性火山碎屑岩夹中基性火山岩及细粒碎屑岩，主要岩石有变安山岩、糜棱岩化酸性熔岩、糜棱岩化酸性火山碎屑岩等。火山作用以溢流相为主，向上部喷发相火山岩增加，火山活动增强。三湾组主要出露于西乡县丰东乡十里铺、茶镇及南郑县喜神坝、红庙等地，下部火山岩以中偏酸性火山碎屑岩为主，上部以偏基性为主，熔岩有安山岩、安山玄武岩、玄武岩，火山碎屑熔岩有英安质火山角砾熔岩、英安质熔岩、中—酸性（含砾）沉凝灰岩等。陈家坝岩群主要分布于勉略三角区的何家岩南部—铜厂北部一带，为一套变质基性、酸性的火山熔岩及火山碎屑岩类，喷发-溢流相，属早期裂解的裂谷建造。

2）碱性玄武岩-流纹岩组合

该套岩石组合主要在华南陆块群中秦岭地块出露。耀岭河组主要在牛山—凤凰山、平利、武当山地区环绕武当岩群分布，是南秦岭分布最广的火山-沉积岩系之一，为一套绿片岩相变质的中基性火山岩。火山作用方式为爆发→喷发，岩石构造组合显示为碱性玄武岩-流纹岩组合，为陆缘裂谷环境；竹林坡组为一套中酸性火山碎屑-沉积建造。喷发-沉积可能为一种陆内或近陆盆地（火山口塌陷）的沉积环境，喷发形式为中心式喷发：一是在近火山口地区，以大量的火山角砾出现；二是在竹林坡组附近出现具一定规模的高位超浅成侵入岩（次火山岩），为碱性玄武岩-流纹岩组合。

3）大洋环境构造岩石组合

该套岩石组合分布于中-南秦岭地块及祁连地块中。

（1）MORS型蛇绿岩组合：长城纪熬油沟组中发育MORS型含蛇绿岩碎片浊积岩及玄武质-安山质

-英安质火山岩岩石组合(上部由灰黑色硅质岩、深海沉积物组成;下部由深灰色枕块玄武岩、粗玄岩、细碧岩等共同构成);松树沟岩组位于秦岭地块松树沟蛇绿岩亚带中,为一套含气孔、杏仁、局部具枕状构造的角闪岩相变质中基性火山岩系,岩石构造组合显示为MORS型蛇绿岩,形成于洋脊环境;乔子沟岩组出露于略阳-勉县地段,为一套变质火山岩地层[绿帘绿泥钠长片岩-钠长绢(白)云石英片岩组合],原岩为一套基性、中酸性火山熔岩,岩性主要为玄武岩、安山玄武岩、凝灰岩、流纹岩等,基性岩岩石构造组合显示为MORS型蛇绿岩组合,形成于洋脊环境。

(2)洋岛拉斑玄武岩组合:东昆仑地块万保沟群火山岩岩组的洋岛拉斑玄武岩为海相喷溢相,最大厚度大于3879m,岩性为灰绿色、暗绿色厚层—块状变玄武岩夹变沉凝灰岩,碱性系列,为洋岛环境的产物。大安岩群出露于勉略三角区,总体表现为以溢流相为主的变质基性火山岩,少量变安山岩、变酸性熔岩等,岩石构造组合显示为洋岛拉斑玄武岩组合,为洋脊或洋岛环境。

4)俯冲环境岩石构造组合

(1)弧后盆地火山岩组合:广东坪岩组以绿片岩、斜长角闪(片)岩为主,为变基性火山岩。岩石构造组合显示为弧后盆地火山岩组合,总体属拉张环境。

(2)高镁安山岩组合:小磨岭火山岩为含杏仁结构安山岩、安山质集块岩。岩石构造组合显示为高镁安山岩组合。

(3)陆缘火山弧组合:祁连地块长城纪托莱山北坡为朱龙关群火山岩组陆缘裂谷火山岩组合,属海相喷溢相,厚度大于1392m,岩性为灰绿色细碧岩、辉石玄武岩、玄武安山岩、玄武质角砾岩、凝灰岩夹灰岩。汉南地区孙家河组仅出露于西乡县城东孙家河一带,由中基性—中酸性陆相火山岩和火山碎屑岩组成,可见一些层理及层面构造,如波痕、干裂、火山泥球、流动流纹、递变层理以及熔结火山岩,且岩石颜色多为灰紫色、紫红色、灰色、灰绿色等,显示为陆缘弧火山岩组合。铁船山组下段为溢流相熔岩,中段为爆发-溢流相火山碎屑-熔岩,上段为火山活动间歇期形成的碎屑岩夹火山岩,其喷发形式由早期大规模裂隙溢流发展为晚期中心式喷发,显示为陆缘弧火山岩组合。勉略三角区阳坝岩组按岩石组合特征划分为下、中、上3个岩段。下岩段以变质沉积细碎屑岩为主,夹变质火山熔岩及变质火山碎屑岩;中岩段以变质基性熔岩、变质基性凝灰岩为主,夹变质沉积碎屑岩及变质凝灰质碎屑岩,变酸性、中酸性火山岩夹层逐渐增多;上岩段为变质中酸性火山岩夹变质基性火山岩及少量变质沉积碎屑岩。熔岩类岩石代表了火山喷溢-溢流相,凝灰岩、火山集块岩及火山角砾岩、沉积火山碎屑岩、火山碎屑沉积岩等代表了火山的喷发-爆发相,岩石构造组合显示为陆缘弧火山岩组合。

第三节 侵入岩时空分布及岩石构造组合

一、侵入岩时空分布

西北地区前南华纪侵入岩相对显生宙时期分布规模较为有限,代表基底形成的岩浆作用主要分布于阿尔金-敦煌-北山、阿拉善、塔里木北缘和北秦岭等地区,主要为类似太古宙TTG岩套的岩石组合。

古元古代哥伦比亚超大陆裂解-闭合过程中岩浆记录大致划分为早期和晚期的岩浆事件。早期侵入岩主要分布于华北周缘地区,另外在秦祁昆、阿尔金—北山和汉南地区也存在同期的岩浆事件,主体为基性-中酸性岩伴生的岩石组合,反映超大陆裂解阶段的岩浆作用。古元古代晚期(1900~1750Ma)普遍经历一次区域性中性—酸性岩浆侵入和变质变形事件。华北西部周缘、塔北及阿尔金-北山可能起始于 2000Ma,集中在 1900~1800Ma,秦祁昆集中在 1800~1750Ma,东昆仑、柴北缘可能起始于 1900Ma,塔南-西昆仑及勉略-汉南缺少晚期中性—酸性岩浆侵入记录。这次事件大致相当于我国的中条(吕梁)运动。

新元古代罗迪尼亚超大陆形成阶段构造-岩浆事件在阿拉善地块和塔里木北缘表现为青白口纪花岗岩、花岗闪长岩、二长花岗岩、闪长岩的侵入,构成 TTG 岩套。塔中隆起带石油钻孔揭示也存在这一时期的闪长岩侵入体,可能属于 TTG 岩套的组分(陆松年等,2006);塔南仅零星出露该期的二长花岗岩;中天山地块的喀瓦布拉克一带出露有该期的二长花岗岩、花岗闪长岩、闪长岩。在柴达木地块南缘东昆仑岩浆弧上出露有该期的英云闪长岩、二长花岗岩、花岗闪长岩、闪长岩;阿中地块南缘出露有该期少量的二长花岗岩;由秦岭岩群构成的北秦岭地块上有该期的花岗质片麻岩;上扬子地块的汉南陆核上则出露有该期的奥长花岗岩、二长花岗岩、石英闪长岩、闪长岩和英云闪长岩;碧口地块东南缘出露有该期的英云闪长岩、花岗闪长岩、闪长岩等;祁连地块也有这次构造岩浆事件的记录。

二、侵入岩岩石构造组合及其特征

西北地区前南华纪侵入岩岩石构造组合及其特征见表 2-1。

表 2-1 西北地区前南华纪侵入岩岩石构造组合特征表

域	发展阶段	组合名称	组合代号	岩石	主要分布地区	时代
克拉通	基底形成	TTG	$T_1T_2G_1 \pm G_2$	英云闪长岩-斜长花岗岩-花岗闪长岩±二长花岗岩	库鲁克塔格、铁克里克、阿尔金、小秦岭、上扬子、摩天岭、阿拉善等	Pt_1、Pt_2、Ar_3
		TTG+高钾花岗岩	$(\delta)+T_1T_2G_1G_2 \pm \xi\gamma \pm \eta\rho$	(石英闪长岩)-英云闪长岩-斜长花岗岩-花岗闪长岩±二长花岗岩±正长花岗岩±石英二长岩	中天山、阿尔金、库鲁克塔格、祁连、北秦岭	Pt_2
		高钾花岗岩	$\delta+G_1G_2 \pm \eta\rho$	石英闪长岩-花岗闪长岩-二长花岗岩±石英二长岩	北山、西昆仑、铁克里克、西昆仑、喀喇昆仑、祁连、秦岭	Ar_3、Pt_2、Pt_3
	克拉通板内	碱性超镁铁岩-碳酸岩	$\chi\sigma-\chi C$	碱性超镁铁岩-碳酸岩	库鲁克塔格、阿拉善、阿尔金	Pt_3

三、构造岩浆旋回与构造岩浆岩带

主要考虑侵入岩岩石构造组合及其时空分布,结合同期火山岩岩石构造组合特征,将西北地区前南华纪构造岩浆旋回与构造岩浆岩带划分为 5 个岩浆岩省、16 个岩浆岩带和 26 个岩浆岩亚带,部分进一步划分到岩浆岩段(10 个)。前南华纪重要岩浆岩带特征概述如下。

1. 哈萨克斯坦-准噶尔-敦煌陆块岩浆岩省

该岩浆岩省由中天山岩浆岩带和敦煌-阿北岩浆岩带组成,主要有代表基底残块的太古宙 TTG 岩石系列和地块周缘发育的代表超大陆演化、陆缘增生的富钠质侵入岩系列以及后期伸展过程中的富钾质侵入岩系列。

(1)中天山岩浆岩带：主要由伊犁、巴伦台、阿拉塔格-星星峡和马鬃山4个构造岩浆岩亚带组成。中元古代片麻花岗岩主要分布在伊犁、巴伦台、阿拉塔格-星星峡和马鬃山基底残块变质岩系中，共同构成了基底岩系。中元古代片麻花岗岩序列主要由石英闪长岩（21%）-花岗闪长岩（15%）-斜长花岗岩（21%）-二长花岗岩（13%）-正长花岗岩（30%）组成。岩体与新太古代—古元古代变质岩地层多为准原地侵入接触，壳源特征明显。近年获得的高精度锆石 U-Pb 同位素年龄数据为：星星峡红柳井子别岩体片麻状石英闪长岩 SHRIMP 年龄 1436 ± 13Ma、1405.2 ± 7.8Ma（胡霭琴等，2006）；星星峡路白山南众高山岩体片麻状正长花岗岩的年龄为 1453 ± 15Ma（李卫东等，2010）。新元古代伊犁地块南缘、巴伦台北缘和阿拉塔格-星星峡地块周缘古岩浆弧钙碱性花岗岩序列组成：闪长岩、石英闪长岩（43%）-花岗闪长岩（21%）-斜长花岗岩（43%）-二长花岗岩（36%），以二长花岗岩为主，石英闪长岩有较多分布，岩体基本为异地型岩株。近年获得的高精度同位素年龄数据有：卡瓦布拉克二长花岗片麻岩的年龄为 942.1 ± 7.2Ma（彭明兴等，2012）；沙尔德兰变质核杂岩正长花岗片麻岩年龄分别为 942Ma、941.9Ma（苏春乾等，2008），其后 900～940Ma 的年龄数据才是新元古代后碰撞花岗岩年龄。新元古代晚期阿拉塔格-星星峡板内正长花岗岩序列组成：二长花岗岩（49%）-正长花岗岩（51%）。岩体与前寒武纪变质围岩成侵入接触。近年有较多年龄数据：那拉提段拉尔墩达坂岩体正长花岗片麻岩锆石 TIMS 法年龄 882 ± 33Ma（陈义兵等，1999）；SHRIMP 锆石 U-Pb 年龄有星星峡西部沙尔德兰变质核杂岩中正长花岗片麻岩 921.7 ± 8.1Ma（苏春乾等，2008），那拉提段拉尔墩达坂岩体正长花岗片麻岩 948 ± 8Ma（陈新跃等，2009），星星峡西岩体正长花岗片麻岩 942 ± 7Ma（胡霭琴等，2010）。

伊犁地块北缘钙碱性花岗岩序列组成：石英闪长岩（12%）-花岗闪长岩（63%）-二长花岗岩（25%）。岩体为异地侵入接触，因角闪岩相变质和构造置换，与围岩常具有统一片理。杨天南等（2008）测得冰达坂片麻状斜长花岗岩 SHRIMP 锆石 U-Pb 年龄 969 ± 1Ma。伊犁地块南部后造山正长花岗岩序列组成：二长花岗岩（36%）-正长花岗岩（64%）。岩体侵入伊犁地块前寒武纪地层及新元古代碰撞前序列钙碱性花岗岩体，被古生代花岗岩侵入。胡霭琴等（2010）测得温泉南片麻状正长花岗岩 SHRIMP 锆石 U-Pb 年龄为 904 ± 13Ma，919 ± 6Ma。

马鬃山基底残块中酸性花岗岩序列主要分布于红石山、小红山、梭梭泉一带新太古代—古元古代片麻岩，其岩性由黑云斜长片麻岩、二云斜长片麻岩、黑云更长片麻岩组成。分布于牛角西山中元古代长城纪的片麻岩套，其岩性为（辉长片麻岩、闪长质片麻岩）石英闪长质片麻岩、英云闪长质片麻岩、二长花岗质片麻岩，据同位素年龄值，应属前南华纪侵入岩，归基底花岗杂岩组合。小红山新太古代—古元古代花岗质片麻岩体分布于小红山、梭梭泉一带，呈带状近东西向展布，其岩性为黑云斜长片麻岩、二云斜长片麻岩（难恢复原岩）。片麻岩中见角闪片岩包体，包体呈透镜状分布。在其内获得 2655 ± 146Ma（锆石 U-Pb 法）同位素年龄值，反映其形成于新太古代—元古宙，属地壳演化早期碰撞造山阶段产物。

(2)敦煌-阿北岩浆岩带：由敦煌和阿北两个构造岩浆岩亚带组成，其中敦煌岩浆岩亚带划分为 4 个次级构造岩浆单元，分别为敦煌北缘古裂谷、西北缘古岛弧带、西北缘古岩浆弧带和敦煌基底杂岩带。阿北岩浆亚带主要由阿北古陆核和其上发育的相关变质古侵入体组成。

敦煌地块北缘古裂谷侵入岩组合主要由基性—中酸性杂岩组成，基性侵入岩主要分布于马鬃山南、牛角西山等地，岩性为辉长质糜棱岩，局部见基性岩墙群；获得 1756Ma 锆石 U-Pb 年龄值，属大陆层状基性杂岩组合。中酸性侵入岩主要分布于牛角西山等地，其岩性为细粒闪长质糜棱岩、中细粒石英闪长质糜棱岩、细—中细粒英云闪长质糜棱岩、细—中粒二长花岗质糜棱岩等，属基底花岗杂岩岩石构造组合。敦煌地块西北缘古岛弧，由新元古代斜长花岗岩-花岗闪长岩-二长花岗岩组合组成，为元古宙汇聚-碰撞期岩浆活动产物，新元古代钾长花岗岩为后碰撞产物。敦煌地块西北缘古岩浆弧，发育于敦煌基底杂岩内部,主要分布于新疆北山和敦煌三危山地区。主体由原划属太古宙—古元古代具TTG组合特点的变质古侵入体经角闪岩相变质形成的灰色片麻岩系组成,奥长花岗质片麻岩锆石U-Pb年龄为2670 ± 12Ma,$\varepsilon_{Nd}(t)$为$+4.22$(陆松年,2002)。红宝石地区黑云斜长片麻岩锆石U-Pb年龄为2656 ± 146Ma(1:25万红宝石幅)。敦煌基底杂岩(Pt_1)基性侵入岩分布于敦煌市以南—石板墩一带,呈不规则岩株状、透镜状,岩性主要为辉长岩、角闪辉长岩等,并见大量中基性岩墙群分布,属稳定陆块内层状基性杂岩岩石组合。中酸性侵入岩主要分布于赤金峡、敦煌市以南等地,其岩性主要为细—中细粒二长花岗质糜棱岩、中—细粒花岗闪长质糜棱岩、英云闪长质糜棱岩、石英闪长质糜棱岩、闪长质糜棱岩等,属基底花岗杂岩岩石组合。根据区域地质背景研究,并结合岩石地球化学特征分析,认为它属同碰撞花岗岩。阿北古陆核(Ar_3)阿尔金构造岩浆岩带内新太古代TTG序列主要分布在阿尔金北带库木布拉克、克孜勒乌增、阿克塔格泉、阿克塔什塔格、温格勒果拉及克孜勒塔格等地,主要岩石类型有片麻状石英闪长岩、英云闪长岩、奥长花岗岩、花岗闪长岩、二长花岗岩等。陆松年等(2002)在阿克塔什塔格获得奥长花岗片麻岩的锆石U-Pb年龄2374 ± 10Ma,英云闪长片麻岩2604 ± 102Ma,二长花岗片麻岩3096 ± 17Ma。1:25万石棉矿幅(2008)获得英云闪长质片麻岩SHRIMP锆石U-Pb年龄2567 ± 38Ma。阿尔金新太古代TTG序列均为高角闪岩相—麻粒岩相变质的花岗质片麻岩,叠加有绿片岩相蜕变质。岩体由于遭受多期的叠加变质变形作用及不同程度的混合岩化作用,局部长英质条带比较发育。

2. 华北陆块构造岩浆岩省

西北地区主要包括华北东部陆块岩浆岩带和鄂尔多斯地块岩浆岩带,华北东部陆块岩浆岩带指小秦岭古岩浆弧,贺兰山基底残块构成了鄂尔多斯地块岩浆岩带的主体。

(1)华北东部陆块岩浆岩带:大致可以划分为新太古代TTG岩石组合、古元古代过碱性—钙碱性花岗岩组合和中元古代过碱性花岗岩组合,分布于小秦岭。新太古代TTG组合分布于小秦岭太古宙结晶基底中,岩石类型主要有黑云斜长片麻岩、黑云角闪斜长片麻岩、奥长花岗片麻岩及黑云角闪花岗片麻岩、黑云二长花岗片麻岩,原岩形成于本区新太古代早期大陆形成演化阶段的一次规模宏大的中酸性岩浆活动,为陆缘岛弧环境。古元古代钙碱性花岗岩组合呈不规则岩株状,岩石类型为片麻状黑云二长花岗岩,为碰撞构造环境。古元古代花岗岩组合岩石类型主要为闪长岩、片麻状石英闪长岩。中元古代过碱性花岗岩-钙碱性花岗岩组合,岩石类型主要为黑云二长花岗岩,是中元古代伸展构造体制下的产物。

(2)鄂尔多斯地块岩浆岩带:贺兰山北段的古元古代似斑状石榴子石黑云母花岗岩、石榴子石花岗岩和似斑状黑云母花岗岩分别代表了同期熔融事件中不同的岩浆演化阶段的产物。该岩浆岩带是在基底残块的基础上发育的古元古代岩浆弧,如黄旗口岩体,主要以黑云母英云闪长岩、二云母花岗岩为主,蚀变较强烈,属过铝质岩石类型,具S型花岗岩的特征,侵入年龄为$2003\sim1976$Ma。

3. 塔里木陆块构造岩浆岩省

该岩浆岩省主要由塔里木北缘岩浆岩带和南缘岩浆岩带组成。塔里木北缘岩浆岩带进一步划分为南天山岩浆岩亚带和库鲁克塔格岩浆岩亚带,南缘岩浆岩带指铁克里克岩浆岩亚带。

(1)南天山岩浆岩亚带:本带北部边仅见两个岩体。吐格尔明岩体为库车东北吐格尔明中生代背斜核部出露的天窗岩体,侵入前寒武纪片麻岩中。两个岩体岩性相似,均由石英二长岩(15%)-正长花岗岩(50%)-碱长花岗岩(35%)组成。近年获得锆石年龄数据有:新疆地质矿产勘查开发局第十一地质队测得亚阿其畏岩体片麻状正长花岗岩TIMS锆石U-Pb年龄677.3 ± 38Ma;吐格尔明片麻状正长花岗岩 SHRIMP 锆石 U-Pb 年龄 631.4±3.5Ma、636.4±4.5Ma(何登发等,2011);吐格尔明片麻状正长花岗岩 LA-ICP-MS 锆石 U-Pb 年龄 646±3.9Ma(罗金海等,2011),均为南华纪,地球化学投图显示为陆缘弧环境。

(2)库鲁克塔格岩浆岩亚带:古元古代 TTG 序列(蓝石英花岗岩序列)占库鲁克塔格岩浆岩亚带中侵入岩总面积的 16.5%,均为异地型岩株,主要组成:片麻状二长闪长岩(12%)-片麻状英云闪长岩、斜长花岗岩(54.8%)-片麻状花岗闪长岩(33.2%)。近年获得红卫庄花岗片麻岩 TIMS 锆石 U-Pb 同位素年龄 1943±6Ma(郭召杰等,2003)。中元古代钙碱性花岗岩序列均为异地型岩株,主要分布于本带中-西部兴地断裂以北地区,序列组成:闪长岩(5%)-英云闪长岩(15%)-花岗闪长岩(16%)-二长花岗岩(40%)-正长花岗岩(24%),形成年龄在 1048~1042Ma 之间(Shu et al,2011;Zhang et al,2011),属蓟县纪。青白口纪碰撞前钙碱性花岗岩序列主要分布于本带中-东段南部,兴地断裂南、东雅尔当一带,序列组成:辉长岩(1%)-闪长岩、石英闪长岩(24.3%)-花岗闪长岩(18.4%)-二长花岗岩(56.3%),形成的年龄数据在 933~734Ma 之间,标志造山结束的岩墙群已有 SHRIMP 锆石 U-Pb 年龄 777~759Ma(Zhang et al,2007,2009)。

(3)铁克里克岩浆岩亚带:主要由赫罗斯坦基底残块和赫罗斯坦古元古代晚期岩浆弧组成。赫罗斯坦基底残块主要分布于铁克里克隆起带内的都维吐卫、阿喀孜和康阿孜地区。侵入岩以古元古代为主,少量中新元古代,岩石类型以片麻状细粒二长花岗岩为主,少量片麻状二云母花岗岩、花岗闪长岩和英云闪长岩,此外发育较多的碱性岩,如片麻状细粒钾长花岗岩和石英正长岩,以钾玄质-高钾钙碱性的碱性系列为主,少量中钾钙碱性系列,岩石成因主要为壳源 I-A 型花岗岩。中元古代侵入岩多呈岩株或岩脉状产出,由正长斑岩、钾长花岗斑岩、花岗斑岩组成。赫罗斯坦古元古代晚期岩浆弧分布于北昆仑地体西段的库斯拉莆和巴什却普地区,主要形成于古元古代,岩石类型主要为片麻状英云闪长岩和片麻状二长花岗岩,为典型钙碱性系列,岩石成因主要为 I 型花岗岩,局部存在壳幔混合现象。

4. 华南陆块构造岩浆岩省

该岩浆岩省包括了阿拉善岩浆岩带、祁连地块岩浆岩带、阿尔金中—新元古代岩浆岩带、西昆仑岩浆岩带、柴达木地块岩浆岩带、清水泉古缝合带、东昆仑岩浆岩带、秦岭地块岩浆岩带、羌塘-摩天岭地块岩浆岩带 9 个构造岩浆带。部分岩浆岩带根据岩浆活动性质和建造特征,进一步划分了相应岩浆岩亚带。

(1)阿拉善岩浆岩带:前南华纪侵入岩主要分布于龙首山区、白家嘴子、小口子一带,出露面积小,呈不规则状、小岩枝及岩墙产出,其岩性为橄榄辉石岩、二辉橄榄岩、含辉橄榄岩及纯橄榄岩等,属基性—超基性杂岩岩石构造组合。在白家嘴子(金川)超基性侵入岩中获 1508±31Ma、970Ma(或 1043Ma)(Sm-Nd 等时线法)、807Ma(LA-ICP-MS 锆石 U-Pb 法)年龄值,反映其形成于中元古代—新元古代。根据区域地质背景研究,并结合岩石地球化学特征分析,认为其构造环境为古—中元古代哥伦比亚超大陆裂解作用下的大洋苦橄质拉斑玄武岩。

(2)祁连地块岩浆岩带:前南华纪具有东、中、西构造格局,中部为陆表海,东、西为裂谷,因此,岩浆岩带划分为东、中、西和木里-化隆 4 个岩浆岩亚带,其中侵入岩分布范围较小,有古元古代—中元古代结晶基底岩浆岩和新元古代弧岩浆岩两期。

祁连山西段(大雪山—镜铁山)岩浆岩亚带:西段侵入岩分为基性—超基性和中酸性两个岩段,其中基性—超基性侵入岩分布于玉门市西南旱峡煤矿东侧一带,岩体形态多呈脉状、透镜状,其岩性为橄榄岩、橄榄辉石岩等,属大陆-超基性杂岩组合。在局部地区伴有辉长岩及辉绿辉长岩,呈脉状产出,形成稳定地块内基性墙群。中酸性岩段主要以托莱河同碰撞构造岩浆岩段为代表,为同碰撞强过铝质花岗岩组合,原岩岩性为正长花岗岩-二长花岗岩-花岗闪长岩。托莱河一带由灰白色片麻状-似斑状二长花岗岩、灰白色片麻状中细粒花岗闪长岩组成,其中灰白色片麻状-似斑状二长花岗岩的同位素年龄为842±37Ma(U-Pb法)。

祁连山中段(青海湖—民和)岩浆岩亚带:以阳山同碰撞强过铝质高钾钙碱性花岗岩组合(Qb)为代表,岩性组合为二长花岗岩-花岗闪长岩。眼球状黑云母二长片麻岩的锆石 U-Pb 年龄为 938±21Ma。白石头沟一带由灰白色片麻状-似斑状二长花岗岩组成,属过铝质钙碱性系列二长花岗岩组合,其中含白云母过铝质花岗岩类(MPG),锆石 U-Pb 年龄为 842±37Ma。湟源灰白色二长花岗质片麻岩锆石 U-Pb 年龄为 912±12Ma。

祁连山东段(海原—兴隆山)岩浆岩亚带:东段侵入岩主要以中酸性侵入岩为主,主要分布在马衔山一带,呈岩基、岩株产出,已被断层破坏,其岩性主要为糜棱岩化正长花岗岩、似斑状正长花岗质糜棱岩、粗粒斑状二长花岗质糜棱岩等,获得 1671±8Ma(U-Pb 法)及 1792Ma(LA-ICP-MS 法)等同位素年龄值,属基底花岗杂岩组合。

木里-化隆岩浆岩亚带:木里-化隆岩浆岩亚带主要由尖扎滩变质基底杂岩构造岩浆岩段和化隆南同碰撞构造岩浆岩段组成。尖扎滩变质基底杂岩构造岩浆岩段(Pt_1)由浅灰色黑云母花岗片麻岩组成,原岩为花岗闪长岩,岩石属钙性—钙碱性系列,花岗片麻岩年龄为 2027±80Ma(锆石 U-Pb 法,上交点)。化隆南同碰撞构造岩浆岩段(Qb)由与同碰撞有关的强过铝质花岗岩组合组成,化隆南为肉红—灰白色片麻状眼球状二长花岗岩,岩石为钙碱性系列,属壳源的花岗岩组合。大双卡一带为浅灰—浅肉红色条纹条带状片麻状黑云二长片麻岩,属强过铝质钙碱性系列,为壳源的二长花岗岩组合,其同位素年龄为 646±2Ma,860±4Ma(锆石 U-Pb 法)。

(3)阿尔金中—新元古代岩浆岩带:主要由中元古代基性—超基性杂岩组合和新元古代中酸性侵入岩组成。基性—超基性杂岩组合分布于阿中地块以南,木纳布拉克带超镁铁质岩有蛇绿岩、方辉橄榄岩,镁铁质堆晶岩有橄榄辉石岩-辉石岩-闪石岩-硅化角闪岩、基性熔岩及斜长花岗岩和暗色闪长岩。弱蛇纹石化方辉橄榄岩全岩 Sm-Nd 模式年龄 1118Ma,基性熔岩(斜长角闪岩)全岩 Sm-Nd 等时线年龄 924Ma,为中—新元古代古弧盆系产物;在英格里克一带由蛇纹石化橄榄岩、辉橄岩、辉石岩-榴闪岩、麻粒岩等组成,呈透镜状岩块混杂在肖鲁克-布拉克韧性剪切带中;向东巴什瓦克为石榴二辉橄榄岩、蛇纹石化橄榄岩和榴辉岩、蓝闪石片岩等,呈条带状或透镜状,沿透入性面理分布,在巴什瓦克石棉矿含榴矽线花岗质片麻岩古侵入体年龄 856±12Ma,具同碰撞花岗岩特征(1:25 万苏吾什杰幅区域地质调查报告,2003)。新元古代中酸性侵入岩分为碰撞前钙碱性花岗岩序列和后碰撞正长花岗岩序列,序列组成:辉长岩(2.9%)-闪长岩、石英闪长岩(26.0%)-花岗闪长岩(35.1%)-二长花岗岩(36.0%),以二长花岗岩为主,石英闪长岩、花岗闪长岩有较多分布,基性端元出现少量辉长岩。本序列岩体侵入阿尔金前寒武纪变质岩系中,近年获得的高精度同位素年龄数据有:①阔实条带状花岗片麻岩 LA-ICP-MS 锆石 U-Pb 年龄 938±18Ma(张建新等,2011);②且末江尕勒萨依沟片麻状二长花岗片麻岩 LA-ICP-MS 锆石 U-Pb 年龄 927±6Ma(张建新,2011);③江尕勒萨依花岗片麻岩 LA-ICP-MS 锆石 U-Pb 年龄 923±13Ma(王超等,2006)。上述数据在误差范围内一致,为新元古代早期,地球化学投图为岛弧环境。

(4)西昆仑岩浆岩带:主要由长城纪片麻状花岗岩序列和科岗蛇绿岩组成,前者序列组成:闪长岩、石英二长闪长岩(45.7%)-花岗闪长岩(48.4%)-二长花岗岩(5.9%)。岩体与角闪岩相变质岩界线大部分呈过渡状态。本序列岩体侵入中元古代长城系,在库斯拉甫被奥陶系不整合覆盖。阿孜巴勒迪尔岩体片麻状花岗岩 LA-ICP-MS 锆石 U-Pb 协和线上交点年龄 1423±19Ma(图 2-1)。

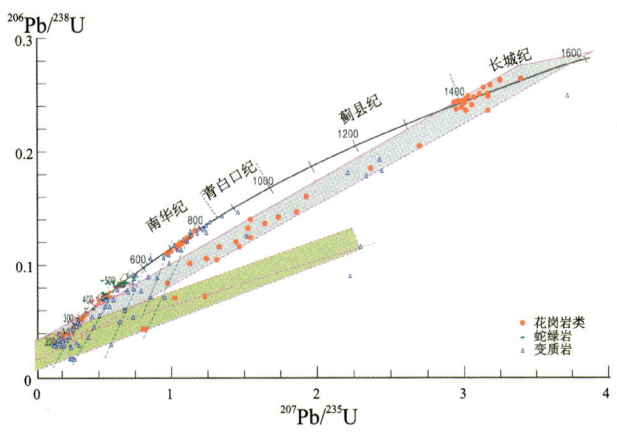

图 2-1 西昆仑侵入岩锆石 U-Pb 谐和曲线图

(据袁超等,1999;Yuan et al,2002;肖序常等,2003;张传林等,2003,2004;李博秦等,2006;崔建堂等,2006,2007;张占武等,2007;李广伟等,2009;刘建平等,2010;新疆地质矿产勘查开发局第十一地质队,2008、2010;Xiao et al,2010;于晓飞等,2011;黄建国等,2012)

长城纪钙碱性花岗岩序列为 δ+GG 组合,其 ACF 图显示为壳幔混源。稀土元素、微量元素等显示西昆仑长城纪岩浆岩不具板块体制特征,地球化学特征中二长花岗岩具 A2 型花岗岩特征,其环境一般认为近于板块体制下的碰撞后伸展环境。

新元古代科岗蛇绿岩带:位于塔里木板块西南缘,西南距离塔里木板块与华南板块的分界线康西瓦断裂约 60km。岩带南侧为中元古代库浪那古群片岩、片麻岩,北侧为寒武纪花岗岩、石炭纪恰尔隆群碎屑岩。岩带内由镁铁—超镁铁岩、变质火山岩、火山碎屑岩及少量英云闪长岩等组成。以变质玄武岩及凝灰岩、凝灰质碎屑岩为主,分布有 3 个超镁铁岩(蛇纹岩)体、辉长岩体、英云闪长岩体,表明其整体为构造侵位。超镁铁岩分布于北东侧(下部),岩性包括纯橄榄岩、斜辉辉橄岩、二辉辉橄岩、斜橄榄岩、辉石岩、斜长岩等,大体上辉橄榄岩和纯橄榄岩在下部(北东侧),橄榄岩在上部。辉石岩在中—上部,斜长岩在超镁铁岩顶部,之上为堆晶辉长岩-块状辉长岩,辉长岩顶部为薄层辉绿岩,以及辉绿岩与玄武岩互层。再往上即为凝灰岩夹火山角砾岩、沉凝灰岩、玄武岩、硅质岩、凝灰质砂岩,顶部分布英云闪长岩体,中—东部局部出现少量大理岩。科岗蛇绿岩的岩石组合中,堆晶岩相出现辉石岩,没有橄长岩;浅色岩相为英云闪长岩-斜长花岗岩-花岗闪长岩的 TTG 组合,这两个特征是造山带型(SSZ 型)蛇绿岩特点。科岗蛇绿岩被 LA-ICP-MS 锆石 U-Pb 年龄为 499~411Ma 的花岗岩侵入,其时代应早于 500Ma。

(5)柴达木地块岩浆岩带:分为全吉岩浆岩亚带、柴达木岩浆岩亚带和布尔汗布达岩浆岩亚带。

①全吉岩浆岩亚带主要由全吉基底杂岩段、被动陆缘岩浆岩段和新元古代晚期陆缘岩浆弧段组成。全吉基底杂岩段,即乌兰变质基底杂岩构造岩浆岩段(Pt_1),为变质基底杂岩组合二长花岗岩-花岗闪长岩,乌兰—纳仁一带由肉红色条痕条带状-眼球状黑云二长片麻岩、黑云角闪二长片麻岩、二长花岗质片麻岩和浅灰色条带状黑云角闪斜长片麻岩、花岗闪长质片麻岩组成,属过铝质高钾钙碱性系列,花岗闪长质片麻岩年龄为 2348±43Ma(锆石 U-Pb 法)。

被动陆缘岩浆岩段,在独尖山一带的鹰峰岩体发育高钾准铝质环斑花岗岩(肖庆辉,2003),主要岩石类型为石英二长岩,岩石普遍发育球斑-环斑结构,具有典型 A 型花岗岩的岩石地球化学特征。环斑花岗岩的锆石 U-Pb 同位素年龄为 1776±33Ma、1763±53Ma(肖庆辉,2003;陆松年等,2006),总体反映为古元古代末期造山之后大陆初始裂解产物。

新元古代晚期陆缘岩浆弧，即打柴沟岩浆弧（Qb）和大柴旦古岩浆弧（Qb），位于全吉地块的西部和南部。西部打柴沟岩浆弧临近晚期阿尔金断裂，主要由新元古代闪长岩-英云闪长岩、英云闪长岩、闪长岩和石英闪长岩-二长花岗岩组合构成。

近年从花岗片麻岩中获年龄数据范围为1850～952Ma，变质侵入体的形成时代主要为新元古代早期，时间上大体与罗迪尼亚超大陆的拼合相当。

②柴达木岩浆岩亚带主要由中元古代古裂谷岩浆岩段和新元古代陆缘弧岩段组成。中元古代古裂谷岩浆岩段主要分布于莫河一带，岩石类型为石英闪长质片麻岩、角闪斜长片麻岩、黑云斜长片麻岩组合，原岩主要为石英闪长岩，次为英云闪长岩、花岗闪长岩，过铝质钙碱性系列中酸性侵入岩组合，同位素年龄为2202±26Ma（锆石U-Pb法）、2348±43Ma（锆石U-Pb法，辛后田，未发表），可能反映了元古宙活动陆缘岩浆活动记录；侵入其中的智黑奶海变质基性岩墙群（Sm-Nd同位素等时线年龄2216Ma、2213±10.1Ma），稀土特征类似于大陆拉斑玄武岩，可能反映了古元古代早期刚性地块的伸展裂解。新元古代陆缘弧岩段，即鄂拉山南古岛弧（外带）（Pt_3）和鄂拉山岩浆弧（内带）（Pt_3），相当于陆松年（2006）所称的以片麻状花岗岩为标志的昆北新元古代造山带的主要组成部分。

③布尔汗布达岩浆岩亚带主要由基底杂岩段和新元古代岩浆弧段组成。基底杂岩段，即白日其利基性杂岩构造岩浆岩段（Pt_1），主要由与大陆伸展有关的基性侵入岩组合组成，呈小岩株状分布于白日其利沟，岩性为灰绿色中细粒角闪辉长岩，与区内麻粒岩分布关系较密切，呈残留体分布于中三叠世英云闪长岩和二长花岗岩中，烘烤蚀变明显，英云闪长岩、闪长岩脉发育。岩体中获得锆石U-Pb（上交点）年龄2468±4.6Ma，环境分析属稳定的克拉通环境的岩浆岩组合。

新元古代岩浆弧段主要由沙柳河青白口纪同碰撞强过铝质花岗岩组成，由灰白色条带状-眼球状黑云斜长片麻岩、花岗闪长质片麻岩（$Pt_3\gamma\delta$）组成，岩石为过铝质高钾钙碱性系列，锆石U-Pb年龄为885Ma。滩北山变质侵入体中的U-Pb年龄为831±51Ma。其为陆-陆碰撞环境下的产物。

（6）清水泉古缝合带（Pt_{2-3}）主体为出露长度约80km、宽度约500m的清水泉-沟里-塔妥煤矿古蛇绿混杂岩带（Pt_3），由数十个蛇绿岩构造透镜体和混杂岩剪切基质构成，蛇绿岩岩石组合主要为变质橄榄岩、镁铁—超镁铁质堆晶岩、辉绿岩墙群、玄武岩，属弧盆系体系的SSZ型蛇绿岩。

（7）东昆仑岩浆岩带：主要由东昆仑微地块边缘发育的新元古代岩浆弧组成，包括格尔木东古岛弧和温泉西古岛弧，是东昆仑地块上新元古代集中发育弧岩浆岩（弧侵入岩+弧火山岩）的地段，近年来在古元古代结晶岩系中解体出一些新元古代变质侵入体（陆松年等，2002；朱云海等，2000；王秉璋等，2000），从而证明该相区南缘可能存在一条与柴北缘比拟的新元古代与罗迪尼亚超大陆拼合有关的花岗片麻岩带。尤其在格尔木东岩浆岩分带性明显，显示出北部以英云闪长岩-闪长岩-石英闪长岩-花岗闪长岩为主，具有TTG组合特点，应该为岩浆弧的外带；而南部以花岗闪长岩-二长花岗岩为主，具有GG组合特点，应该为岩浆弧的内带。格尔木东古岛弧以沟里同碰撞构造岩浆岩段（Nh）为代表，岩性组合为二长花岗岩-花岗闪长岩-石英闪长岩，由灰—灰白色细粒花岗闪长质片麻岩、灰白色细粒二长花岗质片麻岩组成，形成于同碰撞环境。其中花岗闪长质片麻岩中锆石U-Pb年龄为703±15Ma，锆石Pb-Pb年龄为971±4Ma。

（8）秦岭岩浆岩带：包括北秦岭岩浆岩亚带和中-南秦岭岩浆岩亚带。北秦岭岩浆岩亚带主要由北秦岭基底残块上发育的元古宙岩浆弧、宽坪岩群解体出的基性—超基性岩组合和松树沟蛇绿岩组成。

①北秦岭岩浆岩亚带：大致可以划分为 4 个序列，分别为新元古代钙碱性花岗岩组合、新元古代花岗岩组合、新元古代基性—超基性岩组合和松树沟蛇绿岩组合。

新元古代钙碱性花岗岩组合分布于太白两河口、沙坪、杨斜等地，岩石类型有眼球状二长花岗岩、片麻状二云二长花岗岩、角闪斜长片麻岩、黑云斜长片麻岩、二长片麻岩等，为碰撞构造环境，代表了秦岭微板块与华北板块汇聚碰撞。

新元古代基性—超基性岩组合分布于商丹断裂带北侧，岩石类型主要为橄榄岩、蛇纹岩及辉长岩，常以群体出现，大者断续分布数十千米，宽数十米；小者长数百米，宽数米。该岩性组合为裂解期超基性岩，有米家凹蛇纹岩，三合店、小瓢沟、大山岔、板庙子、草坪街橄榄岩。超基性岩 M/F 大于 7，为镁质超基性岩，形成于初始裂谷或裂陷小洋盆构造环境，后期受构造作用呈构造岩块冷侵位。富水基性岩体包括了超镁铁岩、基性岩和中性岩石。常量元素及稀土元素显示与大陆及岛弧拉斑玄武岩接近，而微量元素则显示具火山弧性质，表明该岩体形成的环境可能是在裂陷构造环境，晚期演化为岛弧构造环境。

新元古代 MORS 型蛇绿岩组合（松树沟蛇绿岩组合），沿商丹带呈残块分布于商南松树沟，岩石类型以纯橄榄岩为主，有少量方辉橄榄岩、透辉橄榄岩、辉长岩等，为大洋裂解构造环境，代表了秦岭地区在中—新元古代曾存在一有限扩张小洋盆。

②中-南秦岭岩浆岩亚带：可以划分为佛坪-长角坝基底残块及边缘岩浆弧和陡岭岩浆弧。其中，佛坪-长角坝基底残块及边缘岩浆弧包括新太古代 TTG 组合和中—新元古代花岗岩组合 2 个序列。新太古代 TTG 组合分布于佛坪县城、龙草坪、太白县大箭沟、留坝县铁佛殿等地。龙草坪片麻岩套以构造穿形残块出露，是南秦岭古老地体结晶基底的重要组成部分，为俯冲构造环境；滴水岩片麻岩主要岩石类型为黑云花岗片麻岩、黑云斜长片麻岩、黑云二长片麻岩；温泉片麻岩主要岩石类型为黑云斜长片麻岩、黑云二长片麻岩、角闪黑云斜长片麻岩；南沟片麻岩主要岩石类型为黑云角闪斜长片麻岩、角闪黑云斜长片麻岩、黑云角闪二长片麻岩。中—新元古代花岗岩组合主要出露于南秦岭留坝县马道、勉县长坝、洋县碗牛坝等地，为唐家沟变质侵入体，基础岩石类型为花岗闪长片麻岩、片麻状二长花岗岩，属俯冲构造环境。陡岭岩浆弧主要为新元古代花岗岩组合，岩石类型有中细粒辉长岩、辉绿岩及中细粒闪长岩、闪长玢岩。岩石沿陡岭-小磨岭古隆起呈北西向展布，形成于板块碰撞前俯冲阶段。

（9）羌塘-摩天岭岩浆岩带：可划分出昌都岩浆岩亚带和摩天岭岩浆岩亚带。

①昌都岩浆岩亚带：主要指宁多变质基底杂岩，由小苏莽一带灰红色弱片麻状中粒黑云母二长花岗岩组成，属过铝质钙碱性系列，壳幔混合源，为富钾钙-碱性花岗岩类（KCG），锆石 U-Pb 同位素年龄为 1780Ma、1680Ma。

②摩天岭岩浆岩亚带：元古宙侵入岩浆发育，大致可以划分出 5 个岩浆岩序列。古—中元古代基性—超基性岩组合分布于黑木林—麻柳铺、曾家河一带，超基性岩有灰绿色—黄绿色蛇纹石化纯橄榄岩、蛇纹石化辉石岩及翠绿色蛇纹石化橄榄岩等，基性岩主要岩石类型为辉长岩，为伸展构造环境。中—新元古代 TTG 组合分布于略阳二里坝、白雀寺、苍社、元坝子和铜厂附近，岩石类型有中细粒英云闪长岩、中细粒花岗闪长岩，为俯冲构造环境。中—新元古代花岗岩组合出露于石翁子—赵家河、铜厂一带，岩石类型有蚀变中细粒闪长岩、中粗粒闪长岩及闪长玢岩，为俯冲构造环境。中—新元古代基性—超基性岩组合岩石类型主要为蚀变中粗粒辉长岩和蚀变二辉辉石岩，为伸展构造环境。中—新元古代钙碱性花岗岩组合分布在略阳的青白石—徐家垭一带，岩石类型为黑云母二长花岗岩，为碰撞构造环境。

5. 扬子岩浆岩省

扬子岩浆岩省仅包括汉南岩浆岩亚带，分为南沙河基底残块、西乡古裂谷和碑坝古岩浆弧等。

(1)南沙河基底残块：主要包括古元古代基性—超基性岩组合和花岗岩组合，出露于汉南代肖河、东沟河一带，岩石类型主要为角闪斜长片麻岩(变质辉长岩)，为伸展构造环境。古元古代花岗岩组合出露于汉南良心河—柿树坪一带，为良心河片麻岩套，是扬子板块北缘结晶基底岩系的重要组成部分。由3种类型片麻岩组成，以石英闪长质片麻岩为主，为俯冲构造环境。

(2)西乡古裂谷：含新元古代过碱性花岗岩-钙碱性花岗岩组合，以一套碱性岩为主体，具浅成和超浅成就位的特征，为伸展构造环境。西乡岩体主要岩石类型为细粒钾长花岗岩，黄官岭岩体岩性有黑云母钾长花岗岩、斑状钾长花岗岩、钾长花岗斑岩，显示出张性环境下岩浆就位的特征。新元古代早期基性—超基性岩组合，岩石类型有橄榄岩、辉长岩、苏长岩等，为伸展构造环境。八宝台橄榄岩体以辉石橄榄岩为主，另有蛇纹石化橄榄岩、含辉纯橄榄岩、蛇纹石化纯橄榄岩等。中元古代双峰式侵入岩组合属于蓟县纪裂解型构造岩浆岩，岩石类型有白勉峡基性杂岩体、文贯花岗岩体及碑坝一带的基性—超基性岩体。白勉峡角闪辉长岩根据李昌年(1991)基性岩类型划分，接近洋岛玄武岩。

(3)碑坝古岩浆弧：主要包括新元古代钾质和高钾质侵入岩组合，由二长花岗岩组成，为同碰撞构造环境。新元古代TTG组合岩石类型有石英闪长岩、英云闪长岩、二长花岗岩、花岗闪长岩、似斑状二长花岗岩等，属于青白口纪与活动陆缘俯冲-岛弧型花岗岩相关的岩浆岩；新元古代花岗岩组合岩石类型有闪长岩、辉石闪长岩、黑云角闪石英闪长岩、(角闪)黑云石英二长闪长岩、石英二长闪长岩、中粒辉石角闪闪长岩和中粒角闪石英闪长岩，为俯冲构造环境。

第四节 变质岩时空分布及岩石构造组合

一、变质岩时空分布及变质单元划分

西北地区前南华纪变质岩分布较为广泛，遍布西北地区各大山系，其中前长城纪中深变质岩主要分布于塔里木盆地周边隆起山系、天山中部的伊犁盆地周缘及喀瓦布拉克一带，其次在昆仑山、喀喇昆仑山等地也有零星分布。长城纪以来的浅—极浅变质岩在各地区均有不同程度的发育。变质作用以区域变质作用为主，接触变质作用和动力变质作用分布比较零星。变质岩从分布面积上以浅—极浅变质的片岩、板岩、千枚岩为主，其次为中深变质的各类片麻岩、浅粒岩、混合岩、大理岩、角闪岩、石英岩等，深变质的麻粒岩仅零星出露于塔里木盆地东南缘阿尔金山北坡、塔里木盆地西南缘铁克里克、天山中部卡瓦布拉克东部尾亚地区和秦岭地区。

根据《全国矿产资源潜力评价成矿地质背景研究技术要求》，西北地区变质地质单元可划分为3级：一级变质地质单元为变质域，指由不同变质期和不同变质作用类型的变质岩系按照一定的规律组成的地区；二级变质地质单元为变质区，指同一变质域内由类似变质作用过程和不同变质作用类型变质岩系组成的地区；三级变质地质单元为变质地带，指在同一变质区内，属同一变质期并由同一变质作用类型的变质岩系组成的地区。根据上述原则，结合变质岩系所处的大地构造环境、变质期、变质作用类型以及变质作用特征，将西北地区变质岩划分为6个变质域，19个变质区，36个变质地带。

二、变质岩岩石构造组合

变质岩岩石构造组合是在同一时代、同一大地构造环境及同一变质相（系）条件下形成的，它反映了大地构造"亚相"的地质背景。太古宙—古元古代地层变质岩岩石构造组合主要为片麻岩-混合岩-斜长角闪岩组合、黑云斜长片麻岩-云母石英片岩组合、斜长片麻岩-斜长角闪岩-变粒岩组合、斜长片麻岩-大理岩-石英岩-黑云石英片岩组合、大理岩-孔兹岩系-片麻岩-变粒岩组合等。中—新元古代长城纪、蓟县纪、青白口纪主要为火山岩-火山碎屑岩-砂岩构造组合、千枚岩-大理岩构造组合、变质砂岩-石英岩-千枚岩-大理岩组合、石英片岩-白云母片岩构造组合、碳酸盐岩-变砂岩构造组合、变质火山岩-变质砂岩-板岩-变质火山凝灰岩组合等。西北地区前南华纪变质组合类型及其特征见表2-2。

我国西北地区广泛发育变质程度不同的各类变质岩，在空间上分布于各个地质构造单元。在时间上，变质地层波及新太古界至整个古生界，时代较老的岩石遭受多期的变质作用改造。因受变质岩系原岩成分、变质条件及时间、空间差异的制约，变质作用类型和变质相（系）多样，变质岩石类型齐全，但分布比较零散，或分布于稳定陆块，或出露于造山带中。西北地区分布最广的是区域变质的绿片岩相和角闪岩相。就其发育的前南华纪地层而言，角闪岩相多发育在新太古代—古元古代地层中，绿片岩相广泛分布在中—新元古代地层中，沸石相和葡萄石—绿纤石相在中元古代地层中局部可见及，麻粒岩相在古元古代地层中有零星发现。接触变质作用在各岩相中分布局限，岩相学的研究尚不充分。西北地区前南华纪变质岩变质相（系）划分见表2-2。

西北地区前南华纪的变质作用相对其他时代变质作用而言，研究程度较低，特别是中低温变质作用。但是，近年来随着先进的测年方法的发展，在高压变质作用研究中取得了一些进展，获得了一些有价值的数据，为变质期的正确划分提供了科学基础。综合分析现有确切资料发现，太古宙约2.5Ga的变质时代在敦煌杂岩和龙首山地区北大山群中存在，原岩主要为TTG岩系（Zhang et al,2013；宫江华等，2012）。古元古代变质时代主要集中于1.9～1.8Ga之间，主要为角闪岩相—麻粒岩相变质作用，主要变质体为铁克里克地区赫罗斯坦岩群（Zhang et al,2007；Wang et al,2014）、库鲁克塔格地区兴地塔格岩群（Long et al,2011；Ge et al,2013）、阿尔金北缘米兰岩群和敦煌杂岩（1∶25万石棉矿幅；Lu et al,2008；Zhang et al,2012，2013）、秦岭地区太华杂岩等（第五春荣，2010）、陇山岩群（何艳红等，2005）、柴北缘达肯达坂岩群（王勤燕等，2010；Chen et al,2013；Wang et al,2015）、龙首山岩群（修业群等，2002，2004；Gong et al,2016）和乌拉山群（周喜文等，2009）。

新元古代早期的变质作用发现较少，仅有阿尔金杂岩（Wang et al,2013）、柴北缘（Song et al,2012）和东昆仑（王国灿等，2004）存在1100～890Ma变质时代。另外，在塔里木盆地北缘阿克苏地区存在约750Ma的蓝片岩（Liou et al,1989,1990；肖序常等，1990；Yong et al,2013），在库鲁克塔格地区也发现了830～800Ma的麻粒岩和角闪岩（He et al,2012）。但是新元古代早期（1000～900Ma）的古侵入体在阿尔金、祁连、东昆仑、北祁连、阿拉善、北秦岭和中天山地区较为发育（陆松年等，2002；胡霭琴等，2010；Wang et al,2013）。

太古宙以阿北地块米兰岩群、贺兰山中—北段乌拉山群和库鲁克塔格地块达格拉格布拉克岩群为代表，代表陆核基底残块。古元古代中期1.9～1.8Ga之间，西北地区存在活动大陆边缘，形成一些基底变质杂岩。中元古代长城纪—蓟县纪主要为一系列陆缘沉积-裂谷沉积环境。新元古代青白口纪主要为活动大陆边缘环境，形成一系列1000～900Ma的古侵入体和变质作用。

表 2-2 西北地区前南华纪变质岩岩石构造组合类型一览表

地质时代		代	新元古代	中元古代		古元古代	太古宙
		纪	青白口纪	蓟县纪	长城纪	滹沱纪	
I 西伯利亚陆块群变质域	I-1 阿尔泰陆块变质区	I-1-1 南阿尔泰地块变质地带	变质岩岩石构造组合			黑云斜长片麻岩－黑云石英片岩－变粒岩(ChS.)	片麻岩、堇青石片岩,混合岩、斜长角闪岩组合结晶基底(Pt₁K.)	
			变质相			低角闪岩相	高角闪岩相	
II 哈萨克斯坦陆块群变质域	II-1 准噶尔地块变质区	II-1-1 准噶尔地块变质地带	变质岩岩石构造组合			强糜棱岩化岩屑砂岩－中基性火山岩－碳质页岩(ChD.) 强糜棱岩化中酸性火山岩－火山碎屑岩－砂岩(ChZ.)		
			变质相			低绿片岩相		
	II-2 中天山地块变质区	II-2-1 伊犁地块变质地带	变质岩岩石构造组合	大理岩夹石英岩(QbK.) 千枚岩－大理岩(QbK.)	大理岩夹钙质粉砂岩(JxKk.) 大理岩(JxKk.+JxKs.)	千枚岩－石英片岩夹变火山岩－大理岩－云母石英片岩(ChT.) 片麻岩－石英片岩夹大理岩(ChX.)	石英岩－云母片岩－(斜长角闪岩)(PtW.)	
			变质相	低绿片岩相	低绿片岩相	高绿片岩相	角闪岩相	

续表 2-2

地质时代		代	新元古代	中元古代		古元古代	太古宙
		纪	青白口纪	蓟县纪	长城纪	滹沱纪	
Ⅱ 哈萨克斯坦陆块群变质域	Ⅱ-2 中天山地块变质区	Ⅱ-2-2 巴伦台地块变质带	变质岩石构造组合	花岗质侵入岩		斜长角闪岩-大理岩-磁铁石英岩(ChX.)		
		变质相			低角闪岩相		
		Ⅱ-2-3 阿拉格套地块变质带	变质岩石构造组合	花岗质侵入岩	斜长角闪岩-变粒岩-大理岩-磁铁石英岩(JxK.)	斜长角闪岩-变粒岩-大理岩-磁铁石英岩(ChX.)		
			变质相		绿片岩相	低角闪岩相		
		Ⅱ-2-4 星星峡-马鬃山地块变质带	变质岩石构造组合				云母片岩-石英岩-大理岩、英云闪长质片麻岩-奥长花岗质-花岗岩片麻岩、斜长角闪岩-变粒岩	
			变质相				角闪岩相	
	Ⅱ-3 敦煌-阿拉善陆块变质区	Ⅱ-3-1 敦煌地块变质地带	变质岩石构造组合		台盆陆源碎屑-碳酸盐岩(Jxp)	台地陆源碎屑-碳酸盐岩(ChQ.+ChG.)	云母片岩-石英岩-斜长角闪岩(Pt₁D.)、花岗质-花岗岩片麻岩-大理岩(ArPt₁B.)	黑云斜长片麻岩-云母石英片岩-含榴云母片岩(Ar₃D.)
			变质相		低绿片岩相	低绿片岩相-高角闪岩相		
		Ⅱ-3-2 阿拉善地块变质地带	变质岩石构造组合				二长花岗岩-斜长花岗岩片麻岩-麻粒岩	
			变质相				角闪岩相	
Ⅲ 华北陆块变质域	Ⅲ-1 华北东部陆块变质区	Ⅲ-1-1 小秦岭(大华-登封)古岩浆弧变质地带	变质岩石构造组合					角闪斜长片麻岩-角闪花岗岩片麻岩-变粒岩-浅粒岩(ggAr₃T.+p/gAr₃W.)
			变质相					角闪岩相-麻粒岩相

续表 2-2

地质时代		代	新元古代		中元古代		古元古代	太古宙
		纪	青白口纪	蓟县纪	长城纪		滹沱纪	
Ⅲ 华北陆块变质域	Ⅲ-1 华北东部陆块变质区	Ⅲ-1-2 豫陕古裂谷-陆表海变质地带	变质岩岩石构造组合	大理岩-石英片岩-砾岩-结晶灰岩、千枚岩（QbZg+QbZsb）		变火山岩-绿片岩（ChX.）			
			变质相	绿片岩相		绿片岩相			
	Ⅲ-2 鄂尔多斯地块变质区	Ⅲ-2-1 贺兰山基底残块变质地带	变质岩岩石构造组合		绿片岩-（云母）石英片岩-大理岩（Jxy+Jxn）			以黑云斜长片麻岩为主，夹灰岩、浅粒岩，石榴黑云斜长片麻岩等（Ar$_3$Pt$_1$z+Ar$_3$Pt$_1$b）	
			变质相		绿片岩相			角闪岩相-麻粒岩相	
		Ⅲ-2-2 鄂尔多斯西缘基底残块变质地带	变质岩岩石构造组合	合金碳酸盐岩-云片岩（Qbb）	碳酸盐岩-白云岩夹碎屑岩（JxG.）	陆缘碎屑岩-碳酸盐（ChG.+ChX.）			
			变质相	低绿片岩相		亚绿片岩相			
Ⅳ 塔里木陆块变质域	Ⅳ-1 塔里木北缘元古宙陆缘变质区	Ⅳ-1-1 南天山地块变质地带	变质岩岩石构造组合			石英片岩-变粒岩组合（ChA.）		斜长片麻岩-斜长角闪岩-变粒岩组合（Pt$_1$M.）	
			变质相			高绿片岩相		角闪岩相-麻粒岩相	
		Ⅳ-1-2 柯坪古活动陆缘变质地带	变质岩岩石构造组合			石英片岩-石英岩（ChA.）			
			变质相			高绿片岩相			

续表 2-2

地质时代		代	新元古代	中元古代		古元古代	太古宙
		纪	青白口纪	蓟县纪	长城纪	滹沱纪	
IV 塔木陆块变质域	IV-1 塔里木北缘元古宙陆缘带变质区	IV-1-3 库鲁克塔格地块变质地带	变质岩岩石构造组合	厚层大理岩(Qbb)+石英片岩-变砂岩(Qbn)	大理岩-石英岩-绿泥斜长岩变粒岩(JxA.)	变粒岩-浅粒岩-大理岩(ChY.)	石英片岩-大理岩-石英岩	变质表壳岩-花岗质片麻岩 $An_{t_{1-2}}D.$
			变质相	低绿片岩相	低绿片岩相	高绿片岩相	角闪岩相	中压角闪岩相
	IV-2 塔里木中央陆块变质区							
	IV-3 塔里木西南缘元古宙陆缘带变质区	IV-3-1 铁克里克地块变质地带	变质岩岩石构造组合		大理岩-石英岩-绿泥石英岩变粒岩(Jxb)	二云石英片岩-石英片岩-绢云纳泥长岩夹基性火山岩(ChS.)	黑云斜长片麻岩-斜长角闪片麻岩(Pt₁Hl.) 斜长绿泥云母石英片岩-斜长方解绿泥白云绿泥绢云石英片岩-大理岩(Pt₁A.)	
			变质相			低绿片岩相	高绿片岩相-角闪岩相	
V 华南陆块群变质域	V-1 阿拉善地块变质区	V-1-1 阿拉善结晶基底变质地带	变质岩岩石构造组合				变粒岩-浅粒岩-镁质大理岩(Pt₁L.)	
			变质相				低角闪岩相	

续表 2-2

地质时代		代	新元古代		中元古代		古元古代	太古宙
		纪	青白口纪	蓟县纪	长城纪		滹沱纪	
V 华南陆块群变质域	V-1 阿拉善地块变质区	V-1-2 龙首山古陆缘变质地带	变质岩岩石构造组合	台地潮坪-局限台地碳酸盐岩、远滨泥岩-粉砂岩（Qbd+Qby）		台地陆源碎屑-碳酸盐岩（ChG₁+ChQ₁）			
		变质相	低绿片岩相					
	V-2 祁连山地块变质区	V-2-1 祁连山西段（大雪山-镜铁山）古裂谷-被动陆缘变质地带	变质岩岩石构造组合	台地潮坪-局部台地碳酸盐岩、半深海浊积岩（Qby+Qbzw+Qbq）	台盆陆源碎屑-碳酸盐岩（Jxh）	半深海浊积岩构造组合，陆源碎屑沉积岩-双峰式火山岩（Chn+Chh+Cha）		二云石英片岩-斜长角闪岩-大理岩（Pt₁B₁）	
		变质相	低绿片岩相				低绿片岩相-角闪岩相	
		V-2-2 祁连山中段（青海湖）和民海表陆变质地带	变质岩岩石构造组合	结晶灰岩-板岩组合，板岩-变质粉砂岩-变质砂岩组合（Qby+Qbzw+Qbq），其中有片麻状二长花岗岩岩组合（Pt₃）	结晶白云岩-板岩组合、结晶白云岩-结晶灰岩组合、结晶灰岩组合、结晶砂岩-变质砂岩组合（Jxh+Jxhk+Jxh）	变质砂岩-灰岩-板岩组合、千枚岩-变质砂岩组合、石英岩-千枚岩片岩（Chn+Chq+Chm）		片岩-石英岩组合、云母石英岩-大理岩组合、云母石英岩-大理岩-石英角闪片岩组合（Pt₁d+Pt₁l）云母石英片岩-大理岩组合，斜长石英片麻岩-斜长角闪岩-镁质大理岩组合（Pt₁T₁）	
			变质相		低绿片岩相			低角闪岩相	

续表 2-2

地质时代			新元古代	中元古代		古元古代	太古宙
	代	纪	青白口纪	蓟县纪	长城纪	滹沱纪	
V 华南陆块群变质域	V-2 祁连地块变质区	V-2-3 祁连山东段(海原-兴隆山)古裂谷变质带					
		变质岩岩石构造组合			变质砂岩-千枚岩,黑云石英片岩-黑云石解片岩,变玄武岩-板岩-变质砂岩($Pt_2H.+Pt_2G.+Pt_2X.$)	大理岩-斜长角闪岩-黑云斜长片麻岩-黑云石英片岩($Pt_1M.+Pt_1L.$)	
						云母石英片岩-黑云斜长片麻岩-大理岩($Pt_1H.$)	
		变质相			绿片岩相	低绿片岩相—高角闪岩相	
	V-3 阿尔金-中元古代新元古代陆缘带变质区	V-3-1 阿中(米兰-金雁山)地块变质带					
		变质岩岩石构造组合	变质砂岩-千枚岩-大理岩-白云岩,石英片岩($Qb\alpha+Qb\nu g$)	大理岩-千枚岩,绢云千枚岩-变质砂岩夹大理岩-黑云母片岩-二云母片岩($Jxj+Jxmz+Jxzh$)	变砂岩-板岩-硅质岩夹结晶灰岩,石英片岩-董青石云母片岩-石榴二云母片岩夹石英岩($Chb+Chh+Chz$)		
		变质相	低绿片岩相		高绿片岩相		
		V-3-2 阿南新元古代活动陆缘变质带					
		变质岩岩石构造组合	黑(二)云母石英片岩-斜长片麻岩(砂线石)黑云二云母片岩,斜长角闪片麻岩-斜长角闪片岩-辉斜岩夹大理岩粒($Pt_{2-3}A.$)				
		变质相	高角闪岩相				

续表 2-2

地质时代			代	新元古代	中元古代		古元古代	太古宙
			纪	青白口纪	蓟县纪	长城纪	滹沱纪	
V 华南陆块群变质域	V-3 阿尔金中-新元古代陆缘变质区	V-3-2 阿南新元古代活动陆缘变质地带	变质岩石构造组合	变质砂岩-千枚岩-大理岩-石英片岩-白云母片岩（Qb$\alpha p\nu$+Qb$b g$）				
			变质相	低绿片岩相				
	V-4 西昆仑地块变质区	V-4-1 西昆仑北缘活动陆缘变质地带	变质岩石构造组合		大理岩-黑云石英片岩-石英岩（JxS.）	二云石英片岩-黑云石英片岩-斜长角闪岩-斜长变粒岩（ChSt.）	角闪黑云变粒岩-二云石英岩-大理岩-斜长角闪片岩（Pt₁Kl.）	
			变质相				高绿片岩相	
	V-5 柴达木地块变质区	V-5-1 柴北缘活动陆缘变质地带	变质岩石构造组合		大理岩组合，千枚岩-片岩-石英岩组合（JxW.）	片岩-石英岩组合（ChS.）	大理岩组合，片麻岩-片岩-大理岩-斜长角粒岩-变粒岩组合（Pt₁D.）	
			变质相			低绿岩	低角闪岩相-麻粒岩相	
		V-5-2 柴达木地块变质地带	变质岩石构造组合				黑云斜长片麻岩-斜长角闪岩-大理岩组合（Pt₁D.）；大理岩组合，片麻岩-斜长角闪岩-大理岩组合（Pt₁J.）	
			变质相				低角闪岩相	

续表 2-2

地质时代			代	新元古代	中元古代		古元古代		太古宙
			纪	青白口纪	蓟县纪	长城纪	滹沱纪		
Ⅴ 华南陆群块变质域	Ⅴ-5 柴达木地块变质区	Ⅴ-5-3 布尔汗布达地块变质地带	变质岩石构造组合		大理岩-结晶灰岩-千枚岩组合(Jxl.)	斜长角闪岩-石英岩-大理岩组合(Chx.)	大理岩组合,片麻岩-斜长角闪岩-大理岩组合(Pt$_1$J.)		
			变质相		低绿片岩相	高绿片岩相	低绿片岩相-角闪岩相		
	Ⅴ-6 清水泉缝合带	Ⅴ-6-1 沟里-塔妥煤矿古蛇绿混杂岩带变质地带	变质岩石构造组合						
			变质相						
	Ⅴ-7 东昆仑地块变质区	Ⅴ-7-1 东昆仑地块变质地带	变质岩石构造组合	板岩-变质砂岩-绢云母岩-千枚岩组合(Qbq)	大理岩-结晶灰岩-千枚岩组合(Jxl)	斜长角闪岩-石英岩-大理岩组合(Chx.)	斜长角闪岩,麻粒岩-石英岩-大理岩组合,麻粒岩-片麻岩(Pt$_1$J.)		
				变质白云岩-结晶灰岩-变质砂岩组合,变质安山岩,变质砂岩组合(Pt$_{2-3}$W.)					
			变质相	低绿片岩相	低绿片岩相	高绿片岩相	高角闪岩相-麻粒岩相		
	Ⅴ-8 秦岭地块变质区	Ⅴ-8-1 北秦岭地块变质地带	变质岩石构造组合	角闪片岩-硅化大理岩		绿片岩-斜长角闪岩-大理岩-石英岩(Pt$_{2-3}$g.)+大理岩-石英岩(Pt$_{2-3}$K.)	片麻岩-石英岩-大理岩(Pt$_1$Q.)		
				绿片岩-斜长角闪岩-石英片岩(Pt$_{2-3}$x.)+石英片岩-片麻岩(Pt$_{2-3}$s.)			厚层大理岩(Pt$_1$s.)+孔兹岩系(Pt$_1$g.)		
			变质相		角闪岩相		角闪岩相		
		Ⅴ-8-2	变质岩石构造组合	绿片岩-石英片岩(QbNhy)	绿片岩-石英岩-变粒岩(-变质灰岩)-大理岩(Pt$_2$W.)		孔兹岩系-石英岩-大理岩+孔兹岩(Pt$_1$C.)		片麻岩-二长岩(Ar$_3$F.)+花岗片麻岩(ggAr$_3$L.)

续表 2-2

地质时代			新元古代 青白口纪	中元古代 蓟县纪	中元古代 长城纪	古元古代 滹沱纪	太古宙
V 华南陆块群变质域	V-8 秦岭地块变质区	V-8-2 中南秦岭地块变质地带 变质岩石构造组合			石英片岩-变粒岩-绿片岩(Pt₂yp.)+绿片岩-石英钠长片岩-石英片岩夹火山岩(Pt₂y.)	大理岩(Pt₁s.)+孔兹岩系(Pt₁w.)+石英岩、石英片岩(Pt₁h.)+孔兹岩系(Pt₁dz.)	
		变质相				高绿片岩相-低角闪岩相	角闪岩相-麻粒岩相
	V-9 羌塘-摩天岭地块变质区	V-9-1 喀喇昆仑-甜水海地块变质地带 变质岩石构造组合	绢云片岩-绢云石英片岩-白云质大理岩(Qbx)	绢云石英片岩-含碳绢云石英片岩-含碳绿泥石英岩-含碳质岩(ChT.)		(石榴子石、矽线石、云母、角闪)斜长石英岩-(石榴子石、矽线石)黑云石英片岩(Pt₁Bl.)	
		变质相	绿片岩相	角闪岩相		角闪岩相	
		V-9-2 羌塘-巴颜喀拉地块变质地带 变质岩石构造组合	变质砾岩-变质砂岩-绢云石英片岩-板岩-变质玄武安山岩-结晶灰岩-变千枚岩(Pt₃c)		片麻岩-大理岩-斜长角闪岩-片岩(Pt₁₋₂N.)		
		变质相	低绿片岩相		低绿片岩相	高角闪岩相	

续表 2-2

地质时代				新元古代	中元古代		古元古代	太古宙
代			纪	青白口纪	蓟县纪	长城纪	滹沱纪	
V 华南陆块群变质域	V-9 羌塘-摩天岭地块变质区	V-9-3 摩天岭地块变质地带	变质岩石构造组合	变杂砂岩-千枚岩夹凝灰质砂岩-火山岩、变质玄武岩(-变质中酸性岩)($Pt_{2-3}B.$)；变杂砂岩-粉砂板岩-绢云板岩-凝灰质砂岩($Pt_{2-3}y$)				变质表壳岩-片麻岩构造组合($Ar_3Y.$)
			变质相	低绿片岩相				高角闪岩相
VI 扬子陆块变质域	VI-1 上扬子地块变质区	VI-1-1 汉南地块变质地带	变质岩石构造组合	含砾凝灰岩、变砂岩、片岩、绢云石英片岩-火山岩(Pt_2^3S)；变质火山岩、变质砂岩、变质火山凝灰岩、榴岩($Qbz.+Qbs.+QbX.$)	变砂砾岩、石英片岩、变砂岩夹硅质岩、片岩(ChS.+Chm.)；变砂砾岩、大理岩、板岩、片岩(ChS.+Chm.)	Pt_2wj+Pt_2sw	花岗片麻岩-斜长片麻岩($ggPt_1S+plgPt_1S$)；混合岩-斜长角闪岩-火山岩($Ar_3Pt_1H.$)；变质表壳岩-片麻岩构造组合($Ar_3Pt_1z.+Ar_3Pt_1z.$)	麻粒岩相
			变质相	低绿片岩相	低绿片岩相	高绿片岩相	角闪岩相	

第五节 大型变形构造

大型变形构造是指具有区域性规模和构造意义的强变形构造带及相关盆地组成的构造组合，包括大型强劈理化带、大型逆冲或逆掩断裂带、大型韧性剪切带、大规模走滑断裂带及相关拉分盆地和大型正断层带及相关盆地等。它们可以平行于造山带展布，多为不同构造单元的分界线，也可以切割不同构造单元。然而，现今的造山带大多经历了多期复杂的构造过程，前南华纪大型变形构造多被强烈改造置换，或极少保存并难以恢复，现主要变为后期大型变形构造中的残留。尽管如此，这些早期大型变形构造的残存仍能够为研究早期区域构造过程、动力学背景等提供重要资料，为大地构造相研究提供重要依据。

红柳河-马鬃山脆韧性逆冲构造（HMNG）：前南华纪大型变形构造多表现为基底残块或蛇绿混杂岩残片。如红柳河-马鬃山脆韧性逆冲构造卷入了敦煌岩群结晶片岩、古硐井群陆源碎屑岩和碳酸盐岩等，并被多期糜棱岩化作用强烈改造。构造变形显示中—深层次，前寒武纪为拉张韧性剪切变形，主期构造为古生代末的左行斜冲脆韧性剪切变形，晚古生代末局部见右行走滑变形。

昆中逆冲-走滑构造（KZNZ）：构造卷入的地质体主要有古元古代被动陆缘火山-沉积岩系（现以基底残块卷入碰撞造山带中），保留了中元古代（清水泉）蛇绿岩残块，发育长城纪陆棚碎屑岩、中—新元古代洋岛-海山沉积岩系、早寒武世陆缘裂谷火山-沉积岩系、奥陶纪洋内弧火山-沉积岩系、奥陶纪—志留纪俯冲增生杂岩、早石炭世陆缘裂谷火山沉积岩系、晚石炭世—早二叠世构造高地火山-沉积岩系，寒武纪—早奥陶世蛇绿岩（乌妥）、中奥陶世蛇绿岩（没草沟）、石炭纪—中二叠世蛇绿岩（塔妥）、中奥陶世俯冲期岩浆杂岩、早泥盆世—早石炭世后碰撞-后造山岩浆杂岩、二叠纪俯冲期岩浆杂岩。该构造带经历了长期的、复杂的演化过程，是一个多期次活动的复合型逆冲-走滑构造带，以晋宁期逆冲-走滑构造为特征，主要表现为逆冲-走滑型韧性剪切带。晋宁期、加里东期为逆冲走滑构造。吐木勒克地区的辉长-辉绿岩变质辉石的 Ar-Ar 坪年龄为 444.5 ± 1.5Ma，前各纳各热尔地区侵入于变质岩系中的变形中酸性岩体的锆石 U-Pb 年龄为 446Ma，并认为剪切带的形成时代主要为晚奥陶世，可能是古昆中洋在洋陆消减过程中形成的。海西期在昆中逆冲构造带内，与剪切带平行的同构造花岗岩的年龄为 263 ± 19Ma 和 267 ± 52Ma（Rb-Sr 法），从而也证明剪切带发育延续至晚海西期。印支期的走滑构造为脆性逆冲构造组合，在克其克孜苏晚奥陶世逆冲型韧性剪切带中获得了 232.12 ± 0.81Ma 的辉长-辉绿岩角闪石 Ar-Ar 坪年龄，从而说明整个昆中逆冲-走滑构造的韧性剪切活动可能一直持续到中三叠世晚期。

油房沟-皇台逆冲走滑构造（YHNZ）：西起陕西凤县黄牛铺以南，经周至沙梁子—户县草堂镇—商州市—丹凤县皇台向东进入河南省内，全长超过 380km，宽 50m～5km。中段南倾，倾角 $60°\sim80°$；东段北倾，倾角 $35°\sim50°$。该构造带早期表现为拉张型，晚期为挤压-逆冲推覆构造。推覆剪切断裂带内断裂构造多数平行排列，少部分斜列。该构造带为多期构造叠加的产物，卷入构造带内的物质除主体为前南华纪秦岭岩群、宽坪岩群外，后期还包括早古生代裂陷海槽沉积建造的文家山组、干岔沟组、二郎坪群、安坪组、干江河组等火山岩-碎屑岩-碳酸盐岩建造，中生代陆内断陷盆地沉积五里川组、东河群碎屑岩建造，在边界断裂附近，岩层碎裂岩化、糜棱岩化发育。断裂性质表现为早期向南逆冲，晚期向北逆冲推覆;断裂带深度为中等—深部。另外,北秦岭(商丹构造带)中也保存了前南华纪大型变形的记录,如八度-铁炉子逆冲走滑构造(BTNZ)等。

第六节 大地构造区划

西北地区前南华纪地质记录多被后期地质体压盖或被后期构造带强烈破坏,多不完整而呈残存状,致使前南华纪构造格局较难恢复。依据建造组合及其时空分布和大地构造环境(相)大体判定,对其构造单元按陆块群(区)与拼接带、陆块与弧盆系、被动陆缘、结合带、地块与岛弧、陆缘弧、边缘盆地、裂谷、蛇绿混杂岩带,地块内不同性质盆地4个级别进行划分。

通过区域对比将西北地区前南华纪划分为3个陆块区(华北、塔里木、扬子),3个陆块群(西伯利亚、哈萨克斯坦、华南)共6个Ⅰ级构造单元、19个Ⅱ级构造单元、39个Ⅲ级构造单元和99个Ⅳ级构造单元(图2-2~图2-4,表2-3)。

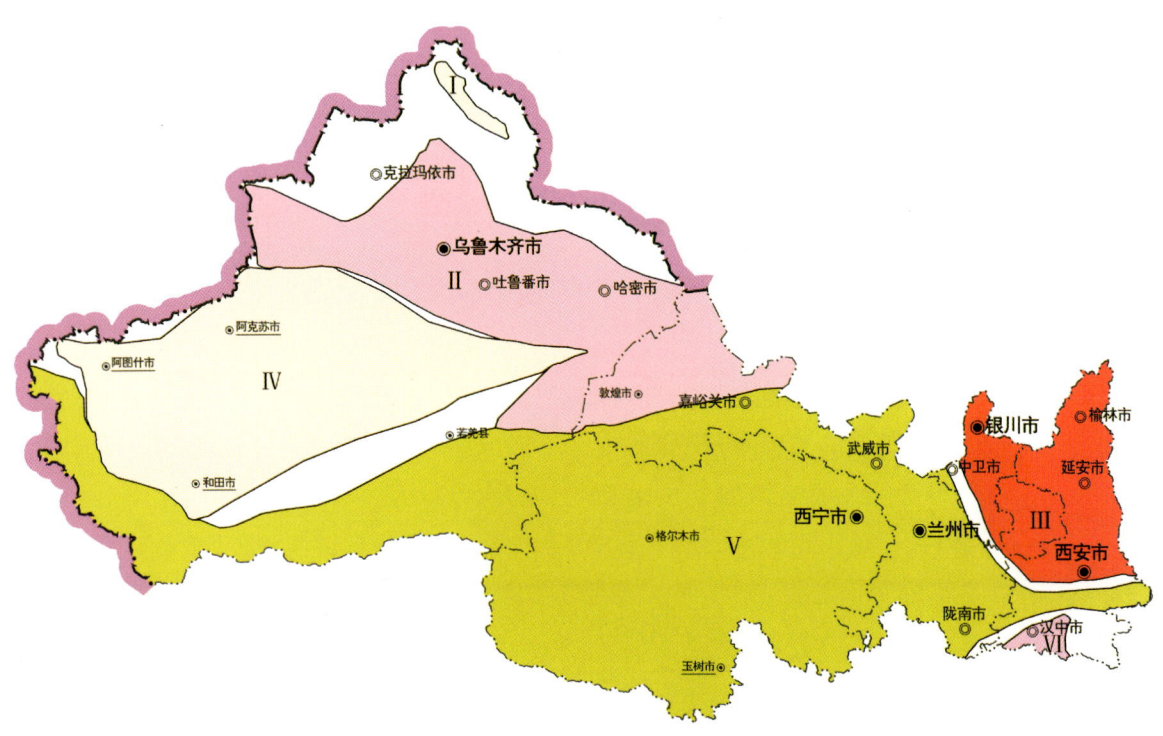

图 2-2 西北地区前南华纪Ⅰ级构造单元划分图

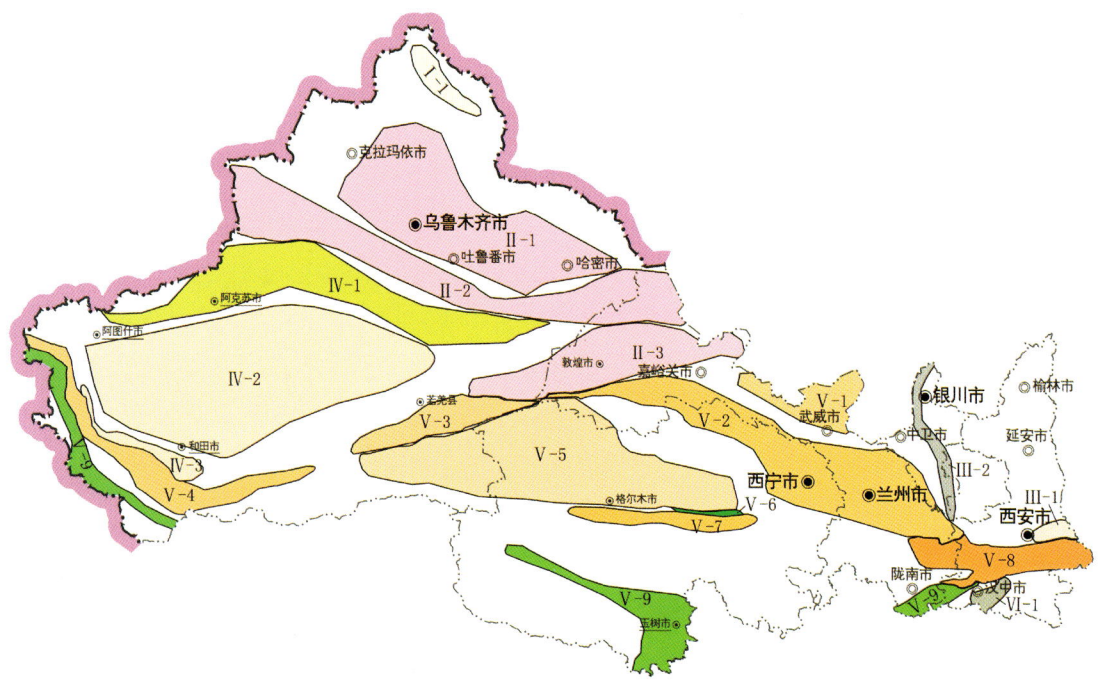

图 2-3 西北地区前南华纪Ⅱ级构造单元划分图

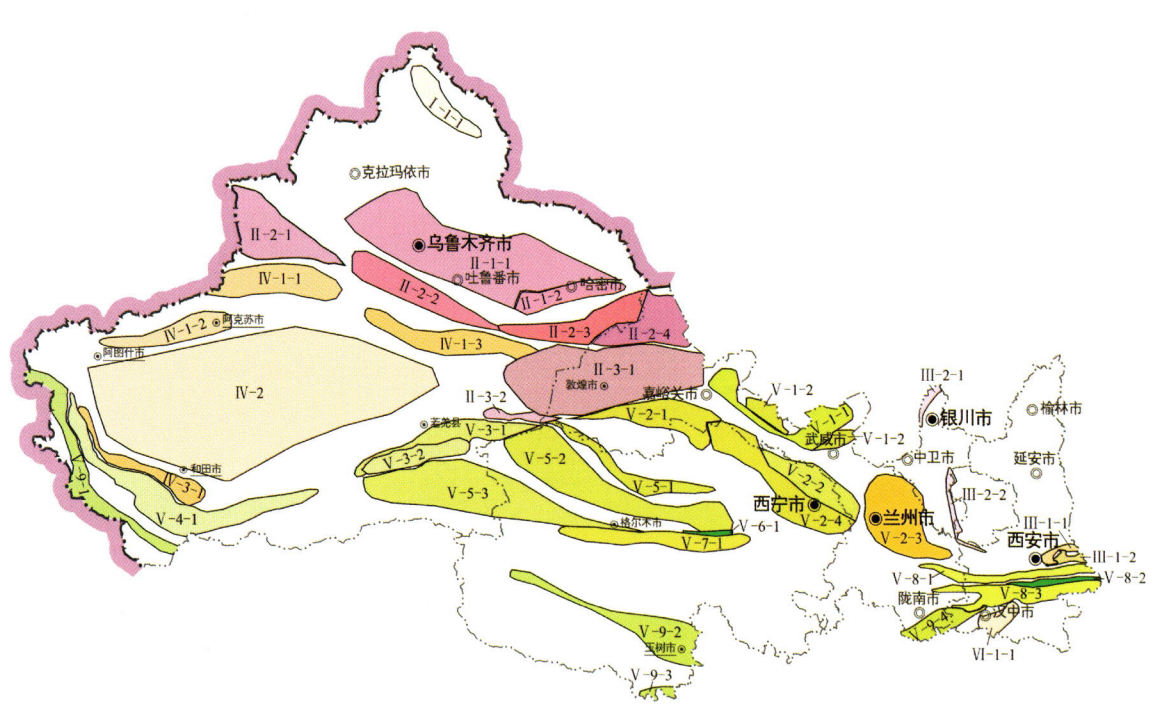

图 2-4 西北地区前南华纪Ⅲ级构造单元划分图

表 2-3　西北地区前南华纪构造单元划分一览表

Ⅰ级构造单元	Ⅱ级构造单元	Ⅲ级构造单元	Ⅳ级构造单元
Ⅰ 西伯利亚陆块群	Ⅰ-1 阿尔泰地块群	Ⅰ-1-1 南阿尔泰地块	Ⅰ-1-1-1 阿尔泰古陆缘盆地（Pt_2）
			Ⅰ-1-1-2 阿尔泰基底残块（Pt_1）
Ⅱ 哈萨克斯坦-准噶尔-敦煌陆块群	Ⅱ-1 准噶尔地块群	Ⅱ-1-1 准噶尔地块	Ⅱ-1-1-1 准噶尔地块东缘古陆缘盆地（Pt_2）
		Ⅱ-1-2 吐哈地块	
	Ⅱ-2 中天山地块群		Ⅱ-2-1-1 伊犁地块北缘基底残块（Pt_1—Ch）
			Ⅱ-2-1-2 伊犁地块北缘古陆表海（JxQb）
			Ⅱ-2-1-3 伊犁地块南缘基底残块（Pt_1—Ch）
			Ⅱ-2-1-4 伊犁地块南缘古陆表海（JxQb）
		Ⅱ-2-2 巴仑台地块	Ⅱ-2-2-1 巴伦台北古陆缘岩浆弧（Qb）
			Ⅱ-2-2-2 巴仑台变质基底残块（Ch）
		Ⅱ-2-3 阿拉格铁-星星峡地块	Ⅱ-2-3-1 星星峡北古陆裂谷（?）-被动陆缘盆地（ChJx）
			Ⅱ-2-3-2 星星峡古陆表海（Ch）
			Ⅱ-2-3-3 星星峡南古陆缘岩浆弧（Qb-Nh-Z）
			Ⅱ-2-3-4 卡瓦布拉克古陆裂谷（?）-被动陆缘盆地（Ch-Jx-Qb）
		Ⅱ-2-4 马鬃山地块基底残块（Ar—Pt_1）	
	Ⅱ-3 敦煌-阿北地块群	Ⅱ-3-1 敦煌地块	Ⅱ-3-1-1 敦煌地块北缘古陆裂谷（?）-被动陆缘盆地（ChJx）
			Ⅱ-3-1-2 敦煌地块北缘古陆表海（Ch）
			Ⅱ-3-1-3 敦煌地块西北缘古岛弧（Pt_3）
			Ⅱ-3-1-4 敦煌地块夹西北古岩浆弧（Pt_1 TTG）
			Ⅱ-3-1-5 敦煌基底陆核（Ar）
		Ⅱ-3-2 阿北地块	Ⅱ-3-2-1 阿北古陆核（Ar）
			Ⅱ-3-2-2 阿北变质杂岩（Pt）

续表 2-3

Ⅰ级构造单元	Ⅱ级构造单元	Ⅲ级构造单元	Ⅳ级构造单元
Ⅲ华北陆块区	Ⅲ-1 华北东部地块	Ⅲ-1-1 小秦岭（太华-登封）古岩浆弧	Ⅲ-1-1-1 小秦岭北部骊山古岩浆弧（Ar—Pt₁）
			Ⅲ-1-1-2 小秦岭西南古岩浆弧（Ar—Pt₁）
		Ⅲ-1-2 豫陕古裂谷-陆表海	Ⅲ-1-2-1 小秦岭西部古陆内裂谷（Ch）
			Ⅲ-1-2-2 小秦岭东南古陆表海-陆缘盆地（Ch—Qb）
	Ⅲ-2 鄂尔多斯地块	Ⅲ-2-1 贺兰山基底残块	Ⅲ-2-1-1 贺兰山中北段基底残块（Ar—Pt₁）
			Ⅲ-2-1-2 贺兰山中北段古陆表海-陆缘盆地（Ch—Jx）
			Ⅲ-2-1-3 黄旗口古岩浆弧（Pt₁）
		Ⅲ-2-2 鄂尔多斯西缘基底残块	Ⅲ-2-2-1 青龙山-云雾山古陆表海（Ch—Jx）
			Ⅲ-2-2-2 六盘山古陆表海（Ch—Qb）
			Ⅲ-2-2-3 千河-岐山古裂谷（Ch）
Ⅳ塔里木陆块区	Ⅳ-1 塔里木北缘陆缘带	Ⅳ-1-1 南天山地块	Ⅳ-1-1-1 特克斯古陆缘盆地（Pt₂）
			Ⅳ-1-1-2 南天山变质基底残块（Ch）
		Ⅳ-1-2 柯坪古活动陆缘（Pt₂₋₃）	
		Ⅳ-1-3 库鲁克塔格地块	Ⅳ-1-3-1 达格拉格布拉克古陆核（Ar₂₋₃）
			Ⅳ-1-3-2 兴地塔格基底杂岩（Pt₁）
			Ⅳ-1-3-3 杨吉布拉克新元古代裂谷-被动陆缘（Pt₂₋₃）
			Ⅳ-1-3-4 库鲁克塔格新元古代晚期岩浆弧（Pt₃）
	Ⅳ-2 塔里木中央陆块		
	Ⅳ-3 塔里木西南缘陆缘带	Ⅳ-3-1 铁克里克地块	Ⅳ-3-1-1 赫罗斯坦新元古代古岩浆弧（Pt₃）
			Ⅳ-3-1-2 赫罗斯坦基底残块（Pt₁）
			Ⅳ-3-1-3 铁克里克古裂谷-被动陆缘（Pt₂₋₃）

续表 2-3

Ⅰ级构造单元	Ⅱ级构造单元	Ⅲ级构造单元	Ⅳ级构造单元
Ⅴ 华南陆块群	Ⅴ-1 阿拉善地块	Ⅴ-1-1 阿拉善结晶基底	Ⅴ-1-1-1 阿拉善基底残块（Ar_{1-2}）
			Ⅴ-1-1-2 阿拉善古边缘基底（$Ar-Pt_1$）
		Ⅴ-1-2 龙首山古陆缘	Ⅴ-1-2-1 龙首山西古活动陆边缘盆地（Pt_{2-3}）
			Ⅴ-1-2-2 阿拉善古岩浆弧（Pt_{2-3}）
			Ⅴ-1-2-3 墩子沟古被动陆缘（Jx）
	Ⅴ-2 祁连地块	Ⅴ-2-1 祁连山西段（大雪山-镜铁山）古裂谷-被动陆缘	Ⅴ-2-1-1 托赖牧场-北大河基底残块（Pt_1）
			Ⅴ-2-1-2 镜铁山-硫磺沟古裂谷-被动陆缘（Pt_{2-3}）
			Ⅴ-2-1-3 花儿地-疏勒南山古裂谷-被动陆缘（Pt_{2-3}）
			Ⅴ-2-1-4 野马南山基底残块（Pt_1）
		Ⅴ-2-2 祁连山中段（青海湖-民和）中元古代古陆表海	Ⅴ-2-2-1 湟源-托赖基底残块（Pt_1）
			Ⅴ-2-2-2 湟中-海晏古陆表海（Pt_2）
			Ⅴ-2-2-3 互助古陆表海（Pt_2）
		Ⅴ-2-3 祁连山东段（海原-兴隆山）长城纪古裂谷	Ⅴ-2-3-1 海原古裂谷（Ch）
			Ⅴ-2-3-2 兴隆山-皋兰古裂谷（Ch）
			Ⅴ-2-3-3 马衔山-陇山基底残块（$Ar-Pt_1$）
		Ⅴ-2-4 木里-化隆新元古代活动陆缘	Ⅴ-2-4-1 木里北中元古代被动陆缘-新元古代古岩浆弧（外带）
			Ⅴ-2-4-2 乐都古岩浆弧（外带）（Pt_3）
			Ⅴ-2-4-3 化隆基底残块（$Ar-Pt_1$）
	Ⅴ-3 阿尔金陆缘带	Ⅴ-3-1 阿中（米兰河-金雁山）地块	Ⅴ-3-1-1 巴什库尔干古陆缘盆地（Jx）
			Ⅴ-3-1-2 塔昔达坂古被动陆缘（Qb）
		Ⅴ-3-2 阿南新元古代活动陆缘	Ⅴ-3-1-3 索尔库里古裂谷（Qb）
			Ⅴ-3-2-1 江尕勒萨-巴什瓦克增生杂岩带（Qb）
			Ⅴ-3-2-2 清水泉古前陆缘盆地（Qb）

续表 2-3

Ⅰ级构造单元	Ⅱ级构造单元	Ⅲ级构造单元	Ⅳ级构造单元
Ⅴ 华南陆块群	Ⅴ-4 西昆仑地块群	Ⅴ-4-1 西昆仑地块	Ⅴ-4-1-1 西昆仑基底残块（Pt_1）
			Ⅴ-4-1-2 西昆仑古陆缘盆地（Pt_{2-3}）
	Ⅴ-5 柴达木地块群	Ⅴ-5-1 全吉地块	Ⅴ-5-1-1 打柴沟岩浆弧（Qb）
			Ⅴ-5-1-2 全吉地块基底残块（Pt_1）
			Ⅴ-5-1-3 大柴旦古岩浆弧（Qb）
			Ⅴ-5-1-4 柴达木北缘古被动陆缘（Pt_{2-3}）
			Ⅴ-5-1-5 柴达木东北缘古弧间-弧后盆地（Qb）
		Ⅴ-5-2 柴达木地块	Ⅴ-5-2-1 柴达木西缘基底隆起带（AnNh）
			Ⅴ-5-2-2 鄂拉山古岩浆弧（Pt_3）
			Ⅴ-5-2-3 白沙河基底残块（Pt_1）（内带）
			Ⅴ-5-2-4 鄂拉山南古岛弧（外带）（Pt_3）
		Ⅴ-5-3 布尔汗布达地块	Ⅴ-5-3-1 库木库里周缘古被动陆缘（Pt_2）[东昆中（西部）长城纪被动陆缘—白干湖中—新元古代被动陆缘—祁漫塔格蓟县纪被动陆缘]
			Ⅴ-5-3-2 布尔汗布达基底残块（Pt_1）
	Ⅴ-6 清水泉古缝合带（Pt_3）	Ⅴ-6-1 沟里-塔妥煤矿古蛇绿混杂岩带（Pt_{2-3}）	
	Ⅴ-7 东昆仑地块	Ⅴ-7-1 东昆仑地块	Ⅴ-7-1-1 格尔木东古岛弧（Pt_3）（北外带—南内带）
			Ⅴ-7-1-2 万宝沟古弧间-弧后盆地（Pt_{2-3}）
			Ⅴ-7-1-3 东昆中（东部）古被动陆缘（ChJx）
			Ⅴ-7-1-4 温泉西古岛弧（Pt_3）
			Ⅴ-7-1-5 温泉基底残块（Pt_1）

续表 2-3

Ⅰ级构造单元	Ⅱ级构造单元	Ⅲ级构造单元	Ⅳ级构造单元
Ⅴ 华南陆块群	Ⅴ-8 秦岭地块群	Ⅴ-8-1 北秦岭地块	Ⅴ-8-1-1 天水基底残块（Pt_1）
			Ⅴ-8-1-2 太白基底残块（Pt_1）
			Ⅴ-8-1-3 终南山基底残块（Pt_1）
			Ⅴ-8-1-4 商州基底残块（Pt_1）
		Ⅴ-8-2 松树沟古蛇绿岩（Pt_3）	
		Ⅴ-8-3 中-南秦岭地块	Ⅴ-8-3-1 马道基底残块（Pt_1）
			Ⅴ-8-3-2 佛坪-长角坝基底残块（Pt_1）
			Ⅴ-8-3-3 陡岭基底残块（Pt_1）
	Ⅴ-9 羌塘-摩天岭地块群	Ⅴ-9-1 喀喇昆仑-甜水海古被动陆缘	Ⅴ-9-1-1 布伦阔勒基底残块（Pt_1）
			Ⅴ-9-1-2 甜水海古被动陆缘（Ch-Qb）
		Ⅴ-9-2 昌都地块	Ⅴ-9-2-1 宁多变质基底残块（Pt_{2-3}）
		Ⅴ-9-3 北羌塘地块	Ⅴ-9-3-1 酉西前南华纪边缘盆地（AnNh）
		Ⅴ-9-4 摩天岭地块	Ⅴ-9-4-1 鱼洞子基底残块（$Ar_3 - Pt_1$）
			Ⅴ-9-4-2 秋田坝古岛弧（Pt_{2-3}）
			Ⅴ-9-4-3 白雀寺古岛弧（Pt_3）
			Ⅴ-9-4-4 黑木林古构造（蛇绿?）混杂岩（Pt_3）
Ⅵ 扬子陆块区	Ⅵ-1 上扬子地块	Ⅵ-1-1 汉南地块	Ⅵ-1-1-1 南沙河基底残块（Ar-Pt_1）（后河岩群）
			Ⅵ-1-1-2 西乡北基底残块（Ar-Pt_1）（后河岩群）
			Ⅵ-1-1-3 西乡古裂谷（Pt_2）（三花石群）
			Ⅵ-1-1-4 碑坝古岩浆弧（Pt_3）

第七节　陆块区(群)大地构造相特征

一、塔里木陆块区

塔里木陆块区是塔里木运动(1.0~0.85Ga,相当于晋宁造山运动)从相对活动转为相对稳定的大陆块体,由前南华纪变质基底和南华纪及其以后的沉积盖层组成(陆松年等,2006,2009)。如前所述,塔里木陆块区前南华纪由塔里木中央陆块、塔里木北缘陆缘带和塔里木南缘陆缘带3个Ⅱ级构造单元构成。塔里木陆块区总体特征可以归纳为:①古元古代及其以前形成的结晶基底与中—新元古代浅变质盖层(或变质基底)构成的较明显的双层结构;②中元古代初期(长城纪)较明显的裂谷事件及其之后向被动陆缘转化;③新元古代末期(晋宁期)与汇聚相关的构造热事件和高压变质作用。

1. 塔里木中央陆块

塔里木中央陆块被新生代盆地覆盖,前南华纪地质体无出露。高磁异常反映其可能存在变质基底。但近年来,石油钻井揭露出新生界之下存在晚古生代基性火山岩,这在给高磁异常的解释提供了依据的同时,也对前南华纪结晶基底或者变质基底提出了质疑。

2. 塔里木北缘陆缘带

塔里木北缘陆缘带由南天山地块、柯坪古活动陆缘和库鲁克塔格地块3个Ⅲ级构造单元构成。其中,南天山地块可进一步分为特克斯古陆缘盆地(Pt_2)和南天山变质基底残块(Ch)2个Ⅳ级构造单元;库鲁克塔格地块由达格拉格布拉克古陆核(Ar_{2-3})、兴地塔格基底杂岩(Pt_1)、杨吉布拉克古裂谷-被动陆缘(Pt_{2-3})和库鲁克塔格新元古代晚期岩浆弧(Pt_3)4个Ⅳ级单元构成。

(1)南天山地块:在南天山,古生代造山带内卷入由古元古代木扎尔特岩群辉石型麻粒岩(中性—酸性)及长城纪阿克苏岩群低绿片岩相变质的砂-泥质板岩和青白口纪塞纳尔塔格组绢云母片岩-绿片岩(原岩为碎屑岩、基性火山岩)等,与塔里木北缘阿克苏地区和库鲁克塔格地区基本能够对比,总体构成了南天山变质基底残块(Pt_1—Ch)和特克斯古陆缘盆地(Pt_2)2个Ⅳ级构造单元。其中,在西水泉一带发育的蓟县纪二长花岗岩(1080Ma),可能为罗迪尼亚超大陆形成时的同碰撞期岩浆岩。

(2)柯坪古活动陆缘(Pt_{2-3}):位于塔里木西北缘,由中元古代阿克苏岩群钠长石英片岩、蓝片岩和绿片岩的不均匀互层构成。蓝片岩产在巨厚的基性片岩中,据舒良树等(2008)研究认为其大多数是由E-MORB型玄武岩变质而来,岩浆源自富集型地幔。舒良树等(2008)对采自阿克苏基性蓝片岩样品进行 Sm-Nd 同位素测年,获得等时线年龄890±31Ma,认为代表蓝片岩年龄;高振家等(1993)获得962~944Ma同位素测年结果,认为大致代表阿克苏群的变质时代;肖序常等(1990)获得多硅白云母 Rb-Sr 年龄720Ma,认为其反映了阿克苏群最后一次抬升过程的冷却时代或受热事件扰动的年龄。蓝片岩高压变质岩石组合是罗迪尼亚超大陆聚合-碰撞的反映,为前南华纪俯冲增生杂岩相的无蛇绿岩碎片的浊积岩亚相。熊纪斌等(1986)获得蓝片岩 Rb-Sr 表面年龄相差很大(1792.8Ma、1907.6Ma),可能代表蓝片岩原岩年龄。

(3)库鲁克塔格地块:位于塔里木陆块北缘,以辛格尔大断裂与南天山为界,可以进一步划分成4个次级单元。

达格拉格布拉克古陆核(Ar_{2-3}):由达格拉格布拉克岩群绢云石英片岩-绿片岩组合和具TTG组合特征的灰色片麻岩(变质古侵入体)构成,属角闪岩相—绿片岩相,为古陆核发展阶段的产物。斜长角闪岩Sm-Nd等时线年龄3263Ma(Hu et al,1992),TTG组合的灰色片麻岩年龄3.2~2.9Ga;陆松年等(2006)在花岗质片麻岩中用TIMS法获单颗粒锆石U-Pb年龄2592±11Ma,属新太古代。

兴地塔格基底杂岩(Pt_1):不整合于达格拉格布拉克岩群之上,主体由兴地塔格岩群石英岩-云母片岩-大理岩组合构成。陆松年等(2006)认为其上部和下部为高级变质碎屑岩,具浊流沉积特征;中部橄榄大理岩系高镁碳酸盐岩沉积,具活动大陆边缘沉积特征。兴地塔格基底杂岩中见有2.4Ga的片麻状蓝石英斜长花岗岩(钙碱性),可能代表了辛格尔运动同造山期岩浆活动;2.0~1.8Ga的片麻状花岗闪长岩-蓝石英斜长花岗岩-二长花岗岩侵入,可能反映哥伦比亚超大陆拼合的构造热事件信息。

杨吉布拉克古裂谷-被动陆缘(Pt_{2-3}):由长城系-蓟县系-青白口系构成。长城纪杨吉布拉克岩群、波瓦姆群底部有60m厚底砾岩,可能是兴地运动的反映;其上为绢云石英片岩-绿片岩组合,其原岩为陆缘碎屑岩夹基性火山岩(陆松年等,2006),总体构成了长城纪伸展环境下可能的古裂谷构造环境。蓟县纪爱尔基干群碳酸盐岩台地相白云质灰岩-白云岩(台地蒸发岩)和青白口纪北塞纳尔塔格组中下部厚层白云岩、绢云石英片岩,反映了碎屑岩及碳酸盐岩陆表海亚相,总体反映了构造环境为趋于稳定的被动陆缘-陆表海。

库鲁克塔格新元古代晚期岩浆弧(Pt_3):由1.0Ga左右的蓟县纪、青白口纪片麻状闪长岩-斜长花岗岩-花岗闪长岩-二长花岗岩组合和片麻状石英二长岩-钾长花岗岩组合的侵入体和青白口纪绿片岩变质岩岩石组合(北塞纳尔塔格组上部)构成,是叠加在库鲁克塔格地块前述构造单元之上的新元古代末期活动陆缘产物,可能是罗迪尼亚超大陆汇聚事件的反映。

3. 塔里木南缘陆缘带

塔里木南缘陆缘带由赫罗斯坦基底残块(Pt_1)、赫罗斯坦古元古代晚期岩浆弧(Pt_1)和铁克里克古裂谷-被动陆缘(Pt_{2-3})3个Ⅲ级构造单元构成,相当于通常人们所称的铁克里克地块,位于塔里木陆块区西南部。

(1)赫罗斯坦基底残块(Pt_1):由太古宙(?)—古元古代长英质片麻岩、基性麻粒岩、斜长角闪岩等组成。肖序常等(1990)曾在该岩群的古老变质侵入体中获2977±140Ma的岩浆结晶年龄和2067±130Ma的变质年龄,总体构成基底杂岩相的陆核亚相。陆松年等(2006)认为赫罗斯坦杂岩为英云闪长质-花岗闪长质-花岗质片麻岩组成的比较典型的灰色片麻岩-TTG岩系。通过对侵入于赫罗斯坦岩群的阿卡孜二长花岗岩的锆石U-Pb测年,分别获得岩体结晶年龄2260Ma、2430±26Ma、2426±23Ma(Xu et al,1996;陆松年等,2005;张传林,2003a),并获得1916~1900Ma岩体深熔变质事件年龄。

(2)赫罗斯坦古元古代古岩浆弧(Pt_1):叠加在古元古代古裂谷建造之上。古元古代裂谷建造——埃连卡特岩群(主体)不整合于赫罗斯坦岩群之上,由低角闪岩相片岩、片麻岩、磁铁石英岩、大理岩、变质火山岩等组成,其中石榴子石角闪岩相中含双峰式火山岩及侵入其中的2261Ma(许荣华,2000)、2426±46Ma(张传林,2003,锆石SHRIMP法)的阿卡孜碱性花岗岩,反映了新太古代末—古元古代初的拉张伸展环境,属古裂谷或基底杂岩相的基底杂岩残块亚相。

赫罗斯坦新元古代岩浆弧(Pt_3)叠加在上述古裂谷岩石构造组合之上,由片麻状英云闪长岩和原划埃连卡特岩群（部分）变质火山岩组成。陆松年等（2005）在变质火山岩中的角闪石和黑云母进行 $^{40}Ar-^{39}Ar$ 测年，获得角闪石和黑云母坪年龄分别为 1 050.85±0.93Ma 和 1 021±1.08Ma，结合埃连卡特岩群石榴子石角闪岩等中高压变质岩，认为格林威尔造山事件造成盆地关闭是通过弧后俯冲消减实现的。

（3）铁克里克古裂谷-被动陆缘（Pt_{2-3}）：由长城纪古裂谷、蓟县纪—青白口纪被动陆缘构成。长城纪赛拉加兹塔格岩群与下伏滹沱纪埃连卡特岩群及上覆蓟县纪博查特塔格组均为不整合接触，由下部绿泥钠长片岩、绿帘石英片岩夹细碧岩及千枚岩，中上部片理化结晶灰岩、白云岩夹细碧岩、酸性熔岩、石英斑岩、石英角斑岩、千枚岩构成。火山岩具双峰式特征，玄武岩属碱性玄武岩系列，稀土配分曲线与大陆碱性玄武岩相似（邓万明等，1989），其中的钾质角斑岩年龄为 1764Ma（汪玉珍，1983，Rb-Sr 法），组成了古陆缘裂谷相的裂谷中心亚相。蓟县系（博查特塔格组—苏玛兰组）与下伏长城纪赛拉加兹塔格岩群不整合接触，由白云岩、白云质灰岩、泥质灰岩、砂页岩、泥板岩、底砾岩等组成，含丰富的叠层石（叠层石 *Stratifera*，*Gymnosolen*，*Boxonia*，*Parmites* 和微古植物 *Trachysphaeridium* 等），构成碳酸盐岩陆表海亚相；不整合于其上的青白口纪苏库罗克组，下部以紫红色为主的泥质粉砂岩夹灰岩，中部黑色粉砂岩夹砂岩，上部硅质岩、粉砂质泥岩夹杂砂岩，含叠层石 *Acaciella Parmites f*，构成了碎屑岩陆表海亚相。

二、华北陆块区

华北陆块区前南华系出露在西北地区的陕西小秦岭、渭北地区和宁夏贺兰山地区，主要涉及华北东部地块和鄂尔多斯地块。

华北东部地块可进一步划分为小秦岭（太华-登封）古岩浆弧（$Ar—Pt_1$）和豫陕古裂谷-陆表海（Pt_{2-3}）。前者包括小秦岭北部-骊山古岩浆弧（$Ar—Pt_1$）和小秦岭西南古岩浆弧（$Ar—Pt_1$）2个Ⅳ级构造单元，后者包括小秦岭西部古陆内裂谷（Ch）和小秦岭东南古陆表海-陆缘盆地（Ch—Jx—Qb）2个Ⅳ级构造单元（图2-5）。

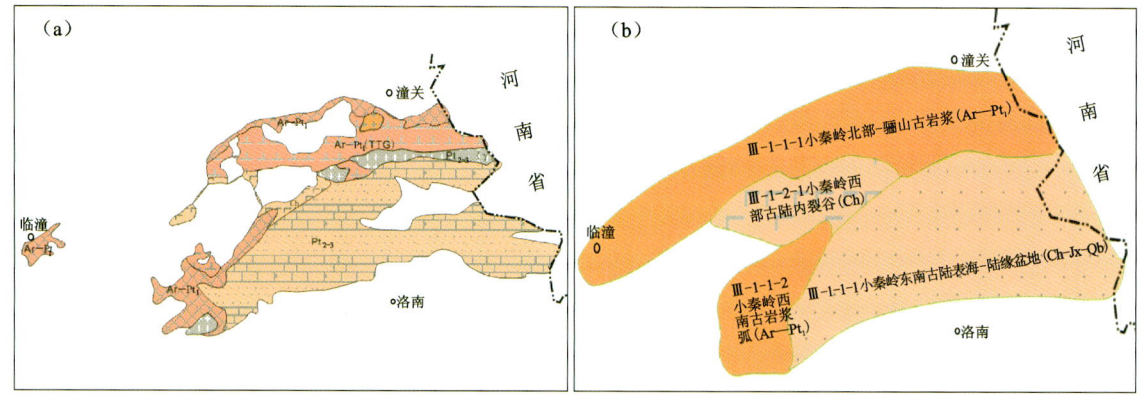

图 2-5　小秦岭地区前南华纪岩石建造组合（a）与构造单元划分（b）略图

鄂尔多斯地块可进一步划分为贺兰山基底残块（AnNh）和鄂尔多斯西缘基底残块（Pt_{2-3}）2个Ⅲ级构造单元。前者包括贺兰山中-北段基底残块（$Ar—Pt_1$）、黄旗口古岩浆弧（Pt_1）和贺兰山中-北段古陆表海-陆缘盆地（Ch—Jx）3个Ⅳ级构造单元；后者包括青龙山-云雾山古陆表海（Ch—Jx）、六盘山古陆表海(Ch—Jx—Qb)和千河-岐山古裂谷(Ch)3个Ⅳ级构造单元。

华北陆块区总体特征可以归纳为：①太古宙—古元古代形成的结晶基底与中—新元古代盖层构成的明显的双层结构；②发育古元古代末期的古岩浆弧；③中元古代初期(长城纪早期)较明显的裂谷事件(熊耳群)及其之后向构造稳定的被动陆缘-陆表海的转化。

1. 贺兰山基底残块(AnNh)

贺兰山地区前南华系作为古生代沉积盖层的基底，主要出露于贺兰山的中段和北段(图2-6)。

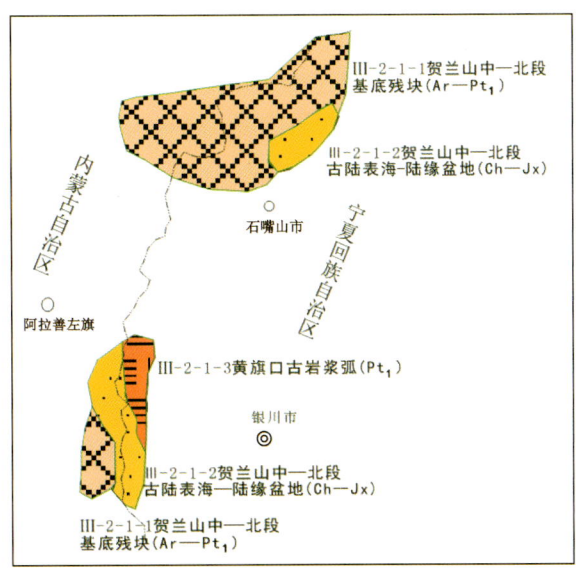

图2-6 贺兰山地区前南华纪构造单元划分(Ⅳ级)

(1)贺兰山中-北段基底残块($Ar—Pt_1$)：主要是由新太古代—古元古代乌拉山岩群(贺兰山岩群或宗别列岩群或赵池沟岩组)片岩-片麻岩组合构成的结晶基底，其原岩恢复表明属活动类型的陆缘碎屑岩夹(基性—中酸性)火山岩建造，在贺兰山北段发育自北向南的韧性推覆构造。其中沉积时代为2.18Ga、2.14Ga、2.09Ga、2.06Ga、2.03Ga、2.00Ga(Dan,2011)的孔兹岩系在贺兰山中段出现1950±5Ma的变质锆石年龄信息(周喜文等,2009,U-Pb法)，主要反映了古元古代沉积作用和古元古代晚期的低角闪岩相—高绿片岩相的区域变质事件。

(2)黄旗口古岩浆弧(Pt_1)：由侵位于赵池沟岩组高绿片岩相—角闪岩相片岩-片麻岩组合的古侵入岩组合构成，主要有花岗岩、黑云花岗岩、二长花岗岩、英云闪长岩，为钙碱性系列，其上被长城纪黄旗口组碎屑岩不整合覆盖。其中，二长花岗岩锆石U-Pb测年结果为2051±21Ma；英云闪长岩锆石U-Pb测年结果为1905±48Ma，总体反映了古元古代晚期地壳重熔古岩浆弧构造环境特点。

古元古代末期的构造岩浆-热变质事件综合反映了华北陆块区地壳汇聚构造背景下基底结晶形成过程，这是"古中国地台"形成事件在贺兰山地区的表现。

(3)贺兰山中-北段古陆表海-陆缘盆地(Ch—Jx)：由长城纪黄旗口组滨岸带石英砂岩(硅石矿产层位)-粉砂岩-泥岩沉积建造组合构成的碎屑岩陆表海、蓟县纪王全口组白云岩-灰岩潮坪-局限台地相沉积建造组合构成的碳酸盐岩陆表海组成，不整合覆盖于古元古界和同期古侵入体之上，反映了"古中国地台"形成后，构造转向稳定的克拉通化过程。

2. 鄂尔多斯西缘基底残块(Pt_{2-3})

(1)青龙山-云雾山古陆表海和六盘山古陆表海：为2个Ⅳ级构造单元，以构造透镜体夹裹于中生代鄂尔多斯西缘逆冲推覆构造带中。由前述长城纪—蓟县纪陆表海环境碎屑岩-碳酸盐岩（黄旗口组和王全口组）构成，其大地构造环境特点类似，在此不作赘述。

(2)千河-岐山古裂谷(Ch)：位于鄂尔多斯地块西南缘，由长城纪熊耳群裂谷火山岩组合组成（主要在小秦岭地区，特征见后述），其上为长城纪晚期—蓟县纪陆表海碎屑岩-碳酸盐岩组合，前者为高山河群石英砂岩-细砂岩组合，后者为官道口群灰岩-白云岩组合。青白口纪浅变质细碎屑岩（白术沟组）反映了构造环境趋于活动。

3. 小秦岭（太华-登封）古岩浆弧(Ar—Pt_1)

古岩浆弧分布在小秦岭北部—骊山和小秦岭西南，根据出露的区域划分为2个Ⅳ级构造单元。

古岩浆弧基底为新太古代太华岩群角闪岩相—麻粒岩相变质的斜长片麻岩-混合岩-斜角闪岩-大理岩及磁铁石英岩组合，其原岩为富铝碎屑岩、碳酸盐岩与含铁建造、基性—酸性火山岩，具孔兹岩系特征。胡受奚等(1988)曾指出，太华岩群具花岗-绿岩带特征，晚期绿岩可能为新太古代，与绿岩有关的金矿构成工业矿床。小秦岭太华岩群变质岩中锆石Pb-Pb年龄2914±3Ma，2841±1.5Ma，2825±3Ma（沈其韩，1996），Nd的模式年龄3020±248Ma（张宗清等，1998）。在河南鲁山地区对太华岩群中角闪斜长片麻岩中的磷灰石进行U-Pb等时线测年，获年龄数据为2658Ma，属于变质年龄（程裕祺，1994）

古岩浆弧主要由具TTG组合特征的变质古侵入体（翁岔铺片麻岩套、太峪岭片麻岩套）和中酸性花岗岩构成。侵入岩岩石构造组合和变质岩岩石构造组合研究表明，翁岔铺片麻岩套侵位较早，属钠质系列英云闪长岩-花岗闪长岩-奥长花岗岩组成的TTG岩套；太峪岭片麻岩套侵位稍晚，为中基性—酸性岩浆活动演变的一套浅色花岗质片麻岩，锆石U-Pb年龄2549±169Ma。

古岩浆弧晚期出现片麻状石英闪长岩、片麻状黑云二长花岗岩和高钾系列浅肉红色花岗伟晶岩等侵入岩组合，可能反映了其为同碰撞—后碰撞岩浆活动的产物。古岩浆弧为金矿、铁矿、铅锌矿及稀土矿等的产出部位。古岩浆弧之上为一套以石英岩、云母石英片岩和含砾石英片岩为主的变质碎屑岩（铁铜沟组），原岩为成熟度高的稳定滨海相沉积，与下伏新太古代太华岩群不整合接触，可能反映了华北陆块此时的克拉通化。

4. 豫陕古裂谷-陆表海(Pt_{2-3})

(1)小秦岭西部古陆内裂谷(Ch)：主体由不整合覆盖在铁铜沟组之上的长城纪熊耳群海相、局部陆相（东邻区河南省内的崤山和熊耳山中部）双峰式火山岩组合构成，岩石组合为玄武岩-细碧岩-流纹岩-同质火山碎屑岩，夹安山岩、粗面岩及大理岩等。以溢流式熔岩为主，岩石地球化学数据投影主要落入板内拉斑玄武岩(WPB)范围。在蓝田县灞源对熊耳群顶部粗面岩进行锆石U-Pb测年，获得年龄数据为1545Ma（陕西省地质矿产局，1989）。根据火山岩岩石学、岩石地球化学研究和中元古代地层沉积环境及其垂向序列，总体反映了长城纪华北陆块南缘地壳伸展下的裂谷环境。

(2)小秦岭东南古陆表海-陆缘盆地(Ch—Jx—Qb)：主要为长城纪高山河群（鳖盖子组—二道河组—陈家涧组）石英砂岩-细砂岩建造组合碎屑岩陆表海，蓟县纪官道口群（龙家园组—巡检司组—杜关组—冯家湾组）含燧石条带藻纹层白云岩、砂泥质白云岩建造组合碳酸盐岩陆表海，青白口纪浅变质砂板岩夹薄层灰岩组合陆缘(裂陷?)盆地。陆表海的出现反映了熊耳裂谷发育后,长城纪晚期构造转为稳定;青白口纪浅变质细碎屑岩(白术沟组)反映了构造环境趋于活动。

三、扬子陆块区

扬子陆块区的前南华系,在西北地区仅于陕西省的南部汉南地区出露上扬子地块(Ⅱ级)的汉南地块(Ar—Pt)(Ⅲ级)。

汉南地块由前南华纪基底和南华纪—古生代地层构成明显的双层结构。前南华纪经历了太古宙陆核、新太古代—古元古代花岗-绿岩地体增生等结晶基底形成过程,此后为以三花石群和基性侵入岩为代表的裂谷发育过程,之后形成了以汉南中酸性杂岩体为明显标志的中元古代末期—新元古代早期的岩浆弧及同造山-后造山岩浆岩,结束了上扬子地区基底的演化历程。

汉南地块包括南沙河和西乡县北两个基底残块(Ar—Pt_1),及西乡古裂谷(Pt_2)和碑坝古岩浆弧(Pt_{2-3}),共4个Ⅳ级构造单元(图2-7)。

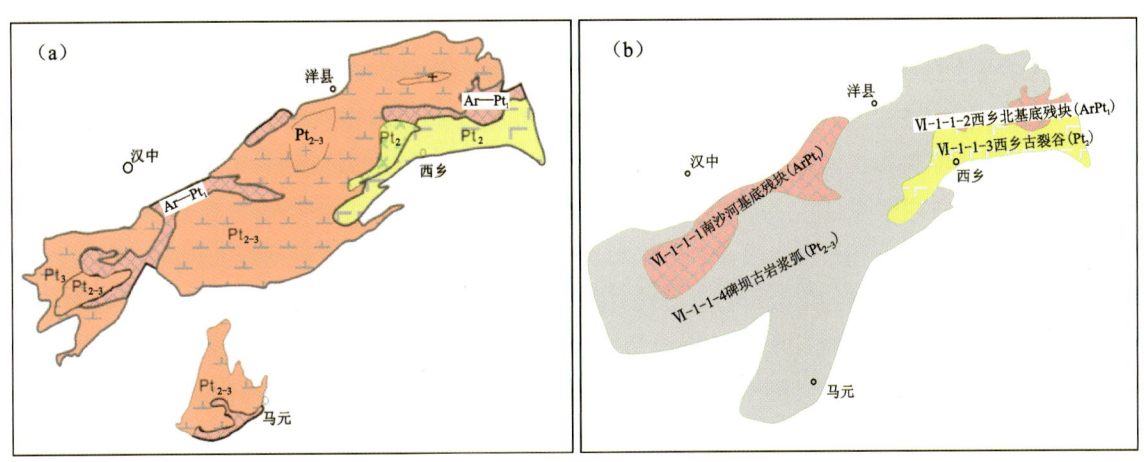

图2-7 汉南地区前南华纪岩石建造组合(a)与构造单元划分(b)略图

(1)南沙河基底残块(Ar—Pt_1)和西乡县北基底残块(Ar—Pt_1):分别发育在汉南地块西部和北部,主体由太古宙—古元古代后河岩群一套无序的高绿片岩相—角闪岩相变质岩构成。据岩性可分为两大组合:其一为条痕状黑云(角闪)斜长混合岩-眼球状黑云(角闪)斜长混合岩夹斜长角闪岩-绿泥片岩;其二是以黑云斜长条痕状眼球状混合岩为主,夹变安山玄武岩、变酸性火山熔岩。原岩为火山岩-陆源碎屑岩-碳酸盐岩组合,火山岩包含基性岩和中酸性岩,在米仓山地区和汉南良心河—柿树坪一带,发现有以石英闪长质片麻岩为主的灰色片麻岩(TTG)侵入后河岩群,可能反映了结晶基底形成后期的弧岩浆组合。此外还见有古老的辉长岩($Pt_1\nu$)。

后河岩群变质火山岩Pb-Pb年龄为2638Ma,从其火山岩组合看,具有双峰式的某些特征。其内有科马提岩和变质超基性岩的残体(1∶5万南江地区区域地质调查,1995),揭示汉南地区新太古代早期可能存在花岗-绿岩带。斜长角闪片(麻)岩锆石Pb-Pb年龄为2350±23Ma(1∶5万南江地区区域地质调查,1995),全岩Sm-Nd等时线年龄为2435±58Ma,$\varepsilon_{Nd}(t)$为+4.6,Nd模式年龄为2482±39Ma(张宗清等,2002)。在南郑朱家坝后河岩群绿片岩中锆石U-Pb年龄为2077.9Ma,混合岩中锆石U-Pb年龄为2065±3.5Ma(陕西省地质矿产局,1998)。

(2)西乡古裂谷(Pt_2):分布在西乡县一带,在结晶基底残块中也有小面积发育。总体由中元古代三花石群变质碎屑岩夹中基性火山岩组合和火地垭群变质碎屑岩-碳酸盐岩组合及中元古代辉长-辉绿岩侵入体组成。

三花石群自下而上可划分成三部分：下部为变长石石英粉砂岩-杂砂岩，夹砂质泥岩、硅质岩；中部为凝灰岩-安山玄武岩-含砾长石杂砂岩，夹玄武岩、安山岩、石英片岩及灰岩；上部为凝灰砂岩夹变质砾岩。有的火山-沉积建造具有双峰式火山岩特征。汉南西乡地区三花石群三湾组由变基性和酸性火山岩组成，具双峰式火山岩组合，以基性为主，火山岩 Sm-Nd 等时线年龄为 1222±37Ma、1221±36Ma (T_{DM} 为 1204±197Ma)(张宗清等，2002)。

火地垭群下部麻窝子组不整合在后河岩群之上，其岩石组合以白云质大理岩为主，夹白云质板岩、片岩及变质砾岩等，构成韵律层，含叠层石，其中产有赤铁矿、含铜硫铁矿等；上部上两组以绢云石英板岩为主，夹白云质大理岩等，含少量叠层石。

与裂谷火山-沉积作用相伴，发育中元古代双峰式侵入岩组合：白勉峡基性杂岩体、文贯花岗岩体及碑坝一带的基性—超基性岩体。白勉峡角闪辉长岩属钙碱性（正常太平洋型），A/CNK 为 0.74～0.87，属Ⅰ型，据王中刚(1986)研究其为基性岩浆分异而成，据李昌年(1998)研究其构造环境接近洋岛玄武岩。文贯二长花岗岩属钙碱性（太平洋型），A/CNK 为 0.96，属Ⅰ型，根据王中刚(1986)的分类，为上地壳经不同程度的部分熔融形成或晚期演化阶段形成的偏碱性花岗岩。碑坝辉长苏长岩、细粒角闪辉长岩及少量橄榄岩或辉石岩 m/f 值分别为 4.06～7.26、2.87～4.22，为铁质超基性岩，A-F-M 图解上几乎全部位于拉斑玄武系列区，与其有关的矿产主要为钒钛磁铁矿、铜矿化等。

马踪滩望江山苏长辉长岩黑云母 Ar-Ar 坪年龄为 1121Ma(陕西省地质矿产局，1998)。

(3)碑坝-汉南古岩浆弧(Pt_{2-3})：主要分布在汉南—碑坝一带，以碾子沟、五堵门、喜神坝、酉水、二里坝-大坝中酸性岩，云雾山辉石角闪闪长岩等岩体为代表性，其分带性不十分明显。该古岩浆弧主要岩石类型有闪长岩、石英闪长岩、英云闪长岩、辉石闪长岩、黑云角闪石英闪长岩、(角闪)黑云石英二长闪长岩、石英二长闪长岩、中粒辉石角闪闪长岩和中粒角闪石英闪长岩，岩石以普遍含有角闪石为特征。大量中性岩的发育可能与古板块俯冲的岩浆弧构造环境关系密切，二长花岗岩、花岗闪长岩、似斑状二长花岗岩也有大面积分布，应该是岩浆弧内带，或与岩浆弧发育晚期至同-后造山阶段岩浆作用的产物。

岩石地球化学研究表明，汉南中酸性岩体多为钙性—钙碱性，属Ⅰ型花岗岩，次铝质、准铝质—过铝质，为下地壳或太古宙沉积岩局部熔融形成。侵入于三花石群中的沙河坎花岗岩锆石 U-Pb 等时线年龄为 1152Ma，汉南岩体西南部二长花岗岩单颗粒锆石 U-Pb 测年结果为 759～754Ma(1:5 万黎坪幅区域地质调查，2012)。

与弧侵入岩相伴，同期发育了中元古代火地垭群上部和青白口纪铁船山组火山-沉积岩组合。火地垭群(与岩浆弧有关的部分)主要岩石构造组合以大理岩组合、变砂砾岩-石英片岩组合为主；铁船山组以杂色流纹质熔结角砾岩-熔结集块岩-流纹质凝灰岩-流纹岩为主，夹变质砂岩、板岩及少量安山质玄武岩，它们可能是与岩浆弧相关的弧间盆地的产物。

四、西伯利亚陆块群

在新疆大地构造研究中，前人对阿尔泰地区的大地构造归属有多种意见(пйвеА.б.，1980；张良臣和吴乃元，1985；成守德等，1986；成守德等，1987；何国琦，1990)。综合前人研究成果，考虑到震旦纪—早奥陶世西伯利亚古陆与阿尔泰地块之间还隔着蒙古湖区洋盆(何国琦等，2001)，及前南华纪的复杂性，暂将阿尔泰地区的前南华纪单独划出，称之为南阿尔泰地块(Ⅲ级单元)，归入与西伯利亚陆块群有亲缘关系的阿尔泰地块群（Ⅱ级单元），并根据地质体出露的岩石构造组合进一步划分为阿尔泰基底残块（Pt_1）和阿尔泰古陆缘盆地（Pt_2）2个Ⅳ级构造单元。

（1）阿尔泰基底残块（Pt_1）：古元古代变质岩呈构造岩片（大陆碎片）分布在阿尔泰地块的南部富蕴一带，即李承三（1943）称的"$Pt_{1-2}Km$"，或后来所称的苏普特岩群（$Pt_2S.$），主要由混合岩、片麻岩、堇青石片岩、斜长角闪岩组合组成。布尔津河以北在前人原定的克木齐群中，近年首次发现了不整合面（张传林等，2003），在不整合面下的$Pt_{1-2}Km$中获得2116Ma年龄值，不整合面上的地层含大量微古植物化石：*Leiopsophosphaera densa*，*Trckysphaerdium*等，与新建的震旦纪莫依勒特组中的化石相近，故定为新元古代。故富蕴一带的苏普特岩群（前人原定的$Pt_{1-2}Km$）属基底杂岩相的基底杂岩残块亚相。另外，阿尔泰地块南缘苏普特岩群斜长角闪岩Sm-Nd等时线年龄为1375 ± 52Ma，$\varepsilon_{Nd}(t)$为+6.7，片麻岩U-Pb年龄为1375 ± 24Ma（胡霭琴等，1995），揭示了该地区存在蓟县纪活动类型的沉积信息。

（2）阿尔泰古陆缘盆地（Pt_2）：在阿尔泰市东、西至清河以东，前人所划中元古代或长城纪苏普特岩群主要有片麻岩-斜长角闪岩-堇青石石英片岩组合和黑云石英片岩-二云片岩-石英岩组合，前者与上述富蕴一带类似，后者恢复原岩应为中元古代陆缘盆地碎屑岩沉积建造。

据王涛、童英等（2010）对阿尔泰地块花岗岩类的研究认为，阿尔泰地块中部花岗岩具有低$\varepsilon_{Nd}(t)$值和高T_{DM}，显示含有众多的陆壳物质；而阿尔泰地块南缘的花岗岩具有高$\varepsilon_{Nd}(t)$值和低T_{DM}，暗示以年轻幔源物质为主体。这种同位素特征的空间变化，很好地反映了阿尔泰造山带深部的物质组成结构，即中部老、南缘新，这与地表地层组成和构造单元的划分完全一致，反映阿尔泰造山带中部存在相对均匀的古老物质，即古老基底，说明古老块体和物质再循环在造山带形成和发展中仍然起着重要作用（Kroner et al，2008）。阿尔泰造山带也很好地反映了整个年轻增生地块中夹持有残留的古老（元古宙）地块的结构特点。

乌夏沟口至富蕴县城西的斜长角闪岩、角闪岩、石榴黑云母片麻岩Sm-Nd等时线年龄为1060 ± 128Ma。与其相同的在俄罗斯称捷列克特群，在哈萨克斯坦出露于科尔岗山脉西南坡捷列科特地幔，为绿片岩，下部夹石英岩、大理岩，K-Ar年龄为1090～700Ma，故该部分仍属基底杂岩相的基底杂岩残块亚相。

五、哈萨克斯坦陆块群

前南华纪哈萨克斯坦-准噶尔-敦煌陆块群，包括了该时期准噶尔地块群、中天山地块群和敦煌-阿北（北阿尔金）地块3个Ⅱ级构造单元，并进一步划分为准噶尔地块、吐哈地块、伊犁地块、巴仑台地块、阿拉塔格-星星峡地块、马鬃山地块、敦煌地块和阿北地块8个Ⅲ级构造单元。它们均被后期（古生代）造山带所环绕。

哈萨克斯坦-准噶尔-敦煌陆块群共同的特点可以概括为以下3点：

（1）前南华纪地块双层结构多不明显，近年来的研究在原划"结晶基底"中出现了不少新的年龄信息；

（2）南部几个地块前长城系与中新元古界双层结构较明显，出现了中元古代裂谷事件及与之相关的沉积-喷流型铁多金属成矿；

（3）南部几个地块发育新元古代弧岩浆岩，可能反映了它们参与罗迪尼亚超大陆形成的汇聚构造事件。

1. 准噶尔地块

准噶尔地块相当于地理上准噶尔盆地中央的范围，几乎全被中—新生界覆盖。前南华纪基底仅在东准道草沟一带少量出露,为道草沟岩群,其下部为片麻岩-片岩组合,上部为凝灰岩-凝灰质砂岩组合。道草沟岩群内石英闪长质片麻岩 U-Pb 年龄为 1005 ± 36Ma。以上揭示了该地区存在蓟县纪活动类型的沉积信息。

对于中—新生代盆地之下的前南华纪基底,以往有两种意见:一是"有古老岩石基底"(胡冰等,1964;吴庆福 1986,1990;涂光炽,1990,未刊)。吴庆福(1986)利用盆地边缘地震台站 11 个探源远震资料结合磁力资料,将地表以下 62km 以上划分为 8 个地球物理层,其第三层 21.4~13.2km 处为"前寒武纪结晶基底,由角闪岩、片麻岩组成",1990 年又指出盆地"莫霍面形态大体也呈三角形,幔隆与现代自然地理盆地对应,周边与褶皱山地相一致,为幔凹区""前寒武纪结晶基底引起的区域磁场也近似三角形,基底起伏的总特征是盆地中央偏西地区较高,周边拗陷较深,磁性顶界面深度在 15~18km 之间"。据扬文孝等(1995)研究认为,准噶尔盆地具有前寒武纪结晶基底和古生代浅变质基底的双重结构;袁学诚等(1994)通过可可托海-阿克塞地球物理测深断面研究认为,准噶尔盆地古生界盖层在 10~12km 处,其下到 27~30km(北侧)处为太古宇—元古宇。

持相反意见的有江远达(1983)、周玉泉(1994)等,江远达认为"准噶尔地区中—新生代盖层下存在一个统一的晚古生代构造层,盆地内一些地球物理场特征显然用镁铁质的洋壳玄武岩来解释要比用硅铝质的陆壳变质结晶基底来解释更合理。

2. 吐哈地块

吐哈地块北界是博格达山南缘断裂,南界是觉罗塔格北缘大断裂,主体与现代中—新生界覆盖区即地理上的吐鲁番-哈密盆地(吐-哈盆地)范围相似。关于该地块前南华纪基底及其与准噶尔地块的关系,张德润(1990)认为在北天山地区,北纬 42°以北至吐-哈盆地中南部地区,深部存在一个近东西向的前寒武纪强磁性基岩块体,它控制了北天山东段的地质构造演化,这个强磁性基岩块体由西自东,经东经 88°33′左右的托克逊县以西,东至东经 95°00′以东,哈密东段地区北界在北纬 43°以南,西段约在北纬 43°30′。袁学诚等(1994)通过吐鲁番-哈密地球物理测深断面测制和研究认为,吐-哈盆地基底不但有元古宇,还有太古宇。

张德润(1990)、胡受奚等(1990)及袁学诚等(1994)都认为吐哈地块与准噶尔地块原来是相连的,属于一个整体,由于后期构造活动才分隔于博格达山南、北两侧。

3. 伊犁地块

该单元北界是艾比湖-阿其克库都克断裂带,南界是那拉提断裂带(哈尔克山北坡断裂带),东部边界为一近北东东向的走滑断裂,隔断裂与巴伦台地块为邻,向西延入吉尔吉斯斯坦境内。

伊犁地块前南华系主要出露于北部的赛里木湖和南部的特克斯以南,主体由古元古代结晶基底、长城纪变质基底和蓟县纪—青白口纪沉积盖层三部分构成。根据岩石构造组合,将伊犁地块前南华纪进一步划分为伊犁地块北缘基底残块(Pt_1—Ch)、伊犁地块北缘古陆表海(Jx - Qb)、伊犁地块南缘基底残块(Pt_1—Ch)和伊犁地块南缘古陆表海(JxQb)4 个Ⅳ级构造单元。

(1)伊犁地块北缘基底残块(Pt_1—Ch):位于赛里木湖一带,北起博尔塔拉河南岸,西起哈萨克斯坦基洛夫斯基以东,东段被冰达坂断裂所切,南为博洛科努北缘断裂。最老地层古元古代温泉岩群角闪片岩-二云母片岩-斜长角闪岩-黑云母斜长角闪片麻岩-云母石英片岩-眼球状片麻岩组合构成结晶基底,属基底杂岩相的基底杂岩残块亚相。其中的暗色角闪岩、角闪石英片岩、眼球状片麻岩的 Sm-Nd 等时线年龄为 1727 ± 216Ma(胡蔼琴,1993),其 $\varepsilon_{Nd}(t)$ 为 +58,表明母岩来源于亏损地幔。新疆第一区域地质调查大队(1988)曾测得侵位于该群中的花岗岩锆石 U-Pb 年龄为 1800Ma,推测可能是岩体中的残留锆石，反映了其源区(温泉岩群变质岩)的年龄。

结晶基底之上，主要为高绿片岩相变质的石英片岩-绿泥石英片岩-石英千枚岩夹大理岩和变砂岩组合(长城纪特克斯岩群和星星峡岩群)，构成基底杂岩上部变质基底。

胡霭琴等(2010)在西天山温泉地区片麻状花岗岩中获得SHRIMP锆石U-Pb年龄为919±6Ma，这些花岗岩以特有的粗粒、巨大的眼球状片麻结构为特征，属过铝质二长花岗岩，认为这些新元古代花岗岩形成于大陆边缘环境，是罗迪尼亚超大陆的组成部分。

(2)伊犁地块北缘古陆表海(JxQb)：主要由含叠层石的蓟县纪库松木切克群和青白口纪开尔塔斯群、库什台群组成。前者以泥质-硅质灰岩、白云岩组合为主；后者主要为泥页岩-白云岩-灰岩夹砂岩组合，砂岩多为单陆屑建造。航磁图上为一高平静磁场，沉积环境属陆表海盆地相的碳酸盐岩陆表海亚相。

(3)伊犁地块南缘基底残块(Pt_1—Ch)：位于特克斯东南一带，主要由滹沱纪木扎尔特岩群和长城纪特克斯岩群组成。木扎尔特岩群主要为角闪岩相变质的角闪黑云斜长片麻岩-二长浅粒岩构造组合，其中混合岩化强烈。恢复原岩为碎屑岩-火山岩建造，推测应该为古弧盆系构造环境。特克斯岩群与上述伊犁地块北部基底残块基本一致，可以对比，反映了长城纪伊犁地块南北类似的构造活动环境。南缘基底中发育中元古代英云闪长岩-花岗岩组合，花岗岩Sm-Nd模式年龄为1756Ma，可能属于中元古代板块俯冲的产物。

(4)伊犁地块南缘古陆表海(JxQb)：分布于特克斯东，由蓟县纪科克苏群和青白口纪库什台群组成。科克苏群为灰岩-硅泥质页岩-硅质岩组合；库什台群为灰岩-白云岩夹砂岩组合，与伊犁地块北缘古陆表海可以对比。

从上述伊犁地块Ⅳ级构造单元岩石构造组合及其所反映的构造环境可以看出：伊犁地块长城纪及其以前为基底演化阶段，形成了由结晶片麻岩-片岩系和古板块汇聚俯冲相关的中酸性侵入岩构成的基底；蓟县纪—青白口纪进入了以碳酸盐岩-碎屑岩陆表海为代表的构造稳定阶段，形成了伊犁地块的第一个沉积盖层。温泉地区青白口纪或稍早时期片麻状花岗岩，可能预示着伊犁地块参与了罗迪尼亚超大陆的形成。

4. 巴仑台地块

巴仑台地块位于冰达坂断裂以南、额尔宾山以北、托克逊以西的中天山地区，主体由下部的古元古代木扎尔特岩群片麻岩-片岩系、中部的长城纪星星峡岩群片麻岩-片岩-大理岩组合和上部的蓟县纪科克苏群灰岩-泥岩-硅质岩组合组成。杨天南等(2006)获得巴仑台花岗岩SHRIMP锆石(核部)U-Pb表面年龄2515Ma，在该地块北部还发育新元古代英云闪长岩组合。

车自成等(1994)曾将该带中-深变质岩系统称中—新元古代巴仑台群，可能含部分太古宇—古元古界成分。恢复原岩上亚群为半黏土质岩石，中亚群为半黏土质岩石夹安山岩、亚碱性玄武岩、英安岩，下亚群为中性—基性火山岩夹半黏土质岩石。总体上看，自下而上以火山岩为主过渡到火山沉积建造，显示了钙碱性演化趋势，少数具拉斑玄武岩演化趋势，具活动陆缘特征。该群为多次岩浆活动和变质作用的产物，也是古老基底强烈改造的产物，从而使其同位素年代很复杂，其上限年龄为860~600Ma，下限年龄为1400~1300Ma，为古弧盆相的岩浆弧亚相。

巴仑台地块物质组成和地质结构与伊犁地块南缘前南华系类似，大套基本可以对比，反映了前南华纪巴仑台地块与伊犁地块的亲缘关系和类同的地质演化历程。巴仑台花岗岩SHRIMP锆石核部U-Pb表面年龄为2515Ma(杨天南等，2006)，反映其存在太古宙的构造热事件。

5. 阿拉塔格-星星峡地块

该地块位于甘肃与新疆交界的东天山-北山地区，前南华系主要由太古宙—古元古代结晶基底、中—新元古代准稳定—稳定的大陆边缘沉积（盖层或变质基底）、新元古代活动陆缘岩浆岩3套岩石构造组合组成。

太古宙—古元古代结晶基底包括西部的天湖岩群片麻岩-片岩组合、部分原划长城纪星星峡岩群片麻岩-片岩-大理岩组合、甘肃与新疆交界北山杂岩片麻岩-绿泥石英片岩-混合岩组合和小面积发育的具古元古代TTG组合特征的灰色片麻岩古侵入体；在星星峡南还发育古元古代花岗闪长岩-二长花岗岩-碱长花岗岩组合。古元古代包括TTG组合在内的中性—酸性侵入岩组合的发育，可能与古元古代古板块边缘汇聚及古洋壳和陆壳重熔有关。

中—新元古代准稳定—稳定的大陆边缘沉积构成了结晶基底之上的盖层或变质基底。长城纪古硐井群为石英砂岩-绿泥石英片岩夹细晶大理岩组合与星星峡岩群下部绿泥石英片岩、石英变砂岩夹细晶大理岩组合。弱变形地段石英砂岩可见冲洗层理，为海滩相沉积。总体反映了构造稳定的碎屑岩陆表海环境。长城纪星星峡岩群上部岩屑砂岩、蓟县纪卡瓦布拉克群灰岩-白云岩组合夹多个水下扇砾岩-变砂岩-板岩楔状体及青白口纪帕尔岗塔格组砂砾岩-白云岩建造，整体反映了陆表海发育之后，中—新元古代地壳伸展背景下的被动陆缘沉积建造组合特征。

新元古代活动陆缘岩浆岩侵入于中—新元古代碎屑岩-碳酸盐岩中，呈岩株产出。岩石组合为石英闪长岩-花岗岩-正长花岗岩和花岗闪长岩，其中花岗闪长岩锆石U-Pb测年结果为1058 ± 34Ma。在星星峡东转井地区也见有960Ma的片麻状花岗岩及钾长花岗岩等的侵入，与围岩常为过渡关系，具S型特征，可能属罗迪尼亚超大陆聚合时的同碰撞岩浆杂岩亚相。

胡霭琴等（2010）的研究成果也证明中天山隆起带中广泛发育新元古代花岗岩类岩石，并获得东天山星星峡地区片麻状花岗岩SHRIMP锆石U-Pb年龄为942 ± 7Ma，这些花岗岩以巨大的眼球状片麻结构为特征，属过铝质二长花岗岩，并认为中天山新元古代花岗岩类岩石主要形成于960~910Ma，属罗迪尼亚超大陆的组成部分。

6. 马鬃山地块

前南华纪马鬃山地块位于红柳河—牛圈子—洗肠井以北，红石山以南，以甘肃明水和内蒙古旱山地区最为发育，其西与阿拉塔格-星星峡地块相邻（并与其结晶基底的建造组合可以对比），其东进入内蒙古并被新地层覆盖。地块主要由原划太古宙—古元古代北山杂岩的片麻岩-片岩系、变质古侵入体（小红山片麻岩）和中—新元古代中酸性岩株-岩枝构成。

北山杂岩由3类变质岩石组合组成，即盐池东斜长角闪岩-石榴黑云斜长变粒岩-大理岩组合、黄石岭大理岩构造组合，斜长角闪岩-黑云斜长变粒岩构造组合，云母片岩-石英岩-大理岩构造组合。甘肃省地质调查院（2001）曾经在斜长角闪岩中获得Sm-Nd同位素年龄为2839 ± 183Ma（盐池东）、1981 ± 116Ma，反映了物源区存在太古宙—古元古代物质信息；黑云斜长片麻岩中获得锆石U-Pb同位素年龄为1756 ± 88Ma。近年来，在北山杂岩中还发现有古生代的成岩年龄信息。

北山杂岩是由多种岩石组合组成的构造杂岩，至少经受了早期高绿片岩相—角闪岩相区域动力热变质和晚期低绿片岩相变质叠加，韧性变形和糜棱岩化强烈，同时又受到古生代多期构造-岩浆热事件的叠加改造，其不同地段不同岩石构造组合的成岩时代和变质时代随着研究的不断深入，应该重新厘定。限于当前的资料，暂将其笼统归于前南华纪，但并不排除有古生代物质成分存在的可能。

小红山片麻岩套分布于马鬃山地块的中东部小红山一带，经受了较强烈的韧性变形和低绿片岩相—低角闪岩相变质改造，为变质古侵入岩，原岩为英云闪长质-奥长花岗质-花岗闪长质片麻岩构造组合，为TTG岩系。岩石地球化学研究认为其属过铝质、钙—钙碱性系列，形成于岩浆弧相，片麻岩中见角闪片岩包体，包体呈透镜状分布。在其内获得2655 ± 146Ma（锆石U-Pb法）的同位素年龄值，反映其形成于新太古代—元古宙。

在地块西部还发育变形微弱的闪长岩-花岗闪长岩-英云闪长岩-二长花岗岩、辉长岩、花岗闪长岩和闪长岩-英云闪长岩-二长花岗岩侵入岩组合，呈岩株、岩枝产出，前人根据与地层的侵入接触关系将其划归长城纪和震旦纪。岩石地球化学研究认为其为岩浆弧-同碰撞花岗岩。

根据上述岩石构造组合及其同位素测年信息可以粗略推测，马鬃山地块前南华纪可能经历了太古宙—古元古代地壳早期形成阶段，构造汇聚及高热流背景下的构造-岩浆-变质作用。中—新元古代（？）地壳汇聚背景下的中酸性岩浆侵入事件与区域构造运动的关系还有待进一步研究。

7. 敦煌地块

敦煌-阿北地块群以往和本次工作中原设计将其归于塔里木陆块区，综合考虑：①车尔臣-星星峡断裂两侧地球物理特征和地质特征的巨大差异；②敦煌地块北缘长城纪—蓟县纪—青白口纪地层结构、沉积序列、成矿特点（红山式铁矿等）与马鬃山—旱山—明水地区前寒武纪地块、东天山阿拉塔格地块的可对比性；③阿北地块太古宇—中新元古界与塔里木陆块（库鲁克塔格）基底的差异；④阿尔金杂岩的原岩建造、变质条件、同位素地球化学特征、构造等，与相邻塔里木陆块、敦煌地块基底及周边地区差异甚大（胡霭琴等，1993；陆松年，1996；张本仁等，1996）。将敦煌-阿北地块群作为Ⅱ级构造单元置于Ⅰ级构造单元哈萨克斯坦陆块群（哈萨克斯坦联合板块的组成部分），并进而划分为敦煌地块和阿北地块2个Ⅲ级构造单元。

敦煌地块位于甘肃敦煌—安西及其以北。前南华纪地质体自下而上由三大套建造组合构成，即太古宙—古元古代敦煌岩群、北山杂岩角闪岩相变质岩和TTG组合变质古侵入岩。上覆长城纪—蓟县纪—青白口纪低绿片岩相浅变质火山-沉积岩和新元古代早期或青白口纪古岛弧岩浆岩组合。前二者构成地块的结晶基底与盖层，呈现双层结构；后者叠加其上分布在地块西北部。由此，将敦煌地块自北向南可以粗略划分为5个Ⅳ级构造单元：敦煌基底杂岩（Ar—Pt_1）、敦煌古岩浆弧（Pt_1，TTG）、敦煌地块北古陆表海（Ch）、敦煌地块北缘古裂谷（？）-被动陆缘盆地（ChJx）敦煌地块西北缘古岛弧（Pt_3/Qb）。

（1）敦煌基底杂岩（Ar—Pt_1）：分布于新疆北山—甘肃方山口及甘肃敦煌的三危山地区，由原划北山杂岩和敦煌岩群组成（图2-8）。太古宙—古元古代北山岩群是一套无序的富铝片麻岩-白云质大理岩组合，新太古代—古元古代敦煌杂岩为一套无序的云母石英片岩-斜长角闪岩-大理岩组合，变质作用和变质相及P/T值范围较宽，形成自低P/T型绿片岩相绿泥石-黑云母带到中P/T型角闪岩相十字石-蓝晶石带的递增变质带，局部发育高角闪岩相—麻粒岩相变质的成层无序深变质表壳岩，其原岩主要为一套沉积碎屑岩夹少量基性火山岩建造。

关于敦煌岩群和北山岩群的时代问题目前还没有定论，敦煌岩群内奥长花岗质片麻岩锆石U-Pb年龄为2670 ± 12Ma，$\varepsilon_{Nd}(t)$为$+4.22$（陆松年，2002）。北山杂岩组成与敦煌杂岩近似，其内黑云斜长片麻岩锆石U-Pb年龄为2656 ± 146Ma（1∶25万红宝石幅），据此推测其时代应为太古宙—古元古代。但近些年来在三危山及其以东和北山地区的地质调查工作，不断有古生代等新的测年结果信息（未发表），并部分揭示出原划"敦煌群"的岩石组合十分复杂，不仅可能包含着古生代造山带杂岩成分，而且原变质岩石组合尚待解体和重新厘定。

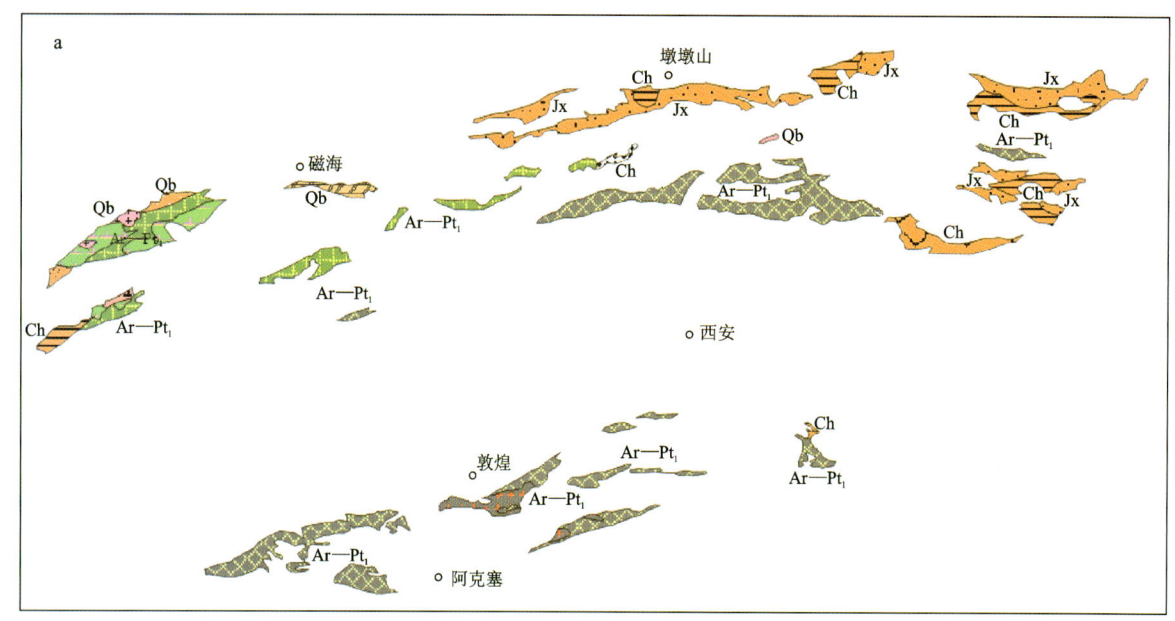

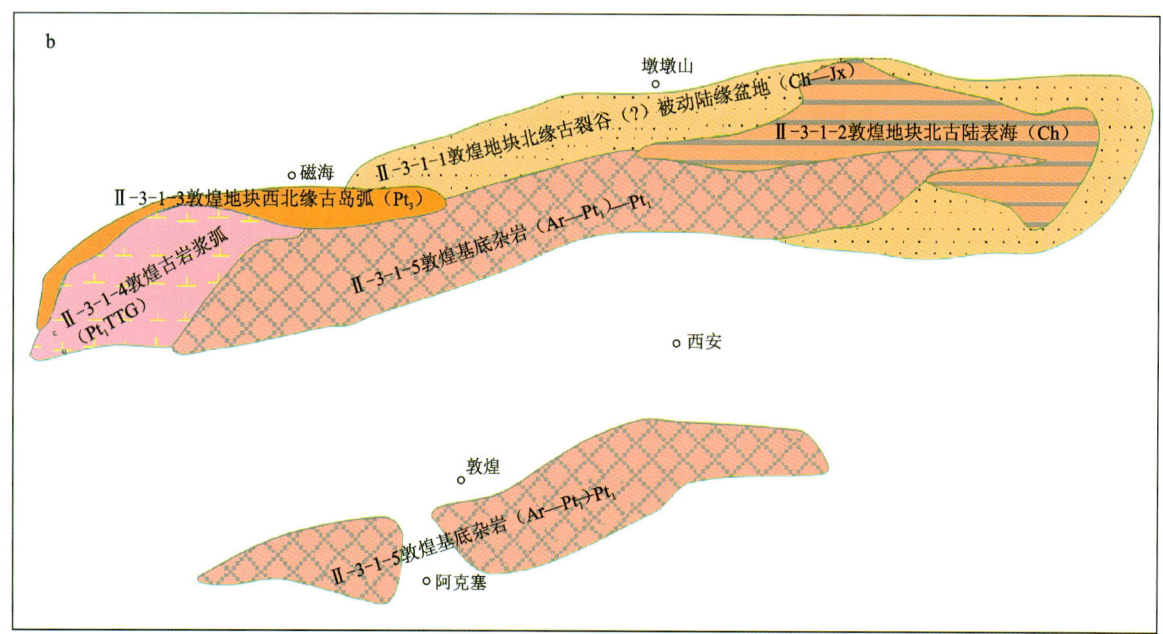

图 2-8 敦煌地块前南华纪岩石建造组合(a)与Ⅳ级构造单元划分图(b)

(2)敦煌古岩浆弧(Pt_1,TTG):发育于上述敦煌基底杂岩内部,主要分布于新疆北山和敦煌三危山地区。主体由原划太古宙(?)—古元古代具TTG组合特征的变质古侵入岩经角闪岩相变质形成的灰色片麻岩系组成。奥长花岗质片麻岩锆石U-Pb年龄为2670 ± 12Ma,$\varepsilon_{Nd}(t)$为$+4.22$(陆松年,2002)。红宝石地区黑云斜长片麻岩锆石U-Pb年龄为2656 ± 146Ma(1:25万红宝石幅)。在三危山地区古岩体以片麻状花岗闪长岩-花岗岩组合为主,前人根据与敦煌岩群的侵入关系,将其形成时代粗略推测为中元古代。

(3)敦煌地块北古陆表海(Ch):发育于敦煌地块前长城纪结晶基底之上,出露于其北部,基本环绕基底残块边缘分布。由长城纪古硐井群浅变质滨岸带高成熟度碎屑岩夹碳酸盐岩沉积建造组成。石英砂岩可见冲洗层理(图2-9),为海滩相沉积。总体反映了敦煌地块前长城纪结晶基底形成后克拉通化,构造稳定的碎屑岩陆表海环境。与阿拉塔格-星星峡地块长城系可以对比,说明了长城纪时它们处于类似的稳定构造环境。

图 2-9 长城纪古硐井群石英砂岩中的斜层理(甘肃北山牛圈子)

(4)敦煌地块北缘古裂谷(?)-被动陆缘盆地(ChJx),是继长城纪早期构造环境广泛稳定之后的地壳伸展环境产物。发育于长城纪陆表海之北,与古洞井群平行不整合接触。由长城纪铅炉子沟组中-基性火山(玄武岩-安山岩)-沉积岩,蓟县纪平头山组-青白口纪野马街组大豁落山组潮坪-台地-次深海细碎屑岩-碳酸盐岩沉积建造组成。受同生断裂控制,形成了沉积喷流-后期热液再造型"红山式"铁矿。

(5)敦煌地块西北缘古岛弧(Pt_3/Qb):发育在敦煌地块的西北缘,由新元古代斜长花岗岩-花岗闪长岩-二长花岗岩组合组成,为元古宙汇聚-碰撞期岩浆活动的产物。新元古代钾长花岗岩形成于后碰撞期。

8. 阿北地块

阿北地块位于敦煌-阿北(北阿尔金)地块群的南部,由阿北古陆核(Ar)和阿北变质杂岩(Pt)2个Ⅳ级构造单元构成。与敦煌地块之间被新生界覆盖而关系不清,长期以来很多学者将其与敦煌地块统称为敦煌-阿北地块。考虑到其中—新太古代基底岩系的特殊性和中—新元古代变质基底的独立性,暂且将其单独划出。

(1)阿北古陆核(Ar):主体是新太古代—古元古代米兰岩群和阿克塔什塔格TTG岩系。米兰岩群主要由黑云角闪斜长片麻岩、斜长角闪岩、角闪岩、大理岩、二辉斜长麻粒岩及各类条带状混合片麻岩等组成。该岩群为高角闪岩相—麻粒岩相变质的成层无序变质表壳岩,并被大量TTG岩系(阿克塔什塔格杂岩)侵入,其原岩主要为一套沉积碎屑岩夹少量基性火山岩建造。在TTG岩系中,还有呈透镜体或团块状沿片麻理分布的二辉麻粒岩等。在该岩群的斜长角闪岩中获得锆石U-Pb年龄平均值为2589.37Ma(青海省区域地质调查队,1:20万俄博梁幅区域地质调查报告,1986);在阿克塔什塔格南花岗质片麻岩中获得3605±43Ma的年龄信息(李惠民等,2001);在阿克塔什塔格一带高角闪岩相—麻粒岩相变质的古TTG岩系中获得了大量2700~2600Ma的锆石同位素年龄(陆松年等,2003),反映了新太古代强烈的热-构造事件。

(2)阿北变质杂岩(Pt):根据变质程度可以划分为角闪岩相变质岩系和绿片岩相浅变质岩系两部分。前者与上述米兰岩群和TTG岩系难以区分,但在斜长角闪岩、辉石角闪岩、辉绿辉长岩墙中获锆石U-Pb年龄为2351±21Ma;片麻状闪长岩中获锆石U-Pb年龄为2135±Ma;透辉石碳酸岩中获锆石U-Pb年龄为1938±18Ma;石英正长岩中获锆石U-Pb年龄为1873±10Ma。这些年龄信息反映了古元古代多期岩浆热事件。后者为分布于阿北地块北部的浅变质沉积岩,主要为千枚岩-板岩组合和叠层石灰岩-白云岩夹玄武岩组合,应该为结晶基底之上的中—新元古代浅变质沉积盖层。

六、华南陆块群

前南华纪华南陆块群包括了该时期阿拉善地块、祁连地块、阿尔金中—新元古代陆缘带、西昆仑地块、柴达木地块群、清水泉古缝合带(Pt_3)、东昆仑地块、秦岭地块群、羌塘-摩天岭地块群9个Ⅱ级构造单元,并进一步划分 20 个Ⅲ级构造单元。它们均被后期(古生代—三叠纪)造山带环绕。

华南陆块群、塔里木陆块区与哈萨克斯坦-准噶尔-敦煌陆块群南部有诸多共同的特点,可以概括为以下 3 点:

(1)前南华纪地块双层结构多数较明显,但中—新元古界"盖层"均发生浅变质;

(2)多数地块出现了中元古代裂谷事件,它们可能代表了古元古代"古中国地台"形成后的裂解开始。裂谷-被动陆缘转换阶段,北部多个地块形成了与之相关的沉积-喷流型铁多金属矿;

(3)多数地块发育新元古代弧岩浆岩,可能反映了它们参与罗迪尼亚超大陆形成的汇聚构造事件(晋宁运动)。

1. 阿拉善地块

阿拉善地块由太古宙—古元古代阿拉善结晶基底($Ar—Pt_1$)和中—新元古代龙首山古陆缘(Pt_{2-3})2 个Ⅲ级构造单元组成。前者进一步分为阿拉善基底残块(Ar)和阿拉善古边缘盆地($Ar—Pt_1$)2 个Ⅳ级构造单元;后者由龙首山西古活动陆缘盆地(Pt_{2-3})和阿拉善古岩浆弧(Pt_{2-3})2 个Ⅳ级构造单元构成的中—新元古代活动陆缘及墩子沟蓟县纪古被动陆缘(Jx)所组成(图 2-10)。

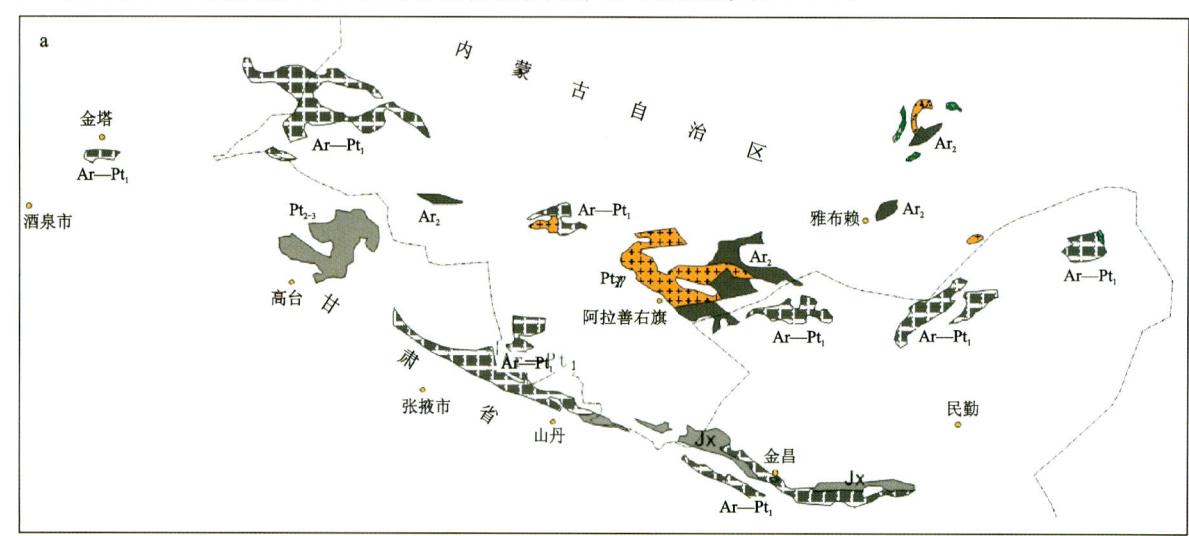

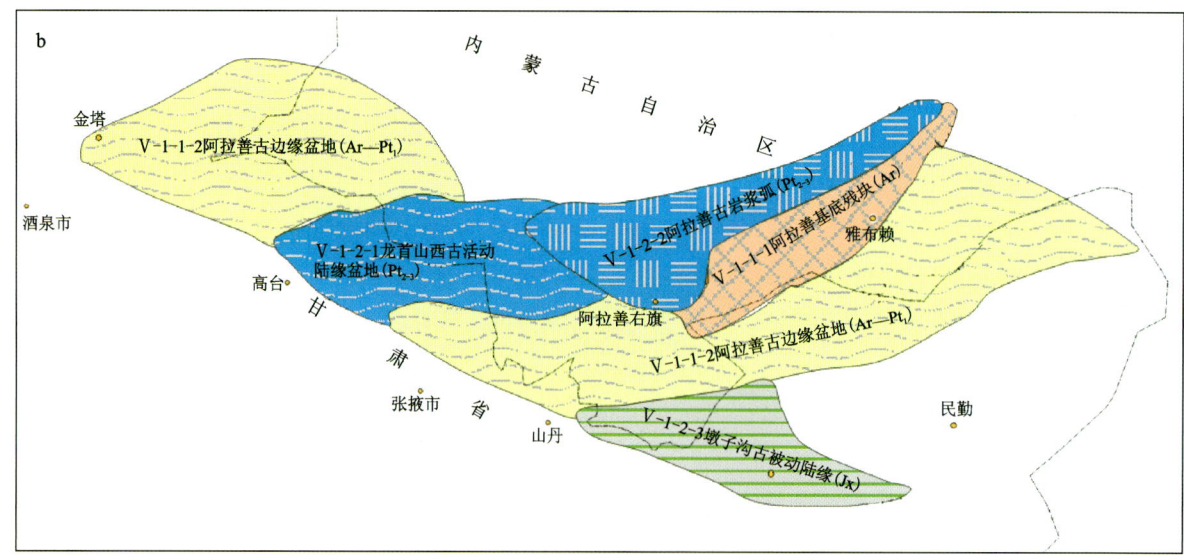

图 2-10 阿拉善地块前南华纪岩石建造组合(a)与Ⅳ级构造单元划分(b)图

(1) 阿拉善地块基底残块（Ar）：主要由太古宙乌拉山岩群和部分龙首山岩群组成。乌拉山岩群为富含石榴子石、矽线石、堇青石和石墨片麻岩组合（原岩为砂岩-杂砂岩-粉砂质黏土岩-铝质黏土岩组合），含透辉片麻岩、透辉石岩、含金云母石墨透辉石大理岩等钙硅酸盐岩组合（原岩为富钙杂砂岩-白云质杂砂岩夹泥质白云岩-泥质灰岩组合），含石墨大理岩、石墨片麻岩、含石墨或黑云母石英岩、蛇纹石化橄榄大理岩组合（原岩为富镁碳酸盐岩），斜长角闪岩、黑云角闪片麻岩、黑云长英片麻岩组合（原岩为火山-沉积岩），为高角闪岩相—麻粒岩相变质的表壳岩。杨振升等（2000）、徐仲元等（2002，2007）认为乌拉山岩群的主体属于孔兹岩系，其中斜长角闪岩 Sm-Nd 等时线年龄为 3.0Ga、2.91Ga（内蒙古自治区岩石地层，1996）、2822±2Ma（徐仲元等，2002）。龙首山岩群斜长角闪岩和东大山铁英岩 Sm-Nd 模式年龄分别为 3056Ma 和 3100Ma（中国地层典古元古界，1996；汤中立等，2001）。侵入乌拉山岩群花岗闪长质片麻岩锆石 U-Pb 年龄为 2540±23Ma；龙首山岩群内透辉角闪斜长片麻岩也曾获得锆石 Pb-Pb 年龄 2693±14Ma（耿元生等，2003；沈其韩，2004）和 Nd 模式年龄 2500Ma（万渝生，2003），反映了新太古代的构造-岩浆事件。

(2) 阿拉善古边缘盆地（Ar—Pt_1）：主体为龙首山岩群富铝片麻岩-变粒岩-浅粒岩-大理岩组合和浅变质中基性—中酸性火山-沉积岩组合。龙首山岩群花岗片麻岩中斜长角闪岩锆石 U-Pb 年龄为 2034±16Ma（陆松年等，2002），侵入其内的奥长花岗片麻岩和钾长花岗片麻岩锆石 U-Pb 年龄为 2015±16Ma 和 1914±9Ma（修业群等，2002，2004）。由以上可见，这些地层的时代主体为古元古代晚期，形成于太古宙陆块边缘盆地活动-准稳定滨浅海环境，以陆源碎屑岩组合为主，晚期有一次中酸性岩浆侵入和变质事件。

(3) 中—新元古代活动陆缘：由阿拉善右旗北中元古代辉长辉绿岩-闪长岩-花岗岩侵入岩组合构成的岩浆弧（阿拉善右旗中—新元古代古岩浆弧）和其南中—新元古代绿片岩-大理岩-变砂岩活动类型古盆地浅变质火山-沉积岩组合（龙首山西中—新元古代古活动陆缘盆地）组成。

(4) 墩子沟蓟县纪古被动陆缘（Jx）：由墩子沟组开阔台地硅质灰岩组合-陆棚碎屑岩组合（砾岩-砂岩-泥岩）-海岸沙丘至后滨长石石英砂岩组合组成，总体反映伸展的大地构造环境。

著名的金川超大型铜镍矿所在基性—超基性杂岩体，侵位于太古宙—古元古代龙首山岩群变质岩中，主要分布于龙首山、金川（白家嘴子）、小口子一带，出露面积小，呈不规则状小岩枝及岩墙产出。其岩石组合为橄榄辉石岩、二辉橄榄岩、含辉石橄榄岩及纯橄榄岩等。金川超基性侵入岩的岩石化学、微量元素及稀土元素特征表明各类岩石的初始岩浆具有同源性，总体来自于一种过渡类型的拉斑玄武岩浆，源于富集地幔源区，具明显的岩浆结晶分异的特点和较强的陆壳混染作用，在其内获 1508±31Ma、807Ma（LA-ICP-MS 锆石微区 U-Pb 法）同位素年龄值。张宗清等（2004）对该矿床二号矿区 1 号矿体的 8 件纯橄榄岩硫化物矿石样品进行了 Re-Os 同位素年龄分析，获得一条很好的等时线，年龄值为 1043±28Ma（2σ），同一矿体含矿超镁铁质岩样品 Sm-Nd 等时线年龄近似为 0.97±0.31Ga（2σ），Rb-Sr 年龄近似 819Ma。近年来，在金川铜镍矿及其相关的基性—超基性岩中获得的高精度测年数据基本都集中在 825~819Ma 之间，总体反映其形成于新元古代中期，应该与稳定的罗迪尼亚超大陆解体过程的伸展背景有关。

2. 祁连地块

前南华纪祁连地块总体由前长城纪中深变质岩结晶基底、中—新元古代浅变质火山-沉积岩盖层（或变质基底）、新元古代叠加构造岩浆岩构成。主要根据中—新元古代构造岩石组合发育及出露情况，结合结晶基底岩石构造组合，将其划分为 4 个Ⅲ级构造单元，并进一步区分出 13 个Ⅳ级单元（图 2-11）。

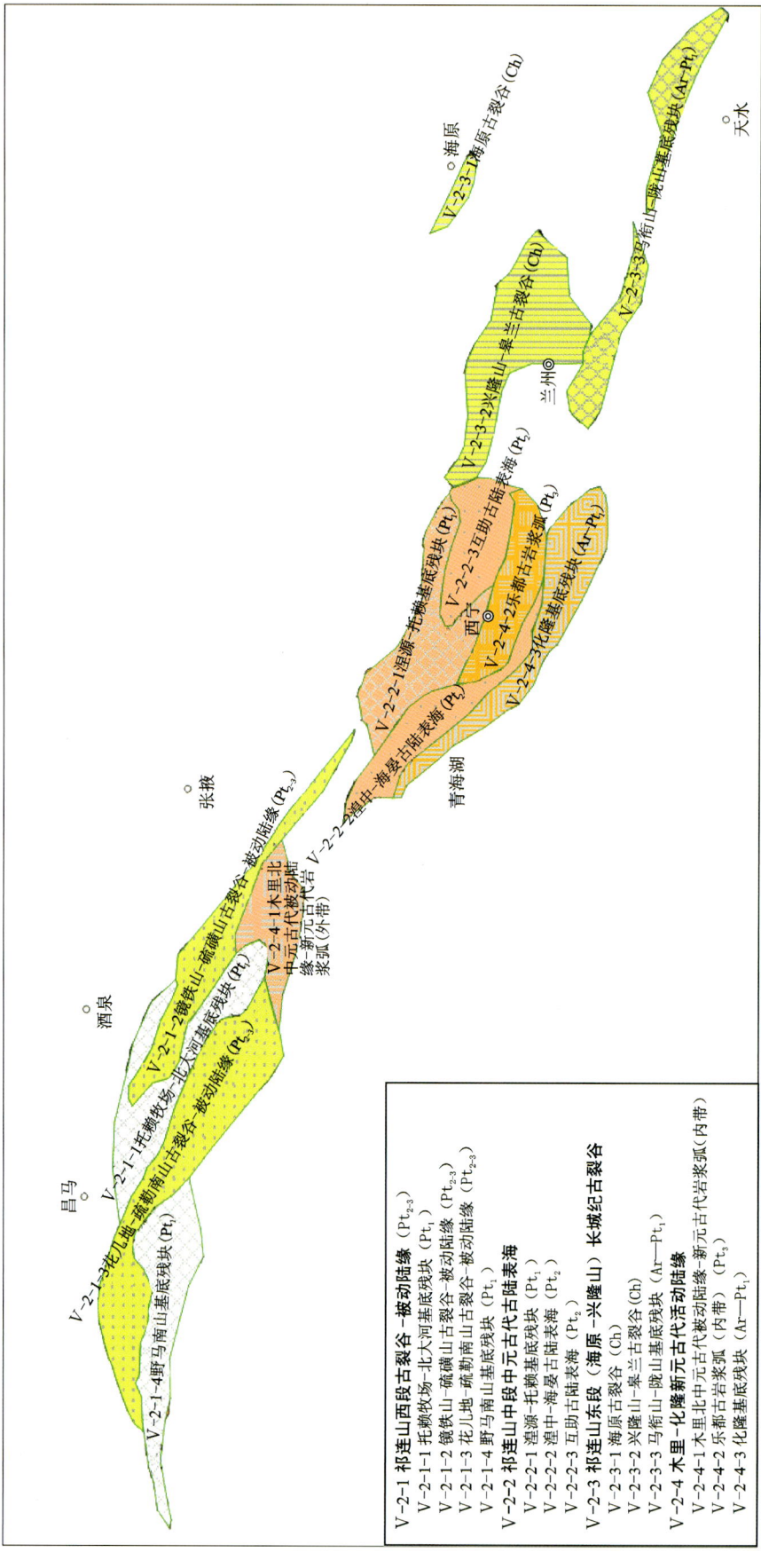

图 2-11 前南华纪华祁连地块构造格局与Ⅳ级构造单元划分图

1) 祁连地块的前长城纪结晶基底

祁连山前南华纪地块的结晶基底多为太古宙—古元古代角闪岩相—高绿片岩相中深变质岩组合。西部为古元古代北大河岩群和托赖岩群，分南、北两个地带出露，分别构成2个Ⅳ级构造单元，即托赖牧场-北大河基底残块（Pt_1）和野马南山基底残块（Pt_1）；中部为古元古代湟源岩群和化隆岩群，构成北部湟源-托赖基底残块（Pt_1）和南部化隆基底残块（$Ar—Pt_1$）2个Ⅳ级单元；东部为太古宙—古元古代马衔山岩群和古元古代陇山岩群，构成马衔山-陇山基底残块（$Ar—Pt_1$）1个Ⅳ级单元。

托赖岩群为斜长角闪岩-黑云斜长片麻岩-镁质大理岩组合（原岩建造为基性火山岩-黏土岩-镁质大理岩）、石英岩-云母片岩-大理岩-斜长角闪岩组合（原岩建造为砂泥质-碳酸盐岩-基性火山岩），原岩为陆缘火山-沉积岩系。

湟源岩群由东岔沟岩组片岩-石英岩-大理岩组合（原岩建造为泥砂质岩-碳酸盐岩）、刘家台岩组云母石英片岩-大理岩-石英角闪片岩组合（原岩建造为砂泥质碎屑岩-碳酸盐岩）组成。该岩群下部刘家台岩组混合花岗岩锆石 U-Pb 年龄为 2469Ma，上部东岔沟岩组的片岩 Rb-Sr 等时线年龄为 1414～1249Ma，变质年龄集中在古元古代—中元古代。

化隆岩群由低角闪岩相黑云石英片岩-变粒岩-大理岩组合（原岩建造为碎屑岩-细碧角斑岩-碳酸盐岩）和矽线石黑云斜长片麻岩-黑云石英片岩-大理岩组合（原岩建造为基性火山岩-黏土岩-碳酸盐岩）组成。

关于化隆岩群、湟源岩群及托莱岩群的形成时代和变质时代问题，众多学者如金巍等（1997）、张建新等（2003）建议暂将其时代归属古元古代，但近年来利用同位素测年 U-Pb TIMS 法和 U-Pb SHRIMP 法进行研究后认为其时代不会老于中元古代（陆松年等，2009）。

古元古代北大河岩群为高绿片岩相—低角闪岩相二云石英片岩-斜长角闪岩-大理岩组合，呈有层无序的构造岩石地层单位。原岩沉积类型有黏土质碎屑岩建造（砂泥岩建造）、碳酸盐岩建造和（基性）火山岩建造，具古裂谷构造属性。在该岩群的片麻岩中获得锆石 U-Pb 年龄为 $751±14$Ma，古老锆石年龄为 $2190±266$Ma。Sm-Nd 等时线获得年龄为 $1980±0.27$Ma（毛景文，2003）、2974Ma、2122Ma、1875Ma。全岩 Rb-Sr 等时线年龄为 1336Ma（汤光中，1979）和 1166Ma（黄德征，1987）。

太古宙—古元古代马衔山岩群为大理岩-斜长角闪岩-黑云斜长片麻岩-黑云石英片岩组合，原岩为碳酸盐岩、碎屑岩及火山岩建造，糜棱岩化普遍发育。马衔山岩群斜长角闪岩和辉绿岩分别获得 2632Ma 和 2573Ma 的年龄信息。

古元古代陇山岩群为变粒岩-大理岩-黑云斜长片麻岩-斜长角闪岩-含铁石英岩组合，原岩为陆源碎屑岩建造、碳酸盐岩建造和基性火山岩建造。斜长角闪岩地球化学特征介于板内碱性玄武岩和拉斑玄武岩之间，故陇山岩群原岩形成于大陆裂谷构造环境。甘肃省地质矿产局地质科学研究所（1996）在该岩群的片麻岩中获得 Sm-Nd 同位素年龄为 $1460±32$Ma，在斜长角闪岩（可能为基性侵入岩）中获得全岩 Sm-Nd 同位素年龄为 $983±20$Ma。何艳红等（2005）对于陕西省内的陇山岩群进行了同位素地质年代学研究，认为该群中存在 TTG 质片麻岩，通过 LA-ICP-MS 锆石 U-Pb 法测年显示有3组峰值年龄表明陇山岩群经历了 1.90Ga 透入性变质事件及 2.35Ga 和 2.50Ga 的岩浆事件，2.50Ga 代表了 TTG 岩系的形成时限，加之本岩群与秦岭岩群具有类似的变质变形特征，故将其时代暂置于古元古代。片麻岩组中含铜铁矿。

熬油沟蛇绿岩中的辉绿岩继承锆石年龄为 $2560±19$Ma（毛景文等，2003），表明源区可能存在太古宙组分。

2)中—新元古代祁连地块东-中-西构造格局

祁连地块长城系—蓟县系—青白口系整体为浅变质的火山岩-碎屑岩,构成了结晶基底之上的盖层或变质基底。从岩石构造组合、地层序列及成矿地质体显示的规律性看,长城纪具有较明显的东、西裂谷,中部稳定陆表海的整体构造格局;蓟县纪—青白口纪构造环境趋于一体化,整体以被动陆缘-碳酸盐岩陆表海为主(东部缺失)。

(1)西部中—新元古代古裂谷-被动陆缘:分布于北部的镜铁山—硫磺山和南部的花儿地-疏勒南山一带,构成 2 个Ⅳ级构造单元,主要由长城纪早期熬油沟组板内裂谷拉斑质-碱性玄武岩夹(叠层石)灰岩-白云岩-泥质岩组合、长城纪晚期—蓟县纪桦树沟组(北部)和南白水组(南部)含凝灰质砂岩-泥岩-薄层灰岩夹硅质岩及沉积-喷流型铁铜矿(镜铁山式)组合组成,反映了长城纪时火山活动减弱,构造活动趋于稳定斜坡-次深海环境。盆地欠补偿条件下,受同生断裂控制形成的欠补偿含铁沉积建造组合,整体反映了长城纪晚期—蓟县纪裂谷向被动陆缘构造环境转化,构造趋于稳定的构造环境(图 2-12)。

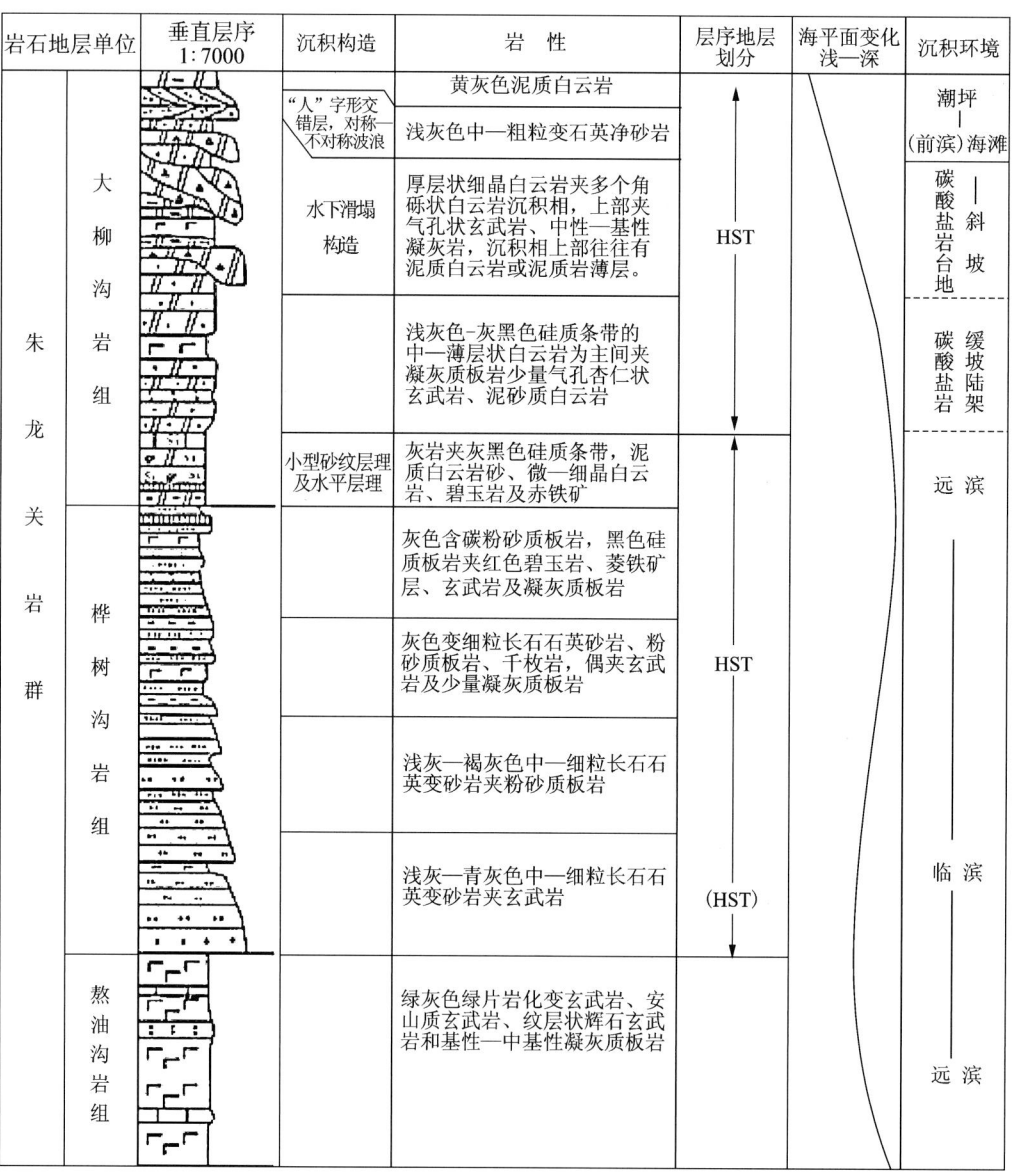

图 2-12 祁连山西段(鱼儿红地区)中—新元古代地层-沉积大地构造综合柱状图

熬油沟组火山岩形成时代介于 2349~1032Ma 之间（徐晓春，1996；毛景文等，1997；夏林圻等，2001）。青白口纪继承前期（长城纪晚期—蓟县纪）被动陆缘环境，继续发育被动陆缘陆棚碳酸盐岩-碎屑岩建造（大柳沟组；龚岔群；其他达坂组—五个山组—喀什喀尔组—窑洞沟组）。其中在其顶部可见发育"人"字形交错层和波痕构造的高成熟度石英净砂岩及白云质碳酸盐岩（产叠层石），它们可能是青白口纪晚期地壳准克拉通化的产物，反映了造山后的稳定环境。

（2）中部中元古代古陆表海：分布于南部的湟中—海晏和北部互助一带，构成2个Ⅳ级构造单元，主要由长城纪湟中群磨石山组、青石坡组高成熟度前滨—临滨—远滨石英砂岩-石英质粉砂岩-泥岩建造组合和蓟县纪花石山群克素尔组、北门峡组台地-潮坪碳酸盐岩建造组合组成。湟中群磨石沟组底部有石英质砾岩，不整合覆盖在古元古代湟源岩群东岔沟岩组片麻岩之上。该组合中石英岩、石英砂岩质地较纯，SiO_2 含量达97%以上，构成多个大型石英（砂）岩矿床。克素尔台地相灰岩中产叠层石。

前人在湟中县田家寨大卡阳湟中群中获同位素 Rb-Sr 等时线年龄为1122Ma；在平安县古城乡红土嘴钙质板岩中获同位素 Rb-Sr 等时线年龄为796.3Ma；在大通县鸢沟南碳质板岩中获 Rb-Sr 全岩同位素等时线年龄为 860.04 ± 26 Ma。这些早期测试的沉积岩全岩同位素年龄不能代表地层的时代，但均为前南华纪时期的数据，在某种意义上可能指示着非南华纪之后产物。

青白口纪祁连山中部与上述西部岩石构造组合均为龚岔群碳酸盐岩-碎屑岩，整体反映了构造稳定的被动陆缘-陆表海环境。

（3）东部长城纪裂谷：为太古宙—古元古代马衔山结晶基底之上发育的长城纪裂谷，分布于宁夏南部海原和甘肃陇西兴隆山—皋兰一带，构成2个Ⅳ级构造单元，主要由长城纪海原群、皋兰群、兴隆山群火山-沉积岩组合组成。上覆蓟县纪高家湾组陆表海碳酸盐岩-碎屑岩沉积。

兴隆山群主要为低绿片岩相基性—中基性火山岩-火山碎屑岩组合，自下而上火山岩的地球化学特征具大陆板内拉伸—N-MORB（洋壳）形成环境，基性火山岩（玄武岩）锆石核、幔 U-Pb 年龄存在1199~1031Ma 峰值，暗示有中元古代晚期火山岩地层信息（徐学义等，2008）。皋兰群主要为高绿片岩相—低绿片岩相变质的杂砂岩、石英砂岩、钙质砂岩、泥质岩、碳酸盐岩、砾岩及火山岩组合。前人在皋兰群中采获较丰富的微古植物化石，以球形藻占优势，其时代相当于长城纪—蓟县纪，在区域上可与邻区兴隆山群对比；海原群变玄武岩 Sm-Nd 模式年龄为 $(1.7~1.4)\pm$ Ga，可能显示了原火山岩成岩时代为长城纪，前人采获的微古植物化石为以穴面球形藻、多孔体和光球藻为主体的组合，曾广泛出现于国内外中—新元古代地层中。

长城纪古裂谷建造之上，为蓟县纪高家湾组浅海陆棚环境产微古植物和叠层石化石的白云岩-石英岩-板岩-变砂岩构造组合，显示构造稳定的碳酸盐岩-碎屑岩陆表海环境。

3）新元古代活动陆缘岩浆弧

该岩浆弧主要由新元古代石英闪长岩-花岗闪长岩-二长花岗岩等岩石组合构成，分布于托莱河、阳山—湟源—娘娘庙、化隆一带，主体可划分为同碰撞强过铝质花岗岩组合。根据原岩岩性可划分为木里北中元古代被动陆缘-新元古代岩浆弧（内带）和乐都古岩浆弧（内带）（Pt_3）2个Ⅳ级构造单元。

主要的岩性组合有：托莱河片麻状过铝质钙碱性系列花岗闪长岩-二长花岗岩组合，含白云母过铝质花岗岩类（MPG）二长花岗岩中同位素年龄为 842 ± 37 Ma（锆石 U-Pb 法）；湟源娘娘山片麻状过铝质钙碱性系列花岗闪长岩-石英闪长岩组合；阳山强过铝质高钾钙碱性二长花岗岩-花岗闪长岩组合；油房庄条带状-眼球状强过铝质高钾钙碱性系列黑云二长花岗质片麻岩-花岗闪长质片麻岩，眼球状黑云二长片麻岩的同位素年龄为 938 ± 21 Ma（锆石 U-Pb 法）；白石头沟片麻状过铝质钙碱性系列二长花岗岩组合,含白云母过铝质花岗岩类(MPG),其同位素年龄为842±37Ma(锆石U-Pb法);湟源灰响河尔—西台村强过铝质钙碱性系列二长花岗岩组合,同位素年龄为832±29Ma(全岩Rb-Sr法)、912±12Ma(锆石U-Pb法);化隆南强过铝质花岗岩组合,片麻状眼球状钙碱性二长花岗岩;日月山主脊大双卡条带状片麻状强过铝质钙碱性黑云二长片麻岩,同位素年龄为646±2Ma、860±4Ma(锆石U-Pb法)。宋述光等(2011)对柴旦诺尔花岗岩进行了研究,其中捕获的陆壳锆石存在750Ma的年龄数据,表明可能存在与罗迪尼亚超大陆解体相关的岩浆活动。最新报道的雷公山片麻状石英闪长岩的锆石SHRIMP年龄为774±23Ma,代表北祁连地区在新元古代的岩浆活动,可能与罗迪尼亚超大陆裂解有关(曾建元等,2006)。

上述侵入岩岩石地球化学特征及同位素年龄,主体显示了新元古代岩浆弧内带至同碰撞构造环境及壳源型中酸性侵入岩构造组合特点。

3. 阿尔金中—新元古代陆缘带

前南华纪阿尔金地区主体由北部的阿中(米兰河-金雁山)地块和其南的阿南新元古代活动陆缘(Pt_3)2个(Ⅲ级)构造单元构成。

(1)阿中(米兰河-金雁山)地块:介于早古生代红柳沟-拉配泉蛇绿混杂岩带与英格里克构造带之间,由结晶基底和中—新元古代盖层2个Ⅳ级构造单元组成。

结晶基底由阿尔金岩群($Ar—Pt_1$)的高角闪岩相—低角闪岩相变质岩(时代老于2.4Ga,恢复原岩其中的火山岩为中基性—中酸性火山岩类)和灰色片麻岩套(原岩为英云闪长岩、花岗闪长岩、二长花岗岩组合)组成,胡霭琴(2001)报道阿尔金岩群中酸性火山岩锆石U-Pb上交点年龄为1820±277Ma,其中亚干布阳片麻岩具低钾高钠特征,类似TTG组合特征,锆石U-Pb年龄为2679±124Ma(崔军文,1999)。整体反映了其结晶基底发育时期可能存在古岩浆弧等构造岩浆及热变质事件。

中—新元古代盖层由长城纪—蓟县纪—青白口纪浅变质沉积-火山岩组成。长城纪巴什库尔干岩群为绿片岩相陆缘碎屑岩-碳酸盐岩夹火山岩组合,整体构成古裂谷相。其下部基性—中酸性火山岩、碳酸盐岩组合为古裂谷中心亚相,上部以陆缘碎屑岩为主,夹碳酸盐岩、基性火山岩组合,为裂谷边缘亚相,灰岩中含 Kussiella 叠层石组合。

蓟县纪塔昔达坂群低绿片岩相底部发育冲洗层理的石英砂岩等高成熟度碎屑岩(木孜萨依组下部),反映了稳定的构造环境和滨海高能沉积环境;中部为岩屑砂岩-复理石建造(木孜萨依组上部),上部为台地相碳酸盐岩组合。整体反映了稳定的被动陆缘建造组合特点。

青白口纪索尔库里群为浅海相碎屑岩-碳酸盐岩组合,产叠层石 Tungussia suoerkuliensis Miao(索尔库里通古斯叠层石),见有中性—基性火山岩,底部为红色砾岩超覆不整合于下伏地层之上。整体反映了被动陆缘-陆表海构造环境。

(2)阿南新元古代活动陆缘(Pt_3):分布于阿中地块以南,木纳布拉克构造带超镁铁质岩有蛇绿岩、方辉橄榄岩,镁铁质堆晶岩有橄榄辉石岩-辉石岩-闪石岩-硅化角闪岩,基性熔岩及斜长花岗岩和暗色闪长岩。弱蛇纹石化方辉橄榄岩全岩Sm-Nd模式年龄为1118Ma,基性熔岩(斜长角闪岩)全岩Sm-Nd等时线年龄为924Ma,为中—新元古代古弧盆系的产物;在英格里克一带由蛇纹石化橄榄岩、辉橄岩、辉石岩-榴辉岩、麻粒岩等组成,呈透镜状岩块混杂在肖鲁克-布拉克韧性剪切带中;向东巴什瓦克为石榴二辉橄榄岩、蛇纹石化橄榄岩和榴辉岩、蓝闪石片岩等,呈条带状或透镜状,沿透入性面理分布,巴什瓦克石棉矿含榴矽线花岗质片麻岩古侵入体的年龄为856±12Ma,具同碰撞花岗岩特征。

瓦石峡—淡水泉一带的黑云二长-钾长花岗岩,其同位素获2个年龄段,1312~1209Ma属俯冲期岩浆活动产物,青白口纪的花岗闪长岩-二长花岗岩属高钾钙碱系列,同位素年龄为941.8~871Ma及825Ma;阿北早古生代构造带见有青白口纪同碰撞—后碰撞二长花岗岩(941.8~871Ma)、高钾钙碱性系列的二长花岗岩等(825Ma)侵入于长城纪巴尔库尔干岩群片岩-大理岩组合。上述侵入岩都可能属碰撞期—后碰撞期产物,均为罗迪尼亚超大陆汇聚的反映。

此外,沿阿尔金南缘阿帕-茫崖构造混杂岩带北部边缘的江尕勒萨依及其附近,断续向东追溯到茫崖石棉矿西北的米兰河上游,全长约200km的地带还分布有呈透镜体状产出的榴辉岩、含石榴单斜辉石岩和榴闪岩,这些岩石在早古生代经历了超高压变质作用,地球化学及年代学研究表明其原岩具有E-MORB的特征,时代为752 ± 7Ma(Liu et al,2012)。

该区中—新元古代构造-岩浆活动的特点反映了洋盆的裂解与闭合,也是罗迪尼亚超大陆聚合的反映。

4. 西昆仑地块

西昆仑地区的前南华系划分为西昆仑地块(Ⅲ级)构造单元。主体由分布于塔里木陆块南部铁克里克地块之南,晚期康西瓦构造带之北的西昆仑基底残块(Pt_1)和西昆仑古陆缘盆地(Pt_{2-3})2个Ⅳ级构造单元构成。

西昆仑基底残块(Pt_1):主体由带内出露的最老地层古元古代库浪那古岩群高绿片岩相—低角闪岩相结晶片岩、石英岩夹纹层磁铁石英岩为主,其次为大理岩、片麻岩类夹变基性火山岩,上部为变粒岩、石英片岩、石英岩、透闪石大理岩、斜长角闪岩、片麻岩。其中斜长角闪片麻岩中曾获锆石U-Pb年龄2772 ± 393Ma。

西昆仑古陆缘盆地(Pt_{2-3}):由长城纪伸展盆地沉积-火山岩组合及伸展环境中酸性侵入岩组合、蓟县纪陆表海碳酸盐岩-碎屑岩组合构成。后期叠加了新元古代具同碰撞-后碰撞特征的花岗岩组合。

长城纪赛图拉岩群为古裂谷相的裂谷边缘亚相,主要由绿片岩相变质岩组成,原岩为泥质长英质碎屑岩夹碳酸盐岩、碱性—钙碱性中酸性(蚀变粗玄岩、粗面流纹岩)—中基性火山岩组合。从早到晚岩石由富钾逐渐向富钠方向演化,表明它们形成于不断扩张的构造过程中。这一演化特征可能反映了中元古代早期,在古塔里木板块南缘发生的裂解首先形成大陆裂谷环境,喷发了大量陆壳重熔的酸性火山岩及少量碱玄岩。随着裂解深度的增加,陆壳的拉伸减薄,上地幔部分重熔形成的拉斑质玄武岩浆喷出地表,形成本区的双峰式火山岩。

长城纪中酸性侵入岩组合为闪长岩-石英二长闪长岩-花岗闪长岩-二长花岗岩,围岩为中元古代长城纪角闪岩相变质岩。岩石地球化学特征反映为钙碱性系列(里特曼指数1.91~2.28),中酸性岩碱总量(K_2O+Na_2O)为6.6%~7.75%,属正常范围。钾钠比为0.51~0.75,属富钾。A/CNK为0.96~1.21,属铝弱饱和型。在A-C-F图解上,基本落在I型区,部分落在S型区,为壳幔混源。在An-Ab-Or图解上,分布于英云闪长岩-斜长花岗岩-花岗闪长岩-二长花岗岩区域,为TGG组合。在Rb-YbNbTa图解上,钙碱性花岗岩序列包括石英闪长岩均落在火山弧上部同碰撞区和板内区(与古生代造山花岗岩序列不同),近于板块体制下的碰撞后伸展环境。

阿孜巴勒迪尔岩体片麻状花岗岩获LA-ICP-MS锆石U-Pb上交点年龄1423 ± 19Ma(黄建国等,2012)。

蓟县系不整合于长城系之上,由桑株塔格岩群下部富含叠层石浅水碳酸盐岩、上部泥质-泥碳质砂岩-浅水碎屑岩组合组成。整体反映了陆表海盆地相的碳酸盐岩-碎屑岩陆表海亚相。

有人将科岗一带发育的与洋中脊型(MORS型)具有明显区别的造山带(SSZ)型蛇绿岩,认为是前震旦纪产物,其依据是科岗蛇绿岩被 LA-ICP-MS 锆石 U-Pb 年龄为 499～411Ma 花岗岩侵入,说明其时代应早于 500Ma。2008 年,新疆地质矿产勘查开发局第十一队在该蛇绿岩带中采获一个辉长岩样品,锆石 U-Pb 同位素年龄测定出 460Ma、513Ma、757Ma 三个视年龄。其 $T(^{206}Pb/^{238}U)<T(^{207}Pb/^{235}U)<T(^{207}Pb/^{206}Pb)$,属于一般铅丢失,所测视年龄低于真实年龄。数据反映信息为:此辉长岩生成时代应早于 757Ma,即应属于前震旦纪。

全区未见青白口系—南华系出露,所见的过铝质钙碱性系列 S 型黑云二长花岗岩 SHRIMP 年龄为 815±5.7Ma(张传林等,2004),具同碰撞-后碰撞花岗岩特征,过铝质高钾钙碱性系列二云花岗岩 U-Pb 年龄为 683±7.5Ma,具后碰撞花岗岩特征,它们是罗迪尼亚超大陆聚合的反映,并成为该区前寒武纪的变质基底,是西昆仑中央多期复合岩浆弧早期岩浆活动的表现。

5. 柴达木地块群

狭义的柴达木地块是指被柴达木中新生代陆内盆地覆盖且主体由元古宙结晶岩系和岩浆岩系组成的块体,长期以来被视为中间地块或稳定的地台(黄汲清,1997;李春昱等,1982;郑剑东,1988;王鸿祯等,1990;青海省地质矿产局,1991)。20 世纪 70 年代末,黄汲清等(1980)提出柴达木盆地基底是个"拼盘";崔军文等(1999)认为柴达木盆地基底具混杂性质,陆壳有明显"双层"性,上地壳主要来自扬子陆块,下地壳则属于中祁连地块(华北地台或塔里木-中朝板块)。航磁异常呈磁场镶嵌特征,为宽阔、平缓、正负伴生异常,强度 80～100nT,宽阔、平缓的原因可能与古元古代结晶岩系埋深有关,异常的次级波动跳跃反映出基底的不均一性。

考虑到前南华系的可对比性,尤其是中—新元古代岩石构造组合及其反映的大地构造环境的可对比性,将前南华纪具有相似双层结构的全吉地块、布尔汗布达地块和柴达木地块 3 个Ⅲ级构造单元统归柴达木地块群一个Ⅱ级构造单元,并进一步划分为 11 个Ⅳ级构造单元(图 2-13)。

1)全吉地块

全吉地块呈北西西向展布于宗务隆山南缘断裂和早古生代柴北缘构造混杂岩带之间,即前人所称的欧龙布鲁克地块(陆松年等,2000;王惠初等,2003)。由全吉地块基底残块(Pt_1)、柴达木北缘古被动陆缘(Pt_{2-3})和上叠的打柴沟岩浆弧(Qb)、大柴旦古岩浆弧(Qb)、柴达木东北缘古弧间-弧后盆地(Qb)共 5 个Ⅳ级构造单元组成。

(1)全吉地块基底残块(Pt_1):分布于绿草山-德令哈-布依坦乌拉山-呼德生中高级变质杂岩和锡铁山北坡带,由斜长角闪岩-二长花岗片麻岩-混合岩组成的德令哈杂岩和达肯达坂岩群高角闪岩相—麻粒岩相变质的石英岩-含石榴子石矽线石石英片岩-云母片岩-角闪片岩及少量片麻岩(王毅智等,2000;张建新等,2001b)组合构成,经历了区域动力热流变质作用和区域混合岩化作用。恢复原岩为一套被动陆缘中基性火山-沉积岩组合。德令哈杂岩中斜长角闪岩和二长花岗片麻岩的单颗粒锆石 U-Pb 法同位素年龄分别为 2412±14Ma 和 2366±10Ma(陆松年等,2002a);德令哈一带的达肯达坂岩群麻粒岩获得 Sm-Nd 等时线年龄为 1791±37Ma;乌兰一带达肯达坂岩群代表变质深熔作用的淡色脉体年龄为 1939±21Ma(辛后田等,未发表资料)。这些资料充分显示出达肯达坂岩群普遍遭受强烈的麻粒岩相变质作用和深熔作用的叠加改造。柴北缘布赫特山东段查汗郭勒表壳岩组合中获有 3456Ma 的 Sm-Nd 模式年龄信息(1:5 万那尔宗等 4 幅测区域地质调查报告,2001),表明柴北缘可能有太古宇组分存在。

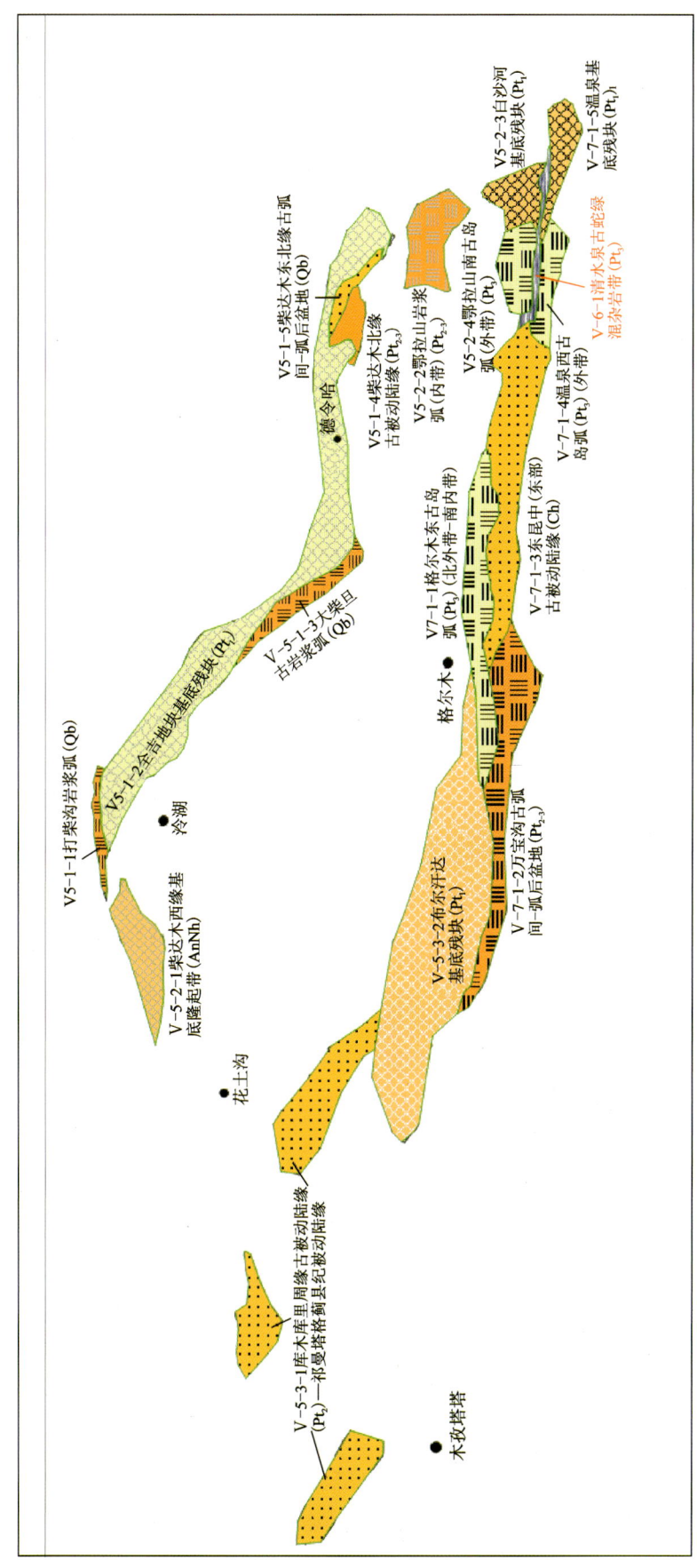

图 2-13 柴达木及周边前南华纪大地构造格局及Ⅳ级构造单元划分图

(2)柴达木北缘古被动陆缘(Pt_{2-3}):主要分布于柴达木盆地东北边缘,由原划万洞沟群碎屑岩-碳酸盐岩构成。主体为绿片岩相浅变质的长城纪小庙组前滨-远滨相石英砂质板岩—蓟县纪产叠层石狼牙山组台地-潮坪相灰岩-白云岩—青白口纪邱吉东沟组白云岩夹砾岩。

沉积建造组合构成,应该是全吉地块的中新元古代沉积盖层(或变质基底)。在独尖山一带的鹰峰岩体发育高钾准铝质环斑花岗岩(肖庆辉,2003),主要岩石类型为石英二长岩,岩石普遍发育球斑-环斑结构,具有典型A型花岗岩的岩石地球化学特征。环斑花岗岩的锆石U-Pb同位素年龄为1776 ± 33Ma、1763 ± 53Ma(肖庆辉,2003;陆松年等,2006),总体反映了古元古代末期造山之后大陆初始裂解产物,上述稳定沉积应为裂解晚期阶段裂谷-被动陆缘沉积建造。

(3)打柴沟岩浆弧(Qb)和大柴旦古岩浆弧(Qb):叠加于基底残块和中元古代被动陆缘岩石构造组合之上,位于全吉地块的西部和南部。西部为打柴沟岩浆弧,临近晚期阿尔金断裂,主要由新元古代闪长岩-英云闪长岩、英云闪长岩、闪长岩和石英闪长岩-二长花岗岩组合构成,受后期构造影响其分带性不明显;南部为大柴旦岩浆弧,沿鱼卡河—锡铁山—沙柳河一带断续分布,长约700km,由青白口纪片麻岩构成,恢复原岩为斜长花岗岩、石英闪长岩-英云闪长岩和花岗闪长岩组合。这些变质侵入体主要侵入于古元古代达肯达坂岩群和中元古代沙柳河岩群中。陆松年等(2009)对其进行了较深入系统的研究,认为主体属大陆碰撞花岗岩(CCG),少部分为造山型大陆弧花岗岩(CAG)。并依据花岗片麻岩的$\varepsilon_{Nd}(t)$均为负值($-5.1\sim-3.4$)(孟繁聪等,2005),认为这些花岗质岩石主要由老地壳物质改造而成。

近年来从这些花岗片麻岩中获得了一批主要为新元古代早期的年龄数据,年龄范围为$1850\sim1020$Ma。如鱼卡河片麻岩岩体锆石的上交点年龄为1024 ± 41Ma(陆松年等,2002),绿梁山胜利口片麻岩岩体形成的年龄为987 ± 93Ma(陆松年等,2002),锡铁山片麻岩岩体TIMS年龄为952 ± 21Ma(张建新等,2003),落凤坡一带的片麻岩岩体获得TIMS上交点年龄为928 ± 18Ma(王惠初等,2003),鱼卡河片麻岩岩体的LA-ICP-MS年龄为$1077\sim945$Ma(林慈銮等,2006)。这些测试结果表明,变质侵入体的形成时代主要为新元古代早期,说明新元古代柴北缘曾有一期强烈的花岗质岩浆活动,时间上大体与罗迪尼亚超大陆的拼合相当。

(4)柴达木东北缘古弧间-弧后盆地(Qb):位于全吉地块东北缘,由新元古代辉长-辉绿岩、青白口纪—南华纪碱长花岗岩和邱吉东沟组玄武岩-砂岩-灰岩夹含砾砂岩(水下扇)组合构成。在独尖山鹰峰岩体中的辉长岩SHRIMP锆石U-Pb年龄为821 ± 21Ma,可能与弧后扩张环境相关。

2)柴达木地块

柴达木地块的前南华系出露于现今柴达木盆地的东部鄂拉山和西部的牛鼻子梁一带,考虑到前人对柴达木地块前南华纪的研究(黄汲清,1980,1997;李春昱等,1982;郑剑东,1988;王鸿祯等,1990;青海省地质矿产局,1991;崔军文等,1999),重点结合前南华纪地质体岩石构造组合特点,将后期古生代柴北缘蛇绿混杂岩带以南,东昆仑青白口纪清水泉蛇绿混杂岩带以北,由柴达木西缘基底隆起带(AnNh)、柴达木东缘白沙河基底残块(Pt_1)和叠加其上的鄂拉山岩浆弧(内带)(Pt_3)、鄂拉山南古岛弧(外带)(Pt_3)共4个Ⅳ级构造单元,以及新生代盆地之下可能存在的前南华纪地质体共同构成柴达木地块(Ⅲ级单元)。

(1)柴达木西缘基底隆起带(AnNh):分布于牛鼻子梁—俄博梁一带,由达肯达坂岩群角闪岩相斜长角闪岩-黑云斜长片麻岩-镁质大理岩组合和其上的浅变质碎屑岩-产叠层石碳酸盐岩组合构成双层结构。

(2)柴达木东缘白沙河基底残块（Pt_1）：与陆松年（2006）研究认为的柴达木地块元古宙变质基底基本一致，集中分布在东昆仑山北缘。地层主要为白沙河岩群（相当于原金水口岩群下部），以角闪岩相为主，局部为麻粒岩相斜长角闪岩-含矽线黑云斜长片麻岩-镁质大理岩组合，原岩主要为富铝黏土质碎屑岩、泥质碳酸盐岩、碎屑岩及基性火山岩，应为被动陆缘基性火山-沉积岩建造。片麻岩的同位素年龄为2330Ma（锆石U-Pb法）。除此之外，莫河一带还有石英闪长质片麻岩、角闪斜长片麻岩、黑云斜长片麻岩组合，原岩主要为石英闪长岩，次为英云闪长岩、花岗闪长岩，属过铝质钙碱性系列中酸性侵入岩组合，同位素年龄为2202±26Ma（锆石U-Pb法）、2348±43Ma（锆石U-Pb法，辛后田，未发表），可能反映了元古宙活动陆缘岩浆活动。侵入其中的智黑奶海变质基性岩墙群（Sm-Nd同位素年龄为2216Ma、2213±10.1Ma），稀土特征类似于大陆拉斑玄武岩，可能反映了古元古代早期刚性地块的伸展裂解。

(3)鄂拉山南古岛弧（外带）（Pt_3）和鄂拉山岩浆弧（内带）（Pt_3）：叠加在柴达木东缘结晶基底（原划达肯达坂岩群和白沙河岩群及变质古侵入体）及长城纪盖层（小庙组）之上，即相当于陆松年（2006）所称的以片麻状花岗岩为标志的昆北新元古代造山带的主要组成部分。前者分布在紧邻清水泉蛇绿混杂岩带的鄂拉山南部（清水泉—香日德之间），为花岗闪长质片麻岩、二长花岗质片麻岩和少量闪长质片麻岩，原岩为新元古代英云闪长岩-花岗闪长岩-二长花岗岩组合；后者分布于前者以北，主体为花岗闪长岩-二长花岗岩组合。岩石地球化学研究表明，新元古代侵入岩组合整体反映了岩浆弧特点，并表现出在空间上的分带性，即：南部以英云闪长岩为主的岩石构造组合反映出弧外带特征；向北逐渐以花岗闪长岩-二长花岗岩组合为主，英云闪长岩消失，反映出由南部弧外带向北部弧内带的变化，这与南部靠近中—新元古代清水泉蛇绿混杂岩带相配套，反映了清水泉俯冲带洋壳向北俯冲形成的岩浆弧。金水口地区二长花岗质片麻岩锆石U-Pb测年结果为817±10Ma，沟里花岗闪长质片麻岩SHRIMP年龄为859±42Ma（陆松年，2006），沙柳河片麻岩体TIMS和SHRIMP年龄为917±21Ma（郝国杰等，2001；陆松年等，2002）。这些年龄信息反映了岩浆弧的时代为新元古代，考虑到清水泉蛇绿岩的测年结果（后文），不排除有中元古代的可能。

在新生代柴达木盆地北缘有3口钻孔，分别于1911m、986m、786m三处见到古元古代结晶岩系，另有几口钻孔终止于元古宙结晶片岩中（青海省地球物理勘察队，1988）。由此可判定在柴达木盆地之下还有结晶基底存在。

3）布尔汗布达地块（清水泉蛇绿混杂岩带以南的部分）

本次工作考虑到布尔汗布达地块与柴达木地块、全吉地块具有类同中—新元古代盖层的特点，同时注意到它与其东南地区至清水泉蛇绿混杂岩带以南地区地质情况的较大差别，将布尔汗布达地块作为柴达木地块的次级单元。

布尔汗布达地块分布在青海、新疆交汇的东昆仑地区，位于格尔木以西。由东部的布尔汗布达基底残块（Pt_1）和西部的库木库里周缘古被动陆缘（Pt_2）2个Ⅳ级构造单元构成。

(1)布尔汗布达基底残块（Pt_1）：主体由古元古代白沙河岩群（原划金水口岩群下部）和苦海岩群（南部）以动力热流变质作用为主的低角闪岩相铁铝榴石带斜长角闪岩-含矽线黑云斜长片麻岩-镁质大理岩变质岩石组合组成。原岩可能为一套被动陆缘火山-沉积岩系，同位素年龄为1920±129Ma（锆石U-Pb法）。其上为长城纪小庙组高绿片岩相—低角闪岩相黑云变粒岩-云母石英片岩-含铁石英岩变质岩石组合。

在祁漫塔格西段红土岭南新元古代辉长岩中获有3383Ma、斜长角闪岩获有2753Ma的Sm-Nd模式年龄（1∶25万库郎米其提幅区域地质调查报告，2008）；中元古代小庙组中碎屑锆石SHRIMP年龄测试结果为2400Ma,个别达3400Ma,并产生2500～2400Ma年龄峰值,说明其源区可能存在太古宇组分(1:25万阿拉克湖幅区域地质调查报告,2003)。

(2)库木库里周缘古被动陆缘(Pt_2):出露在库木库里新生代盆地周边,主要由长城纪小庙组石英砂岩-板岩组合、蓟县纪狼牙山组被动陆缘-陆表海局限台地相叠层石灰岩-千枚岩-板岩-白云岩组合组成。在北部祁漫塔格山还发育青白口纪裂谷建造,主要由邱吉东沟组玄武岩和前滨-远滨环境产古植物和叠层石的砂岩-灰岩-砂岩组合构成。岩石地层单位之间均为平行不整合接触。

6. 清水泉古缝合带(?)(Pt_{2-3})

该古缝合带主体为出露长度约80km、宽度约500m的清水泉-沟里-塔妥煤矿古蛇绿混杂岩带(Pt_3),由数十个蛇绿岩构造透镜体和混杂岩剪切基质构成,两者接触处普遍发育韧性剪切带。蛇绿岩岩石组合主要为变质橄榄岩、镁铁质—超镁铁质堆晶岩、辉绿岩墙群、玄武岩。变质橄榄岩Al_2O_3含量变化大,反映出地幔是由不同程度部分熔融后的残余。轻稀土元素富集,配分曲线为略向右倾的轻稀土元素富集型,反映其地幔可能为富集地幔或经富集轻稀土元素的流体交代作用。超镁铁质堆晶岩的堆晶橄榄岩多强烈蛇纹石化,为蛇纹石化方辉橄榄岩,Mg/Fe值为12.05～20.27,反映具富镁特征,属阿尔卑斯型超镁铁质岩。在F_1-F_2图与F_2-F_3图中,玄武岩均位于CAB钙碱性玄武岩区,为岛弧构造环境;在痕量元素与构造环境关系图中玄武岩均表现为岛弧、钙碱性特征,为与俯冲有关的构造环境。综上所述,清水泉蛇绿岩应该是弧盆体系的SSZ型蛇绿岩。

清水泉蛇绿岩围岩为金水口岩群角闪岩相变质岩(朱云海,1999;王国灿,1999),年龄为1846±19Ma(解玉月,1998)。

调查研究表明清水泉地区蛇绿混杂岩为多期复合形成的构造混杂岩带(朱云海等,1999;王国灿等,1999)。对其形成的时代颇有争议,高延林等(1988)认为属早古生代;姜春发(1992)认为属石炭纪;解玉月(1998)根据1332±19Ma的Sm-Nd全岩等时线年龄,将其归入中元古代。根据蛇绿岩获得的年龄信息有1279Ma(Sm-Nd法;郑健康等,1992)、1372Ma(Sm-Nd法;殷鸿福等,2003),其应形成于中元古代。向西至向阳泉一带基性火山岩Sm-Nd等时线年龄为1138～982Ma。结合与之相关的弧岩浆成岩时代综合判断,清水泉蛇绿混杂岩时代为中—新元古代。

清水泉蛇绿混杂岩带以北(华北陆块及秦祁昆造山带北部)诸多陆块或地块多发育以震旦纪冰碛岩为代表的、具有与华北陆块可对比的南华纪—早古生代北方板块地质特点,而该带以南诸多陆块或地块的南华纪—早古生代地层多数具有类似扬子板块北缘被动陆缘建造特点并可以对比,但上述两者具有明显区别。由此看来,该带前南华纪晚期虽具有洋壳的俯冲,但南北陆块很可能并未完全结合成统一的板块,这种"聚而不合"的状态可能持续到了早古生代(见本书南华纪—早古生代部分)。

与该构造相关,在德尔尼一带深灰绿色强蚀变超基性岩属拉斑玄武岩系列,侵入于古元古代宁多群片麻岩中,超基性岩的年龄为825±34.1Ma、858±53.2Ma(Sm-Nd法;青海省成矿地质背景研究成果报告,青海省地质调查院,2013),其中有铜矿产出。

7. 东昆仑地块

如前所述,本次工作考虑到上述的布尔汗布达地块与柴达木地块、全吉地块具有类同中—新元古代盖层的特点,同时注意到它与其东南地区至清水泉蛇绿混杂岩带以南地区地质情况的较大差别,将原东昆仑弧盆系的前南华系重新进行了划分:①将布尔汗布达地块作为柴达木地块群的次级单元划归柴达木地块。②考虑到格尔木东新元古代古岛弧侵入岩的明显分带性,其北应该有同期俯冲带存在,这个俯冲带是清水泉蛇绿混杂岩的西延分支,还是独立的,因新地层覆盖而无出露,目前还不清楚。③万宝沟中—新元古代弧间-弧后盆地位于格尔木东新元古代古岛弧之南,考虑到万宝沟群出现了不少洋岛岩石构造组合,它也有可能是东临东昆中长城纪被动陆缘的持续发展的结果,后期与清水泉蛇绿混杂岩带相配套,共同组成中—新元古代俯冲增生杂岩带。然而,考虑到这一地区前南华纪岛弧、盆地的发育,可能均与清水泉蛇绿混杂岩带及昆南带的关系密切,及与基底的密切相关性(均为苦海岩群),将其作为东昆仑地块的组成部分,而统归东昆仑地块。

(1)古元古代基底残块(Pt_1):为东昆仑地块的基底岩系,集中出露于东部温泉一带,在西部不同单元之下呈残块分布,主要有北部的白沙河岩群和南部的温泉岩群,其岩石构造组合主要为低角闪岩相斜长角闪岩-含矽线黑云斜长片麻岩-镁质大理岩,原岩可能为一套被动陆缘火山-沉积岩系。格尔木东百日其利表壳岩系中有3282Ma(Sm-Nd)模式年龄信息,反映了太古宙地质信息。

(2)东昆中(东部)古被动陆缘-陆表海(Ch—Jx—Qb):主要分布于布尔汗布达山东段的东昆中地区,由不整合于基底之上的长城纪石英砂岩-板岩组合、蓟县纪狼牙山组灰岩-白云岩组合及不整合其上的青白口纪丘吉东沟组远滨泥岩-粉砂岩夹砂岩建造组合构成。整体表现出稳定的陆表海-被动陆缘构造环境特点,可能反映了古元古代末汇聚构造事件之后的稳定-拉张动力学状态。

(3)万宝沟古弧间-弧后盆地(Pt_{2-3}):位于格尔木东新元古代岛弧(见下文)之南,主要由万宝沟群两类岩石构造组合组成,一类是低绿片岩相变质细碎屑岩-基性火山岩-酸性火山岩-灰岩建造,火山岩以钙碱性为主,具有双峰结构特点。陆缘碎屑岩的发育说明靠近陆缘,为大陆边缘环境,根据与其北部岛弧的关系,推测总体为弧间-弧后盆地火山-沉积岩组合;另一类是低绿片岩相海山玄武岩-灰岩-白云岩组合。火山岩主量、稀土、微量元素地球化学特征以及玄武岩的构造环境判别图表明,属典型的洋岛拉斑玄武岩,而大套较纯的碳酸盐岩缺乏陆源碎屑沉积,说明远离大陆,应是沉积于火山岩组之上的海山碳酸盐岩。二者共同构成了洋岛-海山的"双层"结构,应该是弧间-弧后盆地扩张规模较大时远离大陆的拉张环境产物,也可能是上述中—新元古代东昆中(东部)古被动陆缘扩张规模较大时的拉张环境产物。该地区万宝沟群下部中性—基性火山岩中,玄武岩U-Pb年龄为1348±23Ma、Sm-Nd等时线年龄为1141Ma、1134Ma。

(4)格尔木东古岛弧(Pt_3)(北外带-南内带):为东昆仑地块上新元古代集中发育弧岩浆岩(弧侵入岩+弧火山岩)的地段,近年来地质研究中一个重大的进展是在古元古代结晶岩系中解体出一些新元古代变质侵入体(陆松年等,2002;朱云海等,2000;王秉璋等,2000),从而证明该相区南缘可能存在一条与柴北缘可比拟的、与新元古代罗迪尼亚超大陆拼合有关的花岗片麻岩带。尤其在格尔木东岩浆岩分带性明显,显示出北部以英云闪长岩-闪长岩-石英闪长岩-花岗闪长岩为主,具有TTG组合特点,应该为岩浆弧的外带。而南部以花岗闪长岩-二长花岗岩为主,具有GG组合特点,应该为岩浆弧的内带。其间发育夹有大量安山岩的岩屑砂岩-灰岩-粉砂岩沉积建造组合(邱吉东沟组),可能代表了与弧有关的盆地火山-沉积建造。综合分析弧岩浆岩和盆地发育,及其与南侧万宝沟群变质细碎屑岩-基性火山岩-酸性火山岩-灰岩建造发育的关系,应该为古岛弧及与之相关的岩浆-沉积建造。

(5)温泉西古岛弧(Pt_{2-3}):出露于清水泉混杂岩南侧,由英云闪长岩、花岗闪长岩、二长花岗岩组成,含少量斜长角闪岩包体,晚期发育花岗伟晶岩脉。花岗闪长质片麻岩锆石SHRIMP测年结果为1076~1050Ma(陆松年,2006),应该为中元古代晚期—新元古代岩浆弧环境的产物。

8. 秦岭地块群

前南华纪秦岭地块群包括北秦岭地块、南秦岭地块及其间以松树沟蛇绿混杂岩(Pt_3)为典型代表的新元古代—古生代商丹蛇绿混杂岩带3个Ⅲ级构造单元。其共同的特点是：南、北秦岭地块结晶基底均具有与华南陆块相似的地球化学特征(张本仁，1994)，都具有新元古代早期可能与超大陆形成相关的汇聚型构造热事件反映。作为商丹蛇绿混杂岩带中的新元古代洋壳残片——松树沟蛇绿岩，其地球化学特征与南、北秦岭地块具有弧岩浆特点的中酸性侵入岩的关系，反映了新元古代松树沟洋壳具有向南、北秦岭地块的俯冲作用。南、北秦岭地块是否在新元古代末缝合，目前的资料显示为未缝合，原因有二：其一，南秦岭乃至整个上扬子地区统一的南华纪—震旦纪盖层在北秦岭未见任何保存；其二，北秦岭以北的华北陆块下古生界与南秦岭—上扬子地区的下古生界不可对比，说明它们不在一个统一的陆块上。由此可以推断，商丹洋这种"聚而不合"的状态，可能一直持续到了古生代(见下文)，而在前南华纪末并未封闭。

1) 北秦岭地块

北秦岭地块主体由古元古代秦岭岩群角闪岩相变质岩和中—新元古代宽坪岩群绿片岩相火山-沉积岩系构成，叠加了新元古代具TTG组合特征的岩浆杂岩。受后期地质体和构造改造，集中分布在天水—凤县唐藏、太白—板房子、终南山和商州北一带，并区分为天水基底残块(Pt_1)、太白基底残块(Pt_1)、终南山基底残块(Pt_1)和商州基底残块(Pt_1) 4个Ⅳ级构造单元。同时，以片麻岩构造块体夹裹于新元古代—早古生代商丹蛇绿混杂岩带和宽坪增生杂岩带中。

秦岭岩群角闪岩相变质岩进一步划分为3个岩组：郭庄岩组透辉斜长角闪片麻岩-条带状混合岩-大理岩-绿泥斜长片岩夹基性麻粒岩组合；上店房岩组十字石云母石英片岩-石英岩-石榴黑云斜长片岩-斜长角闪岩-浅粒岩-变粒岩组合；雁岭沟岩组石墨大理岩-白云质大理岩-透闪大理岩组合。恢复原岩为一套富铝碎屑岩-碳酸盐岩夹基性—中酸性火山岩。岩石变形复杂并发育深熔作用。

关于秦岭岩群的时代，前人多将其归入古元古代。据张宗清等(2002)对秦岭变质岩的同位素年代学研究，北秦岭西峡蛇尾秦岭岩群黑云斜长片麻岩锆石U-Pb年龄为2226+173/-152Ma，片麻岩、斜长透辉岩Sm-Nd等时线年龄为1987Ma±，Nd模式年龄为1991Ma，$\varepsilon_{Nd}(t)$为+5.6，斜长角闪岩Sm-Nd等时线年龄为1 987.5±49Ma，$\varepsilon_{Nd}(t)$为+7.3。商州涌峪秦岭岩群黑云斜长片麻岩Nd模式年龄为2020～1982Ma，$\varepsilon_{Nd}(t)$小于0，认为形成时代大致在2226～1982Ma之间。近年来，陆松年等(2009)通过对秦岭岩群碎屑岩中碎屑锆石测年数据的统计分析，得出秦岭岩群碎屑物源主要来自形成于古元古代末—中元古代初的岩石，因此认为秦岭岩群形成时代应为中元古代或者中元古代中晚期。

宽坪岩群不是一个简单的地层单位，而是由若干构造岩片堆叠而成的岩石-地层-构造组合体(刘国惠等，1990—1993)，以往"自下而上"所划分的3个组，即广东坪组(由绿片岩、斜长角闪岩夹大理岩、石英片岩组成)、四岔口组(由云母石英片岩夹变粒岩、透闪大理岩、绿片岩组成)、谢湾组(由石英大理岩、黑云母大理岩夹绿片岩、石英片岩组成)，应该不具有上下关系，而是一系列叠覆的构造岩片系统，经历了至少晋宁期固态流变、晚加里东期—早海西期韧性剪切、海西期—燕山期脆性推覆及相关的区域变质事件(张寿广等，1993；张维吉等，1988；许志琴等，1988)。关于宽坪岩群形成的时代，多数人认为其形成于元古宙，但依据也不够充分，主要依据Sm-Nd及Rb-Sr、K-Ar年龄。张宗清等(2006)依据广东坪和马河两地变基性火山岩Sm-Nd等时线年龄分别为913±160Ma和949～914Ma，认为宽坪岩群形成时代为中元古代末—新元古代初(1100～900Ma)。张维吉等(1988)主要依据马河地区广东坪组绿片岩

Rb-Sr等时线年龄1704Ma、汤峪斜长角闪岩K-Ar年龄1516Ma,参照马河地区四岔口组云母石英片岩Pb-Pb年龄1730Ma(可能为碎屑锆石)和黑云母K-Ar年龄1827Ma,结合广东坪组大理岩中有前寒武纪叠层石,将宽坪岩群时代厘定为中元古代早期。刘国惠等(1993)综合区域资料认为宽坪岩群大致形成于1400~1000Ma。最近在商州板桥变基性火山岩中也获得U-Pb年龄959Ma、611±13Ma的成岩信息(陈隽璐等,2008,王宗起等,2011),以及大于1800Ma的捕获锆石。徐学义等近年来在陕甘边界东岔斜长角闪岩中获得锆石U-Pb年龄为1753±14Ma(上交点)和208±110Ma(下交点)。上述年龄数据较为分散,但采于云母石英片岩中锆石(碎屑锆石)年龄多数大于1800Ma,其他不同方法以变火山岩为主,年龄主要在1500~900Ma之间(或600Ma),因此倾向于将以宽坪岩群为主体的该套岩石-地层-构造混杂体的形成时代置于中—新元古代。

从上可以看出,宽坪岩群不是一个岩群级岩石地层单位,而具有构造混杂岩特征,其中的岩石组合、地层单位及其相互关系有待进一步填图解决。尽管这样,其中的物质组成含有大量前南华纪成分。陆松年等(2003)采自寺沟变火山岩锆石年龄峰值为1502~1088Ma,变火山岩在新元古代的年龄(991~544Ma)也较为集中,都说明变火山岩的形成年龄有可能为中—新元古代。

太白两河口、就峪—涝峪沙坪及杨斜等地,在秦岭岩群变质基底杂岩中呈岩基产出一套新元古代片麻状花岗岩组合,岩石类型有眼球状二长花岗岩、片麻状二云母二长花岗岩、角闪斜长片麻岩、黑云斜长片麻岩、二长片麻岩等,原岩为花岗闪长岩-花岗岩组合。岩石地球化学资料分析表明,为钙碱性过铝质壳源同熔型花岗岩类,为与俯冲相关的火山弧-同碰撞花岗岩组合,可能与晋宁期扬子板块和北秦岭地块汇聚-碰撞相关。

2)中-南秦岭地块

前南华纪中-南秦岭地块主要由马道基底残块($ArPt_1$)、佛坪-长角坝基底残块($ArPt_1$)和陡岭基底残块(Pt)3个Ⅳ级构造单元组成。另外在甘肃成县吴家山还有少量出露(吴家山石英角闪片岩,角闪石Sm-Nd等时线法测得同位素年龄为1 224.26±28.99Ma,杨志华等,1997)。总体显示出新太古代—古元古代建造特点,中元古代末—新元古代早期构造热事件叠加明显。

(1)马道基底残块($ArPt_1$):分布于汉中北,沿褒河的马道一带出露。由古老的表壳岩石和侵入到其中的英云闪长质侵入体构成,在铁佛殿黑云斜长片麻岩中获得U-Pb年龄为1840±317Ma,在马道镇花岗片麻岩中获得U-Pb年龄为1071±580Ma,反映了古元古代末和中元古代末的构造岩浆事件。

(2)佛坪-长角坝基底残块($ArPt_1$):出露在佛坪及其以南的长角坝地区,由佛坪岩群、长角坝岩群角闪岩相变质岩组合组成。

佛坪岩群为含石墨石榴矽线黑云斜长片麻岩-混合片麻岩-石榴方柱石黑云二长片麻岩-含刚玉钾长片麻岩组合。长角坝岩群以富铝孔兹岩系为特征,岩石组合有含石榴子石、矽线石、石墨、透辉石的变粒岩系及石英岩-石墨大理岩组合。结晶基底中的TTG组合分布于佛坪县城、龙草坪、太白县大箭沟、留坝县铁佛殿等地。岩石组合为黑云花岗片麻岩-黑云斜长片麻岩-黑云二长片麻岩,为次铝质钙碱性岩类,恢复原岩为具TTG岩系特点的英云闪长岩-奥长花岗岩组合。

佛坪岩群结晶岩系中发现有SHRIMP年龄$^{207}Pb/^{206}Pb$ 2745±20Ma的锆石(张宗清等,2004),这是南秦岭新太古代侵入岩浆活动的年代信息。侵入佛坪岩群的龙草坪花岗质片麻岩的锆石U-Pb年龄为2506~2503Ma,代表了有弧岩浆性质的TTG岩套为太古宙晚期构造热事件;侵入于长角坝岩群的唐家沟花岗片麻岩U-Pb年龄为1735±62Ma反映了古元古代末—中元古代初的构造热事件。

(3)陡岭基底残块(Pt):呈构造窗出露于中秦岭东部。前南华系主要由下部的陡岭岩群和其上的武当岩群、耀岭河群构成。陡岭岩群主体为孔兹岩系,岩石类型有条带状矽线黑云斜长片麻岩-斜长片麻岩-斜长角闪岩-含石墨金云母大理岩-石英岩。

陡岭岩群变粒岩中锆石 Pb-Pb 年龄为 2500Ma,角闪岩 Sm-Nd 年龄为 2518Ma,反映了太古宙—古元古代物质信息。陆松年等(2009)对陡岭岩群云母石英片岩进行 LA-ICP-MS 锆石 U-Pb 测年,结果介于 1200~800Ma 之间,认为其物源主要形成于中元古代晚期到新元古代早期,陡岭岩群不会老于 1000Ma,应该为新元古代早期产物。

武当岩群 U-Pb 年龄为 1967 ± 3Ma,Sm-Nd 年龄为 1930 ± 56Ma,多数集中在 1269~1200Ma(陕西省地质矿产局,1998)。张宗清等(2002)根据岩石组合和同位素测年数据的统计,也认为真正的武当岩群形成于古元古代末期(1927Ma);凌文黎等(2002)则认为武当岩群的主体形成于 1000~900Ma 之间,与上扬子地块西北缘的西乡群时代相当,其岩石地球化学特征显示武当岩群为新元古代初期初始陆缘岩浆弧带的产物。综上所述,武当岩群应为中—新元古代产物

张宗清等(2002)根据岩石组合和同位素测年数据的统计从原"武当群"中解体出来形成于 1175~871Ma 的物质组合,相当于耀岭河群。

新元古代早期岩体以柞水小茅岭复式岩体为代表,岩石组合为角闪辉绿岩-闪长岩-石英闪长岩-二长闪长岩,其 LA-ICP-MS 锆石 U-Pb 年龄为 864~846Ma。该岩体的形成时代与北秦岭造山事件(1000~848Ma)相一致,应该是新元古代早期地壳增生过程中侵入岩浆活动的代表。侵入于陡岭岩群的混合岩化花岗伟晶岩脉中白云母 K-Ar 年龄值为 796Ma,次闪岩 K-Ar 表面年龄值为 880Ma,也反映了新元古代的热事件。

3)松树沟古蛇绿岩(Pt_3)

松树沟蛇绿岩是丹凤-松树沟蛇绿岩(Pt_3—Pz_1)的组成部分,呈残块分布于商南松树沟及周至黑河黄草坡南、柞水丰河街北等地。包括以斜长角闪岩变质组合为主体的松树沟岩组,同时也包括大量的以橄榄岩、纯橄榄岩、辉长岩为主体的 SSZ 型蛇绿岩组合。产出与基性、超基性岩体有关的铬铁矿。与之相伴,还产出以花岗闪长岩、二长花岗岩为主的碰撞型钙碱性花岗岩组合,时代为中—新元古代。

陆松年等(2000)获得北秦岭松树沟蛇绿岩单矿物 Sm-Nd 等时线年龄为 1084 ± 73Ma;董云鹏等(1997)获得斜长角闪岩 Sm-Nd 等时线年龄为 1030 ± 46Ma;李曙光(1991)获斜长角闪岩 Sm-Nd 等时线年龄为 983 ± 140Ma,这些结果均表明其形成时代为新元古代早期。刘军锋等(2005)对其中的榴闪岩进行测年,获得 518 ± 19Ma 的年龄数据,可能反映了其中高压变质榴辉岩退变质的时代为中寒武世。

9. 羌塘-摩天岭地块(群)

前南华纪羌塘-摩天岭地块(群)包括了喀喇昆仑-甜水海地块、昌都地块、北羌塘地块和摩天岭地块 4 个Ⅲ级构造单元。

1)喀喇昆仑-甜水海地块

该地块位于塔吐鲁沟—天神达坂—甜水海一带。由古元古代结晶基底(布伦阔勒岩群)和长城纪过渡基底(甜水海岩群)及青白口纪盖层(肖尔克谷地组)构成,可划分为布伦阔勒古元古代基底残块(Pt_1)和甜水海古被动陆缘(Ch—Qb)2 个Ⅳ级构造单元

(1)布伦阔勒古元古代基底残块(Pt_1):为古元古代布伦阔勒岩群高角闪岩相变质的石榴黑云石英片岩-含十字石蓝晶石白云母石英片岩-石榴角闪斜长片麻岩-矽线石榴黑云斜长片麻岩-大理岩夹斜长石英岩组合,夹少量变质杏仁状安山岩,有较多的花岗伟晶岩脉、花岗闪长岩脉、石英脉顺层或斜切贯入其

中;西部发育层状-条带状磁铁矿-磁铁石英岩等硅铁建造,是主要含矿层位(赞坎铁矿等)。它们组成了基底杂岩相的基底杂岩残块亚相。

(2)甜水海古被动陆缘(Ch—Qb):由长城纪浅变质的陆源碎屑-碳酸盐岩组合和青白口纪被动陆缘-碳酸盐岩陆表海(?)构成。长城纪甜水海岩群为绿片岩相含石榴子石绢云石英片岩-含碳绿泥绢英片岩-含碳质砂板岩-大理岩组合,砂质灰岩含 Baicalia 叠层石,构成被动陆缘相的陆缘斜坡亚相。

青白口纪肖尔克谷地组为陆表海相的碳酸盐岩陆表海亚相,主要由藻纹层泥砂质灰岩夹硅质板岩、石英泥质白云岩夹泥质石英粉砂岩-含藻纹层细晶砂质灰岩组成,并有片麻状花岗闪长岩侵入。

苏联学者在西帕米尔与布伦阔勒岩群相当的变质岩系中获得 2700~2130Ma(U-Pb 法,Rb-Sr 法)年龄;孙海田等(2000)曾在布伦口湖岸黑云斜长片麻岩中获得 U-Pb 年龄为 2772 ± 177Ma。

2)昌都地块

昌都地块的前南华纪地质体以构造窗形式出露于晚期地质体内部,主体由下部的中—新元古代结晶岩系(宁多岩群)构成的变质基底和新元古代(?)沉积-火山岩(草曲组)盖层两部分组成。

中—新元古代宁多岩群由高绿片岩相—低角闪岩相石榴透辉堇青黑云斜长片麻岩-斜长角闪岩-大理岩-片岩-变粒岩-浅粒岩变质岩石构造组合组成。恢复原岩为泥岩-长英质碎屑岩-中基性火山岩-泥灰岩-白云质灰岩建造,可能为被动陆缘火山-沉积岩系。

新元古代草曲组由低绿片岩相浅变质的砾岩-砂岩-绢云石英片岩-板岩-玄武岩-安山岩-结晶灰岩-千枚岩岩石建造组合组成,为陆缘裂谷相的陆缘裂谷中央亚相。

小苏莽一带灰红色弱片麻状中粒黑云二长花岗岩侵入宁多岩群片麻岩中,并被上三叠统—侏罗系不整合覆盖,属过铝质钙碱性系列,壳幔混合源,为富钾钙碱性花岗岩类(KCG),同位素年龄为 1780Ma、1680Ma(锆石 U-Pb 法),反映了中元古代构造岩浆事件。

3)北羌塘地块

北羌塘地块仅零星出露,由中—新元古代吉塘岩群西西岩组高绿片岩相—低角闪岩相变质的角闪钠长片岩-云母石英片岩-钠长浅粒岩-大理岩夹斜长角闪片岩、含石榴子石黑云斜长片麻岩变质岩石组合组成,原岩为砂泥岩-碳酸盐岩(基性火山岩)建造,可能为被动陆缘火山-沉积岩系。

4)摩天岭地块

前南华纪摩天岭地块位于陕甘川交界地区,在陕甘地区主体由新太古代—古元古代的结晶岩系(鱼洞子岩群)和古 TTG 侵入岩建造构成的结晶基底、中—新元古代古活动大陆边缘火山-沉积岩系(广义碧口岩群)构成。总体可划分为鱼洞子基底残块(Ar_3—Pt_1)、黑木林古构造(蛇绿?)混杂岩(Pt_3)、白雀寺古岩浆弧(Pt_3)和秧田坝弧后盆地(Pt_{2-3})4 个Ⅳ级构造单元。其上被南华纪至寒武纪裂谷-被动陆缘火山-沉积岩所覆盖(图 2-14)。

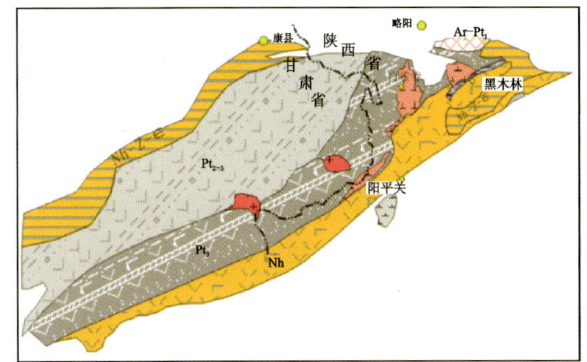
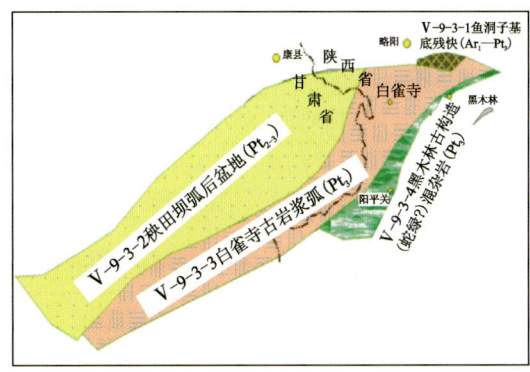

图 2-14 陕甘交界处摩天岭地块前寒武纪地质略图(左)与前南华纪构造单元划分略图(右)

(1)鱼洞子基底残块(Ar_3—Pt_1):分布于摩天岭地块北部,包括太古宙—古元古代鱼洞子岩群和具 TTG 性质的变质古侵入岩,整体显示出花岗-绿岩建造特点。

鱼洞子岩群主要由高绿片岩相—角闪岩相变质的长英质浅粒岩-变粒岩-条带状磁铁石英岩-斜长角闪岩-磁铁阳起石片岩-绿泥钠长片岩等组成,原岩以富铁钙碱性火山岩为主,塑性流变和混合岩化明显,以产 BIF 型铁矿为特征。秦克令等(1990)曾对斜长角闪岩进行锆石 U-Pb 测年,获得 2657 ± 27Ma 的数据;鱼洞子岩群斜长片麻岩 Nd 模式年龄 3017Ma,$\varepsilon_{Nb}(t)$ 为 -0.4,因此其时代不排除包含有中太古代(张宗清等,2002)。

变质深成侵入岩为 TTG 岩系,岩石组合为黑云斜长片麻岩-花岗片麻岩,恢复原岩为英云闪长岩-花岗岩。总体构成区内变质基底,属基底残块亚相。张宗清等(2002)从侵入于鱼洞子岩群的花岗岩中获得锆石 U-Pb 年龄为 2693 ± 9Ma。陆松年等(2009)在侵入于鱼洞子岩群中的新太古代花岗片麻岩和细粒闪长岩中,分别获得锆石 U-Pb 的 ID-TIMS 法测年数据为 2584 ± 12Ma 和 2660 ± 13Ma,反映新太古代曾经出现过强烈的构造-岩浆热事件。

(2)黑木林古构造(蛇绿?)混杂岩(Pt_3):位于陕西略阳黑木林—煎茶铺—勉县峡口驿一带,向北被后期(印支期)勉略蛇绿混杂岩带截断。主体由富产石棉矿的镁质超基性岩、中基性火山岩、石英角斑岩等构造岩块组成,构造岩块大小悬殊,从几米至 2km 不等,整体与构造线平行呈北东向排列。构造块体之间由强变形而叶理化的构造片岩(如绿泥钠长片岩、绢云石英片岩)和强劈理化中基性—中酸性火山岩等组成。其上被白杨林-青林咀南华纪南沱组砂砾岩、震旦纪陡山沱砂岩-含磷板岩-泥灰岩和灯影组含硅质条带灰岩-白云岩不整合覆盖。

蛇绿岩块体除沿黑木林—峡口驿一带分布外,后期勉略构造混杂岩带也有大量分布(断续分布于三岔子、金家河、横现河、黑河坝、安子山、康县、褒河等地),呈构造透镜体夹裹于晚古生代变形基质中。组成蛇绿岩的超镁铁质岩石主要有纯橄榄岩、斜辉橄榄岩、蛇纹岩、二辉橄榄岩、单辉橄榄岩等。基性岩主要有玄武岩、安山玄武岩以及堆晶岩、辉长岩、辉绿岩、斜长花岗岩、辉绿玢岩等。在峡口驿一带岩石具有明显的分带现象,可以从纯橄榄岩经斜辉橄榄岩—二辉橄榄岩—二辉辉橄岩—单辉辉橄岩向单辉辉石岩逐渐演化过渡,岩石地球化学特征显示玄武岩具 MORB 型特征。有关的矿产主要见蛇纹石矿、石棉矿、水镁石矿。

20 世纪中后期,前人从地质找矿角度和以往的传统科研方法,对该带超基性—基性火成岩进行了调查研究。近年来精准的同位素测年数据还未见报道,但在后期的勉略构造混杂岩带中出现了不少新元古代蛇绿岩测年数据,如殷鸿福等(1996)获得蛇绿岩中基性火山岩 U-Pb(SHRIMP)年龄为 927.8 ± 8.1Ma;张宗清等(1996)获得 Sm-Nd 等时线年龄为 1040 ± 92Ma,及侵入三岔子镁铁质岩中斜长花岗岩单颗粒锆石 $^{207}Pb/^{206}Pb$ 蒸发年龄为 926 ± 10Ma;最新的陕西省区域地质志项目也获得一批蛇绿岩残块的新元古代测年数据。从上述地质关系和这些测年数据,我们认为黑木林—煎茶铺—峡口驿一带的蛇绿(?)混杂岩应为前南华纪基底的组成部分,应该为新元古代构造产物。

(3)白雀寺古岩浆岛弧(Pt_3):位于黑木林-峡口驿蛇绿(?)混杂岩西北侧,与其为韧性剪切带接触,分布于陕西何家岩—铜厂—二里坝—白雀寺—八渡河至甘肃阳坝一线,整体呈北东向展布。主体由从原碧口岩群中解体出来的中—新元古代陈家坝岩群、阳坝岩组中基性—中酸性火山-沉积岩系与弧相关的中酸性侵入岩带构成。

中—新元古代陈家坝岩群和阳坝岩组为绿片岩相变质的绿帘阳起片岩-绿泥绿帘片岩-角闪绿帘片岩-石英钠长片岩,弱变形域东部(陕西省内为主)以石英角斑岩、安山岩及火山角砾岩、集块岩、沉凝灰岩及凝灰质砂岩等为主,西部(甘肃省内为主)火山岩较少,主要以含凝灰质砂岩、砾岩夹中酸性火山岩为主。总体为中基性—中酸性火山岩-火山碎屑沉积岩组合。火山岩岩石地球化学研究表明为钙碱性-岛弧拉斑系列。

关于地层时代,陕西省宁强红土石集块熔岩 Rb-Sr 等时线年龄为 744±85Ma(肖思云,1988);略阳东沟坝秦家砭方铅矿 U-Pb 单阶段模式年龄分别为 785Ma、813Ma、835Ma(陕西地质矿产局二队);变玄武岩 Rb-Sr 等时线年龄为 970~933Ma(甘肃区域地质调查队,1989);川西北地质大队在相当阳坝岩组的桂花桥沟组的凝灰岩中获得 U-Pb 年龄为 1367Ma;闫全人等(2003)用 SHRIMP 锆石 U-Pb 测年法测得 $^{206}Pb/^{238}U$ 年龄,变酸性火山岩为 790±15Ma,变基性火山岩为 840±10Ma,变中酸性火山岩为 776±13Ma。赵祥生等(1990)根据碧口岩群中火山岩岩石组合和岩石地球化学特征,认为其属于岛弧环境,测得的同位素年龄包含有 1000~830Ma 的数据,将阳坝岩组时代暂置于中—新元古代,主体时代可能属青白口纪—南华纪早期。

与岛弧相关的侵入岩,主要由铜厂、二里坝、白雀寺、阳坝等中酸性复式岩体构成,其岩石组合为英云闪长岩-花岗闪长岩、辉长岩-闪长岩-英云闪长岩-花岗闪长岩-二长花岗岩、闪长岩、二长花岗岩等,总体显示出 TTG-GG 岩石构造组合特征,但其分带性不甚明显。岩石地球化学资料显示,在 QAP 图解中大多数位于岛弧花岗岩(IAG)与大陆弧花岗岩(CAG)重叠区,在 Y-Cr 图解中分别投入火山弧玄武岩(VAB)及板内玄武岩(WPB)区,在 Y-Nb 图解中投入火山弧花岗岩(ARC)区,在 Rb-(Y+Nb)图解中投入岛弧花岗岩区,在 Rb-(Y+Ta)图解中投入板内花岗岩区,在 Hf/3-Th-Ta 图解中位于岛弧钙碱性玄武岩范围,在阳离子 R1-R2 图解中,投入幔源性及与板块碰撞前花岗岩的过渡区。按 Babarin 构造环境分类,属含角闪石钙碱性花岗岩类(ACG),按 Maniar 和 Piccoli 构造环境分类,属大陆岛弧花岗岩类(CAG),结合区域构造位置及岩浆演化的特征分析认为,属俯冲型岛弧中酸性侵入岩类。

侵入于阳坝岩组的辉石闪长岩和花岗岩 U-Pb 年龄分别为 816±36Ma 和 835±33Ma(闫全人等,2003);同时,在该侵入岩带其他岩体可信的锆石测年结果多集中于青白口纪—南华纪范围。

(4)秧田坝弧后盆地(Pt_{2-3}):曾经称之为秧田坝向斜(1:20 万康县幅、碧口幅),位于白雀寺古岛弧西北部,与东部阳坝岩组为横向相变关系,其西北被南华纪关家沟组富含微古植物[以表面粗糙类型占绝对优势的微古植物化石,其中有粗面、糙面、瘤面、蜂巢状面及穴面等球形藻;代表性种属有:*Trachysphaeridium rugosum*(有褶粗面球形藻),*T. cutun*(薄壁粗面球形藻),*Asperatopsophosphaera partialis*(细褶糙面球形藻),*A. baulensis*(巴甫林糙面球形藻),*Tylosphaeridium induratum*(坚实瘤面球形藻),*Fauosophaeridium fauosunm*(蜂巢蜂巢球形藻)等;其组合可与华北蓟县层型剖面青白口系对比,故将其地层时代置于中—新元古代]的板岩不整合接触。主体由中—新元古代秧田坝岩组构成,岩石组合主体为凝灰质砂岩-板岩、火山凝灰岩、含碧玉的中基性—中酸性火山熔岩、次深海复理石浊积岩建造。其中陆源碎屑以岩屑为主,分选性差,杂基含量较高,成分和结构成熟度较低;砾岩呈巢状、楔状、透镜体状、似层状产出,底面截切下伏岩层,具重力流滑塌体特征;发育鲍马层序,可见冲刷面、包卷层理、同生角砾、变形层理等沉积构造。总体反映出弧后盆地半深海斜坡相浊流沉积特征。

在陕西铧厂沟地区的英安岩(体积比约 90%)夹玄武岩透镜体(体积比约 10%)中获得英安岩 LA-ICP-MS 锆石 U-Pb 年龄为 801.7±4.7Ma(林振文等,2013);根据秧田坝岩组横向上与阳坝岩组的相变关系,及其西部被南华系不整合覆盖,结合同位素测年结果综合判断,其地质时代应为中—新元古代,其主体可能为青白口纪。

第八节 构造阶段划分及其演化

总揽西北地区前南华纪各构造单元大地构造环境特征，可以将西北地区前南华纪地质演化概括为以下3个大的阶段，即：①太古宙—古元古代古结晶基底形成阶段——陆核形成，增生、裂解-汇聚，"古中国地台"（哥伦比亚超大陆的一部分）形成阶段（吕梁运动）；②中元古代"古中国地台"裂解阶段——早期（长城纪）稳定陆块大陆边缘陆表海-裂谷发育，蓟县纪—青白口纪伸展背景下被动大陆边缘发展阶段；③新元古代早期罗迪尼亚超大陆形成阶段——青白口纪古板块活动陆缘发展阶段（塔里木运动、晋宁运动）。

一、太古宙—古元古代古结晶基底形成阶段

西北地区较明确的太古宙陆核（>2.7Ga）就目前资料来看，主要有库鲁克塔格陆核（中—新太古代达格拉格布拉克岩群及TTG岩系）和阿北-敦煌陆核（米兰岩群和新太古代TTG岩系、敦煌地块中南部的敦煌岩群）。另外，在全吉地块（Sm-Nd同位素年龄为3456Ma；张雪亭等，2007）、汉南地块、阿拉善地块、华北陆块小秦岭地区等前南华纪基底残块中，出现了不少的太古宙年龄信息和孔兹岩系、石墨大理岩等具有地球早期陆核发育的地质信息。

在古陆核和具有古陆核信息的地区（陇山、小秦岭、敦煌、阿北、库鲁克塔格、鱼洞子等），发育新太古代具有类似于现在活动陆缘TTG-GG性质的中酸性变质古侵入岩系，反映了陆核或疑似陆核的地区经历了较普遍的新太古代末的汇聚事件，同时也暗示类似板块构造机制可能出现。古元古代铁铜沟组与太华岩群之间的不整合，以及塔里木陆块北缘库鲁克塔格地区古元古代兴地塔格群与达格拉格布拉克杂岩之间的不整合，都为这次陆核增生及拼合汇聚事件提供了佐证。

古元古代西北地区普遍出现古裂谷或古弧盆系火山-沉积建造，如塔里木陆块的兴地塔格群（北缘）、赫罗斯坦岩群（南缘）；华北陆块的铁铜沟组（西南缘）、贺兰山岩群（西缘）；哈萨克斯坦-准噶尔陆块群南部的天湖岩群、北山杂岩、敦煌岩群；华南陆块群的龙首山岩群、北大河岩群、托赖岩群、湟源岩群、化隆岩群、马衔山岩群、陇山岩群、达肯达坂岩群、金水口岩群、秦岭岩群及扬子陆块的后河岩群等。这些古裂谷或古弧盆系火山-沉积建造，虽均发生了中-深变质，但从原岩恢复及其所代表的构造环境差别来看还与太古宙建造有所区别，它们应该反映了太古宙大陆在形成之后的裂解-聚合过程的构造-沉积-岩浆事件记录。在这一过程中，表现最明显的为古元古代晚期的构造岩浆事件及变质事件，形成了以明显具有汇聚大陆边缘TTG岩浆岩特点的片麻岩套（古生代造山带中夹裹的前南华纪鱼洞子、小秦岭、祁连等地块内结晶基底残块中的古侵入体）和几乎未变质的侵入岩建造（鄂尔多斯地块基底贺兰山、黄旗口等）为代表的活动陆缘弧岩浆岩等，反映了古元古代末期的古大陆边缘的汇聚构造事件。西北地区绝大多数有长城系和早前寒武纪地层出露的地区都普遍存在长城系与下伏古老变质岩系之间的区域性角度不整合。不整合面上下变质及变形程度差异颇大，这为该期陆块拼合事件提供了依据。由此，形成了黄汲清等（1974）提出的"古中国地台"，可能对应着全球哥伦比亚超大陆的形成。受当时地球古气候缺氧环境和可能的弧盆系构造环境的制约，形成了与之相关的BIF型磁铁矿，西北地区以鱼洞子最为典型，其中包括与沉积相关的苏必利尔型和与火山岩有关的阿尔戈马型两种。

二、中元古代"古中国地台"裂解阶段

古元古代末期基本上完成了中国大陆地壳主体的克拉通化(陆松年等,2006),在西北地区形成目前分布在各地块中,长城纪早期以石英砂岩沉积组合为代表的具有高成熟度的陆表海环境,是克拉通化过程持续的物质记录,如祁连地块湟中群、敦煌地块北缘的古硐井群、鄂尔多斯地块的黄旗口组等。

稳定中国古大陆的裂解可能起始于1700Ma左右。在古陆块的边缘或内部出现了以裂谷基性火山-沉积岩为代表的建造组合,如鄂尔多斯地块南缘熊耳群双峰式火山岩、敦煌地块北缘铅炉子沟组中基性火山岩、祁连地块西部熬油沟组-桦树沟组和东部的皋兰群-兴隆山群-海原群、东昆仑地块的万宝沟群、阿中地块的巴什库尔干群、塔里木陆块北缘阿克苏群-杨吉布拉克群、塔里木陆块西南赛拉加兹塔格群、伊宁地块南部特克斯群、中天山地块星星峡岩群、上扬子地块的三花石群(Pt_2S)等都属含有与这一构造岩浆事件相关的火山岩或火山-沉积建造,有的具有双峰式火山岩特征。

这一裂解事件各地持续时间不同,有的持续至蓟县纪,有的直至青白口纪。不同地区持续规模发展的程度和地质记录保留也不同,有的进一步发展为古洋盆,如东昆仑的万宝沟群海山、清水泉蛇绿岩;南、北秦岭地块之间的商丹蛇绿混杂岩中的新元古代信息和松树沟蛇绿岩就是例证。但受后来构造的破坏,大多数仅保留了中—新元古代陆块被动边缘-陆表海沉积组合,如祁连地块西段的桦树沟组-大柳沟组、鄂尔多斯地块南缘高山河群-官道口群、中天山地块的卡瓦布拉克组-帕尔岗塔格群、敦煌地块北缘的平头山群-大豁落山群等。

这些陆块或地块亲缘性因地质记录的不连续和地质历史的久远、经受后期复杂的构造改造等,构造古地理很难恢复。但这一时期,某些陆块或地块内部的沉积相带和古地理格局还可以恢复,如祁连地块的东、西裂谷和中部地块稳定陆表海,反映了地块内部的古构造格局;柴达木地块群的全吉地块、柴达木地块和布尔汗布达地块中—新元古代统一盖层,说明了中—新元古代可能属于同一陆块或地块群(柴达木地块群);敦煌地块北部与马鬃山地块、阿拉塔格-星星峡地块的沉积层序、沉积环境、沉积(及成矿)标志层的可对比性等,说明了这些地块在中—新元古代的亲缘性,这也是本次工作将敦煌-阿北地块归属于哈萨克斯坦陆块群的主要原因。上述这些都为前南华纪古构造格局的分析及构造单元的划分提供了证据。

三、新元古代早期(罗迪尼亚)超大陆形成阶段

新元古代早期(青白口纪,个别有蓟县纪晚期的年龄信息显示),在西北地区的扬子陆块区、塔里木陆块区和华南陆块群及哈萨克斯坦陆块群普遍发育与陆块或地块汇聚相关的构造-岩浆热事件,主要表现为大量发育类似于现代板块活动有关的大陆边缘TTG-GG弧岩浆组合,其具有相对应的构造岩浆岩带和高压变质带(阿克苏等),反映了广泛发育的地块或陆块之间的汇聚构造事件。这次事件相当于晋宁运动,可能对应着全球格林威尔运动,造成罗迪尼亚超大陆拼合。

在华南陆块群范围内,东昆仑的清水泉—格尔木—鄂拉山地区,新元古代以清水泉蛇绿岩为代表的中—新元古代洋壳向南、北双向俯冲,在东昆仑地块北缘(温泉—格尔木东)和柴达木地块东部形成了具有弧外带(TTG)和弧内带(GG)明显分带的岩浆弧。南、北秦岭地块同样发育了新元古代的弧岩浆组合,但其分带性不甚明显,其间的松树沟蛇绿混杂岩为其缝合带。在摩天岭地块发育新元古代沟-弧-盆

体系。阿拉善地块南缘和汉南地区发育明显的弧岩浆构造岩石组合。上述这些地质资料所反映的新元古代可能的地质历程,也是本次工作划分前南华纪构造单元的依据,如将前南华纪东昆仑地块与柴达木地块单独划出,将北秦岭地块归属于华南陆块群等。

在哈萨克斯坦-准噶尔-吐哈陆块群的南部伊犁-中天山地块和敦煌-阿北地块,也发育有新元古代早期的构造岩浆事件,其岩石构造组合反映了疑似岩浆弧构造环境。说明这两地块群(包括伊犁地块、巴伦台地块、阿拉塔格-星星峡地块、马鬃山地块和敦煌地块、阿北地块)在新元古代早期参与了罗迪尼亚超大陆的形成,是超大陆的一部分,更亲近于塔里木陆块或华南陆块群,而可能与哈萨克斯坦陆块群的其他属于北方系统的地块"分了家"。

新元古代早期陆块拼合的物质记录还表现在上述青白口纪构造岩浆岩带及相关蛇绿混杂岩带之上,普遍以不整合接触的上覆南华纪冰碛岩(南沱组、关家沟组、白杨沟群、全吉群底部、贝义西组等)和震旦纪含磷稳定沉积(陡山沱组、临江组等),反映了拼合后的统一大陆的沉积盖层底部建造。

关于新元古代扬子陆块区、塔里木陆块区在全球罗迪尼亚超大陆的位置,国内外学者们研究认为,扬子陆块在罗迪尼亚超大陆的位置紧靠澳大利亚(陆松年等,2006;Pisarevsky,2003),Li等(2008)将塔里木陆块区和华南陆块区分别置于澳大利亚陆块的北、南两边,而将华北陆块区置于西伯利亚陆块之东。

第九节 前南华纪大地构造有关问题讨论

一、关于前南华纪"古"板块构造残迹与构造体制

通过本书基础资料的清理、对比与划分,不难看出西北地区在太古宙晚期至青白口纪,主要由一些不同级别陆块和其间不同类型的构造活动带或盆地所构成,除陕西松树沟、勉略宁和东昆仑地区清水泉等处产出蛇绿岩而反映洋壳的存在外,其余尚不明确。但这些构造活动带和部分陆块的边缘不同程度出现了类似于古生代以来的古岛弧岩浆岩带组合,似乎反映了板块俯冲-地壳重熔-壳源岩浆侵位作用的存在。这一点在新元古代末期,尤其是青白口纪(晋宁期)表现明显,在古元古代末和新太古代末也有不同程度的表现。由此似乎可以推断,在新太古代至青白口纪这一构造阶段,地球演化可能已经进入板块体制演化阶段,但其板块构造机制与古生代以来可能有所区别,这可能与地球演化早期的独特性质(高热流变质深等)相关,这些尚待研究。为将其与显生宙板块构造加以区别,我们在构造单元命名时在大地构造环境前缀以"古"字,以示区分。

二、关于华南陆块群(华南地层区)的讨论

这里主要考虑前南华纪地层、岩浆岩和变质岩特征,构造热事件的可对比性,不涉及南华纪及其以后的地质演化。阿拉善地区和后来卷入秦祁昆造山系的前南华系与华北有明显区别,并均发现华北陆块不曾有的晋宁期构造热事件产物,而这些特征与塔里木陆块、华南陆块群的前南华系可以对比。故本次研究通过系统对比,将阿拉善、祁连、阿尔金、西昆仑、东昆仑、柴达木、秦岭、羌塘—摩天岭等地区的前南华系归入华南地层大区。

第三章　南华纪—早古生代板块构造

西北地区从南华纪开始,进入到与现代板块类似的构造体制演化阶段,在南昆仑构造带及其以北地区,总体持续到中三叠世结束,之后全面进入板内演化阶段。在晚三叠世之前,不同地区陆续结束板块的俯冲碰撞造山,而且表现出北早南晚、依次结束的规律。

总观南华纪至中三叠世西北地区板块构造地质记录,可以发现南华纪至早古生代(部分地区至中泥盆世)的地质构造格局和晚古生代(部分地区从晚泥盆世开始)至中三叠世的地质构造格局区别较大,就同一个地区来讲(如祁连山、秦岭、北疆地区等)前期与后期的地质作用主体发生了重大改变。为更好阐述大地构造环境及其演变,将板块构造体制下演化分为南华纪至早古生代(部分地区持续到中泥盆世)和晚古生代(部分地区从晚泥盆世开始)至中三叠世两个阶段。本章重点阐述南华纪至早古生代大地构造特征。

南华纪—早古生代是西北地区板块构造发育最具代表性的时期,奠定了基本构造格局。南华纪—早奥陶世罗迪尼亚超大陆解体,在西北地区普遍形成了以裂谷-被动陆缘-洋岛-小洋盆为主的构造格局,大体以塔里木-敦煌、阿拉善-华北两大板块可能构成的大陆链为界,其南划归(原)特提斯(东部)"多岛洋";其北划归古亚洲"多岛洋"。早古生代晚期至中泥盆世,华南板块、塔里木-敦煌板块、阿拉善-华北板块、西伯利亚板块汇聚,洋盆收缩并总体显示出自北向南逐渐关闭的趋势,形成了由多条蛇绿混杂岩和多个弧盆系构成的增生造山带。从此,在西北地区北部基本结束了大规模板块构造的历史。

第一节　沉积建造特征与时空分布

西北地区南华纪—早古生代地层发育齐全。震旦纪—南华纪冰成岩分布范围很有限,但均以角度不整合覆于前南华系之上。造山带区的早古生代大地构造环境为弧盆系,岩石地层主要为活动类型的岛弧和弧后盆地浅海—深海相火山岩-碎屑岩-碳酸盐岩组合,其地层系统比较连续完整,厚度大,但相变剧烈,岩石成熟度低,火山岩广泛发育,且以钙碱性系列火山岩为主,其他系列次之。稳定类型和过渡类型沉积少见,且多发育在弧盆相早期或陆缘、裂谷(裂陷)中。陆块区(板块内部及边缘)与之相反,以被动陆缘和碳酸盐岩台地相的浅海相碎屑岩-碳酸盐岩组合为主,其地层系统比较完整,沉积岩相稳定,但厚度很小,岩石成熟度高,一般不见或少见火山岩。

在前人岩石地层清理(顾其昌等 1996;孙崇仁等,1997;杨雨等,1997;张二朋等,1998;蔡土赐等,1999;马瑞华等,1998;高振家等,2000)和沉积专题研究的基础上,根据南华纪—早古生代早期超大陆裂解伸展背景和晚期汇聚背景下火山-沉积建造发育特征,结合该阶段不同背景下火山岩、侵入岩及其反映的构造-岩浆热事件、成矿作用,将西北地区南华纪—早古生代地层划分为西伯利亚、斋桑-额尔齐斯、哈萨克斯坦-准噶尔、南天山-那拉提-红柳河、塔里木、华北、西昆仑-阿尔金-祁连山-北秦岭、东昆仑-柴达木、华南-北羌塘共 9 个构造-地层大区,进一步划分为 36 个构造-地层区、49 个构造-地层分区。

一、西伯利亚地层大区

西伯利亚地层大区在西北地区主要分布在新疆阿尔泰—富蕴一带。南华纪富蕴岩群为角闪岩相变质岩,原岩以双峰式火山岩为主,偶夹大理岩;喀纳斯岩群($Z\epsilon_1K.$)下段为半深海浊积岩-等深沉积砂板岩组合,上段为障壁海岸的潮坪和潮间带环境的滨浅海砂岩-粉砂岩-泥岩组合。青河岩群($O_{1-2}Q.$)为绿片岩相—角闪岩相变质的陆源碎屑岩夹中基性—中酸性火山岩及碳酸盐岩透镜体;东锡勒克组(O_3d)为中酸性火山岩、火山碎屑岩;白哈巴组(O_3b)为潮间带环境滨浅海砂岩-粉砂岩-泥岩组合。库鲁木提岩群($S_{2-4}K.$)从下到上分为5个岩性段,下三段为火山碎屑岩组合,上两段为滨浅海砂岩-粉砂岩-泥岩组合。康布铁堡组(D_1k)为变质酸性火山岩夹陆源碎屑岩及少量碳酸盐岩。阿舍勒组($D_{1-2}a$)为双峰式细碧角斑岩夹少量碳酸盐岩,为裂谷边缘海环境(irm)。

二、斋桑-额尔齐斯地层大区

该地层大区是西伯利亚板块与哈萨克斯坦-准噶尔(联合)板块之间的古生代斋桑-额尔齐斯对接构造带。卷入了早古生代不同时期以深海-次深海浊积岩为主体的沉积建造组合,在北部乔夏喀拉-布尔根和南部塔尔哈巴台-洪古勒楞-谢米斯台-阿尔曼泰与蛇绿岩组合形成的构造混杂岩。

总体可以划分为乔夏喀拉-布尔根、北准噶尔和塔尔哈巴台-洪古勒楞-谢米斯台-阿尔曼泰3个地层区。主要地层:加波萨尔组($O_{2-3}j$)陆源碎屑岩-火山岩组合;大柳沟组($O_{2-3}d$)深水盆地硅质岩-中基性火山岩组合;庙尔沟组(O_3m)火山碎屑岩夹基性火山岩组合;沙尔布尔组(S_2s)具浊流沉积性质火山碎屑岩、火山岩组合;克克雄库都可组($S_{3-4}k$)火山碎屑浊积岩组合。

三、哈萨克斯坦-准噶尔地层大区

哈萨克斯坦-准噶尔地层大区位于斋桑-额尔齐斯对接构造带以南,南天山对接构造带以北。该地层大区主体由古生代多条蛇绿混杂岩带和多个岩浆弧、弧后盆地及裂离地块等组成,包括西准噶尔、东准噶尔-吐哈、伊宁-中天山-公婆泉和冰达坂-米什沟-康古尔4个地层区。

(1)西准噶尔地层区:分布于西准噶尔南部玛依勒山一带,拉巴群($O_{1-2}L$)和图龙果依组深海盆地浊积扇火山碎屑岩组合;科克沙依组(O_2k)深海浊积扇火山碎屑岩组合;恰尔尕也组(S_1q)陆架沙坡环境的浊积岩组合;玛依拉山群($S_{2-4}M$)陆架环境的浊积岩组合。

(2)东准噶尔-吐哈地层区:恰干布拉克组($O_{1-2}q$)深海盆地平原溢流相火山岩组合;乌列盖组($O_{2-3}w$)陆源碎屑浅海陆架沙坡与陆架沙脊环境火山碎屑岩组合;大柳沟组($O_{2-3}d$)陆源碎屑浅海风暴沉积环境的溢流相火山岩组合;白山包组(S_3b)陆源碎屑岩建造;红柳沟群(S_3D_1h)陆源碎屑浅海风暴沉积环境的火山碎屑岩组合。

(3)伊宁-中天山-公婆泉地层区:凯拉克提群($NhZK$)半深水冰海环境陆源碎屑浊积岩组合;磷矿沟组(ϵ_1l)台缘浅滩沙洲台地碳酸盐岩-陆源碎屑岩组合;肯萨依组(ϵ_2k)陆源碎屑浅海陆架沙坡和陆架沙脊砂岩-粉砂岩-泥岩组合;果子沟组(ϵ_3g)台地广海陆盆-盆地碳酸盐岩-陆源碎屑岩组合;新二台组($O_{1-2}x$)、科克萨雷溪组(O_2kk)陆源碎屑浅海陆架沙坡和陆架沙脊砂岩-粉砂岩组合;奈楞格勒达坂组(O_2n)陆源碎屑浅海陆架沙坡和陆架沙脊环境的溢流相火山岩组合;呼独克达坂组(O_3h)开阔台地-潮汐三角洲环境陆表海灰岩组合;尼勒克河组(S_1n)半深海斜坡沟谷-斜坡环境的半深海浊积岩组合;基夫克组(S_1j)开阔台地潟湖环境的开阔台地碳酸盐岩组合;库茹尔组(S_3k)无障壁海岸临滨环境的前滨-临滨砂泥岩组合;博罗霍洛山组($S_{3-4}b$)前滨-临滨砂泥岩组合;汗吉尔组(D_2hj)陆源碎屑浅海陆架沙坡和沙脊砂岩-粉砂岩组合。构造古地理主体属于陆表海相(ES)沉积。

(4)冰达坂-米什沟-康古尔地层区:罗雅楚山群($O_{1-2}L$)和咸水湖组(O_2x)均为陆源碎屑浅海陆架砂岩-粉砂岩-泥岩组合;白云山组(O_3by)、圆包山组(S_1y)、米什沟组(S_1m)均为浅海陆架砂岩夹少量火山岩组合;公婆泉群($S_{2-3}G$)、巴音布鲁克组($S_{2-3}b$)均为火山岛弧建造组合;碎石山组(S_4s)为碎屑岩夹碳酸盐岩建造组合;锡林柯博组(O_2xl)为半深海斜坡沟谷斜坡扇砂岩-粉砂岩-泥岩组合;黑尖山组(S_1h)为陆源碎屑浅海陆架沙坡砂岩-粉砂岩-泥岩组合。

四、南天山-那拉提-红柳河地层大区

该地层大区包括西南天山、哈尔克山、哈尔克山北坡、红柳河-洗肠井和南天山-那拉提4个地层区。

(1)西南天山地层区:叉口组($S_{1-2}c$)局限台地潮坪-台地碳酸盐岩组合;柯尔克孜塔木组($S_{1-3}k$)潮道环境开阔台地碳酸盐岩组合;卧龙岗组(S_3w)下段台地潮坪-局限台地碳酸盐岩组合,上段陆源碎屑浅海陆架沙坡和陆架沙脊砂岩-粉砂岩组合;独秀山组(S_4d)浅海风暴环境陆源碎屑岩-空落相火山岩组合;阿尔皮什麦布拉克组(D_1a)无障壁海岸滨浅海砂岩-粉砂岩-泥岩组合;阿帕达尔康组(D_1ap)潮坪环境滨浅海砂岩-粉砂岩-泥岩组合;萨瓦亚尔顿组(D_1s)潮坪潮间带滨浅海砂岩-粉砂岩-泥岩组合。

(2)哈尔克山地层区:科克铁克达坂组($S_{3-4}kk$)下段陆源碎屑浅海陆架沙坡和陆架沙脊砂岩-粉砂岩组合,上段碳酸盐岩台地斜坡或缓斜坡碳酸盐岩-浊积岩组合;阿尔皮什麦布拉克组(D_1a)陆源碎屑浅海陆架沙坡和陆架沙脊环境,下段砂岩-粉砂岩,上段火山碎屑岩组合。

(3)红柳河-洗肠井地层区:为蛇绿混杂岩带,涉及地层均呈构造岩片产出。锡林柯博组(O_2xl)广海台地陆源碎屑岩-碳酸盐岩组合;塔里萨依组(Z_2t)半深水冰海沉积环境陆源碎屑浊积岩组合。

(4)南天山-那拉提地层区:黄山组($\in_1h$)陆源碎屑浅海陆架沙坡和陆架沙脊砂岩-粉砂岩组合;南灰山组($\in_2O_2n$)硅质岩、砂岩夹灰岩;巴音布鲁克组($S_{3-4}by$)障壁海岸潮下带环境的溢流相火山岩组合。

五、塔里木地层大区

塔里木地层大区包括塔里木周缘、敦煌北缘2个地层区。

(1)塔里木周缘地层区:南华系除乌什南山群(NhW)半深海斜坡沟谷-斜坡扇陆源碎屑浊积岩组合外,以下地层均属半深水冰海环境,如贝义西组(Nh_1b)双峰式火山岩建造;照壁山组(Nh_1z)和巧恩布拉克组(Nh_1q)陆源碎屑浊积岩组合;阿勒通沟组(Nh_2a)空落相火山岩组合;特瑞爱肯组(Nh_2t)和尤尔美那克组(Nh_2y)陆源碎屑浊积岩组合。该区整体为裂谷边缘海环境(irm)沉积。

库鲁特塔格地区:苏盖特布拉克组(Z_1s)陆源碎屑浅海陆架沙坡沉积环境的浅海砂岩-粉砂岩组合;扎摩克提组(Z_1z)半深海斜坡沟谷-斜坡扇沉积环境的陆源碎屑浊积岩建造;育沟肯组(Z_1y)碳酸盐岩滨浅海潮间带沉积环境的碳酸盐岩组合;奇格布拉克组(Z_2q)碳酸盐岩滨浅海潮坪沉积环境的台地潮坪-局限台地碳酸盐岩组合;水泉组(Z_2s)障壁海岸远滨沉积环境的滨浅海砂岩-粉砂岩-泥岩组合;汉格尔

乔克组-扎摩克提组($Z_2h—Z_1zm$)半深水冰海沉积环境的陆源碎屑浊积岩建造;西大山组($\in_1x$)广海台盆深水碳酸盐岩组合;阿瓦塔格组($\in_2a$)局限台地潮坪-局限台地碳酸盐岩组合;莫合尔山组($\in_2m$)台盆深水碳酸盐岩组合;突尔沙克塔格组($\in_3t$)后滨台地生物礁组合;丘里塔格组($\in_3O_1q$)开阔台地灰泥丘环境碳酸盐岩组合;土什布拉克组(S_1t)广海台地陆源碎屑-碳酸盐岩组合。

柯坪地区:萨尔干组(O_2s)台地-盆地边缘碳酸盐岩-陆源碎屑组合;其浪组(O_2q)和却尔却克组($O_{2-3}q$)台地碳酸盐岩-陆源碎屑组合;印干组(O_3y)台地-盆地边缘碳酸盐岩-陆源碎屑组合;塔塔埃尔塔格组($S_{2-4}t$)和衣木干他乌组($D_{1-2}y$)无障壁海岸滨浅海砂岩-粉砂岩-泥岩组合。

铁克里克地区:牙拉古孜组(Nh_1y)河床扇中亚相冲积扇砾岩组合;波龙组(Nh_2b)半深水冰海相台盆碳酸盐岩组合;克里西组(Nh_3k)半深水冰海相半深海浊积岩(砂板岩)组合;库尔卡克组((Z_2k)分支河口沙坝亚相陆表海陆源碎屑-白云岩组合;克孜苏胡木组($\in_1k$)咸化潟湖亚相陆表海潮坪-局限台地碳酸盐岩组合;玛列兹肯组($O_{1-2}m$)下段滞留海湾亚相陆表海砂岩组合,中上段滞留海湾亚相陆表海陆源碎屑-灰岩组合。

(2)敦煌北缘地层区:为稳定类型的碎屑岩和碳酸盐岩建造组合,其中以夹冰碛砾岩(洗肠井群,NhZX)为特征,成岩构造环境为陆缘斜坡或断陷盆地。早古生代地层为双鹰山组($\in_{1-2}s$)、西双鹰山组($\in_{2-3}x$)硅质板岩-硅质岩、硅质板岩-砂岩、碳酸盐岩-浊积岩及含磷建造组合。罗雅楚山群($O_{1-2}L.$)为陆源碎屑浅海陆架砂岩-粉砂岩-泥岩组合;锡林柯博组(O_2xl)为半深海斜坡沟谷斜坡扇砂岩-粉砂岩-泥岩组合;白云山组(O_3by)和黑尖山组(S_1h)为陆源碎屑浅海陆架沙坡砂岩-粉砂岩-泥岩组合。

六、华北地层大区

华北地层大区主要包括华北陆块西部的鄂尔多斯-贺兰山中段、阿拉善、华北南缘(小秦岭)3个地层区。

(1)鄂尔多斯-贺兰山中段地层区:包括鄂尔多斯和贺兰山2个地层分区。鄂尔多斯地层分区主要以寒武纪—奥陶纪台地相碳酸盐岩为主,沉积建造组合为镁钙质碳酸盐岩,或夹泥砂质陆源碎屑岩和硅质岩。贺兰山地层分区下部为震旦纪正目观组含冰碛岩陆表海砂泥岩夹砾岩组合;寒武纪—中奥陶世为陆表海碎屑岩-碳酸盐岩组合,包括辛集组陆表海砂泥岩夹砾岩组合;朱砂洞组台地潮坪-局限台地碳酸盐岩组合;陶思沟组($\in_2t$)前滨-临滨砂泥岩组合;呼鲁斯台组($\in_2h$)台地缓坡-斜坡碳酸盐岩组合;阿不切亥组($\in_3—O_1a$)台地潮坪-局限台地碳酸盐岩组合;马家沟组($O_{1-2}m$)开阔台地碳酸盐岩组合。

(2)阿拉善地层区:在甘肃北部主要涉及南华纪—震旦纪韩母山群含冰碛岩陆表海砂泥岩夹砾岩组合;内蒙古可见寒武纪—奥陶纪陆表海碎屑岩-碳酸盐岩组合,包括馒头组、张夏组、炒米店组、三山子组和马家沟组。

(3)华北南缘地层区:震旦纪为罗圈组和东坡组陆表海冰碛岩-细碎屑岩建造组合;寒武纪—奥陶纪为陆表海碎屑岩-碳酸盐岩组合,包括寒武纪辛集、朱砂洞组、馒头组、张夏组、三山子组,以及奥陶纪马家沟组、桃曲坡组、赵老峪组。

七、西昆仑-阿尔金-祁连山-北秦岭地层大区

西昆仑、阿尔金、祁连、北秦岭早古生代造山带以发育早古生代中晚期活动陆缘弧盆系-前陆盆地建

造为特色，早期残留有南华纪—古生代早期陆缘裂谷建造，并见冰碛岩组合残存。该地层大区包括西昆仑、阿尔金、北祁连、中-南祁连、北秦岭5个地层区。

（1）西昆仑地层区：陆缘裂谷亚相柳什塔格玄武岩（Zl^{β}）；阿拉叫依岩群（$Z\in A.$）弧后盆地相石英片岩-砂岩-灰岩组合；库拉甫河群（$\in OK$）弧后盆地相石英片岩-大理岩-砂岩-玄武岩组合；冬瓜山群（$O_{1-2}D$）弧后盆地亚相碳酸盐岩夹细碎屑岩及少量基性火山岩组合；玛列兹肯组（$O_{1-2}m$）弧后盆地相火山岩-碎屑岩-灰岩组合；上其汗岩组（$Pz_1s.$）火山岛弧亚相中基性火山岩-变砂岩-大理岩；温泉沟群（S_1W）砂板岩夹少量火山岩组合；达坂沟群（$S_{2-4}D$）混积陆表海亚相砂岩-灰岩组合。

（2）阿尔金地层区：索拉克组（Nh_1s）双峰式火山岩夹少量硅质岩；喀拉大湾组（$\in_{1-2}k$）洋岛碱性玄武岩组合；塔什布拉克组（$\in_3 ts$）浅海相浅海砂岩-粉砂岩-泥岩组合；环形山组（$O_{2-3}h$）半深海-深海亚相台地碳酸盐岩-陆源碎屑组合；拉配泉群（OL）台地潮坪-局限台地碳酸盐岩组合。

（3）北祁连地层区：南华纪—震旦纪白杨沟群以冰碛岩为特征的复成分砾岩建造；早古生代以海相活动环境类型为主，过渡类型次之，少见稳定类型，沉积厚度巨大。震旦纪—寒武纪—早奥陶世裂谷相-被动陆缘盆地相（如黑刺沟组、香山群中下部深海浊积扇砂砾岩组合，狼嘴子组、磨盘井组深海浊积扇砂板岩组合等）、蛇绿岩残片；中—晚奥陶世为沟-弧-盆体系，主要有海沟蛇绿混杂岩相、岛弧-弧间盆地相和弧后盆地相；志留纪主要有弧后和周缘两类前陆盆地相，如具海相磨拉石建造特征的照花井组（S_{1-2}）前滨-临滨砂泥岩组合、旱峡组（S_3）海岸沙丘-后滨砂岩组合。沉积建造组合可归结为8类：碎屑岩组合、碳酸盐岩组合、碎屑岩-碳酸盐岩组合、硅泥质组合、硅泥质-碎屑岩组合、硅泥质-碳酸盐岩组合、火山岩-正常沉积岩组合、火山岩组合。

（4）中-南祁连地层区：下古生界比较发育，但主要分布于南部，为活动类型沉积，构造环境与北祁连类似，早期为裂谷火山-沉积组合（六道沟组等），晚期以陆缘岩浆弧火山-沉积组合和前陆盆地火山-沉积组合（巴龙贡噶尔组等）为主，其建造组合有钙碱性火山岩组合、碎屑岩组合、碳酸盐岩组合、浊积岩组合等。

（5）北秦岭地层区：奥陶纪为火山弧相构造环境，主要建造组合为中性—酸性火山岩和陆源碎屑岩，具低绿片相变质特征。志留纪—泥盆纪未见沉积。

八、东昆仑-柴达木地层大区

东昆仑-柴达木地层大区其北以茫崖-柴北缘构造带与阿尔金-祁连山地层大区相分隔，其南以南昆仑构造带与华南-北羌塘地层大区相接，是夹裹在茫崖-柴北缘-南昆仑-商丹到古生代对接构造带中的构造-地层单元。该地层大区包括柴北缘、东昆仑、南昆仑3个地层区。

（1）柴北缘地层区：南华纪—震旦纪全吉群以碎屑岩为主夹镁质碳酸盐岩和冰碛砾岩组成的浅水型-陆相稳定型沉积。自上而下分为7个组：麻黄沟组（$NhZm$）海岸沙丘-后滨砂砾岩、枯柏木组（$NhZk$）前滨-临滨砂泥岩、石英梁组（$NhZs$）滨海环境潮汐三角洲相砂岩-泥岩、红藻山组（$NhZhz$）局限台地相碳酸盐岩、黑土坡组（$NhZh$）海陆过渡三角洲平原相滨浅海砂岩-粉砂岩-泥岩、红铁沟组（$NhZht$）陆相冰川相冰碛砾岩、皱节山组（$NhZz$）潮坪-潮间带相粉砂岩-细砂岩夹白云岩建造组合。

（2）东昆仑地层区：含祁漫塔格与北昆仑2个地层分区。祁漫塔格地层分区：祁漫塔格群（OQ）斜坡沟谷亚相半深海浊积岩（砂板岩）组合；白干湖组（S_1b）半深海斜坡冲积扇相砂板岩组合；楚隆斯帕坦组（$S_{2-3}c$）盆地边缘相台盆碳酸盐岩-陆源碎屑组合。北昆仑地层分区：楚隆斯帕坦组（$S_{2-3}c$）开阔台地相滨浅海碳酸盐岩组合；阿其克库勒组（$D_{1-2}aq$）台缘斜坡相台地陆源碎屑-碳酸盐岩组合；布拉克巴什组

(D_2bl)浅海相火山碎屑岩组合。

(3)南昆仑地层区：沙松乌拉组（$\in_1 s$）陆缘裂谷陆架沙坡碎屑浊积岩组合；纳赤台群(OSN)，分为下碎屑岩组(OSN^a)、火山岩组(中基性火山岩段OSN^{b1}、中酸性火山岩段OSN^{b2})和上碎屑岩组，为半深海斜坡沟谷沉积-火山岩组合。

九、华南-北羌塘地层大区

该地层大区包括塔什库尔干-甜水海、中-南秦岭、摩天岭、上扬子4个地层区。

(1)塔什库尔干-甜水海地层区：阿克萨依湖组（$\in_{1-2}a$）无障壁海岸浅海砂岩-粉砂岩-泥岩组合；卡帕良沟组（$\in_3 k$）和冬瓜山群（$O_{1-2}D$）开阔台地碳酸盐岩组合；温泉沟组（$S_1 w$）半深海斜坡扇裙相浊积岩（砂板岩）组合；达坂沟群（$S_{2-3}d$）斜坡扇亚相半深海浊积岩（砂板岩）组合；楚隆斯帕坦组（$S_{2-3}c$）开阔台地相滨浅海碳酸盐岩组合；落石沟组（$D_{1-2}l$）下段潮间带亚相台地潮坪-局限台地碳酸盐岩组合，中段潟湖亚相开阔台地碳酸盐岩组合，上段后礁礁核亚相开阔台地碳酸盐岩组合。

(2)中-南秦岭地层区：南华系—震旦系为陆缘含冰碛岩碎屑岩-碳酸盐岩组合。寒武系—奥陶系包括北部陆表海碳质页岩-碎屑岩-碳酸盐岩组合和南部陆缘裂谷浅海陆架碳质板岩-硅质岩建造组合、碳酸盐岩-碎屑岩建造夹中基性火山岩组合。志留系下部浅海陆架-斜坡水道碎屑岩-碳质板岩、硅质板岩和碳酸盐岩组合；中上部浅海陆架杂色碎屑岩组合，主体属大陆边缘浅海陆棚环境。

(3)摩天岭地层区：南华系—震旦系为陆缘含冰碛岩复成分砂砾岩-砂岩-（含磷锰）碳酸盐岩组合；寒武系含磷和膏盐建造组合；泥盆系台地陆源碎屑岩-碳酸盐岩角度不整合覆于下古生界之上。

(4)上扬子地层区：上扬子米仓山-大巴山地层分区，南华系—震旦系为陆缘含冰碛岩碎屑岩-碳酸盐岩组合，与摩天岭、中-南秦岭可对比，如连沱组（$Nh_1 l$）陆缘裂谷冲积扇砂砾岩组合等；寒武纪—志留纪均属陆表海环境，寒武系为含碳泥岩-硅质岩组合（牛蹄塘组，$\in_1 n$）、潮坪碳酸盐岩-砂岩-泥岩组合（清虚洞组，$\in_{1-2}q$；仙女洞组，$\in_1 x$；西王庙组，$\in_{1-2}x$；沧浪铺组，$\in c$；石龙洞组，$\in_{1-2}sl$；石牌组，$\in_1 s$；娄山关组，$\in_3 O_1 l$）；奥陶系为浅海-潮坪砂泥岩-碳酸盐岩组合（赵家坝组，$O_1 z$；大湾组，$O_{1-2}d$；宝塔组，$O_{2-3}b$）、滞留盆地硅质页岩组合（龙马溪组，$O_3 S_1 l$）；志留系为无障壁浅海陆架细碎屑岩-碳酸盐岩组合（新滩组，$S_1 x$；罗惹坪组，$S_1 l$）。扬子陆块西北缘裂陷带地层分区为陈家坝组（$O_1 c$）浅海陆棚泥质岩组合；茂县群(SM)为局限盆地含砂泥质岩-硅质板岩组合。

第二节 火山岩石构造组合及时空分布

一、火山岩时空分布

西北地区南华纪—早古生代火山岩分布较广，南华纪—志留纪的火山岩均有出露，但火山作用程度以南华纪、寒武纪—奥陶纪的最为强烈；空间上主要集中在阿勒泰、东-西准噶尔、北-南祁连地区，此外在天山、柴北缘、东昆仑祁漫塔格和北秦岭也有少量分布。

二、火山岩岩石构造组合

1. 裂谷火山岩组合

(1)陆内裂谷(大陆裂谷)岩石组合:典型的有全吉群石英梁组($NhZ\check{s}$)的火山熔岩-火山碎屑岩组合,为海相喷溢相-爆发崩塌相,呈夹层状产出,形成环境为陆内裂谷。北祁连中寒武世黑刺沟组火山岩段($\in_2h^1$),属喷溢相-爆发崩塌相,呈夹层状产出,属于大陆裂谷的安山岩-英安岩-流纹岩组合;中—晚寒武世香毛山组($\in_{2-3}x$)英安质凝灰岩-安山岩组合。

(2)陆缘裂谷火山岩组合:东昆仑早寒武世沙松乌拉组($\in_1s$)玄武岩-英安岩-粗面岩-流纹岩组合,为海相爆溢相,呈少量夹层状分布,属碱性系列,形成环境为陆缘裂谷;东昆仑纳赤台群的下碎屑岩组(OSN^a)海相喷溢相玄武岩-玄武安山岩-粗面岩组合,属碱性系列;祁漫塔格群火山岩组(OQ^b)海相喷溢相碱性玄武岩-流纹岩组合,属钙碱性系列。北祁连中寒武世黑刺沟组火山岩段($\in_2h^1$)海相喷溢相玄武岩-玄武安山岩组合,厚度大于632m,属钙碱性系列;南祁连中寒武世深沟组碎屑岩段($\in_2s^2$)所夹的安山岩-英安岩-流纹岩组合和火山岩段($\in_2s^1$)海相喷溢相钙碱性系列火山岩组合,厚度可达706m。东天山-北山奥陶纪花牛山群安山岩-安山玄武岩-流纹岩组合;志留纪小草湖(岩片)玄武岩-英安岩-流纹英安岩组合。

2. 大洋环境火山岩组合

(1)MORS型蛇绿岩组合:见于南昆仑、柴北缘—商丹、额尔齐斯—北准噶尔、南天山等早古生代蛇绿混杂岩中的蛇绿岩中。现就北准噶尔洪古勒楞蛇绿岩带为例,自下而上由地幔岩单元(异剥橄榄岩、变质橄榄岩、蛇纹石化纯橄榄岩)-铁镁质堆晶杂岩单元(块状辉石岩、辉石橄榄岩)-斜长花岗岩单元-基性岩墙群单元(辉绿岩岩墙群)-中基性火山熔岩单元(安山玢岩、枕状玄武岩、杏仁状玄武岩)组成,属MORS型(洋中脊扩张)蛇绿岩。

(2)SSZ型蛇绿岩组合:常见于西北地区早古生代蛇绿混杂岩中,如北塔山、扎河坝和阿尔曼泰山蛇绿岩带,共发现变质橄榄岩岩块21个,除扎河坝外,其余规模极小,属于SSZ型(洋中脊-俯冲带)蛇绿岩。在谢米斯台山火山岩亚带中发育谢米斯台蛇绿杂岩带,蛇绿杂岩体出露面积较小,为洋中脊扩张环境(SSZ型)混杂岩。唐巴勒蛇绿混杂岩呈混杂体产出,看不到完整的层序,呈岩片、岩席或构造岩块产出,火山岩的岩石化学多属碱性系列,部分为拉斑系列,极少数为钙碱系列,属洋壳的组成部分,后期沿断裂上升侵位。玛依勒山和唐巴勒蛇绿混杂岩由多个大小不等的岩片组成,两条蛇绿混杂岩分别于中奥陶世和中—晚志留世就位。走廊南山SSZ型蛇绿岩组合由阴沟群下火山岩组(O_1Y^a)岛弧拉斑玄武岩组合组成,喷溢相,呈夹层状产出,属海相拉斑玄武系列。

(3)大洋岛屿火山岩组合:北秦岭造山带早古生代丹凤岩组岩石构造组合显示为洋岛拉斑玄武岩组合,为洋内裂解期构造环境火山作用产物,东西向出露于凤县、眉户、柞水至丹凤、商南一线;南祁连构造带晚寒武世六道沟组碱性玄武岩段($\in_3l^1$)的洋岛碱性玄武岩组合,海相喷溢相,最大厚度可达1540m;六道沟组拉斑玄武岩段($\in_3l^2$)的洋岛拉斑玄武岩组合,海相喷溢相,属拉斑玄武系列。东昆仑构造带纳赤台群中基性火山岩段(OSN_1^b)的碱性玄武岩组合,喷溢相,似层状—构造透镜状分布,岩石为拉斑玄武系列,形成环境为洋岛环境。天山构造带晚-顶志留世巴音布鲁克组海相火山岩产在变质大理岩、千枚岩中,最西在长阿吾子一带、东部见于那拉提山东段的确鹿特—喀拉库勒阿苏一带,该套火山岩形成于大洋板内(大洋岛屿)构造环境。

3. 俯冲-碰撞环境火山岩组合

(1) 岛弧火山岩组合：也包括陆缘弧和洋内弧环境火山岩组合。北祁连构造带震旦纪白银群以钙碱性系列火山岩为主，一组为含矿流纹英安质熔岩-火山碎屑岩组合（一段），英安质熔岩-火山碎屑岩组合（二段）；二组为安山质熔岩-火山碎屑岩组合。早震旦世—奥陶纪干岔沟岩组以间歇式喷发溢流（或喷溢）相夹有少量爆发相的凝灰岩及凝灰质岩石为主，形成环境类似于岛弧。早奥陶世阴沟群（O_1Y）碎屑岩段的安山岩-英安岩-流纹岩组合属海相钙碱性系列，形成于岛弧（内弧）环境。晚奥陶世扣门子组（O_3k）熔岩-火山碎屑岩组合属喷溢相，形成环境为陆缘弧。中奥陶世大梁组碎屑岩段（O_2d^1）中有火山熔岩-火山碎屑岩组合，呈海相夹层状产出。此外，还发育有中晚奥陶世中堡群成熟岛弧碱性粗面岩-安山岩组合。中南祁连构造带早奥陶世吾力沟组火山岩段（O_1w^2）火山岩组合为海相爆发崩塌相；阿夷山组（O_1a）玄武岩-玄武安山岩组合为海相喷溢相；中奥陶世茶铺组（O_2c）的夹层玄武岩-玄武安山岩组合为海相喷溢相；晚奥陶世药水泉组（O_3ys）的夹层玄武岩-玄武安山岩组合及晚奥陶世多索曲组（O_3d）火山岩组合，除吾力沟组外皆属海相喷溢相，均为钙碱性系列，形成于岛弧环境。

阿尔金构造带寒武纪喀腊大湾组火山岩从北向南具有从洋岛—岛弧—陆缘火山弧的分布格局。天山构造带哈尔力克地区早—中奥陶世恰干布拉克组为英安岩、安山岩、玄武岩、凝灰岩、火山角砾岩组合，夹放射虫硅质岩。祁连构造带早奥陶世吾力沟组火山岩段（O_1w^2）玄武岩-玄武安山岩组合，为海相喷溢相，钙碱性系列，属于俯冲环境玄武安山岩构造岩石组合；早奥陶世花抱山组（O_1h）为海相喷溢相钙碱性系列玄武安山岩-安山岩构造岩石组合。

祁漫塔格山—东昆仑—柴北缘一带，滩间山群下火山岩组为岛弧环境海相爆溢相-喷溢相钙碱性火山岩段（$\in OT_2^b$）组合，洋内弧海相喷溢相岛弧拉斑玄武岩段（$\in OT_1^b$）组合；下碎屑岩组（$\in OT^a$）为岛弧（内弧）火山熔岩-火山碎屑岩组合，呈夹层状产出。祁漫塔格群中火山岩组（OQ^b）为陆缘弧海相喷溢相-爆溢相钙碱性系列安山岩-英安岩-流纹岩组合。纳赤台群上碎屑岩组细碎屑岩段（OSN_2^c）火山岩夹层为安山岩-英安岩-流纹岩组合；火山岩组火山岩段（OSN_2^b）为岛弧海相喷溢相-爆发空落相，钙碱性系列中酸性熔岩-火山碎屑岩组合。

天山—北山—准噶尔—阿尔泰一带，在最西侧白哈巴一带，晚奥陶世东锡勒克组火山岩属亚碱性岩系之强钙碱质型系列。在萨吾尔山一带，中泥盆统萨吾尔山组火山岩、库鲁木迪组和巴尔雷克组，相当于岛弧环境。早—中古生代至晚古生代早期处于大洋岛弧发展阶段，发育的火山岩以钙碱性系列为主，中—晚奥陶世大柳沟组枕状玄武岩、杏仁状安山岩夹灰岩团块，属半深海壳源火山熔岩；晚奥陶世出现巨厚巴斯他乌组基性火山岩、火山碎屑岩。志留纪未见火山岩，早泥盆世在托让库都克一带形成以爆发-沉积相基性火山碎屑岩为主，偶有基性熔岩的火山岩盖层，下泥盆统托让格库都克组中，主要为安山岩、玄武岩、安山玄武岩、粗安岩、安山质角砾熔岩、火山灰凝灰岩、条带状火山灰沉凝灰岩、晶屑岩屑凝灰岩组合，属于钙碱性—碱性系列。在拉奇达坂一带，中—晚奥陶世大柳沟组发育巨厚的岛弧玄武岩-安山岩-凝灰岩建造。志留纪公婆泉群主要为安山质-玄武质火山岩-火山碎屑岩岩石组合。中泥盆世火山岩在北塔山一带名为库鲁木迪组，在野马泉一带名为乌鲁巴斯套组，火山岩组合主要有安山岩、辉石安山岩、玄武岩及凝灰岩，属于钙碱性系列，主要形成于岛弧环境，具有向大陆裂谷过渡的特点。

(2) 弧后盆地火山岩组合：北祁连走廊南山-秦祁结合部震旦纪—奥陶纪葫芦河岩群以中基性火山岩为主的沉积-火山岩组合，为岛弧-弧后裂陷海槽环境。寒武纪—奥陶纪张家庄组以中酸性火山岩为主，火山作用是以间歇式喷发为主，伴有较弱的喷溢式。早奥陶世阴沟群上火山岩组（O_1Y^c）的夹层玄武岩-安山岩组合，为海相爆发崩塌相-喷溢相；下火山岩组（O_1Y^a）拉斑玄武岩组合（夹层），为喷溢相。中奥陶世大梁组的碎屑岩段（O_2d^1）的夹层玄武安山岩-安山岩-英安岩组合，属裂隙式海相爆发空落相-喷溢相产物，钙碱性系列，壳幔混合源。奥陶纪安坪组以变质基性岩为主，夹较多中酸性火山岩，喷溢相。阿尔泰构造带南缘早泥盆世康布铁堡组，第一阶段喷溢相为火山熔岩，第二阶段爆发相为流纹质集块岩火山角砾岩，第三阶段喷发-沉积相为流纹质凝灰岩，火山岩浆为壳幔混合源型。

（3）碰撞（同碰撞-后碰撞）环境火山岩组合：祁连构造带早志留世肮脏沟组（S_1a）玄武岩-玄武安山岩，属同碰撞高钾质和钾玄岩质火山岩组合；志留纪巴龙贡嘎尔组火山岩段（Sb^3）钙碱性系列火山岩组合为海相喷溢相，细碎屑岩段（Sb^2）夹层状火山岩组合，粗碎屑岩段（Sb^1）火山岩夹层，岩石均为高钾钙碱性系列，形成于前陆盆地环境。

第三节 侵入岩岩石构造组合及时空分布

一、侵入岩时空分布

随着罗迪尼亚超大陆的裂解，南华纪—早古生代早期，西北地区整体处于多岛洋盆的构造格局，早古生代晚期俯冲消减，形成了造山带。在此阶段广泛发育侵入岩，除准噶尔、塔里木、柴达木等中新生代盆地覆盖区，几乎所有造山带，如阿尔泰、天山-北山、昆仑-阿尔金、祁连和秦岭造山带等，均发生南华纪—早古生代的岩浆侵入作用。在南华纪—早古生代早期，主要发育与超大陆裂解相关的层状基性—超基性杂岩、基性岩墙群和 A 型花岗岩，奥陶纪—早志留世主要发育与洋壳消减相关的岩浆弧花岗质岩石以及弧后裂解的基性—中酸性杂岩、蛇绿岩等。中—顶志留世局部发育同碰撞造山型花岗岩，晚志留世—早泥盆世主要为后碰撞-后造山伸展环境下的碱性—过碱性花岗岩和基性杂岩组合。

二、侵入岩岩石构造组合及其特征

西北地区南华纪—早古生代侵入岩各类岩石构造组合分布及特征见表 3-1。

表 3-1 西北地区南华纪—早古生代侵入岩岩石构造组合特征表

域	发展阶段	环境	组合名称	组合代号	岩相/岩石组合
显生宙造山带	板块离散	洋中脊	蛇绿岩	MORS 型	变质橄榄岩相＋橄长岩型堆晶岩相＋玄武质熔岩相
		陆缘海、弧间盆地		SSZ 型	变质橄榄岩相＋辉石岩型堆晶岩相＋玄武质熔岩相
	大洋俯冲	洋内弧、陆缘弧、岛弧	钙碱性花岗岩	$\delta+T_1T_2G_1G_2$ 亚型	（辉长岩）＋闪长岩＋花岗闪长岩＋英云闪长岩＋奥长花岗岩＋二长花岗岩
				$T_2G_1G_2$ 亚型	奥长花岗岩＋花岗闪长岩＋二长花岗岩
				$\delta+G_1G_2$ 亚型	石英闪长岩＋花岗闪长岩＋二长花岗岩
	碰撞带（同碰撞-后碰撞）	弧-陆碰撞带、陆-陆碰撞带	高钾、钾玄岩系列花岗岩	G_2 组合正长花岗岩亚型	二长花岗岩＋正长花岗岩±碱长花岗岩
				G_2 组合碱性花岗岩亚型	二长花岗岩＋正长花岗岩＋碱长花岗岩＋碱性花岗岩
				G_2 组合石英二长岩亚型	二长花岗岩＋正长花岗岩±碱长花岗岩＋石英二长岩

续表 3-1

域	发展阶段	环境	组合名称	组合代号	
显生宙造山带	造山后伸展	深断裂	镁铁—超镁铁质岩	ν-ψ-σ	橄榄岩+辉长岩+苏长岩±闪长岩
	地幔柱(不受威尔逊旋回限制)	裂谷	镁铁—超镁铁质岩	ν-ψ-σ	橄榄岩+辉长岩+苏长岩±闪长岩
		裂谷	席状辉绿岩	$\beta\mu$	席状辉绿岩
		上叠裂谷	辉绿岩-石英斑岩/正长斑岩	$\beta\pi$-$\xi\gamma\pi$-$\xi\pi$	辉绿岩-石英斑岩/正长斑岩
		上地幔热点	板内碱性岩	$\xi\gamma$-$\chi\gamma$-η-ξ-χC	正长花岗岩+碱性花岗岩+二长岩±正长岩±碳酸岩

三、构造岩浆旋回与构造岩浆岩带

南华纪—早古生代,西北地区总体上可以划分为两个构造演化阶段,即南华纪—早古生代早期(罗迪尼亚)超大陆裂解阶段和早古生代晚期的洋陆转换阶段,这两个阶段岩浆侵入活动强烈,根据岩浆活动性质和所处的构造部位不同,将西北地区大致划分了西伯利亚、哈萨克斯坦-准噶尔、塔里木、华北和华南-羌塘5个构造岩浆岩省和其间的3个对接带(斋桑-额尔齐斯对接带、南天山-那拉提-红柳河对接带和茫崖-柴北缘-昆南-商丹对接带)及2个特殊的增生造山带。

1. 西伯利亚岩浆岩省

西伯利亚岩浆岩省在西北地区主要指阿尔泰弧盆系岩浆岩带,根据岩浆活动时限和性质进一步划分为阿尔泰岛弧、阿尔泰弧间-弧后盆地和阿尔泰南缘增生弧3个次级的岩浆岩亚带。

其中,阿尔泰岛弧岩浆岩亚带分布在富蕴—阿尔泰一线及其以北,主体由奥陶纪—志留纪弧侵入岩构成,主要由闪长岩/石英闪长岩-英云闪长岩/斜长花岗岩/花岗闪长岩-二长花岗岩组成。锆石年龄数据分布于500~435Ma区间,峰值为465~450Ma,岩浆作用峰期在中—晚奥陶世,为阿尔泰北部岛弧的产物。阿尔泰弧间-弧后盆地岩浆岩亚带沿着富蕴—阿尔泰—阿舍勒一线,分布着早泥盆世的超基性岩和基性侵入岩组合,其中超基性岩分布在阿勒泰市西北布尔萍河,辉长岩等基性侵入岩主要分布于阿勒泰市东南的喀依尔特河附近,构成北西向带状分布的岩浆岩带,为早泥盆世弧后扩张洋脊的组合,代表了阿尔泰地区早泥盆世发育的弧后盆地。阿尔泰南缘增生弧岩浆岩亚带呈北西向分布于阿尔泰南缘,北西与哈萨克斯坦-俄罗斯境内的"东北挤压带"阿尔泰南缘火山-深成岩带相当,主要由二长花岗岩、正长花岗岩和碱长花岗岩组成,年龄数据介于435~380Ma区间,峰值为415~390Ma,说明岩浆作用峰期在晚志留世—早泥盆世,总体表现出S型花岗岩的特征,是俯冲过程中陆壳物质熔融的产物。

2. 斋桑-额尔齐斯(查尔斯克-乔夏喀拉-布尔根)对接带

早古生代—晚古生代初期阶段,该对接带为西伯利亚板块与哈萨克斯坦-准噶尔-吐哈板块之间的缝合带,主要包括南部的塔尔哈巴台-洪古勒楞-谢米斯台-阿尔曼泰早古生代蛇绿混杂带(Pz_1)、北部的乔夏喀拉-布尔根早古生代—早石炭世蛇绿混杂岩带(Pz_1—C_1)和它们之间夹持的泥盆纪北准噶尔洋内弧或弧后盆地(D_{1-2})3个Ⅱ级构造单元。侵入岩浆活动主要以塔尔哈巴台-洪古勒楞-谢米斯台-阿尔曼泰早古生代蛇绿岩为代表,其他两个带岩浆活动被新生代沉积盆地覆盖。

3. 哈萨克斯坦-准噶尔岩浆岩省

该岩浆岩省位于早古生代—早石炭世查尔斯克-乔夏喀拉-布尔根对接带和南天山-那拉提-红柳河对接带之间,划分为3个构造岩浆岩带。

(1) 西准噶尔岩浆岩带:分为南部唐巴勒-玛依拉蛇绿构造混杂岩带和北部巴尔雷克岛弧2个岩浆岩亚带,其中巴尔雷克岛弧带侵入岩基本不发育,仅有零星出露的志留纪花岗闪长岩脉。

(2) 东准噶尔-吐哈弧盆系岩浆岩带:从北向南可以划分为三塘湖-园包山复合岛弧带、卡拉麦里蛇绿构造混杂岩带和哈尔力克-大南湖岛弧3个岩浆岩亚带。其中,三塘湖-园包山复合岛弧带(S—D)主要由志留纪和早—中泥盆世侵入岩组成,其中志留纪侵入岩主要由闪长岩、石英闪长岩、花岗闪长岩、斜长花岗岩、二长花岗岩和少量辉长岩组成,年龄数据介于427.4~412.7Ma之间,为晚志留世(李亚萍等,2009;郭丽爽等,2009;张永等,2010;杜世俊等,2011)。早—中泥盆世侵入岩由钙碱性-偏碱性花岗岩组成。总体上,该带侵入岩以钙碱性花岗岩为主,是陆缘岩浆弧的产物。哈尔力克-大南湖岛弧侵入岩主要由奥陶纪—志留纪钙碱性花岗岩和泥盆纪偏碱性花岗岩组成,其中奥陶纪—志留纪钙碱性花岗岩主要分布于吐哈盆地南缘的南带,北带仅在塔水河一带个别出露,主要由闪长岩、石英闪长岩、花岗闪长岩和二长花岗岩组成,前人研究显示岩石形成年龄在462~429Ma之间,为陆缘岩浆弧的产物(郭华春等,2006;曹福根等,2006)。泥盆纪侵入岩主要在南带克孜尔喀拉萨依—土屋北山一带分布,主要由二长花岗岩、正长花岗岩和碱性花岗岩组成,岩体侵入最新地层为泥盆系,近年有较多SHRIMP锆石U-Pb年龄数据,分布在386~357Ma之间,时代为中—晚泥盆世,为后碰撞环境的产物。

(3) 中天山(伊宁-博洛科努-巴伦台-公婆泉)岩浆岩带:博洛科努陆缘弧主要由志留纪钙碱性花岗岩序列和泥盆纪正长花岗岩序列组成;巴伦台-阿拉塔格岩浆弧与博洛科努岩浆弧具有相似侵入岩浆序列,由奥陶纪—志留纪碰撞前钙碱性花岗岩序列和泥盆纪正长花岗岩序列组成,均为陆缘弧环境。明水-公婆泉岛弧指分布于红柳河-洗肠井以北的早古生代岛弧,岩石组合主要包括:①基性侵入岩,属碰撞后基性杂岩岩石构造组合,②中酸性侵入岩,属碰撞后-过铝质花岗岩岩石构造组合。

4. 南天山-那拉提-红柳河对接带(岩浆岩省)

南天山-那拉提-红柳河对接带(岩浆岩省)是南华纪—早古生代哈萨克斯坦-准噶尔联合板块与塔里木板块之间的结合带。根据蛇绿岩和相关侵入岩的时空分布特征,大致划分为乌瓦门-拱拜子蛇绿混杂岩带、额尔宾山残留海盆地和红柳河-洗肠井蛇绿混杂岩带3个岩浆岩带。其中,额尔宾山残留海盆地侵入岩岩浆主要以石炭纪—二叠纪岩浆为主,早古生代侵入岩较为有限,主要为志留纪—泥盆纪的斜长花岗岩-花岗闪长岩-二长花岗岩,为岛弧型花岗岩组合;泥盆纪的花岗岩-二长花岗岩-钾长花岗岩组合为陆缘弧-同碰撞期产物。

5. 塔里木板块岩浆岩省

塔里木板块岩浆岩省包括了塔里木陆块岩浆岩带和敦煌地块岩浆岩带,它们的共同特点是均在其北部发育早古生代早期的裂谷-被动陆缘,敦煌地块南部发育活动陆缘,由此可以区分出塔里木北缘裂谷-被动陆缘和敦煌北缘被动-活动陆缘、敦煌地块中南部活动陆缘3个岩浆岩亚带。

(1) 塔里木北缘裂谷-被动陆缘岩浆岩亚带:以南华纪侵入岩为主,分布在库鲁克塔格和柯坪地区。库鲁克塔格南华纪侵入岩主要由二长花岗岩、正长花岗岩、碱长花岗岩和碱性花岗岩组成,为后碰撞伸展环境的产物。校培喜等(2006)测得蚕头山岩体正长花岗岩锆石U-Pb年龄830.6±1.0Ma,为南华纪早期。柯坪地区侵入岩主要由石英二长岩、正长花岗岩和碱长花岗岩组成,其中正长花岗岩的年龄分别为677.3±38Ma、631.4±3.5Ma、636.4±4.5Ma和646±3.9Ma(新疆地质矿产局第十一地质队;何登发等,2011;罗金海等,2011),为南华纪,形成于后碰撞伸展环境。

(2) 敦煌北缘被动-活动陆缘岩浆岩亚带:以志留纪—早泥盆世侵入岩为主体,包括辉长岩、闪长岩、石英闪长岩、花岗闪长岩和二长花岗岩,郑勇等(2009)测得北山黑山岭岩体辉长岩锆石TIMS U-Pb年龄375±3Ma、404±3Ma,为晚志留世—早泥盆世,为陆缘弧环境下δ+GG组合。

(3)敦煌地块中南部活动陆缘岩浆岩亚带:主要由寒武纪—中泥盆世糜棱岩化中酸性侵入岩(五峰山糜棱岩套、潘家井片麻岩套等)、志留纪—泥盆纪侵入体(桥湾—豁路山)。大口子山为石英闪长岩、石英二长闪长岩、英云闪长岩、花岗闪长岩和二长花岗岩组合;花岗闪长岩锆石U-Pb年龄为434.1±0.6Ma～415±1.8Ma。豁路山为石英闪长岩、花岗闪长岩和二长花岗岩;二长花岗岩的锆石U-Pb年龄为419.3±0.9Ma。小宛南山为闪长岩、英云闪长岩、花岗闪长岩和二长花岗岩组合;糜棱岩化花岗闪长岩的锆石U-Pb年龄为409.5±3.3Ma。这些花岗岩并非形成于岛弧构造环境,但可能与加里东造山作用晚期北阿尔金蛇绿混杂岩带俯冲碰撞作用相关。

6. 华北板块岩浆岩省

(1)阿拉善岩浆岩带:早古生代中酸性岩体主要为分布于白家嘴子东、西两侧的奥陶纪闪长岩-石英闪长岩-花岗闪长岩组合,岩体形态呈岩株状、岩枝状等,属俯冲环境的花岗岩岩石构造组合;志留纪—早泥盆世二长花岗岩-花岗岩组合主要分布在山丹县北—金昌市一带,呈岩株、岩枝及岩基等形态产出,属同碰撞-过铝质花岗岩岩石构造组合。它们可能与祁连构造带早古生代中—晚期向北俯冲及弧陆碰撞相关。在金昌北-阿拉善右旗发育少量的志留纪碱性花岗岩,构造位置上位于前述花岗岩带的北部,阿拉善地块的内部,可能反映了早古生代末期远离南缘(北祁连)造山带的阿拉善地块内部的局部伸展环境。

(2)小秦岭岩浆岩带:侵入岩分布于小秦岭地区七里楼—东吉口一带,岩石有正长岩、正长斑岩、二长花岗岩等,属加里东期岩浆活动产物,类似于A型花岗岩成因,属裂解期侵入岩。

7. 西昆仑-阿尔金-祁连山-北秦岭增生带与东昆仑-柴达木增生带

西昆仑-阿尔金-祁连山-北秦岭增生带与东昆仑-柴达木增生带处于南华纪至早古生代华北-塔里木陆块区(链)的南侧,昆南(康西瓦)—南阿尔金—柴北缘—商丹具有以早古生代高压—超高压特征变质的蛇绿混杂岩带为代表的板块结合带(对接带)的北侧。东昆仑-柴达木增生带夹裹于昆南蛇绿混杂岩带与南阿尔金-柴北缘-商丹构造带之间。

(1)西昆仑弧盆系岩浆岩带:中酸性侵入岩发育规模巨大,其中奥陶纪中酸性侵入岩最为发育。该时段侵入岩根据产出的大地构造位置和形成时代,构造岩浆岩带具体分为奥依旦克-塔木其(塔南)岛弧岩浆带、库地-祁曼于特蛇绿混杂岩带(Pz_1)叠接带和柳什塔格-上其汉岛弧(中昆仑地块)岩浆带3个岩浆岩亚带。

(2)阿尔金弧盆系岩浆岩带:早古生代阿尔金弧盆系位于阿北-敦煌地块以南、阿南增生杂岩带以北,包括阿北红柳沟-拉配泉蛇绿混杂岩带($\in$—S)和阿中岩浆弧(Pz_1),由寒武纪钙碱性花岗岩序列、奥陶纪正长花岗岩序列和晚奥陶世伸展环境下的镁铁—超镁铁质岩序列组成。

(3)北秦岭岩浆弧(Pz_1):奥陶纪—志留纪中酸性侵入岩,属俯冲碰撞造山环境。花岗岩同位素年代学和地球化学研究表明,晚志留世—早泥盆世该岩浆弧为类似安第斯型大陆边缘弧(Lerch et al,1995;Zhang et al,1997,2006;Zhai et al,1998;周鼎武等,1995)。该岩浆弧主要为分布于商丹结合带北侧凤县红花铺、岩湾、太白两河口、就峪—涝峪沙坪及杨斜等地的片麻状花岗岩组合。岩性主要为英云闪长岩、闪长岩、石英闪长岩和眼球状二长花岗岩、片麻状二云二长花岗岩、角闪斜长片麻岩、黑云斜长片麻岩、二长片麻岩等。中性岩类为富钠贫钾的次铝质-过铝质钙性系列,属I型花岗岩类;杨斜、沙坪、两河口岩体岩石地球化学特征类似,为富钾钙碱性、壳源同熔型火山弧-同碰撞花岗岩。自北向南表现出不甚明显的TTG-GG组合分带,似乎说明其北的宽坪俯冲增生杂岩向南俯冲。

此外还有走廊南山岛弧($\in$—O),属岩浆弧花岗闪长岩-花岗岩岩石组合,陆缘岛弧环境;中祁连岩浆弧主体为奥陶纪—志留纪岩浆弧花岗岩,早期发育南华纪—震旦纪碱性花岗岩和晚期志留纪碰撞花岗岩;南祁连岩浆弧($O—D_1$)主要由奥陶纪、志留纪、早泥盆世3个阶段的中酸性花岗岩组成,奥陶纪主要由代表俯冲消减的岩浆弧花岗岩组成;滩间山火山弧(O)由奥陶纪—泥盆纪俯冲碰撞中酸性花岗质岩石组成。

柴达木地块岩浆岩带主要包括柴达木北缘、东缘和祁漫塔格北坡岩浆岩亚带；东昆仑弧盆系岩浆岩带由祁漫塔格南坡的蛇绿岩等基性—超基性岩体和北昆仑岩浆弧的中酸性侵入岩组成。

8. 华南-北羌塘板块岩浆岩省

该区早古生代侵入岩不甚发育。中-南秦岭被动陆缘侵入岩主要包括碱性花岗岩组合和基性—超基性岩组合。早古生代碱性花岗岩组合，粗面岩在山德指数图解中位于裂谷型花岗岩及后造山花岗岩区，在Q-A-P图解中多数位于裂谷花岗岩区，表明其形成于大陆边缘裂谷构造环境，岩浆物质来源于下部地壳和上地幔。

第四节 变质岩岩石构造组合及时空分布

一、变质岩时空分布及变质单元划分

西北地区南华纪—早古生代变质岩主要沿秦祁昆造山系、天山和阿尔泰造山带分布。南华纪均为浅—极浅变质岩，早古生代发育中深变质岩，以区域变质作用为主。西北地区早古生代变质岩以秦祁昆造山系中出现榴辉岩（部分含柯石英、金刚石）高压变质岩为特色。结合变质岩系所处的大地构造环境、变质期、变质作用类型及变质作用特征，西北地区变质单元可划分为9个一级变质单元、28个二级变质单元和35个三级变质单元。

二、变质岩岩石构造组合

南华纪地层变质岩岩石构造组合主要为陆源碎屑岩-碳酸盐岩组合、千枚岩-片岩-变砂岩-火山岩组合。早古生代地层变质岩岩石构造组合多样，主要与其所处的大地构造位置相关，主要有黑云斜长变粒岩-云母石英片岩-混合岩组合、黑云石英片岩-二云片岩-变砂岩组合、黑云斜长片麻岩-（斜长）角闪片岩组合、变砂岩-结晶灰岩夹变凝灰质细砂岩组合、变砂岩-变粉砂岩-板岩组合、结晶灰岩组合、变砂岩-千枚岩-变砾岩组合、变玄武岩-变安山岩组合、变砂岩-结晶灰岩组合、变质砂岩-板岩-结晶灰岩组合、变质玄武岩组合、千枚岩-变质砂岩-变质火山岩组合、麻粒岩和蓝片岩-榴辉岩组合等。西北地区南华纪—早古生代变质组合类型及其特征具体见表3-2。特殊的榴辉岩主要分布于北祁连、柴北缘、北秦岭、南阿尔金和东昆仑等地。

三、变质相（系）及变质时代

该时期的区域变质作用以绿片岩相和角闪岩相为主。南华纪地层主要发育低绿片岩相变质，陆块区局部发育葡萄石相变质；早古生代地层多发育绿片岩相和角闪岩相变质，在秦祁昆造山带中局部发育麻粒岩相—榴辉岩相变质作用。各岩相接触变质分布局限，岩相学的研究尚不充分。西北地区南华纪—早古生代变质岩变质相系划分如表3-2所示。本书主要对该时期西北地区的高压变质作用的研究进展做以概述。

表 3-2　西北地区南华纪—早古生代变质岩岩石构造组合类型一览表

一级变质单元	二级变质单元	三级变质单元	代		早古生代					新元古代晚期
			纪/世	D_{1-2}	S_{3-4}	S_{1-2}	O_3	O_{1-2}	$\in$	Z	Nh
Ⅰ 西伯利亚板块变质域	Ⅰ-1 阿尔泰弧盆系变质区	Ⅰ-1-1 阿尔泰陆缘弧变质带	变质岩石构造组合		黑云斜长变粒岩-白云母石英片岩-混合岩		(二云)黑云英片岩-二云片岩-变砂岩	黑云石英片岩-黑云斜长片麻岩-(斜长)角闪片岩			
			变质相		绿片岩相			角闪岩相			
		Ⅰ-1-2 阿尔泰南华纪被动陆缘变质带	变质岩石构造组合						黑云石英片岩-斜长片麻岩-变砂岩	黑云石英片岩-斜长片麻岩-变砂岩	斜长角闪岩-黑云斜长片麻岩-(二云)黑云石英片岩
			变质相						低绿片岩相		高绿片岩相
		Ⅰ-1-3 阿尔泰南缘增生弧变质带	变质岩石构造组合	石英片岩-变粒岩-斜长片麻岩组合＋变粒岩-斜长片麻岩-变闪片岩-变酸性火山岩							
			变质相	绿片岩相							

续表 3-2

一级变质单元	二级变质单元	三级变质单元	代	早古生代							新元古代晚期
			纪/世	D_{1-2}	S_{3-4}	S_{1-2}	O_3	O_{1-2}	$\in$	Z	Nh
II 斋桑-额尔齐斯(查尔斯克-夏喀拉-布尔根)对接带变质域	II-1 乔夏-喀拉-布尔根蛇绿岩变质区	II-1-1 乔夏-喀拉-布尔根蛇绿岩变质带	变质岩岩石构造组合					片岩-角闪岩			
			变质相					绿片岩相			
III 哈萨克斯坦-准噶尔联合板块变质域	III-1 西准噶尔弧盆系变质区	III-1-1 唐巴勒-玛依拉蛇绿混杂岩带变质带	变质岩岩石构造组合				蓝片岩-榴闪岩				
			变质相				蓝片岩相				
	III-2 东准噶尔-吐哈弧盆系变质区	III-2-1 三塘湖-圆包山复合岛弧变质带	变质岩岩石构造组合	云母片岩-变质砂岩							
			变质相	低绿片岩相							
		III-2-2 哈尔力克-大南湖岛弧变质带	变质岩岩石构造组合	云母片岩-变质砂岩				变砂岩-石英片岩构造组合,变质砂岩-结晶灰岩夹变凝灰岩			
			变质相	低绿片岩相				低绿片岩相			
	III-3 冰达坂-米什沟结合带变质区	III-3-1 冰达坂-米什沟蛇绿混杂岩带变质带	变质岩岩石构造组合			石英片岩-千枚岩		大理岩-黑云石英片岩-斜长角闪岩			云母片岩-变火山岩
			变质相			低绿片岩相		绿片岩相-角闪岩相			低绿片岩相

续表 3-2

一级变质单元	二级变质单元	三级变质单元	代-纪/世	早古生代 D$_{1-2}$	早古生代 S$_{3-4}$	早古生代 S$_{1-2}$	早古生代 O$_3$	早古生代 O$_{1-2}$	早古生代 ∈	早古生代 Z	新元古代晚期 Nh
Ⅳ 南天山-那拉提-红柳河对接带变质域	Ⅳ-1 东阿莱-哈尔克山弧前增生带变质区	Ⅳ-1-1 东阿莱-哈尔克山弧前增生带变质带	变质岩岩石构造组合	大理岩-钙质片岩,黑云石英片岩-大理岩	大理岩-绿片岩-蓝闪石片岩	大理岩夹二云石英片岩及石英钾长片岩-钾长石英角岩,石英片岩夹千枚岩建造					
			变质相	低绿片岩相	高绿片岩相	绿片岩相-角闪岩相					
	Ⅳ-2 哈尔克山北坡高压变质区	Ⅳ-2-1 哈尔克山北坡高压变质带	变质岩岩石构造组合		大理岩-蓝闪片岩-榴辉岩	大理岩夹二云石英片岩及石英钾长片岩-钾长石英角岩,石英片岩夹千枚岩					
			变质相		高绿片岩相	绿片岩相-角闪岩相					
	Ⅳ-3 额尔宾山残留海盆地变质区	Ⅳ-3-1 额尔宾山残留海盆地变质带	变质岩岩石构造组合			大理岩夹二云石英片岩及石英钾长片岩-钾长石英角岩,石英片岩夹千枚岩	半深海浊积岩	榴辉岩			
			变质相			绿片岩相-角闪岩相					
	Ⅳ-4 红柳河-洗肠井蛇绿混杂岩带变质区	Ⅳ-4-1 红柳河-洗肠井蛇绿岩带变质带	变质岩岩石构造组合				低绿岩相	榴辉岩相			
			变质相								

续表 3-2

一级变质单元	二级变质单元	三级变质单元	代	纪/世	早古生代 D$_{1-2}$	S$_{3-4}$	S$_{1-2}$	O$_3$	O$_{1-2}$	∈	Z	新元古代晚期 Nh
V 塔里木板块变质域	V-1 塔里木周缘裂合系变质区		变质岩岩石构造组合 变质相						浅变质碎屑岩-碳酸盐岩-硅质岩等沉积组合			
	V-2 敦煌地块北缘叠合弧盆地变质区		变质岩岩石构造组合 变质相						浅变质碎屑岩-碳酸盐岩-硅质岩等沉积组合 低绿片岩相			
VI 华北板块变质域	VI-1 鄂尔多斯-贺兰山中段变质盆地变质区	VI-1-1 贺兰山被动陆缘盆地变质带	变质岩岩石构造组合 变质相			二云石英片岩-石英片岩 高绿片岩相			陆表海碎屑岩-台地碳酸盐岩沉积组合 低绿片岩相			
	VI-2 阿拉善陆缘盆地变质区	VI-2-1 陆缘盆地变质带	变质岩岩石构造组合 变质相					二云石英片岩-变安山岩		低绿片岩相		
VII 西昆仑-阿尔金-祁连山-北秦岭增生带变质域	VII-1 西昆仑弧盆系变质区	VII-1-1 库地-祁曼于特蛇绿混杂岩带变质带	变质岩岩石构造组合 变质相		砂质板岩-绿泥质片岩夹透闪石大理岩 低绿片岩相					台盆陆源碎屑-碳酸盐岩	低绿片岩相	
	VII-2 阿尔金弧盆系变质区	VII-2-1 红柳沟-拉配泉蛇绿混杂岩带变质带	变质岩岩石构造组合 变质相						板岩-变砂岩-结晶灰岩 低绿片岩相	片岩-蓝片岩-榴辉岩	榴辉岩相	
	VII-3 北祁连弧盆系变质区	VII-3-1 走廊盆地-弧后前陆盆地变质带	变质岩岩石构造组合 变质相			变砂岩-结晶灰岩组合,变质细砂岩组合,变粉砂岩-板岩组合 低绿片岩相		结晶灰岩组合,变砾岩组合,变砂岩-结晶灰岩组合	板岩-变砂岩-千枚岩-变玄武岩-变安山岩组合,变砂岩-结晶灰岩组合			

续表 3-2

一级变质单元	二级变质单元	三级变质单元	代	早古生代						新元古代晚期
			纪/世	D_{1-2}	S_{3-4}	S_{1-2}	O_3	O_{1-2}	ϵ	Z	Nh
Ⅶ 西昆仑－阿尔金－祁连山－北秦岭增生带变质省域	Ⅶ-3 北祁连弧盆系变质区	Ⅶ-3-2 走廊南山岛弧变质带	变质岩岩石构造组合			变砂岩夹变凝灰岩、变质细砂岩组合、变粉砂岩－板岩组合		结晶灰岩－千枚岩组合、变砂岩－变砾岩组合、变砂岩－结晶灰岩组合	板岩－变质砂岩－变质玄武岩组合、变质火山岩组合		
			变质相				低绿片岩相			
		Ⅶ-3-3 北祁连蛇绿混杂岩带变质带	变质岩岩石构造组合			变砂岩－结晶灰岩夹变质细砂岩组合、变砂岩－板岩组合、变粉砂岩－板岩组合	变砂岩－板岩－变质火山岩组合	板岩－变质火山岩、变质火山岩－灰岩－绿泥片岩组合		
			变质相				低绿片岩相			
	Ⅶ-4 中南祁连系变质区	Ⅶ-4-1 党河南山－拉脊山蛇绿混杂岩带变质带	变质岩岩石构造组合		结晶灰岩组合、变质砂岩粉砂岩组合		变质安山岩、变质玄武岩、晶灰岩组合、变质砂岩-板岩组合	结晶灰岩－变质砂岩组合、变砂岩－板岩－变质砂岩组合		
			变质相				低绿片岩相			
		Ⅶ-4-2 全吉被动陆缘变质带	变质岩岩石构造组合					结晶灰岩－变质砂岩－变质砾岩组合	石英岩片岩－结晶灰岩组合	变质砂岩－变质粉砂岩、结晶灰岩－变质粉砂岩组合
			变质相				低绿片岩相			低绿片岩相

续表 3-2

一级变质单元	二级变质单元	三级变质单元	代 纪/世			早古生代				新元古代晚期
			岩岩岩组合	D_{1-2}	S_{3-4}	S_{1-2}	O_3	O_{1-2}	$\in$	Z	Nh
Ⅶ 西昆仑-阿尔金-祁连山-北秦岭增生带变质域	Ⅶ-4 中南祁连-北秦岭连弧盆系变质区	Ⅶ-4-3 滩间山火山弧变质带	变质岩岩石构造组合				变质砂岩、变质粉砂岩、变质粉砂岩、变质砂岩-变质安山岩组合，变质砂砾岩-变质安山岩组合				
			变质相				低绿片岩相			
	Ⅶ-5 北秦岭弧盆系变质区	Ⅶ-5-1 早古生代勒宽坪蛇绿混杂岩带变质带	变质岩岩石构造组合			绿片岩-斜长角闪岩-大理岩-石英岩				
			变质相			绿片岩相				
		Ⅶ-5-2 北秦岭岩浆弧变质带	变质岩岩石构造组合			厚层大理岩、石英角斑岩-石英片岩-变粒岩-斜长角闪岩		千枚岩-片岩-变粒岩-变火山岩	石英片岩、凝灰质砂岩-千枚岩-大理岩	
			变质相		石英角斑岩-变粒岩-斜长角闪岩	角闪岩相				
Ⅷ 羌塘-昆南-商丹对接带变质域	Ⅷ-1 江孜-勒勃萨依-巴什瓦克高压变质增生杂岩带变质区	Ⅷ-1-1 江孜勒萨依-巴什瓦克高压增生杂岩带变质带	变质岩岩石构造组合					麻粒岩-榴辉岩组合	低绿片岩相	
	Ⅷ-2 柴北缘结合带变质区	Ⅷ-2-1 柴北缘结合带变质带	变质岩岩石构造组合				榴辉岩	榴辉岩相		
			变质相							
	Ⅷ-3 商丹蛇绿混杂岩带变质区	Ⅷ-3-1 商丹蛇绿混杂岩带变质带	变质岩岩石构造组合	变粉砂岩-板岩-千枚岩-变火山岩	变粒岩-斜长角闪岩夹大理岩					
			变质相	低绿片岩相	角闪岩相					

续表 3-2

一级变质单元	二级变质单元	三级变质单元	代	早古生代						新元古代晚期	
			纪/世	D_{1-2}	S_{3-4}	S_{1-2}	O_3	O_{1-2}	$\in$	Z	Nh
Ⅷ 祁连－北崖商－丹南－昆对接带变质域	Ⅷ-4 东昆仑孤盆系变质区	Ⅷ-4-1 祁漫塔格孤盆系变质带	变质岩石组合			板岩夹硅质岩	绢云石英片岩组合		变质砂岩-板岩-变质火山岩组合		
			变质相			沸石相	低绿片岩相		低绿片岩相		
	Ⅷ-5 南昆仑叠接带变质区	Ⅷ-5-1 东昆仑南坡俯冲增生杂岩带变质带	变质岩石组合			变质砂岩-板岩-结晶灰岩组合、变质玄武岩组合、千枚岩-变质砂岩-变质火山岩组合					
			变质相			低绿片岩相					
Ⅸ 华南-北羌塘板块变质域	Ⅸ-1 塔什库尔干-甜水海被动陆缘变质区	Ⅸ-1-1 塔什库尔干-甜水海被动陆缘变质带	变质岩石组合			浅变质碎屑岩-千枚岩					
			变质相			低绿片岩相					
	Ⅸ-2 昌都地块变质区	Ⅸ-2-1 昌都地块奥陶纪裂谷变质带	变质岩石组合					变质砂岩-板岩			
			变质相					低绿片岩相			
	Ⅸ-3 摩天岭地块变质区	Ⅸ-3-1 临江-茶店被动陆缘变质带	变质岩石组合						含盆陆源碎屑岩-碳酸盐岩		
			变质相						葡萄石相		
	Ⅸ-4 中-南秦岭孤盆系变质区	Ⅸ-4-1 中秦岭被动陆缘变质带	变质岩石组合			石英岩-石英片岩			石英岩-硅质岩		
			变质相			中压绿片岩相-低角闪岩相			低绿片岩相-高绿片岩相		

续表 3-2

一级变质单元	二级变质单元	三级变质单元	代		早古生代						新元古代晚期
			纪/世	D_{1-2}	S_{3-4}	S_{1-2}	O_3	O_{1-2}	ϵ	Z	Nh
Ⅸ 华北板块-南羌塘板块变质域	Ⅸ-4 中-南秦岭弧盆系变质区	Ⅸ-4-2 西倾山-南秦岭陆缘裂谷带变质带	变质岩岩石构造组合			片岩-千枚岩-变砂岩+石英片岩夹大理岩+片岩-千枚岩-含石榴变砂岩	石英片岩夹大理岩	大理岩-硅质岩			
			变质相			中压绿片岩相—低角闪岩相	低角闪岩相	低绿片岩相			
		Ⅸ-4-3 武当陆缘裂合变质带	变质岩岩石构造组合								
			变质相								
	Ⅸ-5 上扬子地块变质区	Ⅸ-5-1 上扬子地块西北缘裂陷带变质带	变质岩岩石构造组合		板岩、千枚岩						千枚岩夹变火山岩
			变质相		低绿片岩相						低绿片岩相
		Ⅸ-5-2 米仓山-大巴山被动陆缘变质带	变质岩岩石构造组合		板岩、千枚岩						
			变质相		低绿片岩相						

唐巴勒-玛依拉蛇绿构造混杂岩带变质带中存在含青铝闪石蓝片岩和含不定向青铝闪石的细碧岩和石榴角闪岩(董申保等,1989;陈博等,2008)。张立飞(1997)对采自苏月克河口处的钠长绿帘蓝闪石片岩中的钠质闪石进行的^{40}Ar-^{39}Ar年龄测试结果为470~458Ma,表明唐巴勒蛇绿混杂岩带中的蓝片岩在中—晚奥陶世经历了高压变质作用。

红柳河-洗肠井蛇绿混杂岩带变质带南缘含有角闪岩相花岗质片麻岩、泥质片麻岩、石英岩和榴辉岩。榴辉岩出露于花岗质片麻岩和副片麻岩之间,峰期变质条件为700~800℃、1.2~1.5kbar(1bar=1×10^5Pa)(梅华林等,1998;刘晓春等,2002)。锆石U-Pb年代学获得886±4Ma的原岩时代和465±10Ma的变质时代(Liu et al,2011)。

在红柳沟-拉配泉蛇绿混杂岩带变质带中存在有泥质片岩、钙质片岩、石英片岩、蓝片岩和榴辉岩(车自成等,1995;刘良等,1999;张建新等,2007)。根据估算的温度和压力显示榴辉岩形成的峰期温压条件为$T=430$~$540℃$,$P=2.0$~$2.3GPa$。张建新等(2007)分别对榴辉岩和蓝片岩中的多硅白云母和钠云母进行^{40}Ar-^{39}Ar年代学测定,获得榴辉岩中多硅白云母坪年龄为512±3Ma,等时线年龄为513±5Ma;蓝片岩中钠云母坪年龄为491±3Ma,等时线年龄为497±10Ma。这些年龄资料反映了北阿尔金-北祁连早古生代洋壳俯冲存在穿时性。

北祁连混杂岩变质带出现在肃南至祁连地区,由变质变形特征不同的南、北两带组成,其中均大量出现滑塌堆积和硬砂岩,并与基性、超基性岩块共生(宋述光等,1997)。混杂岩中已发现蓝闪石片岩和低温榴辉岩(吴汉泉等,1990;Wu et al,1993),以及伴生的含硬柱石榴辉岩(张建新等,2006)。锆石U-Pb法定年获得的榴辉岩相变质年龄为490~462Ma,多硅白云母Ar-Ar法定年获得的蓝片岩相变质年龄为460~445Ma(宋述光等,2013)。低级蓝片岩带位于肃南九个泉一带,特征变质矿物组合为:Lws+Gln+Pmp+Arg+Ab+Q,变质温压条件为$T=250$~$350℃$,$P=6$~$10kbar$,蓝闪石的Ar-Ar年龄为417~415Ma,可能代表弧后盆地蛇绿岩俯冲的产物(宋述光等,2013)。

在北秦岭早古生代宽坪蛇绿混杂岩变质带中,新的研究进展表明秦岭岩群中陆续发现了多种类型的高压变质岩,主要包括秦岭岩群北部官坡一带(胡能高等,1994,1995)的榴辉岩、松树沟一带的高压基性麻粒岩(含石榴子石辉石岩)与长英质高压麻粒岩(刘良等,1994,1995,1996)和榴闪岩(Chen et al,1993;杨勇等,1994)。其后,杨经绥等(2002)在北秦岭官坡一带榴辉岩及其围岩片麻岩的锆石中发现了金刚石包裹体,从而提出该榴辉岩及其围岩经历了超高压变质;Liu等(2003)在松树沟长英质高压麻粒岩的石榴子石中发现丰富的金红石+石英+磷灰石棒状出溶物,指示出溶前该石榴子石超Si,进而认为该岩石曾经历超高压变质;Cheng等(2011)在秦岭岩群南部清油河一带发现了退变榴辉岩;Gong等(2016)又在清油河角闪岩锆石中发现了柯石英。刘良等(2013)利用LA-ICP-MS原位微区定年分析方法,确定北秦岭清油河退变榴辉岩的峰期变质时代为490±6Ma,退变质时代为453±9Ma,原岩形成时代为655±9Ma;松树沟超高压长英质片麻岩的峰期变质时代为497±8Ma,两期退变质时代分别为448±4Ma和421±2Ma,原岩形成时代上限为832±25Ma;寨根石榴子石辉石岩的峰期变质时代为498±2Ma,中压麻粒岩相退变质时代为450±3Ma,角闪岩相退变质时代为426±1Ma,原岩形成时代为573±40Ma;西峡北榴闪岩的角闪岩相变质时代为423±3Ma,原岩形成时代为843±7Ma。

南阿尔金江尕勒萨依-巴什瓦克高压变质增生杂岩变质带中的高压—超高压变质岩石主要分布在江尕勒萨依、英格利萨依和清水泉3个区段,包括榴辉岩、麻粒岩和石榴子石橄榄岩等(刘良等1996,2002;曹玉亭等,2009;Zhang et al,2005;Wang et al,2011)。其峰期变质时代集中在500Ma左右,退变质年龄分别为450Ma和420Ma(Liu et al,2012a)。最近,在江尕勒萨依地区发现了含柯石英榴辉岩

（Gai et al,2017）。

柴北缘高压—超高压岩石以榴辉岩、石榴子石橄榄岩和各种片麻岩为主体,榴辉岩呈透镜体状分布在鱼卡河、锡铁山与都兰县内的野马滩和沙柳河等地的片麻岩中,石榴子石橄榄岩仅在大柴旦的胜利口发现（杨建军等,1994,2008;Song et al,2005）。野马滩榴辉岩围岩副片麻岩锆石中发现柯石英包裹体（杨经绥等,2001;Song et al,2003）;胜利口石榴子石橄榄岩锆石中发现金刚石包裹体,石榴子石中发现辉石+钠质闪石出溶片晶和橄榄石中见钛铁氧化物的出溶（Song et al,2006）;沙柳河榴辉岩的石榴子石中发现残留的柯石英（张建新等,待刊）。依据石榴子石出溶辉石+钠质闪石与橄榄石出溶钛铁氧化物,Song等(2005a)推导其形成深度大于200km。柴北缘不同区段高压—超高压岩石及其围岩的变质时代多变化于457～420Ma之间（Liu et al,2012a,2012b）。

东昆仑南坡俯冲增生杂岩带高压岩石主要分布于东昆仑东段。都兰县南部变质程度自南而北从高绿片岩相增至绿帘角闪岩相,早期发育高角度逆冲变形,晚期受低角度走滑变形改造（陈能松等,2002）。高角度逆冲变形带变质角闪石和白云母的$^{40}Ar-^{39}Ar$年龄分别为$427±4Ma$和$408Ma$。元古宙地层经历了早古生代角闪岩相—麻粒岩相变质（陈能松等,2002;李怀坤等,2006）。新的研究在该地区发现了428Ma的榴辉岩,其形成的温压条件为:$P>1.6GPa$和$T=590～650℃$（Meng et al,2012）。年代学数据显示东昆仑地区变质年龄介于517～428Ma之间（张建新等,2003;李怀坤等,2006;Meng et al,2012）。

第五节 大型变形构造

我国西北地区南华纪—早古生代时期大型变形构造极其发育,主要表现为蛇绿构造混杂岩带、大型断裂带、逆冲走滑构造等,断裂构造多密集成束分布。主断裂(带)控制了构造、地层区划和成矿带的划分。南华纪—早古生代的大型变形构造多受后期构造叠加改造。代表性大型变形构造带有:塔尔巴哈台逆冲走滑构造(TBNZ)、谢米斯台南缘逆冲走滑构造(XMNZ)、阿尔曼泰逆冲走滑构造(AMNZ)、萨尔布依拉逆冲走滑构造(SENZ)、库地-柯岗逆冲走滑构造(KKNZ)、北祁连逆冲走滑构造(BQNZ)、东昆北逆冲走滑构造(KBNZ)、东昆中逆冲走滑构造(KZNZ)、商丹蛇绿混构造杂岩带(SDSH)等,其分布、规模、物质组成、形成环境及演化特征见表3-3,总体特征归结为以下几点。

(1)规模大,活动期长,物质组成复杂。一般长数百千米、宽数千米至数十千米,切割深,多延伸到岩石圈,其主体往往是主要地质构造单元的分界,并与某一个构造单元或成矿带相对应。一般都经历了多期次、多层次、多机制的变形历史,早期多为蛇绿构造混杂岩带,以挤压构造为主。

(2)区内的大型变形构造以挤压型逆冲-走滑构造为主,而且主要表现为逆冲型韧性剪切带和走滑型韧性剪切带。这些剪切带由于受剥蚀深度和后期构造改造等影响,多呈一些残片断续出露,我们可以根据其相关性和散布的范围,大致勾画出这些大型变形构造展布的空间。

(3)空间上大型变形构造与成矿带之间良好的对应关系,表明大型变形构造演化与成矿阶段的矿床组合或成矿系列的动力学背景之间存在着耦合关系。换言之,大型变形构造的形成演化与成矿带的成矿作用、成矿过程之间具有紧密的内在联系。从某种意义上讲,大型变形构造在其形成与演化过程中引发了壳幔物质的相互作用、沉积作用、变质与变形作用、熔融或重熔岩浆活动、流体运移,成矿物质活化、迁移和聚集,形成了成矿聚集区——成矿带。

表 3-3 西北地区南华纪—早古生代大型变形构造特征一览表

名称	代号	类型	规模	产状	组合形式	物质组成	构造层次	运动方式	力学性质	形成时代	变形期次	大地构造环境	含矿特征
塔尔巴哈台逆冲走滑构造	TBNZ	挤压型	长约300km，宽1~20km	倾向北东，倾角60°~75°		泥盆纪岛弧钙碱性火山岩，早石炭世钙质沉积陆相酸性凝灰岩，晚石炭世陆相酸性火山岩建造和二叠纪中酸性火山岩-磨拉石建造	浅表	逆冲走滑	压扭性	早古生代	长期多次活动，现今仍活动	西准噶尔增生造山	金
谢米斯台南缘逆冲走滑构造	XMNZ	挤压型	长约150km，宽约5km	倾向北，倾角60°~70°		泥盆纪火山-沉积建造，晚古生代中酸性侵入岩	浅表	逆冲走滑	压扭性	早古生代	长期多次活动，现今仍活动	西准噶尔增生造山	铜矿化
阿尔曼泰逆冲走滑构造	AMNZ	挤压型	长度大于300km，宽5~20km	倾向南西，倾角60°左右		主体为阿尔曼泰蛇绿混杂岩带，蛇绿杂岩由肢解的蛇绿岩和奥陶纪、志留纪、石炭纪火山岩、硅质岩等组成	中等	逆冲走滑	压扭性	早古生代	古生代—新生代活动，现今仍有活动的迹象	增生造山	金
萨尔布依拉逆冲走滑构造	SENZ	挤压型	长135km，宽3~5km	倾向西南，倾角65°左右		晚泥盆世滨-浅海陆交互相碎屑岩建造，早石炭世火山岩夹陆相碎屑沉积，局部见志留系中基性侵入岩脉，岩石劈理发育	中等	逆冲走滑	压扭性	早古生代晚期	—	后造山	铜、铁

第三章 南华纪—早古生代板块构造

续表 3-3

名称	代号	类型	规模	产状	组合形式	物质组成	构造层次	运动方式	力学性质	形成时代	变形期次	大地构造环境	含矿特征
红柳河-马鬃山脆韧性逆冲构造	HMNG	脆韧性挤压剪切	延伸大于130km，宽15km左右	倾向345°～35°，倾角50°～85°	平行	敦煌岩群结晶片岩，古硐井群陆源碎屑岩和碳酸盐岩，震旦纪-寒武纪蛇绿混杂岩，多期糜棱岩化侵入岩极为发育	中—深	左行斜冲为主	压扭性为主	元古宙—古生代	前寒武纪张性韧性剪切变形，主期斜冲韧性剪切变形兼挤压变形，晚古生代末局部见右行走滑变形	弧-陆碰撞带，同碰撞岩浆杂岩带	
库地-柯岗逆冲走滑构造	KKNZ	压扭性	长度大于1500km	倾向320°～330°，倾角50°～55°	平行	由蛇绿岩组成，蛇绿岩断续出露	中等	逆冲走滑	压扭性	早古生代晚期	多期复合新生代晚期活动断裂发育	俯冲带	铬铁矿
北祁连逆冲走滑构造	BQNZ	脆韧性	长365km，宽30～40km	倾向180°～225°，倾角50°～80°	平行	主体为奥陶纪—志留纪火山沉积岩系，普遍发育糜棱岩化，局部为二叠纪—三叠纪海陆交互相-陆相地层覆盖	中深	逆冲走滑	压扭性	早古生代	形成于加里东期逆冲剪切和韧性变形，叠加印支期逆冲推覆和后期左行走滑	陆缘弧-弧后盆地	前期铜多金属，同期铁铬矿化；后期金铜金煤

续表 3-3

名称	代号	类型	规模	产状	组合形式	物质组成	构造层次	运动方式	力学性质	形成时代	变形期次	大地构造环境	含矿特征
东昆北逆冲走滑构造	KBNZ	挤压	长655km，宽10~35km，深度：岩石圈	走向：北西70°；南侧倾向北东，倾角50°~70°；拉伸线理有两组：一组50°∠30°；另一组110°~130°∠20°~30°	平行	古元古代被动陆缘火山-沉积岩系，长城纪陆棚碎屑岩，蓟县纪沉积岩和青白口纪陆表海沉积岩系，奥陶纪含火山岩碎片的浊积岩和陆缘裂谷火山-沉积岩系，奥陶纪蛇绿岩，晚奥陶世断陷盆地火山-沉积岩系，早石炭世碳酸盐岩陆表海沉积，新元古代同碰撞岩浆杂岩，晚奥陶世俯冲期岩浆杂岩，顶志留世同碰撞岩浆杂岩	中深	早期向北，向南双向逆冲、中期以右行走滑为主，兼向北、向南，晚期向北逆冲推覆	早期压性，中期压扭性，晚期压性	奥陶纪	奥陶纪弧后洋盆开启，并向北、向南双向俯冲、韧性逆冲构造带形成；早志留世洋盆消亡，弧-陆碰撞，形成右行走滑构造带，这一构造活动可能一直持续到早石炭世；晚石炭世以来脆性变形，至侏罗纪北向南逆冲推覆，控制柴达木盆地的形成与发展	陆缘弧-陆陆碰撞裂合带	前期矿化：铁、钴、金、铋 同期矿化：铜、铅、锌、锡、钨 后期矿化：铁、铅、铜、锌、金

续表 3-3

名称	代号	类型	规模	产状	组合形式	物质组成	构造层次	运动方式	力学性质	形成时代	变形期次	大地构造环境	含矿特征
东昆中逆冲走滑构造	KZNZ	挤压	长635km，宽2.5~30km，深度:岩石圈	走向近东西，倾向：北侧南倾为主，南侧北东倾为主；倾角60°~80°	平行	古元古代被动陆缘火山-沉积岩系、长城纪陆棚碎屑岩、中-新元古代洋岛-海山火山-沉积岩系、早寒武世陆缘裂谷火山-沉积岩系、奥陶纪蛇绿岩系、奥陶纪俯冲增生杂岩、早石炭世陆缘裂谷火山-沉积岩系、晚石炭世-早二叠世岛弧前构造高地火山-沉积岩系、中元古代蛇绿岩、寒武纪-早奥陶世蛇绿岩（乌妥、没草沟）、中奥陶世蛇绿岩（清水泉）、中二叠世俯冲杂岩、中二叠世俯冲杂岩、晚二叠世-早三叠世-早-中三叠山弧后盆地、二叠纪俯冲期岩浆弧、晚三叠纪陷后碰撞岩浆杂岩	深	早期向南逆冲、中期和晚期右行走滑	早期以压性为主兼挤性，中期和晚期以扭性为主兼压性	新元古代	中元古代有限洋盆扩张，向北俯冲，逆冲型韧性剪切带形成；新元古代洋盆消亡，右行走滑型变形；早寒武世奥陶纪由陆缘裂谷进化为古昆中洋，之后向古昆中洋俯冲，逆冲型韧性剪切带形成；志留纪洋盆消亡，软碰撞造山，右行走滑韧性剪切带；石炭纪由陆缘剪切进化为前陆盆地，二叠纪向北俯冲，并伴有右行走滑韧性剪切带生成；早-中三叠世韧性剪切带持续发展；晚三叠世以来脆性变形占主导	陆缘弧-陆陆碰撞带	前期矿化：铜、钴（金） 同期矿化：钴（金） 后期矿化：金
商丹蛇绿构造混杂岩带	SDSH	挤压、大型逆冲	长度大于400km，宽500m~10km	倾向北，倾角60°~80°	平行-斜列	松树沟岩组、丹凤群、罗汉寺岩组、基性-超基性岩、石炭纪沉积岩系、白垩纪-古近纪断陷盆地	中等-深	逆冲推覆、走滑	早期逆冲推覆、晚期走滑剪切，压剪性	元古宙	从元古宙到新生代，主期为早古生代	弧-陆碰撞带	金、钨

第六节 南华纪—早古生代大地构造分区

通过西北地区南华纪—早古生代各个断代沉积建造组合特征及构造古地理研究、火山岩和侵入岩岩石构造组合及大地构造环境分析、变质岩岩石构造组合及变质区(带)与大地构造关系研究、大型变形构造与南华纪—早古生代各大地构造单元关系(特别是对该阶段各大地构造单元边界的控制作用)研究,将西北地区大地构造单元总体划分为5个板块(西伯利亚、哈萨克斯坦-准噶尔、塔里木、华北和华南-北羌塘)和其间的3个对接带[斋桑-额尔齐斯(查尔斯克-乔夏喀拉-布尔根)对接带、南天山-那拉提-红柳河对接带和茫崖-柴北缘-昆南-商丹对接带]及2个特殊的增生造山带,共10个Ⅰ级构造单元(图3-1)。

这里要说明的是,西昆仑-阿尔金-祁连-北秦岭增生造山带作为塔里木板块、华北板块南侧的增生带,考虑到其规模巨大和在西北地区早古生代地质演化中的重要性,单独划出作为Ⅰ级构造单元处理;柴达木-东昆仑增生造山带夹持于茫崖-柴北缘-东昆南-商丹对接带中,故单独划出作为独立的Ⅰ级构造单元处理。上述Ⅰ级构造单元进一步划分为37个Ⅱ级构造单元,60个Ⅲ级构造单元和33个Ⅳ级构造单元(表3-4,图3-2、图3-3)。

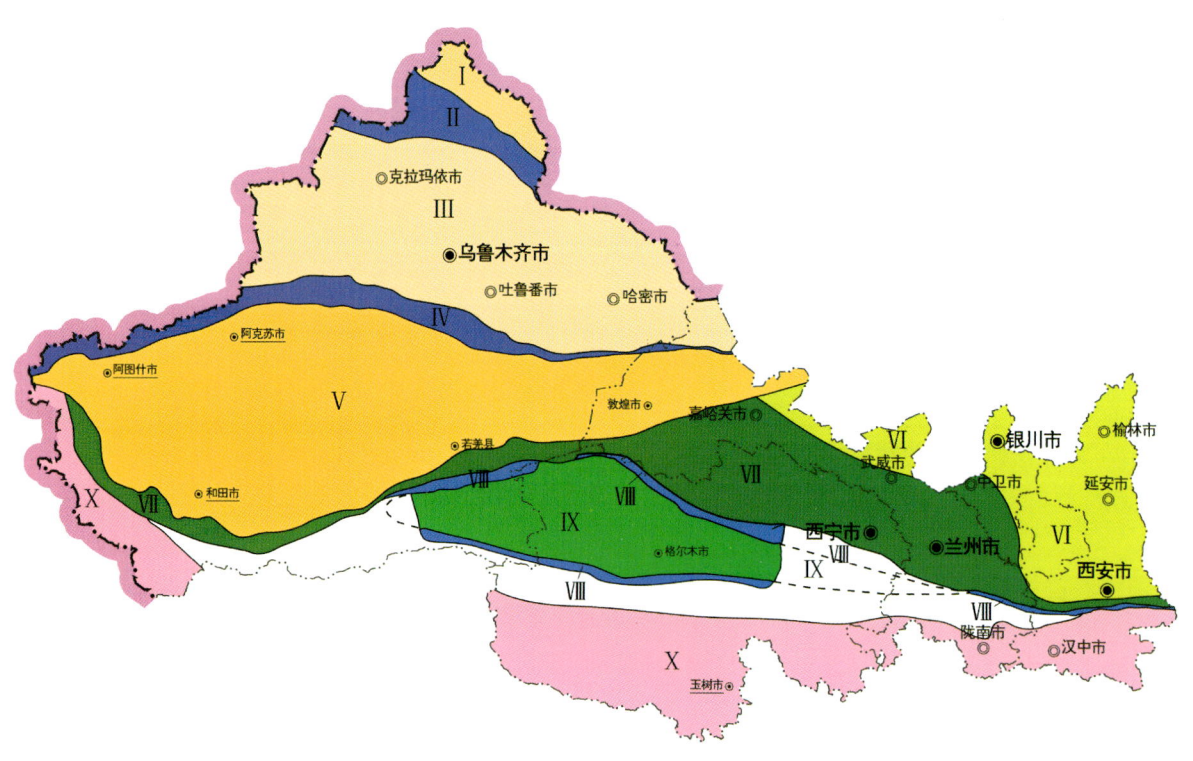

图3-1 西北地区南华纪—早古生代Ⅰ级构造单元划分图

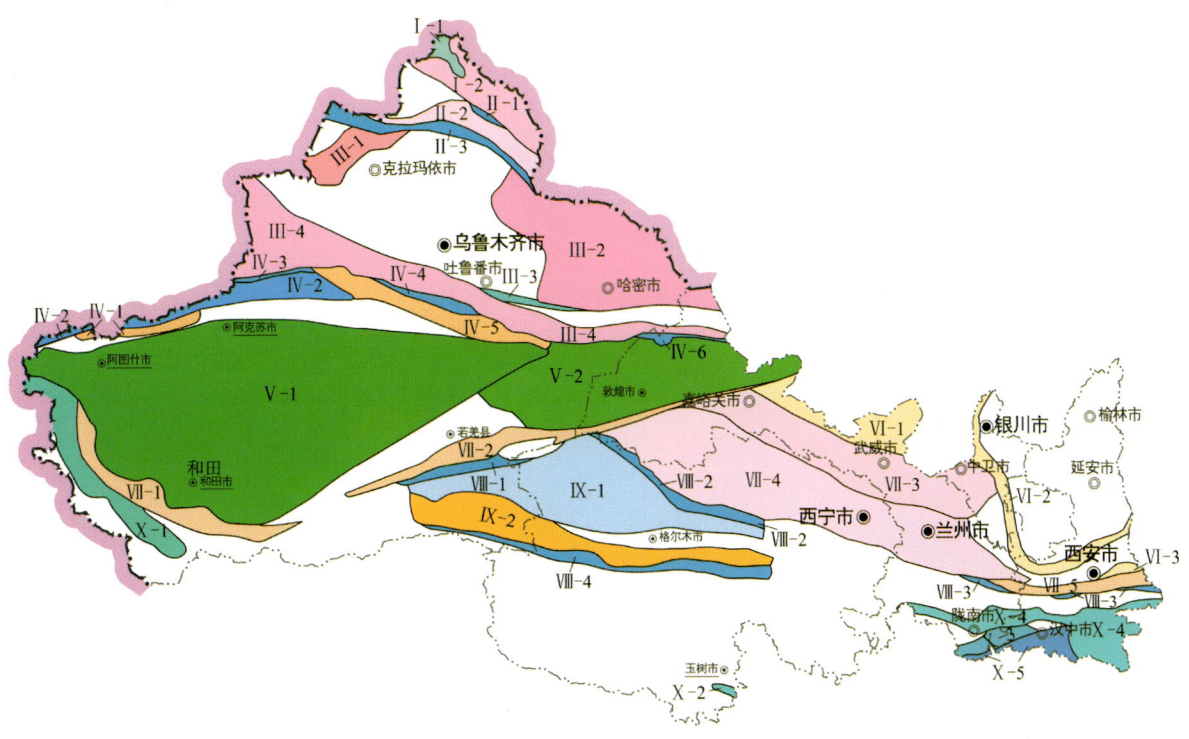

图 3-2 西北地区南华纪—早古生代构造 Ⅱ 级单元划分图

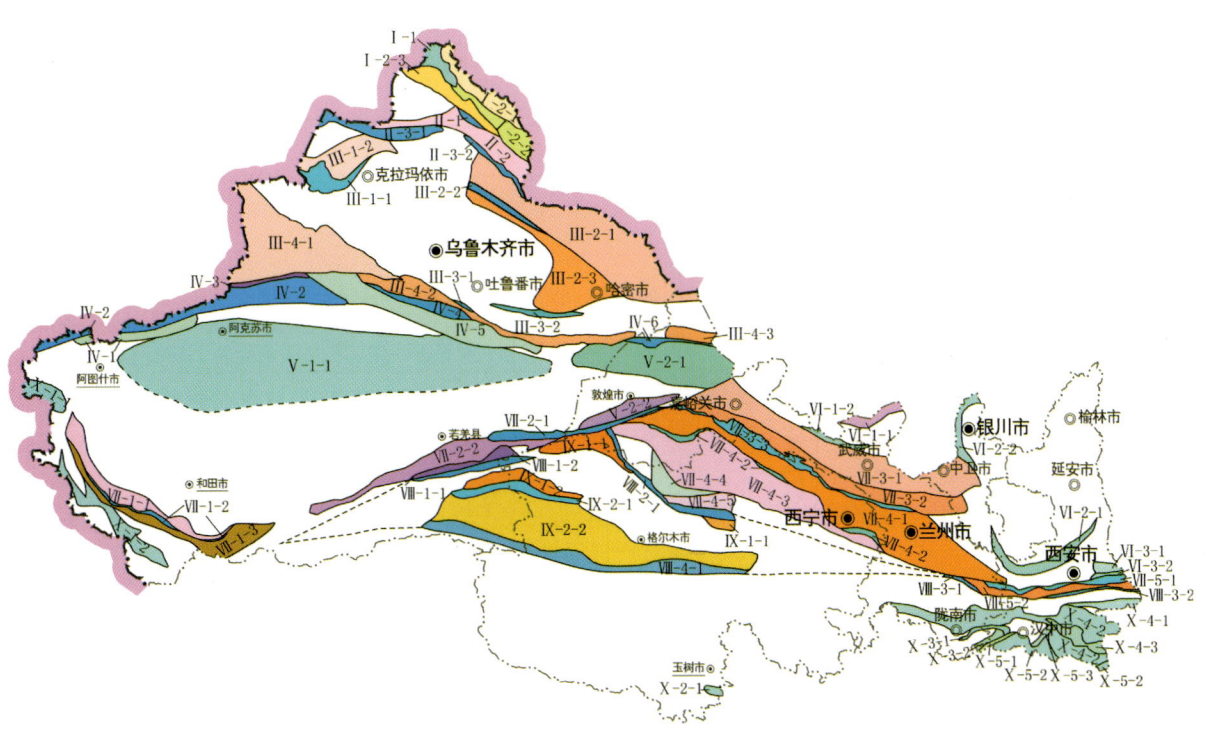

图 3-3 西北地区南华纪—早古生代 Ⅲ 级构造单元划分图

表 3-4 西北地区南华纪—早古生代（—中泥盆世）构造单元划分表

Ⅰ级构造单元	Ⅱ级构造单元（大相）	Ⅲ级构造单元（相）	Ⅳ级构造单元（相）
Ⅰ 西伯利亚板块	Ⅰ-1 阿尔泰被动陆缘（Nh—∈）		
	Ⅰ-2 阿尔泰弧盆系（O—D_2）	Ⅰ-2-1 阿尔泰岛弧（O—S）	
		Ⅰ-2-2 阿尔泰弧同-弧后盆地（O—D_2）：SSZ型蛇绿岩组合	
		Ⅰ-2-3 阿尔泰南缘增生弧（D_{1-2}）	Ⅰ-2-3-1 阿尔泰弧前盆地（D_{1-2}）
			Ⅰ-2-3-2 阿尔泰南缘岛弧（D_{1-2}）
			Ⅰ-2-3-3 阿尔泰弧后盆地（D_{1-2}）
Ⅱ 斋桑-额尔齐斯（查尔斯克-乔夏喀拉-布尔根）对接带（Pz_1—C_1）	Ⅱ-1 乔夏喀拉-布尔根蛇绿岩（Pz_1—C_1）		
	Ⅱ-2 北准噶尔洋内弧或岛弧（D_{1-3}—C_1）		
	Ⅱ-3 塔尔哈巴台-洪古勒楞-谢米斯台-阿尔曼泰蛇绿混杂岩带（Pz_1）	Ⅱ-3-1 塔尔哈巴台-洪古勒楞-谢米斯台蛇绿混杂带（Pz_1）	
		Ⅱ-3-2 阿尔曼泰蛇绿混杂带（Pz_1）	
Ⅲ 哈萨克斯坦-准噶尔联合板块	Ⅲ-1 西准噶尔弧盆系（O—D_2）	Ⅲ-1-1 唐巴勒-玛依拉麦里蛇绿构造混杂岩带（Pz_1）	
		Ⅲ-1-2 巴雷克岛弧-弧后盆地（S—D_2）	
	Ⅲ-2 东准噶尔-吐哈弧盆系	Ⅲ-2-1 三塘湖-阿包山复合岛弧带（O—D）	Ⅲ-2-1-1 三塘湖岛弧带（S—D）
			Ⅲ-2-1-2 三塘湖志留纪前陆盆地
			Ⅲ-2-1-3 三塘湖奥陶纪火山弧盆地
			Ⅲ-2-1-4 园包山（中蒙边境）岩浆弧（O—D_2）
		Ⅲ-2-2 卡拉麦里蛇绿构造混杂岩带（S—D_2）	
		Ⅲ-2-3 哈尔力克-大南湖岛弧（O—D_2）	Ⅲ-2-3-1 哈尔力克岛弧（O—D_2）
			Ⅲ-2-3-2 大南湖岛弧（O—D_2）
	Ⅲ-3 冰达坂-米什沟-康古尔结合带（O—S）	Ⅲ-3-1 冰达坂-米什沟蛇绿构造混杂岩带（S—D_2）	
		Ⅲ-3-2 康古尔断裂带（蛇绿混杂岩?）	

续表 3-4

Ⅰ级构造单元	Ⅱ级构造单元(大相)	Ⅲ级构造单元(相)	Ⅳ级构造单元(相)
Ⅲ哈萨克斯坦-准噶尔联合板块	Ⅲ-4 伊宁-博洛科努-巴伦台-公婆泉弧盆系（O—S—D$_2$）	Ⅲ-4-1 博洛科努陆缘弧（O$_2$—D）	Ⅲ-4-1-1 赛里木-伊犁被动陆缘（Nh—O$_1$）
			Ⅲ-4-1-2 博洛科努岩浆弧（O$_2$—D）
			Ⅲ-4-1-3 特克斯岩浆弧（O$_2$—D）
		Ⅲ-4-2 巴伦台-阿拉塔格岩浆弧（Pz）	
		Ⅲ-4-3 明水-公婆泉岛弧（O—D）	
Ⅳ南天山-那拉提-红柳河对接带	Ⅳ-1 西南天山残留海盆地（D—C）		
	Ⅳ-2 东阿莱-哈尔克山北坡高压-超高压变质增生带（Pz$_1$—D）		
	Ⅳ-3 哈尔克山北坡高压-超高压变质带（S—D$_1$）		
	Ⅳ-4 乌瓦门-拱拜子蛇绿混杂岩带（S—D）		
	Ⅳ-5 额尔宾山残留海盆地（D—C）		
	Ⅳ-6 红柳河-洗肠井蛇绿混杂岩带（Pz$_1$）		
Ⅴ塔里木板块	Ⅴ-1 塔里木陆块	Ⅴ-1-1 塔里木北缘裂谷-被动陆缘	Ⅴ-1-1-1 西南天山-阿克苏-库鲁克塔格被动陆缘（Nh—Pz$_1$）
			Ⅴ-1-1-2 贝义又西南华纪-震旦纪裂谷（Z—∈）
	Ⅴ-2 敦煌地块	Ⅴ-2-1 敦煌北缘被动-活动陆缘	Ⅴ-2-1-1 敦煌地块北缘被动陆缘（Z—S）
			Ⅴ-2-1-2 敦煌地块北缘前陆盆地（S—D）
			Ⅴ-2-1-3 敦煌地块北缘岩浆弧（O—S）
		Ⅴ-2-2 敦煌地块中南部活动陆缘	Ⅴ-2-2-1 敦煌地块中南部岩浆弧（O—S）
Ⅵ华北板块	Ⅵ-1 阿拉善地块（Pz）	Ⅵ-1-1 金昌台北-阿拉善右旗板内碱性花岗岩带（S）	
		Ⅵ-1-2 龙首山陆缘（冰碛岩）盆地（Nh—Z）	
	Ⅵ-2 鄂尔多斯-贺兰山中段陆表海-被动陆缘	Ⅵ-2-1 鄂尔多斯陆表海碳酸岩台地（Pz$_1$）	
		Ⅵ-2-2 贺兰山陆表海-被动陆缘盆地（Z—∈—O）	

续表 3-4

Ⅰ级构造单元	Ⅱ级构造单元（大相）	Ⅲ级构造单元（相）	Ⅳ级构造单元（相）
Ⅵ 华北板块	Ⅵ-3 小秦岭表海-斜坡盆地（Nh—O）	Ⅵ-3-1 小秦岭中北部陆表海（Z—O）	
		Ⅵ-3-2 小秦岭南部华北南缘斜坡-坳陷盆地（Nh—Z，陶湾群）	
Ⅶ 西昆仑-阿尔金-祁连山-北秦岭增生造山带	Ⅶ-1 西昆仑弧盆系	Ⅶ-1-1 奥依塔克-塔木其（塔南）岛弧（O—S）	
		Ⅶ-1-2 库地-祁曼于特蛇绿混杂岩带（Pz₁）叠接带	Ⅶ-1-2-1 库地蛇绿混杂岩带（Pz₁）
			Ⅶ-1-2-2 祁曼于特蛇绿混杂岩带（Pz₁）
		Ⅶ-1-3 柳什塔格-上其汗岛弧（O—S）（中昆仑地块）	
	Ⅶ-2 阿尔金弧盆系	Ⅶ-2-1 红柳沟-拉配泉蛇绿混杂岩带（∈—S）叠接带	
		Ⅶ-2-2 阿中岩浆弧（Pz₁）	Ⅶ-2-2-1 阿中奥陶纪-志留纪岩浆弧（Pz₁）
	Ⅶ-3 北祁连弧盆系	Ⅶ-3-1 走廊弧后盆地（O）-弧后前陆盆地（S）	Ⅶ-3-1-1 走廊寒武纪-奥陶纪被动陆缘
			Ⅶ-3-1-2 走廊奥陶纪弧后盆地
			Ⅶ-3-1-3 走廊志留纪弧后前陆盆地
		Ⅶ-3-2 走廊南山岛弧（∈—O）	
		Ⅶ-3-3 北祁连蛇绿混杂岩带（O—S）叠接带	
	Ⅶ-4 中-南祁连弧盆系	Ⅶ-4-1 中祁连岩浆弧（O—S）	
		Ⅶ-4-2 党河南山-拉脊山蛇绿混杂岩带（O—S）叠接带	Ⅶ-4-2-1 大道尔吉-党河南山蛇绿混杂岩带
			Ⅶ-4-2-2 木里蛇绿混杂岩带
			Ⅶ-4-2-3 拉脊山蛇绿混杂岩带
		Ⅶ-4-3 南祁连岩浆弧	Ⅶ-4-3-1 南祁连北缘岛弧（O—S）
			Ⅶ-4-3-2 南祁连前陆盆地（S）
			Ⅶ-4-3-3 土尔根达坂-天峻同碰撞岩浆带（S）
		Ⅶ-4-4 全吉被动陆缘（Nh—O）	

续表 3-4

Ⅰ级构造单元	Ⅱ级构造单元（大相）	Ⅲ级构造单元（相）	Ⅳ级构造单元（相）
Ⅶ西昆仑-阿尔金-祁连山-北秦岭增生造山带	Ⅶ-4 中-南祁连弧盆系	Ⅶ-4-5 滩间山岩浆弧（∈—O）	
	Ⅶ-5 北秦岭弧盆系	Ⅶ-5-1 早古生代宽坪蛇绿混杂岩带（∈—O）	
		Ⅶ-5-2 北秦岭岩浆弧（Pz$_1$）	
Ⅷ茫崖-柴北缘-东昆南-商丹对接带	Ⅷ-1 阿南结合带	Ⅷ-1-1 江尕勒萨依-巴什瓦克高压变质增生杂岩带（Nh—∈）	
		Ⅷ-1-2 阿帕-茫崖蛇绿混杂岩带（Z—S）	
	Ⅷ-2 柴北缘结合带	Ⅷ-2-1 柴北缘蛇绿混杂岩带（∈—S）	
	Ⅷ-3 商丹结合带	Ⅷ-3-1 鸳鸯镇-鹦鹉嘴蛇绿混杂岩带（Pz$_1$）	
		Ⅷ-3-2 商丹蛇绿混杂岩带（Pz$_1$）	
	Ⅷ-4 南昆仑结合带	Ⅷ-4-1 东昆仑南坡俯冲增生杂岩带（Pz$_1$—D$_2$）	
Ⅸ柴达木-东昆仑增生造山带	Ⅸ-1 柴达木地块（弧盆系）	Ⅸ-1-1 柴达木地块北缘岩浆弧（∈—O）	
		Ⅸ-1-2 柴达木地块南缘（祁漫塔格北坡）岩浆弧-弧后前陆盆地（O—S）	
	Ⅸ-2 东昆仑弧盆系	Ⅸ-2-1 祁漫塔格南坡蛇绿混杂岩带（Pz$_1$）或岩浆弧（O—S）	
		Ⅸ-2-2 北昆仑岩浆弧（中昆仑-布尔汗布达地块）（Pt$_3$—D$_2$）	
Ⅹ华南-北羌塘板块	Ⅹ-1 阿克赛钦（塔什库尔干）-甜水海被动陆缘	Ⅹ-1-1 塔什库尔干被动陆缘（O—S）	
		Ⅹ-1-2 甜水海被动陆缘（∈—S）	
	Ⅹ-2 昌都地块	Ⅹ-2-1 昌都地块奥陶纪裂合	
	Ⅹ-3 摩天岭地块	Ⅹ-3-1 临江-茶店被动陆缘（Z—∈）	
		Ⅹ-3-2 摩天岭陆缘裂合（Nh）	
	Ⅹ-4 中-南秦岭地块	Ⅹ-4-1 中秦岭陆表海（Z—O）	
		Ⅹ-4-2 西倾山-南秦岭陆缘裂合-被动陆缘（Pz$_1$）	Ⅹ-4-2-1 西倾山陆缘裂合带（O—S）
			Ⅹ-4-2-2 南秦岭陆缘裂合带（Pz$_1$）
			Ⅹ-4-2-3 南大巴山陆缘裂合带（Pz$_1$）
	Ⅹ-5 上扬子地块	Ⅹ-4-3 平利-牛山陆缘裂合-被动陆缘（Nh—Z—∈$_1$）	
		Ⅹ-5-1 扬子地块西北缘陷带（S）	
		Ⅹ-5-2 米仓山-大巴山被动陆缘（Nh—S$_1$）	
		Ⅹ-5-3 西乡陆缘裂合（Nh）	

第七节 大地构造相特征

一、西伯利亚板块

作为西伯利亚板块的南缘，西北地区早古生代仅保留阿尔泰被动陆缘（Nh—∈）和阿尔泰弧盆系（O—D_2）2个Ⅱ级构造单元；后者自北向南可进一步划分为阿尔泰岛弧（O—S）、阿尔泰弧间-弧后盆地（O—D_2）、阿尔泰南缘增生弧（D_{1-2}）3个Ⅲ级构造单元。要说明的是，上述各单元在空间上的划分，仅仅是根据南华纪—中泥盆世地质体出露的主体（优势相）。实际上，不同时代不同构造环境的地质体的发育是相互叠加的，地质体的出露是互相穿插的。

1. 阿尔泰被动陆缘（Nh—∈）

阿尔泰被动陆缘主要分布于阿尔泰—富蕴一线以北，由南华纪富蕴群斜长角闪片岩、斜长角闪片麻岩所夹的绢云片岩和震旦纪—早奥陶世喀纳斯群低绿片岩相巨厚类复理石陆缘碎屑岩组成。

喀纳斯群砂板岩中夹少量安山岩，与俄罗斯"阿尔泰系""蒙古阿尔泰系"可以对比，根据微古植物化石及中—晚奥陶世火山磨拉石建造判断为震旦纪—寒武纪。富蕴群在额尔齐斯河下游的斜长角闪片岩、斜长角闪片麻岩所夹的绢云片岩中获大量南华纪—震旦纪微古植物化石；混合岩及片麻岩中获U-Pb表面年龄785～779Ma；在变质岩和大理岩中含微古植物化石：*Leiominusscula minuta*，*Leiopsophosphaera densa*，*Micrhystridium mininum*（阎永奎定为震旦纪）；在乌夏沟口至富蕴县城西的斜长角闪岩、角闪岩、石榴黑云片麻岩中获Sm-Nd等时线年龄为1060±128Ma（新疆地质矿产局第二区域地质调查队，1990）。

以往将该套以复理石为特征的很少有火山岩的碎屑岩沉积，划归西伯利亚板块南缘的被动陆缘。何国琦（1990）研究认为该套陆缘碎屑成分成熟度高，且很少有火山物质，并且震旦纪—早奥陶世时西伯利亚古陆与阿尔泰之间，还隔着蒙古湖区洋盆，碎屑的来源不可能是西伯利亚古陆，而可能来自西南侧（现在方位）被后来的地质作用所破坏和掩盖的某个古陆（泛准噶尔古陆）。龙晓平等（2006）通过CL、LA-ICP-MS和MC-ICP-MS对哈巴河群（喀拉斯群）的碎屑锆石进行测定后，得出喀纳斯群为中—晚寒武世（504～468Ma）的火山弧和岩浆弧（可能为弧前或弧后盆地）沉积的新认识（Windley et al，2002；Sun et al，2006）。

2. 阿尔泰岛弧（O—S）

阿尔泰奥陶纪—志留纪岛弧分布在富蕴—阿尔泰一线及其以北，主体由奥陶纪—志留纪弧侵入岩构成（图3-4）。

弧侵入岩东部主要由奥陶纪—志留纪英云闪长岩-闪长岩-石英闪长岩组合组成，反映了TTG组合性质，属于岛弧岩浆岩外带岩石构造组合；围岩为前南华纪克木齐岩群（Pt_1）和苏普特岩群（Pt_2）中深变质岩及奥陶纪—志留纪岩浆弧变质杂岩。英云闪长岩获得458.6±5.1Ma的锆石U-Pb年龄。西部主要由奥陶纪—志留纪斜长花岗岩-花岗闪长岩-二长花岗岩组合组成，属于岛弧岩浆岩内带，围岩主体为

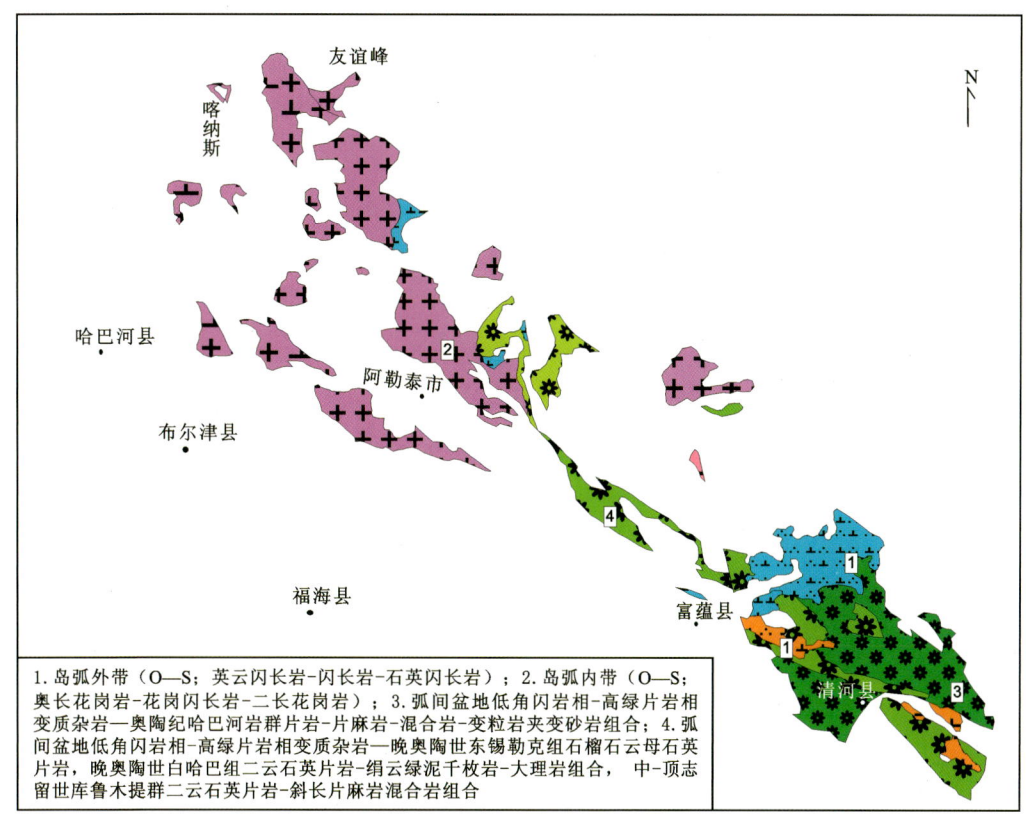

图 3-4 阿尔泰奥陶纪—志留纪岛弧岩石构造组合结构图

南华纪—寒武纪喀纳斯群碎屑岩。由侵入岩岩石构造组合从东部偏中性的 TTG 组合，向西部更酸性的花岗岩组合的空间分布，初步判断其俯冲极性自东向西。然而，基本同时期的构造蛇绿混杂岩却出现于其南部(阿尔曼泰)或其北部更远地区(蒙古湖)，目前与哪个蛇绿混杂岩相配不得而知。这可能与晚古生代及其以后的构造破坏相关。

花岗闪长岩中获得锆石 U-Pb 年龄 453.7±7.9Ma，二长花岗岩中获得锆石 U-Pb 年龄 420±5Ma。在冲乎尔的片麻状斜长花岗岩中获 SHRIMP 锆石年龄 413±3.8Ma，为晚志留世同碰撞的 S 型花岗岩(曾乔松等，2006)，可能为奥陶纪—志留纪造山事件末期构造岩浆活动的产物。大青格里河岩体呈岩基状侵入元古宇又被晚泥盆世辉长岩体侵入，主要岩性为片麻状黑云母花岗岩、白云母二长花岗岩、黑云母二长花岗岩、黑云母斜长花岗岩，全岩 Rb-Sr 等时线年龄 408Ma，锆石 U-Pb 等时线年龄 401.8Ma(邹天人等，1988)，单颗粒锆石 U-Pb 年龄 440～396Ma(李天德，1995)；哈龙-巴利尔斯岩体呈岩基、岩席状侵位于志留系中，主要为片麻状黑云母花岗岩，全岩 Rb-Sr 等时线年龄 401～377Ma(张湘炳等，1996)；大卡拉苏一带辉长岩类侵入克姆齐群，全岩及矿物 Sm-Nd 等时线年龄 397Ma(陈毓川等，1995)；诺尔特地区的塔斯比克都尔根黑云母二长花岗岩、塔斯比克白云母二长花岗岩等锆石 U-Pb 年龄 440～396Ma(袁峰等，2001)。这些岩体多属同碰撞-后碰撞侵入岩，反映了早古生代碰撞造山事件。

3. 阿尔泰弧间-弧后盆地($O—D_2$)

沿着富蕴—阿尔泰—阿舍勒一线，分布有晚奥陶世的东锡勒克组和白哈巴组、中—顶志留世库鲁木提群、早泥盆世康布铁堡组、中泥盆世阿勒泰组。它们构成了奥陶纪—中泥盆世与岩浆弧有关的弧间-弧后盆地岩石构造组合。

基本以阿尔泰市附近为界,以西基本未变质或发生低绿片岩相浅变质的中—晚奥陶世东锡勒克组为一套中酸性火山岩含霏细岩、英安岩、安山岩、熔结凝灰岩等,底部为灰绿色凝灰质底砾岩不整合于下伏地层之上,其上被白哈巴组一套浅变质的灰色、灰绿色钙质粉砂岩、含砾砂岩、生物灰岩整合或假整合所覆,上部灰岩中含 *Plasmoporella*,*Helisites* 等晚奥陶世卡拉道克—阿什极尔期分子。前者反映了弧中酸性火山岩组合,后者分布于西部远离弧的部位,可能反映了更靠近陆地一侧的沉积组合,属阿尔泰造山带主碰撞期弧后前陆盆地相的楔顶盆地亚相。中—顶志留世库鲁木提组砂岩-粉砂岩-凝灰岩夹石英斑岩、霏细岩组合,其中含 *Favosites forbesi*(李承三,1947),属主碰撞期后类似早古生代弧后前陆盆地相的前渊盆地亚相。早泥盆世康布铁堡组酸性火山岩(石英角斑岩、流纹斑岩)夹火山角砾岩、凝灰质砂岩;中泥盆世阿勒泰组砂岩-粉砂岩-碳质泥岩夹凝灰岩、灰岩,反映了与岛弧相关的弧间-弧后盆地沉积-火山岩层序及岩石组合特点。近年来的地质调查发现有 SSZ 型蛇绿混杂岩产出,反映弧后扩张脊洋壳残留。

阿尔泰以东与弧相关的奥陶纪—志留纪—中泥盆世沉积均发生了高绿片岩相—低角闪岩相变质,东锡勒克组主要为石榴云母石英片岩等;白哈巴组主要为二云石英片岩-绢云绿泥千枚岩-大理岩组合;库鲁木提群为二云石英片岩-斜长片麻岩-混合岩组合;康布铁堡组为钠长阳起片岩-石英片岩夹流纹岩-黑云石英片岩组合;阿勒泰组为变流纹岩-钠长阳起片岩-绢云石英片岩夹变砂岩组合。变质地层与奥陶纪—中泥盆世的弧外带 TTG 岩系密切相伴,而远离 TTG 岩系的西部,地层变质较浅或未变质,似乎反映了板块边缘的高热流区岛弧变质杂岩特点。

近年来的碎屑锆石研究取得了进展(Windley et al,2002;Sun et al,2006);康布铁堡组变质砂岩沉积于早志留世(432Ma)之后,主要来自寒武纪—奥陶纪岛弧岩浆岩,搬运距离短,沉积于弧前或弧后盆地环境;阿勒泰组的石榴矽线片麻岩形成于早泥盆世,可能是与岛弧碰撞有关的区域变质作用的产物,其原岩来自新生的寒武纪—奥陶纪岛弧岩浆岩。

4. 阿尔泰南缘增生弧(D_{1-2})

该带呈北西向分布于阿尔泰南缘,北西与哈萨克斯坦-俄罗斯境内的"东北挤压带"阿尔泰南缘火山-深成岩带对比。在新疆位于冲乎儿-康布铁堡断裂南。带内主要由泥盆系、石炭系构成,构造极其复杂,片理化及糜棱岩化发育,变质程度各异,由北而南的逆冲断裂常见,为南侧(现在方位)斋桑-额尔齐斯洋盆向北俯冲消减所形成的增生弧。

早泥盆世称康布铁堡组(D_1k),相当于艾姆斯阶,是铁、铜、铅、锌的重要含矿层位。其是以酸性火山岩为主的火山-火山碎屑岩-陆缘碎屑岩建造,各地变质程度差异甚大。由其中的斜长角闪岩、斜长角闪片岩的岩石化学分析成果进行原岩恢复,相当于细碧岩、玄武岩的基性熔岩,属细碧-角斑岩建造。阿尔泰市骆驼峰枕状熔岩 Rb-Sr 等时线年龄为 $380±27$Ma,可代表此拉张期产物;中泥盆统由阿舍勒组具浊积岩特征的复理石建造、碳酸盐岩及细碧-角斑岩等所构成,是块状硫化物多金属矿床的重要含矿层位,属弧前盆地相的弧前增生楔亚相。

与之相关的弧侵入岩主要以闪长岩-角闪闪长岩-英云闪长岩组合为代表,近年来获得了大量高精度锆石 U-Pb 测年资料(英云闪长岩:$378±6$Ma、$399±4$Ma、$400±6.7$Ma,角闪闪长岩:$408±6$Ma),反映了岩浆弧构造岩浆事件。

二、斋桑-额尔齐斯(查尔斯克-乔夏喀拉-布尔根)对接带(Pz_1—C_1)

在早古生代-晚古生代初期,斋桑-额尔齐斯(查尔斯克-乔夏喀拉-布尔根)构造带属西伯利亚板块与哈萨克斯坦-准噶尔-吐哈联合板块之间的对接缝合带。此对接缝合带主要包括南部的塔尔哈巴台-洪古勒楞-谢米斯台—阿尔曼泰早古生代蛇绿混杂带(Pz_1)、北部的乔夏喀拉-布尔根早古生代—早泥盆世蛇绿混杂岩带(Pz_1—C_1)和它们之间夹持的泥盆纪北准噶尔洋内弧或弧后盆地(D_{1-3}—C_1)3个Ⅱ级构造单元;考虑到南部混杂岩带中部被后期新生代准噶尔盆地所覆盖,故将其分为东、西两个部分,即西部的塔尔哈巴台-洪古勒楞-谢米斯台蛇绿混杂带(Pz_1)和东部的阿尔曼泰蛇绿混杂带(Pz_1)2个Ⅲ级构造单元。

1. 塔尔哈巴台-洪古勒楞-谢米斯台-阿尔曼泰早古生代蛇绿混杂带(Pz_1)

(1)塔尔哈巴台-洪古勒楞-谢米斯台蛇绿混杂带(Pz_1):自塔城新生代盆地以北的塔尔巴哈台向东,经谢米斯台-和布克赛尔至洪古勒楞一线,构造线方向近东西向,与其南的西准噶尔本部斜交并以韧性剪切带接触。沿该带断续分布着早古生代的蛇绿岩残块及其相关的构造混杂岩。1:5万区域地质调查在塔城北部塔尔巴哈台山克恩萨依一带(新疆第一区域地质调查队,2012)、1:25万区域地质调查在额敏铁厂沟-白杨河北的谢米斯台山南坡[中国地质大学(武汉),2012]新填绘出早古生代(初步认为奥陶纪)蛇绿岩残块,其中塔城北蛇绿岩由蚀变辉长岩、蛇纹岩和硅质岩组成,辉长岩 SHRIMP 年龄为 $478.3\pm3.3Ma$(朱永峰,2006),其上被 392Ma 的早泥盆世火山角砾岩不整合覆盖;洪古勒楞橄长岩、辉长岩、斜长岩、斜长花岗岩、辉绿岩 Sm-Nd 等时线年龄为 $626\pm23Ma$(黄建华等,1995),在蛇绿岩组合的堆晶岩中,张驰于1992年曾获 Sm-Nd 等时线年龄 $444\pm27Ma$;洪古勒楞蛇绿混杂岩之上被中—晚志留世弧后前陆盆地前渊盆地亚相(火山复理石)不整合覆盖。附近并见有晚奥陶世的磨拉石夹坍塌堆积建造,反映早古生代洋盆的封闭。

(2)阿尔曼泰蛇绿混杂带(Pz_1):位于东准噶尔扎河坝—阿尔曼泰一带,呈北西向断续延伸,由早古生代蛇绿混杂岩相的蛇绿岩亚相及洋岛海山亚相组成,前者主要由玄武岩、辉绿岩、斜长花岗岩、辉长岩、蚀变斜辉橄榄岩等被肢解了的蛇绿岩残块所组成,后者有糜棱岩化凝灰岩、层凝灰岩、放射虫硅质岩、豹皮灰岩。阿尔曼泰蛇绿岩兔子泉斜长花岗岩 SHRIMP 锆石 U-Pb 年龄为 $503\pm7Ma$(肖文交,2006),扎河坝地区堆晶橄榄岩的全岩、辉石、长石等矿物 Sm-Nd 等时线年龄为 $479\pm27Ma$(刘伟等,1993),硅质岩中放射虫化石为奥陶纪;简平等(2003)在扎河坝蛇绿岩辉长岩中获 SHRIMP 年龄 $489\pm4Ma$。1:25万富蕴幅(新疆地质调查院,2012)在扎河坝蛇绿岩的玄武岩和辉长岩中新获得锆石 U-Pb(LA-ICP-MS)同位素年龄分别为 $517.5\pm4Ma$、$498.8\pm3Ma$;1:25万滴水泉幅(陕西区域地质调查研究院,2012)在阿尔曼泰山西段结勒德喀拉的辉长岩中获 LA-ICP-MS 锆石 U-Pb 年龄 $507.6\pm3.9Ma$。这些资料说明阿尔曼泰蛇绿岩的形成时代多介于晚寒武世—早奥陶世之间。蛇绿岩所遭受后期变质的时间为 $392\pm17Ma$(黄萱等,1997)。

根据分布于阿尔曼泰蛇绿混杂岩带以北的晚奥陶世岛弧建造(乌列盖组安山岩-流纹岩-砂岩组合和大柳沟组安山岩-英安岩夹砂岩组合)、以南的奥陶纪弧火山岩盆地(早—中奥陶世恰干布拉克组基性火山岩-安山岩组合、晚奥陶世大柳沟组安山岩-英安岩-流纹岩组合)和志留纪具有水下磨拉石沉积性质的前陆盆地凝灰质砂板岩组合(晚—顶志留世克克雄库都克组),可以推测洋壳具有双向俯冲的可能,碰撞可能发生在早—中志留世。

在早古生代蛇绿混杂岩之上,发育了早—中泥盆世火山弧沉积-火山建造,包括早泥盆世和布克赛尔组海相砂岩-灰岩-凝灰质砂岩组合;中泥盆世蕴都喀拉组海陆交互相砂岩-灰岩-凝灰质砂岩组合,查干山组海相砾岩-砂岩组合。即前人所称的塔尔巴哈台-阿尔曼泰古生代岛弧、赛米斯台岛弧,可能与北部泥盆纪萨乌尔岛弧和南部的巴尔雷克岛弧为同一构造环境,原来的早古生代蛇绿混杂岩已成为基底。

2. 乔夏喀拉-布尔根早古生代—早石炭世蛇绿混杂岩带(Pz_1—C_1)

区域上为斋桑—额尔齐斯对接带(呈北西走向,西北自哈萨克斯坦查尔斯克,经斋桑泊和中国额尔齐斯河流域至富蕴以南—青河地区延入蒙古国)的组成部分。

从物质组成上看,该带南部主要为早石炭世滑混堆积和晚石炭世的陆相磨拉石建造;北部物质组成复杂,有变质年龄为 2600 ± 100Ma 和大于 1000Ma 的榴辉岩、角闪岩、片岩、片麻岩等,有早寒武世的碧玉、石英岩质泥砾岩、辉绿玢岩、细碧岩、硅质页岩,有泥盆纪的基性—中性火山岩、凝灰岩、硅质岩和礁灰岩,还有石炭系等。从组成物质性质上看,有代表洋壳残片的已被肢解破碎的蛇绿岩,幔源基性—超基性岩,也有属于古陆壳变质的硅铝质片麻岩、片岩等。

该带构造十分复杂,上述各类岩石多呈规模不等的岩块产出,横向几乎无法对比,韧性剪切普遍,北部尤其强烈,表现为构造混杂岩特征;同时叠瓦状逆掩断层、韧性剪切带十分发育,组成系列推覆岩片。

乔夏喀拉-布尔根蛇绿岩向东与南蒙古蛇绿岩带相连,向西与查尔斯克蛇绿岩相连,构成一条巨大的跨国蛇绿岩带。科克森它乌一带有少量规模很小的超基性岩-蛇绿岩,由二辉橄榄岩、奥长花岗岩、基性火山熔岩及放射虫硅质岩等组成。其中放射虫时代为早泥盆世,奥长花岗岩中锆石 U-Pb 年龄 390Ma 左右,周汝洪(1991)在辉长岩中曾获得 U-Pb 年龄 370~360Ma,其上被下石炭统不整合覆盖。随着近年工作获得的新资料,锡伯渡-乔夏喀拉和玛因鄂博山南的克孜勒塞依基性—超基性杂岩带外,还见有泥盆纪的基性—中性火山岩、玻镁安山岩(Boninite)、枕状熔岩、放射虫硅质岩和复理石沉积。何国琦等(1990)通过对放射虫的研究,认为其时代不晚于志留纪—奥陶纪。布尔根蛇绿混杂岩基质主要由糜棱岩化的火山岩、凝灰岩和破碎强烈的火山碎屑岩与硅质岩、洋岛玄武岩组成了蛇绿混杂岩相的洋岛海山亚相;蛇绿岩块主要有碳酸岩化的超镁铁岩、玄武岩、辉长岩岩块等,玄武岩具有 OIB 和 IAB 特征,拉斑玄武岩 SHRIMP 锆石年龄 352Ma(何国琦等,2010),为早石炭世。

综合额尔齐斯构造带物质组成、构造关系等,结合查尔斯克及南蒙古蛇绿岩带特征,前人认为洋盆闭合于早石炭世的维宪期—谢尔普霍夫期,其上被晚石炭世—二叠纪的陆相磨拉石建造覆盖(中欧亚八国联合编图的统一图例,2002)

3. 北准噶尔洋内弧或岛弧(D_{1-3}—C_1)

北准噶尔洋内弧或岛弧,即哈巴河县晚古生代岩浆弧(D—C_1),位于萨乌尔山—乔夏喀拉—老山口一带,夹于乔夏喀拉-布尔根早古生代—早石炭世蛇绿混杂岩带与洪古勒楞-谢米斯台-阿尔曼泰早古生代蛇绿混杂带之间,向东、向西延出国境。

该构造带主要以泥盆纪—早石炭世岛弧型钙碱性玄武岩-安山岩-流纹岩建造及火山-沉积建造为主,西部中泥盆世萨乌尔山组为安山质晶屑凝灰岩、安山质角砾熔岩、安山玢岩等不均匀互层夹硅质岩及凝灰砾岩透镜体,该地层中所含的火山岩均属钙碱性系列,反映了岛弧火山-沉积特点;东部中泥盆统见有很厚的苦橄岩及玻安岩建造等,构成了独特的大洋环境建造组合,属洋内弧相的火山弧亚相。该岛弧内深成岩浆建造以花岗岩类为主,其次有少量辉长岩、石英闪长岩。

综合整个对接带早古生代—早石炭世的岩石构造组合特征及其所反映的构造环境变迁,可以看出对接带的闭合过程似乎总体分为两个阶段:第一阶段是早古生代,从其南、北岛弧建造的时限看,主要为奥陶纪(如果喀纳斯群寒武纪—奥陶纪岛弧确切,应该早于奥陶纪)开始向南、向北双向俯冲;志留纪前陆盆地的发育说明碰撞可能开始于早—中志留世;第二阶段是泥盆纪—早石炭世,对接带北部的额尔齐斯-乔夏喀拉-布尔根构造带主体是晚古生代,其南、北均发育了早—中泥盆世岩浆弧(洋内弧、岛弧和大陆边缘弧均有),南部覆盖了早古生代塔尔巴哈台-阿尔曼泰蛇绿混杂岩及其两侧早古生代弧-前陆盆地;何国琦等(2010)报道的最晚的布尔根蛇绿岩年龄为352Ma,属早石炭世早期,其南部萨乌尔山—老山口一带还有局限的早石炭世弧,并在额尔齐斯带局限发育石炭纪不含蛇绿岩的构造混杂岩,因此我们认同中欧亚八国联合编图中洋盆在早石炭世维宪期闭合的观点。

三、哈萨克斯坦-准噶尔联合板块

哈萨克斯坦-准噶尔联合板块位于早古生代—早石炭世查尔斯克-乔夏喀拉-布尔根对接带和南天山-那拉提-红柳河对接带之间,由发育在前南华纪古地块之上的早古生代奥陶纪—中泥盆世时期的3个弧盆系[西准噶尔弧盆系($O—D_2$)、东准噶尔-吐哈弧盆系($O—D_2$)、伊宁-博洛科努-巴伦台-公婆泉弧盆系($O—S—D_2$)和1个早古生代结合带[冰达坂-米什沟-康古尔结合带($O—S$)]共4个Ⅱ级构造单元构成,并进一步区分出6个岛弧或陆缘弧、4个蛇绿混杂岩带共10个Ⅲ级构造单元和若干个Ⅳ级构造单元。

1. 西准噶尔弧盆系($O—D_2$)

该弧盆系包括了唐巴勒-玛依拉蛇绿构造混杂岩带(Pz_1)及其西北的巴雷克岛弧-弧后盆地($S—D_2$)2个Ⅲ级构造单元。

(1)唐巴勒-玛依拉蛇绿构造混杂岩带:主体由奥陶纪、志留纪(?)和早泥盆世3个时段分别出露于唐巴勒、玛依拉和达拉布特的构造蛇绿混杂岩构成俯冲增生杂岩相。

奥陶纪唐巴勒蛇绿混杂岩由早奥陶世具深水盆地沉积特征的粉砂岩、千枚岩、硅质岩夹浊积岩、中酸性凝灰岩等(拉巴组和图龙果依组)和中奥陶世中基性火山岩、放射虫硅质岩及蛇绿岩(科克萨依组)、高压麻粒岩组成,地层中产 *Maclurites*,*Remopleurides* 等化石,为早古生代洋盆俯冲增生杂岩含蛇绿岩碎片的浊积岩亚相。

在唐巴勒蛇绿混杂岩东南侧夹有原划早—中奥陶世拉巴组石英片岩-绿片岩-斜长角闪岩组合,可能反映了岛弧变质杂岩特征。而可能反映岛弧火山-沉积岩组合的晚奥陶世科克萨依组凝灰质砂岩-硅质岩、基性-中性-酸性火山岩组合,及反映与岛弧有关的弧间或弧后盆地沉积早—中奥陶世图龙果衣组凝灰质砂岩-板岩-千枚岩组合出现在前述唐巴勒蛇绿混杂岩的东侧,这是否反映了其俯冲的极性是向东而不是向西,还需要查明后期构造的改造及地块旋转等后作出具体判断。

唐巴勒出露的奥陶纪蛇绿混杂岩带中,肖序常等(1992)曾在其伴生的斜长花岗岩内获得525~508Ma的同位数年龄值,黄宣等(1997)获得蛇绿岩全岩 Sm-Nd 等时线年龄为477±56Ma,张驰等(1992)曾获得489±53Ma的年龄值,与蛇绿岩相伴的蓝闪石^{40}Ar-^{39}Ar年龄为470~458Ma(张立飞,1997)。上述年龄信息整体反映了寒武纪晚期—奥陶纪早期时限。蛇绿岩之上为不整合覆盖的下志留统恰尔尕也组紫红色、浅灰色凝灰质粉砂岩、细砂岩夹砂砾岩,其中含 *Monogroptus sedgewiceii* 等笔石化石,在其底砾岩的人工重砂中分离出大量蛇纹石、橄榄石、铬铁矿和蓝闪石矿物碎屑(肖序常等,1992),说明该洋盆曾一度封闭并遭受剥蚀,具弧后前陆盆地相前渊盆地亚相性质。

玛依拉蛇绿混杂岩分布于玛依拉山和巴尔雷克一带,产于原划中—晚志留世玛依勒山组中,呈断块与辉绿岩、紫红色火山细碎屑岩、玄武岩、细碧岩、紫红色碧玉岩及青灰色放射虫硅质岩共生,并在凝灰质粉砂岩中曾分离出文洛克期的放射虫,反映洋壳再次拉伸或者早古生代洋盆消亡后的残余洋盆。其上被中泥盆世以火山碎屑岩为主的库鲁木迪组不整合覆盖。

对于玛依拉蛇绿岩的地质时代的不同看法主要包括:新疆有色地质勘查局701队于2009年对玛依勒山组中的基性熔岩进行全岩Rb-Sr测年,所获数据为435.3 ± 6.5Ma和432.5 ± 7.4Ma;朱永峰等(2007)在克拉玛依附近相当于太勒古拉组的枕状玄武岩中发现517Ma锆石不协和年龄并具OIB性质,及大于1800Ma的残留锆石,反映其中含有寒武纪的洋岛型蛇绿岩及更老地壳的再循环物质。根据1:25万托里幅及1:5万区域地质调查(陕西区域地质调查研究院,2012),玛依拉蛇绿岩及北邻的巴尔雷克蛇绿岩的多个锆石U-Pb年龄均在520~490Ma之间(寒武纪),且在玛依拉蛇绿岩硅质岩中发现中—晚奥陶世放射虫,认为这多处蛇绿岩残块均与南部的唐巴勒蛇绿岩形成时代相同。上述锆石U-Pb测年近乎一致,但在几近相同的组合中分离出了中—晚奥陶世和志留纪文洛克期的放射虫,这样矛盾的资料到底是什么原因,还值得进一步研究后作出解释。

达拉布特蛇绿混杂岩带主要由变质橄榄岩、少量堆晶岩(辉长岩质、辉石岩质)、辉长岩、枕状玄武岩、辉绿岩及放射虫硅质岩等组成,构成了泥盆纪俯冲增生杂岩的含蛇绿岩碎片浊积岩亚相。张弛等(1992)测得蛇绿岩岩块Sm-Nd同位素年龄395Ma,肖序常等(1990)根据下部洋壳中所含的放射虫等认为可能属早泥盆世。刘希军等(2009)认为达拉布特蛇绿岩形成于弧后环境,属于弧后扩张脊的产物;辜平阳等(2009)在该蛇绿岩组分的辉长岩中获锆石的LA-ICP-MS测年数据391.1 ± 6.8Ma,总体显示为早—中泥盆世时限。

(2)巴尔雷克岛弧-弧后盆地(S—D_2):位于谢米斯台以南,巴尔雷克新生代断裂东、西两侧。中—顶志留世玛依勒山组火山细碎屑岩、玄武岩、细碧岩、紫红色碧玉岩及青灰色放射虫硅质岩(南部),属于靠近岛弧部分的弧后盆地火山-沉积岩岩石构造组合。

早—中泥盆世下部海相、上部陆相的岛弧中基性—中酸性火山岩-沉积岩组合,其中包括早泥盆世马拉苏组海陆过渡相安山岩-玄武岩-流纹岩组合夹凝灰质碎屑岩类及生物灰岩团块,中泥盆世库鲁木迪组火山碎屑岩-正常碎屑岩组合夹少量安山岩、流纹岩、粗面岩及硅质岩和巴尔雷克组陆源碎屑岩夹少量凝灰质碎屑岩及砂质灰岩,北部中泥盆世北塔山组安山质火山岩、火山碎屑岩夹长石砂岩和生物灰岩,萨吾尔山组安山质火山岩及火山碎屑岩夹有硅质岩和粉砂岩(盖于谢米斯台-洪古勒楞早古生代蛇绿混杂岩之上并与萨乌尔岛弧连为一体),及出露于东北部的查干山组海相砾岩-凝灰质砂岩、粉砂岩夹生物碎屑灰岩组合与呼吉尔斯特组海陆交互相砂砾岩-粉砂岩夹安山质熔岩及火山碎屑岩组合。这些岩石组合充分体现了弧后盆地的沉积特征。在南部早—中泥盆世库鲁木迪组和巴尔雷克组与下伏志留系为角度不整合关系,反映了志留纪末的汇聚构造事件。早—中泥盆世火山岩组合的垂向变化,即由玄武质向碱性粗面质火山岩转变,标志着相邻岛弧由不成熟岛弧向成熟岛弧演化,而弧后盆地伴随着这一演化进程。

在库鲁木迪组底砾岩英云闪长岩砾石中获得锆石U-Pb测年结果为444.0 ± 2.0Ma、461.8 ± 9.0Ma,同时在侵入于玛依勒山群的石英闪长岩岩株中获得锆石U-Pb测年结果为426.5 ± 3.9Ma,反映了奥陶纪和晚志留世两期构造岩浆事件的存在。另外在西部邻近国界处还发育侵入于早泥盆世马拉苏组的花岗闪长岩体,可能与晚古生代岩浆事件有关。

综上所述,可以看出西准噶尔地区奥陶纪蛇绿混杂岩西部极少出露弧相关建造,东部分布有大量的弧火山-沉积建造,而志留纪—泥盆纪岛弧-弧后盆地建造位于蛇绿混杂岩的西北部,二者的俯冲极性有可能是相反的,同时也可能是两个构造过程,值得考虑。

2. 东准噶尔-吐哈弧盆系($O—D_2$)

奥陶纪—中泥盆世东准噶尔-吐哈弧盆系由东北部的三塘湖-园包山复合岛弧带(O—D)、西南部的哈尔力克-大南湖岛弧($O—D_2$)及其间的卡拉麦里蛇绿构造混杂岩带(S—D)3个Ⅲ级构造单元组成。其中三塘湖-园包山复合岛弧带(O—D)可进一步划分为三塘湖奥陶纪火山弧盆地、三塘湖志留纪前陆盆地、三塘湖岛弧带(S—D)和中蒙边境附近的园包山岩浆弧(O—D)4个Ⅳ级单元。

(1)三塘湖-园包山复合岛弧带(O—D):位于阿尔曼泰早古生代蛇绿混杂岩带以南,卡拉麦里蛇绿混杂岩带以北,东抵甘肃园包山一带。根据其早古生代—泥盆纪岩石构造组合特征,可以划分为奥陶纪(局部可能起止寒武纪)岩浆弧、晚志留世前陆盆地、早—中泥盆世岛弧-弧间(或弧后)盆地。整体反映了早古生代俯冲-碰撞和晚古生代早期残余洋盆俯冲-碰撞两个阶段构造过程。

早古生代岩浆弧主要由中基性—中酸性火山岩夹少量砂岩组成,包括早奥陶世恰干布拉克组基性火山岩-安山岩组合;原划中奥陶世加波萨尔组,为碳酸盐岩台地,出露很少,上、下地层接触关系不明,但化石丰富,由其中所含的 *Plasmoporella* 等化石判断应属晚奥陶世;晚奥陶世庙尔沟组凝灰质砂岩-砂岩组合,乌列盖组安山岩-流纹岩-粉砂岩组合,大柳沟组安山岩-英安岩-流纹岩夹凝灰岩、砂岩-千枚岩组合。在北部临近阿尔曼泰山一带尚有早寒武世阿拉安道组凝灰岩-中基性火山岩-酸性火山岩组合出露。在甘肃最北端的园包山地区出露中奥陶世咸水湖组中基性—中酸性火山岩夹灰岩、晚奥陶世白云山组砂岩夹中酸性火山岩组合及中奥陶世—志留纪公婆泉组安山玢岩等中酸性火山岩,并有志留纪斜长花岗岩岩株产出。整体反映岩浆弧构造环境特点,可能与其北阿尔曼泰早古生代蛇绿混杂岩带所代表的洋壳向南俯冲相关。

志留纪岩石构造组合主要为中—晚志留世含图瓦贝(Tuvaella)的陆缘碎屑岩夹灰岩建造,包括晚志留世白山包组砾岩-砂岩、红柳沟组砾岩-砂岩-泥灰岩和园包山地区的碎石山组砂岩-泥岩夹灰岩建造。东准噶尔地区底砾岩不整合覆盖于早古生代花岗闪长岩之上,同时在纸房一带见红柳沟组(S_3—D_1)不整合于荒草坡群(O_{2-3})之上,并有红色风化壳。

志留纪英云闪长岩-花岗闪长岩-二长花岗岩等组合(423~420Ma)侵入早古生代岛弧,被晚志留世—早泥盆世或石炭纪地层覆盖,属陆缘弧-同碰撞花岗岩(东准噶尔铜华岭闪长玢岩、英云闪长岩、二长花岗岩的 LA-ICP-MS 锆石 U-Pb 年龄分别为 427.4 ± 3.2Ma、422.8 ± 3.2Ma、418.5 ± 2.6Ma),反映了晚志留世的汇聚环境。

总的来看,晚奥陶世—志留纪属于同碰撞的主造山阶段,陆块的汇聚占据了主导地位,这可能与其北的阿尔曼泰早古生代洋的关闭相关,东准噶尔地区缺失了下—中志留统,晚志留世发育陆缘弧-同碰撞花岗岩组合和以碎屑岩为主的盆地沉积,整体可能反映类似前陆盆地环境(也有人认为为被动陆缘构造环境,有待今后对盆地沉积序列等进一步调查研究)。

泥盆纪岩石构造组合主要为普遍的钙碱性中性—中酸性火山岩-碎屑岩组合,其中包括早泥盆世托让格库都克组(及可以对比的卓木巴斯套组)砂岩-粉砂岩-板岩夹安山岩-英安岩组合(不整合于加里东期花岗闪长岩之上);中泥盆世白塔山组中性—基性火山岩、杂砂岩及灰岩组合,蕴都喀拉组海陆交互相砂岩-生物屑灰岩、硅质岩夹凝灰岩组合,乌鲁苏巴斯套组海陆交互相凝灰质砂岩-灰岩组合;晚泥盆世卡西翁组陆相砂岩-凝灰岩夹灰岩组合,克安库都克组陆相砂岩-凝灰岩组合。

泥盆纪发育英云闪长岩-闪长岩和花岗闪长岩-二长花岗岩组合，前者主要为早泥盆世，可能与岩浆弧外带相关。泥盆纪英云闪长岩-花岗闪长岩-二长花岗岩-正长花岗岩组合属弧花岗岩（俯冲期）。其中，灰色花岗闪长岩时代为387Ma属钙碱性系列、壳幔同熔型，二长花岗岩时代为375Ma。

从上述早—晚泥盆世沉积建造特征看，整个东准噶尔区域几乎统一表现出由海相-海陆交互相-陆相的环境变化，反映了沉积可充填空间的收缩和向盆地的进积过程，可能与该时期构造的汇聚相关；同时，早—中泥盆世中酸性火山岩发育，向上火山岩减少，综合反映了火山弧构造环境特点，它是叠加在早古生代岛弧之上的晚古生代弧盆带，可能与其南卡拉麦里蛇绿混杂岩带和北部的额尔齐斯晚古生代蛇绿混杂岩带为代表的残余洋盆的俯冲-碰撞有关。

晚泥盆世卡希翁组超覆于下伏不同层位之上，不发育火山建造，且与其上的下石炭统整合接触，可能反映了另一构造-沉积旋回的开始。该区石炭纪钾长（A型）花岗岩（338.3Ma，郭芳放等，2008）可能也说明了后造山伸展的开始。

(2) 卡拉麦里蛇绿构造混杂岩带(S—D)：构成了三塘湖-园包山复合岛弧带(O—D)与哈尔力克-大南湖岛弧(O—D_2)之间的拼接带。蛇绿岩组成较为齐全，有方辉橄榄岩、堆晶的超镁铁质岩和镁铁质岩、均质辉长辉绿岩、枕状熔岩、块状熔岩及放射虫硅质岩，在均质辉长辉绿岩及熔岩中穿插有辉绿岩墙；此外还有少量二辉橄榄岩。除蛇绿岩外，中泥盆世白塔山组和蕴都喀拉组中性—基性熔岩、火山凝灰岩、硅质岩等呈构造块体卷入其中；在红柳沟地区，巨大的蛇绿岩岩块由北向南推覆于早石炭世南明水组碎屑沉积之上。根据岩石组合和产出的区域背景，卡拉麦里蛇绿岩属于SSZ型。

根据前人对卡拉麦里蛇绿岩的研究（肖序常等，1992，2010；李锦铁等，1999；汪帮耀等，2009），下部洋壳中所含的放射虫可能为早—中泥盆世，蛇绿岩中辉长岩K-Ar年龄为392～388Ma；新近完成的1:25万区域地质调查工作获得卡拉麦里蛇绿岩年龄416～390Ma；新的1:5万区域地质调查成果获得晚志留世的测年结果，并发现晚泥盆世克安库都克组不整合在蛇绿岩之上，综合判断蛇绿岩应该形成于志留纪—泥盆纪早中期，洋盆的发育在晚泥盆世之前已经结束（徐学义等，2008）。

(3) 哈尔力克-大南湖岛弧(O—D_2)：发育在准噶尔-吐哈前南华纪陆块上，由大南湖古生代岛弧和哈尔力克古生代岛弧2个Ⅳ级构造单元组成。

早古生代大南湖岛弧发育在前南华纪吐哈地块的南侧，以出露早古生代岩浆弧残块为主。哈尔力克古生代岛弧与上述三塘湖复合岛弧类似，在早古生代岛弧的基底上又叠加了晚古生代岛弧。后者岛弧基底可见南华纪青石峡组碱性火山岩及碎屑岩，双峰式火山岩（玄武岩、流纹岩）同位素Sm-Nd全岩等时线年龄757～707Ma（曹福根等，2009）。

早奥陶世恰干布拉克组基性火山岩-安山岩组合、中—晚奥陶世乌列盖组杂砂岩、晚奥陶世大柳沟组钙碱性系列中酸性火山岩夹凝灰岩组合、庙尔沟组凝灰质砂岩-砂岩组合为岩浆弧相的火山弧亚相。不整合其上的晚志留世—早泥盆世白山包组砾岩-砂岩组合、红柳沟组砾岩-砂岩-泥灰岩夹少量火山岩组合，代表早古生代陆壳形成后的前陆复理石盆地沉积，属弧后前陆盆地相的前渊盆地亚相。在大南湖—头苏泉一带见有志留纪的绿色类磨拉石偶夹凝灰岩（428Ma），三道岭附近绿色砂板岩中含志留纪化石，在五堡幅红柳峡群不整合于恰干布拉克组之上。上述特征反映了志留纪前的一次造山运动，这一特征与前述三塘湖地区很相似。

奥陶纪—志留纪侵入岩多为岛弧及同碰撞期岩浆岩，属斜长花岗岩-花岗闪长岩-二长花岗岩组合。在哈尔克山西段扣门子附近闪长岩SHRIMP锆石U-Pb年龄430±6Ma（郭华春等2006），在哈尔克山东段识别出中—晚奥陶世的中酸性侵入岩，SHRIMP锆石U-Pb年龄分别为447±11Ma、448±7Ma和462±9Ma（曹福根等，2006），均反映了弧岩浆岩的岩石地球化学特点。

晚古生代岩浆弧以不整合于下伏地层之上的早泥盆世大南湖组钙碱性中基性火山岩-硬砂岩-生物灰岩组合、中泥盆世头苏泉组砾岩-砂泥岩-硅质岩-中酸性火山岩组合、卡拉麦里组泥岩-硅质岩-凝灰质细砂岩-灰岩组合为主体,仅有少量早—中泥盆世侵入岩为石英闪长岩-花岗闪长岩-二长花岗岩组合。

早—中泥盆世为晚古生代俯冲期岛弧型岩浆岩,多为石英闪长岩-花岗闪长岩-二长花岗岩组合,晚泥盆世—早石炭世早期钙碱性系列铝不饱和—弱饱和的闪长岩-石英闪长岩-斜长花岗岩-花岗闪长岩-二长花岗岩组合为大陆弧或同碰撞期岩浆岩(360～346Ma的奥莫尔塔格花岗岩),属晚古生代岩浆弧亚相。

3. 伊宁-博洛科努-巴伦台-公婆泉弧盆系($O—S—D_2$)

伊宁-博洛科努-巴伦台-公婆泉弧盆系即中天山-北山早古生代—中泥盆世弧盆系,自西向东可划分为博洛科努陆缘弧($O_2—D$)、巴伦台-阿拉塔格岩浆弧(Pz)和明水-公婆泉岛弧($O—D$)3个Ⅲ级构造单元,其中博洛科努陆缘弧($O_2—D$)由赛里木-伊犁被动陆缘($Nh—O_1$)、博洛科努岩浆弧($O_2—D$)和特克斯岩浆弧($O_2—D$)3个Ⅳ级构造单元组成。

(1)博洛科努陆缘弧($O_2—D$):是发育在南华纪—早奥陶世被动陆缘基础上的中奥陶世—泥盆纪陆缘岩浆弧,整体坐落在前南华纪伊犁地块上。根据岩浆弧发育的部位,可以再分为博洛科努和特克斯两个地段。

赛里木-伊犁被动陆缘($Nh—O_1$):南华纪至早奥陶世整体处于地壳拉伸状态的被动陆缘-裂谷构造环境。震旦纪称凯拉克提群,由不整合于陆缘基底上的一套具微细层理的砂泥质岩夹灰岩及冰碛岩等组成,属滨浅海沉积,上部地层普遍含磷,微古植物化石丰富,个别地段见偏碱性火山活动,U-Pb等时线年龄为$640±0.33$Ma(朱杰辰,1987)。碱性火山岩及多套冰碛岩的出现,反映了大陆拉张裂解过程,属古裂谷边缘亚相。寒武系平行不整合于震旦系之上,为含磷硅质碎屑岩-碳酸盐岩建造(早寒武世磷矿沟组、中寒武世肯萨依组、晚寒武世果子沟组),为被动陆缘相的外陆棚亚相;早奥陶世海水进一步加深,为硅质、泥质陆源细碎屑岩建造(早—中奥陶世新二台组),属被动陆缘相的陆缘斜坡亚相;到了晚奥陶世,出现两种类型的沉积组合,一种是稳定的浅海陆棚相,以科克萨雷溪组(O_3kk)和呼都克达坂组(O_3h)为代表;另一种为活动陆缘相火山岩组合,以奈楞格列达坂群(O_3N)为代表。

中奥陶世在西段的奈楞格勒达坂附近出现有中基性火山岩及火山碎屑岩,东段可可乃克—巴伦台一带为典型的细碧角斑岩建造,属陆缘弧相的火山弧亚相;晚奥陶世海水趋浅,为浅海碳酸盐岩建造夹硬砂岩等组成的台地相的碳酸盐岩台地亚相。志留系不整合于奥陶系之上,下志留统为笔石页岩相尼勒克河组砂岩-含碳泥岩-砂岩组合,中志留统为基夫克组灰岩-灰岩夹中酸性—基性火山岩,上—顶志留统库茹尔组生物碎屑灰岩-钙泥质砂岩-长石岩屑砂岩-砂砾岩组合、博罗霍洛组砂岩组合、巴音布鲁克群砂岩-凝灰岩夹安山岩-灰岩组合,为弧后前陆盆地相的前渊盆地亚相。因此博洛科努陆缘弧早奥陶世处于拉张环境,中奥陶世出现洋壳并开始俯冲形成陆缘弧,晚奥陶世—志留纪时结束了陆缘弧发展历史。

泥盆纪在巴音沟以南—巴音布鲁克一带,发育中泥盆世头苏泉组含砾砂岩-硅质岩-泥质岩-中酸性(东部少量基性)火山岩组合,晚泥盆世艾尔肯组海陆交互相中基性火山岩-凝灰岩-凝灰质砂岩组合代表了中—晚泥盆世火山弧沉积-火山建造。

区内志留纪—泥盆纪花岗岩-花岗闪长岩多属同碰撞期,如博洛科努山的呼斯特岩体侵入晚志留世茹库尔组,被下石炭统、二叠系不整合覆盖,主要由二长花岗岩-花岗闪长岩-石英闪长岩组成(新疆地质矿产局第七地质大队于2005年在花岗闪长岩中获Rb-Sr年龄$350±4$Ma)。

(2) 巴伦台-阿拉塔格岩浆弧（Pz）：与特克斯岩浆弧、博洛科努岩浆弧均坐落于前南华纪中天山地块上，均是早古生代中晚期岩浆弧，基底可见以南华纪贝义西组砂砾岩-双峰式火山岩-凝灰岩组合为代表的裂谷建造（阿拉塔格）。

巴伦台-阿拉塔格古生代岩浆弧可能与早古生代南天山洋向北的俯冲和北天山（冰达坂-干沟-康古尔）洋的向南俯冲密切相关。南天山洋约在泥盆纪—石炭纪或早石炭世维宪期才得以闭合，使中天山岩浆弧具多期复合并多阶段持续发展演化的特征。因此，本书在这里将第四章"那拉提-巴伦台-额尔宾山东-阿拉塔格岩浆弧（D_3—C_1）"单元一并综述。

那拉提山北坡夏特地区发现516Ma的MORB型玄武岩辉长岩，说明Terskey洋延入本区域内；470Ma埃达克质闪长岩和埃达克岩以及从夏特南到吉尔吉斯北天山均分布有的470～460Ma、中天山479Ma等的钙碱性花岗岩体，说明Terskey洋向南侧俯冲增生造山事件的发生（高峻等，2008，2009）；琼库斯太430Ma后碰撞碱长花岗岩与早奥陶世末期砾岩、复理石不整合于寒武纪—早奥陶世早期增生杂岩之上（Mikolaichuk et al，1997），以及拉尔敦达坂锆石TIMS年龄为457±27Ma的后碰撞钾长花岗岩（韩宝福等，2004）等信息，说明Terskey洋在中奥陶世已关闭，中天山与伊犁地块陆-陆碰撞拼合而成为伊犁-中天山复合地块。

除高钾钙碱性系列花岗岩属后碰撞岩浆杂岩亚相外，志留纪—泥盆纪—早石炭世的侵入岩多为火山弧花岗岩，如中天山东、西段LA-ICP-MS年龄419～398Ma的花岗岩-花岗闪长岩-二长闪长岩-角闪花岗岩；锆石SHRIMP年龄433Ma、352～349Ma的黑云母花岗岩-角闪黑云母花岗岩（高俊等，2009）；新源那拉提山二长花岗岩SHRIMP锆石U-Pb年龄370～366Ma（朱志新等2006）；巴音布鲁克东戈伦塔古什片麻状花岗岩单颗粒锆石TIMS年龄421Ma；拉尔墩达坂钾长花岗岩TIMS年龄457Ma（韩宝福等，2004）；巴伦台北糜棱岩化花岗岩锆石SHRIMP年龄416～405Ma（杨天南等，2006）；干沟眼球状花岗岩SHRIMP年龄428Ma、花岗岩年龄368Ma和361Ma（石玉若等，2006）。志留纪—泥盆纪—早石炭世早期的闪长岩-石英闪长岩-花岗闪长岩-二长花岗岩等组合，多属晚古生代火山弧花岗岩。在巴伦台地区出现了明显的分带，南、北为闪长岩-石英闪长岩组合，个别为英云闪长岩组合；向中间为花岗闪长岩-二长花岗岩组合，并以二长花岗岩为主，显示了其南的南天山洋向北俯冲，其北的北天山洋向南俯冲特点。这与周如洪等（2009）研究干沟志留纪造山花岗岩（408.86Ma）为陆缘弧环境，岩性分布极性由北而南依次为闪长岩→斜长花岗岩→二长花岗岩，酸性度向南增加，推断洋盆由北向南俯冲消减的认识是一致的。

志留纪—泥盆纪—早石炭世早期出现高钾偏碱性花岗岩、淡色花岗岩时，要考虑为后碰撞期岩浆岩，如郭召杰等（2007）在中天山东段发现含电气石和石榴子石的淡色花岗岩，属后碰撞岩浆杂岩亚相，其形成不晚于354±16Ma，说明中天山东段在早石炭世早期已进入了后碰撞阶段。

志留纪在巴伦台-阿拉塔格地区为残余海盆地。其中，早—中志留世柯尔克孜塔木组为绿片岩夹大理岩-砂岩组合；晚志留世—早泥盆世乌尔皮什麦布拉克组为变砂岩-板岩-灰岩-中酸性火山岩-凝灰岩-台地相灰岩组合。中泥盆世阿拉塔格组砂岩-中酸性火山岩-凝灰岩-灰岩组合，为岩浆弧火山沉积建造组合。受弧侵入岩的影响，志留系—泥盆系局部发生高绿片岩相变质，形成了与弧相关的变质杂岩。

(3) 明水-公婆泉岛弧（O—D）：与上述中天山岩浆弧类似，坐落于前南华纪马鬃山地块之上。岩浆弧基底为局部出露的以寒武纪双鹰山组灰岩-西双鹰山组硅质岩夹灰岩为代表的被动陆缘沉积建造组合，它与敦煌地块北部完全可以对比，说明了早古生代早期与敦煌地块被动陆缘是连为一体的。

奥陶纪—志留纪以公婆泉群安山玢岩等中酸性火山岩、碎石山组弧后-前陆盆地碎屑岩组合为代表，其侵入岩组合为奥陶纪花岗岩、志留纪斜长花岗岩-花岗闪长岩、闪长岩-石英闪长岩-石英二长岩-

英云闪长岩-花岗闪长岩等侵入岩组合,岩石地球化学特征总体反映为岛弧环境的产物。公婆泉群安山玢岩中产斑岩型铜矿。

泥盆纪侵入岩显示闪长岩、石英闪长岩-英云闪长岩、闪长岩-花岗闪长岩、闪长岩-石英闪长岩、闪长岩-花岗闪长岩-二长花岗岩-正长花岗岩和闪长岩-石英二长岩-二长闪长岩-二长花岗岩等侵入岩组合,显示其岩浆弧为TTG-GG组合特点,但空间分带性不明显,其中花岗闪长岩锆石U-Pb测年结果为386.7±3.2Ma,为中泥盆世;在四顶黑山南碰撞型二长花岗岩中近年获得测年结果为369.2±2.7Ma,为晚泥盆世。

4. 冰达坂-米什沟-康古尔结合带(O—S)

冰达坂-米什沟-康古尔结合带是早古生代准噶尔-吐哈地块(东、西准噶尔弧盆系)与中天山地块(中天山弧盆系)之间的结合带,由冰达坂-米什沟蛇绿构造混杂岩带和康古尔断裂带(蛇绿混杂岩)2个Ⅲ级构造单元构成。

(1)冰达坂-米什沟蛇绿构造混杂岩带:在米什沟等一带断续出露早—中奥陶世细碧角斑岩建造及蛇绿混杂岩和含牙形石(O_{1-2})远洋沉积,在后峡—红五月桥南至冰达坂以北的蛇绿混杂岩变形基质以绿片岩为主,构造岩块由中基性岩岩块、辉长辉绿岩岩块、辉长岩岩块等组成。丁道桂等(1996)曾在基质中发现了青铝闪石,刘斌等(2003)在后峡—红五月桥处报道有呈透镜状产出的蓝闪石片岩出露,高俊等(1997)认为干沟蛇绿混杂岩和高压变质带的混杂基质为奈楞格勒达坂群(可可乃克群),属变质的弧前火山-沉积盆地,车自成等(2001)认为该早—中奥陶世细碧角斑岩建造类似于钾质安山岩特征。向西中奥陶世奈楞格勒达坂群(含 *Rhychotrema*)与上覆的上奥陶统呼都克达坂群或下志留统呈角度不整合接触。

下志留统笔石页岩相砂板岩不整合于奥陶纪细碧角斑岩之上,具弧后前陆盆地相的前渊盆地亚相特征,说明该洋盆已发展结束。朱宝清等(2002)报道了干沟地区志留纪前陆盆地碎屑岩中陆源碎屑锆石的年龄为461Ma,进一步证实了该洋盆关闭的时间。根据前述巴伦台地区陆缘岩浆弧岩石构造组合的分带性和周如洪等(2009)研究的干沟志留纪造山花岗岩(408.86Ma)极性,推断洋盆由北向南俯冲消减。

(2)康古尔蛇绿混杂岩带:目前表现在康古尔韧性剪切带内构造卷入由长城纪星星峡岩群和蓟县纪卡瓦布拉克群残块。作为早石炭世深水沉积的干墩组、梧桐窝子组双峰式火山岩建造,具浅变质及后期糜棱岩化,晚石炭世脐山组与梧桐窝子组酸性(次)火山岩及火山碎屑夹硅质粉砂岩、大理岩、砂岩、辉石安山玢岩等也部分卷入。由此看来,该带可能是一个经多期构造变形的复合构造带,时代最晚至少在石炭纪之后。对该构造带早古生代的物质组成及构造变形前人做了较多的研究,在东部的觉罗塔格石炭纪裂谷带中(原称的康南蛇绿岩),近来获494Ma的SHRIMP年龄,被认为是被挤入该带中的早古生代蛇绿岩的残块;2017—2019年西安地质调查中心和中国地质大学(武汉)在喀拉塔格一带区域地质调查工作中,新填绘出大草滩蛇绿混杂岩,并获得蛇绿岩中辉长岩锆石U-Pb年龄676.8—461.6Ma,玄武岩锆石U-Pb年龄448Ma。反映了早古生代的洋壳拼贴缝合带的存在。

综上所述,哈萨克斯坦-准噶尔联合板块在南华纪—寒武纪南部(中天山地块)发育稳定的被动陆缘沉积,并与塔里木北部被动陆缘基本能够对比,说明了南华纪—早古生代早期中天山地块与塔里木陆块的亲缘性;而在北部仅有的个别地质信息(东准噶尔、西准噶尔)反映为同期活动的陆缘环境,这些重要的地质差异,说明了它们之间的冰达坂-米什沟-康古尔构造带在早古生代早期具有重要的地质分隔意义(而南天山构造带该阶段可能只是相对次级的小洋盆)。奥陶纪—泥盆纪,东准噶尔、西准噶尔发育比较明显的两期岩浆弧,期间(中晚志世—早泥盆世)有一次较普遍的造山事件。晚泥盆纪—早石炭世的岩浆弧应该是前期残留洋盆或次生洋的汇聚事件的反映。由此看来,该联合板块其实是一个早古生代多地块经历两次汇聚结合而形成的复杂构造"拼盘",而并非一个稳定的板块。

四、南天山-那拉提-红柳河对接带

南天山-那拉提-红柳河对接带是南华纪—早古生代哈萨克斯坦-准噶尔联合板块与塔里木板块之间的结合带。

从对接带自身和两侧板块边缘的地质情况看,在南华纪—奥陶纪其南的塔里木陆块和其北的中天山地块都参与了晋宁运动,具有新元古代构造热事件地质遗迹,并都发育了南华纪—早古生代初期以冰碛岩和含磷沉积及基本相似的古生物组合,反映了南华纪—奥陶纪南天山构造带可能仅是一个次级小洋盆,不具有重要分隔意义(而北天山的冰达坂-米什沟-康古尔构造带却具有重要的分隔意义)。然而,南天山-那拉提-红柳河构造带在志留纪—石炭纪,却成为分隔塔里木板块与哈萨克-准噶尔-吐哈联合板块的最重要边界,其主要特征表现为多条规模巨大的志留纪—泥盆纪蛇绿混杂岩带、与之伴随的深俯冲相关的高压—超高压变质带和该带南、北具明显区别的志留纪—早石炭世的构造环境(南部塔里木板块被动陆缘-裂谷、北部哈萨克斯坦-准噶尔联合板块活动陆缘弧盆系)。

根据南华纪—早古生代岩石构造组合特征及其时空分布,将该带划分为东阿莱-哈尔克山弧前增生带(Pz_1—D)、乌瓦门-拱拜子蛇绿混杂岩带(S—D)、红柳河-洗肠井蛇绿混杂岩带(Pz_1)、哈尔克山北坡高压—超高压变质带(S—D_1)、西南天山残留海盆地(D—C)和额尔宾山残留海盆地(D—C)共6个Ⅱ级构造单元。其中后三者持续发展到了石炭纪(见本书第四章)。因此,在这里将晚古生代—中三叠世构造单元划分表中对接带及其次级构造单元"西南天山残留海盆地(D_3—C)""额尔宾山-帕尔岗塔格残留海盆地(D_3—C)"和"哈尔克山高压—超高压变质带(C_1)"纳入到相关的Ⅱ级构造单元中一并阐述。

1. 东阿莱-哈尔克山弧前增生带(Pz_1—D)

该带位于哈尔克山北坡高压—超高压变质带之南,其上及南侧为西南天山上叠盆地(D—C—P_1)所覆盖。

震旦系以出露冰碛岩为最大特征,震旦纪的冰川作用及水下火山喷发反映了古陆的裂谷作用正在开始,寒武系下部为硅质含磷盆地欠补偿沉积建造,说明海水逐渐加深,在西南天山的库尔干道班附近震旦纪—奥陶纪变质碎屑岩中显示纹理和鲍马序列,反映了重力流深水沉积特征,属大陆斜坡相沉积。整体来看,震旦系和寒武系的稳定型沉积,表现为塔里木古陆北缘从裂离发展到被动陆缘的演化过程,可能反映了新元古代末期—早古生代初期超大陆的解体。

奥陶纪到志留纪处于较稳定的陆坡-陆棚环境。哈尔克山的奥陶系为钙质砂岩、砾岩夹页岩和大理岩,不整合于元古宙花岗岩之上(但无可靠化石依据)。志留系整合于奥陶系(哦哈拜谢群)之上,分布较广,构成哈尔克山主体,下志留统(依南里克组)为大理岩-云母石英片岩-变粒岩组合,厚2500余米;中—上志留统(伊契克巴什组)为一套变质碎屑岩和碳酸盐岩;上—顶志留统(科克铁克达坂组)为中—厚层灰岩-钙质砂岩-板岩组合,含丰富化石,据研究认为该套地层属陆架-陆坡相沉积。

在西部阿克然山见有长城系变质基底残块出露,上—顶志留统(塔里特库里组)为轻微变质碎屑岩、灰岩、含蛇绿质火山岩,下泥盆统浅变质碎屑岩夹灰岩、碳质页岩(含金)构成由北向南的推覆构造。东阿莱地区中泥盆世托格买提组浅变质碳酸盐岩、硅泥质岩、千枚岩夹中基性、酸性火山岩和上泥盆统坦盖塔尔组滨海-潟湖相灰岩、碎屑岩夹石膏层,与吉根蛇绿混杂岩共同构成增生杂岩,成为东阿莱弧前增生杂岩的一部分。

该带内部有吉根、巴雷公、长阿吾子、米斯布拉克等多条蛇绿岩带。其中,巴雷公辉绿岩中获LA-ICP-MS锆石U-Pb年龄450Ma(王超等,2007),长阿吾子蛇绿岩中的辉长岩块获得439.4±26.9Ma的年龄值(郝杰,1993),在黑英山等蛇绿混杂岩带的斜长角闪岩中获得420±5.9Ma、430.3±5.2Ma的形成年龄,说明南天山洋在奥陶纪—志留纪已发展为多岛洋盆。从中天山南缘所发育的巴音布鲁克组岛弧型火山岩看,南天山洋在志留纪时开始向北俯冲,泥盆纪末—早石炭世早期闭合,石炭纪表现为残余海盆沉积。二叠纪早期再次拉张形成了小提坎立克组中酸性偏碱性火山喷发的裂谷型沉积(裂谷中心亚相),三叠纪为内陆坳陷盆地沉积。

受多期构造作用,增生杂岩带表现为轴面北倾南倒的紧闭-倒转褶皱和韧脆性冲断构造,从目前调查情况分析,为早期韧性条件下构造混杂和晚期韧脆性逆冲推覆系统,前者可能与古生代弧前盆地构造增生相关,这一构造-地层体与所夹持的多条蛇绿混杂岩带等构成规模巨大的增生杂岩相的弧前增生楔亚相。该弧前增生带东段哈尔克山出露较好,西段东阿莱多为晚古生代上叠盆地所覆,在萨瓦亚尔顿一带产金矿。

区内侵入岩不发育,仅见部分碱性花岗岩-碱性岩分布于黑英山一带,据刘楚雄等(2004)研究,黑英山克其克果勒霓霞正长岩和依南里克霞石歪长岩、伟晶岩等年龄为275~273Ma,属后碰撞期产物。

2. 哈尔克山北坡高压—超高压变质带($S—C_1$)

哈尔克山北坡位于南天山-那拉提-红柳河对接带西段,断续有蓝片岩及蛇绿混杂岩出露,其中长阿吾子蛇绿混杂岩位于北木扎尔特河长阿吾子沟南侧,蛇绿岩残块与高压蓝片岩、榴辉岩相伴,呈透镜状夹于蓝片岩及绿片岩地层中,属俯冲增生杂岩相的含有蛇绿岩碎片的浊积岩亚相,产状南倾。该混杂岩中的超基性岩以蛇纹石化斜辉橄榄岩为主,次为蛇纹石化纯橄榄岩、黝帘透闪石岩,辉长岩已变质为阳起钠长片岩、蓝闪钠长片岩,枕状玄武岩可能变质为绿帘蓝闪石片岩、石榴蓝闪石片岩等。它们属蛇绿混杂岩相的蛇绿岩亚相,其中的大理岩化灰岩夹层内含晚志留世珊瑚化石。在那拉提南缘大断裂朔尔能达坂察汗萨依蛇绿混杂岩达鲁巴依岩群的锆石Pb-Pb年龄为600~590Ma。

高俊(1997)在昭苏县阿克牙孜河上游蛇绿混杂岩带南侧增生楔中发现了含榴辉岩、蓝片岩的高压变质带,榴辉岩呈薄层状、透镜状产于蓝片岩层中,高压变质带北以韧性剪切带与前寒武纪变质地块的基底残块亚相相邻,南以韧性剪切带与互层状大理岩和绿泥白云片岩相邻。岩石地球化学研究表明,具枕状构造的榴辉岩原岩为E-MORB型和OIB型玄武岩(高俊等,1998,2000)。该蛇绿混杂岩带东延至库勒湖地区,辉长岩中锆石U-Pb年龄为418.2±2.6Ma(夏林圻等,2005)、425±8Ma(龙灵利,2006)。

新疆地质矿产局第三地质大队曾在蛇绿岩中获得358Ma的年龄数据,不同研究人员对蓝片岩的时代争议较大,其年龄分布在729~415Ma之间(王作勋等,1993;郝杰等,1993;高俊杰等,1994)。王宝瑜等(1994)报道了含蓝片岩的大理岩中产晚志留世化石。近来高俊等(2008,2009)又获得该高压变质带的峰期变质年龄为345Ma,证明南天山洋于早石炭世早期(杜内-维宪期)闭合。这是发生在南天山晚古生代的又一次闭合-碰撞事件,使南天山洋消亡,说明北部的中天山地块与南部塔里木板块拼合在一起。

西天山高压变质带沿中天山南缘缝合带近东西向延伸200km,南北宽30km,向东被那拉提山南坡大尤尔都斯中新生代盆地所覆,西出国境与吉尔吉斯的阿特巴斯蓝片岩-榴辉岩带和塔吉克斯坦南天山Fan-Karategin蓝片岩带相接,是南天山晚古生代重要缝合带。

3. 乌瓦门-拱拜子蛇绿混杂岩带(S—D)

该蛇绿混杂岩带分布于额尔宾山北侧的古洛沟—乌瓦门—拱拜子—库米什一带。蛇绿混杂岩主要由构造岩块和混杂基质两部分组成,构造岩块主要有由玄武岩、辉长岩、强蛇纹岩化橄榄岩等组成的蛇绿岩残块和来源于北侧中天山前寒武纪变质残块及南侧南天山早泥盆世阿尔皮什麦布拉克组及中泥盆统大理岩、结晶灰岩残块。混杂基质主要由强烈剪切变形的绿泥石英片岩、绢云石英片岩、千枚岩和变砂岩组成。变形基质中糜棱岩的微构造研究表明,早期为由南南东向北北西的逆冲变形(高俊等,1995,2009),晚期为左行或右行平移走滑。长阿吾子沟糜棱岩化斜长角闪岩Ar-Ar坪年龄为229.6Ma(王宝瑜等,1994),拉尔顿达坂黑云长英质糜棱岩黑云母Ar-Ar坪年龄为250Ma(蔡东升等,1996),说明左行走滑发生在晚二叠世—早三叠世。

该构造带东段南侧库米什硫磺山-铜花山-榆树沟蛇绿混杂岩中,出露少量残留蓝片岩(高俊等,1993)和高压麻粒岩(Shu et al,2004;王润三等,1999)的蛇绿混杂岩。铜花山蓝片岩蓝闪石Ar-Ar坪年龄为360Ma(刘斌等,2003),榆树沟麻粒岩SHRIMP锆石核部U-Pb年龄为640~452Ma,锆石边部年龄为392~390Ma(周鼎武等,2004),单颗粒TIMS锆石U-Pb年龄为440Ma(王润三等,1998)。

4. 红柳河-洗肠井蛇绿混杂岩带(Pz_1)

该蛇绿混杂岩带位于新甘蒙交界的中天山东段南缘卡瓦布拉克塔格-红柳河-洗肠井一带。时代被定为奥陶纪—志留纪。

碱泉超基性岩带由270余个岩体组成(产铬铁矿),以斜辉辉橄岩为主,纯橄榄岩、斜辉橄榄岩次之,就位于蓟县纪卡瓦布拉克群黑云母斜长片麻岩、黑云母钙质片岩及黑云石英片岩中,其南、北分别受近东西向中天山南北边缘断裂带控制。

红柳河-洗肠井蛇绿混杂岩带,由下而上依次出现变质橄榄岩、辉长岩、辉绿岩、斜长花岗岩、熔岩和深水沉积岩(左国朝等,1990,1996;何国琦等,1994;周国庆等,2000)。变质橄榄岩主要是方辉橄榄岩,堆晶岩有辉橄岩、橄榄辉石岩、辉长岩和闪长岩等,辉绿岩中常见不同期次的辉绿岩相互穿插,斜长花岗岩包括含黑云母英云闪长岩、斜长花岗岩及英云闪长岩。英云闪长岩中包裹了早期英云闪长岩包体,也见有辉绿岩、斜长花岗岩与英云闪长岩互相穿插现象。石英闪长岩具玻安岩的岩石地球化学特征。基性熔岩有块状熔岩和枕状熔岩,具明显Nb-Ta负异常,表明该蛇绿岩可能形成于洋脊扩张环境,属蛇绿混杂岩相的蛇绿岩亚相,后期卷入的岛弧及弧前环境形成的构造岩块可能属俯冲增生杂岩相的洋岛海山增生亚相,古老的变质岩块属陆壳残片相的基底残块亚相。

于福生等(2006)测得红柳河蛇绿岩中辉长岩TIMS锆石U-Pb年龄为$425.5±2.3Ma$;郭召杰等(2006)测得红柳河堆晶辉长岩中的角闪石Ar-Ar坪年龄为$496±33Ma$(冷却年龄)、辉长质糜棱岩中角闪石的Ar-Ar高温坪年龄为$462.5±2.3Ma$(后期变形或侵位的年龄);武鹏等(2012)测得牛圈子辉长岩年龄为$446.51±4Ma$。另外《1:25万星星峡幅》(陕西地质调查院,2012)在北山地区岩山子、独红山等地新识别和填绘出归属于红柳河-洗肠井蛇绿构造混杂岩带的蛇绿岩残块,并获得独红山玄武岩$489±63Ma$、红柳河堆晶辉长岩$425±22Ma$的LA-ICP-MS锆石U-Pb年龄。从以上年龄证据可见红柳河-牛圈子-洗肠井蛇绿岩所代表的洋盆主体发育于寒武纪—早中志留世。目前多认为该蛇绿混杂岩带向西可与中天山南缘蛇绿混杂岩断续相连。

5. 西南天山残留海盆地(D—C)

残留海盆地主体分布在南天山的额尔宾山-帕尔岗塔格和西南天山的东阿莱-阔克沙勒岭一带,是南天山构造带洋盆闭合阶段的上部沉积盆地。

(1)额尔宾山-帕尔岗塔格残留海盆地:由覆于弧前增生杂岩之上的早—中泥盆世夹蛇绿岩残块的

火山-沉积岩、晚泥盆世至石炭纪碎屑岩-碳酸盐岩组成。下部火山活动强烈,向上减弱,顶部出现陆棚-陆相环境。整体反映出海水变浅、海盆收缩、构造趋于稳定的特点。

主要岩性组合有:早泥盆世卡尔皮什麦布拉克组浅变质细碎屑岩夹碳酸盐岩、基性-酸性火山岩夹蛇绿混杂岩残块、中泥盆世阿拉塔格组砂岩-中酸性火山岩-凝灰岩-灰岩组合被萨阿尔明组杂砂岩-白云质灰岩-白云岩-长石石英砂岩组合不整合覆盖,晚泥盆世破城子组凝灰质砂岩-台地相灰岩-中酸性火山岩组合、褐岭组陆相钙碱性火山岩(安山岩、英安岩、玄武岩夹熔结凝灰岩、火山角砾岩等)组合;在额尔宾山一带,可见泥盆纪碳酸盐岩台地基座为残余海盆中的古老基底(铜花山)和泥盆纪的蛇绿岩残片(库米什残余盆地)。

早石炭世甘草湖组($C_1 g$)和野云沟组($C_1 yy$)陆棚相复成分砂岩夹砂砾岩、生物泥晶灰岩组合不整合于下伏地层之上,其中额尔宾山一带野云沟组不整合于志留系或花岗岩之上;晚石炭世阿衣里河组为以灰岩为主,夹砂泥岩组合。整体属南天山洋盆封闭后的陆表海相沉积。

志留纪—泥盆纪岩浆岩为斜长花岗岩-花岗闪长岩-二长花岗岩组合,为岛弧型花岗岩;泥盆纪的花岗岩-二长花岗岩-钾长花岗岩组合为同碰撞期陆缘弧产物;石炭纪—二叠纪的花岗闪长岩-二长花岗岩-正长花岗岩-碱长花岗岩组合为晚古生代同碰撞—后碰撞期产物,碱性辉长岩-石英二长岩-正长岩-碱性正长岩组合为后碰撞—后造山期产物。

(2)东阿莱-阔克沙勒岭残留海盆地:与额尔宾山地区类似,覆于弧前增生杂岩之上。泥盆纪主要发育于哈尔喀山地区,由中泥盆世萨阿尔明组砂砾岩-灰岩夹酸性火山角砾岩与晚泥盆世喀孜尔布拉克组砂岩-灰岩夹中基性火山岩组成;东阿莱地区泥盆系与吉根蛇绿混杂岩共同构成增生杂岩,成为东阿莱弧前增生杂岩的一部分。整体反映构造活动,火山岩发育,并与之下增生杂岩呈过渡的关系。

石炭系角度不整合于泥盆系之上,哈尔喀山与上述额尔宾山地区一致,由早石炭世甘草湖组和野云沟组复成分砂砾岩-灰岩-板岩组合、晚石炭世阿衣里河组灰岩-砂岩-泥岩、晚石炭世—早二叠世喀拉治尔加组砂岩-泥岩组合组成;东阿莱地区的石炭系直接覆于增生杂岩之上,由早石炭世巴什索贡组砾岩-砂岩-灰岩-白云岩组合、晚石炭世别根塔乌组砂岩-灰岩-砂岩组合、晚石炭世—早二叠世康克林组大套灰岩夹薄层砂岩组合组成。整体反映构造活动趋于稳定,上部为陆表海环境。

6. 南天山对接带发生、发展与形成的时限讨论

关于南天山洋的打开时限主要有两种观点,一种认为南天山洋于震旦纪打开(李锦轶等,2002;夏林圻等,2002),另一种观点认为是奥陶纪或志留纪时打开(汤耀庆等,1995;张良臣等,2006)。而震旦纪时的塔里木及天山多数地区仍处于大陆的裂解时期,主要发育双峰式火山岩、冰碛岩及稳定的被动陆缘碎屑沉积。榆树沟麻粒岩锆石的核部年龄为452Ma(周鼎武等,2004),巴雷公洋岛玄武岩锆石年龄为450Ma(王超等,2007),库勒湖蛇绿混杂岩辉长岩锆石年龄为425Ma(龙灵利等,2006),长阿吾子蛇绿岩的辉长岩年龄为439.4±26.9Ma(郝杰,1993)。上述年龄证据说明南天山洋至少在晚奥陶世已打开,并形成相当规模的洋盆。那拉提山的塔鲁巴依蛇绿岩中辉长岩和玄武岩的锆石曾获得590Ma和600Ma的年龄(新疆第二区域地质调查队,2000),这可能与早期阶段局部拉伸成洋有关或原本就是Terskey洋消亡时推覆来的构造残块。

关于南天山洋的闭合时限主要有三种认识:一是早古生代闭合(张良臣等,2006;刘训等,1997);二是晚古生代闭合,但也有多种看法,王作勋等(1989)认为闭合于早—中泥盆世,李锦轶等(2006)认为是石炭纪晚期;夏林圻等(2002)根据对石炭纪火山岩及地层中不整合界面的研究认为南天山洋闭合于泥盆纪晚期或石炭纪初期,王京彬等(2006)、Allen等(1992)、高长林等(1995)、高俊等(2006)持同样观点;

三是肖文交等(2006)和李曰俊等(2005)认为的二叠纪—三叠纪时闭合。

从西天山阿克牙孜河上游含蓝闪石榴辉岩的Sm-Nd矿物-全岩等时线年龄和蓝闪石Ar-Ar坪年龄一致可以判断,榴辉岩的峰期变质发生在早石炭世(345Ma,高俊等,2009),白云母的坪年龄与Rb-Sr白云母-全岩等时线年龄313～302Ma(Klemd et al,2005)代表高压变质岩石折返到浅构造层的时间。该年龄应晚于洋盆闭合或增生造山同碰撞向后碰撞的转换时间;根据郭召杰等(2007)在中天山发现不晚于354±16Ma淡色花岗岩和库米什(304.2±11.6)～(296.9±5.4)Ma(朱志新等,2008)的S型同碰撞富铝花岗岩,可用其来确定板块碰撞时代的上限。南天山早石炭世陆表海的广泛发育,也证明洋盆的封闭(闭而不合)。二叠纪大量出现的后碰撞高钾钙碱性及碱性花岗岩,以及晚二叠世—三叠纪的剪切走滑构造的发育等,都反映了洋盆已闭合,后碰撞阶段开始于晚石炭世,至早二叠世结束。此后进入了新的陆内盆地的发展、演化阶段。南天山洋由东向西逐渐闭合的趋势,可能与塔里木陆块的右旋所产生的"剪刀差"有关。

五、塔里木板块

南华纪—早古生代塔里木板块包括了塔里木陆块和敦煌地块2个Ⅱ级构造单元,它们的共同特点是均在其北部发育早古生代早期的裂谷-被动陆缘,敦煌地块南部发育活动陆缘。由此,可以区分出塔里木北缘裂谷-被动陆缘和敦煌北缘被动-活动陆缘、敦煌地块中南部活动陆缘3个Ⅲ级构造单元,并进一步划分为6个Ⅳ级构造单元,分别是西南天山-阿克苏-库鲁克塔格被动陆缘(Nh—Pz_1)、贝义西南华纪—震旦纪裂谷(Nh—Z)、敦煌地块北缘被动陆缘(Z—ϵ)、敦煌地块北缘岩浆弧(O—S)、敦煌地块北缘前陆盆地(S)和敦煌地块中南部岩浆弧(O—S)。

特别要说明的是,在塔里木北缘库鲁克塔格地区和敦煌地块的北部,早古生代的中晚期均叠加有岛弧或陆缘弧性质的中酸性侵入岩带,叠加在早古生代早期被动陆缘之上,反映其北部碱泉-红柳河-洗肠井以蛇绿岩为代表的洋壳在主体向北俯冲(与南天山-红柳河-洗肠井对接带整体特征一致)的同时,兼有向南"双向"俯冲的可能。

1. 塔里木北缘裂谷-被动陆缘(Nh—Pz_1)

该构造单元主要为分布于现代塔里木盆地北缘和西南天山南缘的南华纪—震旦纪裂谷火山-沉积建造及寒武纪—奥陶纪—志留纪被动大陆边缘盆地沉积建造。

(1)南华纪—震旦纪裂谷:广泛分布于塔里木北缘的南天山、霍拉山、柯坪、阿克苏和库鲁克塔格地区,代表了青白口纪末期塔里木陆块形成之后的大陆解体。

在南天山和柯坪地区以南华纪—震旦纪乌什南山群含冰碛层的陆源碎屑岩为代表,在早震旦世苏盖特布拉克组夹裂谷玄武岩建造属古裂谷相的裂谷中心亚相,震旦系上部的奇格布拉克组碳酸盐岩建造为裂谷边缘亚相。

库鲁克塔格地区以南华纪—震旦纪库鲁克塔格群为代表,在其底部南华纪贝义西组发育火山-沉积建造(英安斑岩、石英斑岩、玄武岩、霏细岩、安山岩、流纹岩、含冰碛岩),为具有双峰式特征火山活动,可能代表了罗迪尼亚超大陆解体阶段本地最初的产物;不整合于贝义西组之上的照壁山组火山碎屑沉积、浊积岩(间冰期)和阿勒通沟组-特瑞爱肯组以碎屑沉积为主夹冰碛泥砾岩,属古裂谷边缘亚相。震旦纪扎摩克提组硅质灰岩、粉砂质泥岩、细砂岩、长石石英砂岩、硅质白云岩、细碧岩、硅质岩及基性火山岩、粗玄岩等喷发活动,反映裂谷再次拉伸为古裂谷中心亚相。

在科克苏地区的基性岩墙群年龄为 824±9Ma 和 777±9Ma(舒良树等,2008),应该为与此裂谷作用相关的早期岩浆事件的反映。

(2)早古生代被动陆缘:是指广泛分布于塔里木北缘,平行或角度不整合于上述震旦系之上的寒武纪—奥陶纪—志留纪以陆源碎屑-碳酸盐岩为主的稳定沉积组合。

寒武系主要为泥晶灰岩、泥灰岩、砾屑灰岩、硅质条带灰岩,底部为硅质含磷层,总体上属被动陆缘相的外陆棚亚相;奥陶系(却尔却克组等)为页岩、硅质岩、灰岩不均匀互层,属陆缘斜坡亚相;志留系滨浅海相杂砂岩建造不整合于下伏地层之上,为陆表海盆地相的碎屑岩陆表海亚相。

早古生代岩体很少,主要为志留纪闪长岩-花岗闪长岩-斜长花岗岩-二长花岗岩(次铝中弱钙碱性岩),为俯冲期花岗岩,可能反映了北部南天山向南俯冲。志留纪碱性花岗岩、正长花岗岩及泥盆纪正长花岗岩组合为后碰撞期花岗岩。

2. 敦煌北缘被动-活动陆缘

该构造单元主要分布于敦煌地块北缘,由南华纪—寒武纪被动陆缘沉积组合、奥陶纪陆缘裂谷火山-沉积建造、志留纪—中泥盆世前陆盆地沉积及中酸性侵入岩建造构成。

(1)南华纪—寒武纪被动陆缘:主体有南华纪—震旦纪含冰碛岩的陆源碎屑-碳酸盐岩沉积和平行不整合于其上的寒武纪碳酸盐岩-硅质岩组合组成,整体反映构造相对稳定、海水变深的伸展盆地演化过程。前者为洗肠井群含砾细—粉砂岩-板岩夹杂色冰碛砾岩-白云质结晶灰岩组合,以冰碛岩为特征,为被动陆缘盆地边缘相。后者包括早寒武世双鹰山组台地相生物碎屑灰岩-粉砂质、碳质板岩-千枚岩夹硅质岩、磷块岩组合,含丰富的三叶虫等化石,是锰、磷、钒、重晶石的成矿层位,总体反映陆棚碎屑岩-碳酸盐岩亚相;中—晚寒武世西双鹰山组灰黑色硅质岩夹灰色薄层结晶灰岩组合,硅质岩中含胶磷矿结核或磷质条带,远滨泥岩-粉砂岩组合,总体反映斜坡-次深海安静水体沉积建造组合特征。

(2)奥陶纪大陆边缘裂谷:由裂谷边缘相和中心相构成。前者主要由沙井子组含砾砂岩-凝灰质砂岩组合、锡林柯博组硅质岩-泥灰岩夹凝灰质细砂岩-粉砂岩-板岩组合、白云山组砂岩-板岩夹灰岩及水下扇砂砾岩沉积楔组成,整体显示陆棚浅海至斜坡-次深海沉积-火山碎屑岩建造组合。裂谷中心相与上述边缘相呈过渡、间杂产出,主要为早—中奥陶世罗雅楚山组长石岩屑杂砂岩-粉砂岩-含碳硅质板岩夹安山岩-安山玄武岩-流纹岩-凝灰岩组合,可见水下扇凝灰质砂砾岩沉积楔,总体表现为大陆边缘盆地斜坡扇-次深海沉积环境及钙碱性中基性—中酸性火山岩建造特点;奥陶纪花牛山群主要为变质杂岩(二云石英片岩、绢云绿泥石英片岩、红柱黑云石英片岩、矽线黑云石英片岩夹石英岩、透闪石大理岩、变中基性火山岩、黑云二长片麻岩、黑云片岩),原岩为砂质泥岩、泥-硅质、含镁碳酸盐岩和少量火山岩。

(3)志留纪—中泥盆世前陆盆地:由志留纪黑尖山组、早—中泥盆世三个井组组成。黑尖山组为灰绿色、翠绿色中粒长石岩屑砂岩、粉砂岩夹砾岩和碳硅质岩,底部 0～25m 厚为底砾岩,向东相变为碳硅质板岩、石英砂岩及粉砂岩夹钙质碳质板岩。从向上变粗的沉积序列和近源岩浆岩物源特点等综合判断,可能为前陆盆地前渊带浅海—次深海建造组合。早—中泥盆世三个井组平行不整合于黑尖山组之上,由砂板岩组成的复理石沉积夹多个水下扇砂砾岩沉积楔状体构成。晚泥盆世墩墩山组陆相砂砾岩夹碱性中基性—中酸性火山岩不整合于下伏下—中泥盆统和前泥盆系之上,反映了后碰撞陆内断陷盆地性质。

罗雅楚山—尖子山一带,发育奥陶纪闪长岩-石英闪长岩-英云闪长岩-二长花岗岩-正长花岗岩组合,以准铝质—过铝质高钾钙碱性系列岩石为主、含低钾钙碱性花岗岩。其中,英云闪长岩全岩 Rb-Sr

等时线年龄为479.9Ma,细粒花岗闪长岩的锆石U-Pb年龄为453.3±0.9Ma。五峰山奥陶纪石英闪长岩-花岗闪长岩-二长花岗岩组合,以高钾钙碱性系列岩石为主,含低钾的奥长花岗岩,其中花岗闪长岩的单矿物K-Ar法测年值为457Ma。微量元素ORG标准化蛛网图中,Rb、Ba、Th的富集和K_2O、Nb、Ta的相对亏损,与弧花岗岩相似。综合研究表明,该序列花岗岩的形成主要为岛弧到碰撞环境。

在敦煌地块北部还发育志留纪中酸性侵入岩,主要岩石组合有响岩-闪长岩-英云闪长岩-花岗闪长岩-二长花岗岩等,获420.2Ma、415Ma、409.5Ma(U-Pb法)同位素年龄值。前进山英云闪长岩、二长花岗岩和石英闪长岩,锆石U-Pb年龄为440.9±3.0Ma(李伍平等,2001)。岩石地球化学研究表明属岛弧-同碰撞过铝质花岗岩组合。泥盆纪花岗岩在平头山一带主要有辉长辉绿岩、闪长岩、花岗闪长岩和二长花岗岩,闪长岩体的锆石U-Pb年龄为389Ma,花岗闪长岩体的锆石U-Pb年龄有417Ma、419Ma和425Ma,二长花岗岩体的锆石U-Pb年龄为379Ma,表明以早泥盆世为主,跨顶志留世;其中酸性岩和基性岩分别以镁质花岗岩和拉斑玄武岩为特征,主要形成于岛弧环境。敦煌古陆中的片石山南一带,主要为石英二长闪长岩和花岗闪长岩,锆石U-Pb年龄为387±49Ma(甘肃地质调查院,2002),属准铝质高钾钙碱性系列。该序列也是镁质花岗岩,形成于以岛弧为主、后期碰撞的构造环境。

从上述可以看出,敦煌地块北缘与塔里木陆块北缘非常类似,南华纪—早古生代早期整体表现为超大陆解体过程的岩石构造组合特征;晚期奥陶纪—志留纪活动陆缘岛弧-同碰撞中酸性岩浆岩和前陆盆地岩石构造组合反映了汇聚大陆边缘产物,这一事件一直持续到中泥盆世,这可能与其北红柳河-洗肠井构造带早古生代洋盆的向南俯冲相关。这与传统所认为的南天山-红柳河洋盆向北单向俯冲不同,为其南、北双向俯冲提供了资料依据。

3. 敦煌地块中南部活动陆缘(Pz_1)

敦煌地块中南部活动陆缘主要由寒武纪—中泥盆世糜棱岩化中酸性侵入岩(五峰山糜棱岩套、潘家井片麻岩套等)、志留纪—泥盆纪侵入体(桥湾-豁路山)构成。大口子山石英闪长岩-石英二长闪长岩-英云闪长岩-花岗闪长岩-二长花岗岩组合,其中花岗闪长岩锆石U-Pb年龄为(415±1.8)~(434.1±0.6)Ma。豁路山石英闪长岩-花岗闪长岩-二长花岗岩组合,其中二长花岗岩的锆石U-Pb年龄为419.3±0.9Ma。小宛南山闪长岩-英云闪长岩-花岗闪长岩-二长花岗岩组合,其中糜棱岩化花岗闪长岩的锆石U-Pb年龄为409.5±3.3Ma。绝大多数属钙碱性系列,以准铝质—过铝质的高钾钙碱性系列为主,多数岩体具有Rb、Ba、Th的富集和Ta、Nb、Zr、Hf的亏损,与岛弧和碰撞花岗岩(Pearce等,1984)相似,表明该区志留纪花岗岩具有以岛弧为主、少数为同碰撞构造环境的特征。敦煌党河水库的英云闪长岩-奥长花岗岩-花岗闪长岩组合具有TTG组合特征,SHRIMP锆石U-Pb年龄为440±12Ma(张志诚等,2009),可能与北阿尔金(红柳沟-拉配泉)蛇绿混杂岩带早古生代晚期俯冲-碰撞作用相关。

六、华北板块

南华纪—早古生代华北陆块在西北地区总体表现为稳定-伸展的构造环境,前南华纪作为华南陆块群的阿拉善地块,在该阶段晚期漂移至接近华北陆块的地域,而成为华北陆块的一部分。

根据岩石构造组合及其所反映的大地构造环境,将华北陆块(陕甘宁部分)划分为阿拉善地块(Pz)、贺兰山中段-鄂尔多斯陆表海-被动陆缘(Z—∈—O)、小秦岭陆表海-斜坡盆地((Nh—O)3个Ⅱ级构造单元,并进一步划分为6个Ⅲ级构造单元,即龙首山陆缘(冰碛岩)盆地(Nh—Z)、金昌北-阿拉善右旗板内碱性花岗岩带(S);贺兰山陆表海-被动陆缘盆地(Z—∈—O)、鄂尔多斯陆表海碳酸盐岩台地(Pz_1);小秦岭中北部陆表海(Z—O)、小秦岭南部华北南缘斜坡-凹陷盆地(Nh—Z,陶湾群)。

1. 阿拉善地块

在阿拉善地块,著名的超大型岩浆分异型金川铜镍矿产于新元古代(819Ma±)岩石圈伸展背景下幔源岩浆-超基性—基性杂岩中,其形成与该时期作为罗迪尼亚超大陆的阿拉善地块的裂解密切相关,同时也可能说明裂解的原动力来自于地球深部(壳幔边界,甚至核幔边界)作用。

阿拉善地块南华纪—早古生代只有韩母山群含冰成沉积的细碎屑岩和泥质碳酸盐岩组合,仅出露于地块南部边缘一带。下部烧火筒沟组底部为陆相冰碛砾岩,向上以滨海冰筏沉积的含砾千枚岩为特征,并过渡至远滨相砂泥岩;上部草大板组(Zc)为滨浅海相碳酸盐岩台地沉积。整体上反映了被动陆缘陆棚沉积环境,并构成海侵层序。

草大板组中的微古植物化石多为中元古代的延续分子,其中的 *Polyporata*, *Laminarites*, *Leiopsophosphaera* 及 *Leiofusa* 在北山及湖北峡东地区的震旦系中均有分布;下部千枚岩全岩 Rb-Sr 等时线年龄为 593±39Ma,属震旦纪晚期,产似层状磷矿。校培喜等(2010)在金川以西黑沟一带韩母山群上部草大坂组的底部发现小型古杯和海百合茎化石,认为草大坂组的时代应归属早寒武世。

在阿拉善地块南侧,还发育少量的早古生代中酸性岩体,主要有分布于白家嘴子东、西两侧的奥陶纪闪长岩-石英闪长岩-花岗闪长岩组合,岩体形态呈岩株状、岩枝状等,属俯冲环境下的花岗岩岩石构造组合;志留纪—早泥盆世二长花岗岩-花岗岩组合主要分布于山丹县北—金昌市一带,呈岩株、岩枝及岩基等形态,属同碰撞-过铝质花岗岩岩石构造组合。它们可能与祁连构造带早古生代中—晚期向北俯冲及弧-陆碰撞相关。在金昌北—阿拉善右旗发育少量的志留纪碱性花岗岩,从构造位置上看位于前述花岗岩带的北部、阿拉善地块的内部,可能反映了早古生代末期远离南缘(北祁连)造山带的阿拉善地块内部的局部伸展环境。

2. 贺兰山中段-鄂尔多斯陆表海-被动陆缘(Z—∈—O)

该构造单元由贺兰山中段和鄂尔多斯东、南、西缘出露的震旦纪—寒武纪—早中奥陶世大陆边缘碎屑岩-碳酸盐岩沉积建造组合组成,为华北陆块西缘被动陆缘-碳酸盐岩陆表海环境产物。

震旦系以含冰碛岩(西缘正目观组、南缘罗圈组)为特征的边缘海厚层—块状白云质灰质角砾岩-含铁质结核及黄铁矿粉砂岩-泥岩组合为特征,分布于贺兰山中段和鄂尔多斯南缘。

寒武纪—中奥陶世为碳酸盐岩陆表海环境。寒武系平行不整合于震旦系之上,主要岩石组合有早寒武世含磷砂砾岩-灰质白云岩(苏峪口组、辛集组)、局限台地-潮坪相白云岩-灰岩组合(朱砂洞组),中寒武世前滨-临滨泥灰岩-砂岩-粉砂岩-灰岩组合(陶思沟组、馒头组)、台地缓坡-斜坡含风暴岩的碳酸盐岩组合(呼鲁斯台组、张夏组),晚寒武世—早奥陶世台地潮坪-局限台地碳酸盐岩组合(阿不切亥组、炒米店组、三山子组),早—中奥陶世开阔台地灰岩-白云岩组合(马家沟组),在绥德—米脂一带局部潟湖封闭环境形成百余米的盐岩沉积。地层富含三叶虫、腕足类、头足类和牙形石等生物化石。

中—晚奥陶世在鄂尔多斯地块南缘和西缘,以陆缘斜坡薄层碳酸盐岩-粉砂岩-泥质岩为主,夹多层水下扇砂砾岩组合。具代表性的岩石地层单位有:南缘的平凉组,西缘中南部(贺兰山中段-米钵山-青龙山)的米钵山组、银川组,西缘北部(内蒙卓子山)的克里摩里组-乌拉力克组-拉斯仲组,反映了陆缘深水-陆块间裂谷边缘相。

李锦轶、张进等(2009、2010)对该地区马家沟组、米钵山组等的碎屑锆石和祁连造山带北部寒武纪香山群、大黄山群碎屑锆石研究表明,物源区复杂,寒武纪祁连裂谷北缘物源区并不来自华北陆块和阿拉善地块;中—晚奥陶世上述陆间裂谷物源与华北陆块无关,可能来自于阿拉善地块。这些地质记录可能说明早古生代早期(寒武纪—早中奥陶世)包括鄂尔多斯地块、阿拉善地块在内的华北陆块区稳定的构造环境与中-南秦岭地块、中祁连地块距离遥远;早古生代晚期(中奥陶世—志留纪)北祁连造山带是中祁连地块"千里迢迢"与阿拉善地块汇聚的产物。

3. 小秦岭陆表海-斜坡盆地(Nh—O)

该构造单元由小秦岭中北部陆表海(Z—O)和南部(华北南缘)斜坡-凹陷盆地(Nh—Z)2个次级单元构成。

小秦岭中北部的震旦纪—奥陶纪沉积建造组合与上述鄂尔多斯地区完全可以对比,由震旦纪陆缘冰碛岩-细碎屑岩凹陷盆地(罗圈组-东坡组)、寒武纪陆表海碳酸盐岩-碎屑岩相(辛集组-朱砂洞组-馒头组-张夏组-三山子组)、奥陶纪碳酸盐岩陆表海构成,是华北陆块区鄂尔多斯地块南部的组成部分。

小秦岭南部由南华纪—震旦纪陶湾群(垢神庙组、石板河组及陶湾组)绿片岩相变质的泥质碳酸盐岩-细碎屑岩建造组合组成,主要岩石类型为一套片状大理岩、黑云母大理岩夹绢云绿泥石英片岩,代表了陆块边缘陆棚相的沉积环境,主要发育铅、锌、铜矿化。在华县东吉口—太平峪一带,可见早古生代早期辉石正长岩岩株,其 Rb-Sr 同位素年龄为 503 ± 83.43 Ma,为板内伸展环境的产物。

七、西昆仑-阿尔金-祁连山-北秦岭增生造山带

该增生造山带位于南华纪至早古生代华北-塔里木陆块区(链)的南侧,昆南(康西瓦)—南阿尔金—柴北缘—商丹具有早古生代高压—超高压特征变质的蛇绿混杂岩带为代表的板块结合带(对接带)的北侧,由西昆仑、阿尔金(阿中-阿北)、北祁连、中-南祁连和北秦岭5个弧盆系(Ⅱ级构造单元)形成早古生代华北陆块-塔里木陆块南侧的巨型增生造山带,也是秦祁昆复合造山系的北部组成部分。根据各个弧盆系的组成和结构又进一步划分出8个岛弧或陆缘弧、1个弧后盆地和5个具有叠接带性质的结合带及1个早期的被动陆缘共15个Ⅲ级构造单元和若干个Ⅳ级构造单元。

1. 西昆仑弧盆系

西昆仑弧盆系由北部奥依且克-塔木其(塔南)岛弧(O—S)、南部柳什塔格-上其汗岛弧(O—S)及其间的库地-祁曼于特蛇绿混杂岩叠接带(Pz_1)三部分构成。其中前二者在地层沉积建造、侵入岩岩石构造组合及其构造环境方面具可对比性,并难以区分。

(1)奥依且克-塔木其岛弧(O—S)和柳什塔格-上其汗岩浆弧(O—S):覆于前南华纪西昆仑地块之上,整体反映出与岛弧构造环境相关的夹中酸性—中基性火山岩的远滨-斜坡-次深海碎屑岩-碳酸盐岩沉积组合特征。其上与晚泥盆世奇自拉夫组红色碎屑岩为较广泛的不整合接触,可能反映了早古生代末期的地壳汇聚-碰撞造山事件。

北部地层系统以零散出露的奥陶纪玛列兹肯组泥晶灰岩-粉砂岩-钙质泥岩-微晶灰岩建造组合为主。南部主要为中奥陶世东瓜山群泥质粉砂岩-粉砂质钙质泥岩-微晶灰岩组合和早中奥陶世玛列兹肯组长石石英砂岩-粉晶灰岩-砂板岩夹安山岩-英安岩等沉积-火山岩组合。志留系主要为变砂岩、千枚岩夹片岩、铁质粉砂岩组合。

近年来,1:25万区域地质调查对其地层系统进行了重新清理,西昆北东部为阿拉叫依岩群砂岩-

绿泥石英片岩-千枚岩-灰岩组合；中部为寒武纪—奥陶纪库拉甫河群绿泥石英片岩-千枚岩-大理岩-硅质岩-砂岩夹玄武岩组合及早古生代上其汗岩组中基性—中酸性火山岩-绿泥石英片岩-大理岩组合；西部为奥陶纪—志留纪绿泥石英片岩-千枚岩-大理岩-砂岩夹中酸性火山岩组合。西昆南仅发育很少量的柳什塔格组基性—中酸性火山岩-砂板岩-灰岩组合，火山岩以安山英安岩及玄武岩、流纹岩为主，锆石 U-Pb 年龄为 480～462Ma，构成火山弧亚相。

西昆仑南华纪—早古生代中酸性侵入岩，包括南华纪片麻状花岗岩序列、寒武纪碰撞前钙碱性花岗岩序列、奥陶纪后碰撞正长花岗岩序列、志留纪后造山石英二长岩-正长岩序列。前两个序列构成大型岩基链，为早古生代岩浆弧侵入岩主体。南华纪片麻状二长花岗岩 SHRIMP 锆石 U-Pb 年龄为 815 ± 57Ma（张传林等，2003）。

寒武纪花岗岩体共 60 个，主要为在大同—要龙—康西瓦北山一带的大型岩基，岩石序列组成为闪长岩-石英闪长岩-花岗闪长岩-斜长花岗岩-二长花岗岩，在 ACF 图解上基本落在 I 型区，为壳幔混源型。在 An-Ab-Or 图解上，分布于闪长岩-英云闪长岩-斜长花岗岩-花岗闪长岩-二长花岗岩区，为 $\delta+$TTG 组合。在 Rb-YbNbTa 判别图上落在碰撞前岩浆弧区，K-Na-Ca 趋势图上表现为具有 Tdi 和 CA 两条趋势线，为碰撞前的陆缘弧环境。

蒙古包角闪闪长岩 SHRIMP 锆石 U-Pb 测年结果为 521 ± 2.5Ma、440.5 ± 4.6Ma（崔建堂，2006）；库尔良黑云角闪闪长岩和花岗闪长岩分别获得 SHRIMP 锆石 U-Pb 年龄为 506.8 ± 9.8Ma、500.2 ± 1.2Ma（张占武，2007）；要龙花岗岩 LA-ICP-MS 锆石 U-Pb 年龄为 499.3 ± 1.9Ma、450.3 ± 0.61Ma、449.6 ± 0.68Ma；三十里营房石英闪长岩 SHRIMP 锆石 U-Pb 年龄为 447 ± 7Ma（崔建堂，2006）。上述数据均分布于 521～450Ma 区间。但在西昆仑全区锆石 U-Pb 谐和曲线图上看，490～470Ma 区间数据有间断，510～490Ma 区间有构造-热事件造成漂移。本序列岩体形成年龄应在库地蛇绿岩之后，在 520～490Ma 范围内。

奥陶纪后碰撞正长花岗岩序列主要在西昆仑带中段中南部分布，序列组成为二长花岗岩-正长花岗岩，以后者为主体，碱性—亚碱性系列。在 R_1-R_2 图解上分布在二长花岗岩-正长花岗岩范围，为典型造山带后碰撞序列；在 QAP 图解上分布于 3a 及 3b 区左半部，为后碰撞 G 组合；微量元素为右倾曲线簇，大离子亲石元素富集，高场强元素略富集，接近布朗成熟大陆弧花岗岩特征。478～450Ma 区间为本序列岩体的形成年龄。

志留纪造山后石英二长岩序列岩性以石英二长岩为主，少量正长花岗岩、二长岩，铝不饱和—弱饱和，在碱硅图解上分布于碱性—亚碱性分界线上方二长岩-石英二长岩-正长岩-正长花岗岩区；在 R_1-R_2 图解上，分布于石英二长岩-闪长岩-正长花岗岩区，落在皮切尔的碰撞后抬升和造山晚期范围，为造山带造山后序列，为 G 组合的正长花岗岩-正长岩-石英二长岩亚型；在 Rb-YbNbTa 判别图解上落在板内岩浆区，均说明为造山后-板内伸展环境。目前尚无同位素年代学资料，暂时划为志留纪。

上述寒武纪—奥陶纪主体岩浆弧中酸性侵入岩特征及志留纪造山后伸展组合，反映了早古生代西昆仑地块边缘俯冲-碰撞造山-造山后伸展的较完整构造岩浆旋回。许志琴等（2007）在研究阿卡阿孜岩体南侧康西瓦韧性剪切带时，通过 Ar-Ar 法和 SHRIMP 锆石 U-Pb 法证明康西瓦韧性剪切带形成于 445～428Ma；马世鹏等（1989）从古生物资料研究确认，西昆仑地区奥陶纪地层下—中统发育较全，上统面貌不清，可能缺失，志留系仅见于康西瓦以南，意味着奥陶纪晚期发生了构造运动。岩浆作用-构造变形-地层系统综合反映了早古生代晚期的构造作用。结合区域上昆南带、柯岗、库地-祁曼于特早古生代蛇绿混杂岩特征来看，奥依且克-塔木其岛弧（O—S）和柳什塔格-上其汗岩浆弧（O—S）应该为塔里木陆块南侧早古生代增生造山带组成部分。

(2) 库地-祁曼于特蛇绿混杂岩叠接带(Pz_1)：呈北西西向展布于上述岩浆弧之间的塔什库尔干库浪那古河上游,向东经库地、库尔浪、祁曼于特,在上其汗河上游被阿尔金南缘断裂所截。

库地蛇绿岩限制于库地镁铁—超镁铁岩体本身,岩石类型包括纯橄榄岩、辉橄岩、方辉橄榄岩、单辉橄榄岩、斜方辉石岩、单斜辉石岩、含长辉石岩、辉长岩、辉绿岩。岩石强烈糜棱岩化,部分蚀变成方解石滑石片岩、绿泥石片岩、透闪石片岩、菱镁滑石片岩等,构成该蛇绿混杂岩带的洋岛-海山亚相,超镁铁橄榄岩、橄榄辉石岩、二辉橄榄岩、辉绿辉长岩等块体组成蛇绿岩亚相,岩石地球化学研究表明普守、祁曼于特岩带与库地基本一致。该蛇绿混杂岩带是在罗迪尼亚超大陆汇聚后,于震旦纪—寒武纪时裂解、拉伸形成的(有限)洋壳。柳什塔格洋岛玄武岩 Rb-Sr 年龄 $563\pm48Ma$(李博秦等,2007),说明洋盆在震旦纪时已存在,在库地的方辉橄榄岩中获锆石 U-Pb 年龄 $512\sim502Ma$,祁曼于特辉长岩 U-Pb 表面谐和年龄 $526\pm1.0Ma$(韩芳林等,2012)。肖序常等(2003)在该岩体的石英辉长岩中测得精确锆石 SHRIMP 年龄 $510\pm4Ma$,证实其形成于早古生代早期,韧性剪切变质年龄 $451\sim426Ma$(周辉等,2000)。至于侵位年龄,从库地蛇绿岩北韧性剪切带糜棱岩化和强烈解体剥离推覆夹杂在围岩中,以及普守-祁曼于特-柳什塔格等蛇绿岩带都是这个情况看,构造侵位时间应在蛇绿岩形成之后、韧性剪切带形成之前,即 $520\sim451Ma$ 区间,为寒武纪—奥陶纪分界上下。

据李继亮等(2000)研究,库地花岗闪长岩锆石 U-Pb 年龄 458Ma(许荣华等,1994),闪长岩年龄 $471\sim449Ma$,与库地主剪切带变质年龄 $451\sim426Ma$(周辉等,2000)基本一致,表明可能是同期俯冲消减作用的产物。

库地北花岗岩基以正长花岗岩、二长花岗岩为主,少量花岗闪长岩,岩体锆石 U-Pb 年龄 384Ma,晚于剪切带中未变形的闪斜煌斑岩脉的侵入年龄(404Ma),说明是俯冲消减后形成,R_1-R_2 判别为造山后花岗岩,Rb-(Nb-Y)图解基本落入板内区,为俯冲消减后重熔花岗岩,与区域上晚泥盆世的红色磨拉石盆地沉积一致,代表了早古生代洋盆的消亡。

2. 阿尔金(阿中-阿北)弧盆系($\in$—O)

早古生代阿尔金弧盆系位于阿北-敦煌地块以南、阿南增生杂岩带以北,由阿北红柳沟-拉配泉蛇绿混杂岩带($\in$—S)和阿中岩浆弧(Pz_1)2个Ⅲ级构造单元组成。

(1) 红柳沟-拉配泉蛇绿混杂岩带($\in$—S)：位于甘青新三省(自治区)交界地区,阿北-敦煌地块南侧红柳沟—拉配泉一带,由大型韧性剪切带及不同规模的构造透镜体、糜棱岩片理化带组成。

蛇绿混杂岩由枕状、块状玄武岩,硅质岩及大量呈构造残块、带状分布的超镁铁—镁铁质岩块和较多的辉绿岩块组成。超镁铁质岩块为斜辉辉橄岩、纯橄榄岩、堆晶纯橄榄岩、异剥橄榄岩、辉石岩、堆晶辉长岩等。基性岩 Th/Yb-Ta/Yb 图解中多数位于岛弧区,少量落在 MORB 区;Zr/Y-Zr 图解上红柳沟带基性岩在岛弧、洋中脊、板内区都有分布;Hf-Th-Ta 图解在岛弧、板内、洋中脊区都有分布;Ti-Zr-Sr 图解上红柳沟带大部落在岛弧区,它们属于造山带 SSZ 型蛇绿混杂岩相的蛇绿岩亚相。其中,早—中寒武世喀拉大湾组洋岛碱性玄武岩 Sm-Nd 等时线年龄 524.4Ma,玄武岩-辉长岩 Sm-Nd 等时线年龄 $829\pm60Ma$(郭召杰,1998),说明新元古代末该洋盆可能已存在,但强烈活动于早古生代。修群业(2007)对枕状熔岩进行 U-Pb 法测年获得 $448.6\pm33.3Ma$ 的数据,杨经绥(2008)测得 $479\pm8Ma$ 的数据。吴峻等(2001,2002)对该单元蛇绿混杂岩研究,认为存在 MORB 型和 OIB 型两种类型蛇绿岩。杨经绥等(2001)报道在红柳沟一带发现席状岩群墙,为海底扩张提供了有利的证据。另外,还有中—晚奥陶世环形山组台地相碳酸盐岩-陆缘碎屑组合,拉配泉群台地潮坪局限台地碳酸盐岩组合呈一系列岩片产出。

高压变质泥岩多硅白云母 Ar-Ar 坪年龄为 547.7Ma,玄武岩 Sm-Nd 等时线年龄为 524.14～508.13Ma(刘良等,1999),在红柳沟恰什坎萨依一带含蓝闪石石英片岩中获 Ar-Ar 坪年龄 542Ma、511～502Ma(于海峰,2004)。带内构造变形强烈,以紧闭褶皱及冲断裂为主,岩浆活动强烈,阔什布拉克岛弧型花岗闪长岩的 TIMS 锆石 U-Pb 成岩年龄为 443Ma(陈宣华,2003);巴什考贡-斯米尔布拉克花岗岩有 4 次侵入,前两次为巨斑花岗岩和红色黑云钾长花岗岩,其 SHRIMP 锆石 U-Pb 年龄为 474.3～446.6Ma;后两次为似斑状花岗岩和红色黑云钾长花岗岩,其 SHIRMP 锆石 U-Pb 年龄为 434.5Ma 和 431.1Ma(吴才来,2005),属洋盆闭合后的产物(同碰撞—后碰撞花岗岩)。

阿中岩浆弧(Pz_1):由寒武纪碰撞前钙碱性花岗岩序列、奥陶纪后碰撞正长花岗岩序列和晚奥陶世碰撞后伸展镁铁—超镁铁岩序列组成,分布于红柳沟-拉配泉蛇绿混杂岩带南与木纳布拉克-英格里克之间。

阿尔金寒武纪碰撞前序列出露的花岗岩类岩体约 40 个,序列组成为辉长岩-闪长岩-石英闪长岩-英云闪长岩/斜长花岗岩-二长花岗岩,以二长花岗岩为主。在 QAP 图解上,沿辉长岩/闪长岩-花岗闪长岩-二长花岗岩区演化,有斜长花岗岩/英云闪长岩出现,表现为典型 δ+TTG 组合;在 An-Ab-Or 图解上,分布于闪长岩-英云闪长岩-斜长花岗岩-花岗闪长岩-二长花岗岩区,为 δ+TTG 组合;在 R_1-R_2 图解上,沿皮切尔的板块碰撞前区演化,为典型造山带碰撞前序列;在 Rb-YbNbTa 判别图解上落在碰撞前岩浆弧区;在 K-Na-Ca 趋势图上表现为具有 Tdi 和 CA 两条趋势线,为大陆弧环境。寒武纪碰撞前钙碱性花岗岩序列在 512～404Ma 区间。但根据康磊等(2011)和韩凤彬等(2012)已测得红柳沟地区侵入本序列的后碰撞正长花岗岩 SHRIMP 锆石 U-Pb 年龄为 488±5Ma、500.3±1.2Ma、514±6Ma,可见本序列岩体形成年龄应在 514Ma 之前,应为早寒武世泛非期构造岩浆事件的产物。

阿尔金带奥陶纪后碰撞正长花岗岩序列伴随寒武纪碰撞前序列分布,在巴什考贡南一带分布较多。序列组成为二长花岗岩-正长花岗岩-碱长花岗岩-碱性花岗岩-石英二长岩,为钙碱性系列,富碱(里特曼指数 1.94～3.25),碱总量(K_2O+Na_2O) 7.30%～8.58%,属较高范围,A/NKC 0.91～1.10,为铝弱过饱和。在 QAP 图解上,分布于 2a、3a 及 3b 区左半部,以及 8' 区,为后碰撞 G2 组合;在 R_1-R_2 图解上,在二长花岗岩-正长花岗岩-碱长花岗岩区,较多在同碰撞区下方分布,为典型造山带后碰撞序列;在 ACF 图解上,半数落在 S 型区,为壳源;在 An-Ab-Or 图解上,分布于二长花岗岩-正长花岗岩-碱性花岗岩区-石英二长岩,为 G2+QM 组合,花岗岩的 10 000×Ga/Al<2,Zr+Nb+Ce+Y <300,不具 A 型花岗岩特征;在 Rb-YbNbTa 判别图解上落在同碰撞岩浆区,其形成紧接碰撞前序列之后,环境应与其相同,为大陆弧同碰撞环境。奥陶纪后碰撞正长花岗岩序列在 514～431Ma 区间,由于时代更晚些的碰撞后伸展型镁铁—超镁铁岩中的辉长岩 LA-ICP-MS 锆石 U-Pb 年龄为 467.4±1.4Ma(马中平等,2011),因此此后碰撞序列时代应在其前,为晚寒武纪—早奥陶世。

阿尔金晚奥陶世碰撞后伸展镁铁—超镁铁岩序列,主要分布在阿尔金南缘断裂中段北侧清水泉和阿北巴什考供,由多个镁铁—超镁铁质侵入体组成,围岩有角岩化,其中角闪辉长岩 LA-ICP-MS 锆石 U-Pb 年龄为 467.4±1.4Ma,为中奥陶世末期(马中平,2011)。岩石组合为辉石橄榄岩-角闪辉长岩,与蛇绿岩比较,本序列超镁铁岩 MgO 较低,碱总量略高。超镁铁岩的 M/F 值仅 3.74～4.16,远低于蛇绿岩的 6～11,属于铁镁质黄山类型。微量元素配分整体在岩石/MORB 值为 1 的曲线上方,左半段隆起,右半段近水平。超镁铁岩与辉长岩具相似配分型式,说明同源。与蛇绿岩中同名岩石比较,水平较高,不相容元素富集大。阿尔金中奥陶世镁铁—超镁铁岩为幔源橄榄岩-角闪辉长岩组合,属于碰撞后伸展环境。

3. 北祁连弧盆系

北祁连弧盆系是叠加在前南华纪祁连地块北部和阿拉善地块以南的早古生代中—晚期发育的沟-弧-盆体系。它是在震旦纪—寒武纪—早奥陶世板内裂谷-多岛小洋盆的基础上，于奥陶纪中晚期至志留纪—早中泥盆世，洋盆收缩、陆块汇聚，洋壳向北、向南双向俯冲-弧陆碰撞造山形成的。

北祁连弧盆系自南向北可划分为北祁连蛇绿混杂岩带(O—S)、走廊南山岛弧(∈—O)和走廊弧后盆地(O)-弧后前陆盆地(S)3个Ⅲ级构造单元。它们是北祁连洋壳早古生代中晚期向北俯冲的构造格局，根据其组成、结构及出露的范围，走廊弧后盆地(O)-弧后前陆盆地(S)可进一步划分为前期寒武纪—奥陶纪被动陆缘、奥陶纪弧后盆地和志留纪弧后前陆盆地3个Ⅳ级单元。

(1) 北祁连蛇绿混杂岩带(O—S)：位于早古生代中祁连地块(北缘岩浆弧)北缘断裂以北，走廊南山早古生代岛弧以南，断续出露于柳沟峡—吊达坂—熬油沟—玉石沟—川刺沟—清水沟—百经寺—俄堡—白银瞭高山一带。由蛇绿岩块体、前南华纪变质火山-沉积构造块体、南华纪—早古生代火山沉积岩岩块、高压—超高压变质岩构造岩片及韧性剪切带、构造片理化变形基质构成，其中含有遭受高压变质作用的海沟相滑塌堆积。逆冲-走滑断裂系使混杂岩呈现复杂的逆冲叠瓦构造，整体构成一个大型变形构造带。

含高压—超高压变质岩片和岩块的俯冲杂岩从祁连县的扁麻沟一带一直向东延伸到百经寺一带，长约100km(冯益民等，1996;吴汉泉，1980，1990;Wu et al，1993;宋述光，2009)。蓝片岩中蓝闪石和多硅白云母的^{39}Ar-^{40}Ar法测年数据为460～440Ma(Wu et al，1993)。目前所获得的榴辉岩同位素测年数据共有5个，分别为468±13Ma、502±11Ma、463±6Ma、477±16Ma、489±7Ma(宋述光等，2004，2009;Zhang et al，2007)。

蛇绿岩主要发育于熬油沟、玉石沟、川刺沟等地区。熬油沟蛇绿岩辉绿岩中的锆石SHRIMP测年数据为503±6.4Ma，其时代跨度在550～444Ma之间(陆松年等，2002)，也有人认为是中元古代(毛景文等，1997;左国朝等1999;Zhang et al，2000;冯益民等，2002)。玉石沟蛇绿岩前人已做过大量研究(肖序常等，1978;冯益民等，1992，1995，1996;左国朝等，1886，1987;夏林圻等，1996，1998;徐学义等，2008)，它是构成玉石沟蛇绿混杂岩带的主体，此外还构造卷入有中寒武世黑茨沟组、中—晚寒武世香毛山组和早奥陶世阴沟群的构造岩片。宋述光等(2011)研究表明，玉石沟蛇绿岩存在着560Ma的蛇绿岩，大岔达坂玻安岩的SHRIMP锆石U-Pb年龄为517～487Ma，弧后扩张蛇绿岩形成的时代略晚于洋内弧玻安岩的年龄，为(490±5)～(448.5±5)Ma。这些研究成果为北祁连洋盆作为MORS型大洋盆地，以及该大洋盆地存在的时限提供了可靠的依据。

(2) 走廊南山岛弧(∈—O)：叠加在前南华纪祁连地块基底和寒武纪—早奥陶世裂谷-被动陆缘沉积-火山建造之上，主体由奥陶纪火山-沉积建造组合和奥陶纪—志留纪隐伏中酸性侵入岩(脉)构成。北祁连西段较东段(宗宾达坂断裂以东)结构复杂，主体由镜铁山—捷达坂和昌马-四道墙子两个具岩浆弧建造的构造块体和其间的鱼儿红蛇绿混杂岩构成。

出露在该单元范围内的奥陶纪阴沟群主要是一套较为典型的岛弧火山岩岩石组合，有洋内弧的高镁安山岩组合(陈雨等，1995)，以安山岩为主的成熟岛弧在整个岛弧带都有出露(夏林圻等，1995，1998，2001)。中堡群以砂岩、板岩为主夹熔岩及生物灰岩，其中火山岩有安山岩、玄武岩、英安岩等。扣门子组中基性—中酸性火山岩夹生物灰岩、硅质岩及碎屑岩，其中的火山岩为安山岩及安山玄武岩、细碧岩、石英角斑岩等。南石门子组为硅质岩-板岩-粉砂岩-砂岩，夹厚层灰岩、泥灰岩透镜体。妖魔山组主要为厚层生物灰岩，夹有页岩，底部常出现砂砾岩。中奥陶世后期—晚奥陶世的岩石组合反映岛弧演化到中晚期，火山活动趋于减弱，碎屑岩类增多，在火山弧岛链中出现相对稳定的生物碳酸盐岩台地，沉积了妖魔山组厚层生物灰岩。

在岛弧带发育奥陶纪隐伏花岗岩类岩基（小柳沟、祁青斑岩型钨钼矿成矿地质体），并以花岗细晶岩脉出露；东部海原地区志留纪花岗闪长岩获得 445.1～425.8Ma 的 K-Ar 年龄和 451～431Ma 的 SHRIMP 锆石 U-Pb 年龄（宁夏地质志，2013）。在岛弧带以北的走廊地区和阿拉善南缘，发育奥陶纪—志留纪中酸性侵入岩组合，主要岩石组合为 $O(\delta o+\gamma o)$、$O(\eta \gamma+\gamma o)$、$O\gamma\delta$ 和 $S\delta o$、$S\eta\gamma$ 组合，其中东段老虎山一带井子川岩体石英闪长岩-石英二长闪长岩-英云闪长岩组合的锆石 SHRIMP 年龄为 464±15Ma，老虎山闪长岩为 423.5±2.8Ma（吴才来等，2004）；西段车路沟山花岗斑岩的锆石 U-Pb 年龄为 427.7±4.5Ma（夏林圻等，2001）；大草滩二长花岗岩锆石 SHRIMP 定年结果为 424.1±3.3Ma（吴才来等，2010）。上述侵入岩的形成也应与北祁连洋盆向北的俯冲-弧陆碰撞相关。

在北祁连西段发育弧间小洋盆，代表性的岩石构造组合是香毛山-鱼儿红构造蛇绿混杂岩带（介于镜铁山-捷达坂岩浆弧与昌马-四道墙子岛弧之间），在蛇绿混杂岩、含蓝片岩的混杂岩中，大量发育的同构造深海峡谷扇沉积楔、复理石和深海硅泥质沉积与蛇绿岩残块、岛弧火山岩块等的共生反映了洋壳与岛弧聚敛边缘海沟盆地沉积混杂的性质。混杂岩中标志性低温高压变质的蓝片岩的产出是板块俯冲带深部变质的重要证据，它是海沟盆地岛弧玄武岩和蛇绿岩残块之一的洋中脊玄武岩俯冲变质的结果（吴汉泉等，1987）。

在俯冲增生阶段该单元相对向北逆冲成山，成为志留纪前陆盆地的主要物源供给区。碰撞造山作用使其连同其北的弧后盆地一起拼接增生于阿拉善地块南缘。

（3）走廊弧后盆地(O)-弧后前陆盆地(S)：发育在寒武纪—早奥陶世裂谷-被动陆缘盆地之上，分布于河西走廊一带。

早期表现为奥陶纪弧后盆地火山-沉积岩系（早—中奥陶世阴沟群、车轮沟群；中—晚奥陶世中堡群、大梁组；晚奥陶世天祝组、斯家沟组、斜壕组、扣门子组、南石门子组等），并在南部靠近走廊南山岛弧的肃南县九个泉—寺大隆和乌稍岭—景泰老虎山一带产出弧后扩张脊洋壳残片——SSZ 型蛇绿岩（原划阴沟群），前者以出露于九个泉的塔墩沟蛇绿岩为代表，后者以老虎山蛇绿岩为代表（冯益民等，1995，1996）。

晚期为大面积分布的以志留纪海相复理石-海陆交互相碎屑岩（肮脏沟组、泉沟脑组、旱峡组）为代表的弧后前陆盆地沉积；其主要特点有二：其一是双源（陆源和弧源）碎屑岩；其二是进积型沉积充填序列。

震旦纪—寒武纪—早奥陶世裂谷-被动陆缘：下伏于走廊南山岛弧(∈—O)与走廊南山弧后盆地—弧后前陆盆地(S)之下。裂谷-被动陆缘火山-沉积建造（白杨河组、黑茨沟组、香毛山组、香山群中下部、大黄山群）明显受同沉积拆离滑脱正断层及相关伸展构造群落（顺层韧性剪切带、顺层流劈理、顺层掩卧褶皱）控制（王永和，2001），盆地形态和沉积相带与同沉积构造均呈北西西向展布。陆缘沉积系统（黑茨沟组-香毛山组）沉积物主要来自于南部的中祁连地块隆起带，而与阿拉善地块可能没有关系（张进，2011）。自下向上表现出向陆退积的沉积序列，显示海水变深、海平面上升、盆地扩张的沉降特点。早—中寒武世陆源碎屑自南、北盆缘向盆地中心由砂岩—粉砂岩—泥质岩过渡，形成不规则的由内陆架—外陆架—斜坡—浅海盆地的古地理分带。盆地北部边缘古地理面貌简单而清晰；南部边缘形成深水海槽与构造高地间列的面貌，向北拆离滑脱的正断层与构造高地边缘基本耦合，控制构造高地以北海底沉积扇裙体系（黑茨沟组中下部砾岩、砂砾岩沉积楔）。晚寒武世盆地明显较前扩展，水体向南、北岸退，海侵明显，张裂加剧，出现洋壳（熬油沟、玉石沟蛇绿岩），祁连山西部受同沉积张性断裂控制，延续"堑垒相间"格局（图 3-5）。

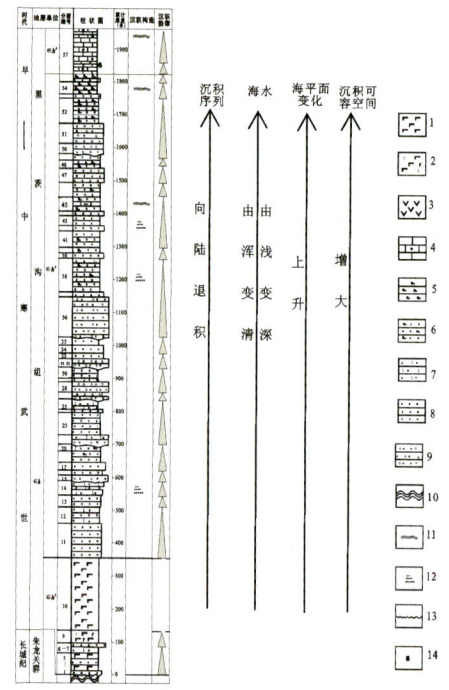

早-中寒武世黑茨沟组沉积垂直层序图

1.玄武岩；2.玄武质凝灰岩、火山角砾岩；3.安山岩；4.灰岩、白云质灰岩；5.绢云母板岩；6.绢云粉砂质板岩；7.凝灰质粉砂岩；8.砂岩；9.砂砾岩；10.片岩；11.水平纹层；12.粒序层理；13.不整合；14.化石

(a) 地层与沉积特征（∈$_{1-2}$）

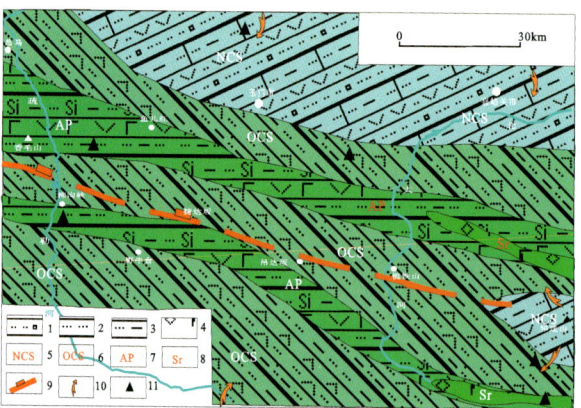

1.含砾砂岩、粉砂质板岩、生物碎屑灰岩夹火山凝灰岩；2.砂砾岩、板岩夹中基性火山碎屑浊积岩、酸性火山岩；3.粉砂质板岩、硅质板岩、中基性火山岩、火山碎屑岩；4.大洋拉斑玄武岩；5.浅海.内陆架；6.外陆架-斜坡；7.深海平原；8.扩张洋脊；9.同沉积拆离断裂；10.物源供给方向；11.剖面资料位置

(b) 伸展背景下构造古地理（∈$_{1-2}$）

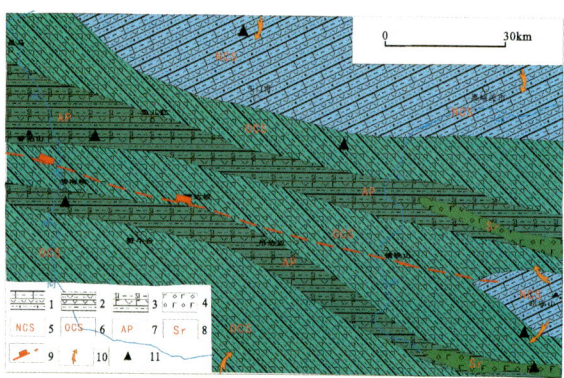

1.含砾砂岩、粉砂质板岩、生物碎屑灰岩夹火山凝灰岩；2.砂砾岩、板岩夹中基性火山碎屑浊积岩、酸性火山岩；3.粉砂质板岩、硅质板岩、中基性火山岩、火山碎屑岩；4.大洋拉斑玄武岩；5.浅海.内陆架；6.外陆架-斜坡；7.深海平原；8.扩张洋脊；9.同沉积拆离断裂；10.物源供给方向；11.剖面资料位置

(c) 伸展背景下构造古地理（∈$_3$）

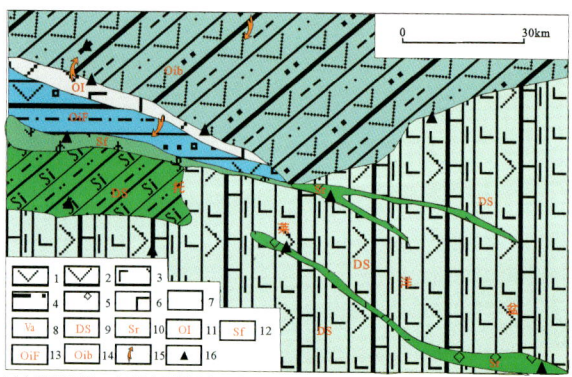

1.火山碎屑浊积岩；2.含砾火山碎屑浊积岩；3.中基性火山岩、硅质岩；4.泥质粉砂岩、硅质岩；5.拉斑玄武岩组合；6.碱玄岩组合；7.俯冲杂岩；8.火山弧；9.深海盆地；10.扩张洋脊；11.洋内弧；12.海沟；13.弧前盆地；14.弧后盆地；15.物源供给方向；16.剖面资料位置

(d) 挤压背景下构造古地理（O$_1$）

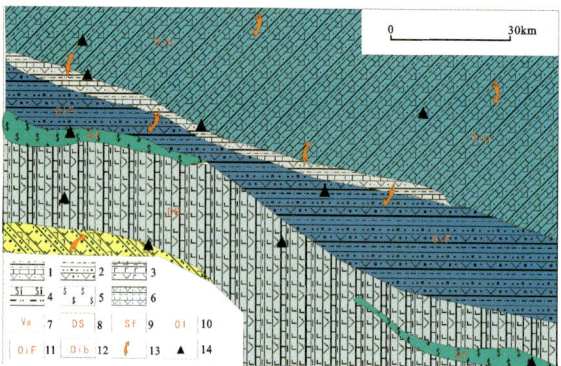

1.火山碎屑浊积岩；2.含砾火山碎屑浊积岩；3.中基性火山岩、硅质板岩；4.泥质粉砂岩、硅质岩；5.碳酸盐岩夹中基性火山岩、砂质板岩；6.俯冲杂岩；7.火山弧；8.深海盆地；9.海沟；10.洋内弧；11.弧前盆地；12.弧后盆地；13.物源供给方向；14.剖面资料位置

(e) 挤压背景下构造古地理（O$_2$）

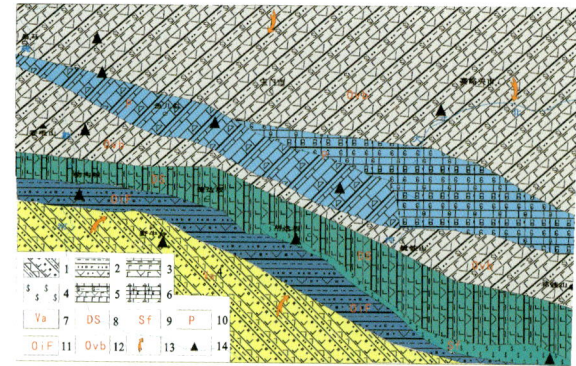

1.中基性火山岩、砂砾岩、泥质粉砂岩；2.含砾火山碎屑浊积岩、酸性火山岩；3.中基性火山岩、硅质板岩、硅质岩；4.俯冲杂岩；5.中基性火山岩、砂岩、硅质岩组合；6.角砾状、块状灰岩、生物灰岩；7.火山弧；8.深海盆地；9.海沟；10.碳酸盐台地-台缘斜坡；11.弧前盆地；12.残余火山岩海盆；13.物源供给方向；14.剖面资料位置

(f) 挤压背景下构造古地理（O$_3$）

图 3-5 北祁连西段寒武纪—奥陶纪构造古地理图（据王永和，2010 修改）

寒武纪—早奥陶世火山-沉积岩建造,火山岩以钾质碱性玄武岩和大陆拉斑玄武岩为主,稀土元素配分曲线表现出 LREE 轻度富集、HREE 近于平坦的右倾型或 REE 平坦型,略微富集 Sr-Nd 同位素组成,反映地壳拉张初期大陆裂谷玄武岩特点。熬油沟及东邻玉石沟晚寒武世蛇绿岩的出现说明东部张裂加剧,出现洋壳。

综上所述,北祁连早古生代早期经历了地壳伸展背景下的大陆裂谷-被动陆缘-有限洋盆的发展历程,并形成了裂谷-被动陆缘成矿环境及成矿系统。裂谷建造东部比西部年龄偏老,东部出现蛇绿岩,说明是自东向西逐渐打开,东部开裂程度强于西部。

4. 中-南祁连弧盆系

中-南祁连弧盆系指北祁连(南缘)蛇绿混杂岩带以南,柴北缘蛇绿混杂岩带以北,主体由中祁连岩浆弧(O—S)、党河南山-拉脊山蛇绿混杂岩带(O—S)、南祁连岩浆弧(O—S)、全吉被动陆缘(Nh—O)和滩间山岩浆弧(∈—O)5 个Ⅲ级构造单元构成的早古生代中晚期复杂弧盆系。总体来看,该弧盆系是早古生代中晚期北祁连洋盆向南俯冲、柴北缘洋盆向北俯冲联合作用形成的,构成华北陆块早古生代巨型增生造山系的南部组成部分。

(1)中祁连岩浆弧(O—S):位于该弧盆系的北部,分布于野牛台—冷龙岭—隆德—陇山一带,主体由奥陶纪—志留纪中酸性侵入岩和北缘少量同时期岩浆弧火山-沉积岩系组成。岩浆弧基底为前南华纪祁连山地块。

中祁连北缘岩浆弧火山-沉积建造,其北缘主要由原划早—中奥陶世阴沟群、中—晚奥陶世中堡群、大梁组等组成,其岩石构造组合与前述走廊南山岛弧类似,但在西部的鱼儿红牧场南出现安粗岩(王永和等,2008),东部永登地区出现白榴石橄榄安粗岩(夏林圻等,1991),天祝黑茨沟一带则为安山玄武岩。白榴石橄榄安粗岩的出现标志着岛弧演化到成熟阶段。东段陇山地区构成岛弧的物质主要由不整合覆盖在陇山岩群之上的震旦纪—奥陶纪葫芦河群和中奥陶世陈家河组组成,前者为粉砂岩-板岩-凝灰质长石杂砂岩;后者下部为中酸性火山岩,上部为黑云石英片岩-变粒岩夹浅粒岩。在岩浆弧中东段零散分布有原划志留纪浊积岩组合,可能为早古生代北祁连造山带南缘周缘前陆盆地沉积。在岩浆弧的东段南部发育中—晚奥陶世雾宿山群以安山岩、英安岩为主夹中基性火山集块岩、角砾岩、凝灰岩等的岩系,在 AFM 图解上,几乎所有的样品都投在钙碱性系列区域。微量元素、稀土元素配分曲线及 Zr/Y-Zr 判别图、Th/Yb-Ta/Yb 图解特征等,总体反映火山岩具岛弧环境,为岛弧安山玄武质-安山质火山岩组合。

中祁连岩浆弧的侵入岩岩石构造组合分为两个大的阶段:早期为地壳伸展背景下的震旦纪碱性花岗岩组合;晚期为奥陶纪—志留纪地壳汇聚背景下的钙碱性岩-中酸性岩组合。

震旦纪碱性花岗岩组合,主要有青海苏里切与大陆伸展有关的裂谷过碱性—碱性花岗岩组合 Z($\xi+\eta$),分布于中祁连西段登龙沟—古夏日岗一带,划分为苏里切构造岩浆岩段,呈岩株状产出,侵入蓟县纪花儿地组和其他大坂组中,并被早石炭世臭牛沟组不整合覆盖。其中红色中粗粒角闪正长岩 K-Ar 年龄为 547±27Ma,淡红色中粒角闪二长岩的 Rb-Sr 年龄为 634.74±64.2Ma,时代为晚震旦世,可能为罗迪尼亚超大陆裂解离散的岩石记录。

奥陶纪—志留纪中酸性侵入岩,主要分布于野马南山、托莱南山、门源-互助、皋兰东和陇山地区。野马南山一带岩石类型有钙碱性系列二长花岗岩、石英闪长岩、英云闪长岩等,获 459.6Ma(U-Pb 法)、464Ma(SHRIMP 法)的年龄数据(甘肃成矿地质背景报告,2013);A/NCK 为 0.79~1.18,属过铝质—次铝质岩系;稀土元素球粒陨石标准化曲线、以洋脊花岗岩(ORG)为标准的微量元素皮氏蛛网图特征,与火山弧花岗岩曲线相似;在 Rb-(Yb+Nb)和 Rb-(Yb+Ta)图解上,样点均投入火山弧花岗岩区;属岩浆弧花岗闪长岩-花岗岩岩石组合。冷龙岭地区的宁缠河志留纪花岗岩体，SiO_2含量72.02%～76.48%（除一个石英闪长岩样品外），Na_2O+K_2O为5.64%～8.20%，A/NCK为1.03～1.17（陈化奇等，2007），属过铝质高钾钙碱性系列花岗岩，形成于同碰撞造山阶段。民和—达坂山岩段，空间上靠北祁连海沟一侧，厘定为达坂山与洋俯冲有关的弧外带TTG花岗岩组合$O_{1-2}(\eta\gamma+\gamma\delta+\gamma\delta o+\delta o+\sigma)$，其中花岗闪长岩Rb-Sr年龄为476±1Ma、462±3Ma，石英闪长岩U-Pb年龄为473.5±0.9Ma，表明就位于早—中奥陶世。乐都—大青山岩段空间上靠内陆一侧，厘定为乐都与洋俯冲有关的G_1G_2花岗岩组合$O_3(\pi\eta\gamma+\eta\gamma+\gamma\delta o+\delta+\nu+\varphi\sigma)$，其中花岗闪长岩的U-Pb年龄为444±17Ma，石英闪长岩的Rb-Sr年龄为421±21Ma、449±22Ma、459±23Ma，表明就位于主带或主期（O_3—S_1）。从TTG组合向G_1G_2组合方向演化，一方面指示北祁连洋壳向南俯冲，另一方面指示中祁连地壳的成熟度与厚度不断增加。另外，在兰州以西雾宿山发育$O(\delta o+\gamma\delta)$、$O(\delta+\delta o+\gamma\delta)$、$O(\delta+\gamma\delta+\eta\gamma)$复式岩体，整体反映了与上述中—晚奥陶世雾宿山群中酸性火山岩一致的岩浆弧构造环境。

此外，除上述一些侵入岩岩石构造组合外，在中祁连岩浆弧区还见有盐锅峡早志留世同碰撞强过铝质花岗岩组合（$S_1\eta\gamma$）及炭窑尔早泥盆世稳定地块基性岩墙群（$D_1\beta\mu$）。

陇山地区，发育有寒武纪黑茨沟组裂谷建造，震旦纪—奥陶纪葫芦河群，晚奥陶世陈家河组活动陆缘火山沉积建造，志留纪泉沟脑组弧后前陆盆地沉积建造，早古生代或志留纪超基性—基性岩组合，志留纪石英闪长岩-花岗闪长岩-二长花岗岩组合，泥盆纪石英闪长岩-花岗岩组合，总体显示震旦纪—早泥盆世活动大陆边缘-俯冲碰撞造山带的环境特点。

(2)党河南山-拉脊山蛇绿混杂岩带（O—S）：位于中、南祁连岩浆弧之间的结合带。受后期断裂截切影响，呈北西西向断续分布于甘肃大道尔吉—党河南山及青海宰力木克—木里—热水—拉脊山一带，可划分为大道尔吉-党河南山、木里和拉脊山蛇绿混杂岩带3个Ⅳ级构造单元。它是中—晚寒武世裂谷基础上发展起来的晚寒武世—奥陶纪洋壳，经奥陶纪—志留纪陆块汇聚、洋壳俯冲而形成的中、南祁连地块之间的结合带（叠接带）。

大道尔吉-党河南山蛇绿混杂岩带，以发育野人沟-大道尔吉-小道尔吉岩浆分异型铬铁矿而闻名的镁质超基性岩为特征，构造混杂过程中卷入了早—中奥陶世吾力沟群、奥陶纪—志留纪多索曲组岛弧玄武岩-安山岩-英安岩构造块体和前南华纪基底残块大理岩-斜长角闪岩-黑云斜长片麻岩构造块体等。

拉脊山蛇绿混杂岩带呈"S"形北西向展布。构造侵位于寒武系—奥陶系中的超镁铁质岩块及一些基性熔岩，是否为蛇绿岩组分或为何种环境的蛇绿岩曾一度存有争议（左国朝，1997；夏林圻，1991；邱家骧等，1997；高延林，1998；潘桂棠，1997），目前趋于一致的认识为俯冲消减带上弧盆系环境的SSZ型蛇绿岩，其时代主要为晚寒武世—奥陶纪。蛇绿岩由变质橄榄岩（蛇纹石片岩，蛇纹岩）、辉石岩、基性岩墙（辉绿岩、辉绿玢岩）玄武岩组成，呈被肢解得大小不一、形态各异的岩块分布；超镁铁质岩主要为纯橄榄岩和斜辉辉橄岩，SiO_2含量33.92%～41.74%，平均39.26%，均小于45%，m/f为8.32，以镁质超基性岩为主，铁质超基性岩较少（m/f=1.6），反映其原岩富镁的特征，属阿尔卑斯型超镁铁质岩。

归纳拉脊山蛇绿岩有如下特征：①变质橄榄岩既有二辉橄榄岩，又有方辉橄榄岩；火山岩既有碱性系列，又有亚碱性系列；既有钠质类型，又有钾质类型；蛇绿岩厚度小，不完全，不连续，岩石组合变化大，与陆间洋盆（初始小洋盆）的岩石组合一致。②蛇绿岩中玄武岩成分属高Ti型（低压岩浆房）与低Ti型（高压岩浆房）之间的过渡类型，前者为洋中脊产物，后者为在消减带拉张的小洋盆形成。二者共生，表明蛇绿岩可能形成于陆间初始小洋盆或以陆壳为基底的弧后小洋盆。③蛇绿岩中的火山岩与无震洋脊火山岩成分相似，此类火山岩形成于介于洋中脊与板内之间的地壳厚度大、拉张速度小的特殊构造环境，如冰岛、大西洋等洋脊均为无震洋脊。

构造混杂带中还卷入了大量早古生代岩片或岩块。其中，中寒武世（深沟组）火山岩以碱性系列为主,亚碱性系列较少,反映地壳拉张,近似裂谷性质;晚寒武世(六道沟组)火山岩以亚碱性系列为主,碱性系列较少,并有相当数量的安山岩具有高硅、高镁特征,成分类似玻安岩,表明有消减带组分加入;奥陶纪火山岩(早奥陶世花抱山组和阿夷山组,中奥陶世茶铺组,晚奥陶世药水泉组)以岛弧环境为主(夏林圻等,1991;冯益民等,1996;邱家骧,1995)。

在中部的青海宰力木克和错喀莫日等地见有零星分布的超镁铁质岩,是否为蛇绿岩组合目前还不清楚,有可能是蛇绿混杂岩残留部分。

从南祁连岩浆弧及其奥陶纪火山弧的出现,化隆—刚察大寺靠海沟一侧与洋俯冲有关的奥陶纪TTG花岗岩组合,地壳成熟度和厚度向南不断增加等判断大洋岩石圈板块可能是向南俯冲潜没的。

在拉脊山六道沟一带,发育碱性玄武岩组合和洋内弧拉斑玄武岩组合,火山岩Th/Ta均值为7.4,证明其中有消减带组分加入(夏林圻等,1991)。邱家骧(1997,1998)已证实了拉脊山寒武纪火山岩中玻安岩的存在,安山岩具高硅、高镁特征,成分类似玻安岩。

(3)南祁连岩浆弧(O—S):是坐落在前南华纪祁连地块南部的早古生代中晚期岩浆弧-弧后前陆盆地,由南祁连北缘岛弧(O—S)和土尔根达坂-天峻同碰撞岩浆带(S)及南祁连弧后前陆盆地(S)3个Ⅳ级构造单元组成。其上叠加了泥盆纪后碰撞岩浆建造。

南祁连北缘岛弧和土尔根达坂-天俊同碰撞岩浆带紧密伴生,只在拉脊山以南至天俊一带,具有不太明显的分带性:岩石组合北部为奥陶纪俯冲型英云闪长岩-石英闪长岩-二长花岗岩;向南为奥陶纪俯冲型石英闪长岩-二长花岗岩-花岗闪长岩;再向西南天俊北多为志留纪同碰撞石英闪长岩-花岗闪长岩-二长花岗岩和二长花岗岩-正长花岗岩组合。日月山与洋俯冲有关的奥陶纪TTG花岗岩组合石英闪长岩-英云闪长岩-花岗闪长岩-闪长岩,为钙碱性系列,属壳幔混合源。其中石英闪长岩K-Ar年龄为403Ma,英云闪长岩K-Ar年龄为476Ma,该年龄为该套岩石构造组合提供了年代学约束。这些岩石构造组合的出现及其分带性为拉脊山小洋盆向南俯冲提供了依据。

与岩浆弧相关的弧间-弧后盆地主要有早—中奥陶世吾力沟群和奥陶纪—志留纪多索曲组。前者为玄武岩-安山岩-英安岩及中酸性集块岩、角砾熔岩、凝灰岩、凝灰质砂岩组合,岩石构造组合为岛弧玄武岩-安山岩-英安岩岩石组合;在硅碱图解上,火山岩样品都落在亚碱性系列区及分界边缘上;在AFM图解上部分落入拉斑玄武岩系列,部分落在钙碱性系列;稀土元素球粒陨石标准化配分曲线为弱右倾平坦型,与岛弧玄武岩型稀土配分曲线相似;微量元素在Ti-Zr判别图解上显示岛弧钙碱性玄武岩(CAB)特点,在Hf/3-Th-Ta图解上,样品多集中于活动性元素端点Th附近的D区,显示钙碱性拉斑玄武岩及其分异产物特征。综合以上判断,火山岩主要显示大陆边缘钙碱性玄武岩特征和岛弧钙碱性玄武岩特征。后者为钙碱性系列安山岩-安山质凝灰岩-杏仁状玄武岩-凝灰质砂岩组合,岩石地球化学特征研究显示大陆边缘钙碱性玄武岩特征和岛弧钙碱性玄武岩特征,岩石构造组合为岛弧安山岩-玄武岩。

在西部喀克图蒙克,侵入于早奥陶世吾力沟组和中奥陶世盐池湾组的与同碰撞有关的高钾花岗岩组合石英二长岩-花岗闪长岩-二长花岗岩-斑状二长花岗岩,均属壳幔混合型。其中肉红色中细粒石英二长岩属过铝质钙碱性系列;浅灰色片麻状中细粒含石榴子石花岗闪长岩属强过铝质钙碱性系列,同位素年龄为435±2Ma(U-Pb法);灰—灰红色中细粒黑云母二长花岗岩(435±22Ma/K-Ar)和灰红色粗粒斑状二长花岗岩(440±14Ma,446.3±3.9Ma/SHRIMP)属早志留世铝饱和中高钾钙碱性系列。

另外,在阳康及东段青海湖东西两侧等地,侵入于志留纪巴龙贡葛尔组、古元古代托赖岩群及奥陶纪俯冲期花岗岩中的偏铝质、高钾钙碱性系列、壳幔混合源型花岗岩组合厘定为后碰撞辉长岩-闪长岩-石英闪长岩-斑状花岗闪长岩-二长花岗岩-斑状二长花岗岩组合,其中黑云二长花岗岩K-Ar同位素年龄为408±20Ma/(Hb),时代为早泥盆世;全吉一带过碱性-强过铝质钙碱性系列、壳源型花岗岩组合厘定为后造山正长岩-石英正长岩-石英闪长岩-二长花岗岩-斑状二长花岗岩组合，其中二云二长花岗岩同位素年龄为370Ma（K-Ar法），白云二长花岗岩同位素年龄为373Ma（U-Pb法），时代为晚泥盆世。早泥盆世花岗岩组合形成于汇聚重组构造阶段的碰撞构造期；晚泥盆世花岗岩组合形成于陆内发展构造阶段，陆内叠覆构造期。

南祁连志留纪前渊盆地广泛分布于相区南部，主要由志留纪巴龙贡葛尔组半深海浊积岩（砂砾岩）建造组合（Sb_1）、陆缘浊积岩建造组合（Sb_2）及同碰撞安山岩-英安岩-流纹岩组合（Sb_3）组成。其沉积厚度由盐池湾地区的逾万米→杨康地区的5000m→刚察地区的3000m。这一前渊盆地是在南祁连岩浆弧后侧奥陶纪弧后盆地的基础上转化而来，它的出现标志南祁连造山带盆山转换的开始。

南祁连岩浆弧奥陶纪—志留纪岩石构造组合的分带性及岩浆弧性质的岛弧与弧后盆地的南、北格局，都一致反映出其北洋壳向南俯冲。这应该与党河南山-拉脊山蛇绿混杂岩带向南俯冲密切相关。

（4）全吉被动陆缘（Nh—O）：是发育在前南华纪全吉地块之上的南华纪至中奥陶世裂陷槽-被动陆缘，呈北西西向展布于宗务隆山南缘断裂和早古生代柴北缘构造混杂岩带之间。由下部南华纪—震旦纪滨海相碎屑岩、中部早寒武世浅海碎屑岩、上部中晚寒武世—早中奥陶世碳酸盐岩台地相构成。该套沉积与其周边其他构造单元的同期沉积均有区别，说明在南华纪—早奥陶世期间，全吉地块可能作为"独立地体"，与相邻单元（柴达木地块、南祁连地块或弧盆系）构造环境差别较大，它们之间应该距离遥远。只是在此后的早古生代晚期才相聚在一起，共同卷入到秦祁昆造山带，成为华北陆块南缘增生造山系的组成部分。

本书在这里重点考虑晚古生代晚期的汇聚事件，故将早古生代全吉地块及其次级单元（南华纪—中奥陶世全吉裂陷-被动陆缘和奥陶纪滩间山岩浆弧）一并纳入到柴北缘俯冲带与北祁连造山带之间的中-南祁连弧盆系来考虑。

南华纪—震旦纪以全吉群滨岸相含砾砂岩-砂岩-粉砂岩-泥岩为主（麻黄沟组-枯柏木组-石英梁组），上部出现局限台地碳酸盐岩夹砂岩（红藻山组），顶部出现以红色黏土岩为标志的风化壳。其上为寒武纪早期浅海相砂岩-粉砂岩-泥岩，夹冰碛岩（红铁沟组），并在最顶部早寒武世皱节山组滨浅海相砂岩-粉砂岩-泥岩组合中，产微古植物、蠕虫化石碎片、齿状化石碎片和大量皱节虫科遗迹化石。石英梁组中大陆碱性玄武岩锆石U-Pb同位素年龄为738 ± 28Ma（李怀坤等，2003），全吉地块大柴旦西基性岩墙体群（陆松年等，2009）及中祁连大陆裂谷环境的过碱性—碱性花岗岩组合（634 ± 64.2Ma，Rb-Sr法），被认为是南华纪—震旦纪罗迪尼亚超大陆裂解的岩石记录。整体反映了稳定大陆边缘碎屑滨岸-碳酸盐岩台地沉积环境。可能在震旦纪—寒武纪之交发育了冰碛岩，也可能反映了与华北类似的成冰气候事件。由此可以推测全吉地块在此前的新元古代与华南亲近，并参与晋宁运动成为罗迪尼亚超大陆组成部分，又于南华纪超大陆解体后，与华北陆块靠近。

在东段欧龙布鲁克一带，平行不整合于全吉群之上发育中寒武世—中奥陶世浅海相陆源碎屑岩和生物碳酸盐岩岩石组合。自下而上为欧龙布鲁克群台地潮坪碳酸盐岩组合（$\in O$）、多泉山组开阔台地碳酸盐岩组合（O_1d）、石灰沟组远滨泥岩-粉砂岩建造组合（O_1s）、大头羊沟组开阔台地碳酸盐岩建造组合（O_2dt），发育浅水标志的层理和层面沉积构造，产各类滨浅海相生物化石，沉积稳定变化，厚度也不大。

（5）滩间山岩浆弧（$\in$—O）：分布于苏干湖北—滩间山—阿木尼克山—牦牛山一带。其基底为南华纪—中奥陶世裂陷-被动陆缘沉积建造，主要由寒武纪—奥陶纪滩间山群岛弧火山岩-弧前盆地碎屑岩系和奥陶纪岛弧中酸性侵入岩组成。受后期构造冲断，岩浆弧与其南的柴北缘高压—超高压变质带交叉叠置（陆松年，2006）。

滩间山岛弧火山岩（原划下火山岩组）主要见于大柴旦北山，包括低钾拉斑玄武岩建造组合和浅海火山盆地安山岩-英安岩-流纹岩建造组合。岩石类型为暗绿色玄武岩、安山岩、安山质火山角砾岩、英安岩夹阳起石岩、石英岩、变粒岩和大理岩。其中含有灰绿色块状变枕状玄武岩、灰绿色辉长石、辉绿岩、斜长花岗岩、辉石橄榄岩,未分超基性岩等蛇绿岩碎块。火山岩为钙碱性系列,具岛弧火山岩特点(赖少聪等,1996;陆松年等,2006)。锡铁山地区中酸性火山岩的锆石 U-Pb 年龄为 486±13Ma(李怀坤等,1999b);托莫尔日特地区火山岩 Rb-Sr 等时线年龄为 450±4Ma 和斜长花岗岩 Rb-Sr 等时线年龄为 447±22Ma(韩英善,2000);绿梁山的变辉石玄武岩单颗粒锆石 U-Pb 年龄为 464Ma(1∶5万鱼卡幅、西泉幅区域地质调查报告,2003);赛什腾山变安山岩 LA-ICP-MS 锆石 U-Pb 年龄为 514.2±8.5Ma(史仁灯等,2004)。上述年龄数据表明滩间山岛弧时代应为寒武纪—奥陶纪,与其南的柴北缘榴辉岩带形成时代大致相同。

从赛什腾山至滩间山一带为弧前盆地近弧带。以发育碎屑岩沉积为主(原划碎屑岩组),碎屑岩中见有变余层理,层序韵律清楚,局部夹有深水相含锰硅质岩或浅水相含底栖生物的灰岩,总体上盆地中部为深水斜坡沟谷相,向东、西两端海水变浅,为潮坪相。产珊瑚:*Agetolites* cf. *multitabulatus*, *A.* cf. *mirabilis*;腕足:*Orthambonites* sp., *Dalmanellia* sp.。中基性—中酸性火山岩分布较广,东段以钙碱性系列为主,西段以拉斑系列火山岩为主;乌兰县布赫特山一带,滩间山群厚度较大。其岩性特征为:下部云母石英片岩、透闪透辉绿帘阳起片岩夹安山岩,中部白云质灰岩夹千枚岩、粉砂岩,上部石英岩-长石砂岩-千枚岩夹片状结晶灰岩。总体反映弧火山岩岩石地球化学特征。

滩间山群上部层位为弧后前陆盆地沉积产物,盆地面积大为缩小,集中分布在锡铁山—马海一带,沉积中心在滩间山地区。下部砾岩组为水下河道砂砾岩组合,集中在马海地区滩间山和万洞沟南山,为滩间山弧后前陆盆地底部层位楔顶带;中部为浅海火山盆地玄武岩-安山岩组合,集中在马海地区滩间山、万洞沟南山和公路沟一带,由钙碱性火山岩组成,自下而上显示由中性向中基性变化的趋势;上部为滨浅海砂岩-粉砂岩夹玄武安山岩、玄武岩组合,集中出露于马海地区公路沟,鹰峰仅见零星露头,可能为河口湾潮间沙坪相沉积,为弧后前陆盆地相前渊盆地亚相沉积。

岛弧深成侵入岩主要分布在西段的嗷唠山、大柴旦孤山等地,由石英闪长岩-英云闪长岩-奥长花岗岩-花岗闪长岩组成,局部见闪长岩和二长花岗岩,具有成分演化的特点。岩石在硅碱图解上均属钙碱性;微量元素蛛网图上 Nb、Ta 和 Zr、Hf 出现负异常,明显具有岛弧花岗岩特点;在 R_1-R_2 图解上,岩石均落入板块碰撞前花岗岩区和碰撞型花岗岩区。嗷唠山花岗岩 SHRIMP 锆石 U-Pb 年龄为(496±7.6)~(445±15.3)Ma(吴才来等,2001);孤山花岗岩锆石 U-Pb 年龄为 446±17Ma(陆松年等,2006)。具有弧侵入岩性质的中酸性岩体还呈岩基状或岩株状分布于西端红柳沟、赛什腾南坡、锡铁山东端及托莫尔日特沃日格达瓦等地区,侵入滩间山群中,其岩性组合为与洋壳俯冲有关的中—晚奥陶世 TTG 花岗岩组合 $O_{2-3}(\delta+\delta o+\gamma\delta+\gamma\delta o+\gamma\eta+\pi\eta\gamma)$。总观柴北缘混杂岩(海沟)北侧分布,指示柴北缘的洋壳向北俯冲的极性,属偏铝质钙碱性系列,壳幔混合源型。花岗闪长岩的 SHRIMP 锆石 U-Pb 年龄为 444.5±9.2Ma,赛什腾山花岗闪长岩的 SHRIMP 锆石 U-Pb 年龄为 465.4±3.5Ma,东段托莫尔日特一带的闪长岩的 Rb-Sr 同位素年龄为 463.78±20.6Ma,英云闪长岩的 Rb-Sr 同位素年龄为 447±22Ma,二长花岗岩的锆石 U-Pb 同位素年龄值为 445±25Ma。这些同位素年代学数据表明这一侵入岩岛弧的形成时代为中—晚奥陶世。

5. 北秦岭弧盆系(Pz_1)

早古生代北秦岭弧盆系是位于商丹蛇绿混杂岩带以北,华北陆块南缘的活动大陆边缘,是华北-塔里木板块(陆链)南侧早古生代巨型增生造山带的东部组成部分。由北部的早古生代宽坪蛇绿混杂岩带和其南的北秦岭岩浆弧(Pz_1)2个Ⅲ级构造单元构成。

(1)宽坪蛇绿(?)混杂岩带(∈—O)：西起宝鸡黄牛埔，经户县黑虎嘴，延至商洛地区蟒岭继续向东延入河南省内，与原划宽坪岩群范围大体一致，部分卷入了其南的早古生代二郎坪岩群，对其地质认识众多学者莫衷一是。其物质组成复杂，就目前研究程度看，它是由若干构造岩片堆叠而成的岩石-地层-构造组合体，而不是一个简单地层单位(刘国惠、张寿广、万渝生等，1990—1993)，主要有原划中新元古代宽坪岩群的绿片岩相火山-沉积岩构造岩片、超基性—基性岩块体和古生代火山-沉积岩。至少经历了晋宁期固态流变、晚加里东期—早海西期韧性剪切、海西期—燕山期脆性推覆及相关的区域变质事件(张寿广等，1993；张维吉等，1988；许志琴等，1988)。变质火山岩岩石化学及地球化学研究表明，多数点投于板内拉斑玄武岩区，少部分投入洋脊玄武岩和洋岛碱性玄武岩区，显示其为拉张形成的陆缘裂谷-弧后盆地环境。

卷入混杂岩的早古生代二郎坪岩群沿户县草堂镇—商州市区—蟒岭以南一线分布，岩石构造组合为石英角斑岩-变粒岩-斜长角闪岩-大理岩组合，呈一系列构造岩片产出。二郎坪岩群的火山岩在岩石系列上拉斑系列和钙碱系列共存，在形成环境方面洋中脊和岛弧并存。

构造混杂岩带中的基性—超基性岩组合以构造冷侵位于混杂岩中，主要分布于凤县草凉驿、宝鸡一带，在平面上呈条带状、不规则状，其展布方向与区域构造线基本一致。岩性有橄榄岩、辉长辉绿岩等(赤沙蛇纹石化橄榄岩、九子沟辉石岩、牛家沟基性岩)，岩石地球化学特征研究表明，幔源特征明显，基性岩在AFM图解中落入拉斑玄武岩系列区，应该为地壳扩张期间的幔源岩浆产物。至于基性—超基性岩是否是蛇绿岩组分，目前还没有太多的资料支撑。

陆松年等(2009)提出宽坪岩群形成于早古生代并具体为奥陶纪。其依据：①该岩群中至今未发现可老于新元古代的侵入岩体；②采自北宽坪四岔口组变石英砂岩中具岩浆成因碎屑锆石采用SHRIMP进行U-Pb同位素年龄测定(共106个测点)，最小年龄集中在500~400Ma；采自板桥变玄武岩(广东坪组)采用同样方法获得锆石U-Pb表面年龄最大2 666.7Ma，最小246Ma，认为多数来自捕获成因的锆石，故参照碎屑锆石最小峰值即500Ma，将其形成时代厘定为奥陶纪。近期王宗起等(2011，内部资料)在商州板桥、北宽坪、焦安沟及周至马召等地宽坪岩群变碎屑岩中发现有早—中奥陶世疑源类、几丁虫及虫颚等微古化石的重要信息，进一步说明该套混杂岩带内部组成的复杂性和多元性，同时也说明有早古生代地层存在。

北秦岭在丹凤岩群及二郎坪岩群中可能包含有850~760Ma的火山岩，现已卷入早古生代蛇绿构造混杂岩带内(向西延于祁连东端榆中县兴隆山群)，据徐学义等(2008)的研究，由中性—基性火山岩组成，上部变玄武岩U-Pb年龄824~713Ma，认为火山岩形成于大陆裂谷-初始洋盆环境，据此可以推测宽坪(蛇绿)混杂岩带是在南华纪裂谷-初始洋盆基础上，早古生代寒武纪—奥陶纪聚合的产物。

根据混杂岩南侧(斜峪关—二郎坪)发育早古生代岩浆弧，而该混杂岩以北的小秦岭欠缺与之相关的地质建造(是本来就不发育，还是因为后期牧户关-洛南断裂的巨型走滑的错移断失，目前还不十分确定，但后者起了很重要的作用)，初步认为宽坪(蛇绿)混杂岩在早古生代是向南俯冲的。

近些年来在丹凤及其以东河南省内，陆续有早古生代高压—超高压变质岩发现的报道(陆松年等，2009)，这应该是宽坪洋壳，甚至其北的陆壳向南深俯冲的结果。它与商丹洋向北的深俯冲(后文)总体可能构成了一个地壳缝合带——华北陆块与扬子陆块之间的大型对接带。

(2)北秦岭岩浆弧(Pz_1)：叠加在前南华纪北秦岭地块之上，主要位于其北部，以其北界铁炉子-三要断裂带(向东河南省内称朱阳关-夏河断裂带)与前述宽坪早古生代混杂岩带相接。由早古生代斜峪关岩群、二郎坪岩群、云架山岩群浅变质火山-沉积岩建造和与之相关的同期中酸性侵入岩组合构成。

二郎坪岩群、斜峪关岩群、云架山岩群三者类似，为绿片岩相变质，变形较强的中基性—中酸性火山岩-火山碎屑岩，夹碎屑岩和碳酸盐岩组合。在河南省内含有蛇绿岩(孙勇等1996；张宗清等，1996)。

二郎坪岩群的火山岩在岩石系列上拉斑系列和钙碱系列共存，在形成环境方面洋中脊和岛弧并存。其时代跨度较大，前人测年数据统计表明其形成于1005～357Ma，闫全人等(2007)曾获得基性火山岩的SHRIMP年龄数据为472±11Ma。二郎坪岩群形成的大地构造环境也是有争议的，多数地质学家认为是一种弧后盆地火山-沉积组合(张国伟等，1995，2001)；王润三等(1990)提出二郎坪岩群的产出环境是介于华北陆块和扬子陆块间的一个具有完整沟-弧-盆体系的大洋盆地，而将丹凤岩群的形成环境归结为岛弧。徐学义等(2008)则提出了北秦岭北缘属于早古生代弧间洋的新认识。

构成岩浆弧的侵入岩建造为广泛侵入在秦岭地块变质杂岩中的奥陶纪—志留纪中酸性侵入岩，代表俯冲碰撞造山作用的岩石记录。花岗岩同位素年代学和地球化学研究表明，晚志留世—早泥盆世该岩浆弧为类似安第斯型大陆边缘弧(Lerch et al，1995；Zhang et al，1997，2006；Zhai et al，1998；周鼎武等，1995)。它主要为分布于商丹结合带北侧凤县红花铺、岩湾、太白两河口、就峪-涝峪沙坪及杨斜等地的片麻状花岗岩组合，岩性主要为英云闪长岩、闪长岩、石英闪长岩和眼球状二长花岗岩、片麻状二云二长花岗岩、角闪斜长片麻岩、黑云斜长片麻岩、二长片麻岩等。中性岩类为富钠贫钾的次铝质—过铝质钙性系列和Ⅰ型花岗岩类；杨斜、沙坪、两河口岩体岩石地球化学特征类似，为富钾钙碱性，壳源同熔型火山弧-同碰撞花岗岩。自北向南表现出不甚明显的TTG-GG组合分带，说明其北的宽坪俯冲增生杂岩向南俯冲。

八、茫崖-柴北缘-东昆南-商丹对接带

该对接带西起阿尔金构造带西缘阿帕，经南阿尔金(江尕勒萨依-巴什瓦克-)-茫崖、东昆南(木孜塔格-清水泉-塔妥)、柴北缘至天水鸳鸯镇-商丹，断续分布着早古生代蛇绿混杂岩，其中蛇绿岩多为与洋中脊有关的MORB型，其中在东昆仑清水泉、商丹松树沟发育中—新元古代蛇绿岩，说明洋盆持续发展的时限较长；并伴随后期板块的汇聚发育着与深俯冲相关的高压—超高压变质岩，不少学者(崔军文等，1994；许志琴等，2000)认为南阿尔金、柴北缘、商丹蛇绿岩带高压变质带相连。这一系列的特征较其南、北两侧弧盆系中的蛇绿混杂岩具有洋中脊MORB型蛇绿岩集中、洋盆发育持续时间长、明显深俯冲的特点。同时所阻隔的南、北两个板块南华纪—早古生代建造明显不同(南侧华南板块伸展环境被动陆缘-裂谷建造、北侧华北板块汇聚活动陆缘弧盆系火山沉积建造)，说明该构造带应该是南华纪—早古生代时期具有重大分隔意义的早期宽阔洋盆和晚期重要构造聚合带，反映了对接带的构造特征。

对接带由南阿尔金结合带(Nh—O)、柴北缘结合带(∈—O)、商丹结合带(Pt_3—O)和南昆仑结合带(Pt_3—D_2)4个Ⅱ级构造单元构成，并进一步划分为若干个俯冲增生杂岩带或蛇绿混杂岩等Ⅲ级构造单元。

1. 南阿尔金结合带(Nh—O)

南阿尔金结合带是南华纪至奥陶纪发育在阿尔金弧盆系与柴达木-东昆仑增生造山带之间的构造带，由北部早期(Nh—∈)弧前增生杂岩带和南部(阿帕-茫崖)晚期(Z—O)蛇绿混杂岩两部分构成。

(1)阿帕-茫崖蛇绿混杂岩带(Z—O)：构造块体由蛇纹石化橄榄岩、辉长岩、玄武岩、硅质岩、片麻岩、片岩、大理岩等组成，其中的镁铁—超镁铁岩构成了蛇绿混杂岩相的蛇绿岩亚相，变形基质为构造片岩、强劈理化糜棱岩化砂岩、凝灰岩，这些深水细碎屑变质复理石建造构成了蛇绿混杂岩相的远洋沉积亚相。已知镁铁—超镁铁岩岩体60余个，其中最大岩体为西端托库孜达坂(木纳布拉克)。岩体面积$50km^2$，主要由纯橄榄岩、辉橄岩、方辉橄榄岩、二辉橄榄岩，少量辉石岩、堆晶辉长岩、辉绿岩、玄武质熔

岩及凝灰岩组成。蛇绿岩在 Al-Ca-Mg 图解上分布于纯橄榄岩、辉橄岩、二辉橄榄岩、单斜辉石岩、辉长岩区；上部相的块状辉长岩、辉绿岩、玄武岩均在岩石/球粒陨石在 10～30 区间呈近水平直线，铕异常不明显；在 Zr/Y-Zr 图解上，茫崖带在洋中脊区和板内区分布（红柳沟带基性岩在岛弧、洋中脊、板内区都有分布）；在基性岩 Ti-Zr-Sr 图解上，茫崖带只在板内和洋中脊区分布（红柳沟带大部落在岛弧区，少数落在洋中脊区），蚀变玄武岩属拉斑玄武岩系列，岩石化学特征与洋脊拉斑玄武岩相似，稀土曲线弱右倾或近于平坦，类似 E 型洋中脊玄武岩，其 Sm-Nd 等时年龄为 481.3 ± 53 Ma（刘良，1998）。

关于茫崖蛇绿混杂岩东延问题，前人均按照 1:20 万填图资料推测，其沿新生代阿尔金南缘断裂向北东延伸。1:25 万茫崖镇幅、巴什库尔干幅区域地质调查（2012）实测资料表明该混杂岩带向北被北侧阿尔金杂岩隔断，而向东延伸覆没于柴达木新生代盆地之下。北部原划归混杂岩的火山岩为寒武纪岛弧拉斑玄武岩地层，这同时也印证了寒武纪阿中地块火山弧的存在。

综上所述，茫崖带具较多洋中脊特征，可能属于 MORB 型（红柳沟带属于造山带 SSZ 型），新疆地质矿产局认为茫崖蛇绿岩时代为震旦纪—寒武纪，而同位素测年资料反映至少可延伸到早奥陶世（刘良，1998）。

与其有关的岛弧型-碰撞型花岗岩呈条带状沿蛇绿岩带北侧分布，有次铝质—过铝质钙碱系列闪长岩-二长花岗岩，后者获 Rb-Sr 等时线年龄 419.3 ± 4.8 Ma（崔军文等，1999），黑云二长花岗岩获 U-Pb 年龄 465.0 ± 2.9 Ma。洋壳俯冲极性自南向北。

在蛇绿混杂岩带以北，清水泉-迪木纳里克一带，夹持着一个原划索尔库里群的浅变质碎屑岩-火山岩地块。据西安地质矿产所承担的西昆仑-阿尔金成矿带基础地质综合研究项目近年工作，迪木纳里克铁矿赋矿地层无蛇绿岩成分，其碎屑锆石最下谐和年龄 628 ± 12 Ma，其基性火山角砾岩典型的岩浆锆石测年结果在 624～620Ma 之间；侵入到赋矿地层中的二长花岗岩定年结果为 441 ± 2 Ma。上述年龄证据说明地层时代要新于 628Ma、老于 440Ma，应该为震旦纪—寒武纪裂谷盆地沉积产物。

（2）江尕勒萨依-巴什瓦克（弧前）增生杂岩带（Nh—∈）：位于早古生代阿尔金弧盆系阿中岩浆弧以南，阿帕-茫崖蛇绿混杂岩带以北，由前南华纪变质杂岩（阿尔金杂岩）和早古生代早期高压—超高压变质岩（榴辉岩、石榴二辉橄榄岩、蓝闪石片岩）和一系列韧性剪切带组成（刘良等，1997，2001，2003）。榴辉岩全岩 Sm-Nd 等时线年龄和锆石 U-Pb 年龄分别为 500 ± 10 Ma 和 503.3 ± 3.5 Ma（张建新，1999），时代为寒武纪。它是南部阿帕-茫崖早古生代洋盆向北俯冲消减所形成的增生杂岩带（相）（或高压—超高压变质相的高压变质亚相）。榴辉岩、含石榴单斜辉石岩和榴闪岩在早古生代经历了超高压变质作用，地球化学研究及年代学研究表明其原岩具有 E-MORB 的特征，原岩时代为 752 ± 7 Ma（Liu et al，2012），这反映了可能存在南华纪的洋壳。

2. 柴北缘结合带（∈—O）

柴北缘结合带主体介于丁字口-乌兰断裂与柴北缘断裂之间，沿赛什腾山—绿梁山—锡铁山—牦牛山一带延展，东端于哈莉哈德山一带被哇洪山-温泉断裂截切。新近的区域地质调查填图资料（2013）说明，柴北缘蛇绿混杂岩西延至苏干湖之西北；同时，在柴达木西缘的俄博梁—牛鼻子梁地区原划柴北缘达肯达坂岩群结晶岩系之上发现了与阿中地块蓟县纪塔昔达坂群-青白口纪索尔库里群可对比的碎屑岩-碳酸盐岩地层，而与达肯达坂地区地层结构迥异。区域地质调查填图新的资料可以说明以下问题：一是柴北缘蛇绿混杂岩带向西可能并不像前人推测的与茫崖蛇绿混杂岩直接相连，而是向西南偏转在打柴沟之南被新生代阿尔金断裂截断；二是柴达木盆地西缘出露的应该是柴达木地块的前新生代基底，而不是柴北缘构造带。而这一基底的前南华系地层结构(Jx—Qb\∈—O)与阿中地块可以对比。

该结合带主体以发育洋壳残片、俯冲增生楔、火山岛弧、高压—超高压变质带和巨型韧性剪切带为主要特征。蛇绿岩被巨大的韧性剪切带肢解呈多个断块、岩片出露,混杂岩中卷入了大量中高级变质杂岩(可能相当于达肯达坂岩群)、早古生代滩间山火山弧安山岩-英安岩-流纹岩等构造块体,并被具有弧岩浆岩性质的中—晚奥陶世中酸性岩侵入。

蛇绿岩主要以绿梁山和沙流河最具代表性。前者主要由蛇纹石化橄榄岩和蛇纹石化二辉橄榄岩及辉石橄榄岩组成的地幔岩、由变质辉长岩和斜长花岗岩组成的堆晶岩、由呈脉状产出的辉长岩和辉绿岩组成的基性岩墙和块状枕状玄武岩构成;后者主要由变橄榄岩、斜辉橄榄岩、辉石角闪石岩、金云母橄榄紫苏辉石岩、蛇纹石化单辉橄榄岩、蚀变方辉橄榄岩、蛇纹石化纯橄榄岩等组成的地幔岩;由角闪辉长岩、辉长岩、辉石闪长岩及斜长花岗岩组成堆晶杂岩;由蚀变辉绿岩、蚀变辉绿玢岩组成的基性岩墙和由蚀变玄武岩、细碧岩组成的基性熔岩等构成。诸多学者和单位的详细的岩石学、岩石化学、微量元素地球化学和构造环境研究表明,柴北缘蛇绿岩可能为与消减作用有关的SSZ型蛇绿岩。详细的构造变形测量和变形与变质的关系研究及变质矿物年龄测定,区分出了早期($\in_3$—O)伴有榴辉岩相和角闪岩相变质的俯冲阶段蛇绿混杂岩带定型期构造变形,及晚期(S—D_1)伴有高绿片岩相变质碰撞期或同造山期韧性剪切变形,糜棱岩的黑云母 Ar-Ar 同位素年龄为400Ma(陈文,1994)。

综合绿梁山地区辉长岩496.3±6.2Ma、玄武岩542±13Ma(下交点年龄可能稍晚于辉长岩)、变辉石玄武岩464.2Ma 的 U-Pb 同位素测年数据,并结合野外地质关系和区域资料,将蛇绿岩的形成时代划归为晚寒武世—奥陶纪,与柴北缘榴辉岩的形成时代大致相同。沙流河地区斜长花岗岩 Rb-Sr 等时线年龄为447±22Ma,斜长花岗岩的变质年龄为443±1Ma(U-Pb 法),相伴生的滩间山群火山岩的 Rb-Sr 等时线年龄为450±4Ma,辉长岩的 Rb-Sr 同位素年龄为470±2Ma,区域上鱼卡河一带同一构造带辉长岩的 U-Pb 同位素年龄为496Ma(天津地质矿产研究所,2003)。依据上述同位素年代学资料,结合区域大地构造背景综合分析,将蛇绿岩的形成时代定为500～470Ma,即寒武纪—奥陶纪,而433Ma左右的年龄信息代表了蛇绿岩就位时间,即区域变质时间或陆-陆碰撞的时间。

对分布于柴北缘鱼卡河、胜利口、绿梁山、锡铁山、野马滩、沙柳河地区的早古生代高压—超高压变质岩带,许多学者对其作了深入研究(张蜒等,1999;杨经绥等,1998,2000;李怀坤等,1999;杨建军,1994;许志琴,1999;张建新等2000;郝国杰等,2001;祁生胜,2005)。主要岩石类型有:榴辉岩、角闪榴辉岩、含石英透闪榴辉岩、退变榴辉岩、含斜长榴辉岩、石榴角闪岩、多硅白云母角闪榴辉岩、黝帘石角闪榴辉岩、蓝晶石角闪榴辉岩、榴闪岩等,厘定为沙柳河高压榴辉岩-榴闪岩变质岩石组合。代表性矿物组合为:Gt-Omp-Hb-Phen-Q-Zoi-Rut-Oi;Gt-Hb-Phem-Q-Zoi-Rut-Pl;Gt-Om-Ru;Gt-Om-Ph-Ru;Gt-Om-Zo-Ru;Gt-Ky-Om-Ru-Oz,属高压区域变质作用榴辉岩相绿辉石带,变质温度650～700℃,压力1.6～2.8GPa。杨经绥等(2000)在都兰北部片麻岩的锆石中首次发现了柯石英,据岩石化学特征及多种图解判断,其原岩大多数可能产于岛弧构造环境,部分可能为洋壳残片,同时不能排除个别是伸展环境下侵位的古老岩脉。榴辉岩的变质 P-T-t 轨迹显示具有俯冲→碰撞→迅速折返的运动过程。

榴辉岩年代学方面,鱼卡河地区497±4Ma/U-Pb(郝国杰等,2001)、545±8Ma/Sm-Nd(陆松年等,2001)、锡铁山地区473±4Ma/U-Pb(陆松年等,2001);大柴旦地区494.6±6.5Ma(张建新等,2000);都兰地区458±7Ma/SHRIMP(宋述光,2004)、458±10Ma 和459±2.6Ma/Sm-Nd(宋述光,2003),都兰地区含柯石英富铝片麻岩中锆石幔部年龄为423±7Ma。上述数据集中在500～480Ma 之间,记录了榴辉岩峰期变质年龄,即高压变质带的形成年龄。另外还有一组470～450Ma 的年龄值,其与榴辉岩的折返、碰撞及变质围岩的混杂相关,是最晚一期榴辉岩相退变为绿片岩相时间记录,变质年龄(祁生胜,2005)与加里东期洋盆闭合碰撞造山作用基本同步。

综合上述一些资料分析,似乎可以推断寒武纪末—奥陶纪中期似为高压榴辉岩的形成时期,志留纪似为含柯石英超高压榴辉岩的形成时期。二者形成于连续俯冲的过程,前者为洋陆消减的产物,后者是洋盆消失后陆壳消减深俯冲的产物。

3. 商丹结合带(Pt_3—O)

商丹结合带是扬子板块与华北板块之间的早古生代缝合带,是在前南华纪松树沟洋(见第二章前南华纪大地构造部分)持续发展至早古生代奥陶纪之后,经俯冲-碰撞形成的。断续分布于武山—关子镇—鹦鸽嘴—岩湾—商丹—松树沟一线,由武山蛇绿岩、关子镇蛇绿岩、鹦鸽嘴-岩湾蛇绿岩、商丹蛇绿混杂岩带、松树沟蛇绿岩及构造卷入的早古生代罗汉寺岩组、新元古代—奥陶纪丹凤岩群、志留纪王家河组等构成断续延伸的早古生代蛇绿混杂岩带。

武山蛇绿岩出露于该单元最西端,杨军录等(2001)认为其形成于初始大洋盆地环境或 E-MORB 环境;裴先治等(2004)曾对关子镇蛇绿岩进行过较为详细的研究,岩石地球化学特征表明其形成于 N-MORB 环境;董云鹏等(2004)采用 LA-ICP-MS 锆石 U-Pb 测年,获得 $457±2.9$Ma 的数据;杨钊(2006)对其中的基性火山岩进行 SHRIMP 法测年,获得 $471±1.4$Ma 的数据。陈隽璐等(2008)对鹦鸽嘴-岩湾蛇绿岩进行过研究,岩石地球化学特征显示出介于 E-MORB 和 N-MORB 之间,显然不同于岛弧火山岩,因此认为形成于大洋中脊环境或弧后拉张环境;对玄武岩进行 SHRIMP 测年,获得 $483±13$Ma 数据。刘军锋等(2005)对前南华纪松树沟蛇绿岩超基性岩中的榴闪岩进行测年,获得 $518±19$Ma 的数据,应该反映了高压变质岩退变质的时代为中寒武世。商丹蛇绿混杂岩带由沿商丹带出露的镁铁—超镁铁质岩以及丹凤岩群的构造岩片构成。孙勇(1991)曾对商丹蛇绿混杂岩带进行过研究,认为是大洋盆地消亡的遗迹。

丹凤岩群是呈构造岩片产出的无序的绿片岩相—角闪岩相变质的碎屑岩-基性枕状熔岩、玄武岩、安山玄武岩和英安岩及大理岩组合。大量的岩石地球化学研究表明,丹凤岩群中的玄武岩、安山玄武岩等均为钙碱性火山岩,形成于岛弧环境(薛锋等,1993;张成立等,1994;张旗等,1995;张国伟等,2001)。丹凤岩群形成时代跨度较大,从新元古代—早古生代。孙勇(1991)曾以侵入到丹凤岩群中的奥长花岗岩中测得单颗粒锆石 Pb-Pb 蒸发年龄 $487±6$Ma,应该说这个年龄基本上限定了丹凤岩群的形成时代上限;陆松年等(2009)在丹凤县郭家沟一带的丹凤岩群中获得枕状熔岩锆石 SHRIMP 年龄为 $499.8±4.0$Ma。在武关岩群中,祝禧艳等(2008)获得其碎屑锆石年龄不会大于 460Ma 的认识,陈隽璐(2011)在商南该岩群中的斜长角闪岩获得 360Ma 左右的锆石 U-Pb 数据,基本否定了裴先治(1997,2001)根据火山岩中获得全岩 Sm-Nd 等时线年龄($824.7±26.6$Ma 和 $1382±30$Ma)确定为中—新元古代认识,而可能是古生代产物,应该属于商丹蛇绿混杂岩的组成部分。河南省则也将相当于武关岩群的岩石地层单元划归古生界。

据曹宣铎等(2001)报道的志留纪王家河组(Sw)的岩石组合分析,该组底部及下部碎屑岩的物源来自其北的震旦纪—奥陶纪岛弧,且基质中含有较多的火山碎屑物质,可能属于俯冲-碰撞期前陆盆地底部靠近仰冲板块一侧的沉积。罗汉寺岩组为一套变质碎屑岩夹火山岩、碳酸盐岩,其碎屑岩锆石年龄为 $(434±3.1)$~$(431.5±5.1)$Ma,基性火山岩锆石年龄为 389.4Ma、397.7Ma,时代应为早古生代—泥盆纪。

在前述宽坪混杂岩南侧(二郎坪-斜峪关岩浆弧北侧的朱阳关断裂带)发育有高压—超高压变质岩的同时,在商丹带东段的丹凤以东—河南省内也同样有高压—超高压变质岩石,其岩石类型有榴辉岩、石榴辉石岩、高压基性麻粒岩、长英质高压麻粒岩等,同位素测年数据在 514~485Ma 之间(杨经绥等,2002;苏黎等,2004;陈丹玲等,2004;刘军锋等,2005;刘良等,2009;陆松年等,2009),深熔作用发生的时代与超高压作用发生的时代基本上一致(陆松年等,2009)。这表明秦岭地块南、北两侧在寒武纪—奥陶纪都曾经发生过大洋甚至大陆岩石圈的深俯冲作用。从更宏观的尺度看,包含高压—超高压变质作用的商丹蛇绿混杂岩带和宽坪蛇绿混杂岩带及其间的二郎坪-斜峪关岩浆弧,整体构成了早古生代华北陆块与扬子陆块之间的结合带。

4. 南昆仑结合带(Pt_3—D_2,C—T_2)

1)概貌

南昆仑结合带分布于康西瓦—木孜塔格—西大滩—布青山一带,是由中—新元古代、早古生代和晚古生代 3 个阶段的蛇绿岩和新元古代末、早古生代—中泥盆世和晚二叠世—三叠纪 3 期汇聚事件形成的发展演化时间长、物质组成复杂、构造变形及结构复杂的多期复合的蛇绿混杂岩带与俯冲增生杂岩。前南华纪组成及其结构已在本书第二章阐述,为了对该带有一个整体总结概括,在此将早古生代—中泥盆世和晚古生代—中三叠世两个阶段一并阐述。

将南昆仑结合带古生代的发展划分为两个构造阶段,是基于以下考虑:

(1)该结合带以北(华北陆块及秦祁昆造山系北部)诸多陆块或地块多发育以震旦系冰碛岩为代表的具有与华北陆块可对比的南华纪以来北方板块地质特点;而该结合带以南诸多陆块或地块的南华纪—早古生代地层多数具有类似扬子板块北缘被动陆缘建造特点并可以粗略对比;上述二者具有明显区别,说明了南华纪—早古生代昆南带两侧板块并未结合,虽然清水泉蛇绿岩两侧前南华纪岩浆弧发育反映了前南华纪晚期具有洋壳俯冲的地质事实存在,但这种"聚而不合"可能持续到了早古生代。

(2)昆南带早古生代晚期—中泥盆世,发育具有前陆盆地性质沉积-火山建造组合(纳赤台群上部碎屑岩组合-赛什塘组-布拉克巴什组等),并被晚泥盆世(牦牛山组)—中二叠世裂谷-被动陆缘稳定沉积不整合所覆,这可能反映了早古生代晚期—中泥盆世昆南带洋盆的关闭。

(3)晚泥盆世—中二叠世在昆南带南、北不发育活动陆缘地质建造,而是被动陆缘-陆表海稳定沉积建造组合,这说明在晚泥盆世—中二叠世该地区及其南、北两侧处于稳定-拉张构造环境,不存在结合带。

(4)晚古生代裂谷和石炭纪—二叠纪蛇绿岩、洋岛海山等的发育说明了昆南带的再次打开;而晚二叠世—三叠纪昆南带之北岩浆弧、三叠纪构造混杂岩和前陆盆地的发育,并有 220Ma 高压麻粒岩(塔什库尔干多硅白云母、蓝片岩带,222~220Ma)的报道,反映了昆南带的再次汇聚、最终封闭与地壳深俯冲。

2)早古生代蛇绿混杂岩带

早古生代蛇绿混杂岩带主要分布于没草沟、乌妥,另外还在万保沟及小南川等地发育产光面球藻、增厚似导管及小壳化石的早寒武世陆缘裂谷近岸浅海沉积(沙松乌拉组)。

(1)没草沟蛇绿岩(O):呈被肢解的碎块产于没草沟一带,由纳赤台群碎屑岩(下碎屑岩组)构成的变形基质中。超基性岩由蛇纹石化辉橄岩、滑石菱镁岩化橄榄岩组成,基性岩墙为变辉绿岩,基性熔岩由玄武岩、变拉斑玄武岩、变细碧岩组成。超基性岩 m/f 为 0.5~2,属富铁质超基性岩,显然与经典蛇绿岩中的镁质超基性岩(m/f>6.5)有较大差别。K_2O 含量低,为 0.07%,表明该岩石与地幔物质有关。稀土元素配分曲线呈现轻稀土轻微富集的近平坦型,与轻微富集型的原始地幔岩的特征相似(Pearce,1982)。玄武岩主量元素成分特征表现为低 SiO_2、K_2O 和高 Na_2O,主要为拉斑系列,个别为低钾拉斑系列,并伴有极少量的碱性系列,与大洋玄武岩十分相似。玄武岩的稀土元素配分曲线呈现从轻稀土亏损到轻稀土富集的多种型式,与洋中脊玄武岩或洋岛玄武岩的特征相似。玄武岩的微量元素具有板内玄武岩和洋中脊玄武岩的特征。辉绿岩主量元素特征与大洋玄武岩十分相似,稀土元素配分特点与洋岛玄武岩的特征相似,且具有板内玄武岩和洋中脊玄武岩的微量元素特征。没草沟蛇绿岩目前尚未获得年代学依据,但就其与纳赤台群往往密切伴生的事实,推测其形成时代主要为奥陶纪。

(2)乌妥蛇绿岩($\in$—O):呈10多个被肢解的由蛇纹石化超镁铁—镁铁质岩和蚀变玄武岩组成的蛇绿岩碎片,与变形基质(纳赤台群火山-沉积岩)一起经历了强烈构造混杂及韧性剪切变形。其物质成分与清水泉蛇绿岩类似,为轻稀土元素富集型,反映其形成于与岛弧有关的构造环境;不同之处表现为超基性岩稀土元素配分曲线相对平滑,无Eu负异常。基性岩轻稀土元素更加富集,反映其地幔更加富集或受到富集的轻稀土元素流体的交代更强,可能仍属于与弧盆系相关的SSZ型蛇绿岩。据玄武岩U-Pb同位素年龄为518Ma(杨经绥等,1995)及该带俯冲型花岗闪长岩U-Pb同位素年龄为472Ma,将该蛇绿岩形成时代定为寒武纪—奥陶纪。

(3)构造混杂岩的基质:主体为纳赤台群一套遭受强烈的韧性剪切变形和绿片岩相变质的半深海浊积岩建造组合,呈一系列向北倾斜的叠瓦状楔形体。弱变形域可见不完整的鲍马序列;在开木棋河垴还见有出露局限的由纳赤台群火山岩组中酸性火山岩组合构成的火山弧(岛弧),洪水河上游纳赤台群可见洋岛拉斑玄武岩-安山岩建造组合;骆路沟洋内弧(纳赤台群)为千枚岩、石英钠长石、硅质岩及凝灰岩组合,并成为骆路沟钴(金)矿床的容矿岩石。

在早古生代蛇绿混杂岩之上,奥陶纪—中泥盆世发育着以前陆盆地碎屑岩-火山岩-碳酸盐岩为主的岩石建造组合,如五龙沟—清水泉东,小库赛湖—阿尔格山、朝阳沟—吐木里克、苦牙克—碧云山等地区。奥陶纪—志留纪(纳赤台群上部、赛什塘组)不含蛇绿岩,主要由灰岩-千枚岩-板岩夹少量石英片岩、酸性火山岩组合组成;早泥盆世布拉克巴什组灰岩-硅质岩-千枚岩-砂岩组合构成向上变粗、水体变浅、向海进积的前陆盆地沉积序列。在五龙沟-清水泉地区晚泥盆世牦牛山陆相碎屑沉积岩-火山岩不整合覆盖在纳赤台群和蛇绿混杂岩之上,其间缺失了早中泥盆世沉积。上述反映了昆南结合带在晚古生代晚期(O—S—D_2)汇聚-缝合的构造沉积过程,也就是昆南结合带早古生代混杂岩形成过程。

3)晚古生代蛇绿混杂岩带

晚古生代蛇绿混杂岩带断续分布在昆南结合带的新疆木吉-康西瓦、苏巴什、木孜塔格和青海塔妥、秀沟-布青山等地。

(1)石炭纪木吉蛇绿岩(C):分布于喀喇昆仑带西端北缘,木吉—托尔色子一带,均为夹在韧性剪切带中的构造岩片。受构造变形变质改造,多已成蛇纹片岩、阳起石片岩、斜长角闪岩、绿片岩等,局部可见变质较浅的变质辉长岩、枕状玄武岩。其中镁铁—超镁铁岩岩石化学在Al-Ca-Mg图解上投影分布于二辉橄榄岩、橄长岩、苏长岩、辉长岩区,岩石化学显示为拉斑系列。M/F为6.39,属镁质超镁铁岩。木吉蛇绿岩中玄武岩稀土元素球粒陨石标准化配分型式为在岩石/球粒陨石为10～20区间呈近水平直线,二辉橄榄岩、橄榄岩在球粒陨石2～10倍区间呈右倾曲线簇,为堆晶岩相特征。玄武岩微量元素MORB标准化配分型式为与MORB比值1～2倍处呈水平线型,显示洋中脊型特征;在玄武岩的微量元素环境判别图解中样点基本分布于洋中脊拉斑玄武岩区,具洋中脊拉斑玄武岩特征。岩石组合中出现橄长岩,基性岩稀土元素、微量元素地球化学均显示MORB特征。因此,木吉蛇绿岩为MORS型,产于洋中脊环境。木吉蛇绿岩目前尚无高精度同位素年代学分析资料,据新疆地质志(1994)划分为石炭纪,2004年1:20万区域地质调查划为泥盆纪。我们根据其与东延至康西瓦以东的依拉克-苏巴什蛇绿岩带对比,将其时代划归为石炭纪。

（2）苏巴什蛇绿岩（C_1）：分布于西昆仑带东段苏巴什、黄羊滩北、阿帕和西段奥依塔格等地。由蛇纹石化橄榄岩、含长辉石岩、粗粒—细粒辉长岩、辉绿岩、玄武岩、辉石安山岩、奥长花岗岩（奥依塔格）组成；超镁铁岩的 m/f 为 8.66～9.25，均大于 6，为镁质，属于蛇绿岩类型。奥依塔格的英云闪长岩、斜长花岗岩以很低的 K_2O（<1.0%）为特征。在 Al_2O_3-CaO-MgO 图解上，苏巴什蛇绿岩分布于方辉橄榄岩、二辉橄榄岩、辉长岩区。其中，二辉橄榄岩（堆晶橄榄岩）在球粒陨石 1～10 倍值区间呈右倾下凹形态；辉长岩在球粒陨石 20 倍值附近呈近水平形态，为块状辉长岩相；辉绿岩与辉长岩相同；玄武岩也近于辉长岩，而略右倾；斜长花岗岩、英云闪长岩近于玄武岩，呈略左倾形态，为蛇绿岩中斜长花岗岩特征。苏巴什蛇绿岩中，斜长花岗岩微量元素配分型式除大离子亲石元素富集外，其他接近 MORB 型而与钙碱性系列花岗岩中的斜长花岗岩明显不同。堆晶橄榄岩、辉长岩、玄武岩的微量元素 MORB 标准化曲线配分型式相似，具 Rb、Th、Ta、Nb 富集而 Zr、Hf、Sm、Ti 亏损形态，与火山弧的岩石地球化学特征接近。

蛇绿岩堆晶岩相中含辉石岩，不含橄长岩；在基性岩 Ti-Zr-Sr 图解上，大部落在岛弧区；在 Zr/Y-Zr 图解上，基性岩多数落在岛弧区；蛇绿岩微量元素 MORB 标准化配分型式呈"S"形（不是平直型）。综上所述，苏巴什蛇绿岩属于造山带 SSZ 型。

混杂带内除蛇绿岩块外，还有由灰岩、玄武岩、安山岩岩块和具复理石特征的砂岩、板岩和硅质千枚岩构成的混杂岩基质。其中的洋岛-海山亚相，由玄武岩、粗面安山岩、放射虫硅质岩、石英千枚岩等夹大量基底变质岩块及古生代复理石、台地相灰岩、砂板岩等混杂岩块构成，含石炭纪—二叠纪放射虫，其上被三叠系不整合覆盖，表明这里曾消失过晚古生代洋盆。

苏巴什蛇绿岩目前无同位素年代学资料，计文化等（2004）根据蛇绿岩上部岩层中含二叠纪孢粉化石将其划为二叠纪。然而含二叠纪孢粉的岩层为火山磨拉石，不是蛇绿岩组成成分。而苏巴什蛇绿岩产于萨特曼带石炭纪裂谷，它应是拉张全盛期产物。阿帕蛇绿岩产于昆北缘泥盆纪—石炭纪裂谷，其蛇绿岩也应在拉张全盛期生成。故本书将苏巴什-阿帕蛇绿岩暂归早石炭世。与其北中昆仑石炭纪俯冲期岩浆弧低钾钙碱性系列闪长岩-石英闪长岩-花岗闪长岩组合 U-Pb 年龄 313Ma 相配，反映了其向北俯冲极性。

（3）塔妥蛇绿岩（C—P_2）：断续出露于塔妥煤矿北、沟里、拉玛托洛胡一带，近东西向展布于昆中带的南部。与围岩（早石炭世哈拉郭勒组）呈韧性剪切带接触。由可见残余堆晶结构的蛇纹石化纯橄榄岩、辉绿岩、枕状玄武岩组成，玄武岩稀土元素配分曲线为略向右倾的轻稀土富集型，与洋岛拉斑玄武岩稀土元素配分型式一致；在 FeO*/MgO-TiO_2 图解中落在 MORB 区，为大洋中脊环境。根据塔妥煤矿北东侧蛇绿岩上覆多层硅质凝灰岩中发现的石炭纪—二叠纪放射虫，拉玛托洛胡堆晶辉长岩的 K-Ar 同位素年龄值为 245.8Ma（解玉，1998）等，将蛇绿岩的时代厘定为石炭纪—中二叠世。

（4）秀沟-布青山蛇绿岩（P—T_2）：秀沟蛇绿岩呈肢解的碎块分布于东大滩南岸和秀沟南岸，与中二叠世马尔争组浊积碎屑岩围岩一起遭受了比较强烈的韧性剪切变形。蛇绿岩由超基性质堆晶岩和辉绿岩岩墙构成，并以构造透镜体夹于混杂岩中，研究程度较低，有待进一步工作。

（5）布青山蛇绿岩（Pz_2—T）：呈北西西向分布于布青山-阿尼玛卿山南坡一带。由数十个呈透镜状产出的蛇绿岩块体构成，其中以得力斯坦沟蛇绿岩出露宽度最大，大于 1400m。蛇绿岩岩块与变形基质（马尔争组、下大武组及金水口岩群）均呈冷侵入关系，由黑绿—暗绿色蛇纹石化辉石橄榄岩、方辉橄榄岩，浅灰绿色中细粒辉长质堆晶岩，深灰绿色辉绿岩、辉长辉绿岩，灰绿色枕状玄武岩组成。对布青山蛇绿岩的研究（姜春发等，1992；朱云海等，1999，2003；边千韬，1999；陈亮，2000；裴先治，2001）表明，玄武岩大致有两种类型：一种为中高钛，低钾，轻稀土亏损的 N-MORB 型玄武岩；另一种为高钛，高钾，轻土富集的OIB(或WPB)型玄武岩。辉长岩等镁铁质岩也有这种趋势,超基性岩均为轻稀土富集型,其中一些是具有韧性变形组构的地幔岩(许志琴等,1996)。常量元素特征表明介于方辉橄榄岩之间,反映为部分熔融的残余地幔(朱云海,2003)。玄武岩的稀土元素配分曲线多为略左倾的近平坦型,与地幔岩的稀土元素配分曲线有相近之处,说明其继承了源区地幔的特征(朱云海,2003)。辉绿岩稀土元素配分曲线与玄武岩非常相似,反映了其同源性。总之,布青山蛇绿岩形成的构造环境主要为大洋中脊环境下的N-MORB型,也有少量反映大洋板块内部洋岛环境下的E-MORB型。

边千韬(1999)在布青山地区作了大量的同位素测试工作,其中得力斯坦辉长辉绿岩的Rb-Sr同位素年龄为495.32±80.6Ma,得力斯坦辉长岩U-Pb同位素年龄为467.2±0.9Ma,牧羊山日什凤辉长辉绿岩的年龄为517.89±101.6Ma,得力斯坦枕状玄武岩的Rb-Sr同位素年龄为340.3±11.6Ma、U-Pb等时线年龄为310±150Ma。同时还认为存在早古生代岛弧花岗岩岩块,在同一地区的措隆北发现有早志留世同碰撞花岗闪长岩(436.7±2.0Ma/U-Pb、437.4±1.0Ma/U-Pb)(祁生胜等,2008)。

蛇绿岩的上覆硅质岩(块)在布青山地区也多有分布,姜春发(1992)在玛积雪山—布青山之间的硅质中获得有早中三叠世的放射虫,潘桂棠(1992)于玛沁-甘德公路14km附近采获有泥盆纪-石炭纪的放射虫,张克信(2002)在冻土站附近的硅质岩中分别采获有可疑的早古生代和早石炭世放射虫。上述的间接和直接依据表明,布青山蛇绿岩的时代主要为晚古生代—早中生代,其中还存在少量早古生代和中—新元古代的洋壳残片。

混杂岩变形基质包括分布于布喀达坂峰—达洼、东大滩—布青山—德尔尼一带晚二叠世马尔争组以低绿片岩相为主的无蛇绿岩碎片浊积岩建造组合,发育不同类型的鲍马序列,洋壳残片、洋岛-海山或洋内弧混杂其中,并遭受强烈韧性剪切,呈多级岩片叠置的楔形体,构成俯冲增生楔体系。

洋岛-海山主体分布在东青、昂日东、尔拉义、大武牧场等地,主要由马尔争组洋岛拉斑玄武岩-碳酸盐岩建造组合构成的海底高地;部分玄武岩强烈细碧岩化,与角斑岩一起构成了细碧-角斑岩组合。主量元素、稀土元素、微量元素特征均表明玄武岩具有岛弧拉斑玄武岩和N-MORB的双重特征,总体受控于扩张环境,以构造透镜体的形式混杂于俯冲增生楔体系中。同位素年龄为267±5Ma(Sm-Nd法),270.57Ma(Ar-Ar法),成岩时代为中二叠世。

洋内弧主要为分布于布青山南坡马尔争组绿片岩相变质的枕状玄武岩-安山岩-英安岩建造组合,呈构造岩片或构造透镜体混杂于含蛇绿岩碎片的浊积岩中。

4)俯冲增生杂岩带

俯冲增生杂岩带主体分布在东昆南东段的下大武、野牛沟、玛多-玛沁一带。前两地区由不整合于马尔争组之上的早—中三叠世下大武组半深海浊积岩(砂砾岩)建造组成的,以冲断席样式卷入到俯冲带中的弧前增生杂岩相、覆于增生楔之上的下大武组火山弧钙碱性安山岩-英安岩-流纹岩建造组合构成的增生火山弧相组成。

玛多-玛沁俯冲增生杂岩相(P_2—T_2)呈北西西向分布于昆仑山口—查哈西里—昌马河—久治一带。北以布青山南缘断裂为界与木孜塔格-西大滩-布青山蛇绿混杂岩毗邻,南以昆仑山口-甘德断裂为界与可可西里-松潘周缘前陆盆地分开。主体由二叠纪马尔争组(卡巴扭尔多-玛多)被动陆缘内-外陆棚碎屑岩-碳酸盐岩组合、伸展型玄武岩-安山岩建造组合及叠加其上的早—中三叠世前陆盆地半深海浊积岩(砂砾岩)-滑混岩建造组合构成。前者呈构造岩片分布于相区东段北侧和昆仑山口-甘德断裂北侧,产各类浅海相化石,沉积比较稳定。后者主体为由早—中三叠世甘德组、昌马河组组成的无蛇绿岩碎片的浊积岩,昌马河组被厘定为昌马河半深海浊积岩(砂砾岩)-滑混岩建造组合($T_{1-2}c$),甘德组被厘定为甘德半深海浊积岩(砂砾岩)建造组合(T_2gd)。

九、柴达木-东昆仑增生造山带

柴达木-东昆仑增生造山带是夹持在昆南、南阿尔金、柴北缘结合带之间的早古生代大型增生造山带，是在前南华纪柴达木地块之上发育的，由柴达木地块（弧盆系）和东昆仑弧盆系2个Ⅱ级构造单元构成。前者可以进一步划分为柴达木地块北缘岩浆弧(O)、柴达木地块南缘(祁漫塔格北坡)岩浆弧(O—S)；后者则由祁漫塔格南坡蛇绿混杂岩带(Pz_1)、北昆仑岩浆弧(中昆仑-布尔汗布达地块，Pt_3—D_2)构成。

1. 柴达木地块（弧盆系）

早古生代柴达木地块较前南华纪柴达木地块的性质和范围发生了较大的变化，主体表现为以前南华纪地块为基底的弧盆系主要发育于地块的南、北边缘。

(1)柴达木地块北缘岩浆弧(∈—O)：保留在新生代柴达木盆地西部的牛鼻子梁—俄博梁和东部的鄂拉山一带。西部主要发育∈($\gamma\delta o+\delta o$)、O($\gamma\delta o+\delta+\gamma\delta$)、OS($\delta+\gamma\delta+\eta\gamma$)、S($\delta+\delta o$)组合和原划为"滩间山群"岛弧火山-沉积岩系（钙碱性玄武岩-安山岩-英安岩-变砂岩夹灰岩）构成。英安岩LA-ICP-MS锆石U-Pb测年结果为546Ma(1:25万茫崖镇幅区域地质调查,2013)。

柴达木东缘岩浆弧主要位于沙柳河之南的鄂拉山南部，主要由都兰地区滩间山群深灰色二云石英片岩、绢云石英片岩、绢云片岩及含石榴黑云变粒岩、浅粒岩夹含锰硅质岩组成，局部见斜长角闪岩。其中混有较多蛇绿岩碎块，有深灰色玄武岩、细碧岩、灰黑色辉长石、辉绿玢岩、斜长花岗岩、辉石闪长岩、橄榄岩、辉石角闪岩、蛇纹石化单辉橄榄岩、蛇纹石化纯橄榄岩等。碎屑岩中含牙形石:*Ambalodus* cf. *triangularis*；获得的Rb-Sr同位素年龄有450±4Ma、445±2Ma、453Ma。变质程度较浅，普遍为绿片岩相，局部达低角闪岩相，侵入岩组合为O($\delta+\delta o$)、OD($\gamma\delta$)，分带性不明显。

(2)柴达木地块南缘(祁漫塔格北坡)岩浆弧-弧后前陆盆地(O—S)：呈近东西向展布于新疆、青海交界的祁漫塔格山北坡，由奥陶纪—志留纪祁漫塔格群、滩间山群火山-沉积岩系和中酸性侵入岩建造组成。

奥陶纪—志留纪祁漫塔格群由碎屑岩、火山岩、碳酸盐岩组成。碎屑岩为以杂砂岩为主的浊流沉积，具大量中-酸性火山岩岩屑，碳酸盐岩中含角石、珊瑚等。火山岩类型复杂，东西变化较大。在阿达滩为玄武岩-安山岩组合，是钙碱性岛弧火山岩；在红土岭-十字沟为玄武岩-流纹岩组合，具明显双峰式特点，其中玄武岩在火山岩TAS图解中，集中分布于粗面玄武岩和玄武岩区，在酸性火山岩中分别获U-Pb年龄为439.2±1.2Ma和445±0.9Ma，属晚奥陶世，总体具有岛弧-弧后裂谷盆地特点。西部嘎勒赛一带滩间山群火山岩以中基性、基性为主，具E-MOEB特征，侵入其中的同碰撞花岗岩全岩Rb-Sr等时线年龄为435.7Ma。东段滩间山群为钙碱性系列岛弧型火山岩，年龄为468±54Ma，北侧伴有大量奥陶纪—志留纪岛弧型花岗岩侵入。东部青海奶头山—乌龙滩一带，祁漫塔格群为火山弧安山岩-英安岩-流纹岩建造组合，为一成熟岛弧建造。祁漫塔格志留系为由含笔石的粉砂质页岩、岩屑杂砂岩等组成的深水浊积岩（白干胡组），下部为变质碎屑岩，局部夹碳酸盐岩、凝灰岩，上部为砂板岩夹灰岩，笔石鉴定时代为早志留世晚期，属弧后前陆盆地相的前渊盆地亚相。

祁漫塔格北坡岩浆弧侵入岩，西部主要分布在白干湖断裂以西，岩石组合为辉长辉绿岩-闪长岩-英云闪长岩-二长花岗岩-碱长花岗岩，时代为奥陶纪—志留纪，总体反映了岩浆弧中酸性岩浆组合。在基性-酸性复式岩体中，晚期以产碱性二长岩-石英正长岩为特点，与该带十字沟、红土岭基性—超基性岩几乎同时,其中的二云母花岗岩年龄为413Ma,基性岩年龄为402~386Ma,反映了泥盆纪后碰撞期伸展背景产物。青海奶头山南为晚奥陶世花岗闪长岩岩基,侵入于祁漫塔格群中,并被早石炭世石拐子组不整合覆盖,为偏铝质钙碱性系列,含暗色闪长质包体,壳幔混合源型;获得锆石U-Pb同位素年龄为445.4±0.9Ma(锆石U-Pb法),439.2±1.2Ma(锆石U-Pb法)。咸水泉等地顶志留世发育碰撞强过铝质花岗岩组合,侵入于祁漫塔格群中,并被早二叠世花岗岩侵入,属过铝质高钾钙碱性系列,壳源型,锆石U-Pb同位素年龄为410.2±1.9Ma,形成于碰撞构造期。

2. 东昆仑弧盆系

早古生代东昆仑弧盆系是发育在前南华纪布尔汗布达地块和东昆仑地块之上的活动陆缘的组成部分,应该是区域昆南结合带向北俯冲形成的岩浆弧、弧后-前陆盆地系统,由祁漫塔格(南坡)蛇绿混杂岩带(Pz_1)和北昆仑岩浆弧(Pt_3—D_2)构成。

(1)祁漫塔格蛇绿混杂岩带(Pz_1):分布于阿雅克库木湖北的朝阳沟、黑山、鸭子泉、阿达滩沟垴、十字沟、玉古萨依等地。有人将其与西昆仑库地-祁曼于特蛇绿混杂岩相连(李荣社等,2010;潘桂棠等,2011)。新疆成矿地质背景研究报告(2013)中认为蛇绿混杂岩分布零星,由于构造破坏,分布无一定规律,图上很难成带圈定。较典型的蛇绿岩以青海十字沟东岔剖面出露较全,从底到顶岩性有蛇纹石化纯橄榄岩、蛇纹石化橄辉岩、辉长岩,非席状基性岩墙群,碎裂岩化含斜黝帘石角闪岩、黝帘石岩。另在五道沟一带还见有枕状玄武岩和块层状玄武岩。这些镁铁—超镁铁质岩和基性熔岩构造侵位于祁漫塔格群碎屑岩组中,另外还见有粉晶灰岩和可能属于蛇绿岩上覆层位的硅质岩构造岩块,共同构成了祁漫塔格山主脊北侧呈北西向展布的蛇绿混杂岩带。蛇绿混杂岩普遍经受了逆冲型和走滑型韧性剪切变形,糜棱岩、糜棱岩化岩石发育。

岩石地球化学分析表明,除少数蛇绿岩具有橄榄岩的成分外,其余绝大多数超镁铁质岩属于堆晶岩的范畴。蛇纹岩、橄辉岩、辉橄岩具有相似的稀土元素组成,La/Yb在1.64~5.6之间,平均值为3.16,δEu在0.862~5.78之间,平均值为1.93;辉长岩La/Yb在1.31~3.94之间,平均值为2.43,δEu在0.94~1.66之间,平均值为1.65。这些特征反映镁铁—超镁铁质岩源于富集型地幔,通常形成于板内或陆间裂谷环境。野马泉以西的玄武岩属于中高钾的钙碱性系列,La/Yb平均值为1.78,δEu平均值为1.31;辉绿岩的化学面貌与基性熔岩相似,也属高钾的碱性系列,La/Yb平均值为2.86,δEu平均值为2.8。结合区域构造格局总体分析,蛇绿岩形成于弧后张裂环境,且明显的具有消减带组分的加入,因此应属弧盆系体系的SSZ型蛇绿岩。

青海十字沟蛇绿混杂岩的变形基质主要由奥陶纪祁漫塔格群含有蛇绿岩碎片的浊积岩、有疑源类化石光面球藻、波口藻、瘤面球藻、波罗的海藻等的硅质岩和灰岩碎块组成。十字沟块层状玄武岩中获得468±54Ma的Sm-Nd等时线年龄值,小西沟辉绿岩Sm-Nd等时线年龄为449±34Ma,盖依尔南堆晶杂岩的Sm-Nd等时线年龄为466±3.3Ma,表明堆晶岩形成于早、中奥陶世之交。

朝阳沟基性—超基性层状杂岩、黑山蛇绿岩、鸭子泉中性火山熔岩-基性脉岩群等,在祁漫塔格山多形成于奥陶纪—志留纪,与滩间山群的时限基本相同。比西昆仑库地等蛇绿岩时代总体要晚,形成时限介于449~388Ma之间,如嘎勒赛、鸭子泉、十字沟—红土岭一带发育的北东向展布的基性—超基性岩及双峰式火山岩。从多数具层状杂岩的地球化学特征和含矿性,以及伴生的大量陆缘碎屑岩和浅水碳酸盐岩看,其是陆内伸展作用下的物质记录。这些变质碎屑岩、中酸性-基性双峰式火山岩及碳酸盐岩组合并含SSZ型蛇绿岩残块组成了弧后盆地相的弧后裂谷盆地亚相。其中的酸性火山岩曾获得439.2Ma及445.09Ma的U-Pb年龄,为晚奥陶世—早志留世早期。上覆的早志留世晚期白干湖组浊积岩为裂谷封闭后的弧后前陆盆地相的前渊盆地亚相,其上被晚泥盆世磨拉石沉积不整合所覆。

(2)北昆仑岩浆弧($Pt_3—D_2$):主体坐落于前南华纪柴达木地块南部布尔汗布达地块和东昆仑地块之上,分布于肯德可克—苏海图—诺木洪一带。早古生代是主要岩浆活动期,成因类型复杂,包括中—晚奥陶世俯冲期岩浆杂岩、早志留世同碰撞岩浆杂岩及早泥盆世后碰撞岩浆杂岩。晚古生代除晚泥盆世和早石炭世后造山花岗岩标志晚古生代挤压造山结束进入一个新的岩浆构造旋回外,其余大部分是与南邻古特提斯向北俯冲相关的弧花岗岩。印支期由于古特提斯洋持续向北俯冲,仍以弧花岗岩为主,燕山期后造山花岗岩的出现,表明北昆仑岩浆弧造山带结束发展,进入以伸展垮塌为主要特征的构造岩浆旋回。

岩浆弧由祁漫塔格群钙碱性安山岩-英安岩-流纹岩建造组合和俯冲期岩浆杂岩(O_{2-3})构成。前者整合于绿片岩相变质的祁漫塔格群被动陆缘陆棚碎屑岩-局限台地碳酸盐岩建造组合之上;后者呈岩株状分布于那林郭勒河及东段的克合特等地,为与洋俯冲有关的TTG $O_2(\eta\gamma+\gamma\delta+\gamma\delta o+\gamma\gamma o+\delta o+\delta)$ 和偏铝质钙碱性系列。壳幔混合源型花岗岩 $O_3(\gamma\delta)$ 组合,锆石U-Pb同位素年龄值为 445.4 ± 0.9Ma、439.2 ± 1.2Ma,其动力学背景可能与昆南洋向北俯冲消减有关。另外,在东昆南构造混杂岩带分布的万宝沟群(Pt_{2-3})火山岩中曾获得Sm-Nd等时线年龄670Ma;Rb-Sr等时线年龄 667 ± 21Ma,684 ± 54Ma(伊集详等,1998),可能反映了震旦纪伸展阶段的岩浆事件;在青海、新疆交界的大格勒一带呈岩基状和岩株状侵入于金水口岩群的高钾强过铝质钙碱性系列岩石,属壳源型岩浆杂岩 $D_1(\delta o+\pi\eta\gamma+\upsilon+\Sigma)$,可能与早古生代末的汇聚环境相关。

十、华南-北羌塘板块

南华纪—早古生代,在南昆仑-商丹结合带以南为华南-北羌塘板块,主体表现为稳定-伸展背景下,以发育被动大陆边缘-裂谷环境的沉积-火山建造组合为特征,伴有伸展背景下的偏碱性基性侵入岩组合。自西向东包括阿克赛钦(塔什库尔干)-甜水海被动陆缘(S)、昌都地块、摩天岭地块、中-南秦岭地块和上扬子地块5个Ⅱ级构造单元,并进一步划分为11个Ⅲ级构造单元。其中昌都地块仅在玉树南有零星出露,为奥陶纪青泥河组砂岩-英安岩-泥岩组合,研究程度很低,没有岩石地球化学资料支撑,初步判断为昌都地块北部奥陶纪裂谷-裂陷盆地。

1. 阿克赛钦(塔什库尔干)-甜水海被动陆缘

该构造带位于康西瓦-大红柳滩断裂以南的塔吐鲁沟—天神达坂—甜水海等一带。根据其构造位置可以进一步划分为北部的布伦口一带的塔什库尔干被动陆缘(O—S)和东南部红其拉甫-甜水海被动陆缘($\in$—S)2个Ⅲ级构造单元。寒武纪为被动陆缘陆棚滨-浅海相碎屑岩建造(甜水湖组钙质长石砂岩-岩屑长石杂砂岩-粉砂质泥板岩);中—上奥陶世为碳酸盐岩台地相(冬瓜山群未见底,下部由砂质灰岩、鲕状灰岩、白云质灰岩组成台地亚相,上部微晶灰岩-石英杂砂岩-粉砂岩等为台地斜坡亚相);志留纪为被动陆缘相的陆缘斜坡亚相碎屑岩建造(早志留世温泉沟群下部为长石石英砂岩、粉砂质板岩、细砂岩、板岩;中—晚志留世达板沟群薄层灰岩、泥钙质硅质岩及长石石英砂岩夹粉砂岩)。其上被泥盆纪碳酸盐岩(中泥盆世落石沟组)和碎屑岩(晚泥盆世天神达坂组)不整合覆盖,反映了早古生代末的构造事件。

已有的古地磁资料表明,南昆仑结合带(康西瓦断裂)南、北两侧地块在早古生代时,彼此相隔很近,都位于南半球中—低纬度地区,并属相同的生物地理区,从晚古生代开始塔里木陆块才快速向北漂移,导致结合带两侧地块间的距离明显拉开,其间形成了一定规模的洋盆(刘训,2001;李永安等,1998)。

2. 摩天岭地块陆缘裂谷-被动陆缘

摩天岭地块位于陕甘川交界,在前南华纪弧盆系(前文)之上,叠加南华纪陆缘裂谷火山-沉积组合和其上的震旦纪—寒武纪被动陆缘碎屑岩-碳酸盐岩组合。根据其构造位置可以划分为摩天岭陆缘裂谷(Qb—Nh)和临江-茶店被动陆缘(Z—∈)2个Ⅲ级构造单元。

(1)摩天岭陆缘裂谷(Qb—Nh):主要为残存于摩天岭地块前南华纪基底火山岩系之上,震旦纪—寒武纪碎屑岩-碳酸盐岩组合之下,呈构造残片出露的基性-中酸性火山岩及砂砾岩组合。因后期韧性剪切构造的改造,与下伏地层原构造关系不清,多为构造剪切带或构造面理接触(勉县红岩沟等),而与上覆震旦系—寒武系为整合或渐变过渡(宁强道林沟)接触,总体反映了大陆边缘火山-沉积岩系向被动陆缘稳定沉积的转化。

构成古裂谷的岩石地层单元主要是原划中新元古代碧口岩群($Pt_{2-3}B.$)的上部火山岩系、莲沱组—南沱组和关家沟组砂砾岩夹冰碛岩、火山岩。岩石组合为:变质火山碎屑岩-变质火山熔岩,夹变质砂岩、石英岩及石英片岩等;其中变质火山熔岩有:苦橄岩、玻基辉橄岩、变玄武岩、变细碧岩、变安山岩、变角斑岩、变石英粗安岩、变流纹岩、变石英粗面岩等,以基性火山岩为主,少量酸性岩,还出现极少量安山岩;弱变形区域尚保留有清晰的原岩构造如岩枕(宁强东皇沟)和流纹构造等。据近年来的研究(Xia et al,1996;徐学义等,2001,2002;夏林圻等,1996,2007,2012),火山岩系的岩石类型可以分为三大类:第一类分布于西部白杨—碧口地区,多属拉斑和碱性岩浆系列,岩石类型有玄武岩、碱性玄武岩、英安岩、流纹英安岩和碱流岩,双峰式分布明显;第二类分布于东南部红岩沟地区,岩石类型有玄武岩、玄武安山岩和英安岩,都属于拉斑系列,双峰式分布亦十分清晰;第三类分布于东中部和东北部的辛田坝—黑木林地区,岩石类型较为多样,包括玄武岩、玄武安山岩、安山岩、粗面安山岩、粗面岩和碱流岩,分属拉斑和碱性两个岩浆系列。闫全人等(2003)对碧口岩群中的玄武岩进行了SHRIMP测年,获得790±15Ma和776±13Ma的数据,李永飞等(2006)也用同样的方法,获得780Ma的数据。这些数据表明摩天岭陆缘裂谷对应着华南及全球罗迪尼亚超大陆的裂解事件(Li et al,2008;夏林圻等,2009)。

南华纪莲沱组—南沱组和关家沟组为陆缘裂谷边缘带碎屑岩夹火山岩建造组合,下部为灰绿色含火山碎屑凝灰质长石砂岩夹少量灰绿色、杂色变中基性熔岩;中部为灰绿色中厚层状含砾凝灰质长石杂砂岩、含砾粉砂岩及含砾变砂岩;上部为灰绿色、深灰色含砾千枚岩、粉砂质板岩、砂砾岩、砾岩、变砂岩等,呈构造岩块、岩片产出。在甘肃关家沟和陕西勉略宁地区普遍见有冰碛砾岩(南沱组和关家沟组)。

(2)临江-茶店被动陆缘(Z—∈):整合或平行不整合覆于上述裂谷建造之上,包括陡山沱组陆棚含磷锰碎屑岩-碳酸盐岩建造组合;灯影组碳酸盐岩台地-斜坡相灰岩-白云岩组合;临江组斜坡-碳酸盐岩台地相含磷钒铀重晶石的硅质岩-粉砂岩-灰岩-白云岩组合,为重要的磷锰矿产出层位。甘肃南部还偶见志留纪板内伸展碱性花岗岩侵入。

3. 中-南秦岭地块

南华纪—早古生代,中-南秦岭地块整体表现为以伸展背景下的裂谷-被动陆缘为特征,并可以较明显地划分为南华纪—震旦纪和早古生代两个过程。

按照大地构造位置及构造环境自南而北、从西到东可以划分为中秦岭陆表海(Z—O)、西倾山-南秦岭陆缘裂谷带(Pz_1)和平利-牛山陆缘裂谷-被动陆缘(Nh—Z—$∈_1$)3个Ⅲ级构造单元。西倾山-南秦岭陆缘裂谷带（Pz_1）又可以细分为西倾山、南秦岭和南大巴山3个次级裂谷带。平利-牛山陆缘裂谷-被动陆缘（Nh—Z），与前述摩天岭地块陆缘裂谷和后文中西乡陆缘裂谷（Nh）共同构成了扬子板块西北缘新元古代末（—古生代初？）裂谷系。西倾山陆缘裂谷带与南秦岭、南大巴山早古生代陆缘裂谷共同构成扬子板块北部中-南秦岭地块南缘（在前述震旦纪统一陆块基地上）的早古生代裂谷带。现由早到晚就其特征阐述如下。

（1）平利-牛山裂谷-被动陆缘（Nh—Z—$\in_1$）：是扬子板块北缘新元古代末期裂谷系的组成部分，受后期构造改造，呈构造窗出露于安康市大河镇（牛山）、平利等地，涉及武当岩群上部杨坪岩组-姚坪岩组和耀岭河组上部层位。杨坪岩组为绿片岩-石英钠长片岩变质组合，姚坪岩组为石英片岩-变粒岩-绿片岩变质组合，耀岭河组为绿片岩-钠长绢云石英片岩变质组合。恢复原岩具有明显的双峰式特点，显示了陆内裂谷火山岩岩石地球化学特征（夏林圻等，2002），与莲沱组—南沱组火山碎屑沉积岩系呈横向相变和超覆关系。与该亚相有关的矿产主要为铜、银、金。

裂谷火山-沉积建造组合之上，为震旦纪陡山沱组稳定的石英砂岩-板岩-含磷灰岩及其上的灯影组（Z—$\in_1$）台地相碳酸盐岩，反映了构造环境趋于稳定的被动陆缘-陆表海环境。而这一环境特点与同时期中-南秦岭地块、摩天岭地块和扬子陆块北缘几乎完全可以对比，说明了扬子板块北部震旦纪为统一陆块。

南秦岭新元古代中晚期岩体主要分布在商丹断裂带以南的商南一带，在柞水附近也有分布。主要岩石组合为二长花岗岩-花岗闪长岩-花岗岩-斜长花岗岩，锆石U-Pb年龄依次为743～680Ma（牛宝贵等，2006）。磨沟峡闪长岩、黑沟基性—超基性岩（辉长岩-苦橄岩）与偏碱性二长花岗岩复式岩体、冷水沟辉长岩体等岩石化学特征表明，磨沟峡闪长岩具板内花岗岩的特征，冷水沟和黑沟岩体是由超基性—基性岩和偏碱性花岗岩组成的非造山双模式岩浆岩组合（牛宝贵等，2006），代表着新元古代末与大陆裂解环境有关的侵入岩浆活动。

（2）中秦岭陆表海（Z—O）：主要分布于山阳县漫川关—商南县赵川及南部白河一带，以青白口纪—南华纪耀岭河组为基底，由平行不整合其上的震旦纪—奥陶纪陆表海高成熟度碎屑岩-碳酸盐岩构成，反映了中秦岭自震旦纪之后的稳定构造环境一直持续到奥陶纪。

震旦系—下寒武统陡山沱组—灯影组主体为白云岩组合，下部砂岩-泥页岩夹凝灰质千枚岩；寒武系—奥陶系水沟口组-岳家坪组-石瓮子组-白龙洞组以白云质灰岩-泥质灰岩-白云岩组合为主，下部水沟口组为硅质岩-碳硅质白云岩-白云质灰岩组合；中—上奥陶统为千枚岩-板岩夹泥质灰岩组合，整体显示向上泥质岩增多的特点。震旦系产磷矿、赤铁矿，寒武系主要为磷矿、钒矿的含矿层位，寒武系—奥陶系白云岩为铅锌矿的含矿层位。

（3）西倾山陆缘裂谷带（O—S）：西起甘肃、青海交界处的西倾山，东至陕西勉县北，主体由志留纪白水江群迭部组-舟曲组-卓乌阔组低绿片岩相浅变质细碎屑岩夹硅质岩、灰岩组成，局部可见晚奥陶世大堡组板岩-中酸性火山岩组合。志留纪裂谷边缘相主要沉积建造组合有长石石英砂岩、砂岩板岩互层、碳质板岩、硅泥质板岩和碳酸盐岩建造组合等，产珊瑚和笔石及头足、三叶虫、腕足等化石。总体代表了早古生代还原环境下外陆棚至次深海滞留盆地产物，其中发现汞锑矿化、铁矿化，但未构成规模。

（4）南秦岭陆缘裂谷带（Pz_1）和南大巴山陆缘裂谷带（Pz_1）：是指紫阳—岚皋—镇坪—白河—山阳（南部）—丹凤（南部）—商南（南部）在震旦纪—早寒武世灯影组被动陆缘稳定沉积（暴露带发育）之上发育的早古生代裂谷盆地。

不同阶段裂谷盆地沉积中心、凹陷中心有迁移。寒武纪在紫阳—岚皋—镇坪一线以南发育了鲁家坪组含重晶石、钒矿的黑色岩系与其上的箭竹坝组-毛坝关组-八卦庙组-黑水河组斜坡-碳酸盐岩台地相;在该线以北、汉阴—安康一线以南,水深加大,在鲁家坪组之上形成了主体以寒武纪箭竹坝组(跨时性大)薄层碳酸盐岩、细碎屑岩(毛坝关组-黑水河组碳酸盐岩组合不发育);而在山阳—丹凤—商南南部至白河一带,在早寒武世(相当于南部鲁家坪组-箭竹坝组层位)黑色岩系-白云质灰岩组合之上,发育了稳定的寒武纪—中奥陶世白云岩-灰岩碳酸盐岩台地相(石瓮子组-白龙洞组)。由此可见,寒武纪南、北水体较浅,以碳酸盐岩台地相为主;中部水体较深,以斜坡-深水沉积为主。

奥陶纪基本继承了寒武纪格局,但总体水深加大,盆地向南、向北超覆,形成以中部为沉降中心(洞河群-大堡组欠补偿细碎屑岩-硅质岩-玄武岩组合,反映为裂谷盆地拉张加剧产物),南(高桥组-权河口组)、北(两岔口组)基本对称的外陆棚-斜坡相碎屑岩夹灰岩建造。

早—中志留世盆地整体处于外陆棚-斜坡环境,形成了广泛分布的下—中志留统北部斑鸠关组-梅子垭组、南部斑鸠关组-陡山沟组-五峡河组、西部白水江群迭部组-舟曲组细碎屑岩夹少量泥灰岩-硅质岩沉积。

奥陶纪—早中志留世地壳拉张期形成了大量碱性基性岩床和岩脉,并伴生钛磁铁矿等;同时产出粗面岩等碱性岩,是在拉张背景条件下大陆边缘裂谷火山喷发的产物。

晚—顶志留世裂谷盆地东部出现浅水红色砂砾岩-细碎屑岩建造(水洞沟组),西部卓乌阿组出现向上变粗的沉积层序(冯益民等,2001),整体反映了盆地的汇聚(前陆盆地?),同时该时期出现与汇聚事件相关联的辉长岩-闪长岩-石英闪长岩-花岗闪长岩组合。梅子垭组是扬子型铅锌矿(赵家庄-黄土坡-泗人沟-火烧沟-关子沟)重要赋矿层位(沉积-喷流叠加后期构造热液再造型)。

4. 上扬子地块

汉南陆核(Ar—Pt_1)形成之后,经历了拉张裂解古裂谷(Pt_2)-汇聚古岩浆弧(Pt_{2-3}),于850Ma之前形成统一陆块,上扬子地块是扬子陆块的组成部分。之后的地质历史与南秦岭基本一致,在青白口纪—南华纪出现裂谷岩浆事件,形成震旦纪—志留纪统一盖层,而在其边缘形成了奥陶纪—志留纪陆缘裂谷及与之相关的奥陶纪马元式扬子型铅锌矿。

根据构造岩石组合及其出露的位置,可以划分为西乡陆缘裂谷(Nh)、米仓山-大巴山被动陆缘(Nh—S)和扬子陆块西北缘裂陷带(S)3个Ⅲ级构造单元。

(1)西乡陆缘裂谷(Nh):以双峰式侵入岩组合和双峰式火山岩组合为特征。前者为出露于汉南一带的新元古代浅成和超浅成碱性基性-酸性侵入岩组合,主要岩石类型有橄榄岩、苏长岩、辉长岩、正长花岗岩、花岗岩、花岗斑岩,反映了伸展构造背景。

西乡岩体主要岩石类型为细粒钾长花岗岩,黄官岭岩体岩性有黑云钾长花岗岩、斑状钾长花岗岩、钾长花岗斑岩,显示出张性环境下岩浆就位的特征。岩体中往往可以见到富云包体、暗色细粒包体,以及石榴子石(锰铝榴石)团块(包体)和石榴子石捕房晶。铁船山岩体主要岩性为霓石花岗岩,次为钠铁闪石花岗岩。根据王中刚(1984)按δEu分类,碱长花岗岩属晚期演化阶段的偏碱性花岗;霓石花岗岩岩石微量元素以MORB为参数标准化得到曲线图,岩石强烈富集大离子亲石元素K、Rb、Ba、Th,高场强元素中Ta、Nb、Zr、Hf、Sm、Y、Yb均呈富集状,相比之下,Sr、Ba、P、Ti、Sc则呈明显的亏损状。曲线总体上表现为大弧隆起状,具有板内玄武岩的微量元素曲线特征;在岩石系列判别图解中位于亚碱性系列,在A-F-M图解中,位于拉斑玄武岩系列;在SiO_2-K_2O图解中位于高钾钙碱性系列。在A-C-F图解中,位于S型花岗岩区,在Na_2O-K_2O图解(Jcdllils,1982)中位于A型花岗岩区;在δEu-$(La/Yb)_N$图解中位于壳源区。

新元古代早期基性—超基性岩组合岩石类型有橄榄岩、辉长岩、苏长岩等。八宝台橄榄岩岩体以辉石橄榄岩为主,另有蛇纹石化橄榄岩、含辉纯橄榄岩、蛇纹石化纯橄榄岩等。岩石化学特征:SiO_2为38.06%,MgO含量高,为28.98%,低碱($K_2O<0.9\%$),与原始地幔岩石化学成分接近,说明其可能是在初始裂谷条件下地幔岩浆侵入而成。m/f为3.63,属铁质超基性岩。毕机沟辉长岩体主要由层状单斜辉石苏长岩组成,下部发育含长石橄榄岩和橄榄辉长岩。单斜辉石苏长岩SiO_2为45.71%~47.56%,δ为1.87,属钙碱性正常太平洋型,为玄武岩浆结晶分异而成。微量元素V、Co、Ni、Cu、Sr、Nb、Ba高于维氏基性岩平均值,其中Ni、Cu大于维氏值3倍,反映毕机沟岩体为载矿岩体。除此之外,还有望江山、云雾山-大汉山超基性—基性岩体等。

铁船山组和西乡群裂谷火山岩目前尚有争议,主要是一套中基性-酸性火山岩-碎屑岩组合,具体可分为三部分:下部为蚀变玄武岩-安山岩-晶屑凝灰岩;中部为含砾长石砂岩-中细粒长石砂岩,夹英安岩、玄武岩;上部为安山岩-凝灰质含砾砂岩,夹流纹岩-流纹斑岩、玄武岩。夏林圻等(2009)认为西乡群属于裂谷火山事件,同位素测年显示其发生在845~776Ma之间,相当于我国的南华纪,而在火地垭群中也有此组测年数据。再者,这两个岩石地层单元的岩石组合都含有双峰式火山岩。因此,它们很可能同属罗迪尼亚超大陆裂解的火山岩浆事件产物。

(2)米仓山-大巴山被动陆缘-陆表海($Nh—S_1$):分布于宁强和西乡地区,整体表现为稳定的被动陆缘-陆表海碳酸盐岩-碎屑岩组合。南华纪为具有陆缘裂谷建造特点的莲沱组杂砂岩-粉砂岩组合,南沱组泥砾岩-砂岩-粉砂岩夹冰碛砾岩组合;震旦纪为陡山沱组白云岩-砂岩-泥质岩组合,灯影组硅质白云岩-灰质白云岩组合;寒武纪为牛蹄塘组碳硅质泥岩-砂质泥岩组合,仙女洞组、沧浪铺组、石牌组、石龙洞组碳酸盐岩夹砂岩-泥质岩建造组合(西乡地区相变为清虚洞组白云岩-灰岩组合);寒武纪—奥陶纪为娄山关组白云岩-泥质岩建造组合;奥陶纪为赵家坝组泥岩组合,大湾组、宝塔组灰岩-泥质灰岩组合。

志留纪水体加深,发育早志留世龙马溪组、新滩组、罗惹坪组砂岩-粉砂质泥岩建造组合,主体反映外陆棚细碎屑岩组合特点,在下部龙马溪组发育次深海硅质岩组合。罗惹坪组泥岩之上被二叠纪梁山组平行不整合覆盖,其间缺失了中志留世—早二叠世沉积,反映了早古生代晚期之后持续的构造抬升。

扬子陆块西北缘裂陷带(S):发育在上扬子地块的西北边缘,受后期构造影响,呈构造地体北东-南西向夹持于摩天岭地块与米仓山-大巴山地块之间,由低绿片岩相变质、强变形的奥陶纪陈家坝组含碳硅质板岩-粉砂岩组合、志留纪茂县群粉砂岩-泥质板岩夹海底水道砂砾岩沉积楔状体组合构成,表现出外陆棚-次深海深水还原环境特点。

第八节 构造阶段划分及其演化

总观西北地区及外围南华纪至早古生代的地质记录和其反映的大地构造环境,从地质演化角度,总体可划分为南华纪—早奥陶世罗迪尼亚超大陆裂解,岩石圈伸展,裂谷-被动陆缘发育-多岛洋-陆格局形成阶段、中—晚奥陶世—志留纪—中泥盆世岩石圈汇聚,洋壳俯冲多岛弧盆系发育-弧陆碰撞或陆陆碰撞两个大的构造阶段。就一个构造阶段来说,西北地区不同构造单元的动力学状态和构造体制还有较大差异。

一、南华纪—早奥陶世罗迪尼亚超大陆裂解伸展-洋陆格局形成时期

南华纪—震旦纪—寒武纪罗迪尼亚超大陆裂解,在西北地区广泛发育大陆边缘裂谷-被动陆缘沉积

建造,并形成标志性的冰碛岩、偏碱性火山岩(侵入岩)、双峰式火山岩、含磷锰钒铀重晶石等次深海含矿沉积建造。

在塔里木-敦煌陆块区(阿克苏、库鲁克塔格、铁克里克、洗肠井)及其以北的中天山地块(伊犁、博洛科努),南华系—震旦系底部出现冰碛砾岩夹基性火山岩(拉斑玄武岩786±3Ma及809±12Ma)的陆源碎屑浊流沉积,属古裂谷型建造,不整合于前南华系之上。裂谷中心相为火山岩和深水欠补偿沉积,边缘相以碎屑岩和碳酸盐岩建造为主。同时可见有碱性火山活动和震旦纪后碰撞过铝质高硅富碱的花岗岩(707~601Ma)。

在华北陆块区南缘与全吉地块发育震旦纪冰碛岩(烧火筒组、正目观组、罗圈组、全吉群)及被动陆缘含磷沉积建造。

在华南陆块区北缘普遍发育南华纪—震旦纪和早古生代两个阶段的裂谷-被动陆缘,前者以平利-牛山裂谷-被动陆缘(Nh—Z)、西乡陆缘裂谷(Nh)和中秦岭陆表海(Z—O)为代表;后者以西倾山-南秦岭-南大巴山陆缘裂谷带(Pz_1)为典型。同时在摩天岭地块、塔什库尔干-甜水海地块、昌都地块同样发育裂谷-被动陆缘。

除陆块区外,在秦祁昆造山带也有超大陆解体的地质记录,如祁连山的白杨河组冰碛砾岩和寒武纪裂谷火山-沉积建造等。同时在秦祁昆造山带的西昆仑一带,有过铝质钙碱性系列S型黑云二长花岗岩SHRIMP年龄为815±5.7Ma,具同碰撞—后碰撞花岗岩特征,过铝质高钾钙碱性系列二云花岗岩U-Pb年龄为683±7.5Ma,具后碰撞花岗岩特征;在东昆仑也见有820±9Ma、788±32Ma等的片麻状二长花岗岩的侵入。这些反映了罗迪尼亚超大陆聚合后的伸展构造背景。

随着超大陆的进一步裂解,裂谷-被动陆缘发展为洋盆。这一过程在西北不同地区时间上有差异,北祁连、南昆仑、北准噶尔(洪古勒楞)等在震旦纪就有洋壳建造的时代信息,而大部分地区代表洋壳的蛇绿岩出现是在寒武纪—早奥陶世,使西北地区呈现出多岛洋格局。从目前对蛇绿岩性质的研究看,多以与弧后扩张有关的SSZ型蛇绿岩为主,而MORB型少见并主要集中在额尔齐斯、南天山、南阿尔金-柴北缘-昆南-商丹3个主要对接带上,反映了3个对接带的洋盆规模较其他叠接带小洋盆要大。

二、中奥陶世—志留纪(—中泥盆世)多岛弧盆系-弧陆碰撞拼接时期

这一时期是包括塔里木、华北、西伯利亚南缘在内的西北地区多陆块汇聚时期。陆块开始汇聚,洋壳俯冲主体发生于早奥陶世之后,是西北地区古生代蛇绿混杂岩带(相)、岩浆弧相、俯冲增生杂岩相、高压—超高压变质相、深成岩浆弧相等发育的主要时期。在西北地区形成了以上述3个对接带为主干,并在其间发育多条具有叠接带性质的以蛇绿混杂岩为特征的海沟俯冲杂岩带,如库地、北阿尔金、北祁连、拉脊山、宽坪、唐巴勒-玛依拉、卡拉麦里、冰大坂-康古尔等;蛇绿混杂岩带之间为叠加在前南华纪古陆块边缘或者南华纪—早古生代早期阶段陆缘之上的"弧盆系",如中祁连、南祁连、滩间山、柴达木、敦煌、中天山、阿中、东昆仑、西昆仑等,都与早古生代洋盆的俯冲消减有关。

高峻等(2008)曾在伊犁裂谷南缘,那拉提山北坡夏特地区发现寒武纪MORB型玄武岩(516Ma)、辉长岩及中奥陶世下部埃达克质闪长岩(470Ma)和埃达克岩,说明西部吉尔吉斯斯坦北、中天山间的Terskey洋已延入北疆地区。阿尔泰、准噶尔、北天山、甘蒙北山等志留纪前陆复理石盆地的出现和志留系不整合于下伏地层之上(北天山-准噶尔等),标志着早古生代准噶尔洋盆的消亡。同时,伊犁地块南、琼库斯太早志留世兰多弗里晚期后碰撞碱长花岗岩(430Ma)的发现,证明该洋盆已闭合。以上资料

表明,早古生代多岛洋盆于奥陶纪晚期—志留纪闭合,形成哈萨克斯坦-北天山-准噶尔早古生代复合大陆。这与多博列佐夫(2003)论述的哈萨克斯坦(或哈萨克斯坦-吉尔吉斯)是海西晚古生代洋中的一个复合古陆,由冈瓦纳大陆的碎块和岛弧地体于志留纪时期拼合而成的这一观点完全一致。

东昆仑祁漫塔格、南祁连、北祁连河西走廊志留纪前陆盆地的发育(祁漫塔格白干湖组、南祁连巴龙贡嘎尔组、北祁连泉沟脑-旱峡组、北秦岭王家河组等),可能反映了该时期早古生代洋盆已经闭合;西倾山-南秦岭中晚志留世前陆盆地及陆上暴露带的出现(上叠在寒武纪—早志留世裂谷之上),标志着早古生代早期裂谷在早古生代晚期的收缩与封闭;中—晚泥盆世造山后伸展盆地(祁连老君山组、东昆仑—柴北缘牦牛山组、西昆仑奇自拉夫组等)与下伏早古生代建造的不整合和后造山晶洞花岗岩,反映了早古生代末秦祁昆造山带(北部)造山运动的结束。

南天山志留纪—早泥盆世蛇绿岩的发育反映出残留洋盆持续发育至晚古生代初期;准噶尔周边泥盆纪—早石炭世SSZ型蛇绿岩代表着残余洋盆或弧后再生洋盆的持续发展。然而大范围后造山裂谷的发育,说明北疆地区至晚泥盆世以后基本进入后碰撞阶段。

李锦轶等(2009,2012)对华北陆块西部马家沟组、米钵山组等的碎屑锆石和祁连造山带北部寒武纪香山群、大黄山群碎屑锆石研究表明其物源区复杂,寒武纪祁连裂谷北缘物源并不来自华北陆块和阿拉善地块;中—晚奥陶世上述陆间裂谷物源与华北陆块无关,可能来自于阿拉善地块。这些地质记录可能说明早古生代早期(寒武纪—早中奥陶世)包括鄂尔多斯地块、阿拉善地块在内的华北陆块区稳定的构造环境与中-南秦岭地块、中祁连地块距离遥远;早古生代晚期(中奥陶世—志留纪)北祁连造山带是中祁连地块"千里迢迢"与阿拉善地块汇聚的产物。

第四章 晚古生代—中三叠世板块构造、板内演化与后碰撞伸展构造

晚古生代至中三叠世,西北地区总体持续着板块构造发展过程,但较早古生代西北地区构造格局发生了重大调整。就一个地区来说(如祁连山、秦岭、北疆地区等),决定地壳运动的主要因素发生了重要改变,这些变化主要表现在以下几个方面。

(1)塔里木陆块和柴达木地块在石炭纪—二叠纪可能连为一体形成统一陆块——塔里木-柴达木陆块,发育了可以对比的统一陆表海沉积。

(2)至石炭纪,早古生代祁连造山带已经准克拉通化,与华北陆块相连,成为华北板块的组成部分,其南部发育晚古生代—三叠纪被动陆缘沉积,构成宗务隆小洋盆之北的被动陆缘。

(3)除西天山发育残留海并向北深俯冲外,在中天山—北山—阿拉善及其以北,石炭纪—二叠纪巨量大面积以幔源岩浆岩为主体的陆相(D_3)-海陆交互相-海相火山岩系和"似弧而非弧"的岩浆岩岩石构造组合面貌及普遍的退积沉积序列,综合反映了在早古生代—中泥盆世弧盆系基底之上,后碰撞阶段裂谷环境特点(夏林圻,2008)和可能的地幔柱作用(李文渊,2012)的叠加。

(4)在西昆仑—东昆仑—宗务隆—陇山—北秦岭中南部以南,板块构造持续发展。早期(晚泥盆世—中二叠世)普遍经历了伸展-裂解过程,形成了多个裂谷-被动陆缘-洋岛海山-洋壳(蛇绿岩);晚期(晚二叠世—三叠纪)陆块汇聚,洋盆收缩关闭,形成了塔里木板块-华北板块之南的东西昆仑-宗务隆-西秦岭增生造山带和其南西藏-三江造山系北部(双湖对接带以北、南带以南)造山带。

从上述这些"调整"和"改变"看,西北地区晚古生代—中三叠世时期,主体可分为北、中、南3个大的构造区。

(1)北构造区相当于前人所称天山-兴蒙构造带西部,主体经历了3个大的构造演化过程:①早古生代晚期—中泥盆世汇聚形成的哈萨克斯坦(联合)板块有限裂解(D_3—C_1),后碰撞裂谷系形成;②残留洋盆统一关闭(C_1末;包括额尔齐斯残留洋、南天山残留海、达拉布特残留洋、卡拉麦里残留洋、巴音沟-红石山-小黄山红海式小洋盆);③全面进入板内演化阶段(P开始)。

(2)中构造区包括塔里木-柴达木陆块、祁连-华北陆块区,主体特征表现为:①塔里木-柴达木陆块克拉通化,统一盖层形成(D_3—C_1);②华北-祁连陆块克拉通化,统一盖层形成(C_2)。由此说明,中构造区在早古生代末—泥盆纪早期汇聚之后全面进入板内演化阶段(D_3开始)。

(3)南构造区大体相当于前人所称特提斯构造域北部,位于西昆北—东昆北—宗务隆—甘加—陇山—北秦岭(中部)以南。以汉中—宁陕—柞水一线为界,其东、西差异明显:①中西部(西秦岭及其以西)早期(D—P_2)以伸展为主,晚期(P_3—T_2)以汇聚为主,整体表现为伸展与汇聚并存,被动陆缘与弧盆系相间(早期)、造山带与前陆盆地相间(晚期)的构造格局;②东部东秦岭(D—T_2),上扬子(P—T_2)整体处于伸展状态,发育被动陆缘;③晚三叠世以后全面进入陆内演化阶段(T_3开始)。

第一节 沉积建造特征与时空分布

西北地区晚古生代—中三叠世地层发育齐全，沉积建造组合、沉积环境、沉积类型较复杂。海相沉积组合可归为6种：①以碳酸盐岩为主的组合；②泥质碎屑岩-碳酸盐岩组合；③以泥质碎屑岩为主的组合；④碳硅质岩-碳酸盐岩组合；⑤火山岩-正常沉积岩组合；⑥以火山岩为主组合。陆相沉积组合大致归纳为5种：①以碎屑岩为主组合；②含煤泥碎屑岩组合；③含油（或含盐）泥碎屑岩组合；④火山岩-沉积岩组合；⑤以火山岩为主的组合。海相沉积盆地有陆棚海、边缘海、深海和远海；陆相沉积盆地以内陆（开阔和局限）盆地和近海坳陷盆地为主。沉积类型包含活动、过渡和稳定，造山带地区以前两类为主。

根据晚古生代—中三叠世火山-沉积建造发育、地层与沉积构造古地理特征，结合前人岩石地层清理（顾其昌等，1996；孙崇仁等，1997；杨雨等，1997；张二朋等，1998；蔡土赐等，1999；马瑞华等，1998；高振家等，2000），将西北地区晚古生代—中三叠世划分为西伯利亚、斋桑-额尔齐斯、哈萨克斯坦-准噶尔-阿拉善、西南天山、塔里木-柴达木、华北-祁连、昆仑山-宗务隆-秦岭、康西瓦—苏巴什-阿尼玛卿-勉略、华南-羌塘9个地层大区，并进一步划分为18个地层区、40个地层分区和30个地层小区。斋桑-额尔齐斯结合带内出露查尔斯克-乔夏喀拉-布尔根蛇绿混杂岩，沉积建造仅有石炭系碎屑岩，本节不过多涉及。

一、西伯利亚地层大区

西伯利亚地层大区主要涉及阿尔泰地层区，由泥盆纪—石炭纪两个火山-沉积旋回组成。早期旋回由早—中泥盆世酸性火山岩、火山碎屑岩和陆源泥质碎屑岩组成（阿舍勒组和康布铁堡组-阿勒泰组），横向上火山岩与碎屑岩相变剧烈，顶部以碎屑岩为主。晚期旋回为上泥盆统—下石炭统，下部火山岩以中性为主，基性次之，火山角砾岩发育（齐也组，D_3）；上部火山岩以酸性为主（红山嘴组，C_1），间夹滨-浅海相泥质岩、碎屑岩和灰岩（库马苏组，D_3C_1），构成两个次级喷发旋回。晚石炭世由含植物化石的碎屑岩、灰岩组成，代表本区海相盆地已收缩。

二、哈萨克斯坦-准噶尔-阿拉善地层大区

1. 准噶尔周缘后碰撞伸展裂谷系地层区

准噶尔周缘后碰撞伸展裂谷系地层区大致以准噶尔新生代盆地为界分为东、西、北3个地区，东准噶尔南以卡拉麦里断裂与北天山区分界，主体由晚古生代以来的地层组成，自二叠纪始全面转为陆相地层。

（1）北准噶尔后碰撞裂谷地层分区：北准噶尔西部那林卡拉组（C_1）海陆交互相砂泥岩组合，吉木乃组（C_2）陆相凝灰质砂岩夹安山岩组合，恰其海组（C_2）海相岩屑砂岩-砂岩-泥岩组合，整体表现为海进向陆退积的沉积序列。向南由边缘相向中心相过渡，为塔尔巴哈台组（D_3C_1）-姜巴斯套组（C_1）夹多个砂砾岩水下扇沉积楔状体的泥质岩-硅质岩-泥灰岩-酸性火山岩组合。南部在塔尔巴哈台-谢米斯台地区以裂谷中心相为主，为洪古勒楞组（D_3C_1）-塔尔巴哈台组（D_3C_1）砂岩-灰岩-硅质岩-板岩-酸性火山岩组

合和黑山头组（C_1）凝灰岩-中基性火山岩-中酸性火山岩组合。

北准噶尔东部由晚泥盆世克安库都克组-卡西翁组（D_3）陆相砂岩-灰岩-凝灰岩、江孜尔库都克组（D_3C_1）海陆交互相砾岩-凝灰质砂岩-中酸性火山岩组合，黑山头组（C_1）海相或湖相砂岩-中酸性火山岩组合和姜巴斯套组（C_1）砾岩-砂岩-粉砂岩-碳质泥岩组合构成向上变新的退积沉积序列。

（2）西准噶尔后碰撞裂谷地层分区：主要为晚泥盆世河流相-海陆交互相砾岩-凝灰质砂岩-灰岩-砂岩组合、早石炭世海相砾岩-凝灰质砂岩-板岩组合、晚石炭世陆相凝灰质砂岩夹中酸性火山角砾岩-凝灰岩组合。东部边缘相位于包谷图地区，主要为一套海相火山-沉积岩组合，包括希贝库拉斯组（C_1）凝灰质砂岩夹中酸性火山岩组合、包古图组（C_{1-2}）安山岩-玄武岩-中酸性凝灰岩岩-凝灰质砂岩-泥岩组合、太勒古拉组（C_2）硅质岩-中基性火山-泥岩-凝灰质砂岩组合、喀拉阿拉特组（C_2）砂岩-安山岩-灰岩-泥岩组合、阿拉都克塞尔组（C_2）砂岩-泥岩-中基性火山岩组合。西准噶尔的晚石炭世至早—中二叠世，以偏碱性或双峰式火山活动为主，如英安斑岩、流纹斑岩、玄武岩、流纹角砾岩及凝灰岩、碎屑岩等，并有后碰撞期碱性花岗岩、碱性岩岩体侵入。晚二叠世则为红色磨拉石沉积，属陆内断陷盆地相（库吉尔台组湖盆三角洲相砂砾岩，尖山沟组和小泉沟群均为河流砂砾岩-粉砂岩）。二叠纪后碰撞伸展阶段形成了哈尔加乌组（P_1）-卡拉岗组（P_1）等陆相火山岩及碎屑沉积并含煤。最大的特征是碱性、偏碱性火山活动强烈，为陆内裂谷相的裂谷中心亚相，中二叠世后火山活动基本停息。晚二叠世以陆相粉砂岩、泥岩夹凝灰岩及煤层为主，已属陆内断陷盆地相沉积。

（3）东准噶尔后碰撞裂谷地层分区：卡拉麦里以北下部为喀希翁组（D_3）滨海-陆相碎屑岩组合、江孜尔库都克组（D_3C_1）砂砾岩-砂岩-凝灰岩-中酸性火山岩组合；中部为黑山头组（C_1）海相或湖相砂岩-中酸性火山岩组合、姜巴斯套组（C_1）砾岩-砂岩-粉砂岩-碳质泥岩组合、那林卡拉组（C_1）海陆交互相砾岩-砂岩-泥岩组合、塔木岗组（C_1）海陆交互相砾岩-砂岩-含碳泥岩组合；上部为弧形梁组（C_2）陆相砾岩-砂岩-泥岩组合。

卡拉麦里以南主要岩石组合：下部为黑山头组（C_1）中基性-中酸性火山岩夹泥质岩组合、巴塔玛依内山组（C_2）陆相中基性火山岩（顶部泥质岩）组合；上部为陆相-海相多期退积火山-沉积岩（C_2），其间多为不整合接触；晚石炭世的巴塔玛依内山组，为碎屑岩及陆相偏碱性的中酸性—酸性火山岩、橄榄玄武岩等，不整合覆于下伏地层之上，与二叠系下—中部的陆相双峰式火山岩、钠长斑岩、流纹岩、含砾熔结凝灰岩等组成了裂谷中心亚相。上二叠统则为陆相磨拉石建造，以杂砂岩、砾岩、泥岩为主，含菱铁矿、白云岩及油页岩；三叠纪为石英砾岩夹砂岩、泥岩，并含玛瑙砾岩。

2. 伊什基里克-阿吾拉勒-巴音沟-博格达-红石山后碰撞伸展裂谷系地层区

（1）伊什基里克-阿吾拉勒后碰撞裂谷（弧后盆地）地层分区：主要由海相地层组成，自下而上可划分为4套岩石组合：①大哈拉军山组（C_1）基性和中酸性火山岩组合；②阿克沙克组（C_{1-2}）火山碎屑岩-陆源碎屑岩组合；③伊什基里克组、东图津河组（C_2）火山岩与陆源碎屑岩-碳酸盐岩间杂相变；④科古琴山组（C_2）海陆交互相杂色陆源碎屑岩组合。各组合之间均为不整合关系，总体反映石炭纪本区沉积盆地由火山喷发-正常沉积的充填过程和由海侵到海退的沉积环境变化。

二叠纪由富产安加拉植物群化石的海陆交互相和陆相地层组成。早二叠世由巨厚海陆交互相火山岩组成（乌郎组），火山岩有流纹岩、安山岩、玄武岩，不整合于石炭系之上，形成博乐、伊宁两个盆地。中—晚二叠世由河湖相碎屑岩-基性火山岩-含煤碎屑岩组成（晓山萨依组-巴斯尔干组），不整合于下二叠统之上，形成伊宁山间盆地。

（2）依连哈比尔-巴音沟增生杂岩带地层分区：主体为沙大王组（C_1）浅海相类复理石沉积（细砂岩-

泥质岩-硅质岩)-酸性火山岩-基性火山岩。

（3）博格达裂谷地层分区：主要有七角井组（C_1）陆源碎屑岩、凝灰质碎屑岩、双峰式火山岩夹少量硅质岩、灰岩；上石炭统下部柳树沟组[含原晚石炭世居里得能组（C_2）、沙雷塞尔克组（C_2）、杨布拉克组（C_2）、妖魔梁组、二道沟组]基性-中性-酸性火山岩、陆源碎屑岩（偶含碳质）、凝灰质碎屑岩夹少量硅质岩、灰岩透镜体；晚石炭世上部祁家沟组（含原上石炭统奥尔吐组、沙玛尔沙依组）陆源碎屑岩和碳酸盐岩夹少量中性火山岩。晚二叠世的上芨芨槽子群及其上覆的下仓房沟群为陆棚-内陆湖泊相沉积的类磨拉石建造。

（4）红石山-小黄山增生杂岩带地层分区：由绿条山组（C_1）砂砾岩-砂岩夹砾岩-大理岩、白山组（C_1）双模式海相火山岩-凝灰岩-火山角砾岩夹薄层生物灰岩组合、扫子山组（C_2）等构成。二叠纪为板内裂谷建造，平行不整合覆于上述晚石炭世增生杂岩之上，为双堡堂组（P_{1-2}）砂板岩夹碱性玄武岩-生物灰岩组合和金塔组（P_2）碱性玄武岩夹灰岩-砂岩组合。

3. 中天山-东天山-北山-三危山-阿拉善地层区

该地层区主要包括小热泉子-雅满苏-黄山后碰撞裂谷带地层分区，早石炭世小热泉子组、雅满苏组、阿齐山组、干墩岩组和晚石炭世脐山组（陆相）、土古土布拉克组、梧桐窝子岩组，均由基性-中性-酸性火山岩、陆源碎屑岩、凝灰质碎屑岩组成。其中，早石炭世雅满苏组为陆源细碎屑岩、碳酸盐岩夹凝灰质碎屑岩、火山碎屑岩，及少量基性、中性、酸性熔岩；早石炭世干墩岩组为韧性变形的海沟复理石；晚石炭世底坎尔组为陆源碎屑岩、凝灰质碎屑岩和碳酸盐岩，可相变为以中性、酸性凝灰岩为主。二叠纪裂谷喷发中心为哈尔加乌组（P_1）玄武岩-霏细斑岩-石英角斑岩-凝灰岩-角砾岩等双峰式火山岩。

三、西南天山地层大区

西南天山地层大区包括西南天山的阿帕达尔康组（D_1a）、托格买提组（D_2t）和津巴苏组（D_3j）滨浅海相-台地相泥质碎屑岩、碳酸盐岩夹火山岩组合；萨阿尔明（D_2a）和破城子组（D_3p）/哈孜尔布拉克组（D_3h）浅海—半深海相碎屑岩夹酸性火山岩组合。石炭系区域角度不整合于泥盆系之上，甘草湖组（C_1g）、野云沟组（C_1y）为陆相-海陆过渡相粗碎屑岩向上过渡为细碎屑岩夹灰岩；琼铁热克苏组（C_2qt）、阿依里河组（C_2ay）、喀拉治尔加组（C_2kl）为陆表海相碳酸盐岩夹碎屑岩组合。中—上二叠统角度不整合于下二叠统之上，由海陆过渡相中酸性火山岩、凝灰岩、凝灰质碎屑岩（小提坎立克组，P_2x）组成，库尔干组（P_2ke）、比尤勒包谷孜组（P_3by）为杂色陆相碎屑岩夹碳质页岩组合序列。俄霍布拉克群（T_{1-2}）为紫红色或杂色砾岩、砂岩、泥岩不等厚互层组合。

四、塔里木-柴达木地层大区

1. 塔里木-敦煌地层区

泥盆纪—早二叠世为海相地层，中二叠世始由海陆交互相地层转为陆相地层。泥盆系由泥质碎屑岩、碳酸盐岩夹火山岩组成，西段形成于滨浅海-台地环境（阿帕达尔康组-津丹苏组，D_{1-3}），中—东段形成于浅海—中深海环境（萨阿尔明组-哈孜尔布拉克组，D_{2-3}），总体为海退沉积序列。石炭系普遍不整合于泥盆系之上，早石炭世为甘草湖组-野云沟组（C_1）稳定类型滨-浅海碎屑岩-碳酸盐岩组合；晚石炭世—早二叠世地层的组成与早石炭世相似,但碳酸盐岩较为发育,局部出现潟湖相和台地相沉积,西南天山南缘由喀拉治尔加组(C_2P_1)次深水盆地相细碎屑岩组成;中—晚二叠世地层不整合于早二叠世地层之上,由小提坎立克组(P_2)海陆交互相中酸性火山岩、凝灰岩、凝灰质碎屑岩和库尔干组(P_2)-比尤勒包谷孜组(P_3)杂色陆相碎屑岩夹碳质页岩序列组成,分布于塔里木陆块北缘黑英山一带。

2. 柴达木地层区

该地层区以石炭系—二叠系分布较广,泥盆纪地层发育不全,分布零星。泥盆系由牦牛山组(D_3)陆相杂色砾岩、砂岩及基性、中基性火山岩组成,不整合于下伏不同层位之上。在大柴旦一带鱼卡组(D)与牦牛山组近似,但缺失砾岩,夹有大理岩,以海相为主,虽含有珊瑚化石,但其时代尚有争议。以上特点说明,泥盆纪地层具造山期山脉隆升-上叠伸展盆地初期序列组合特征。

根据沉积建造组合,石炭系—二叠系可以划分为南、北两部分,两者之间地层序列组合存在一定的差异性。柴达木地块北部牦牛山南坡一带,为阿木尼克山组(D_3C_1)海陆交互相砂泥岩夹砾岩组合、城墙沟组(C_1)开阔台地相碳酸盐岩组合、怀头他拉组(C_1)砂岩-灰岩组合、克鲁克组(C_2)局限台地相砂岩-泥岩夹灰岩组合;柴达木地块南部断续分布于鄂拉山—格尔木南山—祁漫塔格北坡一带,为阿木尼克组(D_3C_1)砾岩-砂岩、城墙沟组(C_1)生物灰岩-内碎屑灰岩、怀头他拉组(C_1)砂岩-页岩、克鲁克组(C_2)含煤砂页岩夹灰岩和石炭纪—二叠纪石拐子组-大干沟组(C_1)、缔敖苏组(C_2)、打柴沟组(C_2—P_1)被动陆缘陆源碎屑岩-(镁质)碳酸盐岩夹硅质岩岩石组合组成,整体反映了构造稳定的陆表海-被动陆缘构造环境。

五、华北-祁连地层大区

1. 祁连准克拉通化-被动陆缘地层区

(1)祁连北部海陆交互相陆表海-陆相盆地地层分区:泥盆系下部称老君山组或石峡沟组,不整合于志留系之上,上部称沙流水组或中宁组,上、下部之间有沉积间断。主要由杂色砾岩、砂岩、泥岩夹薄层火山岩组成,上部夹不稳定灰岩,含中—晚泥盆世植物及鱼化石,以山麓河湖相沉积为主,晚期在中宁、中卫一带为海陆交互相-海相沉积,一般认为代表祁连加里东造山后山间磨拉石沉积。石炭系北部北祁连和走廊地区由前黑山组-臭牛沟组(C_1)陆源碎屑岩夹碳酸盐岩—羊虎沟组(C_2P_1)含煤碎屑岩序列组成,早期碎屑岩含石膏,形成于滨海潟湖-滨浅海环境,晚期形成于海陆过渡带,向东与鄂尔多斯西缘土坡组-太原组沉积过渡。早—中二叠世之后该区全面进入河湖相内陆盆地发育阶段。自下而上为大黄沟组(P_{1-2})凹陷盆地湖泊三角洲相灰绿—灰白色砂页岩-泥岩夹含砾粗砂岩组合;红泉组(P_{1-2})滨湖-河流相红色砂岩-砂砾岩-含砾粗砂岩夹少量泥岩组合;大泉组(P_2)滨湖-河流相灰绿—紫红色砂岩-少量砾岩-页岩组合;五佛寺组(T_1)凹陷盆地陡坡带河流相紫红色中粗粒石英砂岩-砾岩夹细砂岩、粉砂岩组合,东部夹少量酸性火山岩;丁家窑组(T_2)凹陷盆地陡坡带河流相紫红—灰绿色杂砂岩-含砾石英粗砂岩-砾岩夹细—粉砂岩组合。

(2)祁连中南部被动陆缘-海陆交互相陆表海地层分区:底部老君山组与上述祁连北部一致,其上为阿木尼克组(D_3—C_1)海陆交互相砾岩-砂岩-灰岩组合;党河南山组(C_1)与祁连北部臭牛沟组完全可以对比,为海相泥灰岩、白云岩及灰岩,含石膏、生物屑亮晶灰岩组合。二叠纪—早三叠世期间,中、南祁连地区以海相沉积为主,早—中二叠世勒门沟组为滨浅海砂泥岩夹砾岩组合,草地沟组开始出现较厚的碳酸盐岩沉积,向西到石底泉、哈拉湖一带,碳酸盐岩之上的碎屑岩常常缺失。晚二叠世海水变浅,哈吉尔组为滨浅海相陆源碎屑岩夹碳酸盐岩组合,忠什公组则变成滨海相临滨砂泥岩组合。郡子河群(T_{1-2})由杂色泥质碎屑岩夹灰岩组成,构成两个大的海侵-海退沉积旋回,含丰富海相生物化石。

2. 鄂尔多斯-贺兰山中段叠合盆地地层区

鄂尔多斯-贺兰山中段晚古生代—中三叠世叠合盆地地层区是华北地层大区西部的组成部分,纵向上由下部的晚石炭世—早二叠世海陆交互相陆表海含煤碎屑岩夹灰岩组合和中上部中二叠世—三叠纪陆相凹陷盆地红色碎屑岩组合构成。

晚古生代晚石炭世—二叠纪至中生代三叠纪连续沉积,下部为本溪组(土坡组)、太原组海陆交互相陆表海含煤碎屑岩-灰岩组合,中上部为山西组、石盒子组、孙家沟组、刘家沟组、和尚沟组、二马营组、大风沟组、上田组以河湖相为主的陆相碎屑岩沉积。

六、昆仑山-宗务隆-秦岭地层大区

1. 西昆仑地层区

早石炭世由他龙群和乌鲁阿特组组成,前者为(碳质、泥质)陆源碎屑岩夹少量碳酸盐岩、中酸性火山碎屑岩,后者为基性-酸性双峰式火山岩夹少量生物灰岩、砾岩;晚石炭世库尔良群(含原上石炭统特给乃奇克达坂组)为陆源碎屑岩夹碳酸盐岩,有时夹基性-酸性双峰式火山岩。二叠纪包括早—中二叠世赛里亚克群杂色基性-中性-酸性火山岩夹少量陆源碎屑岩、灰岩、硅质岩,局部为杂色陆源碎屑岩、碳酸盐岩夹基性火山岩;上二叠统下部为达里约尔组杂色陆源细碎屑岩夹少量不纯灰岩,上部为克斯麻克组灰岩夹少量陆源细碎屑岩。

2. 东昆仑地层区

早—中泥盆世阿其克库勒组为粉晶、细晶(镁质)碳酸盐岩,偶夹陆源细碎屑岩。中泥盆世布拉克巴什组为陆源碎屑岩、碳酸盐岩、硅质岩夹基性-中性-酸性火山岩,莫勒切河组为浅变质陆源碎屑岩、玄武岩、细碧岩、火山碎屑岩夹少量硅质岩。晚泥盆世刀峰山组为硅质岩、灰岩夹陆源碎屑岩;下部黑山沟组为陆源碎屑岩夹灰岩,哈尔扎组为中酸性、酸性火山岩夹陆源碎屑岩。晚石炭世托库孜达坂群为陆源碎屑岩、中基性火山岩夹碳酸盐岩;早石炭世哈拉米兰河群为碳酸盐岩、陆源碎屑岩偶夹基性火山岩。二叠系包括叶桑岗组(P_{1-2})海相杂色陆源碎屑岩和碳酸盐岩;碧云山组(P_1)海相陆源碎屑岩(含碳质)和(镁质)碳酸盐岩,偶夹少量安山岩;喀尔瓦组(P_2)海相陆源碎屑岩(含碳质)和杂色灰岩、白云岩,偶夹少量火山灰凝灰岩、玄武岩或蛇纹岩。

3. 宗务隆-兴海-甘加地层区

该地层区下部裂谷边缘相为牦牛山组(D_3)陆相砾岩-砂岩-偏碱性的中基性-中酸性火山岩组合,裂谷中心相位于宗务隆—茶卡一线,主要由茶卡组(D)海相砂泥岩-硅质岩-泥灰岩和中基性火山岩组合构成。中上部由宗务隆群($C—P_2$,或果可山组)产蜓、珊瑚化石的碳酸盐岩夹中基性火山岩组合(可能属陆缘裂谷中央带),土尔根达坂组($C—P_2$)夹多个水下扇砂砾岩、长石石英砂岩、岩屑石英砂岩、板岩、千枚岩、灰岩,夹裂谷玄武岩-玄武安山岩组合构成。北缘的甘家组($C—P_2$)与果可山组、土尔根达坂组均呈不整合接触。

4. 陇山-北中秦岭地层区

东秦岭刘岭群(含牛耳川组-池沟组-青石垭组-桐峪寺组,D)低绿片岩相砂岩-粉砂岩-泥质岩建造组合,自东向西形成于陆棚浅海—陆坡次深海—深海环境,晚期为潮间-三角洲环境(杨志华等,1991),西秦岭以舒家坝群(D_2)为代表,由巨厚陆源碎屑砂泥质浊积岩组成;其南侧西汉水群(D_{1-2})在吴家山陆岛周边夹较多灰岩,北侧大草滩群(D_3C_1)由海陆交互相杂色砂岩、砾岩、板岩组成,向上夹海相灰岩,自南向北形成于陆棚浅海(台地)—次深海环境,晚期为浅滩-河流环境。红岩寺组(C_1)为海陆交互相潮坪含煤泥页岩-千枚岩夹碳酸盐岩建造组合,二峪河组(C_1)为陆相砂岩-泥页岩夹含煤泥岩建造组合,桐峪寺组浅海相沉积组合不整合于丹凤群之上(周正国等,1992;冯益民等,2002)。中秦岭泥盆纪地层总体属扬子板块北侧俯冲型前陆盆地沉积。

5. 南秦岭地层区

(1)舒家坝地层分区:下部泥盆系南部为西汉水群[含安家岔组(D_{1-2}),黄家沟组(D_2),红岭山组(D_{2-3}),双狼沟组(D_3)]细碎屑岩-灰岩连续沉积,主要镶边碳酸盐岩台地发育于安家岔组(D_{1-2})上部和红岭山组(D_{2-3}),其余各组多为砂岩-板岩-千枚岩组合;北部舒家坝群(D_2)细碎屑岩-灰岩组合被大草滩群(D_3C_1)陆相-海陆交互相前陆盆地超覆,反映了大草滩群前陆盆地是在早期被动陆缘基础上形成的。上部石炭系—二叠系在下部巴都组(C_1)发育砾屑灰岩楔状体,反映了碳酸盐岩台缘斜坡相特点;上部大关山组(C_2P_1)由碳酸盐岩台地缓坡相灰岩-泥岩组合构成镶边碳酸盐岩组合;其余均为滨岸带-陆棚浅海相碎屑岩组合。

(2)西倾山地层分区:下部泥盆系普通沟组(D_1)泥岩夹灰岩、尕拉组(D_{1-2})白云岩、当多组(D_{2-3})砂岩夹灰岩、下吾拉组灰岩夹砂岩组成陆棚浅海陆缘碎屑岩-台地碳酸盐岩沉积组合,与舒家坝盆地可以对比,反映了泥盆纪统一的被动陆缘构造环境,且其中沉积环境差异不大。上部石炭系—二叠系,北部为益哇沟组(D_3C_1)、铁山组(D_3C_1)、岷河组(C)、大关山组(C_2P_1)、迭山组(P_2T_1),南部为尕海组(CP),均以台地相灰岩为主夹少量泥质岩的组合。

七、康西瓦-苏巴什-阿尼玛卿-勉略地层大区

晚古生代—中三叠世时期,该拼接带是北部昆仑-秦岭多个弧盆系(活动大陆边缘)与南部华南-羌塘板块之间的缝合带。构造混杂岩带中残留的高川残留地体上出露铁矿梁组(D_3)、蟠龙山组(D_3)、茶叶坡组(C)、展坡组(C)、大铺组(C_2)、马平组(C_2)、郭家垭组(P)、大冶-雷口坡组(T)。

八、华南-羌塘地层大区

1. 甜水海地层区

该地层区自下向上有落石沟组(D_2)台地-台缘斜坡相微晶灰岩-生物屑灰岩-角砾状灰岩组合、天神达坂组(D_3)陆表海长石石英砂岩-含铜石英砂岩夹砾岩组合、帕斯群(C_1)台地-台缘斜坡白云岩-生物碎屑灰岩-长石石英砂岩-玄武质火山角砾岩及粉砂岩组合、恰提尔群(C_2P_1)砂岩-灰岩组合整合覆于下石炭统之上,并与下志留统(温泉沟群)不整合接触,具陆内裂谷相的裂谷边缘亚相特征,神仙湾群(P_{1-2})被

动陆缘斜坡砂板岩-硅质岩-粉砂质板岩组合,可见斜坡滑塌堆积的角砾状灰岩、灰质角砾岩,此外,还有红山湖组（P_2）台地相生物碎屑灰岩-白云岩组合、温泉山组（P_3）陆表海盆地相的碳酸盐岩陆表海亚相、河尾滩群（T_2）硅质岩-硅泥质板岩组合。

2. 巴颜喀拉地层区

该地层区主体由下部黄羊岭群（P）-巴颜喀拉山群下部（T_1）被动陆缘陆棚碎屑岩-碳酸盐岩组合和上部巴颜喀拉山群中—上部（T_{2-3}）叠覆周缘前陆凹陷盆地浊积岩-硅质板岩-陆棚滨岸砂岩组合组成。

3. 摩天岭地层区

东段略阳一带由踏坡组（D_{1-2}）复成分砾岩、碳酸盐岩、砾岩和略阳组（D_2C_1）石英砂岩、灰岩组成；中北部文县—金家河一带由三河口群（D_{1-2}）粉砂质千枚岩、石英绢云片岩、石英片岩、灰岩不等厚互层和岷河组（C）石英砂岩、碳质板岩、灰岩组成；西部甘川边界由石坊组（D_1）-当多组、冷堡子组（D_{1-2}）碳质板岩-含赤铁矿砂岩-灰岩序列组成或总长沟组（C_{1-2}）-黄龙组（C_2）白云岩-灰岩序列组成,这些地层单位多数呈不同尺度构造岩片（块）产出。

4. 昌都-北羌塘地层区

泥盆系自下向上为桑知阿考组（D_2）滨海相底砾岩-钙碱性安山岩组合、泅钦组（D_2）砾岩-石英砂岩-粉砂岩、雅西尔组（D_2）滨海砂岩-粉砂岩-次深海碳质板岩及凝灰岩-硅质岩组合、拉竹龙组（D_{2-3}）开阔台地灰岩组合。石炭纪—二叠纪主要为杂多群（C_1）海陆交互相陆表海含砾岩夹灰岩组合-海相灰岩-砂岩组合、加麦井群下亚组（C_2）裂谷中酸性火山岩-火山角砾岩-碳质灰岩-板岩-千枚岩组合、加麦井群（C_2）被动陆缘-陆表海台地相灰岩夹砂岩组合、开心岭群下部-扎日根组（C_2P_2）被动陆缘灰岩-夹砂岩-硅质岩-灰岩组合、开心岭群上部诺日巴尕日宝组（P_2）含砾砂岩-灰岩夹基性-中酸性火山熔岩-凝灰质板岩组合。

5. 上扬子地层区

上扬子地层区主要为米仓山-大巴山被动陆源陆表海陆源碎屑岩-碳酸盐岩组合（$P—T_2$）,底部二叠纪梁山组泥页岩与下伏早志留世罗惹坪组泥岩为平行不整合接触,其间缺失了志留系中上部至石炭系,反映了志留纪中期以后至石炭纪上扬子区域性隆升。

第二节 火山岩石构造组合及时空分布

一、火山岩时空分布

从现今地理位置看,泥盆纪火山活动在西北地区范围较广。早泥盆世火山活动从北天山到东准噶尔连成一片,并北延到阿尔泰山南坡；中泥盆世火山活动遍及天山北坡及阿尔泰山南坡整个地区；晚泥盆世火山活动范围收缩到准噶尔地块的东、西两边及阿尔泰山南部,天山南坡火山岩也有小范围分布。北山地区晚古生代火山作用开始于早—中泥盆世,结束于晚二叠世,石炭纪—二叠纪火山岩最发育。秦祁昆及西藏—三江地区晚古生代火山岩分布集中于部分构造岩浆岩带中,其中在柴达木周缘形成晚泥盆世陆相火山岩带。

石炭纪火山活动规模大体类似泥盆纪。早石炭世各地仍以海相火山活动为主，仅在准噶尔地块东、西两侧有几处小范围的陆相火山活动；晚石炭世仅在觉罗塔格山区保留有海相火山岩，陆相火山活动已散布伊犁盆地及东西准噶尔各地。在塔里木陆块与北昆仑构造带交接部位发育石炭纪昆盖山-阿羌裂谷火山岩建造组合；在南昆仑构造带及其以南的甜水海地块石炭纪火山岩断续分布。

二叠纪时许多地段均有小范围的陆相火山活动。在准噶尔地块的北缘，例如布尔津、吉木乃、札河坝等地；在西准噶尔，有萨吾尔山北坡、谢米斯台山脉南侧和克拉玛依等地；在东准噶尔卡拉麦里山区和三塘湖等地；在天山西段伊犁盆地（包括博洛科努山脉、阿吾拉勒山脉、乌孙山、那拉提山脉）发育有较大规模陆相火山岩。在天山东段吐哈盆地边缘有滨海相火山岩，博格达地区发育有规模较大的石炭纪—二叠纪陆相火山岩。准噶尔盆地西半部经钻探也发现有隐伏的火山岩，例如百口泉 424 井 3240m 深处的碧玄岩，Ar-Ar 全熔年龄为 244Ma。在北山地区广泛发育二叠纪陆相火山岩。在秦祁昆构造带南部至特提斯构造域北部二叠纪海相火山岩则集中分布于宗务隆-鄂拉山、岔路口-布青山-阿尼玛卿及西金乌兰-玉树、杂多-唐古拉等构造带。

二、火山岩岩石构造组合

1. 裂谷火山岩组合

（1）阿勒泰-北准噶尔地区：早石炭世红山嘴组中火山岩属于过铝高钾钙碱性系列、壳幔混源型火山岩组合，应为碰撞后伸展形成初始裂谷的火山活动产物。

北准噶尔石炭纪火山岩以拉斑玄武岩系列为主，晚石炭世多数区域大洋闭合，局部出现陆相火山岩建造。二叠纪均为陆相火山岩，出露范围有限，早二叠世火山岩属高钾钙碱性系列，其构造环境相当于大陆边缘造山环境；中二叠见有中酸性火山成分。火山岩浆从早二叠世幔源向中二叠世壳幔混源转化，最后演变为晚二叠世壳源。

（2）西准噶尔地区：晚泥盆世火山岩较发育，具有双峰式火山岩的一般特征，其构造环境应属于后碰撞裂谷环境。晚泥盆世末—早石炭世晚期该区域处于岛弧环境，发育有海相钙碱性系列、裂隙式喷发壳幔混源中基性火山岩（安山玢岩、玄武玢岩、角砾熔岩）；在谢米斯台山西部的晚泥盆世—早石炭世江孜尔库都克组、早石炭世黑山头组和姜巴斯套组属钙碱性系列；具有后碰撞伸展构造环境特征。晚石炭世演化为陆相，分布于谢米斯台山及其西部一带的晚石炭世巴塔玛依内山组。早二叠世出现陆相拉斑玄武岩系列的巨厚安山玢岩、拉斑玄武岩、玄武玢岩、角砾熔岩、火山角砾岩、熔结凝灰岩建造。中二叠世火山岩分布有限，组合较为复杂，以陆相酸性火山岩为主，局部区域出现酸性潜火山岩（流纹斑岩、石英斑岩），火山岩堆积厚度较大；在巴尔鲁克山东段、额敏县东加拉克一带见有中二叠世卡拉岗组酸性火山岩，主要为造山环境火山作用的产物。

（3）玛依勒山地区：早石炭世以陆缘细碎屑岩夹生物灰岩建造层为主，含少量的凝灰岩，早石炭世晚期以陆相沉积为主，夹少量中基性火山熔岩；晚石炭世火山活动加强，至早—中二叠世火山活动达到高峰时期；晚二叠世火山作用减弱以致停息，仅在局部区域见有透镜状安山玢岩。总体以大陆边缘裂谷及裂谷中心相为主。

（4）东准噶尔地区：晚泥盆世火山岩主要见于纸房北部的铁列克提组；晚泥盆世—早石炭世的火山岩为江孜尔库都克组中酸性火山岩、凝灰岩组合；早石炭世火山岩较为发育，火山岩石构造组合与晚泥盆世—早石炭世相似，并表现为西部弱、东部强；晚石炭世在各个区域广泛发育的巴塔玛依内山组陆相偏碱性的中酸性—酸性火山岩、橄榄玄武岩组合，为陆相中心式喷发。早、中二叠世壳源、中心式喷发的中酸性拉斑系列、钙碱性系列火山熔岩潜火山岩分布广泛，为陆相双峰式火山岩、钠长斑岩、流纹岩、含砾熔结凝灰岩组合；三塘湖以东发育早二叠世哈尔加乌组，三塘湖以西发育中二叠世卡拉岗组。晚二叠世仅在局部出现小范围的中基性火山熔岩、火山细碎屑岩。

(5)西天山-红石山地区：伊犁一带晚古生代，特别是石炭纪火山作用剧烈，火山岩分布广泛，如中—晚泥盆世阿克塔什组、早石炭世大哈拉军山组、晚石炭世伊什基里克组、早二叠世乌郎组、中二叠世哈米斯特组，其沉积环境有海相、陆相和海陆交互相。阿克塔什组具有双峰式火山岩组合特征；大哈拉军山组为伊犁裂谷盆地火山岩带分布最广、最为重要的地层。

则克台西一带，侵入岩主要有霏细斑岩-安山质凝灰岩-中酸性熔岩-石英斑岩-中酸性熔结凝灰岩夹正常碎屑岩、灰岩及硅质岩等；火山岩有橄榄拉斑玄武岩，偏碱性橄榄玄武岩、英安岩、流纹岩，以玄武岩(β)-流纹岩(λ)双峰式火山岩岩石组合发育为主要特征。伊什基里克组火山岩岩石化学特征：基性岩类为大西洋型，中酸性岩类为太平洋型（钙碱性）；基性岩属橄榄拉斑玄武岩，多数接近裂谷碱性玄武岩，岩石组合以双峰式火山岩为主，火山岩多偏碱性；其成因信息显示岩浆来源多为富集地幔的熔融，加以分离结晶、同化大陆壳而成，大地构造环境基本为裂谷型。早二叠世乌郎组西段分布于乌孙山北坡一带、中段主要分布于阿吾拉勒山地区的巩乃斯种羊场，北至铁木里克塔乌主脊一带，东段小面积出露于巩乃斯河以南的哈拉布拉—塔勒德的山前一带；火山岩相有爆发相、喷溢相、喷发-沉积相，火山岩岩石组合为玄武岩-安山岩-流纹岩和玄武岩-流纹岩的双峰式火山岩组合。哈米斯特组仅见于阿吾拉勒山西南坡的克孜勒巴斯陶一带小范围内，火山岩为拉斑玄武岩、流纹斑岩、黑曜岩，底部为凝灰角砾岩夹凝灰岩。

博乐一带，早石炭世大哈拉军山组为一套巨厚(5160~9984m)的流纹岩-玄武岩-安山岩-流纹质角砾熔岩-安山质熔岩-凝灰岩建造，岩性较为复杂，属裂谷环境海相钙碱性系列，晚石炭世火山岩仅在局部的伊什基里克组和科古琴组中分别见有石英斑岩-石英霏细斑岩-熔结凝灰岩-岩屑晶屑凝灰岩-火山角砾岩组合和火山角砾岩-角砾熔岩夹玄武安山岩组合，属海陆交互相火山岩；早二叠世小范围内出现乌郎组陆相双峰式火山岩，主要为角砾熔结凝灰岩-辉石安山岩-杏仁状玻基安山岩-英安斑岩-流纹质熔结凝灰岩建造。

(6)博洛科努地区：晚古生代火山岩较为发育。早石炭世以大哈拉军山组中酸性火山熔岩及火山碎屑岩建造为代表：东部卡拉布鲁克和尼勒克县林场北一带熔岩为流纹岩、霏细斑岩、霏细岩、流纹质火山角砾岩等，其间夹钙质凝灰砂岩、灰岩层；向西到科古尔琴、科克乔克一带，以普遍发育强弱不等的假流状构造的流纹质熔结凝灰岩和流纹质熔结火山角砾岩组成，夹少量中酸性熔岩，未见正常沉积岩夹层，无层理，厚度巨大。

在巴音沟-古尔图，早石炭世至晚石炭世早期出现了较厚的海相中基性火山熔岩，主要有沙大王组(C_1)杏仁状玄武岩-枕状玄武岩-安山玢岩-火山灰凝灰岩、奇尔古斯套组(C_2)英安岩-英安质玻屑凝灰岩-火山灰凝灰岩-含黄铁矿凝灰岩，均为裂隙式火山喷发；晚石炭世晚期火山作用减弱，仅有为数不多的火山灰凝灰岩夹于深海硅质岩中；中二叠世该区陆相火山岩发育，在芦草沟西南出露巨厚的中二叠世卡拉岗组裂隙式喷发、钙碱性系列的双峰式火山岩组合，主要为仁状安山玢岩、流纹斑岩、霏细斑岩、安山质凝灰角砾岩、凝灰岩夹凝灰砾岩组合。

(7)博格达地区：火山岩均发育在石炭纪—二叠纪。早石炭世七角井一带普遍分布有巨厚的海相玄武岩-玄武玢岩-陆缘细碎屑岩-火山细碎屑岩-灰岩建造，晚石炭世沿博格达山一带形成巨厚的中基性火山熔岩、火山碎屑岩（玄武岩、火山集块岩、火山角砾岩、凝灰岩）等，局部沿走向夹陆源细碎屑岩、生物屑灰岩等；早—中二叠世仅局部发育有限的双峰式陆相火山岩，赋存于早二叠世哈尔加乌组和中二叠世卡拉岗组。

哈尔力克-大南湖分布有早石炭世七角井组凝灰岩-凝灰砂岩-英安斑岩组合、晚石炭世柳树沟组凝灰质角砾岩-辉绿玢岩组合和中二叠世卡拉岗组中基性晶屑岩屑凝灰岩-角砾凝灰岩-集块岩-英安岩-粗玄岩-安山岩-玄武岩-橄榄玄武岩-玄武安山岩组合。

(8) 中天山-东天山-北山：小热泉子一带火山活动主要在早石炭世、晚石炭世早期和早二叠世早期3个阶段。早石炭世为小热泉子组凝灰岩-霏细斑岩-安山玢岩-火山角砾岩组合；晚石炭世早期为底坎尔组下段凝灰粗砂岩-凝灰砾岩-火山灰凝灰岩-晶屑凝灰岩夹霏细岩组合；在东部的恰特尕力塔格一带出露的早二叠世哈尔加乌组为幔源碱性-拉斑玄武岩系列安山岩-英安岩-玄武岩-火山集块岩-集块熔岩组合。野外火山岩分布区由中心向边部依次为爆发相集块岩-集块熔岩-火山角砾岩，喷溢相中基性火山熔岩，喷发-沉积相凝灰砂岩相带。

康古尔一带火山活动集中于石炭纪(海相)和早、中二叠世(陆相)。有早石炭世干墩组凝灰岩-玄武岩组合、梧桐窝子组凝灰岩-角斑岩-玄武安山岩-粗玄岩组合、晚石炭世脐山组凝灰岩-安山岩-玄武岩组合、早二叠世哈尔加乌组橄榄玄武岩-角闪安山岩-流纹质凝灰岩组合和中二叠世阿其克布拉克组玄武岩-橄榄玄武岩组合。哈尔加乌组火山岩属幔源碱性系列且具双峰式火山岩特点。

雅满苏一带火山活动集中于石炭纪和早二叠世，火山岩以石炭纪最为发育。有阿齐山组(C_1)辉绿玢岩-安山质熔岩-酸性火山熔岩(霏细岩、石英角斑岩、角斑岩、钠长斑岩)-火山角砾岩-凝灰岩-碧玉岩组合、雅满苏组霏细岩-安山岩-玄武岩-火山角砾岩-凝灰岩组合、土古土布拉克组(C_2)安山岩-玄武岩-玄武玢岩-流纹岩-霏细斑岩-石英角斑岩-凝灰岩-集块岩组合；早二叠世仅在局部范围有火山活动，形成了哈尔加乌组玄武岩-霏细岩组合。

中天山早石炭世大哈拉军山组火山岩在该亚带内仅见于西部的库克铁勒布拉克、巩乃斯沟牧场南侧两处，且分布面积较小，有角砾熔岩、集块岩、流纹岩、粗面岩、凝灰岩、角砾凝灰岩和石英正长斑岩。

北山地区晚泥盆世墩墩山群中上部为英安质火山岩，下部为玄武质-安山质火山岩岩石组合(中上部为英安质火山角砾岩、角砾凝灰岩、角砾熔岩、凝灰熔岩及熔结角砾凝灰岩夹少量流纹岩；下部为玄武岩、安山岩、玄武安山岩及安山质角砾凝灰岩夹凝灰质砂岩)。

早石炭世红柳园组为基性—中基性火山熔岩。红柳园组火山岩可分南、北两个带：南带中性—基性火山岩岩性为流纹-安山质熔结凝灰岩；北带中酸性凝灰岩向东延伸至白地洼一带，主要为喷溢形成的英安斑岩，再向东到笔架山一带多含凝灰质长石杂砂岩。晚石炭世石板山组火山岩呈透镜状、似层状，多呈夹层产于下部第一岩性段，主要为阳起石化玄武岩、球粒玄武岩、蚀变安山岩、酸性—中酸性火山尘凝灰岩、中基性凝灰岩、安山质凝灰岩、含放射虫流纹质火山尘凝灰岩等。晚石炭世干泉组火山岩类型复杂，主要有玄武岩类、玄武安山岩类、安山岩类和流纹岩类等，包括火山熔岩和火山碎屑岩；下部为凝灰质千枚岩、凝灰质杂砂岩夹凝灰岩、安山岩，中部为玄武岩、安山岩、安山质火山角砾熔岩夹英安岩、流纹岩，顶底为灰岩、大理岩，上部以砂砾岩、砂岩、灰岩为主夹凝灰岩、火山角砾凝灰岩、安山岩。另外在晚石炭世胜利泉组内的硅质岩、硅质粉砂岩、碳质页岩中夹有少量的蚀变含放射虫凝灰岩、蚀变中酸性火山尘凝灰岩、晶屑凝灰岩组合，未见喷溢相的熔岩。

早二叠世红柳河组下部，火山岩主要为中基性—中酸性岩石组合，主要有拉斑玄武岩、粗玄岩、玄武安山岩、安山岩、英安岩、火山角砾流纹岩、角砾凝灰岩、火山尘凝灰岩及火山角砾岩等；上部以正常碎屑岩为主夹灰岩和少量凝灰岩。早二叠世双堡塘组为英安质-安山质岩(安山质凝灰岩、英安质凝灰岩、安山岩和流纹英安质凝灰岩夹安山质火山角砾岩等)。中二叠世金塔组为低钾拉斑玄武岩组合(上部为块状、枕状玄武岩夹少量安山玄武质凝灰岩、玄武质凝灰岩、球粒玄武岩；下部为玄武岩与千枚岩组成的韵律层，局部见粗玄岩）。晚二叠世方山口组为英安质-流纹质夹安山-玄武质（英安质凝灰角砾熔岩、英安岩及同质凝灰岩、角砾岩、流纹岩及同质凝灰岩、流纹英安质熔岩和同质凝灰岩，夹英安质沉凝灰岩、角砾岩、安山岩、玄武岩等）。

(9)西南天山地区：东阿莱-哈尔克山火山岩主要包括汗腾格里峰北坡、那拉提山南坡、霍拉山西部出露的早石炭世甘草湖组下段和早二叠世乌郎组。干草湖组下段为玄武玢岩、石英钠长斑岩、石英斑岩、凝灰岩组合；乌郎组为安山玢岩、霏细斑岩、花岗斑岩、熔结凝灰岩。

艾尔宾山早泥盆世阿尔皮什麦布拉克组中仅局部发育有少量的凝灰岩、火山角砾岩、安山岩、玄武岩等夹层，分布极不稳定；中泥盆统阿拉塔格组由杂色晶屑玻屑凝灰岩、安山质火山角砾岩、玄武岩和安山岩建造组成；上泥盆统褐岭组主要由安山岩、玄武岩、闪长玢岩、石英斑岩、熔结凝灰岩、凝灰砂岩、凝灰熔岩、集块凝灰熔岩、凝灰砾岩建造和灰岩、砂岩、砾岩建造组成。哈孜尔布拉克南一带以中基性火山熔岩为主，中心式喷发的火山机构保留较完整，铜矿山、张郭庄、辛格尔塔格北等地的火山岩以中酸性火山碎屑岩夹熔岩为主。早石炭世甘草湖组中的火山岩较褐岭组明显减少，仅局部见有少量凝灰岩、玄武玢岩夹于生物碎屑灰岩、硅化大理岩、硅质岩、陆源细碎屑岩中。

(10)昆盖山地区：石炭纪火山岩主要分布于北部的卡斯卡尔提山、苏古鲁克一带的早石炭世乌鲁阿特组中，主要有灰绿色、紫红色枕状球粒玄武岩，灰绿色、浅灰白色英安岩、安山岩等。二叠纪火山活动较为强烈，主要分布于昆盖山北坡，在库台依买克、托喀依一带有少量分布。早—中二叠世（赛利亚克群）几乎全由火山岩组成（厚1 181.7m），仅顶部发育少量沉积岩夹层，为一套以玄武安山岩-潜火山岩为主的玄武岩-玄武安山岩-石英安山岩组合。该火山岩从下至上由中性向基性变化，喷发强度由强至弱，构成一个完整的火山喷发旋回。下部成分较偏酸性，组成为石英安山岩→安山质凝灰熔岩，中部组成为玄武安山岩→玄武安山质凝灰熔岩，上部包括熔岩（玄武岩、玄武安山岩、杏仁状石英安山岩）、碎屑熔岩（包括玄武安山质集块熔岩、安山质角砾熔岩、安山质凝灰熔岩）、潜火山岩（均呈岩墙状产出，可划分为辉绿岩、石英闪长玢岩两类）。

在昆盖山北坡的中二叠世火山岩为一套以安山质岩石为主的玄武岩-安山岩-英安岩组合，整合产出于浅海相沉积岩中。从下至上火山活动强度由弱→强→弱变化，岩浆由中性→酸性→基性变化，下部由沉积岩→火山碎屑岩和沉积岩→熔岩二元结构型韵律组成；中部由沉积岩→火山碎屑岩二元结构型韵律组成；上部由沉积岩→火山碎屑岩二元结构型韵律和沉积岩→熔岩二元结构型韵律组成。

(11)奥依且克-塔其木及柳什塔拉：晚古生代火山岩较发育，主要集中于下石炭统和下—中二叠统中。石炭纪火山岩主要产于早石炭世乌鲁阿特组中，在晚石炭世库尔良群中呈短轴透镜状或不稳定厚层状夹于弱变质碎屑岩之中，主要岩石有苦橄玄武岩、玄武岩、玄武安山岩、安山岩、粗面安山岩、英安岩、流纹岩夹火山碎屑岩。在早—中二叠世赛里亚克群中上部局部夹基性火山熔岩，岩石组合为钠长绢云千枚岩（英安岩）、绿泥钠长石片岩（安山岩）、石英绢云片岩、流纹岩、英安岩等。

塔什库尔干—甜水海一带可见早石炭世帕斯群一套中性—中酸性火山岩，岩石组合为杏仁状玄武岩、玄武质火山角砾岩夹英安岩等，可能是板内拉张环境的产物。中二叠世空喀山口组灰岩、泥板岩和变砂岩中也夹有灰绿色安山质晶屑凝灰岩并伴有少量杏仁状玄武安山岩。

(12)宗务隆：分布于宗务隆山—夏里一带，有上泥盆统、上石炭统—下二叠统两个层位。晚泥盆世牦牛山组的碎屑岩段砂砾岩夹安山岩透镜体，为陆相喷溢相。晚石炭世—早二叠世土尔根大坂组的火山岩段为海相喷溢相裂谷火山岩组合，厚668～1882m，主要为灰绿色安山玄武岩、杏仁状玄武岩、枕状玄武岩、绿帘绿泥片岩。早二叠世果可山组碎屑岩段的玄武岩-玄武安山岩组合和碳酸盐岩段的玄武岩-

玄武安山岩组合均为海相喷溢相的夹层,为钙碱性系列岩石组合,形成环境可能为陆缘裂谷。

(13)洪水川—希里可特地区:哈拉郭勒带内早石炭世哈拉郭勒组中火山岩段和碎屑岩段均有呈夹层产出的海相喷溢相碱性玄武岩-流纹岩组合。野马滩晚石炭世—早二叠世树维门科组碎屑岩段产玄武安山岩-安山岩-英安岩组合夹层,为海相喷溢相。早三叠世洪水川组产玄武岩-英安岩-粗面岩-流纹岩组合夹层,属爆溢相-喷溢相。早—中三叠世闹仓坚沟组具喷溢相酸性熔岩、酸性凝灰岩组合夹层。中三叠世希里可特组流纹岩-凝灰岩组合夹层为海相喷溢相-爆发空落相。

2. 弧(岛弧、大陆边缘弧及洋内弧)火山岩组合

(1)西昆仑康西瓦—苏巴什一带,在黄羊岭以东早石炭世克里塔克组上部,见少量英安岩夹于巨厚的灰岩中;早—中二叠世火山岩分布于阿衣勒克河、卡拉勒塔什至黄羊岭北一带,为未分早—中二叠世赛利亚克群。该群下部主要为中酸性熔岩及同质火山细碎屑岩建造,岩石组合有英安质岩屑晶屑凝灰岩、安山岩、英安岩、凝灰质板岩,总厚度达3 697.5m;上部以中基性熔岩为主夹火山碎屑岩,主要有玄武安山岩、安山岩夹安山质晶屑凝灰岩、英安质岩屑晶屑凝灰岩,厚达3697m。

(2)南昆仑结合带月牙河—雁头山一带,早石炭世火山岩主要为托库孜达坂组深海浊流碎屑岩夹深海放射虫硅质岩及少量玄武岩、玄武质粗面安山岩、凝灰岩。二叠纪火山岩主要为早二叠世碧云山组夹层中的杂色安山岩和中二叠世喀尔瓦组中发育的大量灰褐色、灰黑色粗面玄武岩。

(3)巴颜喀拉地块,早—中二叠世黄羊岭组火山岩夹层,以火山碎屑沉积岩为主夹有少量熔岩。岩石组合主要为晶屑凝灰岩、沉凝灰岩夹英安岩、强蚀变安山岩等,火山岩最大厚度可达4 594.5m。西侧喀拉塔格山、克里雅河上游一带火山岩夹层偏中基性,为玄武质玻屑凝灰岩夹蚀变安山岩组合,向东火山岩偏中酸性,到东侧的盼水河一带火山岩组分明显变少,以致少有火山物质。

(4)东昆仑切吉地区,中二叠世火山岩主要为切吉组中酸性火山岩段玄武安山岩-安山岩-英安岩组合,为海相喷溢相,呈夹层状产于砂砾岩中,为陆缘弧环境。

赛什塘—兴海一带中二叠世切吉组海相喷溢相火山岩分3个岩段:基性火山岩段为玄武岩-玄武安山岩组合,属拉斑玄武岩系列;中酸性火山岩段为安山岩-英安岩-流纹岩组合;砂板岩段火山岩夹层为英安岩-安山岩组合。火山岩与SSZ型蛇绿岩组合共生,为弧前增生楔似层状火山岩。

浩特洛洼一带,晚石炭世—早二叠世浩特洛洼组安山岩-英安岩-流纹岩夹层组合,为海相喷溢相产物。木孜塔格—西大滩—布青山一带,早—中三叠世下大武组火山岩段玄武安山岩-安山岩-英安岩组合,为海相喷溢相-爆溢相,火山岩厚154~2236m,岩性为灰色、灰绿色玄武岩、安山岩、酸性熔岩、中酸性凝灰岩、流纹质角砾熔岩、霏细岩。中二叠世马尔争组火山岩段钙碱性火山岩组合,为海相喷溢相-爆发崩塌相,呈火山岩夹层分布,岩性为变安山岩、杏仁状安山岩、安山质熔灰岩、中酸性火山角砾岩。玛多马尔争组火山岩段为玄武岩-玄武安山岩组合,厚度大于2130m,岩性为枕状玄武岩、安山岩、玄武安山质角砾岩。

(5)青海南部石炭纪—中二叠世西金乌兰群火山岩-碳酸盐岩组钙碱性系列火山岩段,具安山岩-流纹岩组合,为海相喷溢相-爆溢相,火山岩层厚度大于704m,岩性为灰绿色安山岩-流纹岩-安山质角砾岩-凝灰熔岩-凝灰岩组合。

杂多地区结隆中三叠世结隆组砂板岩段夹层具基性凝灰岩。扎青早三叠世马拉松多组熔岩-火山碎屑岩组合,含橄榄玄武岩夹杏仁状安山岩、基性岩屑凝灰岩、流纹质玻屑凝灰岩、沉凝灰岩,为陆相喷溢相-爆发空落相。

扎格开心岭群中火山岩夹层或火山地层中，早—中二叠世诺日巴尕日保组火山岩段具安山岩-流纹岩组合，为海相爆发崩塌相-喷溢相，岩层厚度大于3614m，岩性为安山岩、玄武安山岩、玄武岩夹凝灰岩、安山质角砾岩-集块岩、流纹岩、英安岩；该组碎屑岩段还具玄武岩、玄武安山岩、玄武质角砾岩-凝灰岩夹层。中二叠世九十道班组有中基性火山岩夹层分布；晚二叠世那益雄组为玄武岩-安山岩组合，雀莫错西该组有海相喷溢相夹层产出，由玄武安山岩-安山岩-英安岩组合组成。

3. 洋岛火山岩组合

(1)东昆仑伯拉克里西的洋岛火山岩主要为中二叠世马尔争组火山岩段的洋岛碱性玄武岩组合，呈夹层状分布，岩性为硅质凝灰岩、玄武质火山角砾岩及灰绿色、灰黑色杏仁状玄武岩、枕状玄武岩、细碧岩夹硅质凝灰岩、玄武质角砾岩。洋岛拉斑玄武岩构造岩石组合由中二叠世马尔争组下碎屑岩段的拉斑玄武岩组成，为海相喷溢相，呈夹层状、构造透镜状产出，主要为玄武岩。

扎陵湖地区马尔争组的火山岩段呈构造透镜状产出，为玄武岩-玄武安山岩组合，岩性为紫红色玄武质火山角砾岩、蚀变安山岩、枕状玄武岩、强片理化变玄武质凝灰岩。

(2)青海南部的洋岛火山岩主要为石炭纪—中二叠世西金乌兰群火山岩-碳酸盐岩组合碱性玄武岩段的碱性火山岩组合，呈夹层状、透镜状产出，主要岩性为安山岩、玄武岩。

此外，该阶段有关构造岩浆岩区(带)的划分及其特征，参见本章大地构造区划论述，此处从略。

第三节　侵入岩岩石构造组合及时空分布

一、侵入岩时空分布

西北地区晚古生代—中三叠世的侵入岩发育，规模较大，但分布不均匀。其中，在天山、阿尔泰-准噶尔地区最为发育，秦岭、昆仑-阿尔金地区次之，祁连地区最少。

阿尔泰和准噶尔地区侵入岩形成时代以石炭纪为主，二叠纪侵入岩零星分布，特别是阿尔泰基本均为石炭纪中酸性侵入岩。准噶尔地区除石炭纪侵入岩外，还发育少量泥盆纪蛇绿岩和二叠纪中酸性侵入岩。

在天山地区，主体为石炭纪和二叠纪侵入岩，并以石炭纪侵入岩为主；二叠纪在西天山东部少量发育中酸性侵入岩，东天山越往东部二叠纪侵入岩越发育。

在昆仑-阿尔金地区，总体上以二叠纪和三叠纪侵入岩为主。其中在西昆仑造山带以三叠纪为主，其北缘发育少量石炭纪侵入岩，其中二叠纪侵入岩仅有零星分布。而在阿尔金和东昆仑地区以二叠纪侵入岩为主，并发育少量晚泥盆世和石炭纪中酸性侵入岩。

在秦岭造山带，该阶段侵入岩主要以三叠纪为主，大多以巨型岩基产出。泥盆纪、石炭纪和二叠纪侵入岩均有发育(北秦岭已有确信测年数据证实，而南秦岭尚不确定)，但其规模相对前者明显较少。

在柴北缘，主要以晚泥盆世、早二叠世和早三叠世侵入岩为主，不发育石炭纪侵入岩，其中晚泥盆世侵入岩发育规模相对较大，多以巨型岩基产出。

二、侵入岩岩石构造组合

1. SSZ 型和 MORB 型蛇绿岩组合

西北地区蛇绿岩大多以具弧后盆地性质的 SSZ 型为主，发育于西准噶尔俯冲岩浆弧-后碰撞裂谷岩浆亚带、红石山-小黄山增生岩浆亚带、苏巴什蛇绿岩、玛多-玛沁俯冲增生岩浆亚带、甜水海地块西部萨雷阔勒岭-肖鲁克俯冲岩浆弧-后碰撞岩浆亚带、西金乌兰构造（蛇绿）混杂岩岩浆亚带等构造岩浆带，只有文县-勉略蛇绿构造混杂岩带为 MORB 型。岩石组合主要为斜辉辉橄岩、橄长岩、纯橄榄岩、辉橄岩、辉石岩、橄榄岩、玄武岩和硅质岩，个别蛇绿岩中发育斜长花岗岩。

2. TTG 花岗岩组合

TTG 花岗岩岩石组合在西北地区北部基本不发育，主要发育于西北地区南部，与大洋俯冲消减有关的 TTG 岩系主要分布于额尔齐斯复合岩浆带、哈巴河县俯冲岩浆弧-后碰撞岩浆带、红石山-小黄山增生岩浆亚带、三危山-安西俯冲岩浆弧-后碰撞岩浆亚带、昆盖山-阿羌石炭纪—二叠纪裂谷（弧后盆地？）岩浆亚带、西昆中俯冲岩浆弧-后碰撞岩浆亚带、陇山-北中秦岭俯冲岩浆弧-后碰撞岩浆带、南秦岭后碰撞陆内伸展岩浆亚带、西金乌兰构造（蛇绿）混杂岩岩浆亚带、玛多-玛沁俯冲增生岩浆亚带。岩石类型主要为石英闪长岩、英云闪长岩、闪长岩，发育少量辉长岩、奥长花岗岩、花岗闪长岩和二长花岗岩，局部还发育超基性岩，岩石以钙性—钙碱性系列为主，含少量拉斑质岩石。

3. 碰撞型过铝质花岗岩组合

由于碰撞造山不利于岩浆的形成，碰撞型过铝质花岗岩总体上在西北地区发育较少，仅在东昆北俯冲岩浆弧-后碰撞岩浆亚带、东昆南俯冲岩浆弧-碰撞岩浆亚带和甜水海地块西部萨雷阔勒岭-肖鲁克俯冲岩浆弧-后碰撞岩浆亚带发育。岩石类型主要为二长花岗岩、花岗闪长岩和石英闪长岩，特别是岩石中发育白云母和石榴子石等富铝质特征矿物，此外局部发育 C 型埃达克岩。

4. 后碰撞型钙碱性—碱性花岗岩组合

此类岩石组合是西北地区该时段最为发育的类型，发育规模较大，岩体大多以巨型岩基形态产出，在各造山带均有分布。岩石类型以二长花岗岩、花岗闪长岩、闪长岩和碱长花岗岩为主，主要为钙碱性系列，发育碱性系列，岩石以准铝质—弱过铝质为主，但也发育强过铝质岩石。

5. 后造山伸展裂谷双峰式岩浆岩组合

由于西北地区在晚古生代—中三叠世大多地区已进入了后造山阶段，又有南部大洋俯冲消减的作用，因此西北地区北部的阿尔泰-准噶尔、天山和秦岭地区均发育有裂谷双峰式侵入岩组合。具体发育此类岩石组合的构造岩浆带为阿尔泰晚古生代后造山伸展岩浆亚带、准噶尔周缘俯冲岩浆弧-后碰撞伸展裂谷岩浆亚带、博格达裂谷岩浆亚带、小热泉子-雅满苏-黄山后碰撞裂谷带、三危山-安西俯冲岩浆弧-后碰撞岩浆亚带、龙首山后碰撞伸展岩浆亚带、哈尔克山后碰撞伸展岩浆带、柴达木后造山伸展岩浆亚带和西倾山-舒家坝-中秦岭陆内伸展岩浆亚带。大多地区岩石组合为基性-酸性侵入岩（碱长花岗岩-二长花岗岩与辉长岩组合），局部发育超基性岩-基性岩-酸性侵入岩，总体上缺乏中性侵入岩（闪长岩等）。

6. 陆内伸展碱性花岗岩组合

西北地区北部在二叠纪—中三叠世整体进入了准克拉通化的陆内演化阶段，因此侵入岩以较为成熟的碱性花岗岩为主。主要发育于西伯利亚岩浆省、哈萨克斯坦-准噶尔-阿拉善联合板块岩浆省、西南天山岩浆省、塔里木-柴达木板块构造岩浆省、南秦岭地块后碰撞岩浆带和上扬子地块陆内伸展岩浆带，不发育基性和超基性岩石，主要以正长岩、碱长花岗岩、石英正长岩、二长花岗岩、花岗斑岩、花岗闪长岩为主，岩石以碱性—钙碱性系列为主。

此外，与该阶段有关构造岩浆岩区（带）的划分及其特征，参见本章大地构造区划论述，此处从略。

第四节 变质岩岩石构造组合及时空分布特征

一、变质岩时空分布及变质单元划分

西北地区晚古生代—中三叠世变质岩主要分布于各大板块内部和板块边缘。板块内部主要为低级变质作用，以浊沸石相和葡萄石-绿纤石相为主。板块边缘以高级变质作用为主，分布于斋桑-额尔齐斯对接带、南天山北缘、塔什库尔干-康西瓦和勉略构造带中。结合大地构造位置、地壳演化及变质作用特点，可将西北地区晚古生代—中三叠世变质岩划分为9个变质域、9个变质区、9个变质地带。

二、变质岩岩石构造组合

晚古生代—中三叠世变质岩岩石构造组合比较单一，主要与其所处的构造大地构造位置相关。在板块内部以极浅—浅变质碎屑岩-碳酸盐岩组合为主，板块对接带部位以发育麻粒岩-榴辉岩组合为特色，处在板块和地块边缘的增生造山带与叠接构造带主要为绿片岩相火山-沉积岩组合。

1. 板块对接构造带变质岩岩石构造组合

晚古生代—中三叠世西北地区主要有额尔齐斯、西南天山和昆南-勉略3个具有对接带性质的板块缝合构造带。

斋桑-额尔齐斯对接带变质区的额尔齐斯复合增生楔变质带为晚石炭世混合岩-麻粒岩组合，反映麻粒岩相变质。西南天山对接带变质区的哈尔克山高压—超高压变质带出现晚石炭世榴辉岩相蓝片岩-榴辉岩组合。康西瓦-苏巴什-阿尼玛卿-勉略拼接带变质岩石构造组合相对复杂，高级变质岩在西部的塔什库尔干-康西瓦变质带为晚三叠世孔兹岩-麻粒岩-石榴斜长角闪片麻岩组合，中部东昆仑夏日哈木-苏海图、温泉发现早古生代榴辉岩（U-Pb，411±1.9Ma，祁生胜等，2014；450±2Ma，贾李晖等，2014），东部文县-勉县构造蛇绿混杂岩带变质带为中—晚三叠世麻粒岩相—角闪岩相片岩-斜长角闪岩-麻粒岩组合；低级变质岩石组合为晚石炭世—中晚三叠世不同时段的低绿片岩相变质砂岩-变质粉砂岩-变质砾岩-板岩-变质火山岩-凝灰岩-结晶灰岩。

2. 板块(陆块)区变质岩岩石构造组合

该阶段西北地区主要涉及哈萨克斯坦-准噶尔-阿拉善联合板块东部、华北-祁连板块西部、塔里木-柴达木板块和华南-羌塘板块北部。

哈萨克斯坦-准噶尔-阿拉善联合板块主要为晚古生代石炭纪—二叠纪变玄武岩-变霏细斑岩构造组合、变质凝灰岩-变质火山灰凝灰岩-变质砂岩构造组合,分布于准噶尔-东天山-北山地区的该时期后碰撞裂谷变质带和其南的那拉提-巴伦台-额尔宾山东-阿拉塔格岩浆弧变质带。华北-祁连板块主要涉及祁连准克拉通化-被动陆缘盆地变质区,主要为晚泥盆世—中三叠世亚绿片岩相变质砂岩-变质粉砂岩-变质砾岩-板岩、结晶灰岩-变质砂岩-变质粉砂岩-变质砾岩-板岩组合。塔里木-柴达木板块主要为石炭纪—二叠纪低绿片岩相陆表海变质砾岩-变质砂岩-变质粉砂岩-结晶灰岩组合。华南-羌塘板块的变质岩有两大类,其一是以构造活动带为主的低绿片岩相变质砂岩-板岩-结晶灰岩-变质火山熔岩-火山碎屑岩、结晶灰岩-变质白云岩-变粒砂岩-变质火山熔岩-变质火山碎屑岩-变质砾岩-板岩组合,主要分布于晚古生代西金乌兰、乌兰乌拉等构造结合带和昌都地块北部、北羌塘地块边缘的同时期弧盆系;其二是昌都、巴颜喀拉地块内部低绿片岩相结晶灰岩-变质白云岩-变质砂岩-变质火山熔岩-变质火山碎屑岩-变质砾岩-板岩、千枚岩-结晶灰岩-变质砂岩-板岩-煤层组合。

3. 陆缘增生构造带变质岩岩石构造组合

晚古生代—中三叠世,在华南-羌塘板块与塔里木-柴达木板块、华北-祁连板块之间发育昆仑山-宗务隆-秦岭增生造山带。其变质岩总体可以分为3类,其一是与裂谷-被动陆缘有关的低绿片岩相变质砂岩-变质粉砂岩-变质砾岩-板岩-千枚岩-结晶灰岩组合,主要分布在宗务隆-甘加东昆南被动陆缘(C_1—P_1)、西倾山-舒家坝-中秦岭(D_2—T_2)被动陆缘;在昆盖山-阿尔戈裂谷为变砂岩-变砾岩-变火山岩(双峰式)-结晶灰岩-变火山碎屑岩。其二是与活动陆缘相关的岩浆弧、岛弧(T_{2-3})低绿片岩相变流纹岩-变安山岩-变砾岩、变砂岩-变粉砂岩-变砾岩组合,分布于柴达木北缘-青海湖南山岩浆弧-岛弧变质带和鄂拉山岩浆弧变质带;与兴海蛇绿混杂岩变质带(C—P)相关的变砾岩-变砂岩-变火山岩-结晶灰岩-板岩组合。其三是东昆南上叠周缘前陆盆地(P_3、T_3)、赛什塘周缘前陆盆地、隆务河-留凤关弧后盆地-弧后前陆盆地(T)低绿片岩相变砾岩-变砂岩-变火山岩-结晶灰岩-板岩、变流纹岩-变安山岩-变砾岩和变砂岩-变粉砂岩-变砾岩组合。

三、变质相(系)及变质时代

西北地区晚古生代—中三叠世主要为弧后盆地、陆表海和碳酸盐岩台地环境,区域变质主要为低级变质作用,地层主要发生了绿片岩相和亚绿片岩相区域变质,晚古生代以泥盆系、石炭系变质地层为主,其上被未变质或极轻变质的二叠系覆盖,而印支期则以三叠系变质地层为主,其上被未变质或极轻微变质的上三叠统或侏罗系不整合覆盖。该阶段高级变质作用发生在活动大陆边缘,并主要分布于大型对接带(如额尔齐斯、中天山南缘、塔什库尔干-康西瓦、勉略带等),出现麻粒岩相、蓝片岩相和榴辉岩相等。西北地区在晚古生代—中三叠世区域动力热流变质作用显著减少,区域低温动力变质作用占主导地位,较广泛地出现了埋深变质作用,显示地壳热流进一步萎缩,但在某些板块对接带存在高压变质作用。

作为晚古生代—中三叠世构造研究的重点,本书仅对该时期高压变质作用的研究进展作以概述。

(1) 额尔齐斯复合增生楔麻粒岩：阿勒泰市东南部分布有泥质麻粒岩，呈北西方向展布，具有条纹、条带状混合岩外貌，附近有条痕、条纹状混合花岗岩出露。富蕴县乌恰沟一带的基性麻粒岩呈透镜状产出于一套中、低变质的地层中，其北东侧以断层破碎带与花岗质片麻岩和角闪斜长片麻岩呈断层接触，而与南西侧花岗质片麻岩呈突变接触关系，出露宽度为117m。阿尔泰造山带中泥质麻粒岩的矿物组合为石榴子石+堇青石+钾长石+黑云母+矽线石+斜长石+石英等，局部出现堇青石+尖晶石组合，其峰期条件为：$P=0.5\sim0.6$GPa，$T=780\sim800$℃，为中低压麻粒岩。通过SHRIMP锆石U-Pb定年方法得出其变质年龄为292.8 ± 2.3Ma(王伟等，2009)。该类型泥质麻粒岩的发现说明在早二叠世阿尔泰造山带南缘属于高热流活动的伸展环境(王伟等，2009)。富蕴县乌恰沟发现的基性麻粒岩，其锆石谐和年龄为$279\sim268$Ma(陈汉林等，2006)。

(2) 哈尔克山北坡高压—超高压变质带：由典型榴辉岩、含绿辉石蓝闪石岩、蓝片岩和穿插其中的网络状榴辉质脉体共同组成(Gao and Klemd，2003)。榴辉岩相岩石经历了硬柱石(蓝片岩相和绿帘石)蓝片岩相进变质作用，达到峰期榴辉岩相(530 ± 20℃，$1.6\sim1.9$GPa)；退变质经历了近等温降压过程。其中峰期榴辉岩相的温压条件也可能达到$560\sim600$℃、5GPa，退变质经$598\sim496$℃、2.6GPa的温压条件到达后期绿帘石蓝片岩相至绿片岩相(高俊等，2006)。高俊等(2006)获得的Ar-Ar坪年龄$335\sim310$Ma，代表高压变质岩石折返到浅构造层次(绿片岩相)的时间。张立飞等(2013)对含有柯石英的石榴云母片岩中变质生长锆石边的定年，获得超高压变质时代为320 ± 3.7Ma，结合退变榴辉岩中获得的$233\sim226$Ma变质边锆石的时代，确定了其退变过程经历了漫长的变质演化过程。榴辉岩原岩地球化学研究表明，它们相当于大洋环境下形成的E-MORB、N-MORB和OIB型岩石，结合其具有典型的枕状玄武岩构造并与蛇绿混杂岩带相伴生，该超高压变质岩系是一套形成于海山环境下的洋壳岩石组合。另外在该超高压变质带的北侧还出露一条高温-低压变质带，以低压麻粒岩相变质为主，二辉麻粒岩原岩锆石U-Pb年龄为298Ma，表明变质作用发生的时代晚于298Ma，其形成很可能与高压—超高压变质带相关。高俊等(1994)报道科克苏河绿帘蓝片岩经历了浊沸石相→硬柱石-蓝闪片岩相→蓝闪绿片岩相→绿片岩相连续渐变演化的过程。目前蓝片岩时代较多，如特克斯穿库什太石榴白云蓝闪片岩多硅白云母Ar-Ar年龄415Ma(汤耀庆等，1995)、库米什地区晚泥盆世地层中开始出现膏盐建造和蛇绿混杂带内黑云片麻岩中黑云母K-Ar年龄为350Ma(马瑞士等，1993)，科克苏蓝片岩蓝闪石Ar-Ar坪年龄345Ma(汤耀庆等，1995)、库米什铜花山蓝片岩获蓝闪石Ar-Ar坪年龄360Ma(刘斌等，2003)、阿克牙子河蓝片岩蓝闪石Ar-Ar坪年龄$401\sim344$Ma(高俊等，2000)。西天山阿克牙子河上游含蓝闪石榴辉岩的一致Sm-Nd矿物-全岩等时线年龄和蓝闪石Ar-Ar坪年龄表明榴辉岩的峰期变质可能发生在345Ma左右(高俊等，2006)。另外，南天山榆树沟高压基性麻粒岩SHRIMP锆石U-Pb定年获得的变质锆石年龄分别为392 ± 7Ma和390 ± 11Ma(周鼎武等，2004)。这些数据说明哈尔克山北坡高压—超高压变质带经历了较长的演化历史。

(3) 塔什库尔干-康西瓦变质带麻粒岩：布伦阔勒群发育有基性高压麻粒岩(曲军峰等，2007)、泥质高压麻粒岩(王建平，2008)、石榴斜长角闪片麻岩和孔兹岩(刘文平等，2013)。基性高压麻粒岩具有峰期的高压麻粒岩相变质作用和之后的角闪岩相退变质作用(曲军峰等，2007)，根据地质温压计的计算，其峰期高压麻粒岩相变质条件为$760\sim820$℃、$1.0\sim1.2$GPa；角闪岩相退变的温压条件为$620\sim720$℃，$0.7\sim0.8$GPa。高压麻粒岩两期变质作用具有顺时针P-T轨迹特征，并具有明显的石榴子石的"白眼圈"减压结构，代表了碰撞造山过程中增厚的下地壳抬升折返地表的动力学过程。刘文平等(2013)对石榴斜长角闪片麻岩和孔兹岩进行了岩相学观察、矿物化学分析和温压计算，获得石榴斜长角闪片麻岩经历了3个变质阶段：M1为高压变质阶段，矿物组合为$Grt+Hbl_1+Pl_1+Qtz$，变质温压条件为$850\sim$

870℃,12.9～13.3kbar(1kbar＝0.01Pa);M2 和 M3 为两期角闪岩相退变质阶段,矿物组合分别为 Hbl_2+Pl_2+Qtz 和 $Hbl_3+Pl_3+Kfs+Bt+Qtz$,变质温压条件分别为 730～770℃,7.3～7.8kbar 和 680～740℃,4.7～5.7kbar。孔兹岩也经历了 3 个变质阶段,推测其早期 M1 阶段变质温压条件可能与石榴斜长角闪片麻岩的峰期变质阶段相同(850～870℃,12.9～13.3kbar);峰期 M2 和峰期后 M3 阶段变质矿物组合分别为 $Grt_2+Pl_2+Bt_2+Sil+Qtz$ 和 $Grt_3+Pl_3+Bt_3+Sil+Mus+Qtz$,温压计算结果分别为 800～830℃,7.9～9.2kbar 和 670～700℃,5.1～5.6kbar。孔兹岩的 M1、M2 和 M3 变质阶段对应于石榴斜长角闪片麻岩的 M1、M2 和 M3 变质阶段。上述温压计算结果形成顺时针的 P-T 轨迹,表现为峰期高压变质作用后叠加了由高角闪岩相—中压麻粒岩相到低角闪岩相的退变质作用,反映了西昆仑与碰撞相关的大地构造背景(刘文平等,2013)。SHRIMP 锆石 U-Pb 分析结果表明高压麻粒岩中的锆石显示出两组年龄,核部所代表的原岩年龄为 456±30Ma,变质边部所代表的高压麻粒岩的角闪岩相退变质年龄为 177±6Ma(曲军峰等,2007)。杨文强等(2011)报道了西昆仑塔什库尔干县城以东出露的矽线石榴黑云片麻岩与石榴角闪片麻岩经历了高角闪岩相或麻粒岩相的变质作用,其变质时代分别为 220±2Ma 和 220±3Ma,限定高压麻粒岩的峰期变质时代应介于 220±2Ma 至 253±2Ma 之间。

(4)勉略构造(蛇绿)混杂岩带变质带麻粒岩:李三忠等(2000)曾报道徐家坪岩片中发现基性麻粒岩。梁莎等(2013)确定了该麻粒岩主要矿物为 Grt+Cpx+Pl 和具有典型"白眼圈"反应结构的两类高压基性麻粒岩,并利用 THERMOCALC 3.33 程序进行 P-T 视剖面图计算。一类高压基性麻粒岩的峰期矿物组合为 $Grt_1+Cpx+Pl_1+Qz$,对应温压条件为 800～860℃,12.4～14.6kbar,晚期退变质矿物组合为 $Grt_2+Hbl+Pl_2+Qz$。另一类是具有典型"白眼圈"反应结构的高压基性麻粒岩,"白眼圈"结构中斜长石为富 Na 的钠-更长石,以此推断该高压基性麻粒岩早期矿物组合中含绿辉石,其变质峰期矿物组合可能为 Grt+Omp(?)+Qz 或 Grt+Cpx(?)+Pl+Qz,其对应温压条件分别为 775～900℃,>19.2kbar 和(或)750～850℃,16.5～19.8kbar;该岩石后期还经历了以矿物组合为 $Grt_2+Opx+Hbl_1+Pl_1+Qz$ 的麻粒岩相及 $Grt_3+Hbl_2+Pl_2+Qzl$ 的角闪岩相两期退变质作用。张宗清等(2002)曾获得该基性麻粒岩中矿物 Sm-Nd 等时线年龄为 206±55Ma、黑云母 Ar-Ar 坪年龄为 199.7±1.7Ma。梁莎等(2013)获得锆石 U-Pb 年代学数据,认为 214±11Ma 的年龄值代表该高压基性麻粒岩角闪岩相退变质的时代,同时获得该高压基性麻粒岩原岩形成时代可能为 477Ma。

第五节 大型变形构造

根据力学性质和运动学特征把内动力地质作用形成的大型变形构造划分为挤压型、剪切型、拉张型、压剪型和张剪型五大类,每个大类依据变形深度(构造层次或剥蚀程度)和产出构造背景等其他特征,进一步划分不同类型和亚类;同时把地外天体撞击构造、与地幔柱等热作用和地壳中盐隆作用形成的穹隆构造归并为一大类。

挤压型大型变形构造是在主压应力水平或近于水平,与大型变形构造走向垂直或高角度相交动力学背景下形成的,这类大型变形构造通常都位于不同构造单元之间,以板块碰撞带或弧-陆、弧-弧碰撞带为其典型代表;一般都具有多期变形历史,早期以挤压为主,晚期可以叠加走滑变形。挤压型大型变形构造长可达数千千米,而宽度变化多样,最宽可超过 200km。该类大型变形构造走向一般表现出各种形状的弧形特征,在有些挤压型大型变形构造中伴生有压陷盆地。

剪切型大型变形构造又可称为大型走滑断裂带,是在最大和最小主应力近水平或水平,最大主应力与大型变形构造的走向以比较小的角度相交动力学背景下形成的；其构造面理近直立，运动方向近水平。这类构造沿走向常常具有分段性，不同段在平面上会组成不同的断裂组合，如左阶左行、右阶左行、左阶右行以及右阶右行等，它们在平面上的组合可以出现大型的走滑双重构造。应变分配现象非常常见，一般而言，在靠近主断裂处以走滑作用为主，而远离主断裂则逐渐出现逆冲挤压构造，在剖面上表现为正花状构造，或表现为正断构造。除了应变分配现象外，该类构造在其附近围岩中会产生大量不同性质和方向的次级断层。

拉张型大型变形构造是在最大主应力直立、最小主应力近水平并与大型变形构造的走向垂直或高角度相交动力学背景下形成的。其运动学特征表现为正滑，即上盘沿倾向方向向下运动。在浅表构造层次形成地堑-地垒构造或半地堑-地垒构造，在中等深度和深部构造层次，形成以发育变质核杂岩为特征的拆离构造等。该类大型构造长度和宽度往往都很大，呈面状分布（如盆岭构造）；一些则较窄，形成典型的裂谷。这类大型变形构造一般都发育在陆内，是大陆裂解初期阶段的构造表现，例如东非裂谷、汾渭地堑等；也可以发育在大陆边缘，例如我国东部的新生代伸展构造和美国西部的盆岭构造；可能是洋岩石圈板块俯冲诱发的，也可能是与地幔柱活动有关的大陆边缘裂解。

压剪型构造又可称为斜冲构造，即具有明显走滑分量的挤压型构造，属于挤压型构造和剪切型构造之间的过渡类型，也是自然界中常见的构造现象。沿走向走滑分量可以有一定的变化范围，可以由在作用边界的走滑逆冲逐渐过渡到远离边界的逆冲挤压；或由以逆冲为主，逐渐过渡为以走滑为主。根据两盘的运动方向，可以划分为左行斜冲构造和右行斜冲构造两种类型。此类构造同样可以形成韧性剪切带，而且比较常见。

张剪型构造又可称为斜滑构造，即具有明显走滑分量的拉张型构造，属于拉张型构造和剪切型构造之间的过渡类型。这类构造也是自然界常见的构造现象，在有些情况下可以形成一系列斜列的拉分盆地。根据两盘的运动方向，可以划分为左行斜滑构造和右行斜滑构造两种类型。此类构造中韧性剪切变形也会存在，但并不常见。

除了上述几种常见的大型变形构造外，西北地区还存在一些特殊成因的大型构造，如穹隆构造。大型岩体、岩盐、高压泥页岩或地幔柱上升形成的地表近圆形隆起构造现象。经过一定程度剥蚀以后，变质穹隆呈现出环状构造特征，中心变质深，向外变质程度逐渐降低，有时中心部位可以出露同时期的岩浆岩。除了正地貌的穹隆构造外，还以发育环状和放射状构造为特征，如平利穹隆（PLQL）、安康穹隆（AKQL）、佛坪穹隆（FPQL）构造等。

中国西北部晚古生代—中三叠世是洋陆转化、板块碰撞等重要的构造演化阶段。这一阶段的构造过程基本造就了现今构造格局的雏形。这一时期大型变形构造十分发育，且保存较完整（表4-1）。主要有：额尔齐斯逆冲走滑构造（EENZ）、卡拉麦里逆冲走滑构造（KMNZ）、依连哈比尕逆冲走滑构造（YLNZ）、阿吾拉勒逆冲叠瓦构造（AWND）、阿奇克库都克右行走滑构造（AQYZ）、南天山逆冲走滑构造（NTNZ）、辛格尔逆冲走滑构造（XGNT）、康西瓦逆冲走滑构造（KXNZ）、木孜塔格逆冲走滑构造（MZNZ）、党河南山-拉脊山逆冲走滑构造（DLNZ）、宗务隆-夏河-甘加逆冲走滑构造（ZXNZ）、西金乌兰湖-金沙江逆冲走滑构造（XJNZ）、乌兰乌拉湖-澜沧江逆冲走滑构造（WLNZ）、凤镇-山阳逆冲叠瓦构造（FSND）、西倾山-南秦岭逆冲推覆构造（XNNT）等。

总体特征归结有以下几点：①发育广，规模大，保存较完好；②以挤压型逆冲-走滑构造为主，早期多为板块边界，或为早期蛇绿构造混杂岩带发育的大型变形构造；③构造线多近东西向，呈北早南晚的总体演化规律；④空间上大型变形构造与成矿有良好的对应关系，表明大型变形构造相关的构造运动、热液活动与成矿、再造和改造作用之间存在着良好的耦合关系。

表 4-1 西北地区晚古生代—中三叠世大型变形构造特征一览表

名称	代号	类型	规模	产状	组合形式	物质组成	构造层次	运动方式	力学性质	形成时代	变形期次	大地构造环境	含矿性
额尔齐斯逆冲走滑构造	EENZ	挤压型	长度大于500km，宽10~20km	倾向北东，倾角55°~75°	叠瓦状	既有洋壳残片，又有前寒武纪古老变质基底，还有古生代岩源碎屑岩系	中等	左行韧性逆冲推覆	压性	晚古生代	长期、复活	板块碰撞带	金、铜
卡拉麦里逆冲走滑构造	KMNZ	挤压型	长度大于200km，宽5~10km	走向北西西	平行	泥盆纪弧前沉积岩系，晚石炭世火山相火山岩建造，局部见志留纪沉积地层，见中基性侵入岩脉，劈理发育	中等	早期向南逆冲，中期左行走滑，晚期向南逆冲	早期为压性，中期为压扭性，晚期为压性	石炭纪晚期	持续活动至侏罗纪晚期，可以划分3期构造	陆缘弧-陆碰撞带	同期矿化为石英脉型金矿
依连哈比尔尕逆冲走滑构造	YLNZ	挤压型	长约550km，宽5~30km	倾向南西，倾角60°~70°	叠瓦状	中晚泥盆世、早石炭世巨厚双峰式火山岩和蛇绿岩；二叠纪陆相红色酸性火山岩和磨拉石沉积	中等	向北逆冲	压扭性	晚古生代		西天山增生造山	铅锌、金
阿吾拉勒逆冲叠瓦构造	AWND	挤压型	长约400km，宽30~60km	倾向北东，倾角55°~70°	叠瓦状	前震旦纪陆壳基底上发育的晚古生代裂谷；早二叠世堆积上万米的双峰式火山岩，并有中深-超浅成辉长岩-花岗岩碱性岩建造正长岩体和层状侵入体	浅表	逆冲走滑	压扭性	晚古生代		西天山增生造山	铁、金、铜

续表 4-1

名称	代号	类型	规模	产状	组合形式	物质组成	构造层次	运动方式	力学性质	形成时代	变形期次	大地构造环境	含矿性
阿奇克库都克右行走滑构造	AQYZ	剪切型	长约750km，宽6~13km	倾向195°~210°，倾角50°~70°	平行	南侧以大理岩为特征，北侧露出石炭纪灰黑色火山-沉积岩系	浅表	早期拉张，中期走滑，晚期逆冲	压扭性	二叠纪中期	划分3个活动期次	陆-陆碰撞带	金、铅锌
南天山逆冲走滑构造	NTNZ	挤压型	长约800km，宽30~40km	整体呈楔形，北部南倾，南部北倾，倾角50°~70°	叠瓦状	前寒武纪基底，奥陶纪-二叠纪的碳酸盐岩、火山岩沉积，陆源碎屑沉积岩、硅质岩等，夹寒武-古生代洋壳残片	中等	逆冲走滑	挤压为主	晚古生代	多期次，被新生代逆冲断裂系改造	陆-弧碰撞	金、铅锌、铜
辛格尔逆冲走滑构造	XGNT	挤压型	长约500km，宽3~13km	南倾		前寒武纪结晶基底，奥陶纪-二叠纪碳酸盐岩、火山岩、火山碎屑岩、硅质岩、陆源碎屑岩等，前寒武纪、古生代中酸性侵入岩及古生代洋壳残片	中等	早期逆冲和晚期走滑	压扭性	古生代		增生造山及板内活动	金、铅锌、锰、铜等
康西瓦逆冲走滑构造	KXNZ	压扭性	全长大于1000km，宽5~20km	以北倾为主，倾角70°~75°	平行	由晚古生代蛇绿岩、石炭纪-二叠纪武纪碎屑岩组成，夹前寒武纪变质岩块、洋壳残片等	中等	早期向北俯冲，晚期左行走滑	早期为压扭性，晚期为压扭性	早古生代—晚三叠世	多期活动	增生碰撞造山带	

续表 4-1

名称	代号	类型	规模	产状	组合形式	物质组成	构造层次	运动方式	力学性质	形成时代	变形期次	大地构造环境	含矿性
木孜塔格逆冲走滑构造	MZNZ	压扭性	长420km	南倾，倾角60°	斜列式	三叠纪古特提斯海相沉积岩，三叠纪蛇绿岩和混杂带	中等	石炭纪—二叠纪离散扩张；三叠纪逆冲推覆；早中侏罗世走滑-正断；晚侏罗世陆内挤压；白垩纪以来近正断及陆内挤压	张性；压扭；张→张性；性→压性；性→张性；性→压扭性	二叠纪—三叠纪	长期活动，持续至今	俯冲带	
党河南山-拉脊山逆冲走滑构造	DLNZ	挤压	长度大于490km，宽10~30km	倾向：北侧南西；南侧北东；倾角40°~50°	平行	元古宙被动陆缘火山-沉积岩系，中寒武世陆缘裂谷火山-沉积岩系，早晚奥陶世发育蛇绿岩	深	早期向北逆冲，中期左行走滑，晚期向北，向南双向逆冲兼具右行走滑	压（扭）性	晚寒武世	寒武纪—奥陶纪有限洋盆形成有南俯冲构造，志留纪—泥盆纪弧-陆碰撞，陆碰撞韧性剪切，石炭纪以来以脆性变形为主	陆缘弧-陆碰撞带	前期：铁、稀土、钴、镍矿化；同期：铁、铜、磷、金矿化

续表 4-1

名称	代号	类型	规模	产状	组合形式	物质组成	构造层次	运动方式	力学性质	形成时代	变形期次	大地构造环境	含矿性
宗务隆-青海-甘夏河-加逆冲走滑构造	ZXNZ	挤压	长度大于450km，宽度5~30km	倾向北东，倾角40°~70°	平行	元古宙被动陆缘火山-沉积岩系，晚石炭世-中二叠世陆缘裂谷火山-沉积岩系，早中二叠世岛弧沉积岩系、前陆盆地沉积岩系、早二叠世俯冲杂岩	中深	早期向北、向南双向逆冲兼具右行走滑，后期具压剪性向南逆冲	早期压扭性，后期压性	晚二叠世	早期韧性右行剪切，形成韧性剪切带；后期向南逆冲	陆缘裂谷带	同期：铅、银、金矿化；后期：铜、铁矿化
西金乌兰湖-金沙江逆冲走滑构造	XJNZ	挤压	长度655km，宽度4~25km；深度：切割岩石圈	走向：北西西；倾向：北西、南侧倾向南东，北侧倾向北东；倾角：48°~70°	平行	古-中元古代被动陆缘火山-沉积岩系和基底残余岩块（现呈残留体产出）、中泥盆统陆内裂谷沉积岩墙群、石炭世-中二叠纪增生杂岩、晚二叠-早三叠世远洋沉积岩系及洋岛-海山火山-沉积岩系、晚三叠世前陆盆地沉积岩系、早中晚期冲洗杂岩、中晚二叠世-晚三叠世蛇绿岩	深	早期向北逆冲、晚期左行走滑	早期压性、晚期扭性	早三叠世	石炭纪-中三叠世沙江洋开启；早-中三叠世俯冲、逆冲剪切；晚三叠世洋盆消亡、碰撞造山，左行走滑剪切韧性变形为主构造组合；侏罗纪以来右行走滑韧性变形式切变形，科帕组合逐步发展	陆缘弧-陆陆碰撞带	前期：锰矿化；同期及后期：铜、铅锌矿化

续表 4-1

名称	代号	类型	规模	产状	组合形式	物质组成	构造层次	运动方式	力学性质	形成时代	变形期次	大地构造环境	含矿性
乌兰湖-澜沧江逆冲走滑构造	WLNZ	挤压	长度555km；宽度0.5～20km；深度：切割岩石圈，为一重力航磁梯度带	走向北西；倾向：北侧倾向南西，南侧倾向北东；倾角60°～75°	平行	主要有早石炭世陆缘裂谷火山-沉积岩系和陆表海沉积岩系、晚三叠世（硬玉）高压变质岩系，晚三叠世岛弧火山-沉积岩系和被动陆缘火山-沉积岩系，中侏罗世弧后前陆盆地沉积岩系	深	早期向北逆冲，晚期左行走滑	早期压性，晚期扭性	晚二叠世	早石炭世裂谷期；早-中三叠世洋盆开启；中-晚三叠世洋壳向北俯冲，韧性逆冲构造形成；晚三叠世中晚期洋盆消亡，陆-陆碰撞，叠加左行走滑构造；晚侏罗世以来转化为右行脆性剪切变形	陆缘弧-陆陆碰撞带	水晶、铍、锡、锑
西北倾山-南秦岭逆冲推覆构造	XNNT	挤压-逆掩推覆	长大于500km，宽20～40km	总体北倾，倾角65°～70°	平行	震旦纪碳酸盐岩-碎屑岩、奥陶纪碳酸盐岩、二叠纪碎屑岩及上覆中新生代粗碎屑岩	中浅	逆冲走滑	压剪性	晚古生代	多期活动，元古宙伸展、晚古生代逆冲、中新生代走滑	陆内裂谷	铁、磷、金

第六节 晚古生代至中三叠世大地构造分区

通过西北地区晚古生代—中三叠世各个断代沉积建造组合特征及构造古地理研究、火山岩和侵入岩岩石构造组合及大地构造环境分析、变质岩岩石构造组合及变质区(带)与大地构造关系研究、大型变形构造与晚古生代—中三叠世各大地构造单元关系(特别是对该阶段各大地构造单元边界的控制作用)研究,我们将西北地区晚古生代—中三叠世大地构造单元总体划分为5个板块(西伯利亚板块、哈萨克斯坦-准噶尔-阿拉善板块、塔里木-柴达木板块、华北板块、华南-羌塘板块)和其间的3个对接带[斋桑-额尔齐斯(查尔斯克-乔夏喀拉-布尔根)对接带、西南天山对接带和康西瓦-苏巴什-阿尼玛卿-勉略拼接带]及塔里木板块-华北板块之南的昆仑山-宗务隆-秦岭增生造山带,共9个Ⅰ级构造单元(图4-1),并进一步划分为28个Ⅱ级构造单元(图4-2)、64个Ⅲ级构造单元(图4-3、表4-2)和30个Ⅳ级构造单元。

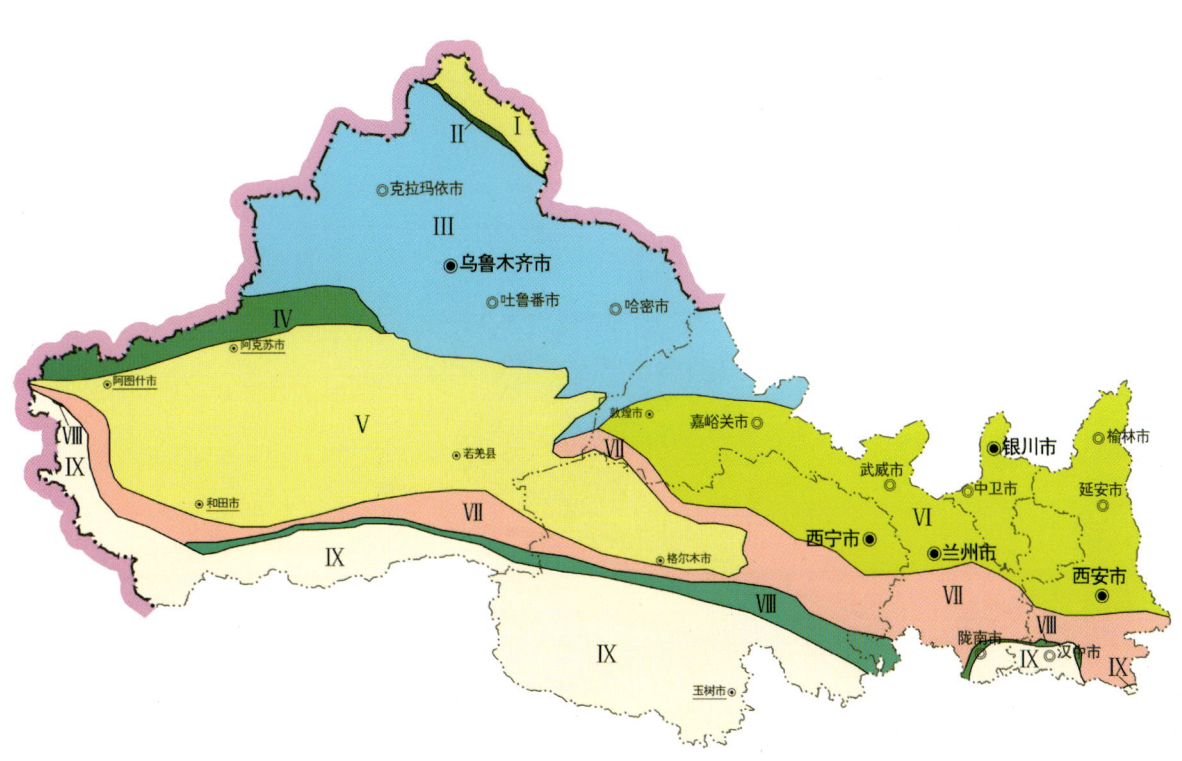

图4-1 西北地区晚古生代—中三叠世Ⅰ级构造单元划分图

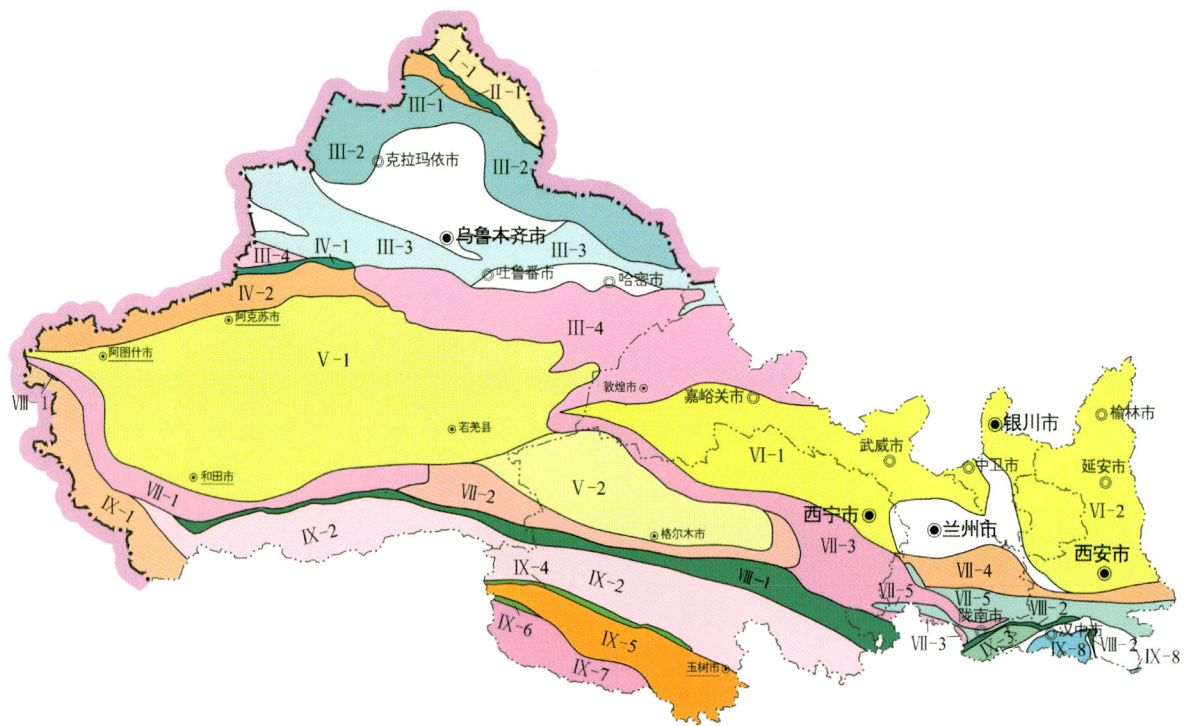

图 4-2　西北地区晚古生代—中三叠世Ⅱ级构造单元划分图

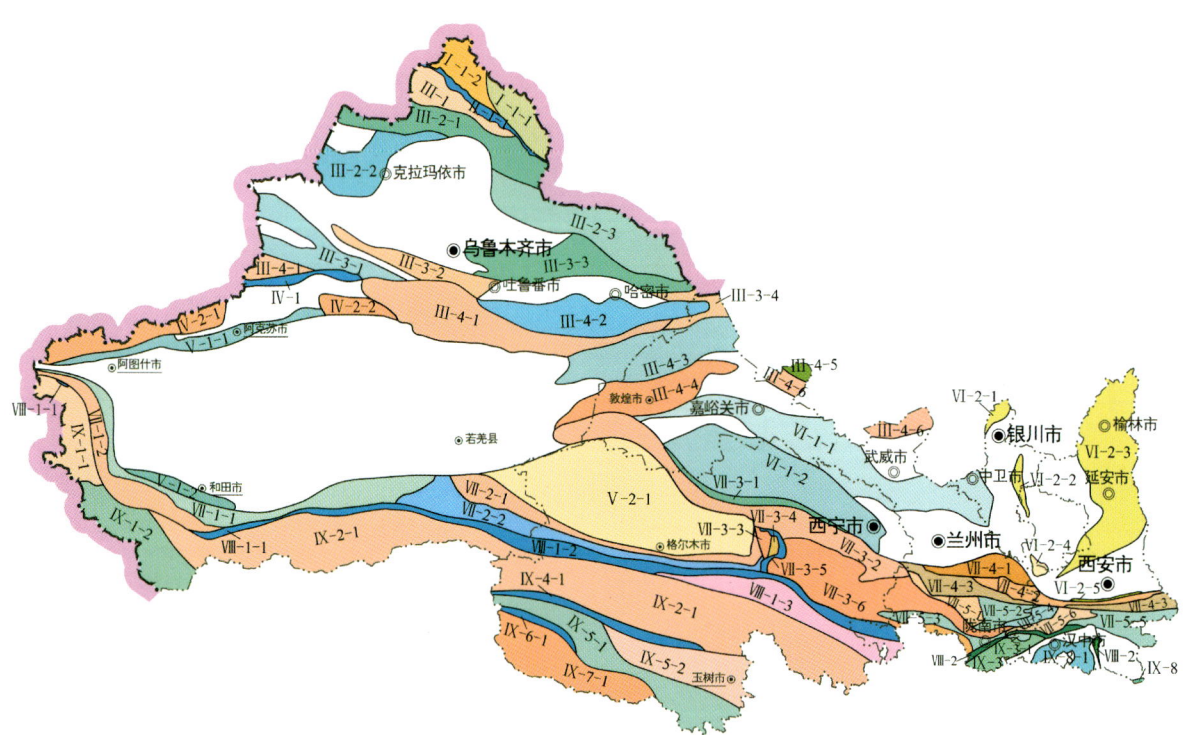

图 4-3　西北地区晚古生代—中三叠世Ⅲ级构造单元划分图

表 4-2 西北地区晚古生代(晚泥盆世)—中三叠世构造单元划分表

Ⅰ级构造单元	Ⅱ级构造单元	Ⅲ级构造单元	Ⅳ级构造单元
Ⅰ西伯利亚板块	Ⅰ-1 阿尔泰弧盆系	Ⅰ-1-1 诺尔特岩浆弧(C₁)	
		Ⅰ-1-2 阿尔泰晚古生代陆缘弧(P₂₂)	
Ⅱ斋桑-额尔齐斯-夏咯拉-布尔根(奎尔斯克)对接带	Ⅱ-1 额尔齐斯复合增生岩系(P₂₂)	Ⅱ-1-1 额尔齐斯蛇绿混杂岩带(D₃—C₁)	
Ⅲ哈萨克斯坦-准噶尔-阿拉善联合板块	Ⅲ-1 哈巴河县岩浆弧(D₃—C₁)		
	Ⅲ-2 准噶尔周缘后碰撞伸展裂谷系(D₃—P₂)	Ⅲ-2-1 北准噶尔后碰撞裂谷(D₃—P₂)	Ⅲ-2-1-1 北准噶尔后碰撞裂谷边缘相(C₂—P₂)
			Ⅲ-2-1-2 北准噶尔后碰撞裂谷边缘相-中心相(D₃—C₂)
		Ⅲ-2-2 西准噶尔后碰撞裂谷(D₃—P₂)	Ⅲ-2-2-1 达拉布特晚古生代蛇绿岩(C?)
			Ⅲ-2-2-2 库普裂谷边缘相(P₂)
			Ⅲ-2-2-3 库普-乌尔禾裂谷中心相(D₃—C₂)
		Ⅲ-2-3 东准噶尔后碰撞裂谷(D₃—P₂)	Ⅲ-2-3-1 野马泉-三塘湖裂谷盆地(P₁₋₂)
			Ⅲ-2-3-2 哈库尔特、哈甫提克山、伊吾后碰撞裂谷中心相(D₃—C₂)
	Ⅲ-3 伊什基里克-阿吾拉勒-巴音沟-博格达-红石山后碰撞伸展裂谷系(D₃—P)	Ⅲ-3-1 伊什基里克-阿吾拉勒后碰撞裂谷(弧后盆地)(D₃—C₁)	
		Ⅲ-3-2 依连哈比尔尕-巴音沟增生杂岩带(D₃—C₂)	
		Ⅲ-3-3 博格达裂谷(C—P)	
		Ⅲ-3-4 红石山-小黄山增生杂岩带(C)	Ⅲ-3-4-1 红石山蛇绿混杂岩(C)
			Ⅲ-3-4-2 明水-旱山岩浆弧(D₃—C)
			Ⅲ-3-4-3 小黄山蛇绿混杂岩(C)
	Ⅲ-4 中天山-东天山-北山-危山-阿拉善岩盆系(D₃—P)	Ⅲ-4-1 那拉提-巴伦台-额尔宾山东-卡拉塔格岩浆弧(D₃—C₁)	Ⅲ-4-1-1 那拉提岩浆弧(D₃—C₁)
			Ⅲ-4-1-2 巴伦合岩浆弧(D₃—C₁)
			Ⅲ-4-1-3 额尔宾山东岩浆弧(D₃—C₁)

续表 4-2

Ⅰ级构造单元	Ⅱ级构造单元	Ⅲ级构造单元	Ⅳ级构造单元
Ⅲ哈萨克斯坦-准噶尔-阿拉善联合板块	Ⅲ-4 中天山-东天山-北山-三危山-阿拉善弧盆系（D_3—P）	Ⅲ-4-2 小热泉子-雅满苏-黄山后碰撞裂谷带（C_1—P）	Ⅲ-4-2-1 黄山-四顶黑山二叠纪裂谷（P）
			Ⅲ-4-2-2 小热泉子-雅满苏石炭纪后碰撞裂谷（C）
		Ⅲ-4-3 笔架山-柳园后碰撞裂谷（C—P）	
		Ⅲ-4-4 三危山-瓜州岩浆弧（C—P）	
		Ⅲ-4-5 龙首山北断陷盆地（C—P）	
		Ⅲ-4-6 龙首山岩浆弧（C—P）	
Ⅳ西南天山对接带	Ⅳ-1 哈尔克山高压-超高压变质带（C_1）		
	Ⅳ-2 南天山残留海盆地（D_3—C）	Ⅳ-2-1 西南天山残留海盆地（D_3—C）	
		Ⅳ-2-2 额尔宾山-帕尔岗塔格残留海盆地（D_3—C）	
Ⅴ塔里木-柴达木板块	Ⅴ-1 塔里木-敦煌地块（Pz$_2$）	Ⅴ-1-1 西南天山裂谷-前陆盆地（P）	
		Ⅴ-1-2 和田碳酸盐岩台地（C—P）	
	Ⅴ-2 柴达木地块	Ⅴ-2-1 柴达木陆表海（C—P）	Ⅴ-2-1-1 柴达木西北缘陆表海（C—P）
			Ⅴ-2-1-2 柴达木东南缘陆表海（C—P）
			Ⅴ-2-2-1 西南天山晚泥盆世残留海盆地
			Ⅴ-2-2-2 西南天山石炭纪残留海盆地
Ⅵ华北板块	Ⅵ-1 祁连准克拉通化-被动陆缘盆地（Pz$_2$）	Ⅵ-1-1 祁连北部海陆交互相陆表海（C）-陆相盆地（P—T$_2$）	
		Ⅵ-1-2 祁连中南部被动陆缘（C—P）-海陆交互相陆表海（T$_{1-2}$）	
	Ⅵ-2 鄂尔多斯-贺兰山中段叠合盆地（C_2—T$_2$）	Ⅵ-2-1 贺兰山西缘海陆交互相陆表海（C—P$_1$）-陆相坳陷盆地（P$_2$—T$_3$）	
		Ⅵ-2-2 鄂尔多斯西缘陆相坳陷盆地（C—P$_1$）-陆相坳陷盆地（P$_2$—T$_2$）	
		Ⅵ-2-3 鄂尔多斯东部海陆交互相陆表海（C—P$_1$）-陆相坳陷盆地（P$_2$—T$_2$）	
		Ⅵ-2-4 鄂尔多斯西南缘陆相压陷盆地（T$_{2-3}$）	
		Ⅵ-2-5 北秦岭北部陆相坳陷盆地（P$_2$）	

续表 4-2

Ⅰ级构造单元	Ⅱ级构造单元	Ⅲ级构造单元	Ⅳ级构造单元
Ⅶ 昆仑山-宗务隆-秦岭增生带	Ⅶ-1 西昆仑弧盆系（C_2—P_2）	Ⅶ-1-1 昆盖山-阿羌裂谷（弧后盆地?）（C_1—P_2）	Ⅶ-1-1-1 昆盖山石炭纪-二叠纪裂谷
			Ⅶ-1-1-2 昆中石炭纪-二叠纪裂谷
			Ⅶ-1-1-3 阿羌石炭纪-二叠纪裂谷（C_2—P_2）
	Ⅶ-2 东昆仑弧盆系（C_2—T）	Ⅶ-1-2 西昆仑中岩浆弧（C_2—T）	
		Ⅶ-2-1 东昆北岩浆弧（C_2—T）	
		Ⅶ-2-2 东昆南被动陆缘（C—P）-上叠周缘前陆盆地（T_{1-2}）	
	Ⅶ-3 宗务隆-兴海-甘加弧盆系（P—T）	Ⅶ-3-1 宗务隆-甘加裂谷（D—P）	
		Ⅶ-3-2 柴达木北缘-青海湖南山岩浆弧（P—T）	
		Ⅶ-3-3 鄂拉山岩浆弧（T）	
		Ⅶ-3-4 赛什塘周缘前陆盆地（T_{1-2}）	
		Ⅶ-3-5 兴海蛇绿混杂岩（D—P）	
		Ⅶ-3-6 隆务河-留凤关弧后盆地-弧后前陆盆地（T）	Ⅶ-3-6-1 隆务河-留凤关前陆盆地（T）
			Ⅶ-3-6-2 西倾山南前陆盆地（T）
	Ⅶ-4 陇山-北中秦岭弧盆系（Pz_2—T）	Ⅶ-4-1 陇山岩浆弧（Pz_2—T）	
		Ⅶ-4-2 北秦岭南部岩浆弧（Pz_2—T_3）	Ⅶ-4-2-1 宝鸡南-大白岩浆弧（Pz_2—T_3）
			Ⅶ-4-2-2 北秦岭南缘岩浆弧（Pz_2—T_3）
		Ⅶ-4-3 刘岭-大草滩前陆盆地（D—C_1）	Ⅶ-4-3-1 大草滩前陆盆地（D—C_1）
			Ⅶ-4-3-2 刘岭前陆盆地（D）
	Ⅶ-5 南秦岭地块	Ⅶ-5-1 十里墩-五朵金花岛弧（P—T）	
		Ⅶ-5-2 舒家坝被动陆缘（D—P_1）	
		Ⅶ-5-3 西倾山被动陆缘（D—T_1）	
		Ⅶ-5-4 刘岭-大草滩前陆盆地（D—T_2）	
		Ⅶ-5-5 凤县-太白被动陆缘（D—T_2）	
		Ⅶ-5-6 山柞镇旬被动陆缘（D）	
		Ⅶ-5-6 南秦岭岩浆弧（Pz_2—T）	

续表 4-2

Ⅰ级构造单元	Ⅱ级构造单元	Ⅲ级构造单元	Ⅳ级构造单元
Ⅷ康西瓦-苏巴什-阿尼玛卿-勉略拼接带	Ⅷ-1 南昆仑结合带（Pz₂—T）	Ⅷ-1-1 木吉苏巴什蛇绿混杂岩带（C-P）	
		Ⅷ-1-2 木孜塔格-西大滩-布青山蛇绿混杂岩带（C-P）	
		Ⅷ-1-3 玛多-玛沁增生楔（P-T₂）	
	Ⅷ-2 勉略结合带（Pz₂—T）	Ⅷ-2-1 文县-勉构造混杂岩带（T）	
		Ⅷ-2-2 高川地块（D-P）	
Ⅸ华南-羌塘板块	Ⅸ-1 甜水海地块	Ⅸ-1-1 甜水海地块西部（萨雷阔勒岭-肖鲁克）岩浆弧（PT）	
		Ⅸ-1-2 甜水海地块东部被动陆缘（CP）-上叠前陆盆地（T₂₋₃）	Ⅸ-2-1-1 康西瓦-泉水沟（黄羊岭群）被动陆缘（P），上叠前陆盆地（T₃）
	Ⅸ-2 巴颜喀拉地块	Ⅸ-2-1 巴颜喀拉前陆盆地（T₁₋₃）	Ⅸ-2-1-2 巴颜喀拉前陆盆地（T₁₋₃）
	Ⅸ-3 摩天岭地块	Ⅸ-3-1 踏坡陆缘裂陷盆地（D-C）	
	Ⅸ-4 西金乌兰结合带	Ⅸ-4-1 西金乌兰蛇绿混杂岩带（C-P₂）	
	Ⅸ-5 昌都地块	Ⅸ-5-1 昌都地块南部地裂合-被动陆缘-陆表海（D₂-C₁），上叠岛弧-弧间-双向前陆盆地（P-T）	
		Ⅸ-5-2 昌都地块北部岛弧-弧间-双向前陆盆地（P-T）	
	Ⅸ-6 乌兰乌拉湖结合带	Ⅸ-6-1 乌兰乌拉湖蛇绿混杂岩（C-P₂）	
	Ⅸ-7 北羌塘地块	Ⅸ-7-1 北羌塘地块北部岛弧-弧间-弧后盆地（P-T）	
	Ⅸ-8 上扬子地块	Ⅸ-8-1 米仓山-大巴山被动陆缘（P-T₂）	

第七节 大地构造相特征

一、西伯利亚板块

西伯利亚板块南缘阿尔泰地块，晚古生代早期（D_{1-2}）在其南缘发育增生岩浆弧（见本书第三章），是早古生代阿尔泰弧盆系持续发展的产物。

晚泥盆世—早石炭世，在阿尔泰地区较之前有很大不同，南部（弧前）发育了以长石石英砂岩-粉砂岩-泥岩夹酸性火山岩（红山嘴组，C_1）的前陆盆地碎屑岩-灰岩组合；同时在阿尔泰北部（诺尔特地区）发育了以石英质砾岩-砂岩-粉砂岩-泥岩（库马苏组-红山嘴组）为特征的晚泥盆世—早石炭世准克拉通化（弧背）盆地碎屑岩-灰岩组合。这种岩石组合特征可能反映了该时期阿尔泰南部俯冲-同碰撞构造活动的大陆边缘弧构造环境和北部远离俯冲带趋于稳定的（弧背）构造环境。

同样，阿尔泰石炭纪侵入岩主要以同碰撞—后碰撞的二长花岗岩-花岗闪长岩为主，1∶25万区域地质调查新近获得花岗闪长岩 U-Pb 年龄为 326 ± 6Ma 和二长花岗岩 U-Pb 年龄为 329 ± 13Ma；同时在北部碱长花岗岩居多，反映了自南向北碱含量增高，并以钾质碱性居多，显示出与上述火山-沉积岩系同样的俯冲极性特点。此外还获得黑云花岗岩-二云花岗岩 U-Pb 年龄为 310 ± 16Ma。

对于阿尔泰碰撞造山的时限，有人认为在晚志留世—早泥盆世前发生了碰撞造山作用（庄育勋，1994；张湘炳等，1996；张翠光，2004）；也有人认为直到晚石炭世—二叠纪才开始发生碰撞（Coleman et al，1989，任纪舜等，1999；Windley et al，2002）。布尔根碱性花岗岩的形成年龄为 350Ma（童英等，2006）可能代表了主体造山活动的结束，乌图布拉克花岗岩被认为是碰撞造山作用晚期的钙碱性花岗岩（罗世宾等，2006），其年龄 334.1 ± 9.5Ma，为早石炭世。

近年来 SHRIMP 法和 Ar-Ar 法定年研究结果表明，阿尔泰造山带花岗岩、花岗片麻岩、变质基性岩、基性麻粒岩等的年龄相近，指示阿尔泰造山带 280~240Ma 广泛存在一次重要的、区域性的构造热事件（肖文交，2006；王涛等，2005；童英等，2006；陈汉林等，2006；周刚等，2005；胡霭琴等，2006）。郑长青等（2005）在冲乎尔地区研究认为该区的蓝晶石-矽线石型（中亚型）变质带发育与弧-陆碰撞的大地构造环境有关，该带独居石 CHIME 法定年结果为（268 ± 10）~（261 ± 20）Ma，该带和中部阿尔泰红柱石-矽线石型（低压型）变质带形成时代（264~262Ma）一致，也证明阿尔泰地区在中二叠世曾发生过一次大规模的构造热事件。

二、斋桑-额尔齐斯（查尔斯克-乔夏喀拉-布尔根）对接带（Pz_2）特征

该构造带的蛇绿岩最新年龄为 352Ma（何国琦，2010），为早石炭世。根据沉积地层接触关系和花岗岩岩石构造组合及其测年资料，综合判断洋盆的关闭发生在早石炭世维宪期。

洋盆关闭后的石炭纪—二叠纪至三叠纪早期，为同碰撞—后碰撞的构造热事件和伴随的强大的区域韧性剪切构造变形变质事件的发生时间。刘国仁等（2008）在额尔齐斯构造带石英闪长质片麻岩中获 SHRIMP 锆石 U-Pb 年龄为 326 ± 6Ma，并认为其属后碰撞阶段岩浆活动的产物。周刚等（2007）对该结

合带的玛因鄂博断裂带中的花岗质糜棱岩的锆石及黑云母年龄进行了研究,获得花岗质糜棱岩的侵位年龄为281Ma(SHRIMP锆石U-Pb),为后碰撞伸展期产物,属高钾钙碱性花岗岩,该糜棱岩具有同构造侵入特征,其形成与玛因鄂博断裂构造密切相关。童英等(2006)获得二台断裂西的额尔齐斯断裂带中片麻状黑云母花岗岩的年龄为281±5Ma,属后碰撞剪切活动中产物;而未发生明显变形的黑云母花岗岩的锆石U-Pb年龄为275±2Ma,说明额尔齐斯-玛因鄂博构造带内存在有形成于280Ma左右的一期与区域性剪切-走滑活动有关的岩浆活动。

构造年代学方面,杨新岳等(1994)测得片麻状花岗岩中斜长石K-Ar年龄308.4Ma,混合岩中变质角闪石K-Ar年龄280.8Ma;胡霭琴等(1990)获得斜长片麻岩的Ar-Ar等时线年龄273.39±1.48Ma、坪年龄270.76±2.07Ma和全岩年龄265.76±21.84Ma;Laurent-Charvet等(2003)获得片麻岩、糜棱质斜长角闪岩、混合片麻岩中黑云母、角闪石的Ar-Ar年龄265～244Ma,并在青河县城西北的云母片岩中获得黑云母Ar-Ar等时线年龄261.4±3.2Ma和Ar-Ar坪年龄249.9±2.2Ma,结合额尔齐斯构造带在哈萨克斯坦境内获得的245～280Ma的年龄信息,认为阿尔泰南缘的韧性剪切变形时代为290～245Ma,为二叠纪—早三叠世产物。闫升好等(2005)对额尔齐斯构造带西段多拉纳萨依和赛都两剪切带型金矿含金蚀变岩中云母类矿物进行了年代学测定,获Ar-Ar坪年龄分别为292.8Ma、289.2Ma,等时线年龄为293.1～291.9Ma;而出露于富蕴县城西南的未变形黑云母花岗岩形成于275±2Ma,阿尔泰市东南的喇嘛昭岩体形成于276±6Ma(王涛等,2005),亦为未发生明显变形的近圆形岩体。这些特征说明275Ma后,区域性的剪切活动已减弱,额尔齐斯构造带的区域性大型剪切活动的高峰期应为290～270Ma,为区域性拉伸活动的晚期或之后,而265～245Ma的Ar-Ar年龄可能为大规模剪切活动之后的构造热事件或岩石经历剪切变形后抬升至近地表冷却的年龄。玛因鄂博断裂具有漫长而复杂的演化历史,在区域性大规模的剪切-走滑(左行)活动后仍存在局部的剪切活动,直到中三叠世才结束。

三、哈萨克斯坦-准噶尔-阿拉善(联合)板块

哈萨克斯坦-准噶尔-阿拉善联合板块是本研究工作根据早古生代哈萨克斯坦-准噶尔联合板块及其周边,在与晚古生代—中三叠世时期的地质对比后调整的。调整后主要包括斋桑-额尔齐斯对接带之南,西南天山对接带之北,南抵敦煌三危山,东达龙首山,主体经历了早—中泥盆世弧盆系阶段、晚泥盆世—早石炭世后碰撞裂谷发育、晚石炭世—二叠纪汇聚增生造山和二叠纪局限裂谷再次发育、晚二叠世—早三叠世裂谷关闭,全面进入陆内盆山演化阶段的地质历史。要说明的是,该阶段后碰撞裂谷是在早古生代—中泥盆世弧盆系基础上发育的,物质建造上既具有裂谷特点,但又区别于板内裂谷;同时受前期"弧基底"的影响,而带有弧的某些特征,总体表现出"似弧非弧"的岩浆岩组合和裂谷近源沉积特点。

根据晚古生代—中三叠世主体岩石构造组合特征及反映的大地构造环境特点,可以划分为哈巴河县岩浆弧(D_3—C_1)、准噶尔周缘后碰撞伸展裂谷系(D_3—P_2)、伊什基里克-阿吾拉勒-巴音沟-博格达-红石山后碰撞伸展裂谷系(弧后盆地?)(D_3—P)和中天山-东天山-北山-三危山-阿拉善弧盆系(D_3—P)4个Ⅱ级构造单元;并进一步划分出4个岩浆弧,8个后碰撞裂谷和2个增生造山带共14个Ⅲ级构造单元和若干个Ⅳ级构造单元。

下面就Ⅱ级构造单元特征进行阐述,其中哈巴河县岩浆弧(D_3—C_1)在本书第三章已经介绍,在此

不再赘述。

1. 准噶尔周缘后碰撞伸展裂谷系(D_3—P_2)

准噶尔周缘后碰撞伸展裂谷系,以明显的向陆退积的沉积地层序列和后碰撞碱性中酸性火山岩、碱性中酸性侵入岩为特征。从物质建造看,南部更趋向裂谷中心,以巨量火山岩喷发和深水沉积居多;北准噶尔-西准噶尔靠西部粗粒陆源碎屑居多。整体包括北准噶尔、西准噶尔和东准噶尔3个次级(Ⅲ级)构造单元。主体可分为早期(D_3—C)和晚期(P)两个阶段,前期为海相-海陆交互相,是划分Ⅱ级构造单元的"优势相";晚期为陆相,并在沿萨乌尔—卡拉麦里山北构成北西向中酸性岩浆集中喷发带,可能构成裂谷中心相;其东、西两侧为夹火山岩的砾岩-砂砾岩。二者之间为角度不整合接触。就两个阶段的裂谷结构和相带分布看,继承性不明显,裂谷中心相有明显迁移。

(1)北准噶尔后碰撞裂谷:西部萨乌尔一带,由不整合于萨乌尔与乔夏喀拉-老山口岛弧及洋内弧(Pz_1—D_2)之上的裂谷边缘相和裂谷中心相两类组成。边缘相主要为那林卡拉组(C_1)海陆交互相砂泥岩组合、吉木乃组(C_2)陆相凝灰质砂岩夹安山岩组合、恰其海组(C_2)海相岩屑砂岩-砂岩-泥岩组合。整体表现出海进过程向陆退积沉积序列特点。向南边缘相向中心相过渡,岩石组合为塔尔巴哈台组(D_3—C_1)、姜巴斯套组(C_1)夹多个砂砾岩水下扇沉积楔状体的泥质岩-硅质岩-泥灰岩-酸性火山岩。南部在塔尔巴哈台—谢米斯台地区以裂谷中心相为主,为洪古勒楞组(D_3C_1)-塔尔巴哈台组(D_3C_1)砂岩-灰岩-硅质岩-板岩-酸性火山岩组合和黑山头组(C_1)凝灰岩-中基性-中酸性火山岩组合。萨乌尔—二台地区二叠纪花岗岩以富碱花岗岩、碱长花岗岩和碱性花岗岩为主,具幔源分异特征,锶初始比值为0.704 0~0.708 4,岩石化学亦表现为富碱,分属混熔的Ⅰ型和深断裂带的A型,在R_1-R_2图解中投点较分散,主要为后碰撞期。

北准噶尔地区东部后碰撞裂谷建造平行不整合—整合于下伏早—中泥盆世火山弧建造(见本书第三章,整体表现为一套海相-海陆交互相-陆相中酸性火山岩-沉积岩建造组合)之上,由克安库都克组-卡西翁组(D_3)陆相砂岩-灰岩-凝灰岩组合、江孜尔库都克组(D_3C_1)海陆交互相砾岩-凝灰质砂岩-中酸性火山岩组合、黑山头组(C_1)海相或湖相砂岩-中酸性火山岩组合、姜巴斯套组(C_1)砾岩-砂岩-粉砂岩-碳质泥岩组合构成向上变新的退积沉积序列,反映地壳拉张背景下的海进过程,整体表现为裂谷边缘相特点。

萨乌尔-老山口石炭纪花岗岩类以黑云母花岗岩、花岗闪长岩为主,并以富碱为特征,全碱平均为8.75%~9.51%,K_2O/Na_2O=0.95~1.2,在R_1-R_2图解中主要投点于造山晚期区域,个别落入同碰撞期区域。K-Ar同位素年龄为348~302Ma。

(2)西准噶尔后碰撞裂谷:叠加在奥陶纪—中泥盆世西准噶尔弧盆系之上。受后期构造的改造,边缘相和中心相间杂出露,但中心相多集中在达拉布特断裂西侧,其东、西两侧为边缘相。西部边缘相位于巴尔雷克地区,主要为铁列克提组(D_3)河流相-海陆交互相砾岩-凝灰质砂岩-灰岩-砂岩组合、姜巴斯套组(C_1)海相砾岩-凝灰质砂岩-板岩组合、吉木乃组(C_2)陆相凝灰质砂岩夹中酸性火山角砾岩-凝灰岩组合。东部边缘相位于包古图地区,主要为一套海相火山沉积岩组合,包括希贝库拉斯组(C_1)凝灰质砂岩夹中酸性火山岩、包古图组(C_{1-2})安山岩(新获得345.6±6.2Ma的锆石U-Pb年龄)-玄武岩-中酸性凝灰岩岩-凝灰质砂岩-泥岩组合(中国科学院南京地质古生物研究所曾在柳树沟老公路阿克库拉采石场灰岩中发现 *Gigantoproductus*, *Syringothyris* 等化石,故将时代定为早石炭世维宪期)、太勒古拉组(C_2)硅质岩-中基性火山-泥岩-凝灰质砂岩组合、喀拉阿拉特组(C_2)砂岩-安山岩-灰岩-泥岩组合、阿拉都克塞尔组(C_2)砂岩-泥岩-中基性火山岩组合。西准噶尔的晚石炭世至早—中二叠世以偏碱性或双峰式火山活动为主,如英安斑岩、流纹斑岩、玄武岩、流纹角砾岩及其凝灰岩、碎屑岩等,并有后碰撞期碱性花岗岩、碱性岩岩体侵入。晚二叠世则为红色磨拉石沉积,属陆内断陷盆地相(库吉尔台组湖盆三角洲相砂砾岩;尖山沟组和小泉沟群均为河流砂砾岩-粉砂岩)。二叠纪后碰撞伸展阶段形成了哈尔加乌组(P_1)-卡拉岗组(P_1)等陆相火山岩及碎屑沉积并含煤。其最大的特征是碱性、偏碱性火山活动强烈,如粗面安山岩、碱性流纹岩、钠长斑岩、橄榄玄武岩等,有的构成双峰式火山岩组合,为裂谷相的裂谷中心亚相。中二叠世后火山活动基本停息,晚二叠世以陆相粉砂岩、泥岩夹凝灰岩及煤层为主,已属陆内断陷盆地相沉积。

石炭纪中酸性侵入岩以花岗岩、花岗闪长岩等为主,如庙尔沟等大花岗岩基,时代为323~315Ma,以富碱为特征,R_1-R_2图解中投点于同碰撞—后碰撞期。二叠纪后碰撞花岗岩以碱长花岗岩、碱性花岗岩等为主,如阿克巴斯套、红山、庙尔沟等岩体,时代为277~245Ma。韩宝富等(2010)研究认为西准噶尔北部有3期岩浆活动:422~405Ma的侵入活动集中分布于谢米斯台山、和赛尔山,近东西向分布;346~321Ma的侵入岩集中分布于塔尔巴哈台山、萨吾尔山,近东西向分布;304~263Ma的岩体分布于北疆各地,为晚古生代洋盆闭合后的后碰撞期产物。童英等(2010)的研究认为西准噶尔石炭纪—二叠纪花岗岩较为发育,形成时代可分为两期,早石炭世花岗岩(340~320Ma)主要分布于萨乌尔、塔尔巴哈台、森塔斯等地区,主要岩石类型包括二长闪长岩、花岗闪长岩、二长花岗岩及钾长花岗岩,基本都属I型;晚石炭世—早二叠世花岗岩(310~290Ma)在西准噶尔地区最为发育,并多集中发育于308~296Ma,岩石类型多样,包括石英闪长岩、钾长花岗岩、紫苏花岗岩、碱长花岗岩等,以钾长花岗岩为主,大量A型花岗岩特别是铝质A型花岗岩,在该时期集中发育,时代在300Ma左右(周涛发等,2006)。整体反映了后碰撞环境特点(袁峰等2006;范裕等2007;Zhou et al,2008)。

在西准噶尔裂谷的东部还发育达拉布特蛇绿混杂岩,它是西准噶尔地区研究较为深入的蛇绿岩(冯益民,1986;Feng et al,1989;朱宝清等,1987;肖序常等,1992;张驰等,1992),其组成主要为变质橄榄岩,少量堆晶岩、辉长岩、枕状玄武岩及放射虫硅质岩等,其中放射虫化石的时代为早—中泥盆世(肖序常等,1992),斜长花岗岩不发育。刘希军等(2009)认为达拉布特蛇绿岩形成于弧后环境,属于弧后扩张脊的产物。其中堆晶辉长岩全岩Sm-Nd等时线年龄为395±12Ma(张弛等,1990),玄武岩Rb-Sr等时线年龄为411±18Ma(李华芹等,2004),辉长辉绿岩锆石U-Pb年龄为398±10Ma(夏林圻等,2007),辜平阳等(2009)获得该蛇绿岩组分的辉长岩中锆石的LA-ICP-MS测年数据为391.1±6.8Ma。陈博等(2011)在达拉布特河桥附近蛇绿混杂岩露头中的角闪辉长岩中测得SHRIMP锆石U-Pb年龄为426±6Ma,认为其所代表的古洋盆在中志留世就已存在。此外,徐新等(2006)还测得达拉布特辉石闪长岩325Ma的锆石年龄信息(SHRIMP法),刘希军等(2009)测得近等轴状的阿克巴斯套岩体中浅色辉长岩U-Pb年龄为302Ma,同时,侵入到达拉布特蛇绿岩的花岗岩测年结果限定了蛇绿岩侵位时代不晚于308Ma(陈石等,2010)。上述同位素测年结果似乎表明达拉布特蛇绿岩所代表的古洋盆在中志留世就已存在,它是早古生代—中泥盆世弧盆系残留洋盆的持续,还是后碰撞阶段新生的洋壳,目前还没有定论。我们根据蛇绿岩带之外的区域地质特征,暂且将其归于后者,置于晚古生代。

(3)东准噶尔后碰撞裂谷:裂谷边缘相主要在卡拉麦里山以北,下部为喀希翁组(D_3)滨海-陆相碎屑岩组合、江孜尔库都克组(D_3C_1)砂砾岩-砂岩-凝灰岩-中酸性火山岩组合;中部为黑山头组(C_1)海相或湖相砂岩-中酸性火山岩组合、姜巴斯套组(C_1)砾岩-砂岩-粉砂岩-碳质泥岩组合、那林卡拉组(C_1)海陆交互相砾岩-砂岩-泥岩组合、塔木岗组(C_1)海陆交互相砾岩-砂岩-含碳泥岩组合;上部为弧形梁组(C_2)

陆相砾岩-砂岩-泥岩组合。

裂谷中心相主要发育于南部卡拉麦里并向东南延伸，与南部博格达裂谷中心相相连。主要岩石组合：下部为黑山头组（C_1）中基性-中酸性火山岩夹泥质岩组合、巴塔玛依内山组（C_2）陆相中基性火山岩，顶部泥质岩组合；上部为晚石炭世陆相-海相多期退积火山-沉积岩，其间多为不整合接触。晚石炭世的巴塔玛依内山组为碎屑岩及陆相偏碱性的中酸性—酸性火山岩、橄榄玄武岩等，不整合覆于下伏地层之上，与二叠系下—中部的陆相双峰式火山岩、钠长斑岩、流纹岩、含砾熔结凝灰岩等组成了裂谷中心亚相。上二叠统则为陆相磨拉石建造，以杂砂岩、砾岩、泥岩为主，含菱铁矿、白云岩及油页岩；三叠系为石英砾岩夹砂泥岩并含玛瑙砾岩。

东准噶尔地区晚石炭世—早二叠世的基性—超基性杂岩（281Ma）-花岗闪长岩-二长花岗岩（297Ma）-正长花岗岩（281Ma）-碱长花岗岩组合，属后碰撞伸展环境产物。韩宝福等（2006）通过SHRIMP锆石U-Pb年龄的研究，认为准噶尔晚古生代后碰撞深成岩浆活动从早石炭世维宪中—晚期开始至早二叠世末期结束，东准噶尔在330～265Ma间，西准噶尔在340～275Ma之间。该区晚石炭世—早二叠世的碱性（A型）花岗岩没有分带性，整个区域显示出一致性，表明该区此时已进入后碰撞伸展阶段（苏玉平等，2006，2008；韩宝福等2006，2010）。

2. 伊什基里克-阿吾拉勒-巴音沟-博格达-红石山后碰撞伸展裂谷系（弧后盆地）（D_3—P）

该裂谷系位于环准噶尔后碰撞裂谷系之南，以发育巨量幔源基性—超基性岩并出现晚泥盆世—早石炭世红海式洋盆（巴音沟、红石山、小黄山）为特征；二叠纪裂谷是在石炭纪裂谷关闭后再次张裂，而后在晚二叠世—三叠纪早期关闭的。因它又位于晚古生代中天山-东天山-北山-三危山-阿拉善弧盆系（D_3—P）之北的弧后，故可以视为其弧后盆地。自西向东可以进一步划分为伊什基里克-阿吾拉勒后碰撞裂谷（弧后盆地）（D_3—C_1）、依连哈比尔尕-巴音沟增生杂岩带（D_3—C_2）、博格达裂谷（C—P）和红石山-小黄山增生杂岩带（C）4个Ⅲ级构造单元。

（1）伊什基里克-阿乌拉勒后碰撞裂谷（弧后盆地，D_3—P）：分布于西天山的阿乌拉勒山和乌孙山一带，叠加在赛里木-伊犁被动陆缘（Nh—O_1）和博洛科努陆缘弧（O_2—D）之上，为在晚泥盆世陆相火山沉积岩系基础上张裂形成的石炭纪以海相火山岩系为主的后碰撞裂谷建造，与下伏泥盆系、奥陶系（北部博洛科努）、古元古界（南部木扎尔特群）为角度不整合接触。构成裂谷建造的主体为石炭纪—早二叠世火山-沉积岩建造。

石炭纪火山岩集中发育并与深水海相沉积夹层共生，主要集中在南部伊什基里克—北部阿乌拉勒一带，主体以中基性-中酸性火山岩夹凝灰质砂岩-灰岩组合（大哈拉军山组、阿克沙克组、伊什基里克组）为主，在南部伊什基里克具双峰式火山岩组合，其中的中基性火山岩中产丰富的岩浆喷流型磁铁矿，构成裂谷中心相。裂谷边缘相位于中心相外侧（南、北），横向相变大，底部发育扇三角洲杂砾岩-砂岩-灰岩组合［大哈拉军山组（$C_{1,2}$）-阿克沙克组（C_{1-2}）砾岩-砂岩组合和科古尔琴山组（C_2）粗碎屑岩夹滨浅海相生物碳酸盐岩组合］，扇三角洲的发育反映了地形高差大的后碰撞地理特点，向上为凝灰质砂板岩-灰岩夹层，反映了向上水体加深的海进序列；伊什基里克地区阿克沙克组发育有多顺层侵入的辉绿岩脉（床）；在边缘相区上述各组之间均出现超覆-区域角度不整合，可能反映了盆地边缘伸展扩张特点。有人认为科古尔琴山组局限发育和之下的不整合可能与裂谷闭合相关。从纵向上看石炭系自下向上由基底晚泥盆世陆相红层开始，经地台相和盆地相碳酸盐岩再到海陆交互相结束，与区域（包括北天山-准噶尔周边）具有明显一致性，反映了北疆地区从晚泥盆世至石炭纪海平面上升-下降过程，可能与地壳伸展裂陷到闭合过程相关。

上述裂谷向西北方向博洛科努至温泉-博乐以北的博尔塔拉断裂北部和冰达坂-米什沟结合带以西的阿拉套地区，构造趋于稳定，即从伊宁-博洛科努晚泥盆世(艾尔肯组)—石炭纪陆表海(泥盆纪碳酸盐岩-碎屑岩陆表海，石炭纪碳酸盐岩陆表海)向西北至以往所称泥盆纪—石炭纪阿拉套被动陆缘盆地(晚泥盆世陆缘斜坡亚相次深海浊流沉积，石炭纪陆棚陆源碎屑岩夹碳酸盐岩)。

二叠系自下向上从海陆交互相转变为陆相，与下伏石炭系角度不整合接触。早二叠世乌郎组为一套酸性火山岩、霏细斑岩及其碎屑沉积，部分见玄武岩，具陆相双峰式火山岩特征，属裂谷中心亚相。中晚二叠世为陆相多旋回砾岩-砂岩-泥岩-泥灰岩沉积组合，反映了裂谷封闭后的内陆盆地构造环境。

石炭纪岩体早期以石英闪长岩、二云母花岗岩为主，中一晚期为黑云母花岗岩、红色碱长花岗岩，属后碰撞期产物。据满发胜等(1993)研究，本区花岗岩类可划分为3个地质年龄段：第一地质年龄段包括307～304Ma的岩体，如中区和东区的孔吾萨依岩体和吾拉斯台岩体，以花岗闪长岩类为主，与石炭纪灰岩接触带产生矽卡岩和Fe-Cu矿化；第二地质年龄段的岩体(300～290Ma)多分布在西区，岩性上具有超酸、贫碱、贫Fe、Mg、Ca，分异指数高等特征，多属二长花岗岩类，如喀孜别克、查干浑迪、祖鲁洪等岩体，它们与钨、锡矿的形成有关；第三地质年龄段的岩体，形成年龄为为270Ma左右，如侵入于查干浑迪岩体中的库克托木岩体，为区内酸度最高的石英二长花岗岩，未见矿化现象，是区内酸性岩浆活动尾声的标志。这些花岗岩类均属后碰撞期花岗岩。

(2)依连哈比尔尕-巴音沟增生杂岩带(D_3—C_2)：是由早期(D_3—C_1)伸展裂谷-小洋盆建造和晚期(C_2)俯冲-增生杂岩构成。前者主体为沙大王组(C_1)含丰富的动植物化石的浅海相类复理石沉积(细砂岩-泥质岩-硅质岩)-酸性火山岩-基性火山岩和夹于其中的巴音沟-依连哈比尔尕蛇绿岩(D_3—C_1)组合构成裂谷中心相。蛇绿岩经剖面恢复，自下而上为变质橄榄岩、枕状玄武岩、块状玄武岩及穿插于玄武岩中的辉绿岩墙群和放射虫硅质岩。根据蛇绿岩组合中石炭纪放射虫(*Ceratoikicum* sp.)(王作勋等，1990)和晚泥盆世法门期的牙形石(*Palmatolepis* sp. 和 *Polygnathus* sp.)确认其时代为D_3—C_1(肖序常等，1992)。蛇绿岩带中斜长花岗岩和辉长岩的SHRIMP锆石U-Pb年龄分别为325 ± 7Ma和344 ± 3Ma(徐学义等，2005，2006)。侵位于蛇绿混杂岩带中的未变形变质的花岗岩SHRIMP锆石U-Pb年龄为325～316Ma(韩宝富等，2008)。蛇绿混杂岩残块(SSZ型)似属红海型或夭折裂谷(坳拉谷)相的裂谷中心亚相特征。

晚石炭世俯冲-增生杂岩主体由蛇绿混杂岩和不整合于前者之上的奇尔古斯套组(C_2)和类似前陆盆地前渊带复理石碎屑沉积(凝灰质砂岩-凝灰岩-泥岩夹酸性火山岩组合)构成。四颗树花岗闪长岩年龄为315.9 ± 2.5Ma(Han et al,2010)；在其北四棵树一带的同碰撞—后碰撞中酸性侵入岩组合中新近获得LA-ICP-MS锆石U-Pb测年结果为324.7～308.8Ma。

依连哈比尔尕-巴音沟裂谷是在早古生代—中泥盆世北天山洋关闭后(见本书第三章)，于晚泥盆世—早石炭世再次打开的红海式洋盆，还是前期洋盆的次生或残余小洋盆，目前还有争议。

(3)博格达裂谷(C—P)：为叠加在早古生代哈尔里克-大南湖岛弧带之上的晚古生代后碰撞裂谷，西与依连哈比尔尕夭折裂谷相接，向东经哈尔里克山与红石山裂谷和雅满苏裂谷相邻。裂谷有两次重要拉张期，一期为石炭纪，一期为早二叠世。

石炭纪裂谷中心相由七角井组(C_1)砂岩-硅质岩-基性火山岩-中酸性火山岩-凝灰岩组合、居里得能组(C_2)基性火山岩-中酸性火山岩夹砂砾岩组合、柳树沟组(C_2)基性火山熔岩-凝灰岩-中酸性火山岩组合、奥尔吐组(C_2)凝灰质-泥岩夹灰岩组成。裂谷南部边缘相自东向西由居里得能组(C_2)基性火山岩-

中酸性火山岩夹砂砾岩组合、沙雷塞尔克组（C_2）砾岩-中基性火山岩-灰岩组合、杨布拉克组（C_2）砾岩-凝灰岩-中酸性火山岩组合、祁家沟组（C_2）砾岩-灰岩-砂岩夹安山岩组合、奥尔吐组（C_2）砂岩-灰岩-砂岩组合组成。裂谷北部边缘相由祁家沟组（C_2）砾岩-灰岩-砂岩夹安山岩组合、奥尔吐组（C_2）砂岩-灰岩-砂岩组合组成，向东相变为萨雷塞尔克组（C_2）砾岩-中基性火山岩-灰岩组合。

晚石炭世—早二叠世裂谷由基性—超基性侵入岩和石人子沟组（C_2—P_1）双峰式火山岩构成。后者由灰绿色玄武岩-安山玄武岩和紫红色熔结凝灰岩-流纹岩组成，间夹碎屑沉积岩，广泛出露在乌鲁木齐市白杨沟—鄯善七克台北—哈密七角井—红山口—车轱辘泉—梧桐大泉—库莱—巴里坤板房沟一带，呈东西向平行于山体展布。在博格达南麓的白杨沟，近年还发现一个较典型的水下滑塌堆积构造，伴有枕状熔岩和泥砂质岩层，属裂谷再一次拉张的早二叠世裂谷中心亚相。近年研究表明，该套火山岩的开始时代可上溯到晚石炭世（Shu et al，2000；顾连兴等，2001）。郭召杰等（2008）将此滑塌堆积构造的时代初步厘定为早二叠世早期（获单矿物锆石^{206}Pb/^{238}U表面年龄统计权重平均值为289±5Ma）。此后开始海退，为裂谷边缘亚相，早二叠世的塔什库拉组（P_1t）为斜坡相复理石沉积。

晚二叠世的上芨芨槽子群及其上覆的下仓房沟群为陆棚-内陆湖泊相沉积的类磨拉石建造，反映了该裂谷的最后封闭。区内侵入岩极不发育，除一些中性—基性小岩体外很少有花岗岩浆活动。

该裂谷带同期侵入岩分布于哈尔里克一带，由晚泥盆世—早石炭世早期钙碱性系列铝不饱和—弱饱和的闪长岩-石英闪长岩-斜长花岗岩-花岗闪长岩-二长花岗岩组合组成，为大陆弧或同碰撞期岩浆岩（360~346Ma的奥莫尔塔格花岗岩），正长花岗岩-斑状花岗岩组合为后碰撞岩浆岩，早石炭世晚期—早二叠世钙碱性—碱性系列的闪长岩-石英闪长岩-花岗闪长岩-二长花岗岩-碱性花岗岩（318~289Ma）为后碰撞期岩浆岩组合，海豹滩的基性—超基性杂岩（285~270Ma）及奥莫尔塔格霓石钠闪石碱性花岗岩（289Ma）属晚古生代后碰撞伸展期产物。中二叠世以后为后造山期（新克拉通）的正长花岗岩-碱性花岗岩及偏碱性镁铁—超镁铁岩组合。

（4）红石山-小黄山增生杂岩带（C）：坐落（叠加）在早古生代至泥盆纪园包山（中蒙边境）岩浆弧（O—D）和明水-公婆泉岛弧（O—D）之上，经历了石炭纪—二叠纪后碰撞裂谷发育—晚二叠世—三叠纪汇聚-裂谷关闭，形成增生杂岩的过程。主体由红石山蛇绿混杂岩（C）、明水-旱山岩浆弧（D_3—C）和小黄山蛇绿混杂岩（C）3个Ⅳ级构造单元组成。

石炭纪红石山蛇绿岩（橄榄岩、斜辉橄榄岩，少量二辉橄榄岩、辉长岩、辉绿岩及硅泥质岩等）、小黄山蛇绿岩、残余海盆陆源碎屑浊积岩夹中酸性火山岩和基底残块中基性火山岩组成北部红石山蛇绿混杂岩和南部断续延伸的小黄山-岌岌台子蛇绿混杂岩。蛇绿岩构成红海型洋壳（魏志军等，2004），它与绿条山组（C_1）千枚岩-板岩夹硅质岩深水沉积构成裂谷中心相，在侵入红石山蛇绿岩的中酸性侵入岩中获240Ma（Rb-Sr法）同位素年龄值，反映其形成于早石炭世；四顶黑山超基性—基性岩获得327±9.0Ma（Sm-Nd法）同位素年龄值，反映其形成于晚石炭世。据此可粗略地推断形成时代为石炭纪。裂谷边缘相由绿条山组（C_1）砂砾岩-砂岩夹砾岩-大理岩、白山组（C_1）双模式海相火山岩-凝灰岩-火山角砾岩夹薄层生物灰岩组合、扫子山组（C_2）等构成。晚石炭世裂谷关闭，形成了红石山蛇绿混杂岩、岌岌台子-小黄山蛇绿混杂岩及其间的明水-旱山晚古生代岩浆弧。明水-旱山晚古生代岩浆弧叠加在早古生代（公婆泉）岩浆弧之上，自北向南主要由C（$\delta+\delta o+\gamma\delta$）、C（$\delta+\gamma\delta o+\gamma\delta$）、C（$\delta+\gamma\delta+\gamma$）、C（$\gamma\delta+\gamma o+\eta\gamma+\gamma$）、C（$\gamma\delta+\gamma$）组成，其分带性不甚明显。岩石地球化学研究表明其主要为俯冲-同碰撞准铝质钙碱性中酸性岩类。其中，在狼娃山中酸性侵入岩内获277.71±13.5Ma（Rb-Sr法）同位素年龄值，反映其形成于早石炭世。

二叠纪为板内裂谷建造,平行不整合覆于上述晚石炭世增生杂岩之上,由双堡堂组(P_{1-2})砂板岩夹碱性玄武岩-生物灰岩组合和金塔组(P_2)碱性玄武岩夹灰岩、砂岩组合组成。二叠纪侵入岩主要以偏碱性中酸性岩为主,其岩石组合为 P($\gamma\delta o+\eta\gamma+\xi\gamma$)-P($\gamma o+\gamma\delta+\xi\gamma$)-P($\xi o+\kappa\gamma$)等侵入岩组合,属于板内裂谷岩浆活动,是出露面积最大的,也是与成矿关系最为密切的一次侵入岩浆活动,与这一阶段的板内裂谷火山作用可能属于同源岩浆。三叠纪钙碱性偏铝质到过铝质同碰撞中酸性侵入岩(马鞍山中酸性岩,锆石 U-Pb 年龄 237.8±4.3Ma)和具有磨拉石性质的同期山间-山前陆相红色洪积扇-冲积扇相砾岩-砂岩组合(二段井组-珊瑚井组)的发育,反映了裂谷的关闭和陆内造山过程。

3. 中天山-东天山-北山-三危山-阿拉善弧盆系(D_3—P)

该构造单元是晚古生代发育在哈萨克斯坦板块南缘、西南天山对接带以北的弧盆系（Ⅱ级构造单元），北与前述伊什基里克-阿吾拉勒-巴音沟-博格达-红石山后碰撞伸展裂谷系(弧后盆地)(D_3—P)为邻。由那拉提-巴伦台-额尔宾山东-阿拉塔格岩浆弧(D_3—C_1)、小热泉子-雅满苏-黄山后碰撞裂谷带(C_1—P)、笔架山-柳园后碰撞裂谷(C—P)、三危山-瓜州岩浆弧(C—P)、龙首山断陷盆地(P)、龙首山岩浆弧(C—P)6 个Ⅲ级构造单元构成。其中那拉提-巴伦台-额尔宾山东-阿拉塔格岩浆弧(D_3—C_1)特征已在本书"第三章　巴伦台-阿拉塔格岩浆弧(Pz)"部分介绍,在此不再赘述。

(1)小热泉子-雅满苏-黄山后碰撞裂谷带(C_1—P):从构造配置看,它位于晚古生代西南天山对接带东北,中天山-阿拉塔格岩浆弧之北,与其北的博格达裂谷-红石山裂谷为邻,应该属于前述伊什基里克-阿吾拉勒-巴音沟-博格达-红石山后碰撞伸展裂谷系(弧后盆地)(D_3—P)的南缘。考虑到岩石建造组合的系统差别,将其暂时划归中天山-东天山-北山弧盆系。按照其构造部位和地质演化可以划分为小热泉子-雅满苏石炭纪后碰撞裂谷(C)和黄山-四顶黑山二叠纪裂谷(P) 2 个Ⅳ级单元。

石炭纪裂谷位于阿奇克库都克断裂以北的北天山,上叠在早古生代—中泥盆世大南湖岩浆弧(南部)、康古尔蛇绿混杂岩带和阿拉塔格岩浆弧(北部)之上,其中底部康古尔塔格组(D_3)不整合于早古生代—泥盆纪布拉克组(O_{1-2})及红柳峡群(S_3D_1)岛弧建造之上。

裂谷中心相西部为干敦组(C_1)泥质岩-硅质岩夹酸性火山岩-砂岩组合、底坎儿组(C_2)夹多个水下扇砾岩-砂岩组合的基性火山岩-中酸性火山岩-凝灰岩组合;中部为雅满苏组(C_1)夹水下扇含凝灰质砂砾岩的基性-中酸性火山岩-浊积岩-碳硅质板岩组合、梧桐窝子组(C_2)海相砾岩-砂岩-拉斑玄武岩-放射虫硅质岩-中酸性火山岩-凝灰岩组合,具有双峰式火山岩和较深水沉积特点(康古尔一带);东部为干敦组(C_1)斜坡-陆隆凝灰质砂板岩-浊积岩夹中基性-中酸性凝灰岩-碳硅质岩深水沉积组合、居里得能组(C_2)基性火山岩-中酸性火山岩夹水下扇砂砾岩组合。向东与上述红石山裂谷-小洋盆相连。从干敦组主要为含放射虫的黑色碳质硅质岩和梧桐窝子组主要为双峰式火山岩组成(基性熔岩、枕状熔岩、辉绿岩及伴生的放射虫硅质岩、流纹岩、晶洞流纹岩、球泡流纹岩等),可见该相带为拉张构造背景下形成(Condin,1982)。

裂谷边缘相位于中心相的南、北部。北部边缘相西部为康古尔塔格组(D_3)陆相火山岩-凝灰角砾岩-熔结凝灰岩组合、小热泉子组(C_1)钙碱性中酸性火山岩夹砂岩-灰岩组合、底坎儿组(C_2)生物碎屑灰岩-复成分砂砾岩夹中酸性火山岩组合、脐山组(C_2)含植物化石的火山碎屑-沉积建造,中东部为企鹅山群(C)砂砾岩-中酸性火山岩-凝灰质砂岩组合;南部边缘相为阿齐山组(C_1)碱性或双峰式火山岩(石英角斑岩-角斑岩-钠长斑岩-辉绿玢岩-碧玉岩-安山质熔岩-霏细岩)组合、雅满苏组(C_1)中性火山岩-凝灰岩夹斜坡相凝灰质砂岩-灰岩组合、陆棚-斜坡相砂砾岩-凝灰质砂岩-灰岩夹中基性火山岩-凝灰岩组合、底坎儿组（C_2）砂砾岩夹中酸性火山岩组合。

二叠纪裂谷喷发中心为哈尔加乌组（P_1）玄武岩-霏细斑岩-石英角斑岩-凝灰岩-角砾岩等双峰式火山岩，不整合于小热泉子组（C_1）、脐山组（C_2）之上，反映了又一次裂谷事件。它与阿其克布拉克组（P_1）粉砂岩-泥灰岩-硅质岩构成裂谷中心相，而该组中复成分砂砾岩和阿尔巴萨依组海陆交互相-陆相砾岩-杂砂岩夹中酸性火山岩构成裂谷边缘相。

侵入岩：小热泉子—雅满苏一带，石炭纪—二叠纪早—中期钙碱系列-亚碱性高钾次铝—过铝系列的石英闪长岩-花岗闪长岩-二长花岗岩-正长花岗岩（侵位年龄为315～300Ma，以晚石炭世为主）及镁铁—超镁铁岩组合，均为后碰撞期（308～278Ma）产物；梧桐窝子—干墩一带为石炭纪花岗闪长岩-二长花岗岩-正长花岗岩组合；二叠纪为碱长花岗岩-碱性花岗岩组合，属后碰撞期产物，石炭纪—二叠纪镁铁—超镁铁杂岩属后碰撞拉张期产物。晚二叠世及其之后的次铝碱性岩系列岩体为碱长花岗岩-正长花岗岩-碱性岩组合（苦水岩体246Ma），为后造山期产物。

康古尔韧性剪切带不是俯冲碰撞带，而是晚石炭世—早二叠世早期拉张断裂形成的大型变质变形带。该韧性剪切带主要发育于晚石炭世—早二叠世，在挤压-伸展转折期韧性剪切带金矿成矿。与地幔上侵的镁铁—超镁铁岩有关的铜镍矿大规模成矿，其时代为二叠纪[香山含矿辉长岩锆石U-Pb年龄258Ma等；海豹滩环状杂岩的蚀变辉长岩的SHRIMP锆石U-Pb年龄269.2±3.2Ma，斜长石中的SHRIMP锆石U-Pb表面年龄287～282Ma，侵入康古尔塔格变形石炭系的恰特卡尔塔格杂岩的蚀变辉长岩中SHRIMP锆石U-Pb表面年龄280～271Ma（李锦铁等，2006）]。

对于小热泉子—雅满苏—黄山一带石炭纪—二叠纪构造环境以往有多种认识：李锦铁等（2002）推测康古尔塔格构造带前身为古洋盆，是一个颇具规模的大洋盆地；马瑞士等（1990，1993，1997）认为其为弧间盆地；肖序常等（1992）认为其为陆内裂陷槽；何国琦等（2004）在新疆及邻区大地构造图及说明书中，将觉洛塔格带划为晚古生代裂陷槽，并将其限定在造山后伸展阶段的线性构造-岩浆活动带。岩浆活动类型以基性—超基性杂岩的热侵位、构造侵位及大量中基性火山喷发作用为特征，为裂陷槽闭合过程，有较强烈的构造变形，但变质作用轻微，裂陷槽闭合过程中，富碱的中、酸性深成岩浆作用仍相当频繁。并认为觉洛塔格裂陷槽是发育在显生宙褶皱基底之上的，早石炭世沉降最深，并有强烈火山活动及镁铁—超镁铁杂岩的侵入（何国琦等，2004；顾连兴，2000；夏林圻等，2002）。张良臣等（2006）认为觉洛塔格属晚古生代沟弧带。

（2）笔架山-柳园后碰撞裂谷（C—P）：为叠加在早古生代敦煌北缘被动-活动陆缘（Pz_1—D_2）和红柳河-洗肠井缝合带（Pz_1）之上的晚古生代裂谷系统，分布于敦煌—柳园—罗雅楚山一带。其北与同期阿拉塔格岩浆弧和岌岌台子-小黄山蛇绿混杂岩为邻，其东南为敦煌地块东缘三危山-瓜州岩浆弧。从构造配置看，它为晚古生代西南天山对接带东北，活动陆缘系统（中天山-东天山-北山弧盆系）的组成部分。根据岩石构造组合及其演化关系可区分为石炭纪和二叠纪两期裂谷事件。

石炭纪裂谷边缘相主要由红柳园组（C_1）砾岩-砂岩-钙碱性中基性-中酸性火山岩（玄武岩、安山岩、英安岩、霏细岩、火山角砾岩等）、石板井组（C_2）砾岩-砂岩-灰岩-中基性火山岩组成；裂谷中心相主体由红柳园组（C_1）薄层泥灰岩-凝灰岩-碳硅质板岩深水沉积夹火山岩组合、岌岌台子组（C_2）灰岩-胜利沟组（C_2）泥质-凝灰质碳质板岩组合和干泉组（C_2）碱性—亚碱性中基性-中酸性火山岩组合构成。

二叠纪火山-沉积岩组合普遍平行不整合于石炭系之上，反映了又一次裂谷事件。其底部红柳河组-

双堡塘组-红岩井组(P_1)均发育底砾岩,反映了二叠纪初期裂谷初始张裂边缘相沉积。裂谷边缘相位于南部敦煌和北部罗雅楚山,分别由大黄沟组陆相砂砾岩-泥岩(南部边缘)和红岩井组海相砾岩-泥岩-砂岩组合构成。裂谷中心相位于边缘相之间,也是张裂加剧的产物,自边缘向中心不规则分布,以红岩井组中部-双堡塘组(P_{1-2})中部浊积岩夹灰岩滑块和砂砾岩水下扇为标志的斜坡次深海沉积,靠南部由红柳河组(P_{1-2})中部深水硅质岩-凝灰质泥质板岩-中基性火山岩夹层,金塔组(P_2)巨量碱性—亚碱性的粗玄岩、玄武岩、安山岩及薄层泥灰岩和方山口组(P_3)海陆交互相中基性—中酸性火山熔岩构成了裂谷中心相区。二叠纪红岩井组顶部砾岩-砂岩组合出现、红岩井组中上部向上变粗的进积序列、金塔组(P_2)及其以下海相向上部方山口组(P_3)海陆交互相-陆相(哈尔苏海组砂岩)的海平面抬升等,综合反映了裂谷晚期收缩逐渐关闭,边缘相向海进积的过程。早—中三叠世二断井组陆相磨拉石砾岩的发育和其下不整合面,说明了裂谷彻底关闭后进入陆内演化阶段。

石炭纪—二叠纪侵入岩呈大面积分布,罗雅楚山—尖子山一带中酸性侵入岩及六角井组合 $C(\delta o + \gamma\delta + \eta\gamma + \xi\gamma + \gamma)$,以铁质花岗岩为主,锆石 U-Pb 年龄为 345 ± 13Ma。东大泉序列为辉石正长岩、石英二长岩和碱长花岗岩等,属镁质花岗岩,总体上富钾,辉长岩富钠,为准铝质—过铝质钙碱性系列。岩石地球化学特征表明,花岗岩以高钾钙碱性系列和具有 A 型花岗岩的组合为特征,是碰撞后伸展岩浆作用产物。

笔架山—红柳园—大红山一带,主要岩石组合有闪长岩-英云闪长岩-石英闪长岩-斜长花岗岩-花岗闪长岩-花岗岩-二长花岗岩-正长花岗岩等。岩石化学特征显示其有富钠和富钾的端元,A/CNK 为 $0.61\sim1.22$,总体上以准铝质—过铝质高钾钙碱性系列为主,有少量低钾钙碱性系列的岩石组合,既有镁质花岗岩,也有铁质花岗岩;既有 I 型花岗岩,也有 A 型特征的花岗岩。综合判别表明,这些花岗岩是以碰撞后伸展构造环境为主,不排除含有部分早期(或者非石炭纪)岛弧花岗岩。其中赤石山北二长花岗岩单颗粒锆石 U-Pb 年龄为 $320.1\pm$Ma;平梁子岩体中英云闪长岩单颗粒锆石 U-Pb 年龄为 328.9 ± 0.8Ma、248.6 ± 0.6Ma 和 249.6 ± 5.8Ma;三峰山闪长岩单颗粒锆石 U-Pb 年龄为 $301.9\pm$Ma。

二叠纪—三叠纪岩体分布也相当广泛,在北山地区就有 270 个以上,但以小岩株为主,岩石类型有辉长岩、闪长岩、正长岩、英云闪长岩、花岗闪长岩、钾长花岗岩、二长花岗岩、正长花岗岩;主体由过铝质高钾钙碱性系列和碱性系列岩石组成,旧井构造杂岩还具有双峰式岩浆组合特征。钾长花岗岩、石英正长岩和多数二长花岗岩为 A 型花岗岩。研究表明,二叠纪花岗岩为非造山环境下岩浆作用产物,尽管其中含有具有岛弧花岗岩特征的闪长岩、英云闪长岩等,多反映了其岩浆源区的特征。东大泉石英闪长岩体 K-Ar 年龄为 233.5Ma,深井北西细粒花岗闪长岩体 K-Ar 年龄为 205.4Ma,深井西细粒二长花岗岩体 Rb-Sr 全岩等时线年龄为 276 ± 3Ma;长杆子二长花岗岩单颗粒锆石 U-Pb 年龄为 266.6 ± 6.34 和 251.0 ± 0.6Ma;音凹峡超单元的 Rb-Sr 全岩等时线年龄为 $(295\pm16)\sim(248\pm39)$Ma,其中的红柳河细粒正长花岗岩体锆石 U-Pb 年龄为 249.5 ± 3.2Ma;旧井二长花岗岩和石英闪长岩的锆石 U-Pb 年龄为 $281\sim272$Ma。热水泉超单元中二长花岗岩的锆石 U-Pb 年龄为 $(266.6\pm4.9)\sim(260\pm0.3)$Ma。

(3)三危山-瓜州岩浆弧(C—P):主要由中酸性侵入岩组成,主要沿着小宛南山山前断裂分布,在赤金峡一带分布着二叠纪石英闪长岩。该带内还有个别三叠纪二长花岗岩和花岗岩。石炭纪花岗岩有旱峡花岗闪长岩和英云闪长岩复式岩体,岩体中发育二长花岗岩质伟晶岩脉、石英脉。岩石化学显示富钠的准铝质—过铝质中—高钾钙碱性系列,根据微量稀土元素地球化学特征,综合判别其具有岛弧花岗岩特征。二叠纪大大小小岩体数量达 110 多个,包括西部卡拉塔什塔格至阿克塞县一带的大量岩体和敦煌以东的桥湾序列和赤金峡构造杂岩。桥湾序列岩石组合为二长花岗岩、角闪花岗闪长岩、英云闪长岩和石英二长闪长岩,以准铝质—过铝质高钾钙碱系列为主,为镁质花岗岩,晚期岩石具A型花岗岩特点,二长花岗岩的锆石U-Pb年龄为271.4±3Ma,K-Ar等时线年龄为283Ma。赤金峡为闪长岩-石英闪长岩-英云闪长岩-花岗闪长岩-二长花岗岩-正长花岗岩组合,以准铝质的高钾钙碱性系列为主,既有铁质花岗岩,也有镁质花岗岩,少量岛弧花岗岩和非造山A型花岗岩,石英闪长岩和二长花岗岩锆石U-Pb年龄分别为264.2±3.6Ma和238.4±2.6Ma。总体上,敦煌地块的二叠纪花岗岩应是陆内非造山环境下岩浆作用产物,但形成于具有挤压特征的构造环境。

(4)龙首山北断陷盆地(C—P)和龙首山岩浆弧(C—P):为晚古生代阿拉善地块南缘的构造单元,其主体位于内蒙古阿拉善右旗,涉及到西北地区仅在高台县北、张掖东北和民勤西北出露龙首山岩浆弧南缘的个别中酸性岩体和龙首山北断陷盆地南缘零星分布的石炭纪干泉组火山沉积岩及二叠纪方山口组陆相火山岩。晚石炭世干泉组为暗红色多斑流纹岩与球粒流纹岩、灰红色块状英安岩、英安质凝灰岩夹砂岩、灰岩等,中二叠世方山口组不整合覆于下伏地层之上,为褐红色、黄色球粒流纹岩,紫褐色块状英安质角砾凝灰熔岩,紫褐色块状英安岩,灰褐色块状安山岩,安山质火山碎屑岩夹砂岩、碳质页岩等,整体反映了两期裂陷事件,应该是西部笔架山-柳园后碰撞裂谷(C—P)东延部分。龙首山岩浆弧(C—P)位于同期断陷盆地之南,西北(甘肃)地区仅出露其南缘岩石组合,主要为$C(\gamma o+\gamma \delta)$和$P(\gamma+\xi o)$,根据北部岩浆弧主体岩石化学特征分析,前者显示了弧岩浆特点,后者为后碰撞中酸性岩组合。

四、塔里木-柴达木板块

晚古生代,塔里木—阿尔金—柴达木地区整体表现出基本可以对比的稳定陆表海-伸展背景沉积建造组合,构成了统一的沉积盖层,形成塔里木-柴达木板块,与同期周边弧盆系或残留海相邻,包括塔里木-敦煌地块和柴达木地块2个Ⅱ级构造单元,并进一步划分为西南天山裂谷-前陆盆地(P)、和田碳酸盐岩台地(C—P)、柴达木陆表海(C—P)3个Ⅲ级构造单元。除此之外,在塔里木北部的库鲁克塔格-柯坪地区和柴达木东部地区,还发育泥盆纪裂谷建造,前者是早古生代塔里木北缘被动边缘基础上发育起来的陆缘裂谷;后者是早古生代柴达木弧盆系后碰撞裂谷。在阿中地块处于后造山伸展环境,发育泥盆纪后造山白云母花岗岩组合。

1. 西南天山裂谷-前陆盆地(P)

该构造单元位于塔里木西缘,是早二叠世地壳再次拉伸的结果,形成小提坎立克组(P_1)的中酸性火山岩及碎屑岩沉积组合和库普库拉组(P_2)-开雷兹雷克组陆相砂岩-玄武岩夹灰岩组合,属陆内裂谷相的裂谷中心亚相;裂谷边缘相由早二叠世库尔干组泥岩、砂砾岩、砾岩构成。比尤勒包谷孜组(P_{1-2})杂色砂泥岩-砾岩和沙井子组(P_3)泥岩-细砂岩-粗砂岩-砾岩反映了裂谷关闭的向上变粗的进积沉积序列和前陆盆地磨拉石建造特点。

塔里木二叠纪岩浆活动强烈,有大火山岩省之称。其形成顺序为早二叠世玄武岩(普库兹满293Ma)→早—中二叠世玄武岩(开派兹雷克280Ma)→辉绿岩脉(272Ma)、超基性岩脉→正长岩(含石英正长斑岩)(277Ma),总体看岩浆形成时间为293~277Ma。根据岩石地球化学特征及微量元素的特征比值,初步认为它们来源于亏损的软流圈地幔,岩浆上升过程中均受地壳的一定混染。不同的是,辉绿玢岩和辉绿岩相对橄榄二辉岩形成时间晚,分异程度较高。

另外,还零星分布有碱长花岗岩-碱性岩,具后碰撞岩浆岩特征,据杨富全等(2001)研究认为和什布拉克一带碱长花岗岩的形成年龄为261Ma;位于阿合奇县城西托什罕河上游北岸的巴雷公花岗岩体,24个测点的LA-ICP-MS定年分析,位于锆石具有清晰环带结构上的15个测点的年龄数据几乎都落在一致曲线附近,组成一个年龄密集区,其$^{206}Pb/^{238}U$年龄值加权平均值为273±2Ma,代表该花岗岩体的形成年龄,多属后碰撞期产物,可能与后造山阶段的二叠纪裂谷作用相关。

2. 和田碳酸盐岩台地(C—P)

该构造单元发育于塔里木南缘铁克里克地区,不整合于早古生代地层之上,主体由石炭纪—二叠纪灰岩-泥质灰岩夹砂泥岩组成[克里塔克组(C_1)灰岩、和什拉普组(C_1)砂岩-泥岩-灰岩组合、乌拉乌依组(C_2)砂泥岩-灰岩、阿孜干组(C_2)灰岩、塔古斯组(C_2P_1)-棋盘组(P_2)砂岩-灰岩-泥岩组合],其下为晚泥盆世奇自拉夫组海陆交互相砂岩基座,与其为整合接触。其上为二叠纪陆相砂岩-泥岩组合[普司格组(P_2)砂岩-粉砂岩-泥岩组合、杜瓦组(P_3)含砾砂岩-泥岩组合、达理考尔组(P_3)砂岩-泥岩组合]。

3. 柴达木陆表海(C—P)

柴达木陆表海不整合于晚泥盆世牦牛山组断陷盆地之上,根据构造古地理位置和沉积建造组合可区分为柴北缘和柴南缘两个次级单元。

(1)牦牛山断陷盆地(D_3):发育于柴北缘牦牛山—阿木尼克山一带和柴南缘黑山沟—哈尔扎一带,由不整合于下伏地质体之上的牦牛山组和同期南部的黑山沟组-哈尔扎组构成。其中碎屑岩为河流相砂砾岩-粉砂岩-泥岩建造组合,具正粒序沉积韵律,火山岩为后造山高钾钙碱性系列,壳源型玄武岩-安山岩-英安岩组合,为一受边界断裂控制的拉张型山间火山-沉积断陷盆地。

(2)柴北缘陆表海(C—P):分布于牦牛山南坡一带,为阿木尼克山组(D_3C_1)海陆交互相砂泥岩夹砾岩组合、城墙沟组(C_1)开阔台地碳酸盐岩组合、怀头他拉组(C_1)砂岩-灰岩组合、克鲁克组(C_2)局限台地相砂岩-泥岩夹灰岩组合。总体为一套稳定分布的滨浅海沉积建造系列,沉积厚度变化小,浅水标志的层理和层面沉积构造发育,产各类陆相和滨浅海相生物化石,以高能演化为主,海进和海退频繁发生,正粒序沉积韵律和逆粒序沉积韵律交替出现。

(3)柴南缘陆表海(C—P):断续分布于鄂拉山—格尔木南山—祁漫塔格山北坡一带,由石拐子组(C_1)石英砂岩-灰岩组合、大干沟组(C_1)海陆交互相砂岩-灰岩组合、缔敖苏组(C_2)-打柴沟组(C_2)石英砂岩-长石石英砂岩-灰岩-白云岩组合等稳定沉积构成。总体为一套稳定的滨浅海相沉积建造系列,厚度、岩相、岩性变化小,产滨浅海相生物化石,以高能氧化环境为主,发育正粒序沉积韵律,变形变质轻微。

五、华北板块

至晚古生代—中三叠世,华北板块较早古生代发生了较大变化。在西北地区最重要的变化表现为早古生代南祁连造山带、北祁连造山带、中祁连地块和北秦岭造山带连为一体并全面准克拉通化,与华北板块西部的鄂尔多斯地块连为一体,成为华北板块的组成部分。

按照晚古生代—中三叠世构造性质和岩石构造组合特征,将该时期涉及到西北地区的华北板块西部,划分为祁连准克拉通化-被动陆缘盆地(Pz_2)和鄂尔多斯-贺兰山中段叠合盆地(C_2—T_2)2个Ⅱ级构造单元,前者可进一步划分为2个Ⅲ级构造单元,即祁连北部海陆交互(C)-陆相盆地(P—T_2)和祁连中南部被动陆缘(C—P)-海陆交互相(T_{1-2})盆地;后者根据出露残存情况可进一步划分为5个Ⅲ级构造单元,即贺兰山海陆交互相陆表海(C—P_1)-陆相凹陷盆地(P_2—T_2)、鄂尔多斯西缘海陆交互相陆表海(C—P_1)-陆相凹陷盆地(P_2—T_3)、鄂尔多斯东部海陆交互相陆表海(C—P_1)-陆相凹陷盆地(P_2—T_3)、鄂尔多斯西南缘压陷盆地(T_{2-3})、北秦岭北部陆相凹陷盆地(P_2)。

1. 祁连准克拉通化-被动陆缘盆地(Pz_2)

祁连山地区晚古生代改变了早古生代的构造面貌,转化为造山后板内演化过程。根据晚古生代—中三叠世岩石构造组合特征及其反映的大地构造环境,以托莱山南坡—祁连县南—门源—平川—海原一线为界,以北主体为祁连北部海陆交互相(C)-陆相盆地(P—T_2),以南为祁连中南部被动陆缘(C—P)-海陆交互相(T_{1-2})盆地。从纵向序列来看,可划分为早期(C—P_2)和晚期(P_3—T)两个阶段,早期总体表现为向陆(北部)退积的海进沉积序列,晚期总体表现为向海进积的海退过程,纵向变化在南部表现更为明显。下面就各单元特征进行阐述。

(1)祁连北部海陆交互相(C)-陆相盆地(P—T_2):分布在龙首山—牛首山一线及其以南,至托莱山南坡—祁连县南—门源—平川—海原一线以北地区。

下部为一海进过程,自下而上由陆相(D_{2-3})—海陆交互相(D_3)—海相(C_1)的向陆退积序列组成。其中在底部老君山组有碱性玄武岩夹层,反映了早古生代造山后伸展的火山作用。老君山组(D_{2-3})-石峡沟组为陆相冲积扇-辫状河相紫红色厚层砾岩-砂砾岩夹砂岩组合,与下伏早古生代火山-沉积岩系普遍为角度不整合,反映了早古生代末的造山运动(祁连运动)。其上为中宁组(D_3)-沙流水组海陆交互相-陆相紫红色砂砾岩-砂岩夹灰岩组合,在卫宁北山地区出现中宁组(D_3)海陆交互相砂砾岩-砂岩-灰岩组合,反映了海湾环境。前黑山组(C_1)-臭牛沟组海相砂岩-灰岩夹潟湖相砂泥岩、膏盐沉积组合区域超覆于下伏地层之上,反映了普遍的海侵事件。其下部为灰—紫红色砂页岩,上部为灰白色生物屑灰岩、结晶灰岩,夹粉砂岩、碳质页岩,属陆表海陆源碎屑岩-灰岩建造组合。

中—上部为一海退过程,自下而上由海相(C_1)—海陆交互相(C_2P_1)—陆相(P_{1-2}—T_3)的向海进积序列组成,反映了海退过程。自前黑山组(C_1)-臭牛沟组海相沉积之后,普遍发育了羊虎沟组(C_2—P_1)海陆交互相灰黑色碳质页岩-细砂岩-含砾石英砂岩夹可采煤层沉积,东北部为与鄂尔多斯地块完全可对比的(土坡组-太原组)海陆交互相砂泥岩夹灰岩海相层,整体表现出海陆交互的陆表海-岸后沼泽含煤碎屑岩建造组合。早—中二叠世之后该区全面进入河湖相内陆盆地发育阶段,自下而上为大黄沟组(P_{1-2})凹陷盆地湖泊三角洲相灰绿-灰白色砂页岩-泥岩夹含砾粗砂岩组合;红泉组(P_{1-2})滨湖-河流相红色砂岩-砂砾岩-含砾粗砂岩夹少量泥岩组合;大泉组(P_2)滨湖-河流相灰绿—紫红色砂岩少量砾岩-页岩组合;五佛寺组(T_1)凹陷盆地陡坡带河流相紫红色中粗粒石英砂岩-砾岩夹细砂岩、粉砂岩组合,东部夹少量酸性火山岩;丁家窑组(T_2)凹陷盆地陡坡带环境河流相紫红-灰绿色杂砂岩-含砾石英粗砂岩-砾岩夹细-粉砂岩组合;西大沟组(T_3)凹陷盆地缓坡带滨湖相灰绿色长石石英砂岩-含砾中砂岩组合;南营儿组(T_3)淡水湖泊-沼泽相灰绿色、黄绿色、褐红色含煤砂岩-粉砂岩-泥页岩-碳质页岩组合。

(2)祁连中南部被动陆缘(C—P)-海陆交互相陆表海(T_{1-2})盆地:分布于托莱南山—祁连县南—门源一线以南,宗务隆北缘断裂以北,党河南山以东,乐都—化隆一线以西的中南祁连中西部地区。

下部与祁连北部可以对比,也为一海进过程。自下而上为陆相(D_{2-3})—海陆交互相(D_3—C_1)—海相(C_1)的向陆退积序列。其中在底部老君山组与上述祁连北部一致,与下伏早古生代火山-沉积岩系普遍为角度不整合接触,反映了早古生代末的造山运动(祁连运动)。其上为阿木尼克组(D_3—C_1)海陆交互相砾岩-砂岩-灰岩组合;党河南山组(C_1)与祁连北部臭牛沟组完全可以对比,为海相泥灰岩、白云岩及灰岩,含石膏,为生物屑亮晶灰岩建造,产腕足、珊瑚化石,陆表海环境,反映了普遍的海侵事件。之后为广泛的海退,形成了与祁连北部完全一致的羊虎沟组(C_2)海陆交互相含煤碎屑岩-碳酸盐岩陆表海沉积。

中—上部(P—T)与祁连北部陆相盆地不同,为海陆交互相陆表海-被动陆缘沉积组合,表现出从祁连北部向南部,由陆相—海陆交互相—海相的横向相变。纵向上,呈现出由海相(P_{1-2})—海陆交互相(P_3)—海相(T_{1-2})—海陆交互相(T_{1-2})的变化,显示了两次海退过程。二叠纪巴音河群中下部勒门沟组-草地沟组(P_{1-2})为被动陆缘-陆表海灰—深灰色长石砂岩-长石石英砂岩-粉砂岩夹生物碎屑灰岩及少量细砾岩等,上部哈吉尔组-忠什公组(P_3)为海陆交互相陆表海砂岩-灰岩-页岩组合。三叠纪郡子河群下环仓组-江河组-大加连组-切尔马沟组(T_{1-2})为滨浅海相碎屑岩-碳酸盐岩建造,富含腕足、双壳、腹足化石。默勒群阿塔寺-尕勒德寺组(T_3)为海陆交互相陆表海三角洲环境分支河道-沼泽亚相沼泽含煤碳质泥岩-粉砂岩组合。

祁连地区晚古生代侵入岩少见,均为泥盆纪—早石炭世中酸性侵入岩组合,反映了早古生代末—晚古生代初期后碰撞阶段产物。北部有青石峡、黑下老和黄羊河等岩体。黄羊河花岗岩的 ICP-MS 锆石年龄为 383 ± 6Ma(吴才来等,2004),属弱过铝质高钾钙碱性系列。青石峡岩体的锆石 U-Pb 年龄为 372 ± 6Ma(夏林圻等,2001),属碰撞造山后花岗岩。黑下老岩体的锆石 U-Pb 年龄为 345.5 ± 37Ma(张德全等,1995),属准铝质—过铝质高钾钙碱性系列,为造山后花岗岩。南部有疏勒河后造山钙碱性花岗岩组合 $D_3(\xi\gamma+\eta\gamma+\gamma\delta+\delta o)$,其中正长花岗岩的 Rb-Sr 年龄为 380 ± 17.7Ma,二长花岗岩的 K-Ar 年龄为 345 ± 17Ma,花岗闪长岩的 K-Ar 年龄为 365.7 ± 18Ma,石英闪长岩锆石 U-Pb 年龄为 377 ± 16Ma,时代为晚泥盆世。阳康及青海湖东、西两侧以岩基状产出,为后碰撞高钾钙碱性花岗岩组合 $D_1(\upsilon+\delta+\delta o+\gamma\delta+\pi\gamma\delta+\eta\gamma+\pi\eta\gamma)$ 和后造山过碱性—强过铝钙碱性花岗岩组合 $D_3(\xi+\xi o+\delta o+\eta\gamma+\pi\eta\gamma)$,早泥盆世黑云二长花岗岩同位素年龄值为 408 ± 20Ma(K-Ar 法);晚泥盆世二云二长花岗岩同位素年龄值为 370Ma(K-Ar 法),白云二长花岗岩同位素年龄值为 373Ma(U-Pb 法)。早泥盆世花岗岩组合形成于汇聚重组构造阶段,碰撞构造期;晚泥盆世花岗岩组合形成于陆内发展构造阶段,陆内叠覆构造期。晚石炭世—中三叠世岩浆岩不发育。

2. 鄂尔多斯-贺兰山中段叠合盆地(C_2—T_2)

鄂尔多斯-贺兰山中段晚古生代—中三叠世叠合盆地是华北板块西部的组成部分,纵向上,由下部的晚石炭世—早二叠世海陆交互相陆表海含煤碎屑岩夹灰岩组合和中上部中二叠世—三叠纪陆相凹陷盆地红色碎屑岩组合构成,其下缺失了晚奥陶世—早石炭世沉积。横向上,晚石炭世—三叠纪与上述祁连北部能够对比,反映了其同属华北板块西部的构造属性,晚二叠世之后向南扩展至北秦岭北部。根据其出露的构造位置和沉积建造组合及其所反应的构造环境,可以区分为贺兰山海陆交互相陆表海(C—P_1)-陆相凹陷盆地(P_2—T_2)、鄂尔多斯西缘海陆交互相陆表海(C—P_1)-陆相凹陷盆地(P_2—T_3)、鄂尔多斯东部海陆交互相陆表海(C—P_1)-陆相凹陷盆地(P_2—T_3)和鄂尔多斯西南缘压陷盆地(T_{2-3})及北秦岭北部陆相凹陷盆地(P_2)共5个Ⅲ级构造单元。

(1)贺兰山海陆交互相陆表海(C—P_1)-陆相凹陷盆地(P_2—T_2)、鄂尔多斯西缘海陆交互相陆表海(C—P_1)-陆相凹陷盆地(P_2—T_3)和鄂尔多斯东部海陆交互相陆表海(C—P_1)-陆相凹陷盆地(P_2—T_3):在地层序列、岩石地层单位组成和沉积环境等方面基本一致,只是因受后来构造的改造,出露的构造位置有所不同。底部以发育于本溪组、土坡组(C_2)-山西组(P_1)的古风化壳及与之密切相关的山西式铁矿和G层铝土矿为特征。盆地内部主要在晚石炭世本溪组、土坡组底部,在盆地西南(平凉一带)层位较高,主要在早二叠世山西组(产二叠纪䗴类化石,据甘肃省矿产潜力评价资料)。

下部为晚石炭世本溪组(土坡组)-太原组(C_2P_1)海陆交互相陆表海含煤碎屑岩-灰岩组合,本溪组为前三角洲相含杂色铝土质页岩及赤铁矿碎屑岩夹灰岩组合;太原组主体以三角洲前缘-三角洲平原相灰—黑色砂岩-泥岩-碳质页岩夹可采煤层组合。大区域可对比海相层的多次广泛出现,反映了地势平坦的陆表海环境和海平面的频繁升降。

中上部为二叠纪—三叠纪山西组(P_{1-2})-石盒子组(P_{2-3})-石千峰群(P_3T_1)-二马营组(T_2)-延长组(T_{2-3})-瓦窑堡组(T_3)河湖相为主的陆相碎屑岩沉积。其中,在山西组中产铝土质页岩和可采煤层;石盒子组夹有煤层、原岩为凝灰岩的膨润土矿和含铁锰质结核;延长组为重要的石油、天然气产出和赋存层位;瓦窑堡组产可采煤层。

(2)北秦岭北部陆相凹陷盆地(P_2):为发育在北秦岭周至县柳叶河、洛南县的晚二叠世石盒子组含煤河湖相红色含砾岩屑砂岩-粉砂岩组合,与下伏早古生代火山-沉积岩系为不整合或断层接触。与上述鄂尔多斯盆地石盒子组完全可以对比,反映了晚二叠世北秦岭北部与鄂尔多斯地块连为一体,是其组成部分。

(3)鄂尔多斯西南缘压陷盆地(T_{2-3}):为发育在鄂尔多斯地块西南缘平凉地区的压陷盆地,是秦岭-祁连造山带中—晚三叠世向鄂尔多斯地块逆冲的再生前陆盆地。由崆峒山组(T_{2-3})冲积扇-辫状河相灰褐—橘黄色砾岩、砂砾岩(扇头-中扇)夹粉砂岩、煤线及油页岩(外扇-扇端)组成。

六、昆仑山-宗务隆-秦岭增生带

昆仑山-宗务隆-秦岭造山带是晚古生代—三叠纪时期塔里木-柴达木板块、华北板块南侧的增生带,其南为同时期昆南康西瓦-苏巴什-阿尼玛卿-勉略对接带。自西向东由西昆仑弧盆系(C_1—P_2)、东昆仑弧盆系(P—T)、宗务隆-兴海-甘加弧盆系(P—T)、陇山-北中秦岭弧盆系(Pz_2—T)和南秦岭地块(东部)5个Ⅱ级构造单元构成。除陇山-北中秦岭弧盆系直接叠加在早古生代弧盆系之上外,它们基本上都是在晚古生代早期(D_3—P_2,南秦岭D—T_2)伸展背景下的裂谷-被动陆缘基础上,后期汇聚-挤压形成的弧盆系(活动陆缘)。因此可以区分出早期伸展、晚期挤压两个大的构造阶段,并进一步划分为2个裂谷、5个被动陆缘、8个岩浆弧(岛弧或陆缘弧)、1个蛇绿混杂岩、3个前陆盆地(东昆南上叠周缘前陆盆地以早期被动陆缘为主未划出,归入前期被动陆缘)共19个Ⅲ级构造单元和9个Ⅳ级构造单元。

1. 西昆仑弧盆系(C_1—P_2)

西昆仑弧盆系位于塔里木陆块南侧,可划分为北部的昆盖山-阿羌裂谷(弧后盆地?)(C_2—P_2)和南部的西昆中岩浆弧(C_2—T)2个Ⅲ级构造单元。

(1)昆盖山-阿羌裂谷(弧后盆地?)(C_1—P_2):位于西昆仑昆盖山、库尔浪、阿羌一带,是叠加在早古生代西昆仑弧盆系及其与塔里木板块接触带之上,晚古生代再次拉伸形成的裂谷。裂谷中心亚相由石炭纪—早二叠世玄武岩、英安岩、安山岩及其火山碎屑岩、碎屑岩等组成,包括依萨克群(C_1)火山岩、他龙群(C_1)-库尔良群(C_2)深水沉积岩、阿羌组(P_{1-2})火山岩。一些克沟火山-复理石建造以角度不整合覆于含超镁铁岩块的副变质岩之上,同时硅质岩中含石炭纪放射虫,其中在基性火山岩中获350Ma和297Ma的年龄(姜春发等,1992);昆盖山北坡双峰式火山岩Rb-Sr年龄为332±66Ma、363Ma,产含铜黄铁矿(火山岩块状硫化物型铜矿),西部晚石炭世喀拉阿特河组含碳泥质灰岩中产富锰矿。裂谷边缘亚相为石英砂岩、粉砂岩、泥灰岩、砾岩及凝灰质角砾岩等[他龙群(C_1)-库尔良群(C_2)-特恰乃奇克达坂组

(C_2P_1)陆棚碎屑岩-台地碳酸盐岩],其上为下—中二叠统碳酸盐岩台地相的生物屑灰岩、砂岩、角砾灰岩夹砾岩、砂岩、粉砂岩组成的台地亚相所覆盖,部分地区尚见有陆相粗面流纹岩、凝灰砂岩、玄武岩。

上二叠统为苏克塔亚组陆表海相沉积,不整合于下伏地层之上,上部为长石石英砂岩、粉砂岩、灰岩;下部为岩屑石英砂岩、变石英砂岩、灰岩组成的台地亚相,说明该裂谷已封闭。

与裂谷作用相关的侵入岩包括辉长岩-闪长岩和石英闪长岩-花岗闪长岩-斜长花岗岩-二长花岗岩组合,并以二长花岗岩为主,基性端元出现少量辉长岩。其中麻扎角闪石英闪长岩SHRIMP锆石U-Pb年龄为338±10Ma(李博秦等,2006),奥依塔格斜长花岗岩SHRIMP锆石U-Pb年龄为330.7±4.8Ma(张传林等,2009)

西昆仑石炭纪裂谷花岗岩序列岩石在QAP图解上,沿辉长岩(闪长岩)-花岗闪长岩-二长花岗岩区演化,有大量斜长花岗岩(英云闪长岩)出现,表现为典型δ+TTG组合特征。岩石地球化学研究表明主体为铝弱饱和低碱钙碱性系列特点。在R_1-R_2图解上,沿皮切尔的板块碰撞前区演化,部分落入地幔分异区,为裂谷花岗岩序列。晚石炭世主要为$C_2(\eta\gamma+\xi\eta)$组合,在QAP图解上分布于3a及3b区左半部,为后碰撞G组合,为铝弱饱和钙碱性系列。在R_1-R_2图解上,较多在同碰撞区下方分布,为典型后碰撞序列;花岗岩的Zr+Nb+Ce+Y<300,不具A型花岗岩特征。

(2)西昆中岩浆弧(C_2—T):主要发育于康西瓦-苏巴什构造带及其以北的西昆仑构造带,北部叠加于上述裂谷建造之上,应该是裂谷关闭后的汇聚环境产物。公格尔峰岩体及布仑口附近岩体中获得较多高精度锆石微区分析年龄数据均在240~220Ma范围,属于三叠纪(张传林等,2005;康磊等,2012)。新藏公路库地南的阿卡阿孜复式岩体,岩石序列为闪长岩-斜长花岗岩-花岗闪长岩-二长花岗岩,除212Ma、215Ma(Yuan et al,2002)、213Ma(Xiao et al,2010)数据外,也有谐和年龄数据371Ma(Xiao et al,2010)、404Ma(袁超等,1999)。而215~212Ma数据与该岩体花岗闪长岩黑云母Ar-Ar坪年龄213.4Ma(袁超等,2003)一致,说明这个年龄是韧性剪切带变形变质作用年龄;计文化等(2005)获得阿卡阿孜—库地地区区域性岩墙群黑云母Ar-Ar坪年龄为280~273Ma;许志琴等(2007)研究阿卡阿孜岩体南侧康西瓦韧性剪切带时,通过Ar-Ar法和SHRIMP锆石U-Pb年龄测定获得康西瓦韧性剪切带形成于445~428Ma,之后有250Ma±、203Ma±、125~101Ma三次显著岩浆活动。阿卡阿孜岩体获得的215~212Ma数据与其第二次构造热事件时间相符。

从总体来看,西昆仑岩浆弧侵入岩主要有四期,石炭纪低钾钙碱性系列的俯冲期闪长岩-石英闪长岩-花岗闪长岩组合U-Pb年龄为313Ma,基性岩-闪长岩-石英闪长岩-二长花岗岩组合U-Pb年龄为336~326Ma,为陆缘弧岩浆岩。二叠纪碱性—钙碱性系列二云花岗岩-花岗闪长岩-二长花岗岩组合黑云母K-Ar年龄为278~257.8Ma,属同碰撞—后碰撞花岗岩,是石炭纪—二叠纪洋盆封闭的反映。三叠纪的花岗闪长岩-二长花岗岩组合U-Pb年龄为228.9~(223.6±5)Ma,此外,还发育二长花岗岩-花岗斑岩(含水晶)及似环斑二长花岗岩组合(黑恰道班北西青藏线273km处北沟首次发现了环斑二长花岗岩,具特殊的卵状环斑结构)。在嘛扎北的阿卡阿孜山花岗闪长岩、二长花岗岩中获黑云母Ar-Ar年龄213Ma(袁超等,2003),并认为是产于碰撞构造环境,证明晚三叠世时古特提斯洋已封闭,为后碰撞—后造山期岩浆活动。这些多期次的岩浆侵入活动,反映了西昆中晚古生代—三叠纪多期复合深成岩浆弧的属性。

2. 东昆仑弧盆系(C_2—T)

东昆仑弧盆系可进一步划分为东昆北岩浆弧(C_2—T)、东昆南被动陆缘(C—P)-上叠周缘前陆盆地(T_{1-2})2个次级单元。

东昆北岩浆弧（C_2—T）：主要分布于东昆仑北部的祁漫塔格—诺木洪—东段孟可特广大地区。祁漫塔格苏鲁格萨依—中灶火一带，呈岩株侵入于大干沟组（C_1）中的早二叠世俯冲期岩浆杂岩，为 G_2 组合[$P_1(\pi\eta\gamma+\eta\gamma+\pi\gamma\delta+\delta o+\delta)$]，偏铝质钙碱性系列，壳幔混合型，锆石 U-Pb 同位素年龄值为 270.9 ± 0.9Ma，可能与南邻昆南洋晚古生代的北西向俯冲有关；跃进山—开木棋河—纳木龙一带，以岩基状产出为主，为与洋俯冲有关的 TTG 组合[$C_2(\xi\gamma+\pi\eta\gamma+\eta\gamma+\pi\gamma\delta+\gamma\delta+\gamma\delta o+\delta o+\delta+\eta\delta o)$]，多为岩浆弧外带岩石组合，锆石 U-Pb 同位素年龄值有两组，一组为 316 ± 12Ma，属晚石炭世；另一组为 285 ± 10Ma，属早二叠世；吐木勒克—纳木龙一带以岩基状产出，与洋俯冲有关的花岗岩组合为 $P_3(\xi\gamma+\pi\eta\gamma+\eta\gamma)$，为岩浆弧内带组合，U-Pb 同位素年龄值为 247 ± 2.0Ma，表明侵入时代为晚二叠世；吐库勒克—诺木洪河—香日德一带，与洋俯冲有关的 TTG 组合[$T_2(\xi\gamma+\pi\eta\gamma+\eta\gamma+\pi\gamma\delta+\gamma\delta+\gamma\delta o+\delta o+\delta+\nu)$]，同位素年龄值为 231 ± 19Ma（U-Pb 法）、229 ± 10Ma（U-Pb 法）、239.8 ± 0.7Ma（U-Pb 法）、237 ± 2Ma（SHRIMP 法）；在东昆仑东段的孟可特一带，呈岩基状或岩株侵入于马尔争组中，与洋俯冲有关的 TTG 组合为 $T_2(\gamma\delta+\gamma\delta o+\delta)$，其中暗色闪长质包体发育，为偏铝质中低钾钙碱性系列，壳幔混合源型。开木棋河与洋俯冲有关的 TTG 组合 $P_{1-3}(\xi\gamma+\eta\gamma+\gamma\delta+\gamma\delta o+\delta o+\delta+\delta\eta o)$ 呈岩基产出，含闪长质包体，偏铝质中高钾钙碱性系列，壳幔混合源型，其中正长花岗岩同位素年龄值为 271.2Ma（K-Ar 法）、295.2Ma（Rb-Sr 法）；八宝山与洋俯冲有关的 TTG 组合为 $T_2(\pi\eta\gamma+\eta\gamma+\gamma\delta+\gamma\delta o+\delta o+\delta)$，偏铝—弱过铝质钙碱性系列，壳幔混合源型，其中花岗闪长岩同位素年龄值为 $245\sim233$Ma（U-Pb 法），可能与昆南洋向北俯冲有关。

东昆南被动陆缘（C—P）-上叠周缘前陆盆地（T_{1-2}）：坐落在早古生代—中泥盆世弧盆系之上，由早期陆缘裂谷-被动陆缘和晚期叠置其上的前陆盆地组成。石炭纪—二叠纪沉积建造呈断片分布于哈拉郭勒及沟里等地。其中早石炭世哈拉郭勒组为海陆交互相陆源碎屑岩-双峰式火山岩-浅海碳酸盐岩建造组合，反映了陆缘裂谷建造组合；晚石炭世—早二叠世浩特洛洼组纵横向变化较大，浩特洛洼地区主要为一套相对稳定碳酸盐岩海台沉积；在西端克其克孜南为一套相对活动的中酸性火山岩，而在东端拉玛托洛胡一带及东给措纳湖西侧相变为一套相对活动的陆源碎屑沉积。在东段树维门科—喀噻南—布青山—野马滩一带，呈构造岩片或推覆体断续分布树维门科组（C_2P_2）陆棚陆源碎屑-滨浅海生物碎屑灰岩组合。

与裂谷作用相关，在东昆仑西段滩北雪峰—哈得儿甘—尕林格一带，以岩基形式出露尕林格后造山双峰式侵入岩组合 $D_3(\beta\mu+\gamma\delta+\delta o+\nu)$，偏铝—弱过铝质钙碱性系列，壳幔混合源型；在滩北雪峰出露后造山钙碱性花岗岩组合 $C_1(\pi\eta\gamma+\eta\gamma+\gamma\delta)$，含暗色闪长质色体，为弱过铝质中高钾碱性系列，壳幔混合源型，同位素年龄值为 325.9 ± 3.0Ma（Rb-Sr 法）、342.9 ± 8.1Ma（U-Pb 法）。在喀雅克登塔格—肯德大湾一带，主要呈岩基状分布于布伦台地区，侵入金水口岩群中，由后造山钙碱性岩石组合 $D_3(\eta\gamma+\gamma\delta+\eta\delta o+\delta o)$ 和 $C_1(\xi\gamma+\eta\gamma+\gamma\delta+\delta o)$ 组成。晚泥盆世—早石炭世后造山岩石构造组合反映了早古生代造山挤压作用结束后的地壳伸展环境。

早—中三叠世洪水川前陆盆地（前渊带）不整合覆于前述东昆南石炭纪—二叠纪陆缘裂谷-被动陆缘沉积组合之上，由洪水川组楔顶带滨浅海相砂泥岩-砾岩夹火山岩建造组合（T_1）-前陆逆冲作用相对平静期的产物闹沧坚沟组台盆相陆源碎屑-碳酸盐岩建造组合（T_{1-2}）-希里可特组滨浅海相泥岩-砾岩夹火山岩建造组合（T_2），下部有可能仍属于早期复理石沉积，向上逐渐过渡为海相磨拉石沉积。

3. 宗务隆-兴海-甘加弧盆系（P—T）

宗务隆-兴海-甘加弧盆系叠加（坐落）在早古生代弧盆系之上，与其为不整合接触。其是在早古生代—中泥盆世弧盆系-弧陆碰撞后碰撞伸展阶段形成的,也可以理解为晚古生代昆南构造带之北的次生洋盆-活动陆缘系统。可进一步划分为宗务隆-甘加裂谷($D—P_2$)、兴海蛇绿混杂岩(D—P)、柴达木北缘-青海湖南山岩浆弧(P—T)、鄂拉山岩浆弧(T)、赛什塘周缘前陆盆地(T_{1-2})、隆务河-留凤关弧后盆地-弧后前陆盆地(T)。

(1)宗务隆-甘加裂谷($D—P_2$):呈北西西向分布于宗务隆山—夏河甘加一带,介于宗务隆山-青海南山断裂和宗务隆山南缘断裂之间,西端尖灭于鱼卡河一带,向东至夏河甘加镇一带(据区域资料,向东在武都北-陕西留坝县楼房沟等地,分布有性质不明的石炭纪基性—超基性杂岩和同期深水沉积,可能预示着宗务隆-甘加裂谷的东延,还需今后进一步研究),是叠加于中-南祁连弧盆系和全吉地块(早古生代弧盆系)之上的晚古生代裂谷。其下部裂谷边缘相为牦牛山组(D_3)陆相砾岩-砂岩-偏碱性的中基性—中酸性火山岩组合;裂谷中心相位于宗务隆—茶卡一线,主要由茶卡组(D)海相砂泥岩-硅质岩-泥灰岩和中基性火山岩组合构成。中上部为宗务隆群($C—P_2$)(果可山组)产䗴、珊瑚化石的碳酸盐岩夹中基性火山岩组合,可能是陆缘裂谷中央带的产物;土尔根达坂组($C—P_2$)由夹多个砂砾岩水下扇的长石石英砂岩、岩屑石英砂岩-板岩千枚岩-灰岩-夹裂谷玄武岩-玄武安山岩组合构成。甘加组($C—P_2$)主要分布于相区北缘,与果可山组和土尔根达坂组不整合接触,包括两类建造组合,即甘加半深海水下河道砂砾岩建造组合和甘加产䗴、珊瑚、腕足、双壳等的台地缓坡碳酸盐岩建造组合,可能也是陆缘裂谷边缘带的产物。

裂谷火山岩岩石化学特征显示属于拉斑玄武岩、高铝玄武岩和碱性玄武岩。τ、σ值图解显示,本区火山岩的构造环境为构造稳定区和构造活动带的过渡带。

在贵德县北相曲村一带,甘加组与同时期祁连山南部被动陆缘勒门沟组、草地沟组可以对比,且与下伏地层的关系也与勒门沟组一样为角度不整合接触,但其厚度有所增大,可能与甘加组位于盆地沉积中心地带有关。这似乎说明祁连山南缘被动陆缘(C—P)与宗务隆裂谷(D—P),在石炭纪—二叠纪时期同属一个海盆,其物质来源应该为祁连山北缘早古生代及其以前的弧盆系等。

宗务隆裂谷中的蛇绿岩组合西部出露于土尔根达坂尔次德沟—阿尔扎沟一带,东部在甘加—临潭下拉地—武都北—留坝楼房沟一带也有表现(张克信等,2007),呈构造透镜体产出于混杂岩中,蛇绿岩岩石组合为灰绿色辉绿玢岩、辉长辉绿岩,灰绿色角闪辉长岩、辉长岩,深绿色蛇纹石化辉石橄榄岩、蛇纹石化橄榄岩、蛇纹岩,岩石为拉斑玄武岩系列,属 SSZ 型蛇绿岩组合。枕状玄武岩年龄值 331.31 ± 88.3 Ma/Rb-Sr,辉绿岩墙年龄值 325 ± 12 Ma,318 ± 3 Ma/Rb-Sr,表明形成时代为早石炭世;混杂岩基质为灰绿色安山玄武岩、杏仁状玄武岩、枕状玄武岩、绿帘绿泥片岩、灰色硅质岩、浅灰色片理化长石石英砂岩、岩屑石英砂岩、灰白色结晶灰岩。临潭下拉地—凉帽山一带后造山超基性岩组合显示富 Mg、贫 Ca 和碱($<0.215\%$)特征,m/f 分别为 4.25 和 1.86。根据区域地质背景研究,并结合岩石地球化学特征分析,认为其来源于亏损地幔,属后造山期超基性杂岩岩石组合。

与裂谷发育相关的侵入岩为发育在木柯尔河一带和青海湖南山的晚泥盆世后造山钙碱性中酸性侵入岩。木柯尔河一带岩石组合为二长花岗岩-花岗闪长岩-石英闪长岩,石英闪长岩同位素年龄为 365Ma(U-Pb 法),弱过铝—过铝质高钾钙碱性系列;青海湖南山为呈岩株状产出的浅灰色片麻状中细粒花岗闪长岩,属过铝质钙碱性系列,为壳幔混合源的花岗闪长岩组合,其同位素年龄为 381~365Ma(U-Pb 法)。岩体侵入于古元古代化隆岩群中,与围岩侵入接触关系清楚。

(2)兴海蛇绿混杂岩(D—P):北东向延伸并向南东方向凸出的弧形构造带,分布于苦海—赛什塘—兴海一带,由于后期洼洪山-温泉右行走滑断裂和昆中右行走滑断裂的切错,使其错位成明显的北东和南西两段。北东段界于塘格木-赛什塘断裂和操什澄-雅日断裂之间;南西段限定于苦海断裂和温泉-那尔扎断裂之间。

蛇绿岩呈较规整的岩片或形态各异、规模不等的岩块,广泛分布于雅日、加木龙、雪穷、杂额木龙、南木塘-赛日科龙洼-赛什塘等地。由超镁铁质岩、镁铁质(堆晶)岩及基性熔岩组成。物质组成特点:①超镁铁质岩蚀变强烈,原岩组构消失殆尽,但其岩石地球化学特征仍能确定为地幔橄榄岩;②各类超镁铁质、镁铁质岩均以构造界面与泥砂质浊积岩接触,构成了蛇绿混杂岩;③辉绿岩;④超镁铁质岩、镁铁质岩在稀土元素特征等方面具亲缘关系,并且反映其来源于类似OIB或E-MORB的富集型地幔源,各种构造环境判别图解均显示出WPB—MORB过渡类型的特点;⑤Zr/Y-Zr图解显示扩张速率小于等于1cm/a。综合野外地质产状、区域地质背景等特征,初步认为其形成的构造环境为成熟裂谷与初始洋盆之间的过渡环境。总体上应统一归属于弧盆系体系的SSZ型蛇绿岩。

关于蛇绿岩时代和混杂岩形成的时代:苦海地区辉长岩获得了2个坪年龄 $tp1=368.6\pm1.4Ma$(Ar-Ar法),相对应的等时线年龄为 $360.5\pm8.5Ma$,这一年龄值应为辉长岩成岩年龄(D_3);$tp2=278.3\pm0.9Ma$(Ar-Ar法),相对应的等时线年龄为 $276.5\pm4.5Ma$,代表了纤闪石的形成年龄,即洋壳俯冲并变质变形的年龄值,应为蛇绿岩的俯冲就位年龄,即为蛇绿岩形成时代的上限(P_2)。雅日地区玄武岩、辉长岩未获得理想的同位素年龄值,据区域地质概况推测形成时代在晚石炭世—中二叠世,依据如下:①广泛分布的火山弧岩片(得格龙中基性火山岩)中获得有 $263.9\pm2.1Ma$ 的锆石U-Pb年龄值;②东昆仑东端纳木龙一带俯冲型花岗岩的时代为早中二叠世。

除蛇绿岩块体之外,混杂岩中构造块体还有金水口岩群(Pt_1)中深变质岩基底残块;变质古侵入体($Pt_1\delta o$、$Pt_1\nu$);分布于娃彦—野马台—温泉煤矿一带,呈断片产出,原划二叠纪切吉组(P_2)灰岩块体;分布于水塔拉脑—乎勒一带,呈断片状产出的二叠纪切吉组(P_2)火山弧玄武岩-安山岩组合等。

混杂岩变形基质主要有分布于赛日科龙洼、醉马滩等地的呈叠瓦状构造楔状体展布,并发育逆冲-走滑型韧性剪切变形,含较多蛇绿岩碎片的切吉组(P_2)浊积岩建造组合。

(3)柴达木北缘-青海湖南山岩浆弧(P—T):位于前述宗务隆-甘加裂谷带以南,西自打柴沟-青海湖南山,东至同仁泽库一线,西段叠加在早古生代滩间山岩浆弧-柴北缘结合带之上,是宗务隆-甘加裂谷-洋盆在晚古生代晚期关闭、洋壳向南俯冲形成的岩浆弧。

西段主要分布在打柴沟—莫巴尔一带,主要岩石组合为 $C\gamma\delta$、$P(\gamma\delta o+\gamma o+\gamma\delta+\eta\gamma)$、$T(\delta+\gamma\delta+\eta\gamma)$;柴达木山为后碰撞过铝质花岗岩组合,岩石组合为 $T_3(\pi\eta\gamma+\eta\gamma+\nu)$,木柯尔河灰绿色中粒辉长岩($T_3\nu$),为钙碱性辉长岩类;绿梁山花岗闪长岩($P\gamma\delta$);哈夏浅肉红色二长花岗岩($T_3\eta\gamma$),含有少量暗色闪长质包体,属过铝质钙碱性系列。

中东段青海湖南山—天俊岩浆弧内、外带岩石构造组合清晰,西北为弧外带,以TTG岩系为主,岩石组合为 $PT(\delta+\delta o+\gamma\delta o+\gamma\delta-\eta\gamma-\xi\gamma)$、$PT(\delta o-\gamma\delta o-\gamma\delta-\eta\gamma)$、$T(\nu-\delta-\gamma\delta)$、$T(\delta-\delta o-\eta\gamma)$;靠东南共和—泽库一带为弧内带,主要发育GG系列酸性岩组合,其岩石组合为 $T(\gamma\delta-\gamma-\eta\gamma)$。弧外带为中细粒英云闪长岩($T_1\gamma\delta o$),偏铝质钙碱性系列,含角闪石钙碱性花岗岩类(ACG);茶卡北山 $\gamma\delta\pi+\eta\gamma+\delta o+\delta$ 组合中,象鼻山灰白色中粗粒黑云母二长花岗岩($P_1\eta\gamma$)、八宝山灰绿色细粒石英闪长岩($P_1\delta o$)等均为偏铝质钙碱性系列,活动大陆边缘弧外带。茶卡北山中细粒石英闪长岩属偏铝质钙碱性系列,含角闪石钙碱性花岗岩类(ACG),活动大陆边缘弧环境。

根据岩浆弧内、外带空间展布及其与北侧宗务隆-甘加构造带蛇绿岩带配套,其洋壳向南俯冲的极性是明显的,显示了宗务隆-甘加晚古生代裂谷关闭过程。

(4)鄂拉山岩浆弧(T)和赛什塘周缘前陆盆地(T_{1-2})：二者均发育于兴海蛇绿岩的西侧，而其东侧岩浆弧不发育，可能反映了它们是兴海蛇绿岩洋壳向西俯冲的弧-盆系统。

鄂拉山岩浆弧与东昆北岩浆弧早期相连，受后期洼洪山北北西向断裂破坏而隔开。岩浆弧火山岩为中二叠世切吉组安山岩-英安岩-流纹岩建造组合，另外在该相区内还见少量的由切吉组浊积岩段组成的弧前增生楔，被厘定为切吉半深海浊积岩建造组合。岩浆弧侵入岩岩石组合为$P(\gamma\delta+\eta\gamma)$、$T(\gamma\delta+\eta\gamma+\xi\gamma)$、$T\gamma\delta$、$T(\gamma\delta+\eta\gamma)$、$T\xi\gamma$，其岩石组合、岩石地球化学特征与东昆北岩浆弧基本一致。

赛什塘周缘前陆盆地位于鄂拉山岩浆弧与兴海蛇绿混杂岩之间的弧前位置，其动力学背景与赛什塘-兴海碰撞造山带的北西向冲断荷截有关。由洪水川组(T_1h)滨浅海砂泥岩-砾岩夹火山岩建造组合、闹仓坚沟组($T_{1-2}n$)台盆陆源碎屑-碳酸盐岩建造组合和希里可特组(T_2x)滨浅海砂泥岩-砾岩夹火山岩建造组合构成。总体上为一向上变浅的充填序列，沉积中心由南东向北西方向迁移。

(5)隆务河-留凤关弧后盆地-弧后前陆盆地(T)：位于青海-甘肃-陕西交界的泽库—碌曲—卓尼—宕昌—成县一线和西倾山以南的甘川交界地区。在构造位置上位于印支期北部宗务隆-甘加造山带（D—P裂谷转换而来）、南部阿尼玛卿造山带、西部赛什塘-兴海造山带之间，位于前二者的弧后前陆和后者的周缘前陆位置，为一个三叠纪复合前陆盆地。

前陆盆地在其西部青海省内的共和、贵南、同德、泽库、河南一带，构成前陆盆地的冲断（楔顶）带-前渊带，主要由隆务河组(T_{1-2})-古浪堤组(T_{1-2})水下河道相(浅水)-水下扇(次深海)砂砾岩沉积楔和次深海陆源碎屑浊积岩沉积组合构成，其中在兴海以东地区的隆务河组和阿尼玛卿山冲断带的北缘邻近前渊部位，发育一套碳酸盐岩碎屑流-震积岩沉积体，为大陆斜坡沉积，反映了盆地快速沉陷。远离上述冲断带的前渊带主要充填隆务河组-古浪堤组砂岩夹板岩组成的深水浊积岩沉积体，这些大陆斜坡碎屑流沉积体和深水浊积岩沉积体，为早期复理石阶段的产物，其总体厚度向北、向东不断加厚(由西部和南部的3146m向北、向东增至4230m)，反映其沉积中心不断有向北、向东迁移之势。在安尼中晚期沉积的古浪堤组砂岩段的砂砾岩组合，海水有明显变浅的趋势，尤其在曲什安勒和巴沟—唐干一带出露一套浅水的杂色碎屑岩，具波痕及浅水交错层理，且多次在大范围内发生了风暴事件，风暴岩广泛发育，可能为晚期海相磨拉石产物。向东该时期形成了碳酸盐岩浊积岩和风暴沉积间互层，即早三叠世扎里山组(T_1)夹灰岩、钙质板岩和水下扇角砾状灰岩的碳酸盐岩浊积岩组合，早—中三叠世马热松多组陆源碎屑-碳酸盐岩组合和中三叠世郭家山组滨浅海砂泥岩组合、金矿矿源层，再向东于甘肃迭部一带相变为碳酸盐岩台地型沉积。

前陆盆地上部层位处于盆地中东部(甘肃省内)，光盖山组($T_{2-3}gg$)下部为砂岩、粉砂岩、板岩夹砂屑灰岩、生物灰岩构成的次深海陆源碎屑-碳酸盐岩浊积岩组合；该组上部水体变浅，由钙质长石石英砂岩、石英砂岩、粉砂质板岩夹砂屑角砾状灰岩等浅水组合构成；其上大河坝组($T_{2-3}d$)中厚层岩屑长石砂岩、岩屑石英砂岩、钙质板岩夹少量微晶灰岩，也为一套浅水沉积组合。

总括盆地自西向东由前陆冲断带向内陆凹陷带过渡的构造格局，自西南向东北由楔顶带-前渊带沉积相带的迁移，纵向上由浅水水下河道-次深海斜坡-深海浊积岩-次深海浊积岩-浅水岩屑长石砂岩-岩屑石英砂岩的垂向沉积序列组成，不难得出隆务河-留凤关前陆盆地由前期冲断-凹陷到后期淤浅的构造-沉积过程。

另外，在青海勒河、塘干乡以东及夏仓乡一带的古浪堤组砂岩夹板岩段中，见有少量的安山岩、流纹岩夹层或透镜体，其岩石地球化学特征均表明属挤压环境下的钙碱性火山岩，应是碰撞期汇聚作用的产物。

4. 陇山-北中秦岭弧盆系(Pz_2—T)

陇山—北中秦岭地区,晚古生代—三叠纪为发育在早古生代中南祁连弧盆系、北秦岭弧盆系和商丹结合带之上的弧盆系。也就是说它是在古生代多地块(中南祁连、北秦岭、南秦岭)碰撞拼接过程后期(D—C),在商丹主缝合带(拼接带)南侧,形成的前陆盆地(刘岭-大草滩前陆盆地);和多地块碰撞拼接之后,可能受到其南侧(宗务隆-)甘加(-武都北-楼房沟)晚古生代裂谷关闭的影响,由在其北部形成的岩浆弧(Reischmann et al,1990;Lerch et al,1995;Xue et al,1996a;Zhai et al,1998)组成[十里墩-五朵金花岛弧(P—T)、陇山-北秦岭南部岩浆弧(Pz_2—T_3)]。

根据岩石构造组合和构造位置,可进一步划分为陇山岩浆弧(Pz_2—T)、北秦岭南部岩浆弧(Pz_2—T_3)和刘岭-大草滩前陆盆地(D—C_1) 3个Ⅲ级构造单元,其中北秦岭南部岩浆弧可区分出宝鸡南-太白岩浆弧(Pz_2—T)和北秦岭南缘岩浆弧(Pz_2—T_3) 2个Ⅳ级构造单元;刘岭-大草滩前陆盆地可划分为西部大草滩和东部刘岭2个次级前陆盆地(D)。

陇山岩浆弧(Pz_2—T):位于甘陕交界陇山椿树滩—关山一带,叠加于早古生代中祁连弧盆系东段之上,主要由二叠纪—三叠纪酸性侵入岩构成,有$Pz_2(\delta o+\eta o)$、$PT(o\eta+\gamma+\eta\gamma+\xi\gamma)$。可见$C\eta\gamma$(336Ma,Rb-Sr法)、$P\gamma$(259Ma,U-Pb法),并以$T\eta\gamma$为主,岩石化学特征显示为富钾贫钠过铝钙碱性岩石系列,属S型花岗岩。从早至晚随着岩浆演化,具有稀土总量随之增加、轻重稀土分馏程度明显增高的特征。在δEu-$(La/Yb)_N$图解中落入壳源岩区。其同位素年龄集中在222Ma(Rb-Sr法)、229±7Ma(U-Pb法)、231±1.1Ma(Ar-Ar法)、246Ma(Ar-Ar法)。关山花岗岩可作为印支期花岗岩的代表,其SHRIMP锆石U-Pb年龄229±7Ma,岩石地球化学特征表明具有碰撞花岗岩特征,被认为是华北板块与华南板块碰撞时期南秦岭-西秦岭陆壳俯冲导致的部分熔融的岩浆形成(Zhang et al,2006)。

北秦岭南部岩浆弧(Pz_2—T_3):主要分布于陕西北秦岭西部的宝鸡南—太白—翠华山一带。叠加在早古生代弧盆系之上,主要有3种岩石构造组合:①D—C($\delta o+\eta o+\gamma\delta+\eta\gamma$)组合,其中$\delta o$(314Ma,K-Ar法),为石炭纪。岩石地球化学研究表明,其为过铝质钙碱性系列,轻稀土富集,具I-S型花岗岩特点,晚期为富钾钙碱性系列,总体为俯冲构造环境产物。②二叠纪高镁闪长岩组合分布在宝鸡、凤县黄牛铺—红花铺一带,岩石类型为$P(\delta+\delta o+o\eta\delta+\varphi\eta o)$等。通过对颜家河闪长岩和黄牛埔石英闪长岩岩石地球化学特征的研究表明,它们为富钠贫钾的准铝碱钙性岩石系列,显示Ⅰ型花岗岩特征。微量元素以幔源元素富集、壳源元素贫乏为特征,属幔源型或壳幔混合型。其成分及结构演化特征显示为俯冲构造环境产物。③三叠纪过铝质花岗岩组合主要位于宝鸡—太白一带,岩石类型主要为石英二长岩(212Ma,U-Pb法)+二长花岗岩(231~212Ma,U-Pb法),为富钾贫钠的准铝—过铝质钙碱性岩石系列,在CIPW标准矿物中出现刚玉(C),显示S型花岗岩特征。物质主要来源于上地壳物质的部分熔融。微量元素具有Nb、Th、Zr壳源元素相对富集,而V、Cr、Co、Ni偏基性元素相对亏损的壳源型特征,稀土配分模式图中曲线右倾明显,轻稀土富集,也具壳源型特征,为碰撞构造环境产物。

刘岭-大草滩前陆盆地(D—C_1):分布于商丹缝合带之南的甘肃—陕西中秦岭地区(天水南—凤县唐臧南;周至板房子—柞水县—山阳县以北,到商南县以南)。

西部为晚泥盆世—石炭纪大草滩群陆相砾岩、砂岩-海陆交互相板岩、千枚岩夹灰岩沉积组合,向北不整合于奥陶纪—志留纪(罗汉寺组)蛇绿混杂岩之上,显示出泥盆纪—石炭纪前陆盆地楔顶带沉积特点,向南超覆于舒家坝群被动陆缘盆地之上;中东部南界为山阳-凤镇断裂,主要为中—晚泥盆世刘岭群牛耳川组-池沟组-青石垭组-桐峪寺组低绿片岩相砂岩-粉砂岩-泥质岩建造组合、早石炭世红岩寺组海陆交互相潮坪含煤泥页岩-千枚岩夹碳酸盐岩建造组合、早石炭世二峪河组陆相砂岩-泥页岩夹含煤泥岩建造组合,其中可见桐峪寺组浅海相沉积组合不整合覆于丹凤群之上(周正国等,1992);石炭系与泥盆系为整合接触。泥盆纪西、北部为陆相-海陆交互相(大草滩群);东、南部为海相(刘岭群),下部为包含陆源碎屑浊积岩的次深海欠补偿硅质板岩-深海喷流岩沉积,在青石垭组欠补偿热水沉积碳硅质板岩段产沉积喷流型铁矿(大西沟)、银铅矿(银洞子-穆家庄)和造山带型金矿(马鞍桥)等,向上出现包括水下河道砂体的外陆棚上部-内陆棚浅海沉积,显示向上水体变浅,向海进积的沉积序列,反映了盆地收缩过程。

泥盆纪的沉积地层特点反映出自西北向东南由海陆交互相向海相过渡的沉积环境,进一步反映了北浅南深,物源来自北部(北秦岭早古生代造山带)的宏观地质特点;石炭纪北部、西部为剥蚀区,南部、东部为陆-海陆交互沉积区,说明泥盆纪之后,早石炭世盆地进一步抬升,盆地充填向南继续退积,其物源区仍来自北部。综上所述,中泥盆世—早石炭世,刘岭-大草滩盆地整体显示物源来自于北侧早古生代造山带、盆地不断向南东迁移的海退、进积和淤浅过程,显示了北部秦岭造山带向南推挤的前陆盆地沉积特点。前人从不同角度对该盆地研究,也提出过相类似的认识,即刘岭-大草滩盆地是北秦岭加里东期造山之后形成的前陆盆地沉积(Mattauertal,1985;许志琴等,1986;李晋僧等,1994;吉让寿等,1997;杜远生,1997;曹宣铎等,2000)。欧阳建平等(1996)根据秦岭造山带不同构造单元、不同地层之间Th等微量元素和Sm/Nd值特征认为,泥盆系具有多源、混源特征,除了扬子北缘物源区外,陡岭群、耀岭河群、武当群及北秦岭的秦岭群均有参与提供物源的可能。Ratschbacher等(2003)通过综合分析区域地质资料后认为刘岭群物源来自北侧北秦岭。闫臻等(2007)通过砂岩碎屑组成、碎屑重矿物、地球化学成分、砾岩组成以及古水流研究表明,北秦岭是秦岭泥盆系的主要物源区,盆地基底隆起也是泥盆系重要物源区。

关于中秦岭泥盆纪 石炭纪盆地的构造属性,长期以来存在争议。除上述前陆盆地认识外,主要代表性观点还有:①扬子板块北缘被动边缘沉积(任纪舜等,1980,1991;张国伟等,1988;杨志华,1991;和政军等,2005);②北秦岭岛弧杂岩带南侧弧前盆地沉积(王宗起等,2002;Ratschbaacher et al,2003;Hacker et al,2004;Yan et al,2006);③秦岭微板块沉积盖层(张国伟等,2001;Meng and Zhang,1999,2000);④牛宏建(1995)利用沉积学、变质作用、岩石化学和构造变形对比把刘岭群划分为"北部岩系"和"南部岩系",并认为"北部岩系"属于华北板块南缘活动大陆边缘的近源沉积,是蛇绿岩套的组成部分,"南部岩系"与山阳断裂南侧泥盆系均为扬子板块北缘稳定陆缘沉积。

5. 南秦岭地块(东部)

严格地说,晚古生代时期南秦岭地块应该是在昆南-阿尼玛卿-勉略结合带、兴海蛇绿混杂岩带、宗务隆-甘加裂谷和天水-商丹构造带(早古生代对接带后期继承性断裂带——北秦岭晚古生代陆内造山带南缘逆冲断裂带)之间的构造单元。南秦岭地块(Pz_2)以早古生代中秦岭陆表海(Z—O)和西倾山-南秦岭陆缘裂谷带(Pz_1)为基底,早期(D—P_1)地壳总体处于拉张伸展状态,形成了南秦岭该时期的被动陆缘沉积体系,而与周边的裂谷-洋盆体系(宗务隆-甘加-武都北-楼房沟裂谷-小洋盆、兴海小洋盆、阿尼玛卿小洋盆、勉略裂谷-小洋盆)毗邻过渡;晚期(P_2—T_2)南秦岭地块东、西构造分异,东部宁陕以东地区(山阳—柞水—镇安—旬阳)持续伸展,形成了自中泥盆世(西岔河组)以来,直至中三叠世(岭沟组)的被动陆缘沉积体系;西部宁陕以西地区,随着周缘裂谷-小洋盆的关闭,形成与周缘活动带毗邻的岩浆弧[青海湖南山岩浆弧(P—T)、十里墩-五朵金花岛弧(P—T)、南秦岭岩浆弧(Pz_2—T)]和弧后-前陆盆地

[隆务河-留凤关前陆盆地（T）]，它们叠加在早期被动陆缘之上。

在前述晚古生代—中三叠世Ⅱ级构造单元划分时，重点考虑了该阶段晚期的构造动力学状态下的构造环境，而作为主要考虑因素（优势相），将青海湖南山岩浆弧（P—T）和隆务河-留凤关前陆盆地（T）归入宗务隆-兴海-甘加弧盆系，而把大草滩-刘岭前陆盆地（D—C_1）归入陇山-北中秦岭弧盆系（Pz_2—T）。下面就其他单元进行阐述。

（1）舒家坝被动陆缘（D—P_1）：位于甘陕交界西秦岭西和—礼县—两当县一带，由泥盆纪—二叠纪滨岸带-浅海陆棚碎屑岩-陆棚镶边台地碳酸盐岩构成。下部泥盆系南部为西汉水群安家岔组（D_{1-2}）-黄家沟组（D_2）-红岭山组（D_{2-3}）-双狼沟组（D_3）连续细碎屑岩-灰岩沉积，主要的镶边碳酸盐台地发育于安家岔组（D_{1-2}）上部和红岭山组（D_{2-3}），其余各组多为砂岩-板岩-千枚岩组合；北部舒家坝群（D_2）细碎屑岩-灰岩组合被大草滩群（D_3C_1）陆相-海陆交互相前陆盆地超覆，反映了大草滩前陆盆地是在早期被动陆缘基础上拗陷形成的。上部石炭系—二叠系在下部巴都组（C_1）中部发育砾屑灰岩楔状体，反映了碳酸盐台缘斜坡相特点；上部大关山组（C_2P_1）为碳酸盐岩台地缓坡相灰岩-泥岩组合构成镶边碳酸盐岩组合；其余均为滨岸带-陆棚浅海碎屑岩组合。

（2）西倾山被动陆缘（D—T_1）：位于青海-甘肃-陕西交界的南部西倾山地区。下部泥盆系普通沟组（D_1）泥岩夹灰岩、尕拉组（D_1）白云岩、当多组（D_{1-2}）砂岩夹灰岩、下吾拉组（D_{2-3}）灰岩夹砂岩，为陆棚浅海碎屑岩-台地碳酸盐岩沉积组合，与舒家坝被动陆缘沉积可以对比，反映了泥盆纪统一的被动陆缘构造环境中沉积环境差异不大。上部石炭系—二叠系北部益哇沟组（D_3C_1）-铁山组（D_3C_1）-岷河组（C）-大关山组（C_2P_1）-迭山组（P_2T_1）；南部尕海组（CP）以台地相灰岩为主体，夹少量泥质岩组合，与前述北部舒家坝地区比较，陆源碎屑岩夹层明显减少。

（3）凤县-太白被动陆缘（D—T_2）和山柞镇旬被动陆缘（D—T_2）：位于南秦岭陕西凤县—太白地区及山阳—柞水—镇安—旬阳地区。两个构造单元之间在宁陕一带被南秦岭岩浆弧（Pz_2?—T）叠加而隔断，其沉积建造组合可以对比，反映了大地构造环境和沉积环境的相似或一致性。下部泥盆系除底部西岔河组（D_1）海陆交互相-海相砾岩-砂岩外，与上述舒家坝被动陆缘盆地沉积建造基本可以对比，为滨浅海相砂岩-灰岩建造组合；底部为被后期伸展滑脱剪切带改造了的平行不整合界面。上部石炭系—二叠系与舒家坝被动陆缘也可对比，为稳定的滨浅海相碳酸盐岩夹细碎屑岩组合。

上述西倾山、舒家坝、凤太、山柞镇旬基本可以对比的泥盆纪—二叠纪沉积建造组合和沉积环境基本一致，反映了晚古生代早期南秦岭地块稳定的被动陆缘环境。

（4）十里墩-五朵金花岛弧（P—T）：位于甘加裂谷带之南的西秦岭北缘合作—岷县—礼县一带，为叠加于下伏晚古生代早期被动陆缘（D—P_1）之上的二叠纪—三叠纪岩浆弧，主要由深部中酸性侵入岩和浅表汇聚型盆地沉积地层所组成。

中酸性侵入岩多呈岩株、岩基产出，分布于临夏县、礼县教场坝—碌碡坝（俗称五朵金花）—温泉—糜署岭以及阳坝、高日道耀—腊子口等地。岩石组合主要为闪长岩-石英闪长岩-英云闪长岩-花岗闪长岩-二长花岗岩等，岩石地球化学研究显示，多为弱过铝—次铝质岩系，偏碱性的钙碱性系列，岩体中Mo、Sn、Bi、W等高温热液成矿元素含量明显偏高，Sc、Co、Ni、Cr等地幔富集的亲铁元素（相容元素）在寄主岩石相对偏高，在ACF图解中多落在S-I型花岗岩区。在Rb-(Y+Nb)和Nb-Y图解中落入VGA火山弧花岗岩区或同碰撞花岗岩区。根据区域地质背景并结合岩石地球化学特征分析，认为其为同碰撞—后碰撞钙碱性花岗岩岩石组合。岩体以往同位素测年结果主要集中于三叠纪，也有少量晚二叠世，可能与其北甘加裂谷的关闭相关。其中温泉晚二叠世中酸性侵入岩259Ma（U-Pb法）；中川同碰撞黑云二长花岗岩形成时代最早为 264.4±1.3Ma(LA-ICP-MS 锆石 U-Pb 法)，即二叠纪末期(李婷等，2012)；高日道耀-腊子口三叠纪中酸性侵入岩 222Ma、202Ma、440.6±1.7Ma(K-Ar 法)；教场坝-碌碡坝 $P(\delta+\gamma)$、$T(\gamma\delta+\eta\gamma+\gamma)$，其中花岗闪长岩 208Ma(Rb-Sr 法)，二长花岗岩 232.9Ma(Rb-Sr 法)，岩浆弧($\eta o+\delta \eta o$,237Ma/U-Pb)；縻暑岭中酸性侵入岩 237Ma(U-Pb 法)。秦江峰(2010)认为，主要分布于合作-礼县(十里墩岩浆弧)的构造岩浆带，是由俯冲于南秦岭地块之下的扬子地块陆壳在折返过程中发生多阶段部分熔融作用形成的后碰撞型高钾钙碱性、高 $Mg^{\#}$ 埃达克质花岗岩，可分为 3 个阶段：小规模石英闪长岩(235～225Ma)、大规模高钾钙碱性花岗岩(220～210Ma)、小规模黑云花岗岩(200Ma±)。

与岩浆弧相关的地壳浅表部，发育以进积型沉积序列为特征的沉积建造组合，涉及的地层单位为二叠纪石关组-十里墩组—三叠纪隆务河群(前已述及，不再赘述)，二叠系与三叠系之间为整合-平行不整合接触。整体反映由二叠纪陆棚-斜坡水下扇砂砾岩—台地-台缘斜坡碳酸盐岩和三叠纪前陆凹陷盆地复理石浊积岩组合组成，反映了汇聚的构造环境。

中南部为二叠纪盆地伸展向挤压转化的陆棚-次深海斜坡相碎屑岩-灰岩建造[十里墩组(P_2)：夹多层水下扇砂砾岩的碎屑岩-灰岩组合；不整合在星红铺组(D_2)-铁山组(D_3C_1)-岷河组(C)不同层位上，其上与前陆盆地留凤关群整合-平行不整合接触]；北部石关组(P_3)为细粒长石石英砂岩-岩屑石英砂岩-粉砂质页岩-砾岩与生物灰岩、角砾灰岩、泥灰岩互层，属陆源碎屑岩-碳酸盐岩台地环境之缓坡建造组合。

(5)南秦岭岩浆弧(Pz_2—T)：位于陕甘交界—光头山—宁陕—佛坪—留坝一带，叠加在早古生代早期被动陆缘沉积建造组合之上，主要由二叠纪—三叠纪中酸性岩构成，少量石炭纪岩体。二叠纪主要岩石组合为华阳(东江口岩体以西)$P(\gamma \eta o+\delta o+\gamma o+\eta \gamma)$ 等；三叠纪岩体分布于华阳—龙草坪、毕家河等地，为规模巨大的岩基和一系列岩株、岩脉，包括两种岩石组合，其一为同碰撞-过铝质 I 型花岗岩组合 $T(\gamma \delta+\eta \gamma+\xi \gamma)$；其二为俯冲期花岗岩组合，包括 $T(\eta o+\delta \mu)$ 等。石炭纪中性侵入岩分布于留坝县一带，呈复式高位深成岩基，主要岩石类型为细粒石英闪长岩、中—粗粒石英闪长岩、细粒斑状石英闪长岩、中细粒石英二长闪长岩，可能与晚古生代勉略构造带洋壳向北俯冲相关联。

该时期在秦岭地区取得过很多的同位素测年资料，其中佛坪二叠纪石英闪长岩 285Ma(Rb-Sr 法)；三叠纪二长花岗岩 223±2.2Ma(U-Pb 法)、231.5Ma(U-Pb 法)。

七、康西瓦-苏巴什-阿尼玛卿-勉略拼接带

南昆仑康西瓦-苏巴什-阿尼玛卿-勉略拼接带为晚古生代—中三叠世时期是北部昆仑-秦岭弧盆系(活动大陆边缘)与南部华南-羌塘板块之间的缝合带。其中西段(康西瓦-苏巴什-阿尼玛卿)已在第三章介绍，下面就勉略带情况进行阐述。

勉略构造带西起甘肃文县，经三河口-康县-陕西略阳-勉县-洋县饶丰-高川-麻柳坝，在镇坪县南向东进入湖北，是一个发育于上扬子陆块之摩天岭地块-汉南地块与南秦岭地块之间的晚古生代—三叠纪形成的构造混杂岩带。

从构造混杂岩带中残留的铁矿梁组(D_3)-蟠龙山组(D_3)-茶叶坡组(C)-展坡组(C)-大铺组(C_2)-马平组(C_2)-郭家垭组(P)-大冶-雷口坡组(T)高川残留地体、构造带南侧摩天岭地块北缘残留的踏坡组(D_{1-2})-略阳组(D_2C_1)陆缘沉积地层时代、沉积序列和作为混杂岩变形基质的原划三河口群(D_{1-2})桥头

组(D_1)中酸性火山熔岩-火山碎屑岩浊积岩-陆源碎屑浊积岩组合、屯寨组(D_1)灰岩-千枚岩-板岩等碳酸盐岩-细碎屑浊积岩组合、羊汤寨组(D_1)灰岩夹千枚岩、板岩等碳酸盐岩浊积岩组合含火山岩的碳酸盐岩-碎屑浊积岩组合及石炭纪状元碑灰岩的生物组合等综合分析,该构造带泥盆纪—石炭纪—二叠纪为发育在上述陆块或地块之间的裂谷带,形成了既不同于其南扬子陆块,又与南秦岭地块有所区别的构造带内独立的泥盆纪—石炭纪—二叠纪[踏破组(D_{1-2})—略阳组(D_2C_1);高川残留地体(D_3—P)]裂谷边缘相粗碎屑岩-碳酸盐岩建造组合,在裂谷发育阶段形成了同期分布于裂谷带边缘-中心夹基性-酸性火山岩及火山碎屑岩建造(龚一鸣等,1995;陕西地质矿产局,1998)。

至于是否存在洋壳组合有着不同认识:张国伟等(1996,2001)认为三岔子-桥子沟蛇绿岩残块为勉略洋壳的残存,其最新时代为中三叠世早期(214Ma)。经近年来采用SHRIMP测年,获得的数据在1000~850Ma范围内。而与其相关的基性岩、斜长花岗岩(实际上是奥长花岗岩)精确测年的数据也落在这一时间范围内(闫全人等,2007;陕西地质矿产局,2009)。我们认为该时期蛇绿岩是卷入到勉略构造混杂岩带中的前南华纪与黑木林-峡口驿蛇绿混杂岩相关的构造块体。20世纪90年代勉略地区1:5万区域地质调查(陕西地质矿产局综合研究队,1996;陕西区域地质调查队,1995)和近年来的1:25万区域地质调查(修测)(陕西地质调查院,2006)资料为中三叠世末形成的构造混杂岩带提供了依据:①填图提供了大量不同时代的构造岩片、岩块,其中包含1000~850Ma蛇绿岩块体和断续分布的超基性—基性岩块体(安子山等),它们与多期强变形弱变质的以三河口群为主体的复理石建造、浅水碎屑岩等基质构成典型的构造混杂岩带;②西秦岭、中南秦岭都存在早中三叠世海相沉积,而晚三叠世则为陆相沉积,不整合于早中三叠世之上;③早中侏罗世勉县群($J_{1-2}M$)不整合在构造混杂岩带之上。上述资料充分说明混杂岩带形成于中三叠世—早侏罗世。

除上述混杂岩建造外,在勉略带还发育呈岩墙状、岩脉状、透镜状产出的晚古生代双峰式侵入岩组合,主要岩石类型有二辉橄榄岩($Pz_2\sigma$)、斜辉橄榄岩($Pz_2\sigma$)、辉石岩($Pz_2\psi$)、角闪石岩($Pz_2\psi o$)、辉长-辉绿岩($Pz_2\upsilon$)、辉绿玢岩及钙碱性钠质系列闪长岩($Pz_2\delta$)、二长花岗岩($Pz_2\eta\gamma$)等。受构造作用,基性—超基性岩叶理化,并伴随发育蛇纹石化、透闪石化、透辉石化、绿帘石化、角闪石化等变质。

八、华南-羌塘板块

全国成矿地质背景组采用青藏高原最新的研究成果,应用优势大地构造相的理念,以班公湖-双湖-昌宁-孟连对接带为界,将其以北至昆南结合带之间的部分称为羌塘-三江造山系,其东为扬子陆块区(潘桂棠等,2015)。就其涉及到西北地区的部分在晚古生代—中三叠世时期来讲,具有以下3个共同的特点。

(1)在早古生代基本统一的被动陆缘发育之后,志留纪中晚期普遍出现一个抬升剥蚀期,多数缺失该时期至早泥盆世沉积(上扬子、摩天岭、巴颜喀拉、甜水海西部等)地层。

(2)石炭纪—二叠纪出现了普遍的拉张伸展,形成了裂谷-被动陆缘-小洋盆格局。

(3)三叠纪普遍的造山事件,在前期被动陆缘之上发育上叠前陆盆地,反映了西北地区南部印支期造山运动的强烈表现。

以上特点似乎反映了班公湖-双湖-昌宁-孟连对接带以北以东华南-羌塘板块晚古生代裂解-汇聚-陆缘增生造山的地质历史。此后,除西南部外,华南-羌塘板块内部结束了板块构造历程,进入板内演化阶段。

根据晚古生代—三叠纪主体建造的构造环境，将华南-羌塘板块划分为上扬子和其西北羌塘、昌都、摩天岭、巴颜喀拉、甜水海6个地块及其间的西金乌兰、乌兰乌拉湖2个结合带，共8个Ⅱ级构造单元，并进一步划分为10个Ⅲ级构造单元。

1. 甜水海地块

甜水海-塔什库尔干地块可分为西部萨雷阔勒岭-肖鲁克岩浆弧(PT)和东部甜水海被动陆缘(D_2P)-上叠前陆盆地(T_{2-3})2个Ⅲ级构造单元。

(1)西部(萨雷阔勒岭-肖鲁克)岩浆弧(PT)：习称喀喇昆仑岩浆岩带，位于西昆仑构造带南侧，北以木吉蛇绿岩(C)-康西瓦构造带为界，南至新藏交界之南，东至甜水海向东延入西藏自治区内。

西段(木吉—布伦口—慕士塔格山一线以西的萨雷阔勒岭北部)由二叠纪中酸性岩组成，其岩石组合为$P(\gamma\delta o+\delta o+\gamma\delta)$，侵位于志留纪温泉沟组($S_1$)-达坂沟群碎屑岩($S_{2-3}$)中，显示出TTG岩系和岩浆弧特点；东段主要分布于布伦口—慕士塔格山一线及其以东，主要由三叠纪中酸性岩组成，岩石组合为$T(\nu+\delta+\delta o+\gamma\delta+\gamma o+\eta\gamma)$，并以$\gamma\delta+\gamma o+\eta\gamma$居多。中酸性岩体内暗色包体较多，壳幔混源特征明显。岩石化学研究表明多为钙碱性系列，铝弱饱和，在R_1-R_2图解上，沿皮切尔的板块碰撞前区演化，为典型造山带碰撞前序列δ+TTG组合，其ACF图解显示为壳幔混源，Rb-YbNbTa判别图解落在碰撞前岩浆弧区，K-Na-Ca趋势图上表现为具有Tdi和CA两条趋势线，为陆缘弧环境。

近年获得的高精度同位素年龄主要落在240~202Ma区间，为三叠纪，具体见表4-3。

表4-3 近年来获得的高精度同位素年龄统计表

序号	采样地点	岩石	测试方法	年龄(Ma)	资料来源
1	公格尔	片麻状二长花岗岩	锆石LA-ICP-MS	232.2±19.9,247.7±4.7	刘向东等,2012
2	慕士塔格	二长花岗岩	锆石LA-ICP-MS	229.6±0.8,232.8±1.5	康磊等,2012
3	西昆仑布伦口东北	含石榴子石片麻状花岗岩	锆石SHRIMP	240.5±1.8	张传林等,2005
4	喀喇昆仑奇台达坂	花岗岩	锆石TIMS	202.2±3.4	黎敦朋等,2007

喀喇昆仑构造带晚三叠世后碰撞序列为G组合之二长花岗岩-正长花岗岩亚型。其ACF图解显示为壳幔混源，Rb-YbNbTa判别图落在同碰撞-后碰撞岩浆区，其形成紧接碰撞前序列之后，环境应与其相同，为陆缘弧环境。

(2)东部甜水海被动陆缘(D_2P)-上叠前陆盆地(T)：上叠于早古生代甜水海被动陆缘($\in-S$)之上，可分为伸展背景被动陆缘-裂谷建造组合(D_2-P_3)和挤压背景前陆盆地建造组合(T_{2-3})两个构造层。

上古生界底部落石沟组(D_2)不整合于中—晚奥陶世冬瓜山群和早志留世达坂沟群之上。自下向上有落石沟组(D_2)台地-台缘斜坡相微晶灰岩-生屑灰岩-角砾状灰岩组合，天神达坂组(D_3)陆表海相长石石英砂岩、含铜石英砂岩夹砾岩组合，帕斯群(C_1)台地-台缘斜坡相白云岩-生屑灰岩-长石石英砂岩-玄武质火山角砾岩及粉砂岩组合，恰提尔群(C_2P_1)砂岩-灰岩组合(整合覆于下石炭统之上并与下志留统温泉沟群不整合接触，具陆内裂谷相的裂谷边缘亚相特征)，神仙湾群(P_{1-2})被动陆缘斜坡砂板岩-硅质岩-粉砂质板岩组合(可见斜坡滑塌堆积的角砾状灰岩、灰质角砾岩)，红山湖组(P_2)台地相生屑灰岩-白云岩组合，温泉山组（P_3）陆表海盆地相的碳酸盐岩陆表海亚相微晶灰岩-生屑灰岩-泥灰岩夹少量泥岩、砾岩、硅质岩组合。综上所述，晚古生代整体显示伸展体制下的被动陆缘-裂谷构造环境。

三叠纪由河尾滩群（T_2）硅质岩-硅泥质板岩组合、可勒青河组（T_3）粉砂质板岩-灰岩组合构成，与下伏晚古生代地层为平行不整合接触，由下向上显示出由次深海相过渡到陆棚浅海相，由深变浅，盆地收缩的前陆盆地沉积序列。

2. 巴颜喀拉地块

巴颜喀拉地块位于昆南结合带与西金乌兰蛇绿混杂岩带-郭扎错断裂带之间，区域上向东与摩天岭地块相接，包括阿尔金-库雅克断裂西侧的康西瓦-泉水沟前陆盆地和其东部可可西里-松潘前陆盆地两部分。主体由下部黄羊岭群（P）-巴颜喀拉山群下部（T_1）被动陆缘陆棚碎屑岩-碳酸盐岩组合，和上部巴颜喀拉山群中-上部（T_{2-3}）叠覆周缘前陆凹陷盆地浊积岩-硅质板岩-陆棚滨岸砂岩组合组成。

二叠纪黄羊岭群以陆棚碎屑岩与碳酸盐岩岩隆、混生礁体、碳酸盐岩滩丘为主，西部夹凝灰岩、火山碎屑岩及中酸性火山岩；东部为夹水下扇灰岩角砾岩、杂砂质凝灰岩砾屑及大量基性火山岩的深水浊积盆地。据零星古生物资料可知，形成时代主体为中—晚二叠世。

三叠纪巴颜喀拉山群为发育不同结构鲍马序列的陆缘碎屑浊积岩和碳酸盐岩浊积岩、水下扇砂砾岩、次深海硅质板岩、硅质岩组合。沉积组合东西变化较大，西部康西瓦—泉水沟—鲸鱼湖一带早期（下部）沉积较多碳酸盐岩和具正粒序递变层理的陆源碎屑岩，见垂直管迹，反映陆棚环境。中期（中部）发育岩屑砂岩与黑色页岩、泥晶灰岩和不同结构的鲍马层序，以近源沉积为主体；晚期（上部）岩屑石英砂岩发育双向交错层理，具滨岸沙坝沉积特征。东部可可西里—巴颜喀拉山一带，下部为昌马河组（T_{1-2}）半深海浊积岩夹水下扇砂砾岩组合；中部为甘德组（T_2）陆源碎屑浊积岩建造组合、清水河组下部（T_3）半深海浊积岩夹水下扇砂板岩组合；上部为清水河组上部（T_3）滨浅海相砂板岩-海陆交互相含煤砂泥岩组合。巴颜喀拉山群由下到上从次深海—斜坡—陆棚浅海—海陆交互相的环境变化，整体具进积型地层结构特点，具有早期复理石、晚期海相磨拉石前渊盆地双幕式充填序列特征。

区内侵入岩较发育，三叠纪有英云闪长岩-石英闪长岩-花岗闪长岩组合，Rb-Sr 等时线年龄 240±3Ma，为陆缘弧或俯冲-碰撞型花岗岩；三叠纪斑状二长花岗岩-正长花岗岩组合，壳源钙碱性系列，为同碰撞—后碰撞花岗岩。

总之，现有资料表明巴颜喀拉三叠纪周缘前陆盆地的形成，是昆南带以北塔里木-柴达木板块与扬子陆块、北羌塘-昌都地块群，在古特提斯多岛洋闭合后陆内汇聚的结果，其形成时限为 230～228Ma。

3. 摩天岭地块

摩天岭地块晚古生代—中三叠世总体处于剥蚀状态，仅在靠近勉略构造带的北西部，残存有晚古生代裂谷边缘相-被动陆缘陆源碎屑岩-碳酸盐岩建造组合。

北部为不整合于前南华纪活动陆缘火山岩和南华纪—寒武纪被动陆缘之上的踏坡组（D_{1-2}）陆棚冲积扇相砂砾岩-板岩-千枚岩夹泥质灰岩组合、略阳组（D_3C）台地-台缘斜坡相碳酸盐岩组合。岩相古地理研究、物源区分析和古流向测定均表现为北深南浅的裂谷边缘相特点。在裂谷边缘发育晚古生代基性岩株、岩脉，在青林嘴辉绿岩中获得 Rb-Sr 年龄值为 376.7Ma，时代为晚古生代泥盆纪，可能与该时期摩天岭地块及其北勉略带伸展扩张有关。

西北部为以角度不整合覆于志留纪地层之上的岷堡沟组（D_1）台地-缓坡相生屑灰岩-粉砂质板岩-

粉砂岩组合、冷堡子组（D_2）滨岸带含砾石英砂岩-粉砂岩组合、朱家沟组（D_2）粉砂岩-钙质板岩-灰岩组合、益洼沟组（C_1）台地-缓坡灰岩-石英砂岩-粉砂岩-板岩组合、岷河组（C_2）生物灰岩-含燧石灰岩-碳质板岩组合。总体显示稳定的被动陆缘碎屑岩-碳酸盐岩组合特点。

4. 西金乌兰结合带（C—P）

西金乌兰结合带位于青海省南部的西金乌兰湖—玉树一带，是西金乌兰湖-金沙江蛇绿混杂岩（C—P）的西北部分，西起西金乌兰，向东经苟鲁山克措、治多、玉树进入四川省内。以南、北边界断裂（西金乌兰湖-玉树断裂和可可西里-金沙江断裂）与巴颜喀拉地块和治多-江达-维西-绿春陆缘弧分开。向东在玉树及其以东分为东、西两支，东为甘孜-理塘结合带北部（歇武）；西为金沙江-牢哀山结合带北部，东、西两条缝合带之间为主体位于川康地区的义敦火山岛弧。

东支——甘孜-理塘结合带在青海省由立新-歇武 SSZ 型蛇绿岩（绿泥菱镁片岩化超基性岩-变质辉长岩-辉绿岩-枕状玄武岩-球粒玄武岩组合）和巴塘群（T_3）含有少量外来岩块及较多蛇绿岩碎片的浊积岩组合构成。以往的研究表明甘孜-理塘结合带洋壳向西南义敦岛弧俯冲，蛇绿岩的形成时代为晚二叠世—中晚三叠世（张旗等，1992；刘增乾等，1993；莫宣学等，1993），是古特提斯最晚期蛇绿岩，洋盆在晚三叠世闭合（张旗等，1992），蛇绿混杂岩形成。邓晋福等（1991）、莫宣学等（1993）利用火山岩中的碱含量恢复其最宽为 448～476km。

西金乌兰构造蛇绿混杂岩主要由西金乌兰群（CP）碎屑岩-灰岩组合、洋岛拉斑-碱性玄武岩-生物灰岩海山组合，巴塘群（T_3）低钾拉斑-碱性玄武岩（221Ma / SHRIMP U-Pb 法）-红泥微晶碳酸盐岩海山建造组合等构成的岩片系统，以及蛇绿岩组合（CP）、宁多群（Pt_{2-3}）外来岩片和玄武岩＋碎屑岩（C—T）组合构造混杂而成。

该构造带蛇绿岩以往已有不同程度的研究（刘朝基，1980；刘增乾等，1983；陈炳慰，1983；潘桂棠等，1983；段新华等，1981；杨家瑞，1986；周德进等，1992，1993；张旗等，1988，1992；莫宣学等，1993；王义昭等，1990；刘增乾等，1993；张以茜等，1994）。蛇绿岩主要发育于哈秀—玉树一带（隆宝蛇绿岩）及西金乌兰湖—苟鲁山克措一带，主要组合为变质橄榄岩-堆晶辉长岩-基性岩墙-枕状基性熔岩-放射虫硅质岩；超镁铁质岩 $Mg^\#$ 值达 0.9 以上，碱含量很低，与方辉橄榄岩的成分一致；辉长岩均属拉斑玄武岩系列，TiO_2 含量异常高（大于 2％，部分大于 5％），具有富集的稀土元素配分模式；辉绿岩及玄武岩以拉斑系列为主，次为碱性玄武岩，与辉长岩一样，多数样品显示了高 TiO_2 的特点。总体来看西金乌兰湖—苟鲁山克措一带镁铁—超镁铁质岩及基性熔岩主体形成于洋岛环境，少部分可能形成于弧后扩张洋脊环境中（E-MORB）（潘裕生等，1984），总体属于洋壳俯冲上盘仰冲型（SSZ）蛇绿岩，代表俯冲消减带上的弧盆系环境。

综合古生物资料，巴音莽鄂阿晚三叠世洋岛-海山的厘定，玉树蛇绿岩的 SHRIMP 锆石 U-Pb 年代学测定（P_3—T）、扎合地区硅质岩三叠纪放射虫，摄恰曲一带糜棱岩化岛弧建造构造地层体激光探针给出的时代（中三叠世）以及与洋盆向南俯冲消减相关的治多-江达陆缘弧的时代为晚二叠世—三叠纪等可以判断，蛇绿岩的形成时代主体为石炭纪—二叠纪，下延可能到晚泥盆世—早石炭世，上延可能到晚三叠世。

5. 昌都双向弧后前陆盆地（P_3—T）

该构造单元位于西金乌兰-金沙江结合带和乌兰乌拉湖-澜沧江结合带之间，是叠加在前南华纪昌都地块(以宁多群为代表)—早古生代被动陆缘(青泥河组为代表)之上的晚古生代早期(D_2—P_2)多期裂谷-被动陆缘-陆表海,上叠晚期(P_3—T)岛弧-弧间盆地-双向前陆盆地构成的构造单元。前者主要出露于南部,后者多覆于北部。根据主要出露的不同时代的岩石构造组合,总体划分为南部裂谷-被动陆缘-陆表海(D_2—P_2)-上叠岛弧-弧间盆地(P_3—T)和北部岛弧-弧间-双向前陆盆地(P—T)2个Ⅲ级构造单元。

下部由中—晚泥盆世裂谷建造组合、石炭纪—中二叠世(南部)裂谷-被动陆缘-陆表海建造组合组成,整体表现出地壳伸展背景。泥盆系分布于昌都地块北部的移山湖—还东河一带及东部的汹钦两地,自下向上为桑知阿考组(D_2)滨海相底砾岩-钙碱性安山岩组合(与下伏早奥陶世青泥洞组角度不整合接触,为裂谷初始阶段产物)、汹钦组砾岩-石英砂岩-粉砂岩、雅西尔组(D_2)滨海砂岩-粉砂岩-次深海碳质板岩及凝灰岩-硅质岩组合、拉竹龙组(D_{2-3})开阔台地灰岩组合。整体反映出裂谷-边缘海建造组合特点,可能反映了西金乌兰-金沙江洋盆开启的前奏。石炭纪—二叠纪主要为杂多群(C_1)海陆交互相陆表海含砾砂岩夹灰岩组合-海相灰岩-砂岩组合、加麦井群下亚组(C_2)裂谷中酸性火山岩-火山角砾岩-碳质灰岩-板岩-千枚岩组合、加麦井群(C_2)被动陆缘-陆表海台地相灰岩夹砂岩组合、开心岭群下部-扎日根组(C_2P_1)被动陆缘灰岩-夹砂岩-硅质岩-灰岩组合、开心岭群上部(P_2)诺日巴尕日宝组(P_2)含砾砂岩-灰岩夹基性-中酸性火山熔岩-凝灰板岩组合。

上部由石炭纪—中二叠世(北部)活动陆缘建造组合和二叠纪—三叠纪岛弧-弧间或弧背-双向前陆盆地沉积组合构成。其中石炭纪—中二叠世在南部发育被动陆缘的同时,北部却处于汇聚挤压状态。石炭纪—中二叠世活动陆缘由西金乌兰群岛弧钙碱性玄武岩-安山岩-流纹岩建造组合和西金乌兰群长石石英砂岩-岩屑砂岩-粉砂岩-千枚岩夹硅质岩-灰岩透镜体和水下扇砾岩、局部含蛇绿岩块体等构成的增生杂岩楔浊积岩建造组合组成,向北与西金乌兰蛇绿岩过渡。弧背拉张盆地主要发育于西北部,岩石组合为乌丽群(P_3)基性-中酸性火山岩-砂岩-泥岩-灰岩组合、乌丽群(P_3)海陆交互相砂泥岩-安山岩-玄武岩-灰岩-泥岩组合、火山岩组(P_3)砂岩-玄武岩-安山岩-玄武岩组合等。

前陆盆地整体自北向南可分为3个带:北带为汉台山群(P_3T_1)砂岩-灰岩组合,坐落于西金乌兰-玉树构造混杂带之上,呈构造残片产出,与下伏混杂岩[西金乌兰群(CP_2)]不整合接触。中带位于混杂岩带南侧,东部在玉树—结古镇一线以南,上拉秀以北,由巴塘群(T_3)中酸性火山碎屑岩夹板岩组合(下部)和玄武岩、中酸性火山碎屑岩夹砂岩-板岩-灰岩组合(中上部)组成;西部位于西金乌兰湖与乌兰乌拉湖之间,由苟鲁山克错组(T_3)砂岩-板岩-千枚岩组成。南带为前陆盆地前渊带,是盆地的主体,由结扎群(T_3)下部甲丕拉组海相砾岩-砂岩(水下河道)夹玄武岩-安山岩组合,中部波里拉组灰岩-砂砾岩夹安山岩组合和上部巴贡组海陆交互相砂岩-泥岩夹玄武岩组合组成。

昌都地块侵入岩很少发育,主要有晚古生代辉长岩-辉绿岩脉($CP\nu$和$P_3\nu$)组合和主要分布于北部的T($\delta o\gamma\delta$)、Tδ、T$\eta\gamma$、T$\xi\gamma$等岩株。前者可能与前期的伸展相关,后者与印支期岩浆弧-挤压造山环境相关。

6. 乌兰乌拉湖(-澜沧江)结合带(C—P_2)

该结合带位于乌兰乌拉湖—杂多—囊谦一线,有关的蛇绿混杂岩仅出露于西端的乌兰乌拉湖狮头山一带,李才等(1996)在该处侵入于晚三叠世若拉岗日群的辉长岩中发现有硬压和蓝闪片岩。它由西金乌兰群(C—P_2)下碎屑岩组无蛇绿岩碎片的浊积岩、若拉岗日群(T_3)含蛇绿岩碎片滨浅海砂泥岩-砾岩夹火山岩组合、乌兰乌拉湖蛇绿岩(超基性岩、辉长岩,硅质岩组合)组成。

结合带向东被后期向南逆冲的断裂系统截失,延伸不清。从北羌塘地块晚古生代—二叠纪(杂多群)与昌都地块完全可对比看,要么乌兰乌拉湖结合带不在东延杂多—囊谦一线,而在更南侧,要么受后期自北而南的推覆外来系统构造压盖。

7. 北羌塘地块

北羌塘地块位于乌兰乌拉湖结合带以南,上部晚三叠世—侏罗纪弧后前陆盆地原地系统,不整合覆于下伏晚古生代—二叠纪被动陆缘-陆表海(杂多群)建造之上。受地质研究程度所限,昌都地块、北羌塘地块和其间的乌兰乌拉湖结合带在晚古生代—三叠纪的构造关系,还有待从区域构造解析、古盆地分析等深入研究。从上文构造分析,如下构造层为自北向南逆冲推覆外来系统,说明在晚三叠世以前发生了强烈的陆内造山作用;如下构造层为原地系统,它与其北昌都地块南部被动陆缘-陆表海(杂多群)完全可对比看,要么乌兰乌拉湖结合带不在东延杂多—囊谦一线,要么不具有构造分隔意义。

8. 上扬子地块

上扬子地块在西北地区局限分布于陕西汉中以南,为上扬子的米仓山-大巴山陆表海-被动陆缘($P—T_2$)。底部二叠纪梁山组泥页岩与下伏早志留世罗惹坪组泥岩为平行不整合,其间缺失了中志留世—早二叠世沉积,反映了早古生代晚期之后持续的构造抬升。其上晚三叠世前陆盆地碎屑岩须家河组(T_3)整合-平行不整合于中三叠世嘉陵江组-雷口坡组陆表海碳酸盐岩之上,反映了构造体制的转换。

第八节 构造阶段划分及其演化

总观西北地区晚古生代—中三叠世地质特征及演化过程,该构造阶段西北地区主体可分为北、中、南3个大的构造区。它们在地质演化方面各不相同。

北构造区相当于前人所称天山-兴蒙造山系西部,主体经历了3个大的构造演化过程:①早古生代晚期—中泥盆世汇聚形成的哈萨克斯坦(联合)板块的有限裂解($D_3—C_1$),形成后碰撞裂谷系;②残留洋盆的统一关闭(早石炭世末;包括额尔齐斯残留洋、南天山残留海、达拉布特残留洋、卡拉麦里残留洋、巴音沟-红石山-小黄山红海式小洋盆);③全面进入板内演化阶段(P_2开始)。

中构造区包括塔里木-柴达木板块、祁连-华北板块,主体特征表现为:①塔里木-柴达木板块克拉通化,统一盖层的形成($D_3—C_1$);②早古生代末华北板块西南侧祁连增生造山带的准克拉通化,并与华北板块本部形成统一盖层($C_2—T_2$)。由此可见,中部构造区在早古生代末—泥盆纪早期汇聚之后,该时期全面进入板内演化阶段(D_3开始)。

南构造区大体相当于前人所称特提斯构造域北部,位于西昆北—东昆北—宗务隆—甘加—陇山—北秦岭(中)以南。以汉中—宁陕—柞水一线为界,其东、西差异明显:①中西部(西秦岭及其以西),早期($D—P_2$)以伸展为主,晚期($P_3—T_2$)以汇聚为主,整体表现为伸展与汇聚并存,被动陆缘与弧盆系相间(早期)、造山带与前陆盆地相间(晚期)的构造格局;②东部[东秦岭($D—T_2$);上扬子($P—T_2$)]整体处于伸展状态,发育被动陆缘;③晚三叠世(T_3)以后全面进入陆内演化阶段。

一、北构造区(天山-兴蒙造山系西部)

早古生代晚期(S)—中泥盆世发生在准噶尔周边的陆块汇聚事件,形成了哈萨克斯坦-准噶尔(联合)板块,其内部残留的达拉布特小洋盆可能持续到了石炭纪;联合板块南部边缘(南天山)和北部边缘(额尔齐斯)残留洋盆持续发展。

晚泥盆世—早石炭世联合板块周边(南天山和额尔齐斯)残留洋盆逐渐萎缩,并于早石炭世维宪期最后关闭的过程中,因南天山洋壳的向北俯冲形成了该时期那拉提-巴伦台-额尔宾山东-阿拉塔格岩浆弧(D_3—C_1),而北部额尔齐斯洋壳向南、北的双向俯冲形成了同期阿尔泰晚古生代陆缘弧(Pz_2)和南侧萨乌尔洋内弧。同时,联合板块内部处于伸展状态,形成了后碰撞裂谷系(D_3—C_1)为主导的构造格局(达拉布特小洋盆可能持续到了石炭纪)。形成了伊什基里克-阿吾拉勒-巴音沟-博格达-红石山以巨量幔源物质(矿浆型铁矿、基性—超基性岩、串珠状红海型小洋盆)为代表的裂谷中心相岩石构造组合,其南小热泉子-雅满苏-黄山后碰撞裂谷带(C_1)、笔架山-柳园后碰撞裂谷(C)和其北的准噶尔周缘后碰撞伸展裂谷带(D_3—C)以裂谷边缘相为主,形成了普遍发育的由陆相—海陆交互相—海相渐进过渡的沉积建造组合,反映了它们处于统一构造背景下的海平面整体上升体系,反映了地壳拉张背景下盆地伸展过程。

早石炭世维宪中期—二叠纪早中期是主碰撞后的后碰撞阶段,以强烈的壳幔深部作用和大规模伸展构造为特征。该阶段表现为地壳的裂陷、板内偏碱性岩浆活动、幔源岩浆上侵、大型剪切带的形成和大规模金属成矿作用等,形成了著名的岩浆型铜镍矿(黄山、喀拉通克、图拉尔根、坡北-坡十等)。

二叠纪晚期($260\sim250$Ma后)稳定克拉通形成,以后碰撞阶段大规模岩浆活动的结束及后造山小型碱性岩类的侵入、陆内断陷、凹陷盆地的发育为标志。

二、中构造区(塔里木-柴达木板块、祁连-华北板块)

晚古生代—中三叠世,塔里木—阿尔金—柴达木地区整体表现出基本可以对比的稳定-伸展背景陆表海沉积建造组合,包括柯坪陆表海(D—P)、和田碳酸盐岩台地(C—P)、阿尔金陆表海(C—P)、柴达木(北缘和南缘)陆表海(C—P),它们构成统一的沉积盖层,标志着塔里木-柴达木板块已经形成。除此之外,在塔里木北部的库鲁克塔格-柯坪地区和柴达木东部地区,还发育泥盆纪裂谷建造,前者是早古生代塔里木北缘被动边缘基础上发育起来的陆缘裂谷;后者是早古生代柴达木弧盆系后碰撞裂谷。

北祁连石炭纪(土坡组)来自于华北陆块碎屑锆石、北祁连晚石炭世—中三叠世地层与鄂尔多斯的可对比性、北秦岭二叠纪石盒子组与鄂尔多斯的可对比性等均说明,祁连构造带(南祁连造山带、北祁连造山带、中祁连地块)和北秦岭造山带在早古生代末—泥盆纪早期碰撞造山之后,与华北板块西部的鄂尔多斯地块逐渐连为一体,成为华北板块的组成部分,并在石炭纪—二叠纪克拉通化。早期(C—P_2)受宗务隆-甘加裂谷带张裂的影响,祁连-华北板块的南缘(中-南祁连)形成被动陆缘及其向北部陆地退积的海进沉积序列;晚期(P_3—T)受宗务隆裂谷关闭的影响,海盆收缩,形成向海(南部)进积的海退序列。

三、南构造区(特提斯构造域北部)

南构造区整体为位于塔里木-柴达木板块和祁连-华北板块以南的构造活动带。

早古生代末—泥盆纪早期造山后,于中泥盆世开始至中二叠世整体以伸展为主,自南向北形成双湖对接带之北多个游离地块上发育的甜水海地块东部被动边缘(D_2—P,陆表海?)、昌都地块南部裂谷-被动陆缘-陆表海(D_2—C_1)、巴颜喀拉地块边缘黄羊岭被动陆缘(P);塔里木-柴达木板块南侧昆盖山-阿羌裂谷(C_2—P_2)、东昆南被动陆缘(C—P);塔里木-柴达木板块与祁连-华北板块之间的宗务隆-赛什塘-甘加-楼房沟裂谷(D—P);中南秦岭地块发育舒家坝被动陆缘(D—P_1)、西倾山、凤县-太白、山柞镇旬被动陆缘(D—T_2),并在南秦岭地块与上扬子地块之间发育勉略裂谷(D—P)等,形成裂谷-被动陆缘沉积-火山岩建造组合。这些裂谷-被动陆缘次深海欠补偿沉积和同生断裂为沉积喷流型铅锌矿提供了条件,形成了晚古生代扬子型铅锌矿多个矿田。上述诸裂谷-被动陆缘的进一步发展形成了以多条蛇绿岩带为代表的小洋盆:双湖-龙木错蛇绿岩、昆南带蛇绿岩[木吉蛇绿岩(C),苏巴什蛇绿岩(C_1),塔妥蛇绿岩(C—P_2),秀沟-布青山蛇绿岩(Pz_2—T)]、西金乌兰蛇绿岩(CP)、乌兰乌拉蛇绿岩(C—P_2)、兴海蛇绿岩(D—P)、宗务隆-甘加蛇绿岩(C_1)。这些蛇绿岩中,除木孜塔格-西大滩-布青山洋和龙木错-双湖洋规模较大、发育时间较长,出现了一些 MORS 型蛇绿岩外(如得力斯坦蛇绿岩),余者均为汇聚阶段的弧后小洋盆,其蛇绿岩皆属弧盆体系的 SSZ 型蛇绿岩。同时在该时期于昆仑构造带中还发育岩浆弧[西昆中岩浆弧(C_2—P_2)、东昆北岩浆弧(C_2)],说明在总体伸展的背景下,局部还存在洋盆的俯冲和配套岩浆弧的发育。

东部东秦岭伸展背景下的被动陆缘从泥盆纪一直持续到中二叠世,而上扬子地区自志留纪抬升隆起剥露以来,二叠纪开始沉降,形成了米仓山-大巴山被动陆缘(P—T_2)。

中晚二叠世至中三叠世西秦岭及其以西地区整体处于汇聚状态,随着上述诸洋盆的关闭,地块之间的拼接与碰撞,形成了蛇绿混杂岩带和相邻的叠加在早期被动陆缘之上的岩浆弧和弧后盆地系统构成的弧盆系[昆南带以北的西昆仑弧盆系(C_2—P_2)、东昆仑弧盆系(C_2—P—T)、宗务隆-兴海-甘加弧盆系(P—T)、陇山-北中秦岭弧盆系(Pz_2—T)],构成了昆仑山-宗务隆-秦岭增生带;昆南带以南昌都地块上叠弧盆系(P—T)(岛弧-弧间-双向前陆盆地)、北羌塘地块北部上叠弧盆系(P—T)(岛弧-弧间-弧后盆地)、巴颜喀拉前陆盆地(T)、甜水海地块西部(萨雷阔勒岭-肖鲁克)上叠岩浆弧(P—T),并在中、晚二叠世形成从祁连山南部-可可西里不同地块广泛的不整合。在东昆仑南坡、北昆仑、祁漫塔格、柴北缘、全吉、鄂拉山等地发育的俯冲期花岗岩组合(295~263Ma),为木孜塔格-西大滩-布青山洋向北俯冲提供了有力依据;区域上龙木措-双湖构造带查布—查桑地区高压低温变质作用(蓝片岩 Ar-Ar 同位素年龄值 287~275Ma,邓希光等,2002)也为俯冲提供了依据;二叠纪末期的碱性—钙碱性系列二云花岗岩-二长花岗岩组合及三叠纪二长花岗岩(228.9~223.6Ma)-晶洞花岗斑岩以及似环斑二长花岗岩等,这些碰撞—后碰撞花岗岩的出现说明该洋盆已闭合,形成了昆仑-宗务隆-西秦岭造山带与西藏-三江造山系(北部)之间的康西瓦-苏巴什-南昆仑结合带。岩浆弧的发育给晚古生代岩浆热液型铁铜多金属成矿(如祁漫塔格)提供了条件。弧盆系中多个前陆盆地(洪水川-闹坚仓沟、隆务河-留凤关、巴颜喀拉等),说明印支期造山带向前陆的逆冲,前陆盆地近源碎屑岩为后期金矿(大场、大水、大桥)成矿提供了矿源层。

第五章 晚三叠世—新生代盆山构造系统

晚三叠世—新生代,西北地区主体为陆内盆山演化过程,大体可再分为中生代和新生代两个阶段。中生代,除喀喇昆仑山-可可西里(康西瓦-阿尼玛卿构造带以南、班公湖-怒江缝合带以北)尚具有特提斯洋北缘活动大陆边缘特点外,西北地区主体已经进入陆内构造演化,形成了中生代中晚期造山带与不同类型盆地相间构造格局;而西北地区现代的盆-山构造面貌,主要是新生代以来的产物。

晚三叠世—白垩纪,昆仑构造带以北的西北地区主体由一系列构造热隆起和其间的断陷-凹陷盆地构成。构造热隆起带主要有阿尔泰(T—J)、甘蒙北山((T—J—K)、贺兰山-六盘山-陇山(T—J—K)、西秦岭(T—J—K_1)、小秦岭-柞水(J—K)等,它们以发育中酸性岩株-岩脉(部分岩基)为特点,构造隆升构成当时的剥蚀区(沉积盆地物源供给区)。岩浆岩为后期再造成矿提供了热源和物质基础(巴颜喀拉大场金矿、西秦岭大水金矿和大桥金矿、小秦岭金矿、阿尔泰稀有稀土矿、北山稀有稀土矿、卫宁北山铜多金属矿、贺兰山北段金矿等),同时在部分地区(白山、东戈壁、金堆城、黄龙铺)形成斑岩型钼矿等。

中生代凹陷盆地主要有准噶尔(P_3—T—J—K)、伊犁(J)、吐哈((P_3—T—J—K)、塔里木北缘(J—K)、塔里木南缘(T_3—J—K)、柴达木西缘-北缘(J—K_1)、鄂尔多斯(J—K_1)等,在隆起带内部和边缘还发育同期断陷盆地(如六盘山白垩纪断陷盆地等)。三叠纪盆地延长组等形成了重要的石油、天然气"生、储、盖"组合,侏罗纪水西沟群、大煤沟组、叶尔羌群、延安组等形成了西北地区主要煤炭资源,在这些能源盆地上部构造准稳定区,受氧化-还原条件和构造等因素控制,产出砂岩型铀矿等。

南昆仑构造带及其以南,受特提斯构造域的控制,发育了中生代活动大陆边缘:喀喇昆仑边缘海(T—K)、木孜塔格走滑拉分盆地(J)、康西瓦-巴颜喀拉前陆盆地(T_3)、西金乌兰-玉树晚三叠世岛弧带(T_3)、杂多-西金乌兰湖弧后前陆盆地(T_3)、北羌塘弧后前陆盆地(J)、风火山周缘前陆盆地(K)为主体的汇聚型盆地系统和构造-岩浆岩带。

新生代以来,受青藏高原地壳隆升、岩石圈加厚并向北推挤这一动力学系统的控制,形成了青藏高原北部盆山巨系统、西北地区西部复活盆山巨系统和西北地区东部南北向盆山巨系统。这3个巨系统由次级盆山系统和子系统构成,构成盆山系统的基本单元为造山带和盆地,这也是新生代构造单元划分的等级谱系。

造山带是新生代重要构造变形带,或继承、或迁就、或新生,发育以挤压逆冲推覆为主,走滑、正断也大量发育的构造变形。伴随着构造变形造山带隆升成山,为盆地沉积提供物源。盆地的发育与构造密切相关,新生代控盆断裂往往是造山带山前断裂系,前述青藏高原北部盆山巨系统和西部复活盆山巨系统中的新生代盆地边缘,多以向盆地逆冲的压性断裂为主,构成压陷盆地的边界断裂系;大型盆地内部以凹陷为主(塔里木、柴达木等)。西北地区新生代大型盆地是盐化工矿产资源的重要产地(塔里木盆地罗布泊、柴达木盆地西部及察尔汗盐湖等),同时也蕴藏着丰富的地下水资源。

第一节　沉积建造组合及其时空分布

西北地区晚三叠世—新生代沉积地层,除中生代在巴颜喀拉及其以南仍有海相地层外,大部地区为陆内盆-山演化过程中,不同类型沉积盆地的河-湖相碎屑岩沉积,相变较大。综合考虑西北地区晚三叠世—新生代地层发育特点和不同阶段陆相盆地发育的主控构造特点,重点考虑新生代盆山构造格局及其所反映的盆地动力学特点,将西北地区晚三叠世—新生代地层划分为青藏高原北部及周缘、西北地区西部(准噶尔-吐哈-塔里木)和西北地区东部(鄂尔多斯及周缘)3个地层大区,进而根据盆山系统和子系统地层的可对比性做进一步划分,与构造单元划分基本一致。

一、西北地区西部(准噶尔-吐哈-塔里木)地层大区

西北地区西部中—新生界发育最好,主要分布于准噶尔、塔里木、吐哈等大盆地及周边山间盆地,基本为陆相沉积建造组合,尤以侏罗系的煤系地层十分突出。

(1)阿尔泰地层区:新近系哈拉乔拉组为一套滨湖环境的溢流相火山岩组合,为火山沉积断陷盆地相陡坡带。

(2)准噶尔地层区:中—晚三叠世小泉沟群和晚三叠世白砾山组均为湖泊三角洲砂砾岩组合;晚三叠世郝家沟组三角洲平原沼泽环境含煤碎屑岩组合为断陷盆地陡坡带。早中侏罗世水西沟群八道湾组和三工河组(J_1)、西山窑组(J_2),中—晚侏罗世艾维尔沟群,均是三角洲相沼泽含煤碎屑岩组合,产煤、菱铁矿等沉积型矿产;中侏罗世头屯河组、中—晚侏罗世石树沟群、早白垩世土谷鲁群和三十里大墩组、晚白垩世苏巴什组和红砾山组均为滨湖-浅湖环境泥岩-粉砂岩组合;古近纪紫泥泉子组为湖泊前三角洲泥岩-粉砂岩组合,均处断陷盆地中央带;古近纪安集海组和沙湾组为湖泊三角洲砂砾岩组合;新近纪塔西河组为浅湖环境泥岩-粉砂岩组合;新近纪独山子组为滨湖环境砂岩-粉砂岩组合;新近纪桃树园组为一套曲流河河床沉积环境的湖泊泥岩-粉砂岩组合。以上构造古地理环境依次为无火山岩断陷盆地陡坡带、中央带、缓坡带。

(3)天山地层区:上三叠统同上述准噶尔地层区;侏罗纪水西沟群整体属湖泊三角洲-前三角洲和河流相含煤碎屑岩组合。其中,早侏罗世西山窑组为河湖沼泽含煤碎屑岩组合;艾维尔沟群为曲流河河床砂砾岩-粉砂岩-泥岩组合;古近纪昌吉河群为淡水湖泊滨湖泥岩-粉砂岩组合;新近纪独山子组为湖泊三角洲-三角洲前缘泥岩-粉砂岩组合。以上地层整体构成坳陷盆地中央带。

(4)托克逊-马鬃山-河西走廊地层区:可进一步划分为吐哈-北山和河西走廊两个地层分区。吐哈-北山分区上三叠统、侏罗系和白垩系发育,分布范围也较广,与准噶尔地层区完全可以对比,只是北山地区缺失上三叠统;古近纪巴坎组-台子村组为滨湖砂岩组合;古近纪桃树园组为滨湖湖泊泥岩-粉砂岩组合;新近纪葡萄沟组整体是一套曲流河砂砾岩-粉砂岩-泥岩组合。以上地层为坳陷盆地中央带。

河西走廊地层分区中生代地层岩石组合类型、沉积构造环境、沉积类型、生物组合与区系、主要生物组合和含矿性等特征见表5-1。

表 5-1 河西走廊地区中生代岩石组合特征一览表

岩石地层单位	地质时代	岩石组合类型	厚度(m)	沉积构造环境	沉积类型	生物组合与区系	主要生物组合	矿产
水西沟群	J_{1-2}	砾岩-砂砾岩-石英砂岩-碳质页岩-煤层及钙质砂屑灰岩建造	407	河流-湖泊-沼泽环境	稳定型	植物	Equisetites cf. rugosus, Neocalamites carcinoides, Clatophlebis kaoiana 等	
龙凤山组	J_2	湖泊泥岩-粉砂岩组合	约15	凹陷盆地缓坡带,淡水湖泊环境	稳定型	孢粉	Leiotiiletes sp., Cyathidites sp., Planisporites sp. 等	薄煤层
享堂组	J_3	河流砂砾岩-粉砂岩-泥岩组合	317	凹陷盆地陡坡带	稳定型	无生物		
赤金堡组	K_1	粉砂岩、粉砂质泥岩,少量砂砾岩及石膏层建造	>621	凹陷盆地咸水湖泊环境	稳定型	植物、叶肢介、双壳、腹足类等	植物:Carpolithus sp.等,双壳:Corbicula (Tetoria) sp., C. yokoyamai 等,腹足:Bellamya sp.,叶肢介:Yanjiestheria cf. kansuensis 等	石膏
新民堡群	K_1	河流砂砾岩-粉砂岩-泥岩组合	>1735	凹陷盆地陡坡带	稳定型			
下沟组	K_1	砾岩-粉砂岩-泥岩建造	>713	凹陷盆地河流-湖泊环境	准稳定型	叶肢介、双壳等	叶肢介:Yanjiestheria cf. kansuensis 等	石膏

(5)塔里木地层区:塔中地区多被第四系覆盖,塔里木周缘南、北有差异,北部主体为无火山岩多期断陷盆地缓坡带河湖相碎屑岩组合。晚三叠世黄山街组为一套湖泊三角洲砂砾岩组合,塔里奇克组为河湖相含煤碎屑岩组合,其上被早—中侏罗世克拉苏群角度不整合覆盖。克拉苏群自下向上为阿合组(J_1)湖泊三角洲砂砾岩组合,阳霞组(J_1)河湖相含煤碎屑岩组合,克孜努尔组(J_{1-2})辫状河漫滩沉积环境的河湖相含煤碎屑岩组合;中侏罗世恰克马克组和晚侏罗世齐古组浅湖沉积环境的湖泊砂岩-粉砂岩组合,整合于克拉苏群之上。白垩纪卡普沙良群(K_1)和巴什基奇克组(K_2)为半深湖沉积环境的湖泊泥岩-粉砂岩组合,平行-角度不整合于侏罗系之上。古近系—新近系为一套整合的湖泊-潟湖相碎屑岩组合,自下向上为塔拉克组(E_1)半深湖沉积环境的湖泊泥岩-粉砂岩组合、小库孜拜组(E_2)和苏维依组(E_3)潟湖相-河流相砂砾岩-粉砂岩-泥岩组合、吉迪克组(N_1)浅湖相泥岩-粉砂岩组合、康村组(N_1)入湖水道砂砾岩-粉砂岩-泥岩组合、库车组(N_2)浅湖相泥岩-粉砂岩组合。

塔里木南缘侏罗系、白垩系、古近系和新近系主要分布于塔里木西南侧,处于新生代昆仑山前压陷盆地前陆隆起位置。侏罗系主要分布于托云盆地、昆仑山前、阿尔金山等地,包括早中侏罗世叶尔羌群和晚侏罗世库孜贡苏组,前者包括下部莎里塔什组(J_1)湖泊三角洲砂砾岩组合,中上部康苏组、杨叶组、塔尔尕组(J_{1-2})河湖相含煤碎屑岩组合;后者库孜贡苏组(J_3)为一套湖泊三角洲砂砾岩组合。早白垩世克孜勒苏群为冲积扇-三角洲平原砾岩-砂岩-粉砂岩-泥岩组合,江额结尔组和乌鲁克恰特组为潮汐水道砂砾岩-粉砂岩-泥岩组合;晚白垩世英吉萨群为一套海相地层,包括库克拜组和乌依塔克组潮间带浅海砂泥岩-灰岩组合、依格孜牙组台地潮坪-局限台地碳酸盐岩组合、吐依洛克组碳酸盐岩台地浅海砂泥岩-灰岩组合。古近纪喀什群为潟湖相-海相碎屑岩建造,自下向上包括阿尔塔什组(E_1)障壁沙坝台地碳酸盐岩-陆源碎屑组合、齐姆根组(E_{1-2})潟湖亚相砂泥岩-膏岩组合、卡拉塔尔组(E_2)潮汐沙坝亚相台地碳酸盐岩-陆源碎屑组合、乌拉根组(E_2)灰泥丘亚相台地陆源碎屑-碳酸盐岩组合、巴什布拉克组

(E_{2-3})潟湖亚相砂泥岩-膏岩组合。新近纪乌恰群(N_1)为以陆相碎屑岩为主的沉积序列,自下向上包括克孜洛依组和安居安组滨湖泥岩-粉砂岩组合、帕卡布拉克组湖泊三角洲砂砾岩组合。新近纪上新世阿图什组(N_2)为湖泊三角洲砂砾岩组合。第四系广泛分布,多为山前洪冲积扇砂砾石堆积。

二、西北地区东部地层大区

该地层大区受控于新生代贺兰山-六盘山-龙门山南北向构造带及其以东的盆山体系,主要分布于中生代鄂尔多斯盆地及其周边和新生代黄土高原及周边断陷盆地。

(1)鄂尔多斯高原及周缘地层区:中生代地处华北稳定地台之上,成为鄂尔多斯大型内陆坳陷盆地;新生代周缘断裂活动性强,地堑系发育,形成银川盆地、渭河盆地等围绕鄂尔多斯高原发育的断陷盆地。

鄂尔多斯盆地地层连续齐全。中—晚三叠世延长组属坳陷盆地,西南平凉一带为边缘前渊带,为冲积扇-河流相空洞山砾岩-砂砾岩组合;庆阳及其以北为坳陷盆地中央带(隆后带),延长组为滨湖相含黄铁矿结核泥岩-砂岩组合,其上被瓦窑堡组(T_3)沼泽相含煤砂岩-泥岩组合整合所覆;侏罗纪为坳陷盆地沉积组合,富县组(J_1)在高原南、北边缘属坳陷盆地边缘,主要为砾岩-砂砾岩组合,盆地中央带为浅湖泥岩-砂岩建造组合;延安组(J_{1-2})为坳陷盆地缓坡带沼泽砂岩-泥岩-煤建造组合;直罗组(J_2)为坳陷盆地中央带滨湖相砂岩-粉砂岩-泥岩建造组合;安定组(J_2)属于坳陷盆地中央带深湖相砂岩-泥岩-油页岩建造组合,是油页岩的含矿层位;芬芳河组(J_3)为坳陷盆地陡坡带扇根砾岩建造组合,主要呈南北带状分布于盆地西缘;白垩系仅见早白垩世保安群坳陷盆地沉积组合,自下而上为宜君组陡坡带扇端砾岩-砂砾岩组合、洛河组缓坡带风成砂岩间夹漠间湖砂岩-砂质泥岩组合、环河组盆地中央带滨湖泥岩-粉砂岩建造组合、罗汉洞组坳陷盆地缓坡带天然堤砂岩-泥岩夹风成砂岩建造组合、泾川组坳陷盆地中央带滨湖砂岩-泥岩-泥质灰岩建造组合;中新世甘肃群属坳陷盆地中央带洪积扇扇端黏土岩建造组合;上新世保德组属坳陷盆地中央带滨湖泥质岩-砂砾岩建造组合;第四系广泛发育,更新统以风积黄土为主,全新统为现代风积、冲洪积砂砾石松散堆积。

银川盆地始新世寺子口组为河流相砾岩-砂岩-泥岩组合,渐新世清水营组为局限湖相砂岩-泥岩-石膏建造组合。中新世红柳沟组属断陷盆地中央带半深湖相泥岩夹砂岩透镜体建造组合;上新世干河沟组为潟湖相紫色泥岩-石炭建造组合。第四系覆盖整个盆地,更新统为风积细砂和黏土组合,全新统为现代风积、冲洪积沙砾石松散堆积。

渭河盆地主要为第四系更新统黄土覆盖,古近纪—新近纪沉积地层成断块出露于临潼骊山、蓝田等地,包括新近纪冷水沟组河湖相泥质岩-砂岩-砂砾岩建造组合和上新世蓝田组深湖相泥质岩建造组合,均属陆内断陷盆地。

(2)贺兰山-六盘山地层区:地处中国东西构造分界带,呈南北向展布。晚三叠世至侏罗纪在贺兰山发育了与鄂尔多斯盆地相似沉积建造组合,民和、陇西和六盘山分别形成北西向展布的狭长断陷盆地沉积;新生代在中卫、海源、临夏—定西等地区形成压陷-走滑-断陷盆地沉积。

晚三叠世南营儿组出露于盆地北缘,为湖泊相砂岩-页岩-煤建造组合;侏罗系延安组和直罗组(J_{1-2})与鄂尔多斯盆地沉积建造组合基本一致,庙山湖组(K_1)在贺兰山边缘带为陡坡带扇端砾岩-砂岩建造组合,向盆地中心逐渐过渡为湖相砂岩-泥岩建造组合。龙凤山组-享堂组(J_{2-3})为含煤砂砾岩-泥质岩建造。早白垩世六盘山群(K_1)构成了六盘山地层主体,下部为冲积扇-河流相砾岩-砂砾岩-砂岩建造组合，中上部为河流-湖泊相砂岩-泥岩建造组合，为含油气和岩盐层位；河口群(K)和麦积山群(K)为杂色河流相砾岩-粗砂岩和湖相砂岩-泥岩组合。古近系—新近系在东部与贺兰山东缘银川盆地沉积建造组合特征一致，西部主要由河流-湖相碎屑岩组合，自下而上为西柳沟组(E)红色块状疏松砂岩夹砂砾岩组合、野狐城组(E)含石膏和芒硝红色砂泥岩、甘肃群(N)杂色泥岩-砂质泥岩-砂砾岩夹泥灰岩组合。更新世风成黄土沉积和全新世洪积层、冲洪积层、冲积层，自西向东呈不规则带状展布。

(3)秦岭-大巴山地层区：主要发育于四川盆地北缘的大巴山和徽成盆地及汉中盆地。大巴山主要有晚三叠世须家河组河湖相砂岩-含煤泥岩建造组合，早—中侏罗世白田坝组河湖相砂岩-含煤泥质岩建造组合，中侏罗世千佛岩组和沙溪庙组河湖相砂岩-泥质岩建造组合，以上建造组合均属坳陷盆地缓坡带沉积；晚侏罗世遂宁组滨湖相泥岩-细砂岩建造组合和蓬莱镇组滨湖相泥岩-粉砂岩建造组合，早白垩世周家湾组湖泊相复成分砂砾岩-砂质泥岩建造组合，均属断陷盆地中央带；晚白垩世山阳组河流相砾岩-泥质岩建造组合和古近纪石泉组河流相砾岩、砂砾岩建造组合，代表了陆内断陷盆地陡坡带；渐新世葡萄岭组滨湖相砂泥岩建造组合，属坳陷盆地缓坡带；中新世红河组为断陷盆地冲积扇扇中砂砾岩建造组合；上新世圪塔庙组属坳陷盆地中央带砂岩-泥质岩建造组合；第四系更新统—全新统，为以冲洪积为主的松散砂、砂土、含砾砂质黏土等。

徽成盆地晚三叠世以来地层零星出露，侏罗纪仅出露龙家沟组(J_2)，属山间断陷盆地，盆地北侧为冲积扇相沉积，中部为辫状河沉积，远端为滨浅湖相含煤砂岩-泥岩组合；早白垩世开始，受徽县-成县左行走滑断裂控制，形成西宽东窄的走滑拉分盆地。白垩系仅见早白垩世东河群坳陷盆地沉积组合，自下而上为田家坝组紫红色砾岩-砂岩组合，周家湾组杂色砾岩-砂岩-粉砂岩互层组合，鸡山组细碎屑岩夹少量砾岩组合，中新世甘肃群属坳陷盆地中央带洪积扇扇端黏土岩建造组合。第四系广泛发育，更新统以风成黄土为主，全新统为现代风积、冲洪积沙砾石松散堆积。

汉中盆地晚三叠世—侏罗纪地层沉积组合与大巴山可以对比。白垩纪地层仅出露下统，由下到上依次为剑阁组、汉阳铺组和剑门关组，为河流-湖泊相紫红色砾岩-砂岩-泥岩建造组合。第四系更新统—全新统为以冲洪积为主的松散砂、砂土、含砾砂质黏土等。

三、青藏高原北部地层大区

青藏高原北部地层大区主要受高原北部新生代盆山巨系统的控制，主体可划分为高原北部西昆仑-阿尔金-走廊南山(高原边缘第一台阶)、疏勒南山-柴达木-东昆仑(高原第一平台＋第二台阶)和喀喇昆仑-巴颜喀拉-北羌塘(高原第二平台)3个盆山系统，从而控制着盆地沉积地层的发育。新生代地层分布于不同类型沉积盆地(柴达木、库木库里、共和等)，中生代地层受高原隆升影响或以构造块体夹裹于新生代陆内造山带中，或为新生代盆地的沉积基底。

(1)西昆仑-阿尔金-走廊南山地层区：西昆仑地层分区，早—中侏罗世叶尔羌群为三角洲平原河湖-沼泽相含煤碎屑岩组合，早白垩世克孜勒苏组为湖泊三角洲砂砾岩组合，均为断陷盆地中央带沉积。在于田县羊场附近，第四系(乌鲁克库勒组)亦称普鲁火山岩，为深灰色辉石安山岩、辉石玄武安山岩、杏仁状辉石安山岩，属板内大陆裂谷环境。

阿尔金地层分区，侏罗系主要分布在阿尔金山山前盆地，有叶尔羌群(J_{1-2})、大煤沟组(J_{1-2})、库孜贡苏组(J_3)。叶尔羌群和大煤沟组均为断陷-坳陷盆地靠中央带的滨浅湖相含煤碎屑岩组合；库孜贡苏组为断陷盆地陡坡带冲-洪积扇亚相砾岩组合。新生代地层在该地区山前、山间压陷-断陷盆地分布，见有渐新世干柴沟组扇根冲-洪积砾岩组合、新近纪油沙山组浅湖泥岩-粉砂岩组合、上新世狮子沟组浅湖-三角洲砂砾岩组合，分别为盆地陡坡带、中央带、陡坡带。

走廊南山-循化地层分区，上三叠统主要为稳定型陆内凹陷盆地陡、缓坡，淡水湖泊环境和滨海、潮坪环境，沉积有河流砂砾岩-粉砂岩-泥岩，湖泊砂岩-粉砂岩，沼泽含煤碎屑岩建造和临滨砂泥岩、潮坪砂泥岩等组合，少见活动型后造山环境的英安岩、玄武岩夹火山碎屑岩建造。生物群属北方型生物区系植物，混有南方型分子。该地层中含煤，有较好的煤层可供开采。古近系有活动型的陆内火山岩-沉积断陷盆地喷发溢流火山岩，从凹陷盆地陡坡带—中央带，依次为基性-中酸性火山岩组合，河流砂砾岩夹砂岩、泥岩组合，湖泊三角洲砂砾岩、砂岩、泥岩组合。新近系均为稳定型的凹陷盆地陡、缓坡带环境，沉积有河流砂砾岩-粉砂岩-泥岩组合和湖泊泥岩-灰岩组合等。

(2)疏勒南山-柴达木-东昆仑地层区：疏勒南山-青海湖地层分区，上三叠统同走廊南山-循化地层分区。该区侏罗系为准活动型、准稳定型和稳定型多种沉积，有压陷盆地河湖三角洲、淡水湖泊，凹陷盆地陡缓坡带、湖泊三角洲、淡水湖泊等环境，沉积有沼泽含煤碎屑岩组合，砾岩与砂岩互层建造，湖泊三角洲砂岩、砾岩、泥岩及煤层等。生物群属北方型生物区系，其中含有南方型分子，显示混生特点。侏罗纪地层是含煤岩系，有若干煤矿。此区白垩纪地层为准稳定型、稳定型的凹陷盆地陡、缓坡带和淡水湖泊环境，沉积有河流砂砾岩-粉砂岩-泥岩组合和湖泊砂岩-粉砂岩组合。植物属北方型生物区系，而动物群属热河动物群。该区白垩纪地层中含薄煤层和石膏，可供开采。新生界同柴达木地层分区，且主要在柴达木地层分区大面积分布。

柴达木地层分区为压陷盆地。侏罗系包括大煤沟组（J_{1-2}）河湖相含煤碎屑岩组合、采石岭组（J_2）河流-湖泊相砂砾岩-粉砂岩-泥岩组合、洪水沟组（J_3）湖泊相泥岩-粉砂岩组合，总体构成盆地的缓坡带-中央带。白垩系为犬牙沟组（K_1）下部湖泊相泥岩-粉砂岩组合、中部湖泊相砾岩-粉砂岩-泥岩组合和上部湖泊相泥岩-粉砂岩组合，分别构成盆地中央带、中央带-缓坡带、陡坡带。新生界自下而上为路乐河组（E_{1-2}）、干柴沟组（E_3N_1）、油沙山组（N_2）、狮子沟组（N_2）及七个泉组（Qp_1），整体反映了多次湖进-湖退沉积序列。路乐河组下部为盆地缓坡带河流相砂砾岩-粉砂岩-泥岩组合，中—上部为陡坡带冲积扇砾岩组合；干柴沟组为河流相砂砾岩-粉砂岩-泥岩组合（盆地缓坡带），油沙山组中下部为盆地中央带-缓坡带湖泊相泥岩-粉砂岩组合、砂砾岩-粉砂质-泥岩组合；狮子沟组自下向上由盆地中央带湖泊相泥岩-粉砂岩组合向上部盆地缓坡带河流相砂砾岩-粉砂岩-泥岩组合过渡；七个泉组下部为湖泊相泥岩-粉砂岩组合、中部为河流相砂砾岩-粉砂岩-泥岩组合、上部为河流相砂砾层-粉砂岩-泥岩组合及冲积扇砾岩组合，分别代表了盆地的中央带、缓坡带、陡坡带沉积组合。

东昆仑地层分区，晚三叠世火山-沉积断陷盆地有两种类型，一是昆仑山北坡沿昆北断裂呈东西向分布，长达1000km的陆相火山岩，以酸性岩为主，中酸性火山岩占主要地位，火山碎屑岩次之，沉积岩少见，称为鄂拉山组和华日组、日脑热组。另一类是沿昆仑山南坡也呈东西向展布的陆相火山岩，该火山岩和湖泊的沉积碎屑岩关系密切，以酸性岩为主，多为酸性凝灰熔岩，海德乌拉为中心式喷发，其余均为裂隙式喷发，喷溢-喷发相、爆发相少见，该火山岩是八宝山组中下部的组成部分，上部覆盖有较厚的湖泊碎屑岩沉积。晚三叠世包括如下建造组合：①鄂拉山水下扇砂砾岩夹火山岩建造组合；②鄂拉山安山岩-英安岩-流纹岩建造组合；③八宝山水下扇砂砾岩夹火山岩建造组合；④八宝山海陆交互含煤碎屑岩建造组合；⑤八宝山安山岩-英安岩-流纹岩建造组合。早—中侏罗世为羊曲组河湖相含煤碎屑岩组合，为盆地中央带，与下伏晚三叠世八宝山组、鄂拉山组的接触关系分别为平行不整合、角度不整合。早白垩世麦秀拉分盆地,包括多禾茂水下扇砂砾岩夹火山岩组合和万秀水下扇砂岩砾岩组合,均为盆地陡坡带沉积。晚白垩世的昆仑桥陆源碎屑岩-灰岩组合,属陆源碎屑岩-碳酸盐岩陆表海沉积。

(3)喀喇昆仑-巴颜喀拉-北羌塘地层区:中生代属于特提斯构造域的北部边缘,主体为活动大陆边缘;新生代为陆内青藏高原北部火山-沉积盆地系统。

喀喇昆仑地层分区,晚三叠世克勒青河群分布于乔戈里峰东北克勒青河—喀喇昆仑山口东南一带,为湖泊三角洲砂砾岩组合,弧后盆地远弧带。早侏罗世巴工布兰莎组分布于喀喇昆仑山一带,为淡水滨湖亚相砂岩-粉砂岩夹火山岩组合;中侏罗世龙山组分布于喀喇昆仑山口以北、克勒青河上游、明铁盖河中游,上段为河流、河道沙坝、潮汐水道相砂砾岩-粉砂岩-泥岩组合;下段为浅滩相开阔台地碳酸盐岩组合,是重要的铅锌矿赋矿层位。早白垩世下拉夫迭组为辫状河砂砾岩-粉砂岩-泥岩组合,为周缘前陆盆地楔顶带;晚白垩世铁隆滩群分布于阿克赛钦地区的铁龙滩、洛克宗山一带,下段为湖泊三角洲砂砾岩组合,上段为潮汐通道亚相开阔台地碳酸盐岩组合。古新世阿尔塔什组为河流-湖泊三角洲砂砾岩组合;中—上新世泉水沟组分布于甜水海北—大红柳滩南的泉水沟一带,为一套溢流相火山岩组合,属陆内裂谷;上新世阿图什组为扇中亚相河流砂砾岩-粉砂岩-岩组合。

巴颜喀拉地层分区,平面上呈西窄东宽的楔状体,晚三叠世清水河组与其下部连续沉积,为浊积岩建造组合,具有由半深海-深海-浅海陆棚向半深海-深海-浅海陆棚的变化规律,属于巴颜喀拉盆地的边缘带沉积。西金乌兰-玉树地层分区整体为活动陆缘,包括曾达俯冲增生杂岩楔、巴塘弧前盆地(那底岗日、巴塘)、火山岛弧、开心岭弧背盆地和结隆弧后盆地。曾达俯冲增生杂岩楔为晚三叠世巴塘群下碎屑岩组混杂岩段,即巴塘含蛇绿岩浊积岩组合;巴塘弧前盆地陆源碎屑浊积岩组合相当于晚三叠世巴塘群下碎屑岩组砂板岩段,在尕宁松多—就木、玉树州以东、尕乌促钠—当江菜、老龙纳切一带均有较大面积的分布,为弧前盆地近弧带沉积;火山岛弧包括晚三叠世巴钦、巴塘火山岛弧,前者为火山熔岩-碎屑岩组合,后者为安山岩-英安岩-流纹岩组合,均为盆地钙碱性系列火山岩。

杂多-西金乌兰湖地层分区,在开心岭弧背盆地,具晚三叠世结扎群甲丕拉组海岸沙丘-后滨砂砾岩组合、波里拉组开阔台地碳酸盐岩组合和巴贡组前滨-临滨砂泥岩组合;结隆弧后盆地,具早三叠世马拉松多组火山熔岩碎屑组合和中三叠世结隆组陆源碎屑浊积岩-开阔台地碳酸盐岩组合。

北羌塘地层分区,包括雁石坪弧后前陆盆地,主要为那底岗日滨浅海砂泥岩-砾岩夹火山岩(J_1,楔顶带)、雀莫错组前滨-临滨砂泥岩(J_2,楔顶带)、布曲组下部开阔台地碳酸盐岩组合和上部台地潮坪碳酸盐岩(J_2,前渊带)、夏里组前滨-临滨砂泥岩(J_2,前渊带)、索瓦组下部开阔台地碳酸盐岩组合和上部前滨-临滨砂泥岩(J_3,前渊带)、雪山组前滨-临滨砂泥岩(J_3,前陆隆起)、旦荣后碰撞安山岩-英安岩-流纹岩组合(J_3K_1,盆地前渊)。风火山地层分区,集中分布在风火山周缘湖相前陆盆地中,分别为错居日组砂砾岩-粉砂岩-泥岩(K_1,楔顶带)、洛力卡组砂岩-粉砂岩(K_2,前渊带)、桑恰山组砂岩-泥岩组合(K_2,前陆隆起)。

新生代可可西里地层分区,从古近纪、新近纪到第四纪均有较大面积的分布,沉积组合类型复杂,其间还伴有强烈的火山活动,包括:沱沱河组水下扇砂砾岩组合(E,断陷盆地陡坡沉积)、雅西措组湖泊泥岩-粉砂岩组合(E_3N_1,盆地中央带)、五道梁组湖泊砂岩-粉砂岩组合(N_1,盆地中央带-缓坡带)、查保马组后造山钾质—超钾质火山岩组合(N_1,盆地缓坡带)、湖东梁组后造山安山岩-安山岩-流纹岩组合(N,盆地陡坡带)、曲果组下部湖泊泥岩-粉砂岩组合(N_2,盆地中央带)、曲果组上部河流砂砾岩-粉砂岩-泥岩组合(N_2,盆地陡坡带)、羌塘组湖泊砂砾岩-粉砂岩-泥岩组合(Qp_1,盆地中央带-缓坡带)。

第二节 火山岩岩石构造组合及时空分布

一、火山岩时空分布

晚三叠世—新生代火山岩在西北地区发育有限,主要分布在青藏高原北部的东、西昆仑和可可西里。此外,在西秦岭、北疆和祁连山也有少量分布。

中生代准噶尔地区的火山活动骤减,地表基本未见火山岩出露。据石油勘探钻井资料:在西准噶尔地区,三叠纪克拉玛依组地层中夹有418m厚的杏仁状安山岩,克拉玛依市百口泉一带石油钻井地下1118~2798m发现晚三叠世流纹岩、碱性玄武岩(中国科学院地学部,1989),形成年龄为230—200Ma;准噶尔盆地西部玛纳斯湖边414钻井2622 m深处所采玻霞岩的K-Ar年龄为200Ma。侏罗纪时吐鲁番盆地桃树园子的八道湾组夹有两层石英斑岩,各厚84m。在东准噶尔将军戈壁附近的西山窑组夹有玄武岩层,卡拉麦里煤窑沟区的石树沟组夹数层凝灰岩。在准噶尔盆地西侧,克拉玛依市西郊蚊子沟的八道湾组底部有几米厚的玄武岩层;往东在JW27号钻井3 479.80m深处有隐伏的中玄岩,其K-Ar年龄为171Ma;克拉玛依白碱滩井下950m深处见有侏罗纪火山岩-粗玄岩,K-Ar年龄为170.6Ma。

东、西昆仑山局部地区出露晚三叠世和中侏罗世火山岩。在东昆仑祁漫塔格、昆中断裂、吐克勒木一带发育晚三叠世中、基性火山岩;西昆仑昆盖山阿克彻依、霍峡尔一带发育晚三叠世玄武岩-安山岩-英安岩组合;南昆仑羌塘地块,塔什库尔干县卡拉其古西明铁盖河两岸见侏罗纪龙山组中酸性火山岩,叶尔羌河上游拖车湖一带晚白垩世铁隆滩群中见一层基性火山熔岩。秦岭地区碌曲县北东的郎木寺、合作北东、宕昌北等地分布有中—晚侏罗世郎木寺组;宕昌北、理川河、堡子川等地分布有侏罗纪贾河组火山岩。

新生代火山岩集中分布于西藏-三江构造带,全为陆相火山岩,其中沿乌兰乌拉湖断裂两侧出现大面积的始新世陆相火山岩,而中—上新世陆相火山岩分布局限于唐古拉—可可西里地区。南昆仑至巴颜喀拉的新生代火山活动表现较为强烈,主要集中在中新世—早更新世,呈星散状分布在泉水沟、阿他木帕下、黑石湖、蚕眉山—犬牙湖、鲸鱼湖、金顶山等地。

二、火山岩岩石构造组合

1. 含火山岩的前陆盆地岩石组合

西倾山—南秦岭地区财宝山组(K_1)为英安流纹质火山角砾岩-英安流纹岩岩石组合。东昆仑下—中三叠统中见海相火山岩夹层,包括希里可特组(T_2)夹层状流纹岩、凝灰岩组合,闹仓坚沟组(T_{1-2})酸性熔岩、酸性凝灰岩,属于前陆盆地火山岩构造岩石组合。

巴颜喀拉山主峰南巴颜喀拉群晚三叠世清水河组中下部为浊积砂岩、板岩组合,上部为火山岩段,呈夹层状产出,为海相玄武岩-玄武安山岩组合,岩性有灰绿色块状蚀变玄武岩、基性火山角砾岩、安山岩、玄武岩、角闪安山岩、英安岩。

西金乌兰—唐古拉地区结扎群(T_{1-3})前陆盆地前渊带-楔顶带均有火山岩夹层,下部甲丕拉组喷溢相火山熔岩-火山碎屑岩组合,属钙碱性系列,为浅灰绿色块状安山岩、蚀变玄武岩、玄武安山岩、安山质集块岩,出露厚度大于3000m;中部波里拉组为安山岩、中基性凝灰岩;上部巴贡组为海陆交互相-爆发空落相中酸性凝灰岩组合。早侏罗世为海陆交互前陆盆地楔顶带那底岗日组含砾砂岩-玄武岩-安山岩-火山凝灰岩组合。

2. 碰撞(同碰撞—后碰撞)有关的火山岩组合

东昆仑洪水川组(T_1)中含有夹层状海相爆溢相流纹-英安质角砾凝灰熔岩、英安质凝灰岩夹玄武岩组合;鄂拉山组(T_3)分布范围较广,主要为陆相爆溢相安山岩-英安岩-流纹岩组合,岩性为灰色、浅灰色流纹英安质含角砾凝灰岩、熔结凝灰岩、凝灰熔岩、安山质集块岩、安山质角砾岩、安山岩、英安岩夹玄武岩;八宝山组(T_3)以陆相沉积为主,局部地段夹火山岩,火山岩为陆相喷溢相玄武岩-英安岩-粗面岩-流纹岩组合,横向上相变为陆相喷溢相-爆发空落相流纹岩、凝灰岩组合。

西秦岭多福屯群(T_3)火山岩下部日脑热组为陆相喷溢相-爆发崩塌相玄武岩-玄武安山岩组合,岩性为玄武岩、安山岩、中基性集块岩-角砾岩-凝灰岩夹英安岩;上部华日组为陆相喷溢相-爆发崩塌相安山岩-英安岩-流纹岩组合,岩性为安山岩、英安岩、流纹岩、英安质火山角砾岩-集块岩、含火山角砾凝灰岩、凝灰岩夹灰质砂岩。西秦岭郎木寺组(J)为安山岩-火山碎屑岩岩石组合(安山岩、蚀变安山岩夹火山碎屑岩等组成)。西秦岭甘肃礼县牛顶山组(E)为橄榄岩-玄武岩岩石组合(苦橄玢岩、橄榄玢岩、玻基橄榄岩、玄武岩、安山玄武岩、凝灰岩、火山角砾岩等组成)。古近纪白草山组为橄榄岩-玄武岩岩石组合(含磁铁矿橄榄辉石玢岩、火山角砾岩、角砾熔岩等组成)。

青海南部羌塘中东部各拉丹冬一带鄂尔陇巴组(T_3)的玄武岩-流纹岩组合,锆石U-Pb同位素年龄值为212Ma(付修根等,2009),为陆相的喷溢相-爆发空落相,厚度可达1200m,岩性为灰紫色及灰绿色玄武岩、拉斑玄武岩、安山岩、流纹岩、玄武质角砾岩、安山质凝灰岩、流纹质凝灰岩等组成的一套基性、中性、中酸性、酸性岩石组合;曲麻莱早侏罗世年宝组(J_1)夹层状喷溢相-爆溢相钾质—超钾质酸性火山熔岩-火山碎屑岩组合,岩性为浅灰黄色-浅灰绿色-灰紫色英安岩、流纹岩、酸性凝灰熔岩、火山角砾岩、凝灰岩;旦荣组(J_3—K_1)海相潜火山相-喷溢相安山岩-流纹岩组合,岩性为深灰色气孔状安山玄武岩、暗紫色硅质岩、球粒状流纹岩。沱沱河组(E_2)火山岩段由粗面安山岩-粗面岩组合组成,为陆相喷溢相-爆发崩塌相产物,厚度大于836m。岩性为灰紫色、灰白色粗面安山岩、粗面岩夹粗面质角砾熔岩、粗面质角砾岩、粗面质集块岩、粗面质凝灰岩。

阿勒泰南部零星出露中新世哈拉乔拉组(N_1)大陆溢流玄武岩组合,属于后碰撞拉分盆地环境。

3. 稳定陆块火山岩组合

青南地区新近纪大陆伸展碱性玄武岩-粗面岩构造岩石组合:查保马组(N_1)陆相喷溢-爆溢相碱性火山岩组合,厚达341m,岩性为灰绿色及紫红色粗面岩、粗面英安岩、安粗岩、橄榄白榴响质碱玄岩、次粗安岩、流纹斑岩、安粗质角砾熔岩、火山角砾熔岩、气孔状熔结角砾岩、熔结火山集块岩。湖东梁组(N_{1-2})陆相喷溢相-潜火山相碱性火山岩组合,厚度大于413m,岩性为灰色—灰绿色流纹英安岩、浅肉红色流纹岩、霏细岩、流纹质角砾熔岩、次流纹岩、次粗面岩。

4. 大陆裂谷火山岩组合

青海泽库早白垩世麦秀群多禾茂组(K_1)的玄武岩-玄武安山岩组合,为陆相喷溢相-爆溢相,岩性为玄武岩、玄武安山岩、玄武安山质角砾岩、玄武安山质凝灰岩。祁连-河西走廊新民堡群下沟组(K)为橄榄玄武岩、碱性粗玄岩组合。

5. 俯冲环境火山岩组合

青南巴塘群（T_3）发育海相喷溢相安山岩-英安岩组合，钙碱性系列，厚度大于620m，岩性为灰绿色安山岩、玄武安山岩、英安岩、流纹岩、安山质火山角砾岩、中酸性凝灰熔岩，形成于岛弧（内弧）环境；若拉岗日群（T_3）发育海相爆发空落相-爆发崩塌相火山碎屑岩组合，呈夹层状，岩性为中酸性火山角砾岩、中酸性凝灰岩。侏罗纪发育那底岗日组（J_1nd）的喷溢相安山岩、玄武安山岩组合和雀莫错组（J_2）海相喷溢相凝灰岩夹层。

第三节 侵入岩时空分布及岩石构造组合

一、侵入岩时空分布

西北地区晚三叠世—新生代侵入岩分布极不均匀，总体上主要发育在西北地区南部的昆仑阿尔金、巴颜喀拉、柴北缘和北秦岭，此外少量发育在北山地区，而西北地区北部的阿勒泰、准噶尔周缘、天山和祁连造山带基本不发育该时段侵入岩。而且，该阶段早期（晚三叠纪—侏罗纪）侵入岩主要分布于北山、东西昆仑、阿尔金、柴北缘和北秦岭地区，白垩纪—新近纪侵入岩发育于西北地区最南部的巴颜喀拉和西昆仑南部，总体上侵入岩具有从北向南迁移的规律。

二、侵入岩岩石构造组合

晚三叠世—新生代，除青海南部发育与大洋俯冲消减相关的钙碱性侵入岩和TTG组合［西金乌兰-玉树（T_3）、杂多-西金乌兰湖（T_3）、北羌塘（J）］外，西北地区侵入岩基本以陆内钾质钙碱性—碱性侵入岩岩石组合为主，侏罗纪岩浆活动较弱，白垩纪—古近纪—新近纪主要为过铝质和钙碱性—碱性系列岩石组合，总体反映了整体进入到一个以大陆地壳伸展为特征的碰撞期后板内伸展或碰撞—后碰撞阶段。

1. 大洋俯冲钙碱性花岗岩组合

该类型岩石组合仅分布在西北地区南部北羌塘—三江北段一带，构成西金乌兰-玉树晚三叠世岛弧-后碰撞岩浆亚带、杂多-西金乌兰湖岛弧-后碰撞岩浆亚带、北羌塘侏罗纪弧后-后碰撞岩浆亚带。主要岩石类型为石英闪长岩、英云闪长岩、闪长岩，发育少量辉长岩、奥长花岗岩、花岗闪长岩和二长花岗岩，岩石以钙质—钙碱性系列为主，少量拉斑质岩石。

2. 碰撞型过铝质花岗岩组合

碰撞型过铝质花岗岩组合在西北地区发育较少，仅在东昆仑后碰撞伸展岩浆亚带、可可西里碰撞—后碰撞岩浆亚带分布，岩石类型主要为二长花岗岩、花岗闪长岩、石英闪长岩、花岗斑岩和少量碱长斑岩，特别是岩石中发育白云母和石榴子石等富铝质特征矿物，侵入岩以过铝质钙碱性系列为主。

3. 后碰撞型钙碱性—碱性花岗岩组合

此类岩石组合是西北地区该时段最为发育的类型，发育规模较大。岩石类型以二长花岗岩、花岗闪长岩、闪长岩和钾长花岗岩为主,主要为钙碱性系列,发育碱性系列,岩石以准铝质—弱过铝质为主,但也发育强过铝质岩石。

4. 后造山伸展裂谷双峰式岩浆岩组合

该类型岩石组合局限发育于北山侏罗纪—白垩纪断陷盆地后碰撞岩浆岩带和东昆仑后碰撞伸展岩浆亚带,岩石组合为基性-酸性侵入岩(钾长花岗岩、二长花岗岩与辉绿玢岩组合),总体缺乏中性侵入岩,具双峰式侵入岩组合特点,反映了后造山阶段,岩石圈局部伸展、强烈裂解作用。

5. 陆内伸展碱性花岗岩组合

该类型岩石组合主要发育于北山侏罗纪—白垩纪断陷盆地后碰撞岩浆岩带和秦岭-大巴山陆内复活伸展岩浆带,不发育基性和超基性岩石,主要以正长岩、钾长花岗岩、石英二长岩为主,岩石以碱性—钙碱性系列为主,规模较小。这可能反映了陆内准克拉通化阶段,较成熟地块的碱性花岗岩组合。

第四节 大型变形构造特征

晚三叠世以来大型变形构造十分发育,且保存较完整。据大型变形构造概念及本次编图所使用的分类方案(叶天竺等,2010),以实际资料为基础,结合区域资料及相关参考文献,西北地区内厘定出的印支期大型变形构造主要有:昆南逆冲走滑构造(KNNZ)、红椿坝逆冲推覆构造(HCNT)、昆仑山口-甘德逆冲走滑构造(KGNZ)、勉略蛇绿构造混杂岩带(MLSH)等(表5-2)。

燕山期—喜马拉雅期大型变形构造主要有:卡拉先格尔右行走滑构造(KLYZ)、巴尔鲁克逆冲走滑构造(BENZ)、达拉布特逆冲走滑构造(DBNZ)、康古尔逆冲走滑构造(KENZ)、兴地右行走滑构造(XDYZ)、星星峡-民丰左行走滑构造(XMZZ)、西昆仑山前逆冲推覆构造(XKNT)、塔什库尔干右行走滑构造(TSYZ)、阿尔金北缘逆冲走滑构造(AENZ)、阿尔金左行走滑构造(AEZZ)、龙首山逆冲推覆构造(LSNT)、旱峡-民乐前陆逆冲走滑构造(HMQZ)、鄂拉山左行走滑构造(ELZZ)、贺兰山逆冲推覆构造带(HLNT)、牛首山-罗山逆冲叠瓦构造(NLND)、香山逆冲走滑构造(XSNZ)、六盘山逆冲走滑构造(LPNZ)、鄂尔多斯西南缘逆冲断褶构造(EEND)、龙门山-阳平关逆冲推覆构造(LYNT)、大巴山弧形逆冲推覆构造(DBNT)、汾渭地堑(FWDQ)等(表5-3)。

一、不同时代大型变形构造主要特征

1. 印支期

西北地区印支期是一个板块汇集、拼贴,最终实现陆块闭合、造山的阶段,大型变形构造主要表现为陆块、地块间结合带和造山带不同构造单元之间的逆冲推覆-走滑剪切变形带。其主要特征表现为:①规模大,延伸远,保存较完好;②早期多以挤压型逆冲,晚期走滑构造为主,早期多为陆块、地块或地体之间的边界,如蛇绿构造混杂岩带;③在新生代多活化,切割深,地震发育;④大型变形构造内同期岩浆活动频繁,部分为再造成矿提供了条件。

2. 燕山期—喜马拉雅期

燕山期—喜马拉雅期西北地区主体进入陆内盆山(岭)构造格局。特别是新生代以来,在青藏高

表 5-2 西北地区印支期典型大型变形构造特征数据表

名称	代号	类型	规模	产状	组合形式	物质组成	构造层次	运动方式	力学性质	形成时代	变形期次	大地构造环境	含矿特征
昆南逆冲走滑构造	KNNZ	挤压	长度：约1150km；宽度：10～31km；深度：切割岩石圈	走向：北西西；倾向：北侧南倾，南侧北倾；倾角：50°～85°不等；发育两组拉伸线理，一组走向北东，倾伏角65°；另一组走向近东西向，倾伏角10°～20°	平行	主要有古—中元古代被动陆缘火山-沉积岩系，奥陶纪—志留纪弧前坡火山-沉积岩系，晚石炭世—早二叠世弧前构造高地沉积岩系，中二叠世俯冲增生楔速火山弧火山-沉积岩系，洋岛-远洋沉积岩系，早—中二叠世火山岛弧火山-沉积岩系，中二叠世蛇绿混杂堆积，中—晚二叠世—中三叠世弧后碰撞冲断岩浆杂岩	深	早期以向南逆冲为主，晚期以左行走滑为主	早期以压性为主，晚期以性扭性为主	印支期	中二叠世古特提斯洋盆开启；中二叠世—中三叠世巴颜喀拉洋盆收缩向北漂移促使洋壳向北俯冲、韧性切及洋内帕昂式构造切带逆冲构造形成、中三叠世末洋盆消亡、碰撞造山，左行走滑型韧性剪切带形成，伴有科里亚滑动，科学以来持续活动，科型韧性剪切构造组合进一步发展，并有拉分盆地形成和同构造花岗岩的持续侵位	陆缘陆-陆碰撞带	前期矿化：铜 同期矿化：金、锑 后期矿化：砂金
红椿坝逆冲推覆构造	HCNT	挤压-逆掩推覆	长160km，宽50km	倾向北东，倾角大于60°	弧形-斜列	早古生代被动陆缘碎屑岩-碳酸盐岩，侏罗纪断陷盆地碎屑岩	中等	斜冲	压剪性	印支期	多期活动	南秦岭冲逆推覆系统	

第五章 晚三叠世—新生代盆山构造系统

续表 5-2

名称	代号	类型	规模	产状	组合形式	物质组成	构造层次	运动方式	力学性质	形成时代	变形期次	大地构造环境	含矿特征
昆仑山口—甘德逆冲走滑构造	KGNZ	挤压	长度：635km；宽度：2~7.5km；深度：壳内	走向：北西西；倾向：北东倾；倾角：一般 45°~62°；拉伸线理有两组：一组北东—南西向，另一组走向为北西—南东向	平行	主要有中二叠世陆棚碎屑岩和外陆棚火山-沉积岩系，早—中三叠世陆缘斜坡沉积岩系，晚三叠世周缘前陆盆地前渊带沉积岩系	中深部	早期以向南逆冲为主，晚期以左行走滑为主	早期以压性为主，晚期以扭性为主	三叠纪	早三叠世—中三叠世洋脊消亡，但残留洋壳和被动陆缘向北的俯冲作用并未停止，并由此伴形成韧性逆冲型构造带；中三叠世末颜喀拉地块与柴达木地块碰撞，发生叠加于早期走滑构造之上，韧性左行走滑逆冲构造作用有可能持续到侏罗纪甚至白垩纪	陆缘-陆-陆碰撞带	同期矿化：金、锑
勉略蛇绿构造混杂岩带	MLSH	挤压-逆掩推覆	长度大于 170km，宽 100~13km	北界断裂总体北倾，倾角 70°~80°；南界断裂北倾，倾角 65°~75°	平行	新元古代火山岩、志留纪被动陆缘-前陆盆地碎屑岩；晚古生代沉积盆地碎屑岩-碳酸盐岩	中深构造层次	拉张、挤压反复，剪切作用发育，两端表现为左行剪切走滑，中段逆冲推覆明显	早期伸展，后期挤压右行走滑压剪性	印支期	多期活动，新元古代挤压剪切，晚古生代伸展滑脱，印支期逆冲走滑	板块边界	金

原的隆升背景下,高原北部周缘发育一系列弧形-挤压、走滑构造,反映了向外构造扩散及物质迁移的特征。这一系统下的大型变形构造主要具有以下特征:①多在剪切机制下,形成逆冲兼具走滑的大型变形构造系统,其间发育大量中新生代拉分走滑或压陷-断陷盆地,在现今构造-地貌上表现明显。②这些大型变形构造多为早期构造的活化,总体以浅表层次的脆性变形为主,保存最为完善,是研究古构造的良好窗口。③中新生代以后,特别是至今仍活动的大型变形构造在地球物理特征上和遥感影像表现明显,如阿尔金左行走滑构造等。因此能够较好地利用深部地球物理和遥感资料对这些大型变形构造进行结构研究。④在高原隆升-扩张背景下,这些大型变形构造多表现为走滑(系统),如阿尔金左行走滑、温泉左行断裂等。⑤这一时期的大型变形构造在新生代多活化,切割深,甚至现今仍在活动,地震发育;大型变形构造矿化明显,多为后生再造成矿提供条件。

各大型变形构造的特征见表5-2和表5-3。

二、大型变形构造的形成、构造环境及其演化

西北地区印支期以前的大型变形构造形成、构造环境及其演化与洋盆的演化密切相关,然而随着印支运动的发生,中国西部主体进入陆内演化的盆山(岭)体系;而新生代以来,尤其是中新世以来,随着青藏高原的快速隆升,整个西北地区在高原隆升背景下进入一个全新的构造演化阶段。

(1)卡拉先格尔右行走滑构造:即卡拉先格尔-二台大断裂,为北北西向的多期活动断裂,是继承前中生代西伯利亚板块和准噶尔板块斜向碰撞对接构造发育的,是控制阿尔泰地区晚古生代铜、铅锌多金属矿成矿盆地的东侧边界断裂(董连慧等,2009)。断裂构造具有明显的右旋走滑平推性质,所经之处斜切北北西向构造,一般由碎裂岩、碎斑岩、糜棱岩组成。该断裂是一条年轻的断裂,形成于新生代晚期,伴生的构造形态多样,并显示多期活动的特征,形成透镜体斜列构造,中晚期为右旋走滑运动,伴生次级断裂。它也是1931年8月11日新疆富蕴8级地震的发震断裂,地表地震断裂长达176km。

(2)巴尔鲁克逆冲走滑构造:位于巴尔鲁克山南侧,呈北东-南西向延伸,长约100km,属高角度压扭性断裂,形成于晚古生代,多次复活,直到现在仍有活动。切割了中、上泥盆统及下石炭统,东端还切割了第四系。沿断裂带常见蛇绿岩残片及花岗岩体出露,地貌上形成明显的构造阶梯。1941年4月5日在裕民县断裂带上发生5.5级地震,表明该断裂现今仍活动强烈。玛依勒断裂位于玛依勒山南侧,呈北东向斜向展布,两侧糜棱岩化、片理化极为发育,断面倾向北西,向南西逆冲,显示左行走滑的特点。

(3)达拉布特逆冲走滑构造:位于西准噶尔南缘,呈北东向展布,变形以脆韧性为主,变形时代从早古生代开始,为晚石炭世、二叠纪至中侏罗世长期发展起来的大型叠瓦逆冲走滑构造带,上侏罗统、白垩系超覆不整合在逆冲推覆构造之上。

北界为达尔布特断裂,它形成于石炭纪,以后多次活动,以至切割了更新统—全新统洪积层。沿断裂有破碎带、动力变质的片理化带。该断裂对古生代达拉布特蛇绿岩的控制极为明显,蛇绿混杂岩呈断片分布于大断裂的北侧分支断裂上。南界为夏子街-乌尔禾冲断带,在其北侧发育早古生代唐巴勒蛇绿混杂带,带内北西西向和近东西向次级走滑断层呈雁行状排列,雁行状的构造走向与主断层呈锐角相交。这些都表明该大型变形构造有多期活动、复杂的构造演化过程。

(4)康古尔逆冲走滑构造:呈北东-南西向延伸,西端延伸到那拉提-巴伦台逆冲走滑构造带。该断层带总体表现为深构造层次,韧性变形,早期表现为近南北向挤压,晚期为平行该带的右行走滑。关于康古尔塔格蛇绿岩的形成时代,目前尚未有同位素证据,区域资料表明其北部晚石炭世(底格尔组)已为残余海盆环境,而在早石炭世为岛弧环境(小热泉子组),由此推断康古尔塔格古洋盆在早石炭世末已随洋壳板块的俯冲消减而消失。中新生代转入陆内造山过程,以右行走滑作用为主。

表 5-3 西北地区燕山期—喜马拉雅期典型大型变形构造特征数据表

名称	代号	类型	规模	产状	组合形式	物质组成	构造层次	运动方式	力学性质	形成时代	变形期次	大地构造环境	含矿特征
卡拉先格尔右行走滑构造	KLYZ	剪切型	长大于600 km，宽10km	倾向东，倾角80°	斜列	断裂带两侧地质体出露复杂，发育中新生代拉分盆地	浅表	韧性右行剪切	压扭性	新生代	长期多次活动，至今仍在活动	板内构造活动	金、铜
巴尔鲁克逆冲走滑构造	BENZ	挤压型	东西长约100km，宽30km	倾向北西，倾角60°~70°		泥盆纪-石炭纪陆源碎屑沉积岩，玛依勒、巴尔鲁克蛇绿岩	浅表	逆冲左行走滑	压扭性	古生代发育，中新生代复活	多期活动，至今仍在活动	板内走滑	钼、铁、铜
达拉布特逆冲走滑构造	DBNZ	挤压型	长300km，宽20~30km	倾向北西，倾角80°左右，近直立		志留纪-石炭纪陆源碎屑岩、火山碎屑岩建造	浅表	晚石炭世-中侏罗世大型叠瓦逆冲走滑，后期逆冲推覆	压扭性	古生代发育，中新生代复活	多期活动，至今仍在活动	板内活动	金、铜
康古尔逆冲走滑构造	KENZ	挤压型	长约600 km，宽20~40km	向北陡倾，倾角75°~85°	平行	早古生代岛弧火山沉积岩系夹古洋壳残片及覆盖其上的石炭纪-二叠纪碰撞火山沉积岩及侵入体	浅表	早期拉张、中期走滑、晚期逆冲	压扭性	古生代发育，中新生代活化	3个活动期次	古生代陆-陆碰撞带；板内韧性剪切带	金、铅、锌
兴地右行走滑构造	XDYZ	剪切型	近600km，宽3~6km	近直立		中新太古代中深变质岩、TTG岩系、中新元古代浅变质沉积岩系	浅表	走滑	压扭性	中—新生代		板内活动	金
星星峡-民丰左行走滑构造	XMZZ	剪切型	长约1500km，宽4~10km	近直立		主要为地球物理资料反映的断裂带，地表出露新近系、第四系各类成因的松散堆积物覆盖	浅表	左行走滑	压扭性	新生代		板内活动	盐、石膏

续表 5-3

名称	代号	类型	规模	产状	组合形式	物质组成	构造层次	运动方式	力学性质	形成时代	变形期次	大地构造环境	含矿特征
西昆仑山前逆冲推覆构造	XKNT	挤压型	长大于500km,宽3~5km	呈弧形,向南缓倾	平行-斜列	前寒武系和古生代地质体组成,由一系列雁列式岩片组成	中等	逆冲	压型	新生代	活动持续至新生代晚期	陆内俯冲	油气
塔什库尔干右行走滑构造	TSYZ	剪切型	长300km,宽500~3000m	近直立		古老变质基底岩系,局部发育较大规模构造混杂带,盖层由古生代—中生代地层和侵入其中的喜马拉雅期岩体组成	浅表	右行走滑	压扭性	新生代		增生造山及板内活动	
阿尔金北缘逆冲走滑构造	ABNZ	挤压型	长度450km,宽10~30km	倾向160°~210°,倾角30°~80°	平行	早古生代陆源碎屑岩、碳酸盐岩、深海盆地沉积、蛇绿混杂岩	中等	早期韧性变形,中期板内伸展,晚期逆冲推覆	压型	早古生代形成,中新生代复活	活动持续到白垩纪	板内活动	
阿尔金左行走滑构造	AEZZ	剪切型	长达1000多千米,宽5~10km	倾向南或北,倾角68°~80°	斜列	古元古代侵入体、早古生代侵入体、晚古生代-白垩纪断陷盆地碎屑岩,新生代拉分盆地碎屑-岩盐	中等	早期逆冲,后期左行走滑	压扭性	中新生代	持续至今	板内活动	
龙首山逆冲推覆构造	LSNT	脆性挤压	长500km,宽0.5~20km	倾向北,倾角55°~70°	平行	断裂带组成为龙首山岩群、韩母山群、墩子沟群,大黄山群,石炭系、白垩系、新近系	浅表	逆冲	压扭性	新生代	古近纪向南逆冲、走廊盆地断陷,右行走滑	板内活动	

续表 5-3

名称	代号	类型	规模	产状	组合形式	物质组成	构造层次	运动方式	力学性质	形成时代	变形期次	大地构造环境	含矿特征
旱峡-民乐前陆逆冲走滑构造	HMQZ	脆性挤压	长大于500km，宽2~75km	倾向190°~225°，倾角60°~80°	平行	断裂带组成为留志纪、石炭纪、二叠纪沉积岩系；发育海西期侵入岩；是廊南山的分界与走廊南山的分界断裂，表现为逆冲断层及褶皱变形	浅表	逆冲	压性	中—新生代	中新生代	青藏高原北缘	
鄂拉山左行走滑构造	ELZZ	剪切	长215km，宽5km以上	走向北北西，早期倾向北西，倾角约60°，晚期倾向南西，倾角70°~80°	斜列	古元古代陆缘火山-沉积岩系、寒武纪-奥陶纪岛弧火山岩沉积岩系、早-中三叠世弧后前陆盆地火山-沉积岩、晚三叠世陷陷火山-沉积岩系	中浅层	早期为左行走滑兼向南逆冲、中期走滑以左行走滑为主、晚期右行走滑	压扭性	中生代	多期活动	陆内走滑构造	同期矿化：铜、铅、锌、金
贺兰山逆冲推覆构造带	HLNT	挤压剪切	长130km，宽20~30km	倾向南西，倾角50°~70°	斜列-平行	贺兰山古生代被动陆缘沉积岩、变质岩、岩浆岩系	中浅层，脆-韧性	逆冲	压性	侏罗纪-白垩纪	燕山期—喜马拉雅期变形强烈，持续活动到新生代	板内造山	同期石英脉型金矿化
牛首山-罗山逆冲叠瓦构造	NLND	挤压	长约125km，宽10~20km	倾向东、西，倾角45°~70°	斜列-平行	古生代被动陆缘沉积岩及基底变质岩、岩浆岩系	中浅层，脆-韧性	逆冲	压性	中—新生代	始于印支期，持续活动至新生代	板内造山	
香山逆冲走滑构造	XSNZ	挤压剪切	长80km，宽20~38km	倾向南西，倾角60°~75°	斜列-平行	古生代陆缘断陷带沉积岩及基底变质岩、岩浆岩系	中浅层，脆-韧性	逆冲	压性	中—新生代	新生代多期逆冲-走滑	青藏高原东北缘	

续表 5-3

名称	代号	类型	规模	产状	组合形式	物质组成	构造层次	运动方式	力学性质	形成时代	变形期次	大地构造环境	含矿特征
六盘山逆冲走滑构造	LPNZ	脆性挤压	长大于59km，宽15~17km	倾向70°~80°，倾角55°~85°	平行	白垩纪内陆盆地碎屑岩为主，上覆古近纪—更新世内陆盆地碎屑岩	浅表	逆冲、走滑	压性	中生代—新生代	燕山期—喜马拉雅期	青藏高原东北缘	
鄂尔多斯西南缘逆冲断褶构造	EEND	脆性挤压	长大于450km，宽20~40km	倾向250°~270°，倾角55°~85°	斜列-平行	古生代被动陆缘断陷带沉积岩及基底变质岩、岩浆岩系	中等，脆—韧性	逆冲	压性	古生代—中生代	中新生代多期、燕山期—喜马拉雅期	祁连—秦岭构造带与鄂尔多斯地块边界	
龙门山—阴平夫逆冲走滑构造	LYNT	逆冲-右行走滑	长大于120km，宽5~10km	西南段倾向北西、北东段倾向南东，倾角60°~80°	斜列	中新元古代火山—沉积岩系、古生界沉积岩系、新生代盆地松散堆积	中—深部	斜滑	早期拉伸，晚期剪切	中生代	中新生代多期、至今仍在活动	松潘甘孜构造带与上扬子地块边界	
大巴山弧形逆冲推覆构造	DBNT	挤压-逆冲推覆	长大于65km，宽1015km	总体倾向东，倾角50°~70°	叠瓦	上扬子地块被动陆缘碎屑岩-碳酸盐岩	中等	逆冲	早期挤压，晚期右行走滑	中—新生代	中新生代多期、至今仍在活动	南秦岭构造带与上扬子地块边界	
汾渭地堑构造	FWDQ	拉张	长大于250km，宽20~80km	北缘断裂倾向南东、南缘断裂倾向北，倾角50°~70°	平行-斜列	前寒武纪变质岩系、古生代—中生代碎屑岩系、中新生代断陷盆地碎屑岩系、黄土、温泉、地震发育	中深—中浅	正滑-斜落	张性	中生代—新生代	早期继承丁八渡—铁炉子断裂，新生代斜滑、剪切	陆内裂谷	

(5)塔什库尔干右行走滑构造:位于孟孜—塔吐鲁沟一带,总体表现为浅表构造层次、脆性变形、右行走滑等特征。该构造带近直立,形成于新生代,继承古生代塔什库尔干构造混杂岩带发育。塔什库尔干构造混杂岩带是麻扎-康西瓦构造带的西部区域延伸,开始形成于早古生代,是原特提斯洋闭合事件的产物。构造混杂岩带中存在晚古生代火山弧岩片,表明消减、俯冲的过程比较长、比较复杂。混杂岩带最终的构造定位可能形成于印支期,新生代进一步活化,并表现为右行走滑作用。

(6)昆南逆冲走滑构造带:是继承昆南蛇绿构造混杂岩带发育的中—新生代大型变形构造,长约1200km。东段阿尼玛卿构造带位于秦祁昆缝合系和古特提斯缝合系的交接部位(边千韬等,1992,2001),东西向延伸约400km,东宽西窄,其中蛇绿岩宽约3km。该带北以东昆南断裂带为界,南以长石头山断裂与巴颜喀拉-松潘甘孜地块毗邻(赖绍聪等,2010)。大地构造位置处于西秦岭和东昆仑造山带与扬子陆块之间,代表了勉略缝合带的西延部分(张国伟等,2003;郭安林等,2006),从西向东由布青山(德尔尼)、玛积雪山、玛沁等主要蛇绿岩组成。在得力斯坦沟一带零星出露的早古生代蛇绿岩残块,围岩为石炭纪—二叠纪碎屑复理石。主体岩性由蛇纹岩、方辉橄榄岩、橄榄岩、纯橄榄岩、辉石橄榄岩、辉长岩、玄武岩和辉绿岩墙构成。其中辉长辉绿岩 Rb-Sr 等时线年龄 495.32±80.6Ma(边千韬等,2001),辉长岩锆石 U-Pb 年龄 467.2±0.9Ma;托索河南侧牧羊山辉长辉绿岩 Rb-Sr 等时线年龄 517.89±101.6Ma;布青山-牧羊山蛇绿混杂岩的硅质岩及泥质岩中分离出可疑的早古生代放射虫。晚古生代蛇绿混杂岩主要发育于可支塔格一带,镁铁—超镁铁质岩岩块具有亏损的稀土元素配分模式,显示了不同类型洋壳特点。玛积雪山玄武岩为大洋板内岩浆活动的产物;德尔尼(玛沁)蛇绿混杂岩具有典型洋中脊玄武岩(N-MORB)的地化特征(赖绍聪等,2010)等。郭安林等(2006)系统研究认为,东段德尔尼蛇绿岩表现为 N 型、MORB-OIB-E 型、MORB 型的组合,中段玛积雪山以 OIB 型为主;Bian 等(2004)发现西段布青山蛇绿岩具有 T-MORB 性质。前人对阿尼玛卿蛇绿岩带的时代研究认为主体应为晚古生代。Bian 等(2004)在布青山硅质岩中发现石炭纪硅质岩放射虫;陈亮等(2001)获得 345±7.9Ma 德尔尼玄武质熔岩的形成年龄(Ar-Ar);张克信等(2004)报道了布青山蛇绿岩中的早二叠世硅质岩放射虫;杨经绥等(2004)于德尔尼火山岩中测得 308±4.9Ma 的锆石 SHRIMP 年龄。由此可见,阿尼玛卿蛇绿岩的形成时代为晚古生代,与东古特提斯洋的发育时间一致(潘桂堂等,1994)。

对昆南增生杂岩带的研究认为,其经历了 4 期变形构造(查显锋等,2012):第一期为由北向南的逆冲作用,岩片内部形成区域构造面理、矿物拉伸线理;第二期为左行走滑,早期成分层发育不对称褶皱构造,岩片之间形成构造透镜体及左行韧性剪切带;第三期为右行走滑,以发育叠加在早期片理面之上的宽缓褶皱为主要特征,伴随脆韧性断裂及韧性剪切作用发育;第四期为脆韧性断裂-褶皱构造,断面多南倾,褶皱以枢纽近东西向的宽缓褶皱,褶皱劈理发育。昆南断裂带现今仍在活动,1963 年 4 月 14 日,东经96°44′,北纬 35.5°发生 7 级地震,反映左旋走滑位移;2001 年 8 月 11 日木孜塔格东发生 8.1 级地震,将昆仑山口碑石错断、正在修建的青藏铁路路基错断达 1m 多,同样反映左旋运动(李荣社等,2008)。

(7)阿尔金左行走滑断裂带:作为中国西部各主要大地构造单元的衔接地带,也是青藏高原西北部的自然边界,具有重要大地构造意义。它全长 1600km,呈北东向展布,与西昆仑及北祁连断裂带共同构成青藏高原的北部边界,在其中起着连接和转换作用(郑剑东,1991)。其西北缘、东南缘均以深大断裂为界,阿尔金西北缘断裂与塔里木盆地东南缘有 3 条隐伏断裂(米兰-红柳园断裂、且末-尖山断裂、罗布庄-星星峡断裂),应属同一应力场形成的断裂系统(伍跃中等,2008),组成断裂系的每条断裂带由多条断裂组成。

阿尔金断裂带自中新生代以来以强烈的左行走滑为主要运动特征。阿尔金南缘断裂(阿尔金主断裂)是塔东南的南缘边界断裂,分隔了塔里木盆地和柴达木盆地,为高角度北倾的逆冲走滑断裂,倾角可达 70°～80°，总体呈北东走向。深部资料显示(史大年等,2007),阿尔金断裂是一个超岩石圈断裂,具有较直立的产状和很窄的剪切变形带,地质观测结果显示阿尔金主干断裂剪切带的地表宽度很窄,小于 30km(Yin and Harrisson,2002),莫霍面错断也发生在很小的宽度上,表明阿尔金断裂剪切带在深部同样很窄(远小于 30km)(史大年等,2007)。在远离阿尔金山的塔里木盆地和柴达木盆地下,莫霍面清晰而平整,显示了没有经过强烈构造变形的特点,反映塔里木盆地和柴达木盆地在远离阿尔金山的盆地内部岩石圈是刚性的。阿尔金断裂带附近柴达木盆地一侧的莫霍面起伏应该是其变形引起的。从形态看,被塔里木下地壳延伸部分"掀起"到 45km 的深度上,这可能是因为塔里木的下地壳比柴达木的硬(史大年等,2007)。介于阿尔金断裂与阿尔金北缘断裂之间的莫霍面显示较不清晰,可能是地幔深部的热或物质沿着阿尔金断裂带上升,与阿尔金山地壳下部及岩石圈地幔存在热或物质交换的结果。

(8)六盘山逆冲走滑构造:是鄂尔多斯盆地与祁连造山带的分界断裂带,属脆性挤压、压扭性,由一系列脆性断裂和宽缓对称褶皱组成,形成于印支期—燕山期,喜马拉雅期叠加继承性右行走滑,为板内构造环境。

(9)鄂尔多斯西南缘逆冲断褶构造:与六盘山逆冲断裂带相邻,其形成可能开始于加里东期,主期为印支期—燕山期,于新生代定型,由一系列压性、压扭性右行走滑脆性断裂和宽缓对称褶皱组成,属浅表构造层次、板内构造环境。该大型变形构造的演化与华北陆块和祁连造山带拼合的历程紧密相连:晚奥陶世直至早石炭世,华北陆块处于隆起、剥蚀期,缺失同时代沉积地层,区域上出现碰撞型岩浆岩,属逆冲推覆造山阶段,鄂尔多斯西南缘逆冲断褶带始现雏形;晚石炭世—早二叠世华北陆块完成由陆表海盆向陆相盆地转换,陆相盆地形成;侏罗纪—早白垩世转为板内变形阶段,六盘山逆冲断裂带一系列褶皱和断裂构造形成,鄂尔多斯西南缘逆冲断褶带进入主活动期;喜马拉雅期整体处于构造平静、抬升剥蚀、新生代坳陷盆地形成期,受印度板块向北俯冲和青藏高原隆升影响,叠加右行走滑构造效应。

(10)龙门山-阳平关逆冲走滑构造:从广坪河,经阳平关,至勉县与勉略蛇绿构造混杂岩带相交,它作为川青地块与扬子陆块的碰撞边界,具有特殊的构造性质及明显的分段性(唐文清等,2004)。该构造带由一组斜列式的次级断裂组成,脆韧性质,早期以引张、逆冲为主,晚期右行走滑。断褶带深度为中等—深部,具有板块边界的性质。杨农等(2010)研究认为,龙门山逆冲推覆构造带 2 条主断裂:汶川-茂县断裂和映秀-北川断裂,最晚一次强烈活动发生在早更新世(FT 年龄为 1.3～1.2Ma),高原内部北西向米亚罗断裂在中更新世(约 0.5Ma)发生过强烈活动;后龙门山逆冲推覆构造带在中新世晚期开始快速隆升,而高原内部强烈隆升发生在上新世末至中更新世。

(11)大巴山弧形逆冲推覆构造:北起石泉小罐子,经后柳镇,至镇巴县与勉略构造混杂岩带合并。带内由一组叠瓦状、弧形排列的断裂组成。带内地层为寒武系—奥陶系,具有斜列式排列的紧闭同斜褶皱特点。冲断褶带表现为挤压-逆冲构造类型,早期脆韧性逆冲推覆、晚期右行走滑。冲断褶带位于扬子陆块与秦祁昆造山带结合地带,具有板块边界弧-陆碰撞带构造性质,深度中等。南大巴山前陆褶皱带前端堆积须家河组磨拉石,古流向指示物源来自北侧大巴山,证明大巴山已于中三叠世晚期和晚三叠世初期造山变形而隆起。同时考虑下侏罗统角度不整合覆于褶皱变形的下三叠统之上,显示先期碰撞乃至产生逆冲推覆构造发生于中—晚三叠世。南大巴山前陆褶皱带前端通南巴盆地、黄金口向斜等地,既发现来自南秦岭的逆冲挤压使侏罗系显著变形,而白垩系相对较弱,又可见侏罗系—白垩系连续过渡沉积,变形波及白垩系,但总体构造已很微弱至未变形,考虑北侧断裂逆冲于下侏罗统之上,以及应力向南传递的时间,推测南大巴山弧形推覆构造的时限为中侏罗世—白垩纪(董云鹏等,2008)。

(12)汾渭地堑:西起岐山—周至一线,与拓石-宝鸡剪切带、鄂尔多斯西南缘断隆带相接,东到韩城—潼关一线延入山西,长度大于 250km,宽 20～80km,走向北东东,北界断裂倾向南东,倾角 40°～

(5)塔什库尔干右行走滑构造:位于孟孜—塔吐鲁沟一带,总体表现为浅表构造层次、脆性变形、右行走滑等特征。该构造带近直立,形成于新生代,继承古生代塔什库尔干构造混杂岩带发育。塔什库尔干构造混杂岩带是麻扎-康西瓦构造带的西部区域延伸,开始形成于早古生代,是原特提斯洋闭合事件的产物。构造混杂岩带中存在晚古生代火山弧岩片,表明消减、俯冲的过程比较长、比较复杂。混杂岩带最终的构造定位可能形成于印支期,新生代进一步活化,并表现为右行走滑作用。

(6)昆南逆冲走滑构造带:是继承昆南蛇绿构造混杂岩带发育的中—新生代大型变形构造,长约1200km。东段阿尼玛卿构造带位于秦祁昆缝合系和古特提斯缝合系的交接部位(边千韬等,1992,2001),东西向延伸约400km,东宽西窄,其中蛇绿岩宽约3km。该带北以东昆南断裂带为界,南以长石头山断裂与巴颜喀拉-松潘甘孜地块毗邻(赖绍聪等,2010)。大地构造位置处于西秦岭和东昆仑造山带与扬子陆块之间,代表了勉略缝合带的西延部分(张国伟等,2003;郭安林等,2006),从西向东由布青山(德尔尼)、玛积雪山、玛沁等主要蛇绿岩组成。在得力斯坦沟一带零星出露的早古生代蛇绿岩残块,围岩为石炭纪—二叠纪碎屑复理石。主体岩性由蛇纹岩、方辉橄榄岩、橄榄岩、纯橄榄岩、辉石橄榄岩、辉长岩、玄武岩和辉绿岩墙构成。其中辉长辉绿岩Rb-Sr等时线年龄495.32±80.6Ma(边千韬等,2001),辉长岩锆石U-Pb年龄467.2±0.9Ma;托索河南侧牧羊山辉长辉绿岩Rb-Sr等时线年龄517.89±101.6Ma;布青山-牧羊山蛇绿混杂岩的硅质岩及泥质岩中分离出可疑的早古生代放射虫。晚古生代蛇绿混杂岩主要发育于可支塔格一带,镁铁—超镁铁质岩岩块具有亏损的稀土元素配分模式,显示了不同类型洋壳特点。玛积雪山玄武岩为大洋板内岩浆活动的产物;德尔尼(玛沁)蛇绿混杂岩具有典型洋中脊玄武岩(N-MORB)的地化特征(赖绍聪等,2010)等。郭安林等(2006)系统研究认为,东段德尔尼蛇绿岩表现为N型、MORB-OIB-E型、MORB型的组合,中段玛积雪山以OIB型为主;Bian等(2004)发现西段布青山蛇绿岩具有T-MORB性质。前人对阿尼玛卿蛇绿岩带的时代研究认为主体应为晚古生代。Bian等(2004)在布青山硅质岩中发现石炭纪硅质岩放射虫;陈亮等(2001)获得345±7.9Ma德尔尼玄武质熔岩的形成年龄(Ar-Ar);张克信等(2004)报道了布青山蛇绿岩中的早二叠世硅质岩放射虫;杨经绥等(2004)于德尔尼火山岩中测得308±4.9Ma的锆石SHRIMP年龄。由此可见,阿尼玛卿蛇绿岩的形成时代为晚古生代,与东古特提斯洋的发育时间一致(潘桂棠等,1994)。

对昆南增生杂岩带的研究认为,其经历了4期变形构造(查显锋等,2012):第一期为由北向南的逆冲作用,岩片内部形成区域构造面理、矿物拉伸线理;第二期为左行走滑,早期成分层发育不对称褶皱构造,岩片之间形成构造透镜体及左行韧性剪切带;第三期为右行走滑,以发育叠加在早期片理面之上的宽缓褶皱为主要特征,伴随脆韧性断裂及韧性剪切作用发育;第四期为脆韧性断裂-褶皱构造,断面多南倾,褶皱以枢纽近东西向的宽缓褶皱,褶皱劈理发育。昆南断裂带现今仍在活动,1963年4月14日,东经96°44′,北纬35.5°发生7级地震,反映左旋走滑位移;2001年8月11日木孜塔格东发生8.1级地震,将昆仑山口碑石错断、正在修建的青藏铁路路基错断达1m多,同样反映左旋运动(李荣社等,2008)。

(7)阿尔金左行走滑断裂带:作为中国西部各主要大地构造单元的衔接地带,也是青藏高原西北部的自然边界,具有重要大地构造意义。它全长1600km,呈北东向展布,与西昆仑及北祁连断裂带共同构成青藏高原的北部边界,在其中起着连接和转换作用(郑剑东,1991)。其西北缘、东南缘均以深大断裂为界,阿尔金西北缘断裂与塔里木盆地东南缘有3条隐伏断裂(米兰-红柳园断裂、且末-尖山断裂、罗布庄-星星峡断裂),应属同一应力场形成的断裂系统(伍跃中等,2008),组成断裂系的每条断裂带由多条断裂组成。

阿尔金断裂带自中新生代以来以强烈的左行走滑为主要运动特征。阿尔金南缘断裂(阿尔金主断裂)是塔东南的南缘边界断裂,分隔了塔里木盆地和柴达木盆地,为高角度北倾的逆冲走滑断裂,倾角可达 70°～80°,总体呈北东走向。深部资料显示(史大年等,2007),阿尔金断裂是一个超岩石圈断裂,具有较直立的产状和很窄的剪切变形带,地质观测结果显示阿尔金主干断裂剪切带的地表宽度很窄,小于30km(Yin and Harrisson,2002),莫霍面错断也发生在很小的宽度上,表明阿尔金断裂剪切带在深部同样很窄(远小于30km)(史大年等,2007)。在远离阿尔金山的塔里木盆地和柴达木盆地下,莫霍面清晰而平整,显示了没有经过强烈构造变形的特点,反映塔里木盆地和柴达木盆地在远离阿尔金山的盆地内部岩石圈是刚性的。阿尔金断裂带附近柴达木盆地一侧的莫霍面起伏应该是其变形引起的。从形态看,被塔里木下地壳延伸部分"掀起"到45km的深度上,这可能是因为塔里木的下地壳比柴达木的硬(史大年等,2007)。介于阿尔金断裂与阿尔金北缘断裂之间的莫霍面显示较不清晰,可能是地幔深部的热或物质沿着阿尔金断裂带上升,与阿尔金山地壳下部及岩石圈地幔存在热或物质交换的结果。

(8)六盘山逆冲走滑构造:是鄂尔多斯盆地与祁连造山带的分界断裂带,属脆性挤压、压扭性,由一系列脆性断裂和宽缓对称褶皱组成,形成于印支期—燕山期,喜马拉雅期叠加继承性右行走滑,为板内构造环境。

(9)鄂尔多斯西南缘逆冲断褶构造:与六盘山逆冲断裂带相邻,其形成可能开始于加里东期,主期为印支期—燕山期,于新生代定型,由一系列压性、压扭性右行走滑脆性断裂和宽缓对称褶皱组成,属浅表构造层次、板内构造环境。该大型变形构造的演化与华北陆块和祁连造山带拼合的历程紧密相连:晚奥陶世直至早石炭世,华北陆块处于隆起、剥蚀期,缺失同时代沉积地层,区域上出现碰撞型岩浆岩,属逆冲推覆造山阶段,鄂尔多斯西南缘逆冲断褶带始现雏形;晚石炭世—早二叠世华北陆块完成由陆表海盆向陆相盆地转换,陆相盆地形成;侏罗纪—早白垩世转为板内变形阶段,六盘山逆冲断裂带一系列褶皱和断裂构造形成,鄂尔多斯西南缘逆冲断褶带进入主活动期;喜马拉雅期整体处于构造平静、抬升剥蚀、新生代坳陷盆地形成期,受印度板块向北俯冲和青藏高原隆升影响,叠加右行走滑构造效应。

(10)龙门山-阳平关逆冲走滑构造:从广坪河,经阳平关,至勉县与勉略蛇绿构造混杂岩带相交,它作为川青地块与扬子陆块的碰撞边界,具有特殊的构造性质及明显的分段性(唐文清等,2004)。该构造带由一组斜列式的次级断裂组成,脆韧性质,早期以引张、逆冲为主,晚期右行走滑。断褶带深度为中等—深部,具有板块边界的性质。杨农等(2010)研究认为,龙门山逆冲推覆构造带2条主断裂:汶川-茂县断裂和映秀-北川断裂,最晚一次强烈活动发生在早更新世(FT年龄为1.3～1.2Ma),高原内部北西向米亚罗断裂在中更新世(约0.5Ma)发生过强烈活动;后龙门山逆冲推覆构造带在中新世晚期开始快速隆升,而高原内部强烈隆升发生在上新世末至中更新世。

(11)大巴山弧形逆冲推覆构造:北起石泉小罐子,经后柳镇,至镇巴县与勉略构造混杂岩带合并。带内由一组叠瓦状、弧形排列的断裂组成。带内地层为寒武系—奥陶系,具有斜列式排列的紧闭同斜褶皱特点。冲断褶带表现为挤压-逆冲构造类型,早期脆韧性逆冲推覆、晚期右行走滑。冲断褶带位于扬子陆块与秦祁昆造山带结合地带,具有板块边界弧-陆碰撞带构造性质,深度中等。南大巴山前陆褶皱带前端堆积须家河组磨拉石,古流向指示物源来自北侧大巴山,证明大巴山已于中三叠世晚期和晚三叠世初期造山变形而隆起。同时考虑下侏罗统角度不整合覆于褶皱变形的下三叠统之上,显示先期碰撞乃至产生逆冲推覆构造发生于中—晚三叠世。南大巴山前陆褶皱带前端通南巴盆地、黄金口向斜等地,既发现来自南秦岭的逆冲挤压使侏罗系显著变形,而白垩系相对较弱,又可见侏罗系—白垩系连续过渡沉积,变形波及白垩系,但总体构造已很微弱至未变形,考虑北侧断裂逆冲于下侏罗统之上,以及应力向南传递的时间,推测南大巴山弧形推覆构造的时限为中侏罗世—白垩纪(董云鹏等,2008)。

(12)汾渭地堑:西起岐山—周至一线,与拓石-宝鸡剪切带、鄂尔多斯西南缘断隆带相接,东到韩城—潼关一线延入山西,长度大于250km,宽20～80km,走向北东东,北界断裂倾向南东,倾角40°～

50°,南界断裂倾向北,在蓝田—华县段沿北东向延伸,倾向北西,倾角50°~70°。断裂带多数地段被第四系覆盖,具有隐伏断裂性质。但从现有资料分析,其切割了太古宙—新生代地层,沿南界断裂有温泉、地震分布,推测具有活动断裂的性质。结合地球物理勘查成果,推测断裂深度中等—深部,断裂性质为张性、正滑。

第五节 区域地球物理概略特征

西北地区布格重力异常值和变化总趋势是由东至西、由北至南逐渐减小。在青藏高原北缘即沿昆仑山—阿尔金山—祁连山一线存在一条近东西向展布的"S"形巨型重力梯级带。该带环绕青藏高原北缘,西端由帕米尔高原的南、北两侧延伸至邻国,研究区内总长约2600km,宽240km,布格异常值约在$(-450 \sim -150) \times 10^{-5} m/s^2$(毫伽)之间。以此重力梯级带为界,异常值明显呈两个台阶:第一个台阶是分布于新疆、甘肃、宁夏、陕西及内蒙古中西部的重力高值区,布格重力异常值在$(-200 \sim -15) \times 10^{-5} m/s^2$(毫伽)之间,其反映的莫霍面深度为38~56km;第二个台阶是青藏高原低值区,布格重力异常值在$(-500 \sim -200) \times 10^{-5} m/s^2$之间,其反映的莫霍面最深可超过70km以上。大型重力梯级带反映了莫霍面深度的陡变带。

西北地区总体重力异常特征反映了区域构造的基本格架。近东西向的昆仑山—阿尔金山—祁连山一线的重力梯级带向东南延伸,即贺兰山-川滇近南北向异常带,是我国南北构造带的中轴分隔线,反映了区内南北向构造的基本特征。

重力异常特征还较清晰地表现了区内大型造山带和盆地的形态特征和接触关系,区内重力异常均表现为方向性较强、等值线密集的重力梯级带,条带状、串珠状异常带等,异常值起伏变化较大。沿主要造山带重力异常多表现为梯级带或串珠状重力低异常。大型盆地多出现于盆地分布形态相似的局部重力高异常,在其周围往往出现环绕盆地的弧形波浪状重力低异常。

根据磁异常展布形态和特征,将西北地区划分为新疆强磁场大区、内蒙古西部-祁连山-青藏高原低缓条带状异常大区和秦岭-鄂尔多斯强磁场大区(图5-1、图5-2)。西北地区磁场特征可进一步划分6种类型。

(1)巨大磁异常带主要位于天山—博格达山、北山—大青山、祁连山(含柴达木)等地区,应该与富铁基性—超基性火成岩的大量发育有关(阿吾拉勒-巴音沟-博格达-红石山)。

(2)唐古拉山—他念他翁山一带磁异常特征主要表现为具有一定方向的条带状和串珠状强磁异常(北部与西金乌兰-玉树蛇绿混杂岩对应),主要反映了区域岩性特征和基底构造的走向。

(3)团块状强磁场区,主要位于塔里木盆地和准噶尔盆地。磁异常以宽阔的正磁场为特征,主要反映了盆地基底是一个具强磁性的深变质结晶岩系(如库鲁克塔格)。

(4)阿尔泰杂乱(条带)状局部磁异常区(带),为北西走向分布的剧烈变化的强磁场区,该区广泛分布着古生代变质岩、海西期花岗岩及近万米厚的火山岩建造,故形成峰形的火山岩磁场特征。

(5)负背景磁场区,主要位于准噶尔褶皱带东北、柴达木盆地、塔里木盆地和可可西里地区。磁场多表现为变化的低磁场区,局部地区有宽缓升高的负磁场,反映了区域岩性组合主要为碎屑岩、碳酸盐岩和少量中酸性火山岩的特征。

(6)哈密-且末磁异常区,具有特殊意义的磁场界线,出现在塔里木陆块的东南侧,呈北东向展布,与背景负磁场区的界线清晰明显,主要反映了阿尔金构造变质岩带对应于中压变质岩相系,同时与车尔臣断裂相关。

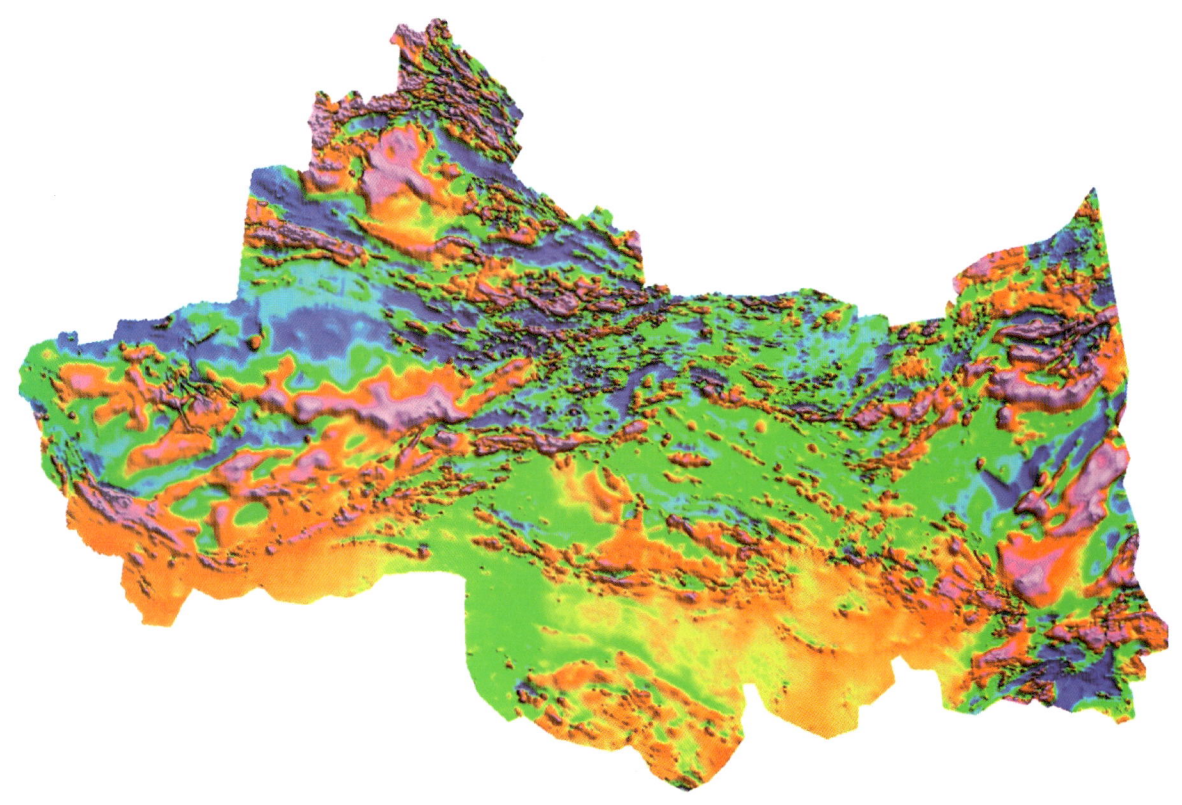

图 5-1　西北地区航磁 ΔT 平面图

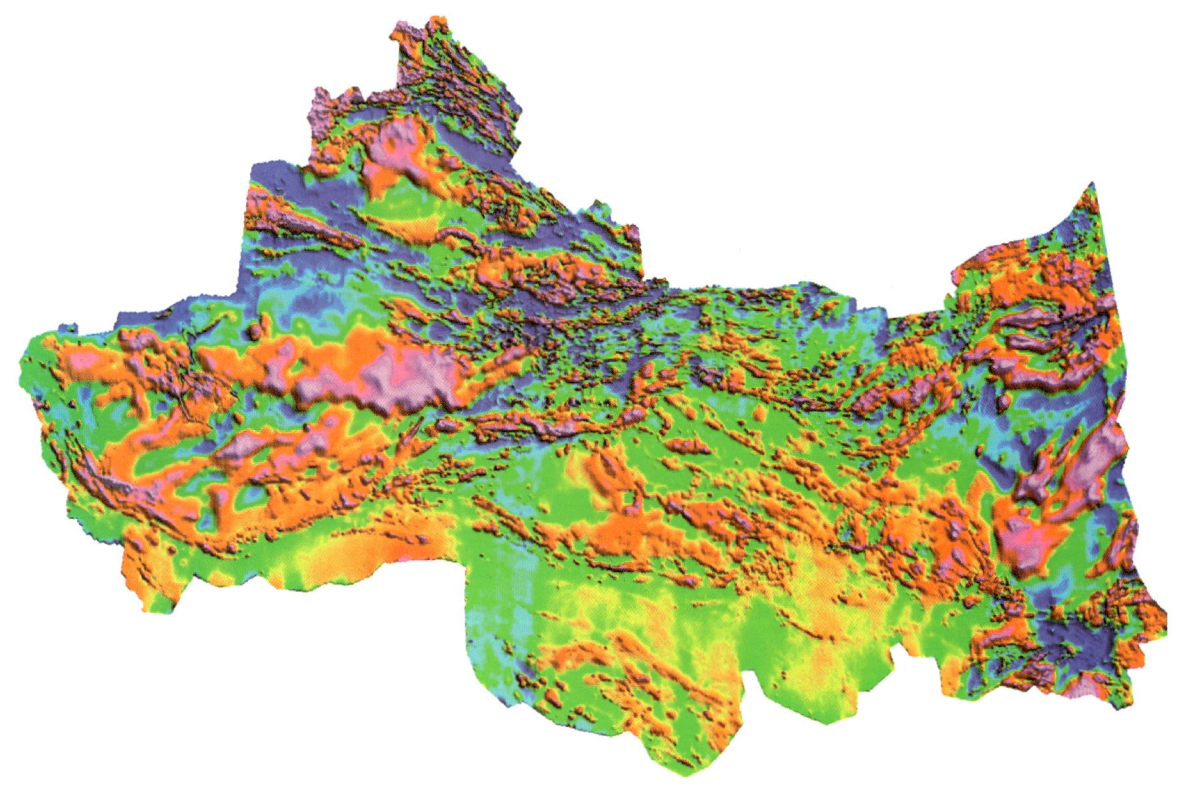

图 5-2　西北地区航磁 ΔT 化极平面图

第六节 晚三叠世—新生代大地构造分区

西北地区新生代表现为造山带与盆地间列的构造格局，晚三叠世、侏罗纪、白垩纪古盆地和构造热隆起作为新生代造山带、高原的基底保留。中—新生代大地构造环境研究，在重点考虑新生代以来的构造格局及其特征的同时，还要考虑中生代不同阶段的盆山结构，尤其要参考地球物理资料所反映的中—新生代岩石圈结构特征，并加以利用，这样的综合分析才能更接近客观事实。

综合考虑深部地球物理特征、现今地表构造和晚三叠世以来地质演化等，将晚三叠世—新生代西北地区地质构造单元划分为青藏高原北部盆山巨系统、西北地区西部复活盆山巨系统和西北地区东部南北向盆山巨系统3个Ⅰ级构造单元（盆山巨系统），11个Ⅱ级构造单元（盆山系统），33个Ⅲ级构造单元（盆山子系统）和88个Ⅳ级构造单元。具体划分见表5-4及图5-3～图5-5。

（1）青藏高原北部盆山巨系统：是受新生代印度板块与欧亚板块碰撞的影响，在青藏高原北部构造挤压形成的一系列逆冲-隆升-走滑造山带与压陷盆地相间的构造格局。这些陆内造山带和压陷盆地，除阿尔金走滑转换构造带呈北东向展布外，整体呈北西-南东向展布（祁连山、柴达木盆地、昆仑山、可可西里高原盆地、唐古拉山），与挤压应力方向近于直交。

（2）西北地区西部复活盆山巨系统：即阿尔泰-天山-阿拉善复活盆山巨系统分布于青藏高原以北—贺兰山以西的广大区域，是受来自于高原向北的推挤与早期古老刚性陆块（塔里木陆块、准噶尔地块、敦煌地块、阿拉善地块等）、前新生代造山带（古生代天山-北山造山带、东西准噶尔造山带、阿尔泰造山带等）阻隔应力叠加复合的共同影响，形成了复活造山带（阿尔泰、天山）与不同级别压陷盆地（青藏高原北缘山前盆地群——塔里木南缘喀什-和田压陷盆地、车尔臣-敦煌走滑拉分盆地、肃北-玉门镇走滑拉分盆地、河西走廊压陷盆地；天山南麓压陷盆地——塔里木北缘库车压陷盆地、吐哈压陷盆地，天山北麓压陷盆地——准噶尔南缘奎屯-乌鲁木齐-木垒压陷盆地）间列的构造格局。

（3）西北地区东部近南北向盆山巨系统：是青藏高原东北边缘及其外围受来自于高原向东北方向的推挤与古老刚性陆块或地块（鄂尔多斯地块、扬子陆块等）、前新生代造山带（秦岭东西向印支期造山带）的阻隔，同时受中国东部北北东向构造的叠加复合，形成了由挤压-走滑-隆升造山带（秦岭-大巴山、贺兰山-六盘山-陇山）和断陷-走滑拉分盆地［吉兰泰盆地、银川盆地、渭河盆地、四川盆地（北缘）等］、高原（内蒙古高原西部-鄂尔多斯、黄土高原）构成的南北向与东西向间隔的棋盘状构造格局。

受中—新生代构造的控制，与上述地壳表层-浅部构造格局相呼应，地壳与岩石圈厚度、密度，莫霍面深度、起伏形态等发生变化和调整，形成了以青藏高原北缘巨大的反"S"形重力梯度带为分隔线，其南为青藏高原北部北西-南东向展布的"隆凹相间"的重力低，反映了岩石圈的总体加厚，莫霍面下移。要说明的是，在北山地区重力负异常明显，并与青藏高原北部类似，岩石圈生根作用明显，而地表仍为夷平剥蚀区未隆升为山，浅表层构造与深部构造不均衡，可能反映该地区是中新生代壳幔作用强烈区。

青藏高原以北的西北地区，重力场东、西部有明显差异。西部呈北东向展布的重力高与重力低相间格局，反映了中—新生代复活山脉（天山、阿尔泰）的生根作用，使岩石圈加厚；东部总体呈近南北向展布的幅度较小"隆凹相间"的重力高，这可能与中国中东部中新生代以来北北东向构造格局相关。

西北地区中—新生代不同类型盆地是煤、石油、天然气、油页岩、砂岩型铀矿、砂岩型铜矿、岩盐矿、喷流沉积型铅锌矿等能源、化工、金属矿产和地下水的主要赋存区；中新生代陆内造山带，尤其是中生代构造-热隆起区与构造强-弱转换区及伸展-挤压不同构造动力学体制转换时期是重要的有色金属（铜、钨、钼、铅锌等）和贵金属（金、银等）及稀有金属（锂、铍、铌、钽等）成矿有利地段和成矿期。

表 5-4 西北地区晚三叠世—新生代构造单元划分表

I级构造单元	II级构造单元	III级构造单元	IV级构造单元
I 阿尔泰-天山-阿拉善复活盆山巨系统	I-1 阿尔泰盆山系统	I-1-1 阿尔泰造山带	I 1-1-1 可可托海第四纪走滑拉分盆地
			I-1-1-2 阿尔泰造山带（Mz-Cz）
		I-1-2 额尔齐斯断陷盆地	
	I-2 准噶尔盆山系统	I-2-1 准噶尔叠合盆地	I-2-1-1 准噶尔第四纪压陷盆地
			I-2-1-2 准噶尔北部白垩纪—新近纪压陷盆地
			I-2-1-3 准噶尔南部古近纪—新近纪压陷盆地
			I-2-1-4 准噶尔将军庙早中侏罗世—白垩纪伸展盆地
			I-2-1-5 乌尔禾三叠纪—白垩纪伸展盆地
			I-2-1-6 乌鲁木齐晚三叠世—白垩纪伸展盆地
		I-2-2 西准噶尔山子系统	I-2-2-1 和布克赛尔新近纪—第四纪压陷盆地
			I-2-2-2 塔城渐新世—上新世压陷-走滑拉分盆地
			I-2-2-3 西准噶尔造山带
		I-2-3 东准噶尔山子系统	I-2-3-1 富蕴二台第四纪走滑拉分盆地
			I-2-3-2 三塘湖侏罗纪—白垩纪断陷盆地
			I-2-3-3 东准噶尔造山带
	I-3 天山盆山系统	I-3-1 西天山盆山子系统	I-3-1-1 伊犁古近纪—第四纪压陷盆地
			I-3-1-2 伊宁三叠纪—白垩纪断陷盆地
			I-3-1-3 尤鲁都斯古近纪—第四纪压陷盆地
			I-3-1-4 西天山造山带
		I-3-2 博格达-巴里坤山盆山子系统	I-3-2-1 巴里坤第四纪压陷盆地
			I-3-2-2 达坂城三叠纪—白垩纪伸展盆地（上叠新近纪—第四纪压陷盆地）
			I-3-2-3 博格达造山带

续表 5-4

Ⅰ级构造单元	Ⅱ级构造单元	Ⅲ级构造单元	Ⅳ级构造单元
Ⅰ 阿尔泰-天山-阿拉善复活盆山巨系统	Ⅰ-4 托克逊-马鬃山-河西走廊盆山系统	Ⅰ-4-1 吐哈叠合盆地	Ⅰ-4-1-1 吐哈新生代压陷盆地
			Ⅰ-4-1-2 吐哈三叠纪-白垩纪伸展盆地
		Ⅰ-4-2 东天山-北山-龙首山盆山子系统	Ⅰ-4-2-1 和静中新生代断陷-压陷盆地
			Ⅰ-4-2-2 磁海南-方山口北古近纪-第四纪走滑拉分盆地
			Ⅰ-4-2-3 镜儿泉古近纪-第四纪压陷盆地
			Ⅰ-4-2-4 北山侏罗纪-白垩纪断陷盆地
			Ⅰ-4-2-5 金塔-阿拉善古近纪-第四纪断陷盆地
			Ⅰ-4-2-6 阿拉善侏罗纪-白垩纪断陷盆地
			Ⅰ-4-2-7 东天山-北山-龙首山隆起区
		Ⅰ-4-3 河西走廊中新生代断陷-压陷盆地	Ⅰ-4-3-1 酒泉中新生代断陷-压陷盆地
			Ⅰ-4-3-2 张掖中新生代断陷-压陷盆地
			Ⅰ-4-3-3 武威中新生代断陷-压陷盆地
	Ⅰ-5 塔里木盆地	Ⅰ-5-1 塔里木周缘压陷-走滑拉分盆地	Ⅰ-5-1-1 库车山前中新生代断陷-压陷盆地
			Ⅰ-5-1-2 喀什-和田中新生代断陷-压陷盆地
			Ⅰ-5-1-3 尉犁-罗布泊新近纪-第四纪断陷盆地
			Ⅰ-5-1-4 肃北-玉门新生代走滑拉分盆地
			Ⅰ-5-1-5 车尔臣河新生代走滑断陷盆地
		Ⅰ-5-2 塔里木第四纪坳陷盆地	
Ⅱ 西北地区东部近南北向叠加盆山巨系统	Ⅱ-1 贺兰山-六盘山复合盆山系统	Ⅱ-1-1 贺兰山-卫宁北山盆山子系统	Ⅱ-1-1-1 中卫新近纪断陷盆地
			Ⅱ-1-1-2 贺兰山-卫宁北山构造隆起区
		Ⅱ-1-2 香山盆山子系统	Ⅱ-1-2-1 海原古近纪-第四纪断陷盆地
			Ⅱ-1-2-2 香山隆起区
		Ⅱ-1-3 六盘山-临夏-民和盆山子系统	Ⅱ-1-3-1 六盘山白垩纪断陷盆地
			Ⅱ-1-3-2 民和-临夏-定西断陷(K)-压陷(R)盆地

续表 5-4

Ⅰ级构造单元	Ⅱ级构造单元	Ⅲ级构造单元	Ⅳ级构造单元
Ⅱ 西北地区东部近南北向叠加盆山巨系统	Ⅱ-2 鄂尔多斯高原及周缘地堑系	Ⅱ-2-1 鄂尔多斯周缘新生代地堑系	Ⅱ-2-1-1 银川新生代断陷盆地
			Ⅱ-2-1-2 渭河新生代断陷盆地
		Ⅱ-2-2 鄂尔多斯新生代高原	Ⅱ-2-2-1 鄂尔多斯古近纪－第四纪盆地
			Ⅱ-2-2-2 鄂尔多斯侏罗纪－白垩纪上叠回陷盆地
			Ⅱ-2-2-3 鄂尔多斯高原隆起区
	Ⅱ-3 秦岭-大巴山复活造山带	Ⅱ-3-1 西秦岭（-龙门山）盆山子系统	Ⅱ-3-1-1 徽县－成县白垩纪－新近纪断陷-走滑盆地
			Ⅱ-3-1-2 西秦岭侏罗纪构造热隆起区
		Ⅱ-3-2 东秦岭-巴山盆山子系统	Ⅱ-3-2-1 汉中新生代断陷盆地
			Ⅱ-3-2-2 四川盆地北缘晚三叠世－中侏罗世压陷盆地
			Ⅱ-3-2-3 小秦岭-杨水侏罗纪－白垩纪岩浆热隆起带
Ⅲ 青藏高原北部盆山巨系统	Ⅲ-1 西昆仑－阿尔金－走廊南山复活盆山系统	Ⅲ-1-1 西昆仑复活盆山子系统	Ⅲ-1-1-1 喀拉塔什早中侏罗世断陷盆地
			Ⅲ-1-1-2 西昆仑隆起区
		Ⅲ-1-2 阿尔金复活盆山子系统	Ⅲ-1-2-1 阿尔帕－买买提孜托海走滑分盆地
			Ⅲ-1-2-2 索尔库里新近纪－第四纪走滑断陷盆地
			Ⅲ-1-2-3 阿尔金-当金山隆起区
		Ⅲ-1-3 走廊南山-循化复活盆山子系统	Ⅲ-1-3-1 小井泉断陷盆地（NQ）
			Ⅲ-1-3-2 西宁新生代压陷盆地
			Ⅲ-1-3-3 大通晚三叠世坳陷盆地
			Ⅲ-1-3-4 同仁晚三叠世断陷盆地（火山）
			Ⅲ-1-3-5 走廊南山-循化隆起区
	Ⅲ-2 疏勒南山-柴达木-东昆仑盆山系统	Ⅲ-2-1 疏勒南山-青海湖盆山子系统	Ⅲ-2-1-1 哈拉湖新生代断陷盆地
			Ⅲ-2-1-2 大柴旦-乌兰新生代断陷盆地
			Ⅲ-2-1-3 青海湖新生代盆地
			Ⅲ-2-1-4 共和新生代压陷-走滑拉分盆地

续表 5-4

Ⅰ级构造单元	Ⅱ级构造单元	Ⅲ级构造单元	Ⅳ级构造单元
Ⅲ 青藏高原北部盆山巨系统	Ⅲ-2 疏勒南山-柴达木-东昆仑盆山系统	Ⅲ-2-1 疏勒南山-青海湖盆山子系统	Ⅲ-2-1-5 大通山晚三叠世坳陷盆地（T_3）
			Ⅲ-2-1-6 疏勒南山-西倾山隆起区
		Ⅲ-2-2 柴达木构造叠合盆地	Ⅲ-2-2-1 柴达木新生代陷压盆地
			Ⅲ-2-2-2 柴北库木里新生代断陷盆地（$J-K_1$）
		Ⅲ-2-3 东昆仑复活盆山子系统	Ⅲ-2-3-1 库木库里新生代压陷盆地
			Ⅲ-2-3-2 南昆仑新生代拉分盆地（$E-N$）
			Ⅲ-2-3-3 鄂拉山晚三叠世裂陷盆地
			Ⅲ-2-3-4 八宝山晚三叠世裂陷盆地
			Ⅲ-2-3-5 东昆仑隆起区
	Ⅲ-3 喀喇昆仑-巴颜喀拉-北羌塘中生代活动陆缘-新生代盆山系统	Ⅲ-3-1 喀喇昆仑盆山子系统	Ⅲ-3-1-1 塔什库尔干断陷盆地（$N-Q$）
			Ⅲ-3-1-2 喀喇昆仑边缘海盆（$T-K$）
			Ⅲ-3-1-3 喀喇昆仑隆起区
		Ⅲ-3-2 木孜塔格侏罗纪走滑拉分盆地	
		Ⅲ-3-3 康西瓦-巴颜喀拉三叠纪前陆盆地	Ⅲ-3-3-1 康西瓦晚三叠世前陆盆地
			Ⅲ-3-3-2 巴颜喀拉晚三叠世前陆盆地
		Ⅲ-3-4 西金乌兰-玉树晚三叠世岛弧带	
		Ⅲ-3-5 杂多-西金乌兰晚三叠世弧后前陆盆地	Ⅲ-3-5-1 乌兰乌拉晚三叠世弧后前陆盆地
			Ⅲ-3-5-2 杂多晚三叠世弧后前陆盆地
		Ⅲ-3-6 北羌塘侏罗纪弧后前陆盆地	
		Ⅲ-3-7 风火山白垩纪周缘前陆盆地	
		Ⅲ-3-8 可可西里新生代压陷-断陷盆地	Ⅲ-3-8-1 五道梁新生代压陷-断陷盆地
			Ⅲ-3-8-2 豌豆湖新生代陷-断陷盆地
			Ⅲ-3-8-3 雅西错新生代压陷-断陷盆地
			Ⅲ-3-8-4 囊谦走滑拉分盆地（$E-N$）

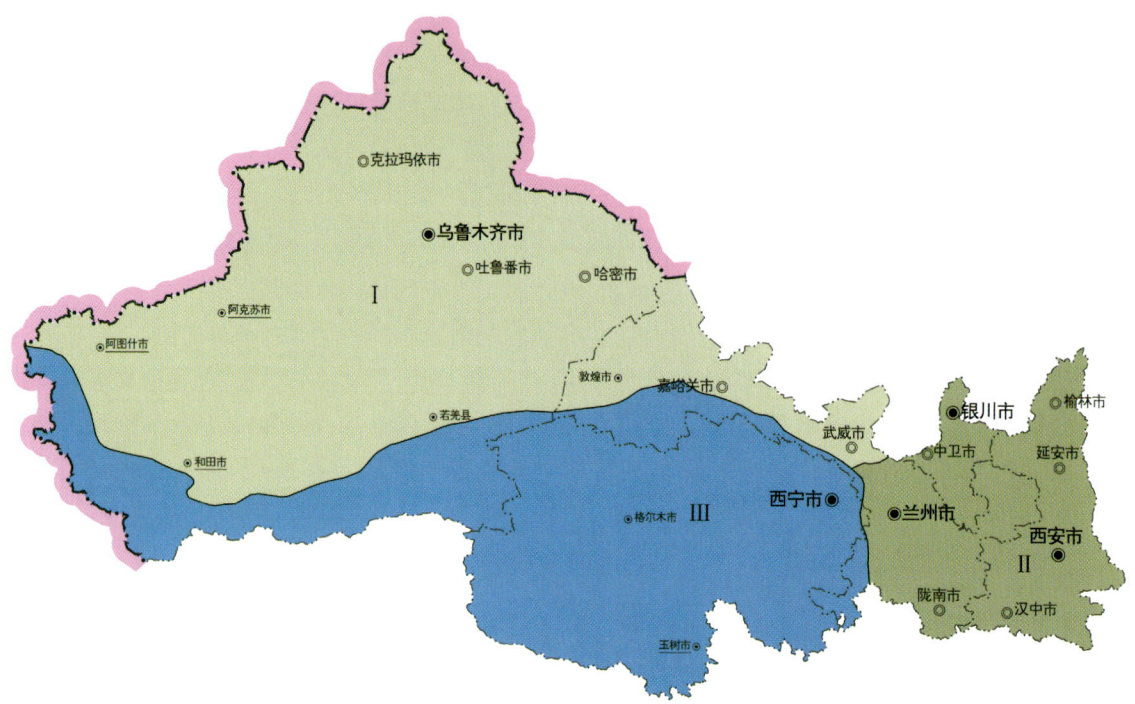

图 5-3　西北地区晚三叠世—新生代盆山巨系统（Ⅰ级构造单元）划分图

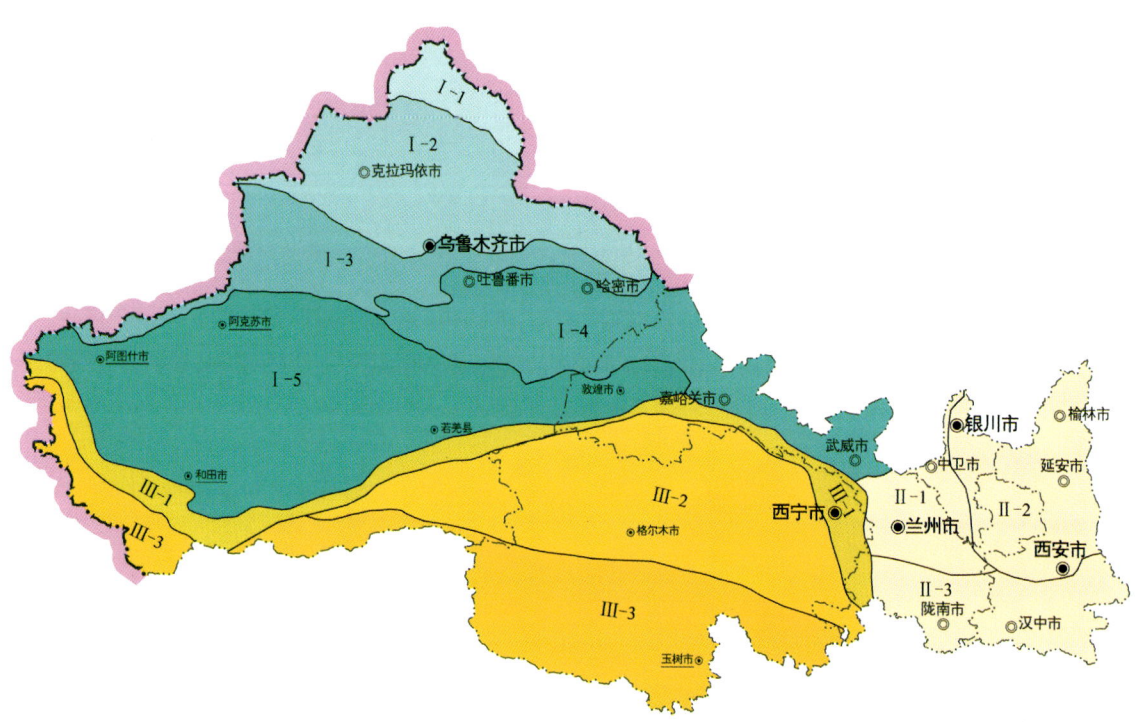

图 5-4　西北地区晚三叠世—新生代盆山子系统（Ⅱ级构造单元）划分图

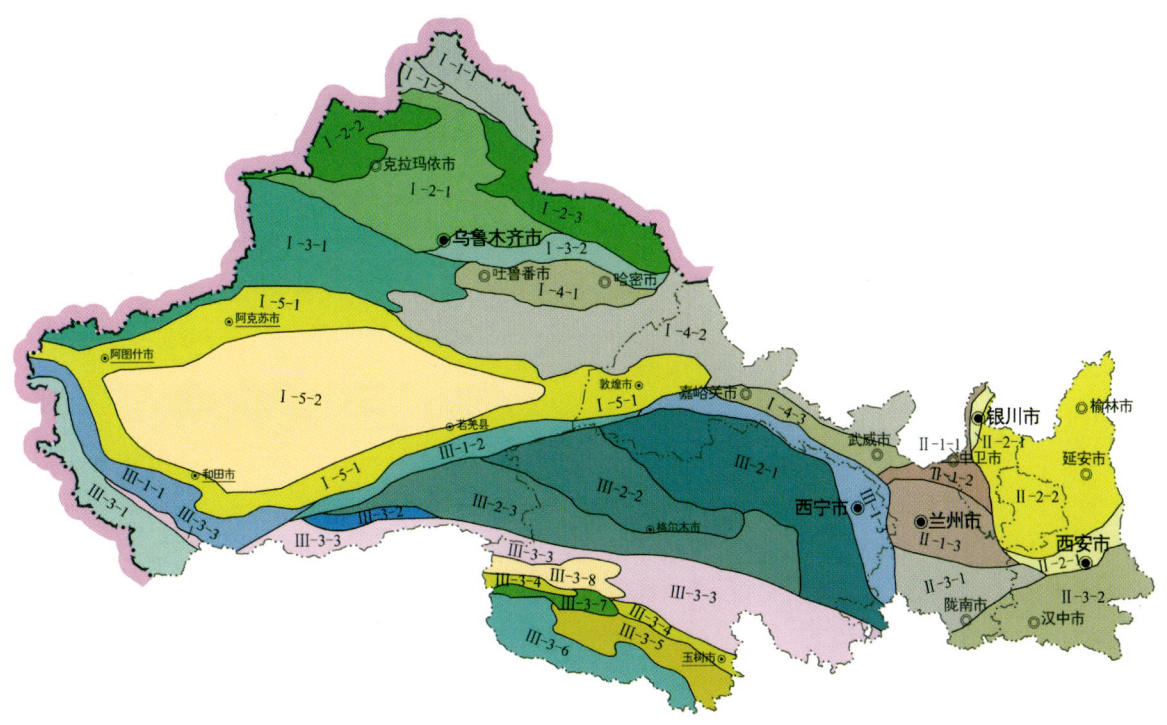

图 5-5 西北地区晚三叠世—新生代盆山子系统（Ⅲ级构造单元）划分图

第七节 大地构造特征

一、青藏高原北部盆山巨系统

青藏高原北部盆山巨系统以青藏高原北缘山前逆冲-走滑断裂组（系）为界与阿尔泰-天山-阿拉善复活盆山巨系统和西北地区东部近南北向叠加盆山巨系统为界。它是受新生代印度板块与欧亚板块碰撞的影响，在青藏高原北部陆内构造挤压形成的一系列逆冲-隆升-走滑造山带和压陷盆地相间的构造格局。这些陆内造山带和压陷盆地除阿尔金走滑转换构造带呈北东向展布外，整体呈北西-南东向展布（祁连山、柴达木盆地、昆仑山、可可西里高原盆地、唐古拉山），与挤压应力方向近于直交。自高原北部边缘（北）向内（南），依次由西昆仑-阿尔金-走廊南山复活盆山系统（青藏高原北缘盆山系统）、疏勒南山-柴达木-东昆仑盆山系统（青藏高原北部一级台阶盆山系统）、喀喇昆仑-巴颜喀拉-北羌塘中生代活动陆缘-新生代盆山系统（青藏高原北部二级台阶盆山系统）3个Ⅱ级盆山系统构成。

1. 西昆仑-阿尔金-走廊南山复活盆山系统

西昆仑-阿尔金-走廊南山复活盆山系统构成青藏高原北部边界，其重力异常明显，变化剧烈，为一明显的梯度台阶，并呈带状。据重力反演看，这一构造边界下切至岩石圈地幔，使高原北部软流圈上隆。地壳厚度高原内达55~70km，高原边界重力梯度带在水平距离150~200km，地壳厚度从40~56km变化（马杏垣等，1989），说明高原边界也是地壳厚度的急剧突变带。从构造地貌上构成青藏高原北缘地形反差巨大的第一级台阶。自西向东由3个子系统（Ⅲ级构造单元）构成，即西昆仑、阿尔金和走廊南山-循化3个复活盆山子系统。

(1)西昆仑复活盆山子系统：主体由前中生代变质岩、侵入岩、火山-沉积岩系等构成高原北缘呈北西向展布的构造隆起区，成为高原的北界。在北部喀拉塔什一带，卷入了早—中侏罗世断陷盆地含煤岩系（叶尔羌群）。侏罗纪叶尔羌群由冲积扇相的扇缘和扇间洼地泥炭沼泽相构成，具煤层层数多、间距大、厚度小的成煤特点（张泓等，1998）。在南部为中—新生代构造热隆起区，发育侏罗纪石英闪长岩-花岗闪长岩-二长花岗岩-碱长花岗岩组合，属钙碱性系列、铝过饱和型、壳源，具 U-Pb 年龄 162Ma，为后碰撞岩浆岩；白垩纪花岗斑岩（132Ma，K-Ar 法）与古近纪钾钙碱-亚碱性系列二长花岗岩（U-Pb 年龄 38±7Ma，48±6Ma），均为壳源、铝过饱和花岗岩，属后造山岩浆活动产物。

(2)阿尔金复活盆山子系统：为高原北部，北东东向走滑断裂系统构成的盆山系统。由阿尔帕-买买提孜托海走滑拉分盆地、索尔库里新近纪—第四纪走滑拉分-断陷盆地和阿尔金-当金山隆起区构成。隆起区新生代走滑断裂系统强烈发育，构造卷入了侏罗系大煤沟组—采石岭组含煤岩系。含煤岩系是侏罗纪伸展背景下柴达木断陷-凹陷盆地西部冲积扇相-曲流河相产物。在同期伸展背景下，在阿尔金构造带还发育侏罗纪造山后岩浆岩系列，主要分布在拉配泉中生代地堑和尧勒萨依沟口、克孜勒塔格北等地，为正长花岗岩-碱长花岗岩-石英二长岩组合，尧勒萨依沟口正长花岗岩全岩 K-Ar 法年龄为 172Ma，应该为造山后板内伸展环境产物。

(3)走廊南山-循化复活盆山子系统：为青藏高原北缘重力梯度带由北西向转为南北向的转折部位。同时随着重力梯度带方位的改变，航磁异常、自由空气重力异常、均衡重力异常和地壳厚度变化也随之转向（马杏垣等，1989），反映了边界地质地球物理场的系统变化。地表发育南东向、南西向（同仁断裂）、近南北向（民和-临夏山前断裂）脆性断裂组，可能是深部构造边界在地表的反映，整体构成新生代高原北缘走廊南山-临夏隆起区。构造热隆起区发育小河子拉分盆地新近纪碱性中-酸性火山岩组合（N_x），为准铝质—过铝质钙碱性高钾流纹质火山岩，具有粗面安山岩-钠长碱流纹岩特点（Winchesten and Floyd，1977），应该与青藏高原北缘新生代后碰撞伸展环境相关。

与断裂系统的发育相关形成了小井泉断陷盆地（NQ）、化隆压陷盆地。西宁-兰州-临夏新生代压陷盆地，在区域构造地貌上介于中国东部黄土高原与西部青藏高原两大构造地貌单元的衔接或过渡地带。有利的构造位置、强烈的新构造运动、丰富的中低温地热资源使之成为我国中低温地热资源远景区之一（青海省煤炭地质勘查院，2004）。它是继承中生代伸展断陷盆地［窑街组沼泽含煤碎屑岩组合（$J_{1-2}y$）、享堂组河湖相砂砾岩-粉砂岩-泥岩组合（J_3x）、河口组河流相砂砾岩-粉砂岩-泥岩组合（K_1h）、民和组河湖相砂砾岩-粉砂岩-泥岩组合（K_2m）］发育起来的新生代压陷盆地巨厚山前冲积扇-河湖相碎屑岩堆积［西宁群河湖相砂砾岩-粉砂岩-泥岩组合（EX）和临夏组湖泊三角洲砂砾岩-粉砂岩-泥岩组合（N_2l）］，反映了高原新生代急剧隆升的山前磨拉石建造组合。

在高原形成前的中生代，在中南祁连山地区发育大通晚三叠世坳陷盆地海陆交互相碎屑岩（默勒群）、扎尔玛格-柳家湾晚三叠世—中侏罗世后造山钙碱性花岗岩组合（$\eta\gamma+\pi\eta\gamma$），在南部同仁晚三叠世（鄂拉山组）、侏罗纪发育断陷盆地火山-沉积岩组合。整体反映了中生代的伸展构造背景。

2. 疏勒南山-柴达木-东昆仑盆山系统

疏勒南山-柴达木-东昆仑盆山系统为青藏高原北部第一台阶，在重力异常图上表现为舒缓的波状隆凹负异常区［$(-460\sim-360)\times10^{-5}$ m/s²（毫伽）］，地表为高差起伏相对较小的山、盆区。主体可分为疏勒南山-青海湖盆山子系统、柴达木构造叠合盆地和东昆仑复活盆山子系统3个Ⅲ级构造单元。

(1)疏勒南山-青海湖盆山子系统：由北西西向新生代断陷-压陷及走滑拉分复合构造盆地和构造断

块山脉构成。这些盆地有哈拉湖新生代断陷盆地、大柴旦-乌兰新生代断陷盆地、青海湖新生代断陷盆地、共和新生代压陷-走滑拉分盆地，盆地边界断裂北西西向走滑拉分叠加明显。隆升山体构造卷入了前新生代地层，包括大通山晚三叠世坳陷盆地（默勒群）海陆交互相碎屑岩，构成了新生代盆地沉积物源区。

（2）柴达木构造叠合盆地：整体由上泥盆统（牦牛山组）、石炭系、上三叠统—侏罗系、白垩系、新生界几个构造层构成，它们之间均为不整合接触，构成叠合盆地。在重力和航磁异常图上，显示为明显的负异常区。

中生代盆地由下部晚三叠世断陷-上部侏罗纪坳陷盆地构成，据汤良杰等（2000）研究认为其经历了拉张和挤压旋回。下部由广泛发育的晚三叠世鄂拉山组陆相碱性中基性—中酸性火山-沉积岩构成，上部为主体分布于柴达木盆地西部靠近阿尔金构造带和西北德令哈—大柴旦—花海子一带的早—中侏罗世大煤沟组含煤冲积扇-湖沼相砾岩-砂岩-碳质泥岩组合，采石岭组-红水沟组-犬牙沟组冲积扇-湖沼相红色砂砾岩-泥岩组合。伴随着前期断陷-伸展盆地的形成，昆仑东段和西段发育基性岩墙（195Ma）、钾长花岗岩等A型花岗岩，应该为印支期造山后伸展垮塌产物（张森琦，2002；莫宣学和罗照华，2002；王秉璋等，2005）

新生代盆地为南、北受逆冲断裂控制的较典型的挤压性盆地（车自成，1996；潘桂棠等，1997；翟光明等，2002），而其西受阿尔金走滑断裂控制，盆地内部为构造挤压控制的凹陷，整体显示出复合构造盆地性质，并表现出多期挤压变形特点。受构造控制，沉积建造主要为古近纪—新近纪路乐河组-干柴沟组-油砂山组-狮子沟组和更新世七个泉组冲积扇-河湖相碎屑岩-膏盐-泥灰岩沉积组合。自盆缘向盆内出现明显的沉积相带迁移，据石油钻探资料和相断面分析，相带在垂向和横向的迁移与构造挤压、盆缘断裂向盆地脉动式逆冲一致，总体显示向盆地进积淤浅的沉积过程。

（3）东昆仑复活盆山子系统：位于东昆仑祁漫塔格—鄂拉山一带，是青藏高原北部第二个台阶。在地球物理异常图上，表现为明显的重力梯度带，在150km范围内从-480×10^{-5}m/s^2（毫伽）变化为-400×10^{-5}m/s^2（毫伽），从重力反演的地壳厚度变化看，地壳厚度从52km上升至60km，迅速加厚，均衡重力异常图和自由空气重力异常图也表现出明显的梯度变化（马杏垣等，1989）。航磁异常图上表现出明显的与区域构造线一致的，呈近东西向展布的条带状正负异常密集间列带，其异常幅度大，反映了高磁的变质基底、富铁磁性基性火山岩等地质体与低磁的中酸性岩体、沉积盖层等受构造作用形成的构造岩片系统。从地表地质看，东昆仑—鄂拉山地区为中—新生代挤压造山带，断裂系统发育并总体向北逆冲，构成由系列构造岩片系统组成的隆升山体和与之平行排列的压陷-拉分盆地（库木库里新生代压陷盆地、南昆仑新生代拉分盆地等），卷入了晚三叠世上叠火山岩断陷-裂陷盆地（鄂拉山组、八宝山组）、早—中三叠世前陆盆地系统（洪水川-闹坚仓沟前陆盆地）和前中生代多期"沟-弧-盆"及前南华纪结晶基底（见本书第二、三、四章）等，成为一个多期叠加造山形成的构造堆垛体，并以晚古生代—中生代早期构造岩浆岩带及其铁铜多金属成矿和产昆仑玉而闻名。新生代的构造隆升，形成了青藏高原北部第一个构造地貌台阶与第二个构造地貌台阶之间的"阶坡"，高差1000~1700m（如格尔木-昆仑山口）。

在这里有必要把主体分布于东昆仑—鄂拉山一带，在巴颜喀拉、泽库和天水也有发育的晚三叠世时期后造山伸展环境下的火山岩断陷盆地及相关侵入岩等做一介绍。它叠加在印支早期弧盆系（东昆仑、宗务隆-赛什塘-陇山-太白）之上，之后又卷入到新生代不同构造单元中。

（4）晚三叠世鄂拉山-八宝山后碰撞—后造山火成岩断陷盆地（T_3）：主体分布于西段八宝山、东段鄂拉山、都兰—清根河、同仁麦秀、青海南山仙毛、天水北道等地。主要岩石组合为鄂拉山组（T_3e）安山岩-英安岩-流纹岩组合[不整合于希里可特组（T_2x）之上，231±8Ma（Rb-Sr法）]、日脑热组玄武岩-安山岩-

英安岩组合（T_3r）和华日组安山岩-英安岩-流纹岩组合（T_3h）、八宝山组安山岩-流纹岩-含煤砂砾岩-泥岩建造组合（T_3bb_1）。同期侵入岩有温泉后碰撞高钾花岗岩组合（$\gamma\pi+\xi\gamma+\pi\eta\gamma+\eta\gamma+\gamma\delta+\delta\eta o+\delta o+\delta+\nu$）（$T_3$, 208.7~197.7Ma/锆石 U-Pb 法）、同仁同碰撞高钾钙碱性花岗岩组合（$\gamma\pi+\xi\gamma+\pi\eta\gamma+\eta\gamma+\pi\gamma\delta+\gamma\delta+\delta o+\delta+\nu$）（$T_{2-3}$, 217.6~214.8Ma/锆石 U-Pb 法）、泽库橄榄辉长岩-二长岩-石英闪长岩组合（T_3）、北昆仑高钾花岗岩组合（$\gamma+\xi\gamma+\pi\eta\gamma+\eta\gamma+\gamma\delta+\delta$）（$T_3$, 225~207Ma）、都兰柯柯赛后高钾花岗岩组合（$\delta o+\gamma\delta+\eta\gamma+\pi\eta\gamma$）（232±5Ma/U-Pb 法）、昆仑河过铝质高钾花岗岩组合（$\xi\gamma+\pi\eta\gamma+\eta\gamma+\gamma\delta+o\nu+\nu$）（209.1~199Ma/LA-ICP-MS 锆石 U-Pb 法）、昌马河年保高钾钙碱性花岗岩组合 T_3（$\gamma\pi+\pi\xi\gamma+\pi\eta\gamma+\delta o$）、天水北道正长岩组合（206Ma/U-Pb 法）。这些侵入岩岩石地球化学特征类似，整体为偏铝—过铝质高钾钙碱性—碱性系列，壳幔混合源型，反映为后碰撞—后造山阶段伸展背景。

5. 喀喇昆仑-巴颜喀拉-北羌塘中生代活动陆缘与上叠新生代盆山系统

该构造单元是新生代青藏高原第二个构造台阶。在重力异常图上为舒缓的波状隆凹负异常区，但比前述疏勒南山-柴达木-东昆仑盆山系统，异常值明显降低[（-550~-480）×10^{-5} m/s²（毫伽）]，地表为高差起伏相对较小的高原丘陵、湖泊区。

根据剥蚀区出露的晚三叠世以来地质建造的岩石构造组合及其所反映的大地构造环境的差异，及沉积区沉积建造组合、盆地充填序列和岩相古地理与同沉积构造的综合分析，判断地质体露头大地构造特征。将喀喇昆仑-巴颜喀拉-北羌塘中生代活动陆缘与上叠新生代盆山系统Ⅱ级构造单元划分为 8 个Ⅲ级构造单元，即喀喇昆仑盆山子系统、木孜塔格侏罗纪走滑拉分盆地、康西瓦-巴颜喀拉三叠纪前陆盆地、西金乌兰-玉树三叠纪岛弧带、杂多-西金乌兰湖晚三叠世弧后前陆盆地、北羌塘侏罗纪弧后前陆盆地、风火山白垩纪周缘前陆盆地和可可西里新生代压陷—断陷盆地。

（1）喀喇昆仑盆山子系统：位于青藏高原北缘第二级台阶上，由中生代喀喇昆仑边缘海盆（T—K）、塔什库尔干断陷盆地（NQ）和喀喇昆仑隆起区（Cz）组成。

中生代喀喇昆仑边缘海-前陆盆地（T—K）位于塔什库尔干-甜水海地块上，分布于乔尔天山—红南山一带，为发育在地块上的三叠纪、侏罗纪和白垩纪三期盆地组合，岩性组合由下至上依次为：河尾滩组（T_2）深水粉砂质泥板岩-硅质岩组合；克勒青河群（T_3）粉砂板岩-灰岩-砂岩组合，下部具深水复理石特征，上部为中薄层石英细砂岩逐渐变为紫灰色、灰绿色中厚层杂砂岩，由下而上水体变浅，为三叠纪边缘海-前陆盆地；巴工布兰莎群（J_1）海陆交互相的砂质页岩-砂岩-砾岩-泥质灰岩组合；龙山组（J_2）浅海相砾岩-砂岩-细砂岩局部夹少量火山岩-灰岩，含双壳类及碗足类；侏罗系前陆冲断褶曲发育，与上三叠统一起构成边缘海-前陆盆地相；克孜勒苏组（K_1）紫红色厚层砾岩-细砂岩-泥质粉砂岩夹石膏组合；铁龙滩群（K_2）海陆交互相砂砾岩-砂岩-灰岩组合，上部为生物屑灰岩夹泥灰岩组合，为陆表海盆地相的碎屑沉积。李继亮等（2000）将其划归前陆盆地。

区内还发育三叠纪—侏罗纪的同碰撞—后碰撞的石榴子石、电气石、白云二长花岗岩（Rb-Sr 年龄 176Ma）；白垩纪的云英岩-石英闪长岩-花岗闪长岩组合（K-Ar 年龄 100Ma）、花岗闪长岩-二长花岗岩组合（K-Ar 年龄 93~74Ma），具陆缘弧岩浆岩特征。新近纪的亚碱性壳源二长花岗岩（K-Ar 年龄 17.8Ma）为后造山期产物。

该构造单元新近纪及其之后多为陆内断陷盆地紫红色砂砾岩组合，有时可见碱性玄武岩、粗玄岩夹火山角砾岩组合，同时发育侵入二叠系的新近纪板内碱性正长岩-正长花岗岩组合（表 5-5），应该为青藏高原北部边缘后碰撞—后造山阶段张裂构造环境的产物。

表 5-5　喀喇昆仑盆山子系统新生代侵入岩同位素测年一览表

序号	岩体	岩石	测试方法	年龄（Ma）	资料来源
1	苦子干碱性杂岩体	霓辉正长岩	锆石 SHRIMP	11.1±0.3	柯珊等，2008
2		石英霓辉石正长岩		11.0±0.3	
3		透辉石正长花岗岩		11.3±0.6	
4		黑云母二长花岗岩		11.9±0.4	
5	斯如依迭尔岩体	正长花岗岩	锆石 LA-ICP-MS	12.7±0.13	于晓飞等，2012

(2)木孜塔格侏罗纪走滑拉分盆地：不整合叠加在印支期昆南构造带之上，是前期造山带内拉张型山间盆地，盆地边缘受走滑-正断层控制。西部为叶尔羌群（J_{1-2}）陆相含煤砂砾岩-泥岩组合、库孜贡苏组（J_3）陆相砂砾岩组合、克孜勒苏群（K_1）海陆交互相陆表海砂泥岩组合；东部为中—晚侏罗世羊曲河湖相含煤碎屑岩组合、年宝组（J_1）河湖相砂泥岩-火山岩夹煤层组合。

(3)康西瓦-巴颜喀拉三叠纪前陆盆地、西金乌兰-玉树三叠纪岛弧带和杂多-西金乌兰湖晚三叠世弧后前陆盆地：在本书第四章已经阐述，这里不再重复。区内见少量晚三叠世—新生代侵入岩，主要包括：晚三叠世—早侏罗世碰撞-陆内俯冲型石英闪长岩-二长花岗岩-斜长花岗岩-花岗斑岩系列；侏罗纪斑状二长花岗岩-花岗斑岩组合（172.2Ma），为后碰撞期产物；古近纪超浅成正长斑岩、粗面斑岩；新近纪花岗斑岩-斑状二长花岗岩组合（U-Pb 年龄 10.02±0.06Ma），应该为青藏高原北部后碰撞—后造山期产物。西部还有更新世中基性火山岩出露。

(4)风火山白垩纪周缘前陆盆地：位于唐古拉山北坡的乌兰乌拉湖—二道沟兵站一线，由风火山群（K_{1-2}）河湖相磨拉石沉积构成，不整合覆于前中生代西金乌兰-玉树混杂岩带及其南北三叠纪前陆盆地之上。古流向从北向南，从西向东入注，表明物源区位于北西方向再旋回造山带。

(5)北羌塘侏罗纪弧后前陆盆地：位于唐古拉山南坡的青藏铁路线东、西两侧，不整合于下伏二叠纪活动陆缘-三叠纪前陆盆地之上。盆地原型比较清楚，前陆盆地楔顶带仅局限出露于盆地北部，由那底岗日组（J_1）海陆交互相含砾砂岩-玄武岩-安山岩-火山凝灰岩组合构成；盆地主体由前渊带海相碎屑岩夹水下扇体构成[雀莫错组（J_2）砂砾岩-含砾砂岩-砂岩夹灰岩组合，夏里组（J_2）砂岩-泥岩-夹砂砾岩楔组合，雪山组（J_3）砂岩-泥岩夹水下扇砂砾岩楔组合，索瓦组（J_3）灰岩组合]，前渊带上部为碎屑岩夹灰岩组合[雁石坪群（J_{2-3}）海相砂岩-灰岩-砂岩-泥岩-灰岩组合，布曲组（J_2）灰岩组合，索瓦组（J_3）灰岩组合]；前隆带碎屑岩-灰岩组合由雀莫错组（J_2）砂砾岩-含砾砂岩-砂岩夹灰岩组合、布曲组（J_2）灰岩和夏里组（J_2）砂岩-泥岩夹砂砾岩沉积楔组合构成。

(6)可可西里新生代压陷-断陷-走滑盆地群：广布于青藏铁路两侧，在昆仑山口—杂多南北一线较少发育，这可能与高原隆升伴随的剥蚀切割加深有关。

从控盆构造来讲，多为与东西向走滑断裂相关的走滑拉分盆地，这可能与新生代高原隆升阶段断块之间错移相关。从盆地充填来讲主要有两类：一是从古近纪晚期—新近纪早期查宝玛组（E_3N_1）钾质—超钾质碱性中基性火山岩、中酸性火山岩组合（22.66±0.11Ma/Ar-Ar 法）和雄鹰台组（N_1）陆相玄武岩-英安岩组合（24.0±0.19Ma/Ar-Ar 法）为主的裂谷盆地，主要分布于青海与西藏交界的可可西里西部地区，它可能与高原北部后碰撞—后造山阶段的伸展作用（印度板块与欧亚板块碰撞的远程效应）有关；另一类是位于青藏铁路东、西两侧的碎屑岩盆地，其沉积组合主要为沱沱河组（E_{1-2}）-雅西错组（E_2）-五道梁组（E_3N_1）碎屑岩（含火山岩）组合、北部唢呐湖组（N）断陷盆地碎屑岩组合、南部沱沱河组（E_{1-2}）含砾砂岩-泥岩夹白云质灰岩-石膏组合、雅西错组（E_3）砂岩-泥岩夹淡水灰岩组合、东部曲果组（N_2）-贵德群(N)碎屑岩组合。

伴随着新生代盆地的发育,发育以岩株-岩脉侵入的新生代碱性侵入岩组合,主要为 $E\delta o\mu$、$E\eta$、$E\gamma$、$E_2(\delta\mu+\beta\mu)$、$E_2\delta o\mu$、$E\xi\pi$、$E\xi$、和 $N(\gamma+\xi\gamma)$、$N\xi\gamma$、$N\xi$、$N\eta$、$N\xi$、$N\kappa$,反映了高原北部后造山伸展构造环境火成岩产物。

二、西北地区西部(阿尔泰-天山-阿拉善)复活盆山巨系统

西北地区西部复活盆山巨系统,是在青藏高原以北—贺兰山以西的广大区域,受来自于高原向北的推挤与早期古老刚性陆块、前新生代造山带阻隔应力叠加复合的共同影响,形成的新生代复活造山带(阿尔泰、天山)与不同级别压陷盆地(青藏高原北缘山前盆地群、天山南麓压陷盆地、天山北麓压陷盆地)间列的构造格局。可划分为5个盆山系统(Ⅱ级构造单元),自北向南依次为阿尔泰盆山系统、准噶尔盆山系统、天山盆山系统、托克逊-马鬃山-河西走廊盆山系统、塔里木盆地。其中阿尔泰盆山系统和天山盆山系统具明显的重力低异常,反映了中新生代以来山体的生根作用和莫霍面的下移,构造地貌为隆升的高海拔山脉;而其他3个Ⅱ级构造单元为明显的重力高异常区和地表夷平区。

1. 阿尔泰复活盆山系统

阿尔泰复活盆山系统,是由中—新生代阿尔泰造山带(Mz—Cz)和新生代额尔齐斯断陷盆地2个Ⅱ级构造单元组成。在重力异常图上,阿尔泰造山带表现为负异常区,在2个Ⅱ级构造单元之间形成较陡的重力梯级带,地壳厚度和莫霍面起伏的剧烈变化[莫氏面高、康氏面低、地壳厚度较薄(42~47km)],反映了中新生代以来继承了前中生代板块缝合带而形成的巨型构造带,向西(斋桑泊)、向东(南蒙古)均延出国外。在构造地貌上,造山带区为高耸的山脉和狭长的山间曲流河谷区,盆地为宽阔的低山丘陵区。

造山带区也为中生代构造-岩浆-热隆起区,发育三叠纪后碰撞花岗岩组合($\xi\gamma\beta$,218.9±7.3Ma/U-Pb法)和($\gamma\beta m$),侏罗纪($\gamma\beta m$,190±5Ma/U-Pb法)二云母花岗岩、正长花岗岩等。受岩浆热事件作用,形成了燕山期大量伟晶岩及与之密切相关的稀有、稀土、稀散元素矿产资源。

盆地区位于造山带之南的额尔齐斯。中生代仅有少量早—中侏罗世水西沟群河湖相砾岩-砂岩-泥岩组合,与准噶尔地区完全可以对比,是侏罗纪准噶尔含煤裂陷-凹陷盆地的北缘。新生代受北部山体隆升影响和多期脉动逆冲-走滑断层控制形成复合构造盆地,成为准噶尔大型构造盆地的组成部分和北部边缘。

2. 准噶尔盆山系统

准噶尔盆山系统是晚古生代晚期后碰撞裂谷系闭合造山后,至中—新生代形成的陆内构造体系。二叠纪—三叠纪形成前陆盆地,侏罗纪—白垩纪为拉张型内陆坳陷或断陷盆地。进入新生代,受天山造山带向北冲断挤压、阿尔泰造山带向南冲断挤压、西准噶尔左行走滑断裂系统(巴尔鲁克、达拉布特等左行走滑断裂组)、东准噶尔右行走滑断裂系统(卡拉先格尔右行等走滑断裂组)的联合作用,形成了准噶尔盆地本部及周边以构造压陷、走滑拉分、凹陷综合作用的沉积盆地和构造断块隆升成山的盆山体系。按照岩石构造组合出露情况,将晚三叠世—新生代准噶尔盆山系统划分为准噶尔叠合盆地、西准噶尔盆山子系统、东准噶尔盆山子系统3个Ⅲ级构造单元和12个Ⅳ级构造单元。Ⅳ级构造单元中包括了东、西准噶尔两个造山带,中生代1个断陷盆地、3个断陷-凹陷盆地,新生代4个压陷盆地、2个走滑拉分盆地。

(1)准噶尔-博格达晚二叠世—三叠纪前陆盆地:出露于东准噶尔、西准噶尔、博格达南北两侧等地,为新盆地的基底。主要的沉积建造组合:东准噶尔地区黄梁沟组(P_3)以河湖相杂砂岩-砾岩-泥岩为主含菱铁矿-白云岩及油页岩组合、克拉玛依组(T_2)石英砾岩-砂岩-泥岩组合、水泉沟群(T_{2-3})含煤砾岩-砂岩-泥岩组合;西准噶尔地区库吉尔台组(P_{2-3})冲积扇-辫状河砂砾岩-河流间弯沼泽相含煤泥质岩组合、尖山沟组(T_1)陆相砾岩-砂岩-泥岩组合、克拉玛依组(T_2)陆相砾岩-砂岩-泥岩组合、水泉沟组(T_{2-3})含煤砾岩-砂岩-泥岩组合、白砾山组(T_3)含煤砾岩-砂岩-泥岩组合;南部博格达两侧仓房沟群(P_3—T_1)陆相砾岩-砂岩-泥岩组合、尖山沟组(T_1)陆相砾岩-砂岩-泥岩组合、水泉沟组(T_{2-3})含煤砾岩-砂岩-泥岩组合。总体构成准噶尔坳(断)陷盆地相盆地边缘亚相的红色类磨拉石或磨拉石建造。

地面调查和地震测深资料证明,二叠纪—三叠纪期间,西准噶尔山区向准噶尔盆地推覆,在推覆前缘形成前陆盆地,逆冲断裂一般只切割到三叠纪,从侏罗纪开始已不再具前陆盆地性质,已由前陆盆地转化为拉张型陆内盆地。

(2)准噶尔侏罗纪—白垩纪伸展断陷-凹陷盆地:近年来在准噶尔西北缘克拉玛依西蚊子沟发现了呈岩盖状出露于盆山结合部位的早侏罗世富碱玄武岩(徐新等,2008),Ar-Ar法测定获 192.7 ± 1.3Ma的坪年龄;克拉玛依—白碱滩一带井下950m处也发现过侏罗纪粗玄岩(170.6Ma)(中国科学院地球化学研究所,1993)。玄武岩的喷发受准噶尔盆地西北缘区域性深断裂控制,主要为玄武岩、粗面玄武岩。准噶尔盆地乌伦古、东准噶尔及其西北缘均获得三叠纪—侏罗纪的火山岩年龄,多集中在 $225\sim191$Ma之间(郑建平等,2000)。这些资料反映准噶尔盆地在三叠纪末—早侏罗世初曾发生过一次相当规模的岩浆热事件。早侏罗世玄武岩浆的喷溢表明晚二叠世—三叠纪准噶尔前陆冲断挤压结束、区域拉伸状态开始,前期为压陷盆地,可能从侏罗纪开始已转化为坳陷或断陷盆地。

准噶尔侏罗纪断陷-凹陷盆地沉积建造主要出露于将军庙、乌尔禾、三塘湖和乌鲁木齐一带。由水西沟群(J_{1-2})八道湾组-三工河组-西山窑组含煤碎屑岩组合和艾维尔沟群(J_{2-3})-石树沟群(J_{2-3})河湖相砂岩-泥岩组合构成。含煤岩系水西沟群沉积期盆地南、东、西部以冲积扇相为主,盆地本部和西南部主体为滨湖相。八道湾组和西山窑组湖水很浅,湖泊三角洲体系发育,在适宜的气候条件下形成了优质厚煤层(何宗莲等,1998),两套煤系地层之间的三工河组为湖泛期,深湖相泥质岩发育。白垩纪吐谷鲁群(K_1)红色含石膏砾岩-砂岩-泥岩组合和东沟组(K_2)冲积扇砂砾岩组合不整合于侏罗系之上,粒度向上变粗,盆地淤浅的进积序列清楚,预示着晚白垩世之后盆地由伸展向挤压的动力学转换。

(3)新生代压陷-走滑拉分盆地群:主要由准噶尔第四纪压陷盆地、准噶尔北部白垩纪—新近纪压陷盆地、准噶尔南部古近纪—新近纪压陷盆地、和布克赛尔新近纪—第四纪压陷盆地、塔城渐新世—上新世压陷-走滑盆地、富蕴-二台第四纪走滑拉分盆地构成。

准噶尔南部由北而南发育3条逆冲褶皱断裂带:独山子-安集海逆冲褶皱带、霍尔果斯-吐谷鲁逆冲褶皱带、准噶尔南缘逆冲断裂带,反映了新生代以来盆地之南天山的不断隆升。据郭召杰等(2006)研究,从塔西河剖面看,8Ma前后地层开始有砾岩层出现,以此为界,上、下地层岩性岩相有明显的差别。下部包括沙湾组、塔西河组和独山子组的中下部,其中沙湾组和塔西河组的中下部为稳定的湖相沉积,发育红色泥岩、泥质粉砂岩和灰绿色粉砂岩夹钙质泥岩条带;塔西河组的上部和独山子组的中下部为曲流河沉积,为棕色或褐黄色粉砂岩、砂岩,局部含碳酸盐岩结核。独山子组由下部曲流河沉积逐渐向上部辫状河沉积过渡,自下而上砾岩层的厚度和砾石粒径也都明显增大。砾岩层出现是天山快速隆升的明显标志。从沉积速率变化趋势上看,认为8Ma是天山开始快速隆升的时间。

根据地层厚度与磁性地层年龄关系,自3Ma拐点处沉积速率再次加速,地层出现大粒径西域砾岩。沉积物成分以大粒径灰色砾岩为主,夹砂岩、粗砂岩透镜体,为典型干旱区山前冲洪积扇堆积,因而,西域砾岩是天山隆升再次加速的标志。

(4)东、西准噶尔造山带：为前中生代基岩出露区和中新生代断裂集中发育地带。不同性质边界断裂控制着新生代沉积盆地的发育。西准噶尔地区以左行逆冲走滑为主，强烈的逆冲走滑使前中生代地体发生旋转改造，形成著名的达拉布特断裂带、巴尔鲁克断裂带，并构成新生代准噶尔盆地和塔城盆地走滑边界断裂。北部塔尔巴哈台山南麓，近东西向的逆冲-走滑断裂构成塔城盆地的北边界。东准噶尔地区与西准噶尔似有对称的力学性质，以发育北北西向右行逆冲走滑断裂系统为特点，这种似有对称的力耦关系，可能与受青藏高原总体向北推挤、阿尔泰向南挤压过程中准噶尔前新生代"三角形块体"边界条件有关，形成了卡拉先格尔（可可托海-阿尔曼太）北北西向断裂组及其系列断块山体。

3. 天山盆山系统

天山盆山系统包括了西南天山-西天山-博格达-哈尔里克山山系及其山间盆地，斜跨叠加古生代天山构造带，总体呈北东向展布。在构造地貌上呈明显的构造隆升山脉和新生代山间断陷-压陷盆地，重力异常主要表现为明显的负异常，但在东部博格达-哈尔克山为明显的正异常，其南的吐哈盆地北部却为较明显的负异常带，重力异常反演的地壳厚度变化和异常一致，它们与地表构造地貌（北部强烈构造隆升和其南构造凹陷）表现出不均衡状态，而具明显偏移。根据晚三叠世—新生代沉积建造组合和新生代构造地貌及地球物理资料，将天山盆山系统划分为西天山盆山子系统和博格达-巴里坤山盆山子系统2个Ⅲ级构造单元，包括了2个造山带（西天山、博格达）隆起区、2个中生代伸展盆地（伊宁三叠纪—白垩纪断陷盆地、达坂城三叠纪—白垩纪盆地）和4个新生代压陷盆地（伊犁古近纪—第四纪压陷盆地、尤鲁都斯古近纪—第四纪压陷盆地、巴里坤第四纪压陷盆地、达坂城上叠新近纪—第四纪压陷盆地）共8个Ⅳ级构造单元。

(1)三叠纪盆地：仅保存在西天山的哈尔克山、尼勒克县一带，为陆相俄霍布拉克群（T_{1-2}）-小泉沟群（T_{2-3}）砾岩-砂岩-泥岩组合。向上与侏罗纪含煤盆地整合接触，说明哈尔克山、伊犁侏罗纪盆地与三叠纪盆地为一连续发展过程。

(2)侏罗纪盆地：超覆于古老造山带之上，与下伏不同阶段地质体呈角度不整合接触，主体由北部的水西沟群（J_{1-2}）八道湾组-三工河组-西山窑组和南部的克拉苏群（J_{1-2}）砾岩-砂岩-泥岩（含煤）组合、恰克马克组-齐古组-哈尔扎组（J_{2-3}）砂泥岩-砂岩组合构成，总体反映了伸展盆地含煤碎屑岩组合及晚期挤压进积淤浅（哈尔扎组）的沉积序列。从沉积建造的可对比性和古水流向、物源区等分析，哈尔克山-昭苏-新源-尼勒克-伊宁形成统一大型含煤盆地，构成重要的煤炭等能源基地。

(3)白垩纪—古近纪盆地：在西南天山-塔里木西部（和田-喀什-东阿莱-柯坪-哈尔克山-和静）为连续的海陆交互相-海相碎屑岩夹灰岩、石膏沉积组合，为新特提斯海水经中亚抵达西北地区西南，有资料显示向北经费尔干纳盆地至托云一带，南跨昆仑隆起区与西藏-喀喇昆仑相邻，但从生物分区和古地磁资料看，塔西南海与中亚相似，古气候继承了早白垩世干旱炎热的特点；西藏-喀喇昆仑属于海洋型的热带-亚热带气候。

(4)西天山-博格达隆升造山区：为中—新生代复活山脉，山体呈扇形向塔里木、准噶尔、吐哈及伊犁新生代盆地逆冲，逆冲-走滑断裂系将隆升山体切割成一系列逆冲断块山脉，叠加改造了前新生代盆地系统和前中生代构造系统。在山前形成逆冲推覆断褶带，构成新生代压陷盆地边缘断裂系统。

(5)新生代山间压陷盆地群：构造样式一致，从沉积最低层位看，其起始时间不一致（伊犁古近纪、尤鲁都斯古近纪、达坂城新近纪），西域砾岩的普遍沉积，反映了新近纪晚期—早更新世天山盆山系统连同准噶尔盆山系统开始进入全面的陆内挤压动力学状态。

4. 托克逊-马鬃山-河西走廊盆山系统

托克逊-马鬃山-河西走廊盆山系统叠加在前中生代多个构造单元之上，由中—新生代不同类型盆地和构造热隆起构成。构造地貌上呈低缓的丘陵-低山与狭长断陷-凹陷盆地相间格局。重力异常图上,整体处于西北地区重力高与重力低的转换过渡区,并以车尔臣—星星峡—四顶黑山一线为界,以东为南部青藏高原低磁区与雅干-狼山高磁区的过渡转换地带,其中北山地区重力负异常明显,并与青藏高原北部类似,岩石圈生根作用明显,浅表层构造与深部构造不均衡,可能反映该地区是中—新生代壳幔作用强烈区;以西主体为重力高值区,整体与塔里木盆地高磁区特征类似。自由空气重力异常图、均衡异常图及重力反演地壳厚度图等,都反映出塔里木盆地、东天山、吐哈、河西走廊及其以北特征的相似和可对比性。

综合考虑中新生代地质构造特征和地球物理特征,将托克逊-马鬃山-河西走廊盆山系统可划分为吐哈叠合盆地、东天山-北山-龙首山盆山子系统、河西走廊中新生代断陷-压陷盆地 3 个 III 级构造单元,并进一步划分为中生代伸展断陷盆地、古近纪—第四纪压陷盆地、古近纪—第四纪走滑拉分盆地和构造热隆起区等 11 个 IV 级构造单元。其中多个新生代压陷盆地、走滑拉分盆地是在中生代伸展断陷盆地基础上的上叠盆地(和静、酒泉、张掖、武威等)。中生代盆地形成了吐哈、酒西等重要含煤、石油、天然气和放射性铀矿等能源矿产,而构造热隆起区形成了与岩浆-热液活动相关的壳源型金属矿产(图拉尔根钼矿、东戈壁钼矿等),同时构成甘新交界北东向金矿成矿远景区。

新甘蒙北山中生代岩浆-热隆起区:位于新疆-甘肃-内蒙三省(区)交界的北山地区,为东天山-北山-龙首山盆山子系统的热隆起区,由侵入到前中生代地质体中的三叠纪—侏罗纪和白垩纪中酸性侵入岩岩株-岩脉和其间的中生代断陷盆地构成。三叠纪侵入岩有四道梁、七一山、嘎顺呼都格、甘草泉、一条山南和赤金堡等岩体,岩石组合有 $T(\gamma\delta o+\gamma\delta)$、$T\delta o$、$T(\gamma\delta+\eta\gamma)$、$T\gamma\delta$、$T\eta\gamma$、$T\gamma$、$T\gamma\pi$ 等;侏罗纪侵入岩较三叠纪出露少,有音凹峡、红柳大泉、阿木乌南等岩体,其组合有 $J(\delta o+\eta o+\gamma\delta)$、$J(\eta o+\gamma\delta)$、$J\gamma\delta$、$J\gamma$;白垩纪仅有个别花岗岩岩株,包括风雷山、盘陀山、洗肠井东南和大树岭西等。整体反映了中生代中酸性岩浆侵入活动较发育的地区。热隆起区中生代沉积建造为不同阶段的断陷盆地河湖相碎屑岩组合,与下伏古生界不同建造之间为角度不整合,其中可分为 3 个构造层,即三叠系陆相磨拉石建造、侏罗系含煤岩系和白垩系红层。三叠系陆相磨拉石建造为断陷盆地(二段井组—珊瑚井组)冲积扇-河湖相砂砾岩-泥质岩组合;侏罗系含煤岩系由水西沟群-芨芨沟组含煤碎屑岩组合、水西沟群(J_{1-2})含煤砾岩-砂岩-泥岩组合、喀拉扎组(J_3)砾岩-砂岩-泥岩组合构成,其中在柳园地区夹火山岩;白垩系红层为干旱内陆断陷盆地沉积,包括赤金堡组(K_1)河湖相砾岩-砂岩-泥岩组合、新民堡群下沟组(K)河湖相砾岩-砂岩-泥岩组合等。

岩浆-热隆起区形成了斑岩型-热液型钼矿,著名的有东戈壁钼矿、白山钼矿(180~160Ma),同时为该时期金矿成矿提供了必要的热源,已发现多个金矿(化)点。

中生代伸展断陷-凹陷盆地群:主要为发育于和静、吐哈、阿拉善和河西走廊(酒泉—张掖—武威)地区的侏罗纪—白垩纪断陷-凹陷盆地。从沉积建造组合的可对比性看,河西走廊与阿拉善地区南部完全可以对比,可能为同一盆地系统,和静与吐哈相互独立。吐哈盆地为水西沟群(J_{1-2})含煤砾岩-砂岩-泥岩组合、艾维尔沟群齐古组(J_{2-3})含煤砾岩-砂岩-泥岩组合、吐谷鲁群(K_1)砾岩-砂岩-泥岩组合、库穆塔克组(K_{1-2})砾岩-砂岩组合;和静盆地为克拉苏组(J_{1-2})砂岩-含煤泥岩组合。阿拉善-河西走廊盆地与前述两盆地的最大区别是发育碱性玄武岩,反映了盆地张裂已经影响到了地幔,沉积建造组合为芨芨沟组(J_{1-2})—龙凤山组(J_2)含煤碎屑岩组合、沙枣沟组(J_3)含煤砂砾岩-泥质岩夹玄武岩建造、赤金堡组—新民堡群(K_1)砂砾岩-泥岩夹碱性玄武岩组合。

古近纪—第四纪压陷-走滑拉分盆地群:与主构造线一致,呈近东西向或北西西向展布,可以分为两类,一类是在中生代伸展断陷-凹陷盆地基础上,受盆地周边构造块体的抬升成山和向盆地内的挤压,构造的反转形成叠合盆地上部新生代压陷盆地,如吐哈、和静、河西走廊新生代上叠压陷盆地。另一类是新生压陷和走滑拉分盆地,如磁海南-方山口北古近纪—第四纪走滑拉分盆地、镜尔泉古近纪—第四纪压陷盆地、金塔-阿右旗古近系—第四纪压陷盆地。这些新生代压陷盆地的发育和压陷盆地本身的不对称性(除吐哈盆地在中轴以南外,盆地凹陷中心普遍位于盆地中轴线以北),反映了自南向北的挤压应力作用,这应该是青藏高原隆升向北推挤的构造-沉积响应。

从沉积建造组合看,可以分为3个构造层,即$E—N_1$、N_2、Qp,它们之间均为不整合接触,反映了3次挤压事件。在吐哈盆地对应于3个构造层的沉积建造分别为:①台子村组(E_1)砾岩-砂岩-泥岩组合、巴砍组(E_2)砾岩-砂岩-泥岩组合、沙湾组(E_3N_1)砾岩-砂岩-泥岩组合、塔西河组(N_1)砂砾岩组合;②葡萄沟组(N_2)砾岩-砂岩-泥岩-灰岩组合;③西域组(Qp_3)砂砾岩组合。在河西走廊盆地对应于3个构造层的沉积建造分别为:①火烧沟组(E_2)—白杨河组(E_3)—疏勒河组(N)砂砾岩-泥岩夹石膏组合;②苦泉组(N_2)砂砾岩组合;③玉门组等(Qp)砂砾岩-泥岩-松散堆积。

上叠压陷盆地(吐哈、河西走廊、和静)是石油、天然气、砂岩型铀矿的重要产地,而新生压陷盆地能源矿产不甚发育。

5. 塔里木构造盆地

塔里木盆地是中—新生代的构造盆地,它是在早二叠世南部陆表海(柯坪-铁克里克-阿尔金),北部裂谷(库车-沙雅-普库兹满-开派兹雷克-笔架山)的基础上,中—晚二叠世海水退却,残留河湖相(库车、莎车-叶城、和田)经二叠纪末的构造运动而成为统一的整体。

在布格重力异常图上,塔里木盆地与东天山地区同属于重力高值区,而与其东、南、西侧的青藏高原、西天山负异常形成鲜明对比;从均衡重力异常图和自由空气重力异常图所反映的地壳均衡和地表构造起伏情况看,塔里木与东天山也具可对比性;重力异常反演的地壳厚度也显示了类似的可对比性。

根据中—新生代岩石构造组合,尤其是主要发育的沉积建造组合及其反映的构造古地理环境特点,综合地球物理资料,将塔里木盆地划分为塔里木周缘新生代压陷-走滑拉分盆地和塔里木中央第四纪凹陷盆地2个Ⅲ级构造单元,前者又进一步划分为塔北的库车中新生代断陷-压陷盆地、尉犁-罗布泊新近纪—第四纪压陷盆地、塔西南的喀什-和田中新生代断陷-压陷盆地、塔东的车尔臣河新生代走滑拉分盆地和肃北-玉门新生代走滑拉分盆地共5个Ⅳ级构造单元。它们分别是新生代天山造山带向南逆冲、西昆仑造山带向北逆冲、阿尔金构造带左行走滑形成的压陷盆地和走滑拉分盆地,并对中生代伸展断陷-凹陷盆地进行了叠加改造,其分阶段特点描述如下。

(1)三叠纪:发育基本统一的坳陷盆地,边缘为坳陷盆地缓坡带河湖相碎屑岩沉积组合,盆地中央为坳陷盆地中央带(sbc)湖相泥页岩组合,岩性稳定。

(2)侏罗纪:塔里木盆地中部为遭剥蚀的高原,四周形成含煤碎屑岩盆地,即西南的托云-和田-民丰盆地(J_{1-3})、东南的且末-若羌盆地(J_{1-3})、西北的库车盆地(J_{1-3})和东北的满加尔盆地(J_{1-2})。托云-和田-民丰盆地与且末-若羌盆地沉积建造组合基本一致,为叶尔羌群(J_{1-2})含煤河湖相砾岩-砂岩-碳泥质岩-泥灰岩组合、库孜贡苏组(J_3)河湖相砂岩-泥岩组合;库车盆地与满加尔盆地沉积建造组合基本一致,为水西沟群(J_{1-2})含煤砾岩-砂岩-泥岩组合、艾维尔沟群齐古组(J_{2-3})含煤砾岩-砂岩-泥岩组合。

(3)白垩纪:早期塔里木气候干燥,发育河湖相红色碎屑岩组合;白垩纪晚期—古近纪随着全球性海进的影响,在喀什-和田-库车-和静形成海相-海陆交互相泥质岩夹灰岩、石膏沉积组合,形成了萨热克砂岩型铜矿和乌拉根沉积型铅锌矿,部分海水则经费尔干纳河推进到托云一带。其沉积建造组合为克孜勒苏组(K_1)河湖相-海陆交互相砂泥岩组合、英吉沙群(K_2)海相含岩盐泥岩夹灰岩组合。其上发育不整合界面,反映了白垩纪晚期—新生代早期的构造运动。

(4)古近纪:早期的天山以准平原化高地和丘陵为主,昆仑山虽隆升但也不是很高。塔里木盆地因差异升降运动而未尚形成统一盆地,西部为周缘前陆盆地前陆隆起滨浅海-海陆交互相沉积,塔东北和塔东为陆相坳陷盆地沉积,而塔中隆起区多为遭剥蚀的高原。塔西南海相-海陆交互相沉积建造组合为喀什群—齐姆根组—卡拉塔尔组(E)海相-海陆交互相砾岩-砂岩-泥岩-灰岩组合(其中产岩盐、砂岩型铜矿和沉积型铅锌矿)、乌恰群(E_3N_1)海陆交互相含岩盐砂泥岩组合、阿图什组(N_2)河湖相砂泥岩夹泥灰岩组合。

(5)新近纪:塔里木北缘和南缘有山前坳陷盆地沉积,其均属过渡型较活动类型的沉积,塔里木中央坳陷盆地则为稳定型沉积。喀什-和田盆地沿昆仑山北东缘狭长带状展布,堆积物明显来自昆仑山,以近源快速的粗大碎屑为主,为坳陷盆地陡坡带沉积特征,形成了厚达上千米的莎里塔什组砂砾岩组合。且末-若羌盆地,即车尔臣河盆地,从遥感图像和野外调查资料看,很明显受车尔臣走滑断裂(阿尔金北缘断裂)控制,亦呈狭长带状,主要为来自南侧昆仑-阿尔金山区的砂砾岩。受阿尔金南缘走滑断裂和与其平行的三危山断裂的控制在肃北—玉门一带形成新生代走滑拉分盆地,其沉积建造组合与河西走廊西部一致,即火烧沟组(E_2)—白杨河组(E_3)—疏勒河组(N)砂砾岩-泥岩夹石膏组合、苦泉组(N_2)砂砾岩组合、玉门组等(Q_p)砂砾岩-泥岩-松散堆积组合。塔里木盆地本部主要被第四系沙漠和松散堆积覆盖。

(6)新生代阿尔金盆山子系统:阿尔金走滑山链与上述车尔臣河新生代走滑拉分盆地、肃北-玉门新生代走滑拉分盆地构成盆山系统,向南一直延伸到且末,由阿尔金山链、当金山-三危山山链、笔架山-罗雅楚山山链,以及其间的索尔库里新近纪—第四纪走滑-断陷盆地、阿尔金山侏罗纪含煤(大煤沟组)-红色碎屑岩(采石岭组)盆地、敦煌新生代走滑-断陷盆地(古近纪白杨河组、古近纪—新近纪疏勒河组、第四纪河湖相-洪积扇相松散堆积,其间为不整合接触)和罗布泊-库姆塔格走滑-断陷盆地组成。

三、西北地区东部近南北向叠加盆山巨系统

西北地区东部近南北向叠加盆山巨系统位于陕甘宁青四省(区)交界,是中国中部南北向构造带的北部,即贺兰山-六盘山-龙门山构造带及其相邻构造单元。它构成了中国现代构造地貌第一阶梯(青藏高原)与第二阶梯(黄土高原)的过渡地带,是中新生代以来,中国东部南北向构造体系与新生代青藏高原构造体系叠加复合的产物。它是叠加在古生代不同时代、不同性质构造单元之上,由中—新生代构造热隆起和断陷-凹陷沉积盆地构成的盆山巨系统。布格重力异常图上,位于鄂尔多斯-秦岭-四川正异常与青藏高原负异常的转换部位,也是重力异常反演的地壳厚度突变带,整体呈南北向。均衡重力异常、自由空气重力异常也表现出南北成带的规律。

根据中新生代盆地沉积建造组合和构造热隆起区岩浆岩岩石构造组合特征,我们将其划分为贺兰山-六盘山复合盆山系统、鄂尔多斯高原及周缘地堑系和秦岭-大巴山复活造山带3个Ⅱ级构造单元,并进一步划分为7个盆山子系统(Ⅲ级构造单元)和16个Ⅳ级单元(压陷盆地、断陷盆地、凹陷盆地和不同类型隆起带)。

1. 贺兰山-六盘山复合盆山系统

贺兰山-六盘山复合盆山系统包括了宝鸡-天水-临夏断裂以北,临夏-民和-武威断裂以东,六盘山-固原-牛首山断裂及银川盆地西缘断裂以西的区域,由贺兰山-卫宁北山、香山、六盘山中新生代隆起带和山间断陷盆地群组成。

(1)贺兰山-卫宁北山盆山子系统和香山-海原盆山子系统:中生代盆地多卷入到新生代贺兰山、香

山隆起带中,而新生界主要分布于中卫-中宁、海原盆地中,可以分为4个构造层:①晚三叠世为以发育鼓鼓台板内碱性玄武岩(241~229Ma)、三叠纪白芨芨沟群(大风沟组—上田组)河湖相砾岩-砂砾岩-砂岩-泥岩组合为代表的板内伸展裂陷盆地沉积组合。与下伏二马营组等稳定沉积为整合接触,这可能反映了鄂尔多斯地块在晚三叠世的板内伸展过程。②侏罗系与鄂尔多斯盆地完全可以对比,发育延安组(J_2)河湖相-沼泽相含煤碎屑岩组合、直罗组—安定组(J_2)河湖相红色砂泥岩组合,为陆内伸展盆地沉积。西邻内蒙古阿左旗汝箕沟早侏罗世玄武岩,霍福臣等(1989)获K-Ar同位素测年结果为229Ma;王峰等(2005)获锆石裂变径迹测年结果为193Ma;杨兴科(2005)获U-Pb锆石SHRIMP年龄为201~158Ma。岩石地球化学的分析结果认为其形成于大陆裂谷环境。③早白垩世山间断陷盆地庙山湖组(K_1)砂砾岩-泥岩夹泥灰岩组合。④古近纪—新近纪山间断陷盆地,始新世—渐新世冲积扇—河湖相砂砾岩-泥岩-膏盐组合、红柳沟组—干河沟组—苦泉组(N_{1-2})河湖相砾岩-砂岩夹含膏盐的泥质岩组合。各构造层之间均为不整合接触,反映了3期构造挤压事件,并在贺兰山发育相关的自西向东或自东向西的逆掩推覆(大水沟、小松山等),同时伴随着的中酸性岩脉(细晶花岗闪长岩脉,146~139Ma)的发育。

(2)六盘山-陇山-临夏-民和盆山子系统:中生代多呈残存断陷盆地,被新生代盆山系统改造,也可以分为3个构造层:①大西沟组-窑街组(J_{1-2})含煤碎屑岩组合、炭洞沟组(J_1)含煤断陷盆地碎屑岩、芨芨沟组(J_1)、龙凤山组(J_2)、新河组—享堂组(J_3)含煤断陷盆地碎屑岩。②白垩纪渭源-陇西麦地山群(K)断陷盆地,西固-民和-循化河口群(K_1)断陷盆地,六盘山早白垩世断陷盆地[边缘相为三桥组(K_1)黄-灰紫色砾岩、和尚铺组紫红色砾岩-砂岩-粉砂岩组合;中心相为李洼峡组(K_1)杂色砂岩-泥岩-泥灰岩-灰岩组合、马东山组灰绿色泥岩-页岩-泥灰岩组合、乃家河组绿—紫红色砂岩-泥岩-泥灰岩-灰岩-石膏组合],民和断陷盆地民和组(K_2)河湖相砂砾岩-泥岩组合。③古近纪—新近纪山间断陷盆地,固原群—西宁群(E)冲积扇—河湖相砂砾岩-泥岩-膏盐组合、贵德群—甘肃群(N)河湖相砾岩-砂岩-泥岩夹泥灰岩组合。各构造层之间为角度不整合-平行不整合接触,反映了3期构造挤压事件,在六盘山见有中生代晚期正长斑岩脉体,并在六盘山群三桥组砾岩中有沉积-热液改造型铅锌矿化的发育。

(3)陇山中生代热隆:主要由晚三叠世、侏罗纪钙碱性—碱性花岗岩构成,侏罗纪过碱性花岗岩-钙碱性花岗岩组合主要分布于甘肃省内陇山地区;晚三叠世钾质和超钾质二长花岗岩、碱长花岗岩及部分石英正长岩的岩石地球化学特征研究表明为高钾钙碱性系列,显示壳幔混源特征,同位素年龄为170Ma(Ar-Ar法),为中侏罗世。

2. 鄂尔多斯高原及周缘地堑系

该构造单元为新生代发育的鄂尔多斯高原-陕北渭北陇东黄土高原和其周边的地堑系(银川地堑、汾渭地堑、河套地堑)。银川地堑为夹于黄河断裂与贺兰山东缘山前断裂之间的菱形地堑,渭河盆地是汾渭地堑的西部,受控于秦岭山前北倾斜滑正断层和口镇正断裂组之间。地堑系沉积最老层位为古近系,沉积厚度5000~6000m。从地球物理断面和重力异常图上可以看出,莫霍面轻微上隆,显示了岩石圈的均衡。

鄂尔多斯高原-黄土高原为低缓的重力高区,西、南缘显示较明显的重力高,显示了与中生代西缘逆冲带、新生代渭北断隆的均衡效应。新生代鄂尔多斯-黄土高原区卷入了中生代鄂尔多斯凹陷盆地沉积,其中包括两个构造层:①侏罗纪凹陷盆地富县组(J_1)冲积扇-河湖相砂砾岩-泥岩组合、延安组(J_2)湖泊-沼泽相含煤砂岩-泥岩-碳质泥岩组合、直罗组(J_2)河湖相砂岩—安定组(J_3)深湖相欠补偿灰黑色油页岩-页岩-钙质粉砂岩-灰黄色泥灰岩组合;②早白垩世保安群凹陷盆地宜君组(K_1)冲积扇-河流相砾岩组合、洛河组(K_1)风成砂岩组合、环河组(K_1)灰绿色泥岩-粉砂质泥岩互层组合、罗汉洞组(K_1)沙漠间湖泊相砂泥岩组合、泾川组（K_1）红色泥岩-粉砂质泥岩-泥灰岩组合。鄂尔多斯东部整体处于伸展环境，紫金山岩体为位于晋西挠褶带上的碱性杂岩体，SHRIMP锆石U-Pb定年结果为132～125Ma。其中延安组含鄂尔多斯—陕北最主要煤炭资源，其上的直罗组为砂岩型铀矿产出层位，白垩系砂岩是重要的地下水资源赋存场所。

3. 秦岭-大巴山复活造山带

秦岭-大巴山是叠加在古生代华北陆块南缘陆表海、早古生代北秦岭造山带和晚古生代—中三叠世中-南秦岭裂谷-被动陆缘、上扬子大巴山古生代陆表海等多个不同时期、不同性质构造单元之上的中—新生代复活造山带，包括了小秦岭、北秦岭、南秦岭、大巴山等。以中—新生代大幅度构造隆升和发育呈北北东向展布的中生代中酸性构造岩浆岩带为特色，并形成了与构造岩浆作用相关的丰富的金矿田（大水、大桥、阳山、小秦岭等）和斑岩型-热液型钼矿及稀有金属矿产（金堆城、黄龙铺、胭脂坝）。

(1)秦巴中生代北东向构造岩浆岩带：主要有东、中、西3个区。东部发育在小秦岭—莽岭—柞水—迷魂阵—东江口—五龙一带。据毛景文等（2006）研究，黄龙铺碳酸岩型钼矿成矿时代集中在231～220Ma，是印支末期来自于幔源的产物，推断应是秦岭印支期造山晚期的产物；侵入体总体可划分为侏罗纪二长花岗岩组合[华山杂岩体中部（146Ma）-老牛山岩体北部边缘-牧户关岩体（173Ma/U-Pb法）-槽坪岩体中心（161Ma/U-Pb法）-槽坪东沙河湾岩株、营盘东岩株-柞水东岩株-迷魂阵岩体内岩株，莽岭岩体（173Ma/U-Pb法）]；白垩纪二长花岗岩-花岗斑岩-正长斑岩组合[华山岩体东、西部（石家湾斑岩141Ma、东沟花岗岩112Ma），老牛山岩体主体（KN），金堆城周边花岗斑岩（141～127Ma）-正长斑岩]，形成了与岩体密切相关的金堆城斑岩型-矽卡岩型钼矿（139～129Ma）和小秦岭金矿（128～126Ma），与白垩纪岩浆作用相关。

中部主要发育在西秦岭成县—文县—五朵金花—西倾山一带，由大量发育的晚三叠世—侏罗纪中晚期的小型中酸性岩脉、岩株[大安中细粒英云闪长岩体（141.2Ma/U-Pb法，145Ma/U-Th-Pb法）、阳坝岩体，糜署岭岩体等]和西倾山晚侏罗世—早白垩世中基性火山岩构成，这可能与扬子陆块印支期通过勉略带向北俯冲重熔有关。由俯冲到南秦岭地块之下的扬子陆块陆壳在折返过程中发生多阶段部分熔融作用形成的后碰撞型高钾钙碱性、高$Mg^\#$埃达克质花岗岩（秦江峰，2010）主要分布于合作—礼县（十里墩岩浆弧），可分为3个阶段：小规模石英闪长岩（235～225Ma）、大规模高钾钙碱性花岗岩（220～210Ma）、小规模黑云母花岗岩（200Ma左右）。与该阶段构造热事件相关，形成了著名的西秦岭崖湾-马坞-大水等金成矿区，并向南延伸进入四川[侏罗纪大型脉状金成矿——礼坝（176Ma）、双王（钾长石202～198Ma）、八卦庙、马鞍桥，分布于礼-凤-太古生代盆地，赋矿围岩为泥盆纪；侏罗纪大型卡林型金矿——大水（花岗岩墙190Ma，T_3—E）、东北寨、马脑壳、煎茶岭、文县阳山（T_3），赋矿围岩为泥盆纪三河口组浊积岩系]。矿化均与侏罗纪中晚期偏铝质花岗岩体或小岩株在空间上相伴随，成矿时代为210～170Ma，为侏罗纪。

西部位于夏河—同仁一带。晚三叠世以发育多福屯组板内碱性火山岩（与鄂拉山组可对比，见前文"晚三叠世鄂拉山-八宝山后碰撞-后造山火成岩断陷盆地"部分）和碱长花岗岩（天水）为代表的后造山伸展裂陷盆地火山-沉积组合，反映了印支期西秦岭后造山伸展过程。临夏—夏河—合作一带晚三叠世—侏罗纪还发育闪长岩-花岗闪长岩-二长花岗岩组合，为构造热隆起的侵入相。

(2)秦巴造山带大型滑脱构造系统及前陆压陷盆地：是伴随着秦岭造山带的隆升形成的印支期—燕山期向北、向南的构造滑脱-逆冲推覆系统，卷入了三叠纪及其以前建造组合。在鄂尔多斯南缘形成向北逆冲、北倒南倾的褶皱与推覆断层组合（张家山、禹门口等），在南秦岭—大巴山形成规模巨大的向南逆冲、南倒北倾断褶系统。后者脆韧性剪切带及其伴随的热液脉体，为韧性剪切带型金矿（安康北部）和扬子型铅锌矿（旬阳北部）再造成矿提供了条件。

受多期逆冲推覆构造的作用，在秦岭中—新生代隆起造山带前缘形成了分布于陕西南端—四川盆地北部须家河组（T_3）、白田坝组（J_1）、千佛岩组-沙溪庙组-遂宁组（J_{2-3}）前陆盆地海陆交互相-陆相碎屑岩组合。同时在秦岭造山带北缘逆冲推覆系统前缘的平凉空洞山等地形成了巨厚的（延长组、空洞山组）砾岩-砂岩组合，并形成向上变粗、向北部盆地推进的进积充填序列（刘少峰等，1998），反映了印支期秦岭造山带中东部向北的压陷盆地前渊带沉积。

(3)秦巴造山带断陷-走滑拉分盆地：主要为汉中、徽成、山阳、月河等盆地，侏罗系主要分布在汉中断陷盆地[勉县群（J_{1-2}）冲积扇-河湖相砂砾岩-含煤泥质岩组合]、在迭部—岷县—武都和甘川交界也有断陷盆地含煤碎屑岩组合（郎木寺组—羊曲组—龙家沟组）残存，反映了印支期造山作用之后的山间断陷盆地沉积，与下伏不同构造单元为角度不整合接触。白垩纪残存于西秦岭西和-祁山、麦积山、徽成、山阳断陷盆地，其沉积建造组合相似，为冲积扇-河湖相砂砾岩-砂岩-泥岩组合[麦积山组-万秀组-山阳组-东河群（K_1）]。盆地的发育多受脆性断层控制，并具有正断、逆冲和走滑多种性质复合。西倾山一带走滑拉分盆地碎屑岩中夹有中—晚侏罗世玄武岩-安山岩、安山质火山角砾岩组合与早白垩世英安流纹质火山角砾岩-英安流纹岩组合，反映了断陷盆地伸展背景，同时也是构造热隆起岩浆事件的反映。

新生代构造盆地多继承中生代断陷盆地，如西和-祁山、徽成、汉中、山阳盆地等，发育固原群、石泉组（E）-甘肃群、杨家湾组（N）红色冲积扇-河湖相碎屑岩沉积。

第八节　构造阶段划分及其演化

纵观西北地区晚三叠世—新生代不同阶段的构造性质及其空间变化，从大区域主体构造看，可以概略地划分为中生代后造山—板内伸展和新生代陆内挤压两个大的构造演化阶段。

一、中生代后造山—板内伸展阶段

从中三叠世开始，随着昆南-阿尼玛卿-勉略带的构造闭合，华北板块和扬子板块发生陆-陆碰撞，形成统一的中国大陆，昆南带及其以北的西北广大地区全面进入后造山-板内演化阶段。本书第四章所述晚古生代—中三叠世3个Ⅰ级构造单元，在晚三叠世之后演变为南、北两个构造区，即昆南带及其以北板内（中国大陆）和以南的特提斯洋北缘大陆边缘两大Ⅰ级构造单元[其实，此前塔里木-柴达木板块、祁连-华北板块已早在晚泥盆世—早石炭世进入板内克拉通化过程；而以北的天山—阿尔泰地区已在中二叠世结束了后碰撞裂谷发育-关闭过程（这是一个从早石炭世维宪期洋盆关闭至晚二叠世板内演化的"中间过渡阶段"），晚二叠世也已经进入板内演化阶段]。北构造区以发育板内伸展裂陷-凹陷盆地、压陷盆地和构造热隆起为代表，显示以后造山—板内伸展为主体的动力学特点；南构造区以发育中生代前陆盆地和同碰撞—后碰撞岩浆岩为代表，显示挤压造山动力学特点。

1. 北构造区

天山南北及其以北地区，中—晚二叠世随着后碰撞裂谷的关闭，晚二叠世—三叠纪全面进入板内变形阶段,北部阿尔泰伴随着热构造事件持续隆升,并形成了中生代大型稀有、稀土和分散元素矿床。西准噶尔-北准噶尔向东南的挤压形成了准噶尔及其以南直至博格达之南的晚二叠世—三叠纪前陆盆地碎屑岩沉积。东天山—北山地区随着二叠纪后碰撞裂谷的关闭而隆起成山,构成新甘蒙北山三叠纪—白垩纪的构造热隆起区[热隆起为白山钼矿(180～160Ma)、东戈壁钼矿提供了物质来源,同时为该时期金矿的形成提供了热源和动力]及山间断陷盆地磨拉石建造[二断井组-珊瑚井组(T)],西部哈尔克山、尼勒克县一带,山间盆地形成陆相俄霍布拉克群(T_{1-2})-小泉沟群(T_{2-3})砾岩-砂岩-泥岩组合。侏罗纪以伸展为主形成了上叠于三叠纪断陷盆地之上,并超覆于不同单元之上的侏罗纪准噶尔-三塘湖、吐哈、库车-满加尔大型含煤凹陷盆地,构成水西沟群主力煤层。

塔里木三叠纪发育基本统一的坳陷盆地,边缘为坳陷盆地缓坡带河湖相碎屑岩沉积组合,盆地中央为坳陷盆地中央带湖相泥页岩组合,岩性稳定。侏罗纪除北部库车—满加尔以水西沟群为主要含煤岩系的聚煤盆地外,在其南部形成了托云-喀什-和田-若羌大型聚煤盆地,并以叶尔羌群含煤岩系为标志。柴达木北缘-西缘形成了以大煤沟组含煤岩系为代表的断陷-凹陷盆地,构成青海省主要的煤炭资源。

祁连—鄂尔多斯地区北部晚三叠世处于板内伸展状态,以发育鼓鼓台碱性玄武岩和大风沟组-上田组-延长组断陷-凹陷盆地碎屑岩为代表,丰富的烃源岩为鄂尔多斯油气田提供了物质基础;而其南部受秦岭印支期造山构造热隆起向北的逆冲挤压推覆,形成了以空洞山砾岩为代表的前陆盆地前渊-前隆带沉积。侏罗纪盆地以伸展为主,形成了延安组煤系地层,伴随着地壳伸展见有玄武岩夹层。

贺兰山—六盘山—陇山一带中生代陆内演化过程复杂,总的来看有多期伸展与挤压过程,形成了多期自东向西和(或)自西向东、自北向南等多方向逆冲推覆构造(大水沟、小松山、贺兰山北段等)、山间断陷盆地(六盘山群、庙山湖组、定西等)和东部山前压陷盆地(鄂尔多斯西部保安群),并发育印支期—燕山期岩浆热事件,形成了沿贺兰山北段—卫宁北山(花岗细晶岩脉146Ma)—六盘山—陇山分布的中酸性侵入岩岩株-岩脉,为贺兰山北段金、卫宁北山铜多金属、六盘山热液型铅锌成矿提供了构造热条件。

在南昆仑—阿尼玛卿—勉略一带及西秦岭—小秦岭地区,印支期造山带持续构造隆起,地表形成山间火山岩断陷盆地群(八宝山、鄂拉山、多福屯等),伴随着热隆起构造剪切变形和中酸性侵入岩(岩株、岩脉)的发育,为大型金矿(大场、瓦勒根、阳山、大桥、石泉等)的形成提供了热源,这种情况一直持续到了侏罗纪。构造岩浆热隆起在东秦岭构造带形成呈北东—北东东向展布的构造岩浆岩带(小秦岭-莽岭-柞水-迷魂阵),在小秦岭地区形成黄龙铺碳酸岩脉型钼矿(231～220Ma)和白垩纪斑岩型钼矿(金堆城等)。同时构造热隆起山脉向南、向北的背冲在四川盆地北缘和鄂尔多斯盆地南缘形成了压陷盆地沉积(前者为须家河组-遂宁组;后者为空洞山组-延长组)。隆起断块山脉之间的差异升降和平移错动,形成了侏罗纪和白垩纪的山间断陷-走滑拉分盆地(徽成、麦积山等)。

2. 南构造区

西部的甜水海—塔什库尔干地区总体为具后碰撞伸展背景的边缘海环境,形成了晚三叠世、侏罗纪、白垩纪三期海陆交互-海相沉积盆地。伸展的盆地背景形成了中生代重要的沉积-再造型铅锌矿田(甜水海、多宝山、宝塔山、天神等)和新疆最大的"高大全"铅锌综合异常区。同时发育后碰撞高钾钙碱性中酸性岩组合,该组合向北一直影响到西昆仑地区。

东部唐古拉山—巴颜喀拉山地区总体处于汇聚板块边缘,即北部大陆的南部边缘,亦即特提斯洋的北部大陆边缘。受特提斯洋壳向北俯冲的影响,在该地区形成了中生代不同时期(晚三叠世、侏罗纪、白垩纪)前陆盆地组合,即晚三叠世巴颜喀拉前陆盆地、侏罗纪雁石坪前陆盆地、白垩纪风火山前陆盆地等。

二、新生代陆内挤压盆山系统形成阶段

新生代以来，受青藏高原地壳隆升、岩石圈加厚并向北推挤这一动力学系统的控制，形成了青藏高原北部盆山巨系统、西北地区西部复活盆山巨系统和西北地区东部南北向盆山巨系统。

（1）青藏高原北部盆山巨系统：是受印度板块与欧亚板块碰撞的影响，在青藏高原北部板内构造挤压形成的一系列逆冲-隆升-走滑造山带和压陷盆地相间的构造格局。这一巨系统处于青藏高原后缘，发育与高原隆升相关的偏碱性酸性火山岩和侵入岩，并形成了与之相关的斑岩型-热液型铅锌矿（火烧云、然者涌等），盆地中形成盐类矿产（察尔汗、柴达木西部等）、沉积-喷流型铅锌矿（乌拉根等）、砂岩型铜矿等

（2）西北地区西部复活盆山巨系统：是受来自于高原向北的推挤与早期古老刚性陆块、前新生代造山带阻隔应力叠加复合的共同影响，形成了复活造山带（阿尔泰、天山）与不同级别压陷盆地（青藏高原北缘山前盆地群、天山南麓压陷盆地群、天山北麓压陷盆地群）间列的构造格局。

（3）西北地区东部南北向盆山巨系统：是青藏高原东北边缘及其外围受来自于高原向东北方向的推挤与古老刚性陆块（鄂尔多斯地块、扬子板块等）、前新生代造山带（秦岭东西向三叠纪印支期造山带）的阻隔，同时受中国东部北北东向构造的叠加复合，形成了由挤压-走滑-隆升造山带（秦岭-大巴山、贺兰山-六盘山-陇山）和断陷-走滑拉分盆地［吉兰泰盆地、银川盆地、渭河盆地、四川盆地（北缘）等］、高原（内蒙古高原西部-鄂尔多斯、黄土高原）构成的南北向与东西向间隔的棋盘状构造格局。

受新生代构造的控制，与上述地壳表层—浅部构造格局相呼应，地壳与岩石圈厚度、密度及莫霍面深度、起伏形态等发生变化和调整，形成了以青藏高原北缘巨大的反"S"形重力梯度带为分隔，其南为青藏高原北部北西-南东向展布的"隆凹相间"的重力低值区，反映了岩石圈总体加厚，莫霍面下移。

第六章　大地构造与成矿

西北地区地域辽阔，地质构造复杂，经历了多旋回裂解、离散和汇聚、碰撞的洋陆转换和陆内演化过程。成矿大地构造环境多样，矿种和成矿类型较齐全，矿产资源尤为丰富。下面就前南华纪、南华纪—早古生代、晚古生代—中三叠世、晚三叠世—新生代4个阶段不同大地构造环境、相关地质作用及岩石构造组合、相关成矿作用的联系做一论述，对不同阶段大地构造环境与成矿的关系做一概略讨论。

第一节　前南华纪大地构造环境与成矿

一、太古宙—古元古代结晶基底与沉积变质型铁矿、金矿矿源层等的形成

太古宙—古元古代花岗-绿岩建造中与超基性岩有关，形成镍矿化（陕西鱼洞子等）和绿岩型金矿（化）（陕西鱼洞子、太华岩群）。

华北陆块区鄂尔多斯地块结晶基底的太华岩群和宗别列岩群是重要的金矿矿源层，太华岩群结晶片岩系为小秦岭石英脉型金矿提供了矿源层。贺兰山北段太古宙—古元古代宗别列岩群结晶片岩发现了多个金矿（化）点（牛头沟等）。

华北陆块区涞水岩群和铁铜沟组，华南陆块群摩天岭地块鱼洞子基底残块和喀喇昆仑地块结晶基底布伦阔勒岩群，受当时地球古气候缺氧环境和可能的弧盆系构造环境的制约，产出太古宙—古元古代独有的沉积变质型（BIF）磁铁矿（布伦口铁矿、赞坎铁矿、鱼洞子铁矿）。西北地区以鱼洞子最为典型，其中包括与沉积相关的苏必利尔型和与火山岩有关的阿尔戈马型两种。

塔里木陆块区北缘库鲁克塔格地块结晶基底古元古代兴地塔格岩群含铁石英岩-大理岩-白云母片岩组合产出似层状、条带状、透镜状磁铁矿和赤铁矿（库鲁克赛铁矿床），依据含铁建造原岩特征、矿石组分及其结构构造分析，库鲁克赛铁矿是来自北部太古宙古陆蚀源区的铁质经氧化提供了丰富的铁源，汇合来自海底火山喷发的铁质，在海盆富集形成铁、硅热卤水，以外生浅海氧化-弱还原的环境下沉积成矿，后期又经历了区域变质作用改造，形成的沉积变质型铁矿床。兴地塔格群上亚群高角闪岩相条带状黑云母变粒岩-石榴浅粒岩-石墨浅粒岩-（石榴）混合片麻岩组合，为受韧性剪切带控制或断裂破碎带控制的石英脉型（石英脉、石英大脉、硅化蚀变岩脉三类）和破碎蚀变岩型金矿化（大金沟、小金沟金矿床）提供了矿源层，其中硅化、黄铁矿化、白铅矿化与金矿关系最为密切。塔里木陆块南缘铁克里克地块结晶基底古元古代裂谷裂陷环境发育埃连卡特群石英片岩-磁铁石英岩-黑云片麻岩变质建造组合，产海底喷流沉积铁矿（布穹铁矿），后来受变质变形改造，叠加铜金矿化。

阿北地块米兰岩群变粒岩-片麻岩组合为重要的金矿矿源层（大平沟金矿等），米兰岩群区域动力变

质作用表现为岩石具片理化、糜棱岩化和碎裂岩化，岩石普遍发生绢云母化、绿帘石化、硅化及钾化等，与金成矿关系密切。

祁连地块结晶基底中的北大河岩群结晶岩系与古TTG组合的晚期伟晶岩有关，形成了铌钽矿（莫巴尔）；野马南山一带的北大河岩群片岩-大理岩-石英岩组合中产低温热液型菱镁矿、变质型磷矿、石墨矿、石榴子石矿和石英岩矿。

在中天山地块结晶基底古元古代裂谷裂陷环境-结晶岩系（天湖岩群第三岩组白云质大理岩、片岩、片麻岩组合）中，火山活动间歇期，产海底喷流-沉积变质-热液再造天湖式磁铁矿床。

喀喇昆仑塔什库尔干-甜水海地块，结晶基底古元古代塔什库尔干岩群主要富铁岩石组合为斜长角闪片岩-黑云石英片岩-石英片岩-大理岩，形成以上完整层序者往往有富大矿体，形成赞坎、老井、叶里克、莫喀尔等大型铁矿床。铁矿体受控于原始沉积建造，矿体和地层一起发生了强烈的后期变质变形。在该矿还发现与早古生代火山岩有关的膏-铁建造型铁矿。

二、中—新元古代超大陆裂解与岩浆型、沉积型矿产成矿

中—新元古代总体处于古中国地台裂解阶段，形成了与裂谷-被动陆缘发生、发展相关的同沉积铅锌矿、铁矿、铜多金属矿，与稳定陆表海有关的石英岩矿，同时为构造蚀变岩型金矿提供了矿源层。

哈萨克斯坦陆块群东天山喀拉塔格地块，主要赋存于蓟县纪被动陆缘稳定浅海陆棚沉积环境浅变质碎屑岩-碳酸盐岩建造（卡瓦布拉克群下部灰黑色硅化含碳质粉砂岩-硅化白云石大理岩组合）中的层控-再造型铅锌银矿（彩霞山大型铅锌矿床、沙泉子铅锌矿、玉西银矿、铅炉子铅锌矿等）具有形成大中型矿床的潜力。矿体为层状、受层位和岩相控制，矿石具有层纹构造等特点，说明在蓟县纪已形成了热卤水成因的同生沉积铅锌矿床。该类矿床后期受晚古生代中酸性岩浆热液再造富集。在敦煌地块和马鬃山地块及喀拉塔格地块蓟县纪—青白口纪在裂谷中心相次深海欠补偿条件下受同生断裂控制产热水喷流-沉积型红山式铁矿（后期矽卡岩再造）。

华北陆块南缘小秦岭地区长城纪高山河群鳖盖子组为碎屑岩陆表海潮坪泥岩-砂岩建造组合，属硅石矿、石英岩等的含矿层位；官道口群龙家园组至冯家湾组为碳酸盐岩陆表海白云岩-白云质灰岩建造组合，沉积矿产主要有铁、铅锌、白云岩等。贺兰山北段王全口式沉积型铁矿赋存于青白口纪黄旗口组的上部含铁质砂岩建造中，含铁石英岩、赤铁矿，局部具鲕状、肾状构造，矿体层位不稳定。

华南陆块群阿尔金地块长城系碎屑岩-火山岩-碳酸盐岩建造（扎斯勘赛河组第二岩性段片理化粉砂岩、碳质泥岩、灰岩、硅质岩组合），伴随火山作用从深部携带的成矿元素带入海水随沉积作用而分布于地层中，为破碎带构造蚀变岩型金矿（祥云金矿等，其中硅化、黄铁矿化、黄铜矿化与金矿化关系密切）提供了矿源层。安南坝至阿斯腾塔格一带的蓟县系台地碳酸盐岩-含锰白云质砂岩组合（第二岩性组）产沉积变质型锰矿。阿尔金中—新元古代陆缘带产出与变质火山岩建造有关的铁、金矿，如阿尔金英布拉克铁矿、喀腊大湾铜多金属矿、白尖山铜多金属矿、白尖山火山沉积变质型铁矿。阿尔金地块中—新元古代索尔库里群裂谷火山岩产出迪木那里克铁矿。

祁连地块西缘发育长城纪裂谷中心相（熬油沟组）与中基性火山岩相关的朱龙关式铁矿、与裂谷中心相次深海欠补偿（桦树沟组）夹硅质条带粉砂岩-泥岩组合相关的同沉积变质型镜铁山式铁矿。祁连地块中部（湟源、乐都等地）长城纪陆表海陆棚碎屑岩盆地（湟中群下部磨石沟组）、滨海无障壁海岸沙丘沉积及前滨-临滨砂泥岩建造组合，构成多个大型石英岩矿床，如大通斜沟、湟源申中、湟中马场沟、上五

庄等地石英岩矿床都具有一定规模；长城纪陆棚碎屑岩滨海-远滨泥岩-粉砂岩夹砂岩组合（湟中群上部青石坡组），有利于磷的富集，已知的黑沟峡磷矿、老爷山磷矿、东岔沟磷矿、秀马沟磷矿等均产于其中，主要分布在湟源、大通、乐都等地。在这里值得一提的是，近年来在磨石沟组石英砂岩碎屑锆石中出现了新元古代年龄信息（朱涛，2015），同时结合其上青石坡组磷矿层位，这些与华南陆块群新元古代其他地块基本一致，需要在今后调查中进一步明确。青白口纪龚岔群五个山组台地斜坡碳酸盐岩组合中产有石膏、白云岩、铁、含钾泥灰岩层和层控铅锌矿床。

东昆仑蓟县纪狼牙山组被动陆缘大理岩建造为维宝铅锌矿提供了条件（含矿建造）。西昆仑地块新元古代火山作用为硫铁、铜多金属矿成矿提供了基础背景，如科修兹铜矿、叶亦克南硫铁矿、上其汗铜硫矿、塔木其铜锌矿、康赛音东沟铜多金属矿。

汉南地块与中—新元古代裂解岩浆的结晶分异过程相关，基性—超基性侵入杂岩中产洋县毕机沟式钒钛磁铁矿。

三、新元古代弧盆系与多金属成矿

新元古代虽然板块构造的具体格局很难恢复，但汇聚型大陆边缘构造岩浆事件明显，为活动陆缘成矿起到了相当重要的作用

在汇聚边界的蛇绿混杂岩中，与蛇绿岩及其后生和表生成矿作用相关，形成了秦岭陕西松树沟铬铁矿和铜镍矿化；在摩天岭地块残存中—新元古代沟弧盆体系的基底缝合带黑木林古构造蛇绿混杂岩，与基性—超基性岩及构造叠加改造有关的矿产主要见铬铁矿（硖口驿，纯橄岩-斜辉辉橄岩-单辉辉石岩）、石棉矿（陕西黑木林）、水镁石矿（陕西黑木林）、蛇纹岩矿（蚀变超基性岩）、金矿（陕西煎茶铺、西渠沟），以及硫化镍钴矿、磁铁矿等（煎茶岭、龙王塘岩体）。

中—新元古代（晋宁期）岩浆弧广泛发育在西北地区的华南陆块群诸多地块边缘，与其中酸性侵入活动和中基性—中酸性岛弧火山岩相关的矿产很多，如汉南地块中—新元古代弧中酸性侵入岩与中元古代火地垭群台地相碳酸盐岩接触边界为矽卡岩型-热液型金、银、铜、铅、锌成矿系列提供了条件；摩天岭地块新元古代白雀寺-阳坝古岛弧亚相中酸性侵入杂岩与岛弧火山岩（陈家坝岩群）形成了火山岩型-热液改造型铜厂式铜矿（二里坝、铜厂、徐家沟、筏子坝）、火山热液型锰矿（黎家营），同时为金矿（八渡河等）提供了矿源层；陈家坝岩群岛弧火山岩赋存有火山岩型杨家坝铁矿和东沟坝铜、铅锌、重晶石矿；摩天岭地块弧后盆地酸性火山岩（秧田坝组）提供了铧厂沟金矿田的主要矿源层和赋矿层位。北秦岭中—新元古代宽坪岩群广东坪岩组弧后盆地火山岩组合产铜矿（北秦岭东沟）、铅锌矿。

第二节　南华纪—早古生代大地构造环境与成矿

西北地区南华纪—早古生代地质演化可以划分为南华纪—早奥陶世罗迪尼亚超大陆裂解的裂谷-被动陆缘发育-多岛洋格局形成、中晚奥陶世—中泥盆世洋壳俯冲多岛弧盆系发育-弧陆碰撞或陆陆碰撞两个大的构造阶段。前一个阶段为地壳伸展背景，后一阶段为地壳汇聚构造背景。在这两种不同动力学背景下，各自的大地构造格局、构造-岩浆-沉积系统及受其制约的成矿系统及成矿类型、矿种组合相差悬殊（表6-1）。

表 6-1 西北地区南华纪—早古生代构造环境与成矿一览表

构造阶段	时代	动力体制	构造环境	构造单元	成矿地质建造	成矿时代	成矿类型	矿种组合	代表性矿床
俯冲-碰撞	O—S—D	汇聚	岛弧、陆缘弧	中祁连北缘岩浆弧、走廊南山岛弧、柴南缘岩浆弧	弧中酸性侵入岩	O	斑岩型(?)、热液脉型	钨钼;钨锡-铜铅锌成矿系列	小柳沟、塔尔沟-水洞沟、白干湖
			弧间盆地	走廊南山岛弧东缘	白银组酸性火山岩、二郎坪群	O	海相火山岩型	铜矿	白银厂(?)、北秦岭东沟、西铜峪
			弧后盆地、弧前陆盆地	北祁连弧后陆盆地	阴沟群(弧后)火山岩	O	火山喷流型	铜矿	石居里
						S	砂岩型	铜矿	天鹿
大洋化	O_1—O_3	伸展	洋盆		蛇绿岩	O	塞浦路斯型	铜矿	阴凹槽
							岩浆型	铬铁矿	大道尔基、玉石沟、松树沟、塔妥
超大陆裂解	Nh—∈—O_1	伸展	裂谷-被动陆缘	北祁连裂谷合带	黑茨沟组欠补偿沉积	∈—O_1	沉积型	磷矿	柳沟峡
				扬子陆块被动陆缘、次深海	陡山沱组—灯影组、宽川铺组欠补偿沉积	Z—∈$_1$	沉积型	磷、锰矿	宽川铺、茶店、何家岩、史家院
				南秦岭裂谷带	梅子垭组欠补偿沉积	S_{1-2}	沉积喷流型(叠加后期构造再造)	铅锌矿	赵家庄-黄土坡、泗人沟-火烧沟-关子沟
				上扬子陆块活动裂谷边缘(南秦岭)	扬子北缘滑脱带(灯影组碎裂岩)	O	MTV	铅锌矿	马元
				南阿尔金裂谷	裂谷火山-沉积岩系	Z—∈$_1$	火山沉积型	铁矿	迪木那里克
				北祁连裂谷带	基性-酸性火山岩	∈—O_1	海相火山岩型	铜矿	四道沟、乔达坂、红沟
				南祁连裂谷带	基性-超基性岩	∈—Q	表生风化型	铜镍矿	拉脊山
				南秦岭裂谷带	基性岩	O—S_1	岩浆型	钛磁铁矿	镇坪

一、南华纪—早奥陶世超大陆裂解地壳伸展环境与成矿

1. 裂陷-裂谷-被动陆缘环境与沉积型-火山岩型矿产

自南华纪开始，随着罗迪尼亚超大陆的解体，西北地区出现了与裂解事件相关的陆内裂陷-裂谷-被动大陆边缘等构造环境，形成了与其相关的系列成矿事件。南华纪—早古生代，尤其是震旦纪—寒武纪，在塔里木-敦煌陆块、华北陆块、华南陆块及其间的祁连地块等处于被动陆缘环境，为沉积型磷、锰、铀、钒、重晶石、铅锌、页岩气等成矿提供了良好条件，在盆地次深海欠补偿含磷碎屑岩-碳酸盐岩建造中形成了诸多矿床。

华北陆块西缘阿拉善地块伴随超大陆的裂解，出现双峰式侵入岩浆活动，同时著名的超大型岩浆分异型金川铜镍矿产于新元古代（—819Ma）岩石圈伸展背景下幔源岩浆形成的超基性—基性杂岩中，其形成与该时期作为罗迪尼亚超大陆的阿拉善地块的裂解密切相关，同时也可能说明裂解的原动力来自于地球深部（壳幔边界，甚至核幔边界）作用。阿拉善地块南缘龙首山地区，震旦纪韩母山群草大坂组底部陆棚台盆陆源碎屑岩-碳酸盐岩组合有含磷砾岩，是马房子沟与烧火筒沟地区的磷矿层位，并伴生中型稀土矿床。华北陆块西缘贺兰山地区辛集组含磷硅质岩-硅质白云岩组合产磷矿（苏峪口磷矿）。华北陆块寒武纪潮坪环境潮上带白云岩（朱砂洞组）产可作碱性耐火材料及熔剂，部分可提炼金属镁白云岩矿；奥陶纪碳酸盐岩（马家沟组）产石灰岩矿（贺兰山中段套门沟、驴驴沟、牛首山、天井子山等）。

塔里木陆块北缘柯坪和库鲁克塔格地区沉积型磷矿主要赋矿地层是早寒武世西大山组和晚志留世土什布拉组，二者整体上均是一套广海陆棚-盆地沉积环境的台盆深水碳酸盐岩组合。早寒武世具备滨海碎屑岩型磷矿沉积条件。伊犁地块磷矿沟组含磷碎屑岩-碳酸盐岩组合是重要磷矿产出层位，并与塔里木北缘可以对比；在中天山地块发育与超大陆裂解相关的新元古代碱性火山作用及铜矿（喇嘛萨依铜矿）。敦煌地块北缘寒武纪中晚期西双鹰山组远滨泥岩-粉砂岩夹碳酸盐岩组合中，产有磷、钒、铀矿，局部地段产有重晶石矿。

北祁连裂谷北部边缘相为寒武纪—奥陶纪香山群狼嘴子组板岩-含磷硅质岩-硅质磷块岩沉积建造组合（香山硅质磷块岩-磷质灰岩）；裂谷中心相寒武纪黑茨沟组双峰式火山岩组合与海底火山喷发活动有关，产海相火山岩型块状硫化物铜、金多金属矿（青海红沟，甘肃白银、四道沟）；早奥陶世阴沟群基性火山岩组合及浊积岩、砂板岩及灰岩组合中有产以铜为主的多金属、贵金属及黑色金属铁、锰矿床多处。南祁连地块上，出现南华纪—早古生代的双峰式岩浆作用，形成拉水峡一带的铜镍矿；南祁连晚寒武世裂谷基性—中基性火山岩（拉脊山）中，发育铜金矿产（青海尼旦沟，天重峡金矿和一些铜矿化）。

全吉地块全吉群中的石英梁组（Nh）和黑土坡组（Z），均为陆内裂谷环境滨浅海砂岩-粉砂岩-泥岩组合，二者均含有大量赤铁矿结核、赤铁矿扁豆体。全吉地块寒武纪欧龙布鲁克群下部潮坪相白云质灰岩-白云岩建造组合底部，由含磷石英质砾岩、含胶磷矿砂砾岩构成重要磷矿层。

南秦岭南华纪裂谷（杨坪岩组）双峰式火山岩组合中含银矿；中-南秦岭地块震旦系—寒武系主体为白云岩-碳硅质白云岩-白云质灰岩组合，为磷、钒及硫铁矿、重晶石的含矿层位（陕西紫阳-平利黑色岩系磷、钒矿）；南秦岭志留系黑色岩系砂岩与板岩组合中以富含有机质、黄铁矿及磷为特征，在甘肃迭部以北的矿层规模较大；志留系中部被动陆缘伸展盆地欠补偿沉积砂岩-粉砂岩-板岩-（含黄铁矿）硅质岩组合发育喷流-沉积型铅锌矿（陕西旬阳赵家庄、黄土坡、泗人沟、火烧沟、关子沟等），成为扬子型铅锌矿重要层位之一。

汉南上扬子地块及摩天岭地块震旦纪—寒武纪含磷碳酸盐岩-板岩-粉砂岩夹砂岩建造组合（陡山沱组、宽川铺组、临江组），为重要含磷、锰和重晶石矿层位（宽川铺磷矿、茶店磷矿、史家院磷矿、陇南临

江)。在灯影组底部构造滑脱带碎裂白云岩中形成了奥陶纪马元式铅锌矿,构成扬子型铅锌矿又一重要层位;汉南扬子地块北缘成矿与寒武纪牛蹄塘组有关,形成沉积型钒、钼、磷矿和成矿潜力巨大的页岩气层位。

2. 洋盆环境与成矿

随着罗迪尼亚超大陆裂解的加剧,在西北地区出现多岛洋构造格局。裂谷大洋化阶段,形成塞浦路斯型铜矿和与不同类型洋壳蛇绿岩有关的铬铁矿及其伴生的铂、钯矿,此外蛇绿岩也是原生金矿的原岩。

在东、西准噶尔地区,主要有与奥陶纪—志留纪蛇绿岩建造有关的铬铁矿(唐巴勒铬铁矿);在西南天山地区,主要有与奥陶纪蛇绿岩有关的石棉、滑石矿(榆树沟石棉矿、铜花山滑石矿);在祁连山西段,形成奥陶纪MORB型和SSZ型蛇绿岩,其中产出豆荚状铬铁矿,如青海祁连县早中奥陶世玉石沟铬铁矿、甘肃肃北寒武纪大道尔吉铬铁矿等都产出于洋脊环境;在阴凹槽,产塞浦路斯型铜矿;西昆仑北带在古生代蛇绿岩中形成库地铬铁矿。

在后期风化过程中还形成红土型铬铁砂(陕西宁强庙坝)和表生风化型铜镍矿(青海拉脊山)。

二、奥陶纪—中泥盆世俯冲-碰撞地壳汇聚背景与成矿

1. 活动陆缘岛弧、陆缘弧与成矿

在早古生代弧盆系发育阶段,西北地区形成与弧岩浆相关的壳源型钨锡矿、钨钼矿,同时形成喷流-沉积型铅锌矿,热液脉-斑岩型铜、金矿,火山沉积型锰矿。

东天山-北山奥陶纪—志留纪岛弧环境,在新疆东天山喀拉塔格地区中奥陶世荒草坡群大柳沟组安山岩-玄武岩-英安岩建造、中—晚志留世红柳峡组拉斑玄武岩-安山岩建造中,形成喀拉塔格铜矿;在甘肃北山奥陶纪钙碱性系列以安山岩为主的玄武岩-安山岩-英安岩-流纹岩组合中的代表性矿床有花牛山金银铅锌矿等矿床,中志留世公婆泉群火山岛弧浅海基性—中酸性火山岩组合形成公婆泉斑岩型铜矿。

北祁连及中祁连北缘奥陶纪岩浆弧,与弧玄武岩-安山岩-英安岩等火山岩组合相关,形成冷龙岭的浪力克热液型铜矿床、银灿铜矿;在岛弧上的铁矿,以小沙龙沉积变质型铁矿床为代表;在大岔达坂—寺大隆一带的火山岩型铜矿则形成于早中奥陶世的洋内弧环境;白银市白银厂式大型火山岩型铜多金属矿床以及祁连白柳沟—尕达坂一带的铅锌矿床形成于寒武纪—奥陶纪的岛弧环境;蛟龙掌铜铅锌矿也产于走廊南山岛弧的东延部分。在弧中酸性侵入岩内外接触带形成甘肃小柳沟-祁青钨钼矿、塔尔沟钨锡矿。

在柴北缘岩浆弧,奥陶纪滩间山群海相火山沉积变质岩系(弧间盆地?)两次火山喷发较长间歇期,形成与该群中部细碎屑岩-碳酸盐岩夹层状铅锌矿及硅质岩组合的海相(火山-)喷流-沉积型(后经热液改造)铅锌矿(锡铁山铅锌矿)和海山火山岩型铅锌矿(阿尔茨托山沙柳河式铅锌矿);铜矿以沙柳河式海相火山岩型铜矿床和绿梁山式海相火山岩型铜矿床为代表,钨锡矿以沙柳河南区钨锡多金属矿床为代表,这些矿床构成青海省重要工业基地。与滩间山群下碎屑岩组含蛇绿岩浊积岩组合和下火山岩组钙碱性系列火山岩有关的锰矿点也较为集中,有的具一定规模,品位较高,形成矿点或小型矿床,前者如乌兰县哈莉哈德山锰矿床,后者如大柴旦镇红旗沟锰矿点等。

阿尔金奥陶纪与火山岩有关的铁铜多金属矿有拉配泉南铁铜矿、拉配泉齐勒萨依铜多金属矿等。东昆仑祁漫塔格早古生代岩浆弧、早古生代中酸性岩与结晶基底(白沙河岩群)接触带形成白干湖钨锡矿。

另外,奥陶纪活动陆缘弧前盆地构造高地滨浅海碳酸盐岩建造组合,产制碱用灰岩、熔剂用灰岩、水泥用灰岩等灰岩矿(青海门源县青石嘴地区中奥陶世大梁组的大梁灰岩矿;青海海西州大柴旦镇海合沟滩间山群的海合沟灰岩矿)。

2. 俯冲增生楔杂岩与成矿

增生楔或称作俯冲增生楔,是洋陆相互作用中由于俯冲带向洋退却,使俯冲带不断向洋增生扩大而形成的特殊地质体,在其中构造卷入有洋岛、远洋洋底沉积、古老的地块残片、洋内弧,以及此后折返的高压—超高压变质岩构造岩片等。因此其中常常含有远洋形成的锰结核,构成相当规模的锰矿床,如北祁连山一带和甘肃昌马鹰嘴山一带的锰矿床。此外,由于其中构造卷入有洋壳残片,因此常常有小型的铬铁矿产出,如新疆南天山北缘俯冲增生楔一些蛇绿岩中的铬铁矿,东、西昆仑早古生代及石炭纪—二叠纪两期俯冲增生楔蛇绿岩中的小型铬铁矿等。

增生楔韧性—脆韧性剪切带发育,常常是金矿的集中产出地带,如商丹(庞家河、八卦庙、马鞍桥等金矿)、额尔齐斯、康古尔塔格、北祁连(如穿刺沟充填型金矿床)、东昆仑、卡拉麦里等俯冲增生楔都有金矿产出。产在俯冲增生杂岩楔中的铜矿,以祁连扎麻什克东沟火山岩型铜矿床和桦树沟热液型铜矿床为代表。

3. 活动陆缘弧后盆地-碰撞带前陆盆地与成矿

西北地区南华纪—早古生代弧盆系发育地区的弧后扩张盆地和此后弧-陆碰撞或陆-陆碰撞造山带前陆盆地形成了与之相关的金属等矿产。

在北祁连弧后盆地扩张脊蛇绿岩组合中,形成了奥陶纪塞浦路斯型(?)铜矿(如甘肃肃南县九个泉铜矿、石居里沟火山喷流-沉积型铜矿等);在其上叠志留纪弧后前陆盆地泉脑沟组(S_2)细碎屑浊积岩建造中产砂岩型铜矿(肃南天鹿铜矿等),在不同层位中产锑、锰矿。

在北秦岭早古生代弧后盆地(草滩沟群、斜峪关群和二郎坪岩群)火山岩组合中,主要有铜、硫矿产(铜峪铜矿床等)。

在柴北缘构造带,前期锡铁山式海相火山岩型铅锌矿床在碰撞造山过程中受到强烈的构造改造和热液改造(张德全等,2005)。

第三节 晚古生代—中三叠世大地构造环境与成矿

西北地区晚古生代—中三叠世时期,主体可分为北、中、南3个大的构造区。北构造区相当于前人所称的天山-兴蒙构造带西部,主体经历了三大构造演化阶段:①哈萨克斯坦(联合)板块有限裂解(D_3—C_1),后碰撞裂谷系形成;②残留洋盆的统一关闭(C_1末);③全面进入板内演化阶段(P开始)。中构造区全面进入板内演化阶段(D_3开始),主体表现为塔里木-柴达木陆块和华北-祁连陆块的克拉通化和各自盖层的形成。南构造区大体相当于前人所称的特提斯构造域北部,位于西昆北—东昆北—宗务隆—甘加—陇山—北秦岭(中部)以南。以汉中—宁陕—柞水一线为界,其东、西差异明显:①中西部(西秦岭及其以西),早期(D—P_2)以伸展为主,晚期(P_3—T_2)以汇聚为主,整体表现为伸展与汇聚并存,被动陆缘与弧盆系相间(早期)、造山带与前陆盆地相间(晚期)的构造格局;②东部整体处于伸展状态[东秦岭(D—T_2);上扬子(P—T_2)],发育被动陆缘;③晚三叠世以后全面进入碰撞造山-陆内演化阶段。

晚古生代—中三叠世的成矿丰富,是西北地区重要成矿期。上述三大构造单元的成矿特征各不相同(表6-2)。

表6-2 西北地区晚古生代—中三叠世构造环境与成矿一览表

构造阶段		时代	动力体制	构造环境	构造单元	成矿地质建造	成矿时代	成矿类型	矿种组合	代表性矿床
北构造区（天山兴蒙造山系）	后碰撞	P	伸展	后碰撞裂谷	准噶尔-北天山-北山后碰撞裂谷	基性-超基性岩	P	岩浆型	铜、镍矿	黄山、图拉尔根、黑山、坡北-坡十、喀拉通克
		D_3—C_1	伸展	后碰撞裂谷	准噶尔-北天山-北山后碰撞裂谷	大哈拉军山组火山岩	C	火山岩型	铁矿	阿吾拉勒、乌孙山
						雅满苏、浪娃山火山岩	C	火山岩型	铁矿	雅满苏、浪娃山、黑鹰山
						阿克萨兒组碳酸盐岩	C	沉积型	锰矿	加曼特锰矿
			汇聚	岩浆弧	那拉提-巴伦合-额尔宾山东-卡拉塔格岩浆弧（D_3—C_1）	花岗斑岩	C	斑岩型	铜、金矿	土屋、延东、那拉提卡特巴阿苏、白山堂、辉铜山、包谷图
中构造区（陆块区）	板内演化	C—T_2	稳定-伸展	陆表海	祁连北部陆表海	羊虎沟组	$C_2 P_1$	沉积型	煤矿	靖远、山丹
					鄂尔多斯陆表海	山西组	$C_2 P_1$	沉积型	煤矿	府谷、吴堡、韩城
						太原组	$C_2 P_1$	沉积型	煤矿	
						本溪组	C_2	沉积型	铁矿（山西式）铝土矿（G层）	
				塔里木陆块	碱性基性-超基性岩	C_2—T_2	岩浆期后热液型	稀有、稀土矿	巴楚县瓦吉尔塔格
						碱性花岗岩	P			拜城县波改哎尔
南构造区	板块构造阶段	$P_{2,3}$—T_2（西秦岭及其以西）	汇聚阶段（西秦岭及其以西）	岩浆弧	东昆仑（祁漫塔格）岩浆弧	中酸性侵入岩，碳酸盐岩	P—T	矽卡岩型-热液型	铁铜多金属矿	祁漫塔格卡尔却卡等
				洋壳（蛇绿岩）	昆南结合带（Pz_2）	阿尼玛卿蛇绿岩带	PT	再造型	铜矿	德尔尼
		D_2—P_2（东秦岭 D—T_2）	伸展阶段	被动陆缘	南秦岭被动陆缘（D—T_2）	碎屑岩、灰岩（西成片岩、大理岩）	D	喷流-沉积型	铅锌矿	赛什塘、西成、凤太、山柞镇旬
				裂谷	柴达木地块周缘	铁质基性-超基性侵入岩	S末—D初	岩浆型	铜镍矿	夏日哈木、牛鼻子梁

一、北部后碰撞构造演化与成矿

北构造区(天山-兴蒙构造带)北部受额尔齐斯晚古生代洋盆向北俯冲作用,在阿尔泰形成弧盆体系,阿尔泰泥盆纪岩浆弧及弧后盆地是形成火山岩型铁矿及铜多金属矿的有利地带,如阿巴宫铅锌矿、蒙库铁矿、阿舍勒铜矿(428~367Ma)等。与石炭纪准噶尔周边后碰撞裂谷岩浆作用有关的组合中,形成火山岩型铁矿(阿吾拉勒矿集区矿浆型铁矿、乌孙山火山岩型铁矿)、火山岩型-层矽卡岩型铁矿(雅满苏、狼娃山、黑鹰山)。

残留洋盆和新生洋盆中,产与泥盆纪—石炭纪洋壳蛇绿岩有关的铬铁矿,如南天山碱泉铬铁矿、准噶尔萨尔托海式铬铁矿;蛇绿岩后期再造石棉-宝石矿,如准噶尔也格孜卡拉石棉-宝石矿等。

与石炭纪—二叠纪裂谷基性—超基性侵入岩有关的岩浆岩型铜镍矿主要分布在北构造区,从北到南主要有阿尔泰库卫镍铜矿带,北准噶尔喀拉通克镍铜矿带(297Ma),那拉提菁布拉克镍铜铂矿(Sm-Nd等时线年龄 300±50Ma,李华芹等,2001),觉洛塔格黄山-镜儿泉(图拉尔根)镍铜矿带(314~308Ma),库鲁克塔格兴地镍铜铂矿带,北山坡北-坡十、磁海南-笔架山镍铜矿带,星星峡白石泉铜镍矿。

晚古生代残留洋盆关闭,受同期岩浆弧中酸性侵入岩侵入作用和围岩接触带热液作用的控制,在中天山-马鬃山岩浆弧、西准噶尔岩浆弧等形成了斑岩型-矽卡岩型-热液脉型铜(金)多金属矿(卡特巴阿苏、土屋-延东、白山堂、辉铜山、包谷图)、钨矿(独山,大型)和花岗伟晶岩型稀有金属矿,如阿尔泰可可托海花岗伟晶岩型锂-铍-铌-钽-铯-铷-铪矿田等,为早古生代 447.0Ma(王登红等,2002)~408Ma(邹天人等,1988),晚古生代 330~250.3Ma(邹天人等,1988),中生代 224Ma(邹天人等,1988)~173.11Ma(王中刚等,1998)多期叠加再造成矿;同类成矿在西南天山、东天山也有发育。同时为蓟县纪浅变质碎屑岩-碳酸盐岩建造中的层控改造型铅锌银矿(元古宙时已形成了热卤水成因的铅锌矿床——彩霞山大型铅锌矿床、沙泉子铅锌矿、玉西银矿、铅炉子铅锌矿等)提供了热能(根据同位素测年资料,矿床最终形成在 324Ma 之前,是受海西晚期岩浆热液作用进一步再造变富的复成矿床)。

东准噶尔斑岩铜矿带形成于两种岩浆弧背景,哈腊苏斑岩铜矿带形成于岛弧、野马泉-琼河坝斑岩铜矿带形成于陆缘弧,前者以铜金矿为主、后者以发育铜钼矿为特征。其中哈腊苏斑岩铜矿带典型矿区(玉勒肯哈腊苏矿区、哈腊苏矿区、卡拉先格尔Ⅱ—Ⅲ矿区)含矿围岩含矿斑岩主要为中酸性—酸性浅成侵入岩,以花岗闪长斑岩、花岗斑岩为主,还有少量为石英闪长玢岩。玉勒肯哈腊苏铜矿为叠加改造型斑岩铜矿,其成矿作用可概括为:①382~374Ma 俯冲阶段岛弧背景的斑岩铜金矿,成矿斑岩包括二长花岗斑岩、花岗闪长斑岩与花岗斑岩,花岗闪长斑岩为主含矿斑岩;②362~360Ma 碰撞阶段的改造与叠加成矿,北北西向韧性剪切变形不仅造成斑岩中硫化物发生变形、迁移与再定位,韧性变形过程有新的成矿物质加入,使韧性变形带中铜含量进一步提高;③333~300Ma 后碰撞阶段叠加成矿,可能是由岩石圈拆沉引起的壳幔相互作用过程而产生的碱性岩浆活动与叠加成矿作用,形成以辉钼矿化黄铜矿化钾长石脉矿化为特征的叠加成矿;④300Ma 之后的与矿区低角度逆断层伴生的脉状叠加成矿作用。另外,在东准噶尔岩浆弧还产与弧侵入岩相关的锡矿(老鸦泉锡矿)。

二、中部稳定陆块区演化与成矿

中部构造区(祁连-华北陆块、塔里木-柴达木陆块)以稳定的陆表海发育为特色,在华北陆块西部的鄂尔多斯地块奥陶纪古喀斯特风化面,形成了山西式铁矿和 G 层铝土矿;在海陆交互相滨岸沼泽-内陆湖沼环境形成了丰富的石炭纪—二叠纪煤田（鄂尔多斯的府谷、吴堡、韩城、铜川、华亭等，祁连地区靖远县、山丹县等）。

塔里木陆块西部（后期巴楚隆起瓦吉尔凸起位置），晚古生代（C_2—T_2，301～231Ma）板内伸展相关碱性富铁质超基性岩—铁质基性岩层状杂岩体，辉长岩-辉石岩—橄榄辉石岩-橄榄岩组合，碱性超基性—基性岩体边部岩浆期后热液碳酸岩脉全岩矿化（瓦吉尔塔格式），构成新疆唯一碳酸盐岩型稀土矿床，并伴有钒钛磁铁矿和碳酸盐岩型磷灰石矿化。塔里木陆块北缘二叠纪碱性花岗岩岩株，霓石似伟晶岩-霓石钠长花岗岩-钠闪霓石花岗岩组合，产碱性花岗岩浆分异形成的稀有金属矿床（波孜果尔式，拜城县波孜果尔铌钽矿床），伴生稀土金属矿。

塔里木西缘晚石炭世产台地潮坪-局限台地碳酸盐岩组合（阿依里河组）沉积型铝土矿（乌什北山、阿依里）；塔里木-柴达木陆块石炭系—二叠系产烃源岩及油气储层（柴达木东部、塔西南深部等）。

三、南部板块构造与成矿

南部构造区（特提斯构造域北部），在柴达木地块周缘（志留纪末—泥盆纪初）后碰撞伸展背景下，形成了深部与基性—超基性侵入岩密切相关的岩浆型铜镍矿（青海夏日哈木、牛鼻子梁等）；塔里木西南缘昆盖山-阿羌石炭纪—二叠纪陆缘裂谷，形成锰、铜、铅锌多金属矿床（如马尔坎苏沉积型锰矿、盖孜特克里曼苏沉积型铜矿等）。

在南秦岭地块晚古生代被动陆缘区，碎屑岩-碳酸盐岩组合发育与喷流-沉积有关的铅锌矿田（赛什塘、西和-成县、凤县-太白、山柞镇旬），中秦岭刘岭前陆盆地欠补偿沉积（青石垭组）产沉积型铁矿（大西沟铁矿）。

晚古生代晚期—三叠纪弧岩浆作用，在东昆仑祁漫塔格为岩浆热液型-矽卡岩型成矿作用提供了条件，形成了祁漫塔格铁铜多金属矿集区（肯德可克铁多金属矿床、五一河铁锡矿床、尕林格铁矿床、野马泉铁铅锌矿床等）。在西秦岭以三叠纪中酸性侵入岩为主构成的构造岩浆岩带，近年来被认为是特提斯洋向北俯冲形成的岩浆弧。目前在该构造岩浆岩带寻找斑岩型矿床已经获得重大突破，如大型温泉钼矿床（Re-Os等时线年龄为214.4±7.1Ma）、中型德乌鲁铜矿床、小型同仁江里沟钼矿床（Re-Os等时线年龄为216.0±3.2Ma）、夏仁钨铜矿点、太白钼矿点等。

三叠纪大量前陆盆地的发育，近源沉积为金成矿提供了矿源层（大水、大场、大桥金矿田等）。

第四节 晚三叠世—新生代大地构造环境与成矿

晚三叠世—新生代，西北地区主体为陆内盆山演化过程，而中生代和新生代又有区别。中生代除康西瓦-阿尼玛卿构造带以南尚具有特提斯洋北缘活动大陆边缘特点外，西北地区主体形成了中生代中晚期近南北向（？）造山带与不同类型盆地相间的构造格局。新生代以来，主要受青藏高原地壳隆升、岩石圈加厚并向北推挤这一动力学系统的控制，对中生代盆山格局进行了叠加改造，形成了青藏高原北部盆山巨系统、西北地区西部复活盆山巨系统和西北地区东部近南北向盆山巨系统及其次级盆山系统和子系统。

在这些中—新生代造山带构造热隆起区，受构造-热事件作用形成了不同类型金属矿产，并为盆地区沉积型矿产提供了物源；在盆地区形成了西北地区重要的煤炭、油气、铀矿、盐岩和丰富的地下水资源（表6-3）。

表 6-3 西北地区晚三叠世—新生代构造环境与成矿一览表

构造阶段	时代	动力体制	构造环境	构造单元	成矿地质建造	成矿时代	成矿类型	矿种组合	代表性矿床
板内演化	E—N—Q	挤压	压陷-回陷盆地	柴达木压陷盆地、塔里木回陷盆地	新生代盐湖	E—N—Q	化学沉积型	钾盐	尕斯库勒湖、察尔汗盐湖、罗布泊盐湖
	K—E	挤压	压陷盆地	喀什-托云压陷盆地	克孜勒苏群(K_1)英吉沙群(K_2)喀什群碎屑岩(K—E)	K—E	沉积型	铅锌矿	乌拉根铅锌矿、萨热克砂岩型铜矿
	E—N	后碰撞伸展	后碰撞岩浆岩带	青藏高原北缘后碰撞岩浆岩带	偏碱性中酸性(E—N)侵入岩脉、岩株	E—N	斑岩型	铜矿	多彩
	J_{2-3}	伸展	回陷盆地缓坡带	伊犁回陷盆地、准噶尔回陷盆地、吐哈回陷盆地、鄂尔多斯盆地	含煤岩系上覆砂岩	J_{2-3}, Cz	砂岩型	铀矿	伊犁、准噶尔、吐哈、马家滩、东胜-大营、马家滩、黄陵
	J_{1-2}	伸展	回陷-断陷盆地	鄂尔多斯回陷盆地、柴达木回陷盆地、塔里木回陷盆地、准噶尔回陷盆地、吐哈回陷盆地	延安组、大煤沟组、叶尔羌群、水西沟群	J_{1-2}	沉积型	煤矿	东胜、神府、榆横、汝箕沟、柴达木、喀什、和田、库车、满加尔、吐哈、准噶尔、三塘湖
	T_3—J	挤压-伸展转换	前陆盆地-后碰撞伸展转换带	巴颜喀拉前陆盆地楔顶带/T_3—J 后碰撞热隆起叠加带	巴颜喀拉山群中酸性岩脉脆韧性剪切带	T_3—J	造山带型	金矿	大场
				T 前陆盆地/T_3—J 后碰撞热隆起叠加带	隆务河群浊积岩中酸性岩脉	T_3—J	造山带型	金矿	大桥、大水
				新甘蒙北山构造热隆起	中酸性岩	T_3—J—E	斑岩型	钼、金矿	白山、东戈壁
	T_3—J—K	伸展	构造-岩浆-热隆起	西秦岭构造热隆起	三河口组碎屑岩(D)	K	斑岩型	金矿	阳山
				小秦岭-东秦岭构造热隆起	花岗岩斑岩(K)	K	斑岩型	钼矿	金堆城、胭脂坝
					碳酸岩脉(T)	T	碳酸岩型	钼、铀矿	黄龙铺

一、造山带构造热隆起与成矿

1. 中生代构造热隆起与成矿

西北地区中生代主要热隆起区的岩浆热活动频繁,为壳源型金属矿产成矿提供了条件。在新甘蒙三省(区)交界的东天山—北山地区,与三叠纪—侏罗纪中酸性岩浆侵入热事件相关,形成了重要的斑岩型钼矿(东戈壁、白山等);同时,在阿尔泰和北山热隆起区使稀土、稀有、稀散元素在前期成矿的基础上再造富集成矿。

在西北地区东部贺兰山-六盘山-西秦岭构造热隆起区,中生代岩浆热事件形成花岗细晶岩脉群及隐伏岩体等,为贺兰山北段金矿区、卫宁北山铜多金属矿、西秦岭诸多金矿田(大桥、阳山、早子沟等)后生热液成矿提供了热源。

在西昆仑—玉树—川西地区,形成花岗伟晶岩型稀有金属矿(大红柳滩等)。

受滨太平洋构造域对中国西北地区东部的影响,在豫陕小秦岭-柞水-石泉构造热隆起,在小秦岭—莽岭—柞水—迷魂阵—东江口—五龙一带发育大量白垩纪—侏罗纪花岗斑岩、花岗岩,形成了黄龙铺碳酸盐型钼矿(231~220Ma,毛景文等,2006)、金堆城斑岩型-矽卡岩型钼矿(139~129Ma)、胭脂坝钼矿、陕西洛南木龙沟矽卡岩型铁矿等,并为小秦岭金矿(矿源层为太华岩群古岛弧变质岩组合,成矿年龄128~126Ma)和安康北部-石泉金矿田(矿源层为志留纪前陆盆地碎屑岩)等提供了热源。

南秦岭印支期构造滑脱韧性剪切带及热液脉为金矿的富集(安康北部)和扬子型铅锌矿(旬阳北部)的再造提供了条件。

2. 新生代构造热隆起与成矿

在青藏高原北部,在构造热隆起与中—新生代盆地转换部位,受控盆断裂、构造滑脱面和新生代深大断裂等控制,在盆地细碎屑岩-碳酸盐岩建造中形成层控热液型铅锌矿等,如新疆和田火烧云层控热液型铅锌矿,可可西里斑岩-热液脉型铜、铅锌多金属矿,宁夏六盘山铅锌矿等。

二、构造转换与成矿

1. 构造动力学体制转换与成矿

晚三叠世—侏罗纪是印支期南昆仑-阿尼玛卿-南秦岭造山与后造山伸展滑脱-构造热隆起转换时期,与该转换过程相耦合,受构造挤压向构造松弛转换的热事件作用,形成了西秦岭崖湾-马坞-大水金成矿区[侏罗纪大型脉状金成矿——礼坝(176Ma)、双王(钾长石202~198Ma)、八卦庙、马鞍桥,分布于礼-凤-太古生代盆地,赋矿围岩为泥盆系;侏罗纪大型卡林型金矿——大水(花岗岩墙190Ma;T_3—E)、东北寨、马脑壳、煎茶岭、文县阳山(T_3),赋矿围岩为三叠纪复理石建造浊积岩系]。矿化均与侏罗纪中晚期偏铝质花岗岩体或小岩株在空间上相伴随,成矿时代为210~170Ma(160Ma、176Ma、197~193Ma),为侏罗纪。

2. 构造转换部位与成矿

在巴颜喀拉山三叠纪前陆盆地与南昆仑印支期造山带转换部位,前陆盆地近源碎屑沉积金矿源层与晚三叠世—早侏罗世中酸性岩浆侵入热事件叠加,为大场大型金矿田形成提供了条件;东秦岭被动陆缘(D—T)伸展背景与同期西秦岭岩浆弧(C—T)汇聚背景的转换部位,为与晚三叠世中酸性岩浆热事件相关的大型金矿田(大桥金矿、阳山金矿等)的形成提供了有利构造条件。

三、大型凹陷盆地与成矿

侏罗纪早期是西北地区重要的聚煤期,在同期构造热隆起之间,形成准噶尔、吐哈、塔里木、柴达木、鄂尔多斯等主要聚煤盆地,普遍的伸展构造环境、陆源碎屑的欠补偿供给、有利的气候条件及三角洲-河湖相沉积环境为聚煤提供了有利条件,形成了著名的一系列煤田。大型内陆盆地的湖泛期为西北油页岩、石油天然气的形成提供了物质来源,形成了塔里木、准噶尔、吐哈、玉门、鄂尔多斯等油气田。油气田和煤田提供的还原条件和准稳定的构造缓坡为其上覆砂岩型铀矿的形成提供了便利环境,形成了大型盆地缓坡带的砂岩型铀矿(伊犁、吐哈、鄂尔多斯周边、准噶尔、柴达木北缘等)。

随着印度板块和欧亚板块的陆内碰撞造山,在西北地区天山和昆仑-阿尔金造山带向塔里木盆地和准噶尔盆地的逆冲作用更为明显,在这些压陷盆地山前冲断-褶皱带,逆冲断层对早期形成了煤矿部分层位的错位,同时为油气资源的迁移、聚集提供了必要的运移通道和储油空间等(塔里木西南缘和东南缘、巴里坤博格达山前等)。

西北地区在中—新生代内陆湖泊沉积中富产蒸发岩矿产,是全国钾盐主产地,主要分布在塔里木盆地若羌县罗布泊和乌苏硝、吐哈盆地托克逊县乌勇布拉克、哈密市裤子山-东盐湖、准噶尔盆地玛纳斯湖。另在柴达木盆地、唐古拉地块上的上三叠统含煤碎屑岩段之上的碳酸盐岩段,以及宁夏同心盆地和兰州一带的古近系砂岩-泥灰岩组合也有岩盐产出。

四、青藏高原北部后造山伸展构造-热事件与成矿

青藏高原北部由于高原地壳垂向交换调整和陆内后造山伸展,青藏高原北部部分地段,尤其是新生代构造岩浆活动和强烈热液活动,为斑岩-热液型铜多金属成矿(多彩、纳日贡玛-陆日格)、陆相火山岩型铅锌银矿(雪莲湖)、层控热液型铅锌矿(莫海拉亨、然者涌、火烧云、乌拉根等)成矿提供了良好条件。

主要参考文献

白文吉,崔翼万,1997.铬铁矿床类型及其成因的探讨[J].地质学报,1:29-42.

鲍佩声,2009.再论蛇绿岩中豆荚状铬铁矿的成因——质疑岩石/熔体反应成矿说[J].地质通报,28(12):1741-1761.

蔡土赐,1999.新疆维吾尔自治区岩石地层[M].武汉:中国地质大学出版社.

曹福根,涂其军,张晓梅,等,2006.哈尔里克山早古生代岩浆弧的初步确定——来自塔水河一带花岗质岩体锆石 SHRIMP U-Pb 测年的证据[J].地质通报,25(8):923-927.

曹福根,张玉萍,李艳,等,2009.新疆哈密沁城一带青石峡组地质特征及意义[J].新疆地质,27(4):303-307.

于炳松,1996.新疆塔里木盆地北部层序地层及其沉积学研究[M].北京:地质出版社.

车自成,姜洪洲,1987.大地构造学概论[M].西安:陕西科学出版社.

车自成,刘洪福,刘良,1994.中天山造山带的形成与演化[M].北京:地质出版社.

车自成,刘良,罗金海,等,2002.中国及邻区大地构造学[M].北京:科学出版社.

陈柏林,杨屹,王小凤,等,2005.阿尔金北缘大平沟金矿床成因[J].矿床地质,24(2):168-177.

陈必河,罗照华,贾宝华,等,2007.阿拉套山南缘岩浆岩锆石 SHRIMP 年代学研究[J].岩石学报,23(7):1756-1764.

陈斌,JAHN B M,王式洗,等,2001.新疆阿尔泰古生代变质沉积岩的 Nd 同位素特征及其对地壳演化的制约[J].中国科学(D 辑),31(3):226-232.

陈华勇,陈衍景,刘玉琳,2000.新疆额尔齐斯金矿带的成矿作用及其与中亚型造山作用的关系[J].中国科学(D 辑),30(s1):38-44.

陈景山,王振宇,代宗仰,等,1999.塔中地区中上奥陶统台地镶边体系分析[J].古地理学报,1(2):8-17.

陈荣林,朱宏法,陈跃,等,1995.塔里木盆地中新生界沉积特征与石油地质[M].南京:河海大学出版社.

陈守建,李荣社,计文化,等,2007.昆仑造山带晚泥盆世沉积特征及构造古地理环境[J].大地构造与成矿学,31(1):44-51.

陈文,孙枢,张彦,等,2005.新疆东天山秋格明塔什-黄山韧性剪切带 $^{40}Ar/^{39}Ar$ 年代学研究[J].地质学报,79(6):790-804.

陈文,张彦,秦克章,等,2007.新疆东天山剪切带金矿时代研究[J].岩石学报,23(8):2007-2016.

陈希节,舒良树,2010.新疆哈尔里克山后碰撞期构造-岩浆活动特征及年代学证据[J].岩石学报,26(10):3057-3064.

陈毓川,2007.中国成矿体系与区域成矿评价[M].北京:地质出版社.

陈毓川,刘德权,唐延龄,等,2008.中国天山矿产及成矿体系[M].北京:地质出版社.

陈毓川,刘德权,唐延龄,等,2007.中国新疆战略性固体矿产大型矿集区研究[M].北京:地质出版社.

陈毓川,王登红,徐志刚,等,2000.阿尔泰海西期成矿系列及其演化规律[C]//九五全国地质科技重要成果论文集.北京:地质出版社,184-190.

陈毓川,王京彬,2003.中国阿尔泰山地质矿产论文集[M].北京:地质出版社.

成守德,刘朝荣,肖立新,2002.塔里木盆地西部及邻区构造格局与演化[J].新疆地质,20(S1):13-18.

成守德,王广瑞,1986.新疆古板块构造[J].新疆地质,4(2):1-26.

成守德,王元龙,2008.新疆造山带大地构造相的划分及主要含矿特征[C]//第六届天山地质矿产资源学术讨论会论文集(下).乌鲁木齐:新疆青少年出版社,746-752.

成守德,王元龙,2000.中亚地壳发展演化与成矿[C]//第四届天山地质矿产资源学术讨论会论文集(238~240).乌鲁木齐:新疆人民出版社.

成守德,徐新,2005.从欧亚全局看新疆大地构造[C]//第五届天山地质矿产资源学术讨论会论文集(10~13).乌鲁木齐:新疆科学技术出版社.

成守德,徐新,2001.新疆及邻区大地构造编图研究[J].新疆地质,19(1):33-37.

成守德,张湘江,2000.新疆大地构造基本格架[J].新疆地质,18(4):293-296.

成守德,1996.中国新疆北部及邻区成矿图说明书[M].武汉:中国地质大学出版社.

单文琅,傅昭仁,葛孟春,1984.北京西山的褶叠层与"顺层"固态流变构造群落[J].地球科学——中国地质大学学报,2:35-43+144.

丁道桂,汤良杰,等,1996.塔里木盆地形成与演化[M].南京:河海大学出版社.

丁莲芳,李勇,李国勤,1983.论陕南震旦系—寒武系界线[J].西安地质学院学报,2:9-23.

董得源,王宝瑜,1984.新疆古生界层孔虫及其地层意义[J].中国科学院南京地质古生物研究所丛刊,7:237-286.

董连慧,祁世军,成守德,等,2009.新疆地壳演化及优势矿产成矿规律研究[M].武汉:中国地质大学出版社.

冯益民,曹宣铎,张二朋,等,2002.西秦岭造山带结构造山作用与动力学[M].西安:西安地图出版社.

高俊,钱青,龙灵利,等,2009.西天山的增生造山过程[J].地质通报,28(12):1804-1816.

高俊,汤耀庆,赵民,等,1995.新疆哈尔克山蛇绿岩的形成环境[J].地质科学,20(6):682-688.

高俊,张立飞,王宗秀,等,1997.新疆西天山高压变质带的变质矿物与变质作用演化[J].岩石矿物学,16(3):244-254.

高振家,陈晋镳,陆松年,等,1993.新疆北部前寒武系[C]//前寒武纪地质 第6号.北京:地质出版社.

高振家,陈克强,魏家庸,等,2000.中国岩石地层辞典[M].武汉:中国地质大学出版社.

高振家,朱诚顺,等,1984.新疆前寒武纪地质[M].乌鲁木齐:新疆人民出版社.

弓小平,马华东,杨兴科,等,2004.木孜塔格-鲸鱼湖断裂带特征、演化及其意义[J].大地构造与成矿学,28(4):418-527.

顾家裕,1996.塔里木盆地沉积层序特征及其演化[M].北京:石油工业出版社.

顾连兴,胡受奚,于春水,等,2001.论博格达俯冲撕裂型裂谷的形成与演化[J].岩石学报,17(4)585-597.

顾其昌,1996.宁夏回族自治州岩石地层[M].武汉:中国地质大学出版社.

郭华春,钟莉,李丽群,2006.哈尔里克山口门子地区石英闪长岩锆石SHRIMP U-Pb测年及其地质意义[J].地质通报,25(8):928-931.

郭召杰,张志诚,王建君,1998.阿尔金山北缘蛇绿岩带的Sm-Nd等时线年龄及其大地构造意义[J].科学通报,43(16):1981-1984.

韩芳林,崔建堂,计文化,等,2002.西昆仑其曼于特蛇绿混杂岩的发现及其地质意义[J].地质通报,21(8):575-578.

郝键,1986.试谈新疆铬铁矿床成因类型的划分[J].新疆地质,4(2):70-76.

郝杰,刘小汉,1993.南天山蛇绿混杂岩形成时代及大地构造意义[J].地质科学,1:93-95.

郝梓国,1991.新疆西准噶尔地区蛇绿岩与豆荚状铬铁矿床的成因研究[J].中国地质科学院院报,23:73-83.

何国琦,李茂松,刘德权,1994.中国新疆古生代地壳演化与成矿[M].乌鲁木齐:新疆人民出版社.

何镜宇,孟祥化,1987.沉积岩和沉积相模式及建造[M].北京:地质出版社.

何远碧,王振宇,1995.塔里木盆地寒武—奥陶纪生物组合和生物相[J].新疆石油地质,16(2):114-122.

胡霭琴,韦刚健,江博明,等,2010.天山 0.9Ga 新元古代花岗岩 SHRIMP 锆石 U-Pb 年龄及其构造意义[J].地球化学,39(3):197-212.

胡霭琴,张国新,张前锋,等,1993.新疆北部同位素地球化学与地壳演化[M].涂光炽.新疆北部固体地球科学新进展.北京:科学出版社.

胡建中,谭应佳,张平,等,2008.塔里木盆地西南缘山前带逆冲推覆构造特征[J].地学前缘,15(2):222-231.

黄河,张招崇,张舒,等,2010.新疆西南天山霍什布拉克碱长花岗岩体岩石学及地球化学特征——岩石成因及其构造与成矿意义[J].岩石矿物学,29(6):708-718.

黄汲清,陈炳蔚,1987.中国及邻区特提斯海的演化[M].北京:地质出版社.

黄建华,吕喜朝,朱星南,等,1995.北准噶尔洪古勒楞蛇绿岩研究的新进展[J].新疆地质,1:20-30.

黄宗理,张良弼,2006.地球科学大辞典(基础学科卷)[M].北京:地质出版社.

贾承造,1997.中国塔里木盆地构造地质特征与油气[M].北京:石油工业出版社.

贾润胥,1991.中国塔里木盆地北部油气地质研究第一辑 地层沉积[M].武汉:中国地质大学出版社.

简平,刘敦一,张旗,等,2003.蛇绿岩及蛇绿岩中浅色岩的 SHRIMP U-Pb 测年[J].地学前缘,10(4):439-456.

金性春,1984.板块构造学基础[M].上海:上海科学技术出版社.

金振民,QUAN B,KOHLSTEDT D L,等,1984.铬铁矿预富集和上地幔部分熔融关系的实验研究[J].地质论评,42(5):424-429.

康玉柱,1997.中国西北地区油气地质特征及资源评价[M].乌鲁木齐:新疆科技卫生出版社.

康玉柱,1996.中国塔里木盆地石油地质论文集[M].北京:地质出版社.

康玉柱,1996.中国塔里木盆地石油地质特征及资源评价[M].北京:地质出版社.

赖绍聪,邓晋福,赵海玲,1996.青藏高原北缘火山作用与构造演化[M].西安:陕西科学技术出版社.

乐昌硕,于炳松,田成,等,1996.新疆塔里木盆地北部层序地层及其沉积学研究[M].北京:地质出版社.

李博秦,姚建新,王炬川,等,2007.西昆仑柳什塔格峰西侧火山岩的特征、时代及地质意义[J].岩石学报,23(11):2801-2810.

李昌年,1992.火成岩微量元素地球化学[M].北京:地质出版社.

李春昱,郭令智,朱夏,等,1986.板块构造基本问题[M].北京:地震出版社.

李春昱,王荃,刘雪亚,等,1982.亚洲大地构造图说明书[M].北京:地图出版社.

李春昱,1980.中国板块构造的轮廓[J].中国科学院院报,2(1):11-22.

李华芹,陈富文,等,2004.中国新疆区域成矿作用年代学[M].北京:地质出版社.

李锦轶,1990.新疆东准噶尔卡拉麦里地区南明水组研究的新进展[J].新疆地质科学,2:1-8.

李锦轶,王克卓,孙桂华,等,2006.东天山吐哈盆地南缘古生代活动陆缘残片:中亚地区古亚洲洋板块俯冲的地质记录[J].岩石学报,22(5):1087-1102.

李锦轶,张进,杨天南,等,2009.北亚造山区南部及其毗邻地区地壳构造分区与构造演化[J].吉林学报(地球科学版),39(4):584-605.

李锦轶,1991.试论新疆东准噶尔早古生代岩石圈板块构造演化[J].中国地质科学院院报,23:1-12.

李锦轶,2004.新疆东部新元古代晚期和古生代构造格局及其演变[J].地质论评,50(3):304-322.

李锦轶,2009.中国大陆地质历史的旋回与阶段[J].中国地质,36(3):504-527.

李罗照,彭德堂,李维峰,等,1996.新疆和静巴音布鲁克地区侏罗系地层新知[J].新疆石油地质,17(3):234-241.

李荣社,计文化,杨永成,等,2008.昆仑山及邻区地质[M].北京:地质出版社.

李四光,1999.地质力学概论[M].北京:地质出版社.

李天德,吴柏青,1996.中国和哈萨克斯坦阿尔泰地质及找矿研究的新进展[C]//"八五"地质科技重要成果学术交流会议论文选集.北京:冶金工业出版社.

李廷栋,2002.青藏高原地质科学研究的新进展[J].地质通报,21(7):370-376.

李文厚,周立发,柳益群,等,1997.吐哈盆地沉积格局与沉积环境的演变[J].新疆石油地质,18(2):135-141.

李学义,李天明,1995.准噶尔盆地区域构造特征及演化[C]//新疆第三届天山地质矿产学术讨论会论文集.乌鲁木齐:新疆人民出版社.

李耀西,蓝善光,1992.新疆西准噶尔布龙果尔组建造类型、时代及有关问题研究的新进展[J].新疆地质,1:1-5.

李永安,李强,张慧,等,1995.塔里木及周边古地磁研究与盆地形成演化[J].新疆地质,13(4):293-378.

李永安,孙东江,郑洁,1999.新疆及周边古地磁研究与构造演化[J].新疆地质,17(3):2-44.

李永军,佟丽莉,张兵,等,2010.论西准噶尔石炭系希贝库拉斯组与包古图组的新老关系[J].新疆地质,28(2):130-136.

刘宝珺,曾允孚,1985.岩相古地理基础和工作方法[M].北京:地质出版社.

刘本培,王自强,张传恒,等,1996.西南天山构造格局与演化[M].武汉:中国地质大学出版社.

刘德权,唐延龄,周汝洪,1992.新疆北部古生代地壳演化及成矿系列[J].矿床地质,11(4):307-314.

刘德权,唐延龄,周汝洪,1998.新疆前震旦纪基底陆壳问题[J].新疆地质,16(3):195-202.

刘建明,赵善仁,刘伟,等,1998.成矿地质流体体系的主要类型[J].地球科学进展,13(2):161-165.

刘良,车子成,王焰,等,1999.阿尔金高压变质岩带的特征及其构造意义[J].岩石学报,15(1):57-64.

刘良,1999.阿尔金高压变质岩与蛇绿岩及大地构造意义[D].北京:中国科学院地质研究所.

刘胜,邱斌,尹宏,等,2005.西昆仑山前乌泊尔逆冲推覆带构造特征[J].石油学报,26(6):16-21.

刘伟,张湘炳,1993.乌伦古-斋桑泊构造杂岩带特征及其地质意义[M].涂光炽.新疆北部固体地球科学新进展.北京:科学出版社.

刘伟,1993.新疆阿尔泰地区岩浆岩类的等时线年龄、地壳构造运动以及构造环境的发展演化[M].305项目编委会.新疆地质科学(第4辑).北京:地质出版社.

刘训,吴绍祖,傅德荣,等,1997.塔里木板块周边的沉积-构造演化[M].乌鲁木齐:新疆科技卫生出版社.

刘训,肖序常,等,2006.中国新疆南部(青藏高原北缘)盆山构造格局的演化[M].北京:地质出版社.

刘永江,FRANZ N,葛肖虹,等,2007.阿尔金断裂带年代学和阿尔金山隆升[J].地质科学,42(1):134-146.

刘永江,葛肖虹,叶慧文,等,2001.晚中生代以来阿尔金断裂的走滑模式[J].地球学报,22(1):23-28.

鲁兵,李永铁,雷振宇,1999.青藏高原构造研究进展[J].地学工程进展,16(2):1-6.

陆松年,李怀坤,陈志宏,等,2003.秦岭中—新元古代地质演化及对RODINIA超级大陆事件的响应[M].北京:地质出版社.

陆松年,李怀坤,陈志宏,等,2009.中央造山带(中-西部)前寒武纪地质[M].北京:地质出版社.

陆松年,于海峰,李怀坤,等,2006.中国前寒武纪重大地质问题研究——中国西部前寒武纪重大地质事件群及其全球构造意义[M].北京:地质出版社.

陆松年,袁桂邦,2003.阿尔金山阿克塔什塔格早前寒武纪岩浆活动的年代学证据[J].地质学报,77(1):61-68.

罗金海,车自成,刘良,等,2009.西昆仑北带早志留世构造作用及其区域地质意义[J].西北大学学报(自然科学版),39(3):517-521.

马润华,1998.陕西省岩石地层[M].武汉:中国地质大学出版社.

马瑞士,王赐银,叶尚夫,等,1993.东天山构造格架及地壳演化[M].南京:南京大学出版社.

马世鹏,汪玉珍,方锡廉,1991.西昆仑山北坡陆台盖层型元古宇的基本特征[J].新疆地质,9(1):59-71.

马杏垣,索书田,游振东,等,1981.嵩山构造序列:重力构造、构造解析[M].北京:地质出版社.

马杏垣,2004.解析构造学[M].北京:地质出版社.

毛景文,华仁民,2006.大规模成矿作用与大型矿集区[M].北京:地质出版社.

梅厚钧,杨学昌,王俊达,等,1993.额尔齐斯河南侧晚古生代火山岩的微量元素地球化学与构造环境的变迁史[M].涂光炽.疆北部固体地球科学新进展.北京:科学出版社.

缪长泉,1993.新疆昆仑山和阿尔金山前寒武系及叠层石[M].乌鲁木齐:新疆科技卫生出版社.

牛贺才,单强,张海祥,等,2007.东准噶尔扎河坝超高压变质成因石英菱镁岩的$^{40}Ar/^{39}Ar$同位素年代学信息及地质意义[J].岩石学报,23(7):1627-1634.

潘桂棠,肖庆辉,陆松年,等,2009.中国大地构造单元划分[J].中国地质,36(1):1-28.

彭昌文,1988.新疆叶城县棋盘河区长城系的微古植物群[J].新疆地质,6(2):44-50+88-89.

彭根永,鲍佩声,王希斌,等,1992.新疆洪古勒楞蛇绿岩中铬铁矿床的成因[J].中国地质科学院地质研究所所刊,23:64-72.

彭希龄,吴绍祖,1983.新疆北部脊椎动物化石层位及其有关问题的讨论[J].新疆地质,1(1):49-63.

彭希龄,1975.新疆准噶尔盆地新生界脊椎动物化石地点及层位[J].古脊椎动物与古人类,13(3):49-53.

钱青,徐守礼,何国琦,等,2007.那拉提山北缘寒武纪玄武岩的元素地球化学特征及构造意义[J].岩石学报,23(7):1708-1720.

丘东洲,1984.柯克亚油田帕卡布拉克组四、五段浊流沉积[J].石油与天然气地质,5(1):55-59.

邱家骧,林景仟,1991.岩石化学[M].北京:地质出版社.

曲国胜,崇美英,1991.阿尔泰造山带的铅同位素地质及其构造意义[J].现代地质,3(1):100-110.

曲立范,何卓生,董凯林,1996.塔里木盆地早三叠世疑源类的发现[J].地球学报,17(3):332-337.

任纪舜,王作勋,陈炳蔚,等,1997.中国及邻区大地构造图及说明书[M].北京:地质出版社.

任收麦,葛肖虹,刘永江,2003.阿尔金断裂带研究进展[J].地球科学进展,18(3):385-391.

舒良树,王玉净,2003.新疆卡拉麦里蛇绿岩带中硅质岩的放射虫化石[J].地质论评,49(4):408-412.

宋彪,李锦轶,张进,等,2011.西准噶尔托里地区塔尔根二长花岗岩锆石 U-Pb 年龄——托里断裂左行走滑运动开始时间的约束[J].地质通报,30(1):19-25.

宋天锐,1985.塔里木盆地及邻区第三纪沉积岩系发展的探讨[J].地质论评,28(4):317-325.

孙宝生,黄建华,2007.新疆且干布拉克超基性岩-碳酸岩杂岩体 Sm-Nd 同位素年龄及其地质意义[J].岩石学报,23(7):53-58.

孙崇仁,1997.青海省岩石地层[M].武汉:中国地质大学出版社.

孙桂华,李锦轶,高立明,等,2005.新疆东部哈尔里克山闪长岩锆石 SHRIMP U-Pb 定年及其地质意义[J].地质论评,51(4):463-469.

索书田,1986.秦岭群构造变形研究取得新的进展[J].地质科技情报,4:34.

塔里木石油勘探开发指挥部,滇黔桂石油勘探局石油地质科学研究所,1994.塔里木盆地震旦纪至二叠纪地层古生物(Ⅳ).阿尔金山地区分册[M].北京:石油工业出版社.

谭凯旋,谢焱石,2010.新疆阿尔泰地区断裂控矿的多重分形机理[J].大地构造与成矿学,34(1):32-39.

汤中立,钱壮志,任秉琛,等,2005.中国古生代成矿作用[M].北京:地质出版社.

童晓光,1996.塔里木盆地石油地质研究新进展[M].北京:科学出版社.

童晓光,1992.塔里木盆地油气勘探论文集[M].乌鲁木齐:新疆科技卫生出版社.

涂光炽,1994.超大型矿床的探寻与研究的若干问题[J].地学前缘,3:45-52.

汪帮耀,姜常义,李永军,等,2009.新疆东准噶尔卡拉麦里蛇绿岩的地球化学特征及大地构造意义[J].矿物岩石,29(3):74-82.

汪传胜,顾连兴,张遵忠,等,2009.东天山哈尔里克山区二叠纪高钾钙碱性花岗岩成因及地质意义[J].岩石学报,25(6):1499-1511.

汪传胜,顾连兴,张遵忠,等,2009.新疆哈尔里克山二叠纪碱性花岗岩-石英正长岩组合的成因及其构造意义[J].岩石学报,25(12):3182-3196.

王宝瑜,郎智君,李向东,等,1994.中国天山西段地质剖面综合研究[M].北京:地质出版社.

王宝瑜,李恒海,1989.新疆克拉麦里地区中及上志留统划分与对比[J].新疆地质,7(1):53-66.

王宝瑜,1981.新疆北部志留纪床板珊瑚、日射珊瑚组合特征及其地层学意义[C]//中国古生物学会第十二届学术年会论文汇编.北京:科学技术出版社.

王宝瑜,1988.新疆天山志留纪生物群及古地理特征[J].新疆地质,6(4):40-51.

王赐银,舒良树,赵明,等,1996.东天山北部哈尔里克晚古生代推覆构造与岩浆作用研究[J].高校地质学报,2(2):198-206.

王广瑞,1996.新疆北部及邻区地质构造单元与地质发展史[J].新疆地质,14(1):12-27.

王广瑞,1996.中国新疆北部及邻区构造-建造图说明书[M].武汉:中国地质大学出版社.

王海涛,王瑞,宋阳,等,2008.新疆那拉提构造带基底变形特征及构造意义[J].新疆地质,26(4):330-334.

王鸿祯,杨森楠,刘本培,等,1990.中国及邻区构造古地理和生物古地理[M].武汉:中国地质大学出版社.

王鸿祯,1985.中国古地理图集[M].北京:中国地图出版社.

王建国,1997.塔里木盆地东南区中生代沉积环境分析[C]//第五届全国沉积学及岩相古地理学术会议论文集.乌鲁木齐:新疆科技卫生出版社.

新疆维吾尔自治区地质矿产局地质矿产研究所,1988.新疆古地理图集[M].乌鲁木齐:新疆人民出版社.

王居里,刘养杰,周鼎武,等,2001.新疆萨日达拉金矿地质特征及成因探讨[J].矿床地质,20(4):385-393.

王龙樟,1994.准噶尔盆地中新生代湖水位升降曲线的建立与剖析[J].沉积与特提斯地质,6:1-14.

王朴,朱国贤,1988.新疆却尔却克山寒武—奥陶系中笔石、牙形刺及三叶虫化石的新发现[J].新疆地质,6(2):51-56.

王仁德,1995.满加尔凹陷古生代等深积岩及其含油气性[J].新疆石油地质,16(2):123-126.

王书平,1997.岩浆多次分熔和控制铬铁矿的岩相-构造-物理化学条件[J].地质学报,1:43-53.

王涛,童英,李舢,等,2010.阿尔泰造山带花岗岩时空演化、构造环境及地壳生长意义——以中国阿尔泰为例[J].岩石矿物学,29(6):595-618.

王务严,肖兵,章森桂,1985.新疆阿克苏-乌什地区寒武系划分与对比[J].新疆地质,3(4):59-74.

王喜臣,王琳,刘扬,等,2010.蛇绿岩与铬铁矿[J].矿床地质,29(S1):893-894.

王义天,毛景文,陈文,等,2006.新疆东天山康古尔塔格金矿带成矿作用的构造制约[J].岩石学报,22(1):236-244.

王元龙,王中刚,李向东,等,1995.西昆仑花岗岩带的地质特征[J].矿物学报,15(4):457-461.

王增吉,等,1990.中国地层 8 中国的石炭系[M].北京:地质出版社.

王志洪,李继亮,侯泉林,等,2000.西昆仑库地蛇绿岩地质、地球化学及其成因研究[J].地质科学,35(2):151-160.

王宗秀,周高志,李涛,2003.对新疆北部蛇绿岩及相关问题的思考和认识[J].岩石学报,19(4):683-691.

隗合明,孔继东,王全庆,等,1994.塞里木湖一带的元古界及其对铜矿化的控制[J].西安地质学院学报,16(1):1-11.

魏永峰,李建兵,杜红星,等,2010.西南天山南缘震旦纪后碰撞过铝花岗岩的地学意义[J].新疆地质,28(3):242-246.

吴传勇,沈军,李帅,等,2008.塔什库尔干断裂带北段木吉河断层运动特征[J].内陆地震,22(1):43-47.

吴浩若,潘正莆,张驰,1993.西准噶尔与蛇绿岩相关的古生代地层序列及沉积大地构造环境判别[C]//新疆北部固体地球科学新进展.北京:科学出版社.

吴绍祖,侯静鹏,沈百花,等,1995.新疆晚古生代植物群演替及植物地理分区[M].乌鲁木齐:新疆科技卫生出版社.

吴绍祖,张致民,1985.新疆南部下二叠统[C]//新疆地质研究论文集.乌鲁木齐:新疆人民出版社.

吴文奎,姜常义,杨复,等,1992.库米什地区古生代地壳演化及成矿规律[M].西安:陕西科学技术出版社.

吴文奎,姜常义,徐福智,等,1990.库米什南部志留纪地层及其岩石学与数学地质特征皱议[M]//新疆地质科学.北京:地质出版社.

夏国英,1996.中国石炭—二叠系界线层型研究[M].北京:地质出版社.

夏林圻,2007.天山岩浆作用[M].北京:中国大地出版社.

肖庆辉,邓晋福,马大栓,等,2002.花岗岩研究思维与方法[M].北京:地质出版社.

肖庆辉,王涛,邓晋福,等,2009.中国典型造山带花岗岩与大陆地壳生长研究[M].北京:地质出版社.

肖世禄,侯鸿飞,吴绍祖,等,1992.新疆北部泥盆系研究[M].乌鲁木齐:新疆科技卫生出版社.

肖文交,WINDLEY B F,闫全人,等,2006.北疆地区阿尔曼太蛇绿岩锆石SHRIMP年龄及其大地构造意义[J].地质学报,80(1):32-37.

肖序常,汤耀庆,等,1991.古中亚复合巨型缝合带南缘构造演化[M].北京:科学技术出版社.

肖序常,何国琦,成守德,等,2004.中国新疆及邻区大地构造图(1:250万)说明书[M].北京:地质出版社.

肖序常,何国琦,徐新,等,2010.中国新疆地壳结构与地质演化[M].北京:地质出版社.

肖序常,刘训,高锐,等,2004.新疆南部地壳结构和构造演化[M].北京:商务印书馆.

肖序常,汤耀庆,冯益民,等,1992.新疆北部及邻区大地构造[M].北京:地质出版社.

肖序常,汤耀庆,李锦轶,等,1990.试论新疆北部大地构造演化[J].新疆地质科学,1:47-68.

肖序常,王军,2004.西昆仑—喀喇昆仑及其邻区岩石圈结构、演化中几个问题的探讨[J].地质论评,50(3):285-294.

谢渊,罗安屏,傅恒,等,1995.准噶尔盆地侏罗纪沉积体系序列演化与油气关系[J].沉积与特提斯地质,19:118-130.

新疆地质矿产局地质矿产研究所第一区域地质调查大队,1991.新疆古生界(新疆地层总结之二,上)[M].乌鲁木齐:新疆人民出版社.

新疆地质矿产局地质矿产研究所第一区域地质调查大队,1991.新疆古生界(新疆地层总结之二,下)[M].乌鲁木齐:新疆人民出版社.

新疆维吾尔自治区地质矿产局,1984.新疆维吾尔自治区区域地质志[M].北京:地质出版社.

新疆维吾尔自治区地质矿产局,1993.新疆维吾尔自治区区域地质志[M].北京:地质出版社.

王福同,宋志齐,祁世军,2006.新疆维吾尔自治区古地理及地质生态图集[M].北京:中国地图出版社.

新疆维吾尔自治区区域地层表编表组,1981.西北地区区域地层新疆维吾尔自治区分册[M].北京:地质出版社.

熊纪斌,王务严,1986.前震旦系阿克苏群的初步研究[J].新疆地质,4:35-48.

徐斌,路彦明,顾雪祥,等,2009.新疆奇台地区双泉金矿床的成矿时代[J].地质通报,28(12):1871-1884.

徐怀大,樊太亮,韩荣华,等,1997.新疆塔里木盆地层序地层特征[M].北京:地质出版社.

徐钦琦,刘时藩,1991.史前气候学[M].北京:科学技术出版社.

徐芹芹,季建清,龚俊峰,等,2009.新疆西准噶尔晚古生代以来构造样式与变形序列研究[J].岩石学报,25(3):636-644.

徐新,2005."中亚型"造山带后碰撞构造——年青陆壳的"克拉通化"过程[C]//第五届天山地质矿产资源学术讨论会论文集.乌鲁木齐:新疆科学技术出版社.

徐学义,夏林圻,马中平,等,2006.北天山巴音沟蛇绿岩斜长花岗岩SHRIMP锆石U-Pb年龄及蛇绿岩成因研究[J].岩石学报,22(1):83-94.

徐学义,王洪亮,马国林,等,2010.西天山那拉提地区古生代花岗岩的年代学和锆石Hf同位素研究[J].岩石矿物学,29(6):691-706.

闫升好,陈文,王义天,等,2004.新疆额尔齐斯金成矿带的$^{40}Ar/^{39}Ar$年龄及其地质意义[J].地质学报,78(4):500-506.

闫升好,王义天,张招崇,等,2006.新疆额尔齐斯金矿带的成矿类型、地球动力学背景及资源潜力[J].矿床地质,25(6):693-704.

杨海波,高鹏,李兵,等,2005.新疆西天山达鲁巴依蛇绿岩地质特征[J].新疆地质,23(2):123-126.

杨经绥,史仁灯,吴才来,等,2008.北阿尔金地区米兰红柳沟蛇绿岩的岩石学特征和SHRIMP定年[J].岩石学报,24(7):1567-1584.

杨文孝,况军,徐长胜,1995.准噶尔盆地大油气形成条件和分布规律[C]//新疆第三届天山地质矿产学术讨论会论文集.乌鲁木齐:新疆人民出版社.

杨雨,1997.甘肃省岩石地层[M].武汉:中国地质大学出版社.

叶天竺,2004.固体矿产预测评价方法技术[M].北京:中国大地出版社.

雍天寿,单金榜,王诗伯,等,1983.玛扎塔格山区的几个地质问题——兼谈塔克拉玛干大沙漠形成的地质时代[J].新疆石油地质,4:1-9.

雍天寿,单金榜,1983.白垩纪及早第三纪塔里木海湾的形成与发展[J].沉积学报,4(3):67-75.

雍天寿,1984.塔里木地台晚白垩世—早第三纪岩相古地理概貌[J].石油实验地质,6(1):9-17.

于海峰,陆松年,赵风清,等,1998.古阿尔金断裂的岩石构造依据及意义[J].前寒武纪研究进展,21(4):10-15.

于淑华,1996.准噶尔盆地北缘大地构造问题探讨[J].新疆地质,14(1):78-85.

于文杰,1981.柴达木盆地周边地区花岗岩类的成因讨论[J].青海国土经略,2:3-12.

于学元,梅厚钧,杨学昌,等,1993.额尔齐斯火山岩及构造演化[M].涂光炽.新疆北部固体地球科学新进展.北京:科学出版社.

袁超,孙敏,龙晓平,等,2007.阿尔泰哈巴河群的沉积时代及其构造背景[J].岩石学报,23(7):1635-1644.

袁复礼,1956.新疆天山北部山前坳陷带及准噶尔盆地陆台地质初步报告[J].地质学报,36(2):133-152.

翟裕生,1997.大型构造与超大型矿床[M].北京:地质出版社.

张驰,黄萱,1992.新疆西准噶尔蛇绿岩形成时代和环境探讨[J].地质评论,38(6):509-523

张传林,陆松年,于海锋,等,2004.塔里木西南缘中元古代末期大陆汇聚及新元古代大陆裂解[C]//全国岩石学与地球动力学研讨会,海口.

张传林,杨淳,沈加林,等,2003.西昆仑北缘新元古代片麻状花岗岩锆石SHRIMP年龄及其意义[J].地质论评,49(3):239-244.

张传林,叶海敏,王爱国,等,2004.塔里木西南缘新元古代辉绿岩及玄武岩的地球化学特征:新元古代超大陆裂解的证据[J].岩石学报,20(3):473-482.

张传林,于海峰,沈家林,等,2004.西昆仑库地伟晶辉长岩和玄武岩锆石SHRIMP年龄:库地蛇绿岩的解体[J].地质论评,50(6):639-643.

张二朋,等,1998.西北地区区域地层[M].武汉:中国地质大学出版社.

张建新,杨经绥,许志琴,等,2002.阿尔金榴辉岩中超高压变质作用证据[J].科学通报,47(3):231-234.

张莉,刘春发,武广,2009.新疆望峰金矿床流体包裹体地球化学及矿床成因类型[J].岩石学报,25(6):1465-1473.

张良臣,刘德全,等,2006.中国新疆优势金属矿产成矿规律[M].北京:地质出版社.

张良臣,1995.中国新疆板块构造与动力学特征[C]//新疆第三届天山地质矿产学术讨论会论文选辑.乌鲁木齐:新疆人民出版社,1-14.

张旗,潘国强,李承东,等,2007.花岗岩构造环境问题:关于花岗岩研究的思考之三[J].岩石学报,23(11):2683-2698.

张旗,王焰,潘国强,等,2008.花岗岩源岩问题——关于花岗岩研究的思考之四[J].岩石学报,24(6):1193-1204.

张文朝,韩春元,苗峰,等,1999.塔东北地区三叠系—侏罗系沉积相及找油前景[J].新疆石油地质,20(3):229-234.

张以榕,朱明玉,田慧新,等,1992.东准噶尔地质及金锡矿产研究[M].北京:地震出版社.

张致民,吴绍祖,高振家,等,1983.新疆柯坪一带晚石炭世—早二叠世沉积模式的探讨[J].新疆地质,1(1):9-20.

赵明,舒良树,王赐银,1997.东疆哈尔里克变质地带变质作用特征及形成构造环境研究[J].高校地质学报,3(1):40-50.

赵明,舒良树,朱文斌,等,2002.东疆哈尔里克变质带的U-Pb年龄及其地质意义[J].地质学报,76(3):379-383.

赵志超,雍天寿,贾承造,等,1997.塔里木盆地地层[M].北京:石油工业出版社.

赵治信,唐勇,1996.塔西南坳陷区域地震地层学研究[J].新疆石油地质,17(2):116-122.

赵治信,王增吉,韩建修,1984.塔里木盆地西南缘石炭纪地层及古生物[M].北京:地质出版社.

郑剑东,1991.阿尔金断裂带的几何学研究[J].中国区域地质,1:54-59.

中国地质科学院地质研究所,新疆地矿局地质科学研究所,1986.新疆吉木萨尔三台大龙口二叠、三叠纪地层及古生物群[M].北京:地质出版社.

中国地质图(1:5 000 000)编辑委员会,1990.中国地质图说明书[M].北京:地质出版社.

周二斌,2011.豆荚状铬铁矿床的研究现状及进展[J].岩石矿物学,30(3):530-542.

周辉,储著银,李继亮,等,2000.西昆仑库地韧性剪切带的$^{40}Ar/^{39}Ar$年龄[J].地质科学,35(2):233-239.

周辉,李继亮,2000.西昆仑库地煌斑岩的年代学和地球化学特征[J].岩石学报,16(3):380-384.

周辉,袁超,2003.西昆仑库地早古生代岩浆岩的物源与热源[J].新疆地质,21(1):65-68.

周济元,茅燕石,黄志勋,等,1994.东天山古大陆边缘火山地质[M].成都:成都科技大学出版社.

周美付,1994.对豆荚状铬铁矿床成因的认识[J].矿床地质,13(3):242-249.

周明镇,徐余瑄,1959.新疆新发现的巨犀化石[J].古脊椎动物与古人类,1(2):11-14.

周明镇,1960.吐鲁番盆地古新世哺乳类化石的发现及新疆新生代哺乳类化石层提要[J].古生物学报,8(2):93-96.

周清杰,郑建京,1990.塔里木构造分析[M].北京:科学出版社.

周志毅,陈丕基,1990.塔里木生物地层和地质演化[M].北京:科学出版社.

朱怀诚,詹家祯,1996.塔里木盆地覆盖区泥盆—石炭系孢粉及生物地层[J].古生物学报,35(增刊):不明.

朱杰辰,孙文鹏,1987.新疆天山地区震旦系同位素地质研究[J].新疆地质,1:57-63.

朱永峰,徐新,魏少妮,等,2007.西准噶尔克拉玛依OIB型枕状玄武岩地球化学及其地质意义研究[J].岩石学报,23(7):1739-1748.

朱永峰,徐新,2006.新疆塔尔巴哈台山发现早奥陶世蛇绿混杂岩[J].岩石学报,22(12):2833-2842.

朱志澄,曾佐勋,樊光明,等,1990.构造地质学[M].武汉:中国地质大学出版社.

朱志新,李锦轶,董连慧,等,2008.新疆南天山盲起苏晚石炭世侵入岩的确定及其对南天山洋盆闭合时限的限定[J].岩石学报,24(12):2761-2766.

朱志新,张建东,李锦轶,等,2004.新疆东天山却勒塔格地区韧变形带识别及其意义[J].新疆地质,22(4):351-357.

朱自力,1997.塔西南莎车地区石炭—二叠系蜓类分带[J].古生物学报,36(S):104-115.

305项目《新疆地质科学》编辑委员会,1994.新疆地质科学第五辑[M].北京:地质出版社.

HOBBS B E,et al,1982.构造地质学纲要[M].刘和甫,译.北京:石油工业出版社.

RAMASY J G(著),1991.现代构造地质学方法[M].徐树桐,译.北京:地质出版社.

THAYER T P,1946. Preliminary chemical correlation of chromite with the containing rock[J]. Econ. Geol.,41:202-217.

THAYER T P,1960. Some critical differences between alpine-type and stratiform peridotite-gabbro complexes[C]// 21st. Int. Geol. Congr. Copenhangen,Rep,13:247-259.

XIAO W J,WINDLEY B F,YUAN C,et al,2009. Paleozoic multiple subduction-accretion processess of the southern Altaids[J]. American Journal of Science,309:221-270.

内部资料

高俊,2000.西天山高压—超高压变质带变质作用、折返机制及其与构造演化关系[R].

叶天竺,张智勇,肖庆辉,等,2006.全国重要矿产资源潜力预测评价项目地质构造研究工作技术要求[R].

新疆维吾尔自治区成矿地质背景研究成果报告[R].乌鲁木齐:新疆地质矿产局,2013,6.

青海省成矿地质背景研究成果报告[R].西宁:青海省地质调查院,2013,6.

甘肃省成矿地质背景研究成果报告[R].兰州:甘肃省地质调查院,2013,6.

陕西省成矿地质背景研究成果报告[R].西安:陕西省地质调查院,2013,6.

宁夏回族自治区成矿地质背景研究成果报告[R].银川:宁夏回族自治区地质调查院,2013,6.

西北地区重要成矿带基础地质综合研究[R].西安:中国地质调查局西安地质调查中心,2012,12.